# 西方心理学的历史与体系

## （第二版）

叶浩生　主编

人民教育出版社
·北京·

图书在版编目（CIP）数据

西方心理学的历史与体系/叶浩生主编. —2版. —北京：人民教育出版社，2014.1
（2022.1重印）
ISBN 978-7-107-26903-5

Ⅰ.①西… Ⅱ.①叶… Ⅲ.①心理学史—西方国家—教材 Ⅳ.①B84-095

中国版本图书馆CIP数据核字（2014）第003706号

西方心理学的历史与体系（第二版）

出版发行 人民教育出版社
（北京市海淀区中关村南大街17号院1号楼 邮编：100081）
网 址 http://www.pep.com.cn
经 销 全国新华书店
印 刷 保定市中画美凯印刷有限公司
版 次 2014年1月第2版
印 次 2022年1月第11次印刷
开 本 787毫米×1092毫米 1/16
印 张 43.25
字 数 577千字
印 数 51001~56000册
定 价 49.20元

主　编　叶浩生

副主编　郭本禹　彭运石　杨韶刚

各章执笔作者（以姓氏笔画为序）

马欣川　王光荣　王国芳　叶浩生　宋广文　李正云

杨韶刚　赵国祥　郭永玉　郭本禹　贾林祥　高峰强

郭斯萍　常若松　彭运石

# 目录

CONTENTS

## 第五编　认知心理学



## 第六编　人本主义

# 第一编

# 导论

# 第一章 绪 论

## 第一节 西方心理学史的学科性质和地位

### 一、西方心理学史的学科性质

西方心理学史是研究西方心理学的发展历史，尤其是西方国家主流心理学的发展历史的学科；它采择历史的视角、运用历史的方法考察西方心理学学科的形成、演变和发展。在学科性质上，西方心理学史是属于历史科学性质的学科。在这里，所谓“西方”，按传统的称谓，主要是指西欧和北美等西方国家；具体地说，西方心理学就是指存在于英国、法国、德国、加拿大和美国的心理学。需要指出的是，由于美国心理学在科学心理学的发展中，长期以来一直居于主导地位，因此，在有关西方心理学史的论著中，美国心理学史占有较大的比例。出于同样的考虑，在本书的编写中，我们也把对美国心理学的学派和理论的介绍放在了一个非常重要的位置。

### 二、西方心理学史的学科地位

在心理学的学科体系中，心理学史[①]的研究有着非常重要的地位；

①就广义而言，心理学史不仅包括西方心理学史，而且包括中国心理学史、苏俄心理学史等内容，但就其与现代科学心理学的关系而言，心理学史所指称的主要还是西方心理学史。

它已然成为心理学的一个重要的分支领域，有自己的学会组织和独立的刊物。早在1920年左右，美国一些大学的心理学系就开设了心理学史课程；直至今日，心理学史仍然是心理学专业的本科生和研究生的必修课程。美国心理学会规定，所有申请心理学博士学位的学生都必须完成心理学史课程的学习。登载心理学史研究论文的英文杂志《行为科学史杂志》（*Journal of the History of the Behavioral Sciences*）在20世纪60年代就开始发行了，至今仍然是心理学史家出版研究成果的重要学术基地。另一本英文杂志《心理学史》（History of Psychology）在20世纪90年代创刊后，便成为发表心理学史研究成果的又一个重要阵地。1965年，美国心理学会建立了心理学史分会，即第26分会。1967年，美国新罕布什尔大学建立了心理学史的博士点，专门培养心理学史的博士研究生。在我国，著名心理学家高觉敷先生于1978年在南京师范大学开始培养心理学史的硕士研究生，1983年开始培养心理学史的博士研究生。现在，中国心理学会下属的理论心理学与心理学史专业委员会，是负责心理学史研究的专门学术机构。这一委员会每年都召开学术年会，讨论心理学史研究中的新问题、新观点，交流心理学史研究的最新成果。

为什么心理学家对自己学科的历史表现出如此浓厚的兴趣？或者说，心理学史在心理学的学科体系中何以如此重要？关于这一问题，我们可以从两个方面来加以讨论。

一方面，较之其他学科，心理学的过去与现在有着更为紧密的联系。对于其他学科来说，历史上存在的问题基本得以解决，所获得的结论已经成为现在学科知识体系中的基本组成部分，学习学科的基础知识就可以了解历史上该学科所探讨的问题。对于心理学来说，却并非如此，历史上探讨的问题现在仍然没有解决，如心身关系、人性的本质、遗传和环境对人的影响，等等。现在的心理学同过去的心理学的区别不在于所研究的问题，而在于研究的方法：方法大大地改进了，但是研究的问题依然相同。

例如，知识究竟是天赋的，即通过遗传获得的，还是通过经验获得的？早在古希腊罗马时期，这一问题就被提出来了，柏拉图的“回忆说”就是天赋论的早期代表。16—17世纪，围绕这一问题出现了经验主义心理学和理性主义心理学。经验主义心理学主张心灵就像一块白板，后天的经验在上面写下各种各样的文字，一切知识来源于感觉经验；理性主义心理学则主张天赋说，认为理性的形式是先天就有的，感觉经验得到的东西是不可靠的，先天的理性是获得可靠知识的根本保证。20世纪之初，心理学中出现了各种各样的本能论，认为行为是本能决定的，通过遗传获得的本能是行为的根本动因。行为主义的兴起推翻了本能论的观点，环境决定论占了上风，认为行为是环境刺激的产物。但是近年来西方心理学中生物学化思潮再次兴盛，社会生物学、进化心理学从基因决定论的观点看待人的行为，认为行为是遗传基因决定的。人类祖先为适应环境而产生的一些行为倾向通过遗传影响了现代人。总之，在遗传和环境孰是孰非的问题上，从远古到现代从来没有得到解决，这一问题依然摆在现代心理学家的面前。

心理学的过去与现在的这种更为直接的联系是心理学家重视学科发展史的根本原因。既然过去的心理学家与现在的心理学家面临的是同样的问题，那么我们在开始研究任何一个问题之前，就有必要了解过去的心理学家都做了些什么，提出了哪些观点，有什么样的进展。这样既能避免重蹈覆辙，犯与前人同样的错误，又能避免研究前人已经得出结论的问题，节省有限的资源和精力。正如美国心理学史家波林所指出的：“我常以为实验心理学家在其专攻的范围之内也需要历史的知识。若没有这种知识，便不免将现在看错，将旧的事实和旧的见解视为新的事实和新的见解，而不能估计新运动和新方法的价值。关于此事的信仰，我不能不再三提出。由我看来，一种心理学的理论若没有历史趋势的成分，似不配称为理论。”①

另一方面，心理学史不仅是联结心理学的过去、现在和未来的纽带，而且是整合当代心理学各个领域、各种取向、各种学派的一种力量。心理学既是一门高度分化的学科，也是一门高度分裂的学科。从大的方面来说，心理学可以区分为“两种文化”，即科学主义取向和人文主义取向。两种取向的裂痕如此深刻，以至于一位科学主义取向的心理学家和一位人文主义取向的心理学家所从事的研究可能是风马牛不相及，两者之间可以没有任何实质性的联系。在心理学的科学主义取向和人文主义取向的内部，又存在着大大小小的学派和理论体系，如行为主义、认知心理学、进化心理学、精神分析、人本主义心理学、积极心理学、后现代心理学，等等。在微观的水平上，还存在着各种理论模型的竞争。这种分裂状况如此严重，以至于有学者认为现代心理学如果还有什么共同点的话，那就是心理学的历史发展过程，是不同心理学家所分享的历史。除此之外，再也没有什么可以分享的了。在这个意义上，我们可以说心理学史是心理学整合的基础。恰如心理学史家墨菲所言：“历史研究的目的是要使一门学科具有连贯性和统一性。”②正是在心理学历史的发展进程中，我们发现了当代形形色色的心理学派别之间的内在联系；也正是从所分享的历史发展过程中，我们找到了五花八门的理论观点之间的连贯性和统一性。换言之，是心理学史将各种似乎毫无关联的心理学领域联系在一起；它为我们提供了综合的经验，也为分裂的心理学提供了整合的动力。

总之，作为一门历史学科，西方心理学史不仅是我们学习其他心理学分支学科的前提和基础，而且也是我们未来从事心理学研究的起点。鉴古以知今，通过历史的研究，我们可以从更广阔而具有深刻内涵

①［美］波林著，高觉敷译：《实验心理学史》，商务印书馆 1981 年版，第 II 页。

②［美］墨菲、［美］柯瓦奇著，林方、王景和译：《近代心理学历史导引》，商务印书馆 1980 年版，第 10 页。

意义的层面上去认识人类心理和行为的一般规律；没有历史、没有过去，也就没有现在和未来。

## 第二节 西方心理学史的研究对象和理论体系

### 一、西方心理学史的研究对象

前面谈到，西方心理学史就是心理学在西方国家存在和发展的历史。西方心理学史的研究正是以这一历史为研究对象。那么，这一历史包括哪些时期呢？每个心理学史工作者都喜欢引用德国心理学家艾宾浩斯的一句名言：心理学虽有一长期的过去，但仅有一短期的历史。这句话的精辟之处在于它以1879年实验心理学的建立为分野而把心理学的历史划分为两大时期：实验心理学建立之前漫长的前科学心理学时期和实验心理学建立之后的科学心理学时期。

自古希腊罗马时期开始至1879年实验心理学建立的这段时间为前科学心理学时期。这段时期心理学发展的特点是：有丰富的心理学思想，却没有系统的心理学理论。心理学在这段时期是附属于其他学科的，特别是附属于哲学的。哲学家在构建其理论的过程中阐发了许多心理学的思想观点。这一时期心理学思想的发展大致经历了两个阶段。第一个阶段是官能心理学阶段，时间是从公元前6世纪至公元14世纪。这一阶段包括了奴隶社会和封建社会两个历史时期。主要代表人物有古希腊的柏拉图和亚里士多德，以及中世纪教父学的代表人物奥古斯丁和经院哲学的著名代表阿奎那。在此阶段，心理学思想集中体现在灵魂的功能或曰“官能”的探讨上，而灵魂的官能实际上就是我们探讨的意识或心理，因此我们称这段时期的心理学思想为官能心理学。第二个阶段为意识经验心理学阶段，时间起于14世纪末止于19世纪中叶，包括资本主义关系形成时期和资产阶级革命时期的心理学思想。在这一阶段，有关心理问题的探讨由灵魂的功能逐渐转向认识的起源、过程和方法等问题，注意的焦点转向意识经验起源的研究。于是，官能心理学开始让位于意识经验心理学。意识经验心理学探讨的主要问题是知识经验是怎样产生的。在这个问题上，出现了两种对立的主张，即经验论和唯理论。在心理学史上，我们称之为经验主义心理学思想和理性主义心理学思想。经验论主张感性经验是知识的唯一源泉，一切知识均来源于经验。唯物经验论主张感性经验来源于客观世界，唯心经验论则认为是由内省体验产生的。唯理论站在经验论的反面，推崇理性判断，贬低感性经验。唯物主义的唯理论主张认识的对象是客观存在的自然界，唯心主义的唯理论则认为理性知识是天赋的，是先天固有的。经验论与唯理论之争构成了意识经验心理学发展的主要线索。在经验论的基础上产生了联想主义心理学。联想主义心理学以"联想"解释一切心理现象，认为各种心理元素通过联想的规律形成各种心理状态。联想主义心理学是意识经验心理学发展的最高形式，它的出现代表着哲学心理学向科学心理学的过渡。

1879 年，冯特在德国莱比锡大学建立了世界上第一个心理学实验室，这标志着科学心理学的建立。自此，西方心理学进入了一个新的发展时期。在这个时期，心理学虽然脱离哲学而独立，却没有形成一个统一、联合的学科。不同理论倾向的心理学家相互争论，形成了大大小小的心理学派别。在实验心理学建立的早期，存在着内容心理学与意动心理学之争。美国心理学产生以后，又出现了构造主义与机能主义的对立。1910 年以后，西方心理学又产生了行为主义、精神分析、格式塔心理学。这些学派又进一步分化和演变，导致了新行为主义、精神分析的自我心理学和精神分析的社会文化学派，等等。大致上可以说，20 世纪 50 年代之前的西方心理学由行为主义和精神分析平分秋色。尽管在此时期存在着其他心理学派别，但最有影响的还应属这两大学派。20 世纪 50 年代以后，西方心理学的阵营发生了变化：作为行为主义和精神分析之后心理学的第三势力——人本主义心理学产生了。20世纪50年代末60年代初的认知革命又促进了信息加工认知心理学的诞生。目前，人本主义心理学和认知心理学是西方心理学的两个主要发展方向。

以上是对西方心理学发展线索的简要概括。这一发展过程构成了西方心理学史的主要研究对象。需要指出的是：第一，本书将把注意的重心放在实验心理学建立之后的科学心理学时期，前科学心理学时期的心理学思想仅作为实验心理学产生的背景简要叙述；第二，我们并不完全以时间的顺序叙述实验心理学建立之后西方心理学的发展，而是根据研究的“范式”进行归类，把具有某些相同特征的理论和学派放到一起加以阐述。至于怎样归类，则是下面有关西方心理学体系的主要内容了。

## 二、西方心理学史的理论体系

美国心理学家M. H. 马克思和希利克斯在编纂《心理学的体系和理论》时曾指出，作为提出“范式”概念并对它下定义的科学哲学家库恩不认为心理学与物理学等学科一样，具有所谓的“范式”，但库恩同时也不否认前科学是由某种“类似于范式的东西”来指导的。现在看来，如果“这种类似于范式的东西”被看作是一组联合起来的心理学家，那么它就是学派，如果被看作是一组联合起来的心理学观念，则就是体系。M. H. 马克思和希利克斯的观点说明体系和学派是相互联系的：学派是一种组织，而体系则是这个组织的理论观点，每个学派都有自己的理论体系。

假如我们完全按照M.H. 马克思和希利克斯的观点来划分西方心理学的理论体系，则体系的划分就变得没有多少实际意义了。因为自科学心理学创立以来，西方心理学内部就四分五裂，产生了众多的学派。20世纪50年代以前，有构造主义、机能主义、行为主义、格式塔心理学和精神分析五大学派。20世纪50年代以后，又出现了人本主义心理学和信息加工认知心理学。此外还有意动心理学、个体心理学、存在主义心理学等小的学派。若以每一学派作为一叙述的体系，则在本书中就存在着无数的体系。但是如果我们抛开学派而专注于理论体系，则又超越了历史研究的范围。因此，我们必须既考虑学派，又不囿于学派，既研究体系，又不超出历史，做到体系与历史的统一。正是基于这一设想，我们才把这本书命名为《西方心理学的历史与体系》。

除了导论和结论外，本书分为五编，每一编叙述一个大的理论体系，编内各章则叙述不同的学派。对体系的划分我们不仅考虑了时间上的顺序，而且注重研究取向上的共同点。尽管某些学派之间存在着严重的冲突与对立，但从整体上来看它们之间又有明显的共同特征，如构造主义与机能主义相互冲突、彼此对立，但是两者皆以意识为研究对象，因此这两个对立的学派被放到同一体系中加以阐述。在同一体系内，学派的先后基本上是以时间上的顺序为依据的。这种安排的目的正是为了彰显体系与历史统一的原则。

## 第三节 西方心理学史的研究方法

### 一、研究西方心理学史的方法论基础

辩证唯物主义和历史唯物主义是在一切科学研究中都应遵循的基本的方法论，西方心理学史的研究也是如此。西方心理学脱胎于18、19世纪的旧哲学，受到西方形形色色旧的哲学的影响，同哲学观点保持着紧密联系。举例来说，德国心理学家冯特是实验心理学的建立者，他使心理学脱离哲学而独立，但是他深受英国经验主义和康德的唯理论的影响。冯特的弟子铁钦纳则受到马赫主义的影响。在西方心理学的历史上曾盛极一时的行为主义自视与哲学没有联系，而实际上它接受了实

证主义和机械唯物主义。人本主义心理学则同现象学、存在主义哲学有着千丝万缕的联系。所以说，西方心理学同西方哲学的联系是非常紧密的。研究这样一种受多种哲学影响的心理学的历史，若没有正确的方法论的指导，就不可能做到“去粗取精，去伪存真”，更不可能做到“古为今用，洋为中用”。因此，在西方心理学史的研究中，坚持辩证唯物主义和历史唯物主义的方法论的指导是十分必要的。需要强调指出的是：强调辩证唯物主义和历史唯物主义的指导并不意味着对西方心理学的人物、学派、学说和理论来一个唯物论和唯心论的划分，然后对后者予以全盘的否定。显然这种简单化的方式是不可取的。正确的方式应该是理解和领会辩证唯物主义和历史唯物主义的精神实质，运用其研究问题的立场、观点和方法。具体地说，就是要坚持下列三个原则。

（一）坚持历史唯物主义，反对历史唯心主义

历史唯物主义是把辩证唯物主义原理应用于社会生活领域，以唯物的观点看待社会历史的发展，即“以一定历史时期的物质经济生活条件来说明一切历史事件和观念，一切政治、哲学和宗教的”。[①]而唯心史观仅仅“考察了人们历史活动的思想动机，而没有研究产生这些动机的原因，没有探索社会关系体系发展的客观规律性，没有把物质生产的发展程度看作这些关系的根源”。[②]心理学作为研究人类精神生活的科学，它的产生和发展必然受到社会物质经济生活条件的制约。所以说在西方心理学史的研究中必须坚持历史唯物主义，反对历史唯心主义。

坚持这一原则表现在分析心理学思想、学派和理论的起源时，不仅要考察学科内部的原因和一般的思想文化背景，还要注意探索社会物质生活条件的制约作用。在此方面一个明显的例证是美国机能主义产生和发展的历程。20 世纪初的美国正处在开发西部疆土的阶段，在往西部进军的过程中，那些能适应西部生活的人留存下来，不能适应的人则

①《马克思恩格斯选集》第 3 卷，人民出版社 1995 年版，第 209 页。

②《列宁选集》第 2 卷，人民出版社 1995 年版，第 425 页。

被淘汰出去。社会物质生活的这一特点决定了研究意识适应功能的机能主义成为当时美国心理学的主流。而把意识构造作为研究目标，反对应用研究的构造主义就难免被淘汰的厄运了。

（二）坚持辩证分析的方法

辩证分析的方法要求我们坚持普遍联系的观点。恩格斯在《反杜林论》中曾经指出："当我们深思熟虑地考察自然界或人类历史或我们自己的精神活动的时候，首先呈现在我们眼前的，是一幅由种种联系和相互作用无穷无尽地交织起来的画面。"①心理学的发展也是如此，任何一种学说和理论的产生都不可能是孤立的，而是同其他学说相互影响、相互交织的。早期的行为主义是以反对构造主义和机能主义起家的，但是其学说不可能摆脱这两种心理学的影响。它抛弃意识的研究是机能主义贬低意识倾向的继续，而它对行为所采取的元素主义分析方法则明显受到构造主义的元素论的影响。所以在西方心理学史的研究中，应坚持普遍联系的观点，理清每一理论的来龙去脉、前因后果，在整体的联系中把握各种学派的产生和发展。

辩证分析的方法也要求我们在评价人物和学派的是非功过时采取一分为二的态度。在心理学的历史上，任何一个人物、学派和理论都有其存在的理由，都在不同的方面或多或少对心理学的发展有所贡献。我们不能因其哲学基础是唯心主义的，就否认其学术观点。在此方面我们应该向我国老一辈心理学史家学习。高觉敷先生在编纂《西方近代心理学史》时曾指出："我们要区分心理学家的世界观和他们在专业方面取得的成就。这是两个既有联系又有区别的问题，不能因为某些心理学家的世界观是唯心的，方法论是形而上学的，就抹杀他们在心理学研究中的有价值的东西。"②高觉敷先生所主张的正是一分为二的观点。

①《马克思恩格斯选集》第3卷，人民出版社1995年版，第359页。

②高觉敷主编：《西方近代心理学史》，人民教育出版社2001年版，第10页。

（三）坚持实事求是

贯彻辩证唯物主义和历史唯物主义的最根本原则是坚持实事求是。实事求是是马克思主义的核心。在心理学史的研究中贯彻实事求是的原则，就是要求我们以历史的态度看待心理学史上的各种学说和理论，根据历史实际来评价人物、学派、理论和学说。我们不能以今天的认识去要求古人，更不能以今天的发展水平作为衡量过去的标准。凡是对心理学的发展有贡献的，我们都应实事求是地予以肯定。在评价人物和学派的贡献时，应避免掺杂个人因素，不能因个人好恶而任意抬高或贬低。总之，态度要客观端正，不能主观臆断。

实事求是并不是历史研究中的客观主义。客观主义否认任何理论观点的指导作用，仅仅试图简单地陈述和罗列历史事实。而我们的实事求是是以辩证唯物主义和历史唯物主义为指导，是史与论的有机结合，是资料叙述与事实分析的有机结合。客观主义的态度易使我们良莠不分、是非不辨，因而是我们应该加以拒绝的。

## 二、研究西方心理学史的史学方法

从根本上说，作为一门史学性质的学科，西方心理学史的研究方法与历史学的研究方法是基本一致的。也就是说，凡是可以应用于历史学的研究方法，我们都可以结合西方心理学史的实际情况辩证地加以运用。这些史学方法集中地反映在西方心理学史料的搜集、处理和解释中。

（一）西方心理学史料的搜集方法

所谓史料，广义上是指所有的文字资料、物件或者任何有助于了解过去的事实材料；狭义上则主要是指以口头或书面形式流传下来的文献资料，如神话、故事、歌曲、历史记载、编年史、传记、回忆录、日记、书信、照片集、报纸、档案记录、政府公文、学习手册或考试规则、机构简报、申请表、各种鉴定、讲座内容等。史料的搜集是任何史学研究的基础；没有一定的历史资料，或者所占有的历史资料不充分，历史的研究都将无法进行。从这个意义上讲，史料的搜集工作是史学研究的起点。西方心理学史的研究也必须从心理学史料的搜集入手，以一定的心理学史料为基础。

首先，我们可以借助一些专业的心理学博物馆、档案馆、研究所等获得心理学史研究的重要资料。这样的机构遍布于世界各地，是我们了解西方心理学历史的重要来源。例如，位于维也纳贝格街 19 号的弗洛伊德故居博物馆不仅展示了弗洛伊德生活和工作了近 50 年的房屋，还收藏有大量的精神分析学文献。在伦敦汉普斯特德（Hampstead）的梅尔斯菲尔德花园路 20 号，弗洛伊德在这里度过了他人生的最后岁月，自 1987 年起这座房子也作为博物馆对外开放。又如，位于美国俄亥俄州阿克伦大学（University of Akron）的心理学史档案馆，是一个藏品极为丰富的档案馆，该档案馆拥有自己专门的图书馆、通讯社和大量的影片资料等。再如，德国帕骚大学（Passau University）的心理学史研究所，不仅搜集心理学史文献、心理学仪器和设备，进行有关仪器和其他方面的测试，同时还搜集档案、遗物、文件、笔记、书信、照片等。该研究所有大量（部分经过修复）来自冯特时代的心理学仪器。

其次，与某些心理学家有过密切交往关系的一些家庭或他们曾经工作过的大学，也经常收藏有关于这些心理学家的一些重要的历史资料。通过访问这些家庭或大学，通常会发现许多有价值的西方心理学史的研究资料。比如在莱比锡大学就可以找到冯特和费希纳的大量的遗物（费希纳的遗物有相当一部分在第二次世界大战中被毁掉了）。

最后，历史学家还常常采用口述历史的方式搜集历史资料，即向那些曾经历过相关事件的当事人询问过去的事情。这是一种类似于临床心理学的方式，它主要借助于谈话与采访来进行。采用口述历史的方式首先必须进行采访录音，然后须小心地将录音听写出来。通常被采访者所说的话只有一小部分是重要的，但这种方法鲜明、生动、逼真，并有可能让研究者获得事件的真实情况。例如，戈伊特（1984）对很多曾作为纳粹时期历史见证人的心理学家进行询问时，就充分利用了口述历史的方式。

（二）西方心理学史料的处理方法

心理学史的研究绝不是历史资料的简单堆积；在搜集到一定的历史资料后，接下来的研究工作就是如何对这些材料加以科学的处理，以揭示隐藏在史料背后的历史事件的本质。

处理历史资料的一个重要的工作就是如何对历史资料加以分类。一般说来，一份史料所提供的历史认知价值越大，人们就越认为其接近历史的真相。据此人们将历史研究中的文献资料自然地分为主要史料和次要史料两大类。因此，在心理学历史资料的处理过程中，面对各种不同的文献资料，我们要做的第一件事情就是要从大量的史料中区分出那些主要的、能更准确地反映历史事实的资料。例如，相对于冯特晚年（1920）所写的那本关于其大学时光和第一次进行心理学研究的生平回忆录，他在大学期间与其家人之间的书信更经常地被史学家们作为主要史料来加以引用。事实也表明，书信中关于其第一次研究工作情况的叙述和生平回忆录中的记录完全不相符，却相对地更接近于真实的情况。再如，相对于自传来说，由他人撰写的传记绝大多数情况下会被史学家们作为次要史料来使用。当然，主要史料和次要史料的区分是相对的，这与我们研究主题的选择有关。比如，像传记这样的次要史料在对某个主题从时间跨度和空间跨度上进行综述时，经常会表现出其特有的优越性。

另外，数理统计的方法，从简单的、描述性的统计数据，到相关系数的计算、回归分析，再到相当复杂的多变量分析，最近几十年在历史学领域中得到了越来越多的应用。例如，在心理学史的研究中，心理学史家经常会利用数理统计的方法，通过对某一特定心理学课题或某一心理学研究领域的出版物的数量进行分析，从而把握该课题或研究领域的趋势和走向。再如，通过书目计量学分析的方法（即计算某些著作在杂志中被引用次数的方法），我们即可据此推断该著作及其作者在心理学发展史上的影响及贡献。

（三）西方心理学史料的解释方法

在人文科学的研究中，解释学一直被认为是解释的技术和标准。在心理学史的研究中，对于搜集和处理过的史料也涉及如何进行恰当解释的问题。从根本上讲，心理学史家在对历史事件进行解释时，首先必须对该历史事件发生的整个社会文化背景有充分的了解，然后基于这样的背景来对整个事件做出历史的、文化的和时代的解释。唯其如此，才不致对历史事件做出错误的、歪曲的解释。例如，冯特在青年时期曾和尚未结婚的家庭教师共享一室。对这一历史事实进行解释时，美国某些心理学史家由于对 19 世纪中期德国的社会文化背景缺乏了解，而仅仅从美国现时普遍的社会标准出发，就草率地得出冯特有同性恋倾向的结论。这样的结论显然是错误的，因为在冯特所处的时代，虽然德国富裕家庭聘请家庭教师并不十分普遍，但教师和学生共享一室是非常平常的事。

另外，能揭示历史真相的解释总是相互印证的，因此，尝试对同一历史事件进行多维度、多视角的解释，也能有效地避免做出错误的解释。在心理学史的研究中，如果从各种不同途径搜集的资料能对同一历史事件得出基本一致的结论，则这一解释就应该是可信的。

当然，对历史事实的解释并不是一次就能完成的，它常常是一个螺旋式的渐进的过程，随着对历史资料的逐渐发掘、整理和澄清，新的、更全面的结论必将取代旧有的、片面的结论。例如，历史上对冯特的评价，早期的心理学史家往往片面地根据其对实验心理学的影响，加之铁钦纳和波林等人的误导，而简单地将其看成是一个元素主义者。直到 20 世纪 80 年代以后，随着心理学史研究中对冯特整体论思想、民族心理学的关注，早期对冯特的结论性评价（即“元素主义者冯特”）开始受到挑战，新的史料要求对冯特做出新的、更全面的评价和解释。

此外，以各种心理学理论为依据对史料进行解释，也是近年来心理学史研究中出现的一种新取向。目前这样的研究方法刚刚起步，值得我们关注。例如，有的心理学史家开始采用心理历史学的方法，利用精神分析学的原理对历史文献中的传记、回忆录等进行解释。虽说这样的解释目前尚存争议，其思路却很有启发意义。还有的心理学史家开始将社会心理学的研究成果（如团体意识的形成和发展、意见的倾向性、团体的吸引力和凝聚力、领导阶层等）应用于心理学史料的解释，如对弗洛伊德“周三研讨会”的记录等史料的解释，对各种大型会议上的报告或杂志上针对某些心理学问题进行的争论等史料的解释等。这种社会心理学的解释往往能帮助我们搞清楚许多历史事件的真相，并进而对某些心理学理论的演变和发展有更深入的理解。例如，某心理学家是由于什么原因而参加了有关的争论，某心理学派形成的团体动力学情况如何，等等。

## 第四节　西方心理学史编纂的观点和原则

我们不仅要学习怎样研究西方心理学史，而且要学习如何把研究成果表现出来。任何历史研究成果，都必须通过一定形式的论著才能表现出来。历史编纂学就是专门研究史学著作的编写方法和原则，即史学家如何向外输出自己的研究成果。历史研究是编写史学著作的前提和基础，而编写史学著作则是历史研究的结果和表现。表现的方法和研究的方法既有区别又有联系。每本史学著作的作者都必须首先阐明其历史编纂学的观点。

### 一、西方心理学史编纂的基本观点

从19世纪末期以来，在西方心理学一百多年的发展历程中，其史学编纂的基本观点可大致地划分为两种基本类型，它们分别对应于西方心理学史发展中前后相续的两个不同阶段。

（一）“旧史”编纂观

“旧史”编纂观，其时间是从20世纪初期开始至20世纪60年代末期为止。在这个时期，心理学史的编纂主要采纳的是科学主义模式，它强调在心理学史的编纂中运用科学的方法，透过纷繁庞杂的历史现象，发现心理学发展的客观结构，还历史以本来的面目，再现历史的真实。波林的《实验心理学史》（1929）就是这种编纂观的典型代表。归结起来，“旧史”编纂观有如下四个基本特征。

第一，“旧史”编纂观以真理符合论（correspondence theory of truth）为基本的指导思想。它强调心理学史家的历史叙事必须与历史事实相符，认为历史的编纂就在于真实地记录历史事实、如实地描述历史事件。从这个意义上讲，“旧史”编纂观所追求的是能“像实际发生的那样”描述心理学的过去，客观地复原真实的历史，其最终目标是获得心理学历史的客观知识。

第二，“旧史”编纂观以心理学历史发展的一维性（one-dimensional）和历时性（diachronical）为基本出发点，强调后续的历史事件或理论观点是前期历史事件或理论观点的延续或逻辑上的展开。换言之，从“旧史”编纂观来看，心理学史的发展是有规律的，心理学的历史事件之间存在着密切的因果关系；心理学处于不断地从低级阶段向高级阶段的发展过程之中。因此，心理学的史学编纂，其主旨就在于探寻心理学的历史发展规律，提炼促进心理学发展和进步的客观力量。例如，相对于构造主义和机能主义，行为主义的产生是必然的，因为构造主义和机能主义的主观模式必然导致其对立面的出现，行为主义是心理学的主观模式走向极端的必然结果。又如，早期的联想主义心理学是不完善的，这种哲学的心理学必然为科学心理学所取代。冯特的元素主义是不成熟的，格式塔心理学的出现是德国心理学从低级阶段走向高级阶段的必然结果。

第三，“旧史”编纂观往往促使编纂者把工作的重心放在寻找心理学历史发展的标志上，即寻找那些为心理学史家所认可的、在心理学发展过程中有着重要影响的历史事件、杰出的历史人物或突出的学派等。由此而来的结果是，与这些标志相关的人物、学派、活动或事件往往被心理学史家宣传和强化为心理学发展的主流和中心，而其他的人物、学派、活动或事件则常常被边缘化、非主流化。例如，波林在《实验心理学史》中将冯特1879年在德国莱比锡大学建立的心理学实验室看作是科学心理学建立的标志；与此相应，美国心理学家威廉·詹姆斯1875年在哈佛大学建立心理学实验室则被认为是心理学发展中的一个边缘性事件。又如，在早期的“旧史”著作中，由于对科学主义的推崇，实验心理学一直处于心理学史家关注的中心，而临床的和其他应用的心理学则往往受到忽视。

第四，“旧史”编纂观假定，在不同的国家和民族以及不同的历史时期，心理学面对着同样的主题。也就是说，心理学的研究主题具有跨文化、跨时代的普适性。例如，早期的心理学史家往往认为，古希腊罗马的心理学尽管缺乏系统的理论体系，但是那时的心理学家（即哲人或思想家）所面对的心理现象同现代人所面对的没有什么不同；古代东方人的心理从形式上来说同西方的现代人的心理也别无二致。正是基于这样的观念，这些心理学史家常常习惯于把西方的和现代的作为标准，用以解释非西方的和古代的心理学问题。

（二）“新史”编纂观

“新史”编纂观，其时间是从20世纪70年代开始至今。由于后现代主义思潮的影响，心理学历史的编纂方式逐渐扬弃了传统上注重对历史事件和历史人物进行客观的精确性描述的立场，并转而强调史学家在建构心理学历史中的重要作用。持有“新史”编纂观的心理学史家一般认为，史学的编纂不仅在于记述历史事实，而且更重要的是要分析人物的功过是非，评价其对心理学发展所做的贡献；他们也往往更注重分析时代精神的作用和外部社会文化因素对心理学发展的影响。

虽说“新史”编纂观并没有给心理学的历史编纂学提供一种现成的框架体系，但它给心理学的历史编纂工作带来了一种批评的眼光和质疑的态度，提供了一种开阔的视野和多角度审视心理学历史的可能性。正如心理学史家弗洛莫托所指出的那样：“‘新史’倾向于批判性的，而不是纪念性的。它倾向于分析事件的来龙去脉，而不是仅仅记载观念的历史。‘新史’更具有包容性，超越了‘伟人’的研究。……最后，‘新史’力图从那个时代内部理解那个时代的思维，而不是为了寻找现实各种观念的先驱，或者从这一领域的现实情景撰写过去的历史。”[①]“新史”编纂观的意义在于：

第一，“新史”编纂观使得心理学史家更明确地意识到了历史知识的主观性问题。尽管早期的心理学史家也注意到了历史的主观性问题，指出历史学家的主观性会影响到心理学史的写作，强调心理学史家的文化历史背景、学术氛围和时代精神对历史研究的影响，但是，在早期的心理学史家看来，心理学的历史在本质上是客观实在的，心理学史家的主观性可以通过审慎而严谨的编纂工作来加以克服，历史可以“如实直书”。然而，从后现代的建构主义思想出发，“新史”编纂观并不是仅仅承认历史研究中主观性的存在，而是从根本上否定心理学史的客观实在性，强调心理学史只是心理学史家的一种话语建构，无客观的规律可循。所谓的历史和历史发展规律是“建构”出来的；心理学史是心理学史家讲述的“文本”，而非历史现实本身。概言之，“新史”编纂观通过对客观史学的挑战，给了心理学史家一个重新审视心理学史的机会；它有助于心理学史家对历史知识的重新定位。

---

① Furomoto, L. (1989). The new history of psychology. *In Cohen, T.S. (Eds.), The G. Stanley Hall Lecture Series (Vol. 9)*. (p. 16). Washington, DC: American Psychological Association.

第二，“新史”编纂观有助于心理学史家认识心理学史研究中的价值观问题。早期的心理学历史编纂学以客观主义为指导，追求对历史的真实记录和如实再现，强调心理学史的研究要摆脱价值观的束缚和意识形态的干扰。但是，“新史”编纂观从建构主义的立场，认为心理学史研究无法回避价值观的涉入，强调任何历史的写作都是为某种利益服务的，它不可避免地要体现特定群体的价值观和意识形态。例如，在“新史”的编纂者看来，尽管波林撰写《实验心理学史》的表面动机是总结心理学的过去，让心理学系的学生了解心理学产生的历程，但是其内在动机是抵制蓬勃发展的应用心理学，延续构造主义在美国心理学中日渐衰落的影响。

第三，“新史”编纂观促使心理学史家正视文化视角所造成的认识差异。既然心理现象是社会建构的产物，那么心理学史家就不要指望各个历史时期、各种文化条件下的人们会具有连贯一致的心理范畴、形式和概念，认知、情绪、思维、想象和人格等心理学概念只是在西方文化条件下的话语建构。那种心理学史家可借以编纂的、能精确地反映不同历史时期人们所共同面对的心理现象并不存在。因此，将西方心理学历史中的某些事件作为心理学史分期的标志，并以这样的标志去衡量其他文化条件下心理学的发展，并进而得出一切非西方国家的心理学都是“落后的”、“原始的”，这样的研究是不值得心理学史家关注的，这样的结论显然有失公允。

第四，“新史”编纂观反对只专注于心理学“精英”的传统心理学史的编纂学，强调要把原来在心理学史研究中被边缘化的人物、事件和学派都包括进来，建立一个“自下而上的心理学史编纂学”。换言之，“新史”编纂观不仅要求关注主流心理学，也要求关注非主流的心理学；不仅要求把目光指向心理学的“伟人”，也要求指向心理学的“平民”；不仅要求探讨心理学在西方的发展，也要求探讨心理学在非西方国家的演进；不仅要求包括女性心理学的贡献，也要求引入女性主义的观点，反对“大男子主义”的心理学史。

综上所述，“旧史”编纂观和“新史”编纂观，虽然两者都从各自的研究立场在一定程度上揭示了心理学史编纂的某些内在规律，但从总体上看，它们又都失之偏颇。因此，从辩证唯物主义和历史唯物主义的视角来看，心理学史的科学的编纂学应该是将“旧史”编纂观和“新史”编纂观辩证地统一起来，既不能因历史认识的局限性否认历史事实的客观性，也不能因历史事实的客观性否认历史叙事的建构性质。换言之，心理学史家在心理学史的编纂工作中，一方面应以心理学的历史事实为基础，尊重客观的历史事实；如果否认了历史事实的客观性，则心理学史就失去了科学价值。另一方面，心理学史家又应对心理学史认识和记述的客观性保持审慎的态度，以一种警惕的目光注视历史认识和历史叙事的建构性质，以更加谨慎地使用史料。唯其如此，心理学的历史编纂学才能成为一门真正的科学。

## 二、西方心理学史编纂的基本原则

通过对西方心理学史上两种对立的史学编纂观的剖析，我们强调科学的史学编纂学就在于实现二者辩证的、历史的统一，这即辩证唯物主义和历史唯物主义的心理学史编纂观。为了具体地落实这种科学的心理学史编纂观，在西方心理学史的编纂工作中，我们需要进一步正确地处理好如下五对史学编纂的基本矛盾，即描述与反思的对立统一、客观性与主观性的对立统一、现在主义与历史主义的对立统一、内在史观与外在史观的对立统一以及伟人说与时代精神说的对立统一。对这些基本矛盾的正确处理，就是我们在西方心理学史编纂中应当遵循的基本原则。

### （一）正确地处理好西方心理学史编纂中描述与反思的矛盾

历史事件的描述和对历史事件的反思是历史编纂学中的一对对立范

畴。任何历史的撰写，首先就是历史事件的描写，是一种历史叙事或故事。精确地描绘历史事件，勾画出事件的时间、地点、主人公，传达给他人事件的基本框架，是史学家的首要任务。在传统的“旧史”中，史学家往往就是当事人，精确地勾画自己亲身经历的事件，描述自己的认识和感受。这也是“旧史”引人入胜的地方。但是这样的历史仅仅是一种观念和事件的记载。现代的史学家更强调反思，强调对历史人物的分析和批判。一部完整的心理学史不能仅仅记载了时间、地点、人物和事件，它应该超越描述，提供给读者更多的东西，让读者了解事件的深层原因。实验心理学家并非仅仅描述行为，提供行为发生的表面原因。史学家同样如此，除了描述心理学的历史事件外，他要解释为什么冯特在德国莱比锡大学建立了心理学实验室，为什么科学的心理学没有产生在工业更为发达的英国和法国，为什么行为主义有那么大的吸引力，等等。

因此，历史编纂学要求人们超越对历史事件的简单描述，进行更深层次的理论思索。第一步，要描述心理学史上的人物、事件、学派和理论。这是心理学史编纂的基础，没有这些人物和事件，就没有心理学史。因此，从事心理学史研究的第一步是搜集史实，占有资料，在此基础上对历史进行描述。第二步，回答为什么。不能满足于历史的描述，要分析历史事件的原因，找出事件背后的东西。由于历史事件发生在过去，对事件原因的推测不可避免地带有思辨的性质。第三步，评价事件的结果，分析人物和事件的影响。这是反思的阶段，最能体现出史学家的理论思维能力。

（二）正确地处理好西方心理学史编纂中客观性与主观性的矛盾

历史并不是对过去事件的客观记录，历史是选择和解释的产物。心理学史同样如此，它反映了心理学史家的主观意识和偏见。波林在开始撰写《实验心理学史》时，力图写一本“客观”的心理学史，即公正地、无偏见地记录心理学发展过程中的各种人物和事件，但是后来他发现这是不可能的。选择什么，舍弃什么，为什么记述这个人物而不是那个人物，都需要有一定的指导思想，不可避免地渗入了个人的偏见。所以国外的心理学史指的是“一种心理学史”（a history of psychology），而不是“唯一的心理学史”（the history of psychology）。由于每个史学家的指导思想是不同的，因而每个人写出的心理学史都是不一样的。不同版本的心理学史对同一历史事件往往有不同的解释。

历史的主观性首先表现在题材的选择上。在心理学历史发展过程中，有许许多多的题材，心理学史家从浩如烟海的历史题材中选择自己感兴趣的问题，其他大部分题材则被忽略或抛弃了。其次，对于历史事实的认定也表现出主观性。心理学史家根据一定的指导思想和原则，选择一些事件作为历史事实，另外的事件则被排斥在历史事实的范围之外。最后，在历史资料的选择上，主观性也发挥着作用。即使对于第一手资料，如官方文件、当事人的口述，也存在着主观性和个人的偏见。官方文件可能有意忽略一些重要的事实，当事人可能为美化自己而说谎，或者记忆发生偏差。第二手资料的主观性就更明显了，在转述、翻译的文献中，个人的偏见早已渗透于其中。

但是，不能因为历史的主观性而放弃对客观性原则的追求，要认识到历史的主观性可以给撰写心理学史带来有益的启示。正确的方法是，承认主观性的存在，但是力求客观、公正，努力做到描述精确，评价合理，把主观性和客观性有机地统一在一起。

（三）正确地处理好西方心理学史编纂中现在主义与历史主义的矛盾

现在主义（presentism）和历史主义（historicism）是历史研究中的两种倾向。现在主义根据现在的思想观念和意识形态来看待历史人物和历史事件，认为科学的现状是最佳的状态，科学处在一种不断进步的过程中，学科的现状是过去的事件直接导致的，是学科进步和发展的结果。换句话说，现在主义不仅根据当前的态度和价值观解释过去，而且强调进步原则，认为以往的一切都是不完善的和有缺陷的，学科的今天才是最理想的状态。因此，现在主义在探讨历史的时候，总是倾向于认为现在的心理学是正确的，或者至少优越于以往的心理学。历史是由一系列朝向现在的进步而组成的，在评价某个伟人的时候，倾向于使用"超越了他的时代"，或者"预见了现代的观念"等表述，总是倾向于以今论古、厚今薄古，强调历史事件的现实意义和价值。以这种观点写出的历史经常被称为"辉格史"（whig history）。英国史学家巴特菲尔德是这样定义辉格史的："许多史学家有这样一种倾向，他们站在新教徒和辉格党的一边，称赞他们的革命，认为他们是成功的。这些史学家强调过去到现在是进步的，写出的历史如果不是吹捧现在，就是对现在的认可。"①

历史主义同现在主义恰好相反，它从历史本身的角度理解过去，并不尝试说明过去与现在的关系。历史主义将历史人物和事件置于历史的情景中，根据那个时代的思想意识和价值观念来理解和解释历史事件。这样的史学家在评价历史人物的作用时，不是根据现在的要求和标准，而是把历史人物放到适当的历史背景中，从那个时代的条件来分析历史人物的贡献。例如，英国心理学家高尔顿 1896 年出版了《遗传的天才》一书，从今天的角度来看，书中许多观点是错误的，充满着种族主义、性别歧视和遗传决定论的谬误。但是，从高尔顿所处的维多利亚时代来看，这些观点与那个时期的时代精神是一致的，且高尔顿所使用的方法具有科学的意义，他对心理学的贡献是应该肯定的。所以历史主义主张抛弃现实的功利意义，还历史的客观性和真实性。

历史主义的客观态度是人们所推崇的。但是生活在当今的时代，时代的思想观念和意识形态很难不在人们身上留下深刻的烙印，因此，完全避免现在主义是不可能的。而且一门学科如果不能为当今的社会服务，仅仅钻入历史的象牙塔中孤芳自赏，那么这门学科的生存

---

①转引自 Simonton, D. (2002). *Great psychologists and their times: scientific insights into psychology's history*. (p. 20). Washington, DC: American Psychological Association.

就成问题了。所以，正确的做法是走第三条道路，超越现在主义和历史主义的局限，既强调历史研究的现代价值，又不忘历史主义的客观态度，使心理学史的学习有助于对当今心理学的理解，把心理学史变成一门既对现代心理学有用，同时又不失客观公正的学科。

（四）正确地处理好西方心理学史编纂中内在史观与外在史观的矛盾

现在主义或辉格史是典型的内在史观。内在史观把科学看成是自我包含的，认为通过科学方法的合理应用，科学家可以解决自己的一切问题。心理学的内在史观把心理学的发展视为心理学界的伟人凭借自身的天才和实力解决一个又一个难题，实现了心理科学的进步，仿佛这些伟人生活在时代的“真空”之中，学科外部的社会文化、政治经济、意识形态对心理学的发展没有实质性的影响。早期的心理学史家大多信奉这种观点，注重学科内部理论观点和方法技术的演变。例如，以内在史观撰写心理学史，关注的往往是从内省法到实验法、从冯特的元素主义到格式塔的整体主义、从华生的行为主义到现代的认知心理学、从心理学中的科学主义到心理学中的人文主义，等等，对学科外部的影响往往忽略不计。波林的《实验心理学史》就是这种观点的代表。虽然波林间或提到经济和文化因素，并且经常使用“时代精神”一词，但是波林关注更多的是心理学学科内部的发展线索。

现在，越来越多的心理学家意识到内在史观的不足，认识到尽管心理学家希望摆脱学科外部的影响，专心致志于学科内部的发展，但这是无法实现的。心理学本身就是社会结构中的一个部分，反映的是意识形态的影响和社会发展的需要。为什么心理学在德国是一门“纯科学”，更关注意识元素的分析？为什么心理学到了美国就变成了强调意识功用的应用学科？这是因为德国社会受理性主义哲学的影响，喜欢理论和思辨的学科，且德国的大学教授都是贵族出身，不需要为生计而焦虑；美国则是一个实用主义的社会，如果一门学科不能向社会证明它的实用价值，从事这门学科的工作者就无法生存。所以美国社会的特点决定了美国心理学的特征和发展方向必然不同于德国。如果仅仅关注心理学的学科内部，就无法理解心理学的这种变化。因此，现在的心理学史家大多赞成外在史观。

正确的做法是内外兼顾和内外平衡。关心学科内部的发展线索是心理学史家的基本工作，但是，极端的内在史观会把心理学置于社会的真空中，使之脱离社会的实际。如果一味强调外在因素的影响，就会忽视心理学内部的发展动力，抹杀心理学家对学科发展的贡献。因此，关注学科内部的发展线索，同时又兼顾学科外部的社会条件才是正确的做法。

（五）正确地处理好西方心理学史编纂中伟人说与时代精神说的矛盾

这两种学说又分别称为人物决定论和自然决定论。伟人说认为历史是伟人创造的。如果没有达尔文，就没有进化论；如果没有弗洛伊德，就不会有精神分析；如果没有华生，就不会有行为主义的出现。总之，历史是伟人凭借自己的知识和天才而创造的，没有这些伟人，历史就要改写。以这种观点写出的历史强调的是杰出科学家所做的研究和贡献，这些科学家以天才般的智慧揭示世界的奥秘。英国作家卡莱尔是这种观点的典型代表。他指出："就我的理解来说，普通的历史，即人类在这个世界上所完成的这个历史，从根本上来说，是生活于其中的伟人的历史。他们是人类的领袖……是世界历史的灵魂……"①

从表面上看，伟人说似乎是很清楚的。科学是那些有智慧的、创造性的和富有能量的科学家的工作，他们个人就可以决定科学的发展方向。通常以某个人命名一个时代、一个定律、一个学派，所以才有了"爱因斯坦时代""摩根定律""弗洛伊德学派"等术语，这就是人们对这些伟人作用的承认。他们的研究改变了时代，改变了学科的发展方

① Carlyle, T. (1841/1966). *On heroes, hero-worship and the heroic in history*. (p.1). Lincoln: University of Nebraska Press.

向，影响了随后的科学家。总之，他们改变了历史。

但是，伟人说足以解释科学或社会的全部发展吗？心理学的发展可以验证伟人说的观点吗？事实并非如此。经常的情况是，科学家、艺术家和学者的贡献在他们有生之年被忽视或受到压制，只是到了很久以后才得到承认。1763 年，苏格兰科学家罗伯特·怀特就提出了条件反射的概念，但是没有人对此感兴趣。一个世纪以后，当研究者采纳了更为客观的研究方法以后，俄罗斯生理学家伊万·巴甫洛夫把怀特的观察加以精细化，把这个原理扩展为一个新的心理学体系的基础。为什么怀特的研究没有得到科学的承认？为什么巴甫洛夫的研究促进了行为主义的出现？在这里，个人的作用已经无法解释这一事实，必须用时代精神来做出解释。因此，一种发现通常要等待它的时代。这意味着时代的思想文化和意识形态的氛围决定着对某一观念的接受或拒绝，决定了它是受到赞扬还是遭到讽刺。科学历史同样是那些原来被拒绝的思想和观念的故事的历史。即使是那些最伟大的思想家和发明者，也会受到时代精神，即那一时代的氛围的限制。

所以，更多的心理学家主张时代精神说，认为特定时代的思想文化氛围、政治经济特征决定了伟人能不能出现，决定了这些伟人能在多大程度上对科学和社会的发展做出贡献。那些被称为伟人的心理学家仅仅是时代精神的代表，如果没有时代精神的支持，再杰出的天才人物也会被历史埋没。为什么孟德尔的遗传定律在他活着的时候没有引起人们的注意？为什么 35 年之后，三个素不相识的科学家同时证实了孟德尔的发现？这些都是由时代精神决定的。

伟人说和时代精神说并不一定非此即彼，两者并不一定对立和不可调和。组成心理学史的人物和事件可能是伟人的天才贡献和时代需要共同作用的产物。所以，要主张两者的结合，具体问题具体分析，实事求是地分析人物的贡献和时代精神的影响。

## 第五节　学习西方心理学史的意义

心理学在我国是一门“引进”的学科，而且由于历史的原因，我国科学心理学的发展，离西方发达国家心理学的总体发展水平还有一段很大的距离。因此我们有必要开展西方心理学史的研究，了解西方心理学迄今以前的过去，学习和借鉴其中有价值的成果，以加速我国心理学的建设。学习西方心理学史至少有以下几个方面的重要意义。

### 一、吸收西方心理学的精华用于建设我国的心理学

我国已故著名心理学家潘菽先生早就认识到这一点。他指出：“建设我国的心理学要遵照自力更生的原则，要依靠我们自己的力量积极开展科学研究工作。但同时，作为参考和补充，也要多多向外国学习。外国的心理学已发展到较高水平，是世界心理学发展的前沿……因此，我们不能对外国心理学已有的成就和将有的成就有所忽视。我们要把他们已有和将有的成果至少是其中主要的成就，都拿过来加以了解，加以鉴定。其结果应该是有的采取，有的舍弃，有的存作参考，有的则加以消化和吸收，使之成为我们自己的血肉。如果没有这样的气魄，也就难于把我国的心理学建设好。”[①]潘老的这段话体现了“洋为中用”的思想。

### 二、对西方心理学历史的研究有助于我们了解今日的西方心理学

上文已指出，建设我国的心理学的必要基础之一是吸收和借鉴西方心理学的研究成果，了解西方心理学的发展现状。而要对西方心理学

①潘菽著：《潘菽心理学文选》，江苏教育出版社 1987 年版，第 311 页。

的现状有正确的了解，则必须具备有关西方心理学的历史知识，这是由心理学这门学科的特点所决定的。因为心理学的研究对象——人的意识、心理现象极为复杂，几个世纪之前心理学的先驱所提出的问题现在仍没有获得解决。历史上所研究过的一些心理学问题至今仍让大多数心理学家感到困惑。这样一来，心理学的过去和现在就通过这些持久存在的问题而保持着紧密联系。诚如美国心理学史家舒尔茨所指出的："由于人的极端复杂性，若干世纪以前提出的关于人类本性的许多问题现在仍然以各种不同的形式提出来。因此，像心理学中那样的问题的连续性（即使没有方法方面的连续性）是其他各门科学中找不到的。这样，在心理学中存在着一种与过去更加直接和更明确的联系……现代心理学也只有与其过去的发展联系起来时，它才是有意义的。"①所以，为了对现代西方心理学有正确的了解，就必须了解它的过去。

根据历史唯物主义的观点，研究现实问题必须把这些问题放到历史的背景中，掌握它们的来龙去脉。列宁曾指出，不要忘记基本的历史联系，要看某种现象在历史上怎样产生，在发展中经过了哪些主要阶段，并根据它的这种发展去考察它现在是怎样的。如果我们对西方心理学的过去没有清楚的了解，那么就不可能形成对当代西方心理学的正确认识。

### 三、学习西方心理学史有助于我们提高自身的理论素养

心理学是一门实证学科，对于心理学系的学生来说，掌握实证研究方法和技术无疑是十分重要的。因为只有掌握了心理学的实验方法和统计技术，才能投身到心理学的研究领域，探讨心理和行为的规律，创造心理学的新知识。但是，在任何一门学科中，如果没有理论思维，仅凭经验、实证方法是远远不够的。恩格斯指出："究竟什么是从自然科

①[美]杜·舒尔茨著，杨立能等译：《现代心理学史》，人民教育出版社1981年版，第5页。

学到神秘主义的最可靠的道路。这并不是自然哲学理论的过度滋蔓，而是蔑视一切理论、怀疑一切思维的最肤浅的经验论……对一切理论思维尽可以表示那么多的轻视，可是没有理论思维，的确无法使自然界中的两件事实联系起来，或者洞察二者之间的既有的联系。”[①]在当今的心理学界，一些人受实证主义的影响，把经验、实证看作是一种不可超越的教条，凡不能以实证方法验证的理论探讨都被认为是形而上学的，是一种哲学的思辨，总以为理论思维会导致回到传统哲学心理学的老路，对理论思维持怀疑的态度。这种思想倾向的直接后果是心理学研究课题的日益琐碎和分裂。从表面上看，当代心理学成果丰富、繁荣昌盛，但繁荣景象的背后是理论的贫乏。不同的研究结果之间无法沟通，缺乏理论的整合，徒增心理学的分裂和破碎。这些都是忽视理论思维的结果。

对于心理学系的学生来说，理论思维的训练同样不可缺少。如果仅仅懂得方法和技术，只知其然，不知其所以然，那么在选择研究的课题和分析研究的结果方面就会产生极大的困难。为什么要选择这一课题而不选择那一课题？哪些课题具有价值和意义？这需要理论思维的帮助。通过实证研究得到各种数据以后，怎样分析这些数据，能不能从中抽象出一般性的结论，能不能在更深的层次上讨论研究结论的意义等都需要理论思维的介入。科学家和工匠的基本区别在于：前者是在理论指导下，不仅知道怎么做，而且知道为什么这样做；后者只知其然，不知其所以然，其工作局限在操作层面，缺乏理论思考。

所以，理论思维是必不可少的，而实践证明心理学史的学习是提高理论思维能力的有效途径。在学习心理学史的时候，对心理学史上形形色色的理论体系的分析，对各种心理学家是如何提出问题、论证观点的考察，对各种学派来龙去脉的梳理，不仅会提高我们的思维能力，而且会增强我们的理论素养。

---

①《马克思恩格斯选集》第 4 卷，人民出版社 1995 年版，第 300 页。

## 四、学习西方心理学史有助于我们历史思维的培养

历史思维（think historically）是当代国外历史教学中的一个热点问题，指的是一种以历史的角度对历史事实进行综合分析的理论思维方式。历史思维有五个典型的特点。第一，历史思维要求我们不仅要掌握历史事实，还要理清事实之间的错综复杂关系。历史并非各种事件的简单罗列，虽然历史离不开具体的事件，但依照年代学的秩序排列组合的事件并不是一部完整的历史。完整的历史需要包括事件之间的相互关系。第二，历史思维要求我们从不同的方面、不同的角度对历史事实进行分析。历史事件的意义和关系往往是错综复杂的。若仅仅从某一方面或某个角度去理解，则往往会以偏概全，导致片面性的错误。第三，在对历史事实的解释上，历史思维要求我们善于形成各种假设，并为证实假设提供证据。第四，在历史事件的因果分析中，历史思维要求我们不仅要把握事件的直接原因，还要把握事件的间接原因；不仅要分析近因，也要分析远因；不仅要认识事件的直接和明显的效应，更要认识间接和潜在的效应。第五，历史思维要求我们以历史的眼光看待各种历史事实。任何一种学说或理论、人物或学派，无论存在多少缺陷和错误，无论其影响多么微不足道，从历史上看都有其存在的理由，都有其值得肯定的方面；无论一种学说或理论、人物或学派的影响是多么深远，力量是多么强大，它都是一定历史条件的产物，换句话说，都有它的历史局限性。历史思维的这些特点决定了历史思维的培养必须在历史课程的教学过程中进行。

西方心理学史是由各种概念和理论、各种观点和学说组成的一门理论性较强的课程。这门课程所记述的错综复杂关系决定了学习这门课程必须开动脑筋，积极思维，而不能机械记忆，死记硬背。因此，只要我们依照历史思维的要求，以积极的态度对待这门课程，必然能对历史思维的培养起到促进作用。

# 第二章　西方心理学的起源

“心理学虽有一长期的过去，但仅有一短期的历史。”①著名心理学家艾宾浩斯的名言恰当地概述了本章的主题。从“长期的过去”来看，西方心理学有两个遥远的思想源头，即源自古希腊罗马时期并不断发展的哲学与科学的思潮。从“短期的历史”来看，直到19世纪后期，这两方面思潮的结合才导致实验心理学的产生，从而宣告心理学的独立。本章将具体阐述西方心理学“长期的过去”与“短期的历史”。

## 第一节　西方心理学的哲学起源

西方心理学的历史源头可以追溯到遥远的古希腊时期，甚至比那更早的所谓古希腊前哲学时期。那时的人们通过神话对宇宙万物进行描述和解释。对自然事件的描述和解释是未来的物理学，对人性的描述和解释则是未来的心理学。我们从希腊文字里也可以窥探到人类早期对心理学问题的探索。例如“灵魂”（psyche）这个词，人们用它指生命的气息，它在一个人晕厥、熟睡、死亡时离去，四处游荡，永不消失。“心理学”（psychology）的名称就是从这个词演变来的。大约到了公元前6世纪，心理学才真正开始了具有活力的起源时期，因为这时产生了古希腊哲学。

柏拉图说过，哲学开始于惊异。而包括心理学在内的一切科学，在其起源上都是哲学的一部分。因此，古希腊时期的哲学思想不仅是西方哲学史的开始，同时也成了西方心理学史的源头。

---

①[美]波林著，高觉敷译：《实验心理学史》，商务印书馆1981年版，第442页。

## 一、古希腊罗马时期的心理学思想

公元前6世纪至公元前4世纪是古希腊在西方文化史上最富创造力的时期，许多西方的知识、智慧都出现在这个时期，几乎所有的近代科学思想都可以追溯到这个时期。"在对自然和人的理解方面所取得的进展，成为心理活动认识史上的一个转折点。"①

古希腊早期哲学孕育了两种重要的理智张力，这两种张力交织贯穿着以后的许多世纪，而且也深深隐藏在西方心理学的历史深处，影响着西方心理学的形成与发展。第一种张力是在理性主义和经验主义的传统之间。自巴门尼德以后，理性主义否认真正的认识来自知觉，所以对真理的探求便转向内部的理性和固有的观念。自恩培多克勒以后，经验主义则向外看，认为真实外见的方法可以建立在感性经验的资料上。理性主义者害怕感官的错觉，经验主义者则害怕理性的欺骗。另一种张力是在存在（being）和形成（becoming）的哲学之间。存在哲学的提倡者通常是理性主义者，相信在我们之外存在着永恒和超越的真理与价值，我们必须去寻找它们。形成哲学的提倡者通常是经验主义者，他们否认永恒真理和永远不变的存在，主张在不断变化的经验中寻找唯一的真理——事物的变化规律。这两种理智张力之间的相互作用和斗争，从古希腊以来一直激荡着西方的智慧生活。

### （一）古希腊早期自然哲学中的心理学思想

早期的古希腊哲学家们对宇宙的本质和起源有着特别的兴趣，他们建立了至今仍很重要的诸如原子论和进化论等科学观念，同时也思考着心理实质、认知、伦理等心理学的论题。下面我们简要介绍此时期自

①［俄］雅罗舍夫斯基著，陆嘉玉等译：《心理学史》，上海译文出版社1997年版，第42页。

然哲学派别代表人物的心理学思想。

1. 米利都学派

米利都学派（因米利都城得名）是古希腊哲学的第一个学派。泰勒斯[①]（约前624—前547）是该学派的创始人，是西方哲学史上第一个哲学家、科学家和物活论者。

在氏族社会，关于灵魂的神话占统治地位。每一具体的可感知的事物都赋有超自然的孪生物——灵魂。这种观点叫作万物有灵论。泰勒斯关于世界普遍有灵性的学说——物活论，取代万物有灵论而表达了一个崭新的观点，即认为自然界是统一的、有生命的物质整体。

他提出水是万物的始基（arche），认为灵魂产生于水，又复归于水。灵魂与肉体不同，能引起万物的运动，因为万物皆有灵魂。例如他说："磁石有灵魂，因为它能吸动铁。"[②]他所开辟的唯物研究路线，是西方科学思想的开始。因为，他对宇宙的理解已从宗教的或精神的解释转向事物是如何构成的以及它们如何活动的自然主义解释。泰勒斯的哲学思想是古希腊唯物主义哲学的源头。

2. 毕达哥拉斯学派

毕达哥拉斯学派因其创始人毕达哥拉斯（约前580—约前500）而得名。他既是一位数学家、天文学家、哲学家，又是一位创立了一个从事数学研究的神秘宗教派别的宗教领袖。

毕达哥拉斯是欧洲史上第一个提出"数量"概念的人，认为数及其关系是万物的根源。然而，数学对于他不只是一种科学的工具，也是认识宇宙的一把有魔力的钥匙。在心理学上，毕达哥拉斯学派第一次对灵魂问题做了较为系统的阐述。毕达哥拉斯认为："灵魂分为三部分：

---

①古代哲学家生卒年多不可考，只能推测他创作高峰的年代，即鼎盛年，一般指40岁左右。

②北京大学哲学系外国哲学史教研室编译：《古希腊罗马哲学》，商务印书馆1961年版，第5—6页。

表象、心灵和生气。动物有表象和生气，只有人有心灵。灵魂的位置从心到脑。它在心里的部分是生气，心灵和表象是在脑子里面。各种感觉就是这两个部分的点滴。灵魂的理性部分是不死的，其余的部分则会死亡。”[①]这是欧洲史上第一次提出的灵魂不死的思想。他认为自己的灵魂已经四次投生人世。关于灵魂的构成，该学派有三种观点：一是认为灵魂由某种物质构成，如热气等；二是认为灵魂是空气中的尘埃或推动尘埃运动的东西；三是认为灵魂是一种和谐或谐音，肉体和灵魂的关系犹如七弦琴和谐音的关系。毕达哥拉斯在听觉心理学上也有发现，提出构成优美和谐旋律的弦长之比是整数关系。

作为一个宗教领袖，他强调道德训练的必要性，因为身体会使灵魂陷入腐败，个人应该懂得约束自己，抑制情欲，使灵魂旷达。这个观点直接影响了以后的哲学家，特别是柏拉图。

3. 爱菲斯学派

爱菲斯学派（因爱菲斯城得名）（约前540—前480）的创始人是赫拉克利特，他也是形成哲学的伟大代表。他宣称始物是火，“火产生了一切，一切都复归于火”。[②]他认为“一切皆流，无物常住”。[③]他最有名的格言是“人不能两次踏进同一条河流”，“我们既踏进又不踏进同样的河流；我们既存在又不存在。”[④]

然而赫拉克利特也相信，虽然变化是万物唯一的常性，但它不是反复无常而是合乎规律的。他称这个规律是“逻各斯”（logos）。因此，他认为人的智慧和世界变化的规律是一气相通的，唯有智慧的人才能认识“逻各斯”，“智慧就在于说出真理，并且按照自然行事，听自然的

---

① 杨鑫辉主编：《心理学通史》第3卷，山东教育出版社2000年版，第17页。

② ③ ④北京大学哲学系外国哲学史教研室编译：《古希腊罗马哲学》，商务印书馆1961年版，第15、17、27页。

话”。[①]所以其哲学是古希腊哲学认识论的开始。赫拉克利特还认为人的身体是土，而人的灵魂是纯净的火，是人体中最热烈的部分。湿的灵魂使人愚笨；灵魂受潮（如喝醉酒），人就入睡或失去知觉；灵魂全部潮湿，人就死亡。“干燥的光辉是最智慧、最优秀的灵魂。”[②]赫拉克利特还用蜘蛛与蛛网的关系来比喻灵魂与身体的联系。

赫拉克利特首次在心理学思想史上做出了一系列重要的区分：他划分机体中相互转化的心理状态和前心理状态。心理状态本身又区分出感性认识和思维以及理解的层次，这种层次取决于个体灵魂对作为现实世界的规律和本原的“宇宙之火”的了解程度。他说：“对清醒的人来说，存在着统一的、共同的宇宙，而对于沉睡者，每个人都置身于他自己的宇宙中。”[③]

他肯定感觉经验尤其是视觉的作用。他说：“凡是能够看到、听到、学到的东西，都是我喜爱的。”“眼睛是比耳朵可靠的见证。”[④]在重视感觉经验的同时，赫拉克利特也注意到感性知识的局限性，更强调理性知识的可靠性。“眼睛和耳朵对于人们是坏的见证，如果他们有着粗鄙的灵魂的话。”[⑤]

赫拉克利特的心理学思想在许多方面影响了他之后的古希腊学者，尤其是后来的原子论心理学思想家。

4．埃利亚学派

巴门尼德（约前515—约前445）是埃利亚学派的实际创始者和主要代表者，是存在哲学的伟大代表。万物是水或火，这一说法隐含有思维比感觉更能认识真理的观点，因为从感官经验来看物体多种多

①②北京大学哲学系外国哲学史教研室编译：《古希腊罗马哲学》，商务印书馆1961年版，第29页。

③［俄］雅罗舍夫斯基著，陆嘉玉等译：《心理学史》，上海译文出版社1997年版，第43页。

④⑤北京大学哲学系外国哲学史教研室编译：《西方哲学原著选读》上卷，商务印书馆1981年版，第25—26、26页。

样，并不都是水或火。到了巴门尼德，这个思想才成了自觉的并绝对化了的主张。巴门尼德只承认理性的真实性，否认感觉的可靠性，认为只有理性才能认识真理，因此他是理性主义的奠基者。巴门尼德主张“是”的哲学，提出“它是，它不能不是”[①]，以反对赫拉克利特的“我是又不是”的观点。巴门尼德认为“是”的只是可以思维的东西，不可思维的东西就不可能“是”，“因为‘能被思维’和‘能是’是一回事”[②]。同时他还反对赫拉克利特的“一切皆变”的观点，认为“是”是唯一不变的。在心理学上，巴门尼德把他的一般主张应用于感觉过程，认为感觉是以同知同，人以体内与万物相同的元素感知体外的那个物体。

5. 元素论学派

亚里士多德使用“元素”概念对早期自然哲学一派理论作出概括，这一派哲学家把世界本原归结为组成事物的不可分割的物理单元，有别于毕达哥拉斯学派所说的抽象的数。

恩培多克勒（前495—约前435）是该理论的主要代表之一。他是一个博学的人，在哲学、天文、气象、生物、生理和医学方面都有所建树。他的哲学诗《论自然》《论净化》文字优美，想象丰富。亚里士多德称他为“修辞学的创始人”。

恩培多克勒试图糅合形成哲学和存在哲学。他认为多样变化的万物是由四种不变的物质，即他所谓的四根所构成的。四根是水、火、土、气。自巴门尼德主张物质不变动之后，恩培多克勒也以为四根是不能自己变动的，必须另有物使之运动变化，他称这种物为爱与恨。爱使四根结合，恨使四根分离，由此生成万物。恩培多克勒认为人的身体由四根构成。固体部分是土，液体部分是水，维持生命的呼吸是空气，血液主要是火，思维是血液的作用。人死时身体的四根分散，各根与体外

---

①②［古希腊］柏拉图著，王太庆译：《柏拉图对话集》，商务印书馆2005年版，第679、680页。

同类的根聚合，人的生命、思维也就没有了。

恩培多克勒赞同巴门尼德以同知同的感觉学说，认为人身上的一种根感知外物中的同一种根。他说："我们用土来看土，用水来看水，用气来看明亮的气，用火来看耗散的火，用爱来看爱，用可怕的恨来看恨。"①他还提出"流射说"，第一次试图把感觉的性质归结为事物的物理性质，把感觉的运动归结为感官的生理结构。他认为一切外物都有射出物，一切感官都有孔道。外物的射出物与人的感官孔道大小合适才能进入体内，太大就进不去，太小就碰不到孔道边际，因此都不会被感觉到。各感官的感觉不同，是由于各感官的孔道构造不同。能进入的外物射出物进入血液后便与心脏相遇且混合起来，在心脏跳动时，这种射出物的激动就是思考。这种理论第一次为心灵的活动提供了一种纯物理的解释而不是以往的归因于灵魂。

6. 原子论学派

德谟克利特（约前460—前370）是该学派的主要代表之一。他认为世界的本原是原子和虚空，"原子"的原意是不可分割，它被用来表示充实的最小微粒。"虚空"的意思与"充实"相反。原子是永远存在、永远运动的，它的数目是无限的。无数的原子在无限的空间朝一切方向运动，因接触而生成世界万物。物与物之间的差异是由于它们所含的原子的数目、大小、形状、位置和排列的不同。与巴门尼德认为物质不能自动的观点相反，德谟克利特认为物质本来就永远活动，是完全机械的作用。

德谟克利特认为心理活动也是机械的作用。灵魂是细小圆滑的原子，这种原子是极端流动的，遍布于全身，在构成身体的其他原子之间来来往往，由此产生生命现象。身体中的灵魂原子散失殆尽，人就死亡。他是第一个说出"灵魂必死"的希腊哲学家。他认为，人的心理活

---

①赵敦华著：《西方哲学简史》，北京大学出版社2001年版，第33页。

动就是灵魂原子的运动。人的认识活动是由于身体内的灵魂原子与直接来自外物的原子团相接触的结果。感官有孔道，由外物来的原子团由感官孔道传入，与灵魂原子接触使灵魂动荡，就产生感觉，进入孔道的原子的大小、形状、粗滑的不同便产生不同的感觉。与恩培多克勒不同的是，他认为被感知的物体表面的流射物叫作“影像”，人的所有感觉都是外部影像造成的，没有外部影像的刺激就没有感觉。德谟克利特还注意到感觉的相对性。他指出：“颜色是约定的，甜是约定的，苦是约定的，实际上，只有原子和虚空。”[①]因为他发现，人在发烧时尝到的蜂蜜是苦的。

不过，德谟克利特认为，由于物体原子经过空气摩擦而变形，所以感觉是模糊暧昧的。他说：“有两种形式的认识：真理性的认识和暧昧的认识，属于后者的是视觉、听觉、嗅觉、味觉和触觉。”[②]

德谟克利特还注意到人的个性培养，认为人的本性是可改变的，通过教育可以创造第二个性。

德谟克利特是古希腊最后一位“物理学家”，因为这时希腊人已开始从注意自然问题转到关心人事问题上来，尤其是认识和道德问题。德谟克利特被誉为经验的自然科学家和希腊人中第一个百科全书式的学者，其思想对后世的影响很大。

古希腊早期自然哲学思想开掘了西方思想的源头，尤其是所萌发的存在与形成、理性主义与经验主义等理智之极，激发了后来思想家的智慧。虽然巴门尼德的存在哲学通过其赞赏者柏拉图长期统治了西方哲学思想，新柏拉图主义又是中世纪基督教思想的哲学奠基石，但是中世纪崩溃以来，形成哲学又开始抬头，并且与达尔文进化论的随机突变

---

①北京大学哲学系外国哲学史教研室编译：《西方哲学原著选读》，商务印书馆1981年版，第51页。

②北京大学哲学系外国哲学史教研室编译：《古希腊罗马哲学》，商务印书馆1961年版，第102页。

和自然选择一起在科学上获得了胜利。这种胜利不仅明显地表现在生物学、物理学上，而且也在后来独立的心理学中产生了遥远而强烈的回声。

（二）智者学派和古希腊“三杰”的心理学思想

如果德谟克利特作为最后一位“物理学家”标志着古希腊早期哲学结束的话，那么著名的诡辩论者普罗泰哥拉就当之无愧地代表着以人事为中心问题的古希腊繁荣时期哲学的开始。从普罗泰哥拉以后的希腊哲学家们都转向关于人类的认识、道德和幸福问题的思考。人们关心的中心是人及其需要，而不是物理世界或神。

1. 智者学派

普罗泰哥拉（约前490—前421）是德谟克利特的同乡。据柏拉图说，他是第一个自称“智者”的人。他主张“人是万物的尺度”[①]。由于对“人”与“尺度”的不同理解，这个命题具有一系列的意义。如果“人”在这里被理解为与世间万物相对立的人类，那么这里表达了人类中心主义的观点。如果“人”在这里被理解为与其他人相对立的个人，那么这里表达的是唯我主义的观点。对于“尺度”亦可做不同的理解：人究竟是按照自己的欲望，还是依据自己的认识来衡量万物的呢？如果说后者，那么，人究竟是用感觉还是用理智来作为判断事物的标准呢？苏格拉底把该命题理解为“事物就是对我显现的那个样子”。如果这是其原意，那就是一种感觉主义的知识观或真理观。当然也可以理解为，事物的尺度不是上帝或抽象的科学真理，而是人类的需要和对幸福的探求。这种观点对人本主义心理学是重要的。总之，“人是万物的尺度”反映了相对主义的认识论，涉及多元文化的含义，因为正确与否的判断取决于各自的文化而非上帝。

---

①北京大学哲学系外国哲学史教研室编译：《古希腊罗马哲学》，商务印书馆1961年版，第133页。

2. 苏格拉底

苏格拉底（前469—前399）出生于雅典的中等阶级家庭。父亲是雕塑匠，母亲是助产婆。苏格拉底不同于那些智者：他从不收取学费，更反对诡辩和似是而非的夸夸其谈。他不认为自己有智慧，只承认自己是一个爱智慧的人。哲学对于苏格拉底来说不是纯思辨的私事，而是他对城邦所尽的公民义务。因此，他常常自称是针砭时弊的神圣牛虻。苏格拉底爱智慧、负责任、求公正的人生追求不可避免地为人嫉恨，结果他因莫须有的罪名（"亵渎神明"和"腐化青年"）被不公正地控以死罪。面对生死抉择，苏格拉底履行了自己的哲学原则，忠于自我的一致性，从容赴死。可以毫不夸张地说，苏格拉底以自己的生和死践行了他的哲学与人格信念。

苏格拉底善于用辩证方式追求道德法律的根据，创造性地探索善、正义和美的一般意义。所谓辩证就是"聚在一起讨论问题，按对象的种属加以辨析"[①]。亚里士多德认为："有两样东西完全可以归功于苏格拉底，这就是归纳论证和一般定义。这两样东西都是科学的出发点。"[②]苏格拉底认为知识是人的理性中固有的，教育只是设法把人所固有的知识引出来，这也是他在与别人讨论问题时爱用层层诘问的"产婆术"的依据。这也反映了希腊人真理观的一个特点。希腊文"真理"（aletheia）一词包含一个否定性前缀"不"和动词词根"被蒙蔽"。苏格拉底认为，每个人的灵魂都蕴含着真理，但人们未加考察便接受的偏见和谬误蒙蔽了已有的真理。反诘的作用在于清除蒙蔽，使真理自现，但不制造真理。他的这个观点被他的学生柏拉图演变为理念先于个别事物而存在的思想。"苏格拉底以他那些定义激起了理念论，但是他并没有把共相与

①北京大学哲学系外国哲学史教研室编译：《西方哲学原著选读》，商务印书馆1981年版，第59页。

②［古希腊］亚里士多德著，吴寿彭译：《形而上学》，商务印书馆1959年版，第266页。

个体分离开来。”[①]

苏格拉底认为灵魂和肉体从根本上说是不同的东西。人应当研究自己的心灵，实现认识自己的任务。苏格拉底并没有把自我认识理解为“内省”，而是理解为分析行为和对行为的态度，分析道德评价和不同生活情景下人类的行为规范。这导致了对灵魂实质的精神道德品质的新理解。为使心灵不致盲目，必须求助于心灵内的原则去发现事物的真理。那么，这个内在于心灵的原则是什么呢？苏格拉底认为是德性（arete）。德性即指过好生活或做善事的艺术，是一切技艺中最高尚的技艺。这是每个人都能够学会或可以确定知道的一种原则。在此意义上，他把德性等同于知识。幸福即美德，美德即知识，不幸福是因为没有获得关于幸福的知识，无人自愿作恶。

3．柏拉图

柏拉图（前427—前347）是苏格拉底的学生，他的《对话集》记录了苏格拉底与雅典人所讨论的各种不同的问题。早期的《对话集》向我们展示了早年寻根究底的苏格拉底，在后期的《对话集》里，柏拉图借苏格拉底之口提出了自己的理性主义观点。西方思想被公认为是柏拉图哲学的注脚，由此可见其对于西方哲学的无比重要性。柏拉图认为，世界本体由共相（idea）构成，世界万物都是共相派生出来的，只有共相才是唯一真实可靠的东西。灵魂也来自共相世界，灵魂进入身体而支配身体活动。人体死亡，灵魂又回到共相世界，所以灵魂是永生不死、轮回转世的。

柏拉图在《理想国》中把人分为三个等级（奴隶除外），即哲学王、武士和劳动者。和人的等级相对应，他又把灵魂或心理分成三个部分，即理性、意气和情欲。理性是最高级的灵魂，它位于头部，相当于哲学王的灵魂；意气指向赢得荣誉和光荣，它位于胸部，相当于武士的

①［古希腊］亚里士多德著，吴寿彭译：《形而上学》，商务印书馆1959年版，第286页。

灵魂；而情欲与肉体的快乐有关，位于横膈膜以下，相当于劳动者的灵魂。理性命令意气控制情欲，相当于哲学王命令武士统治劳动者。正直、健康的人能按灵魂等级各行其是，各守本分。这是西方心理学史上最早的知、情、意的心理活动三分法。柏拉图还把情感分为愉快和不愉快两种，凡合乎自然方向和运动目的的事物就使人感到愉快，反之则感到不愉快。

柏拉图还认为，共相世界的灵魂进入人体之后，肉体就成为灵魂的牢狱，使它忘掉了理念世界的知识。通过感觉经验，引起灵魂对共相世界的回忆，唤起理念共相世界的知识影子，重新回忆起共相。“一切研究，一切学习都只不过是回忆罢了。”[①]这就是学习的回忆理论。据柏拉图说，苏格拉底曾引导而不是教导一个童仆得出了关于正方形对角线和边长之间比例的定理。这一学说成为后来欧洲心理学关于天赋观念和内省法的最初表达形式。由此他提出一种联想的观点，即认为对感性对象的学习，实质上就是基于感性对象与共相形式相似或两者有经常的联系，从而唤起人们的回忆。这是关于联想的相似律和接近律的最早描述。

4．亚里士多德

亚里士多德（前384—前322）是柏拉图的学生，他被马克思称为“古代最伟大的思想家”。他对古希腊的学术思想做了全面总结并有所发展。他也是欧洲历史上对心理现象作过全面系统描述的第一人。他的《论灵魂》是西方心理学史上第一部关于心理学的专门著作，书中采用了当时的生理学知识来解释心理现象，并系统地讨论了心理现象的各个方面。此外，他的《论感觉》《论记忆》《论梦》等著述都直接与心理学有关。

亚里士多德的哲学动摇于唯物主义与唯心主义之间。他认为一切事物都由质料和形式构成，质料是仅仅具有可能性的原料，必须取得一

① 刘恩久等编著：《心理学简史》，甘肃人民出版社1986年版，第48页。

定的形式，其可能性才能实现。这叫作质料形式论，是唯物论的思想。他又认为质料是消极的、被动的，形式是积极的、主动的。形式是事物的能动的本质，这导致了他所谓“形式的形式”成为宇宙变化的第一动力，这是唯心论的思想。亚里士多德对思维规律的认识集中反映在他的四因说上。四因说是指事物的四种原因，即质料因、形式因、动力因、目的因。

在身心关系问题上，亚里士多德认为灵魂和肉体是统一不可分割的，它们之间的关系犹如“割”之于“斧”，没有“斧”,“割”也不存在。这是心身统一于物质的唯物论观点。但他又认为灵魂是生命的本质，身体只是灵魂的工具，只有灵魂才使得肉体的动作得以实现。这样又回到了他关于形式决定质料的唯心论上了。亚里士多德反对柏拉图对灵魂的知、情、意三分法，认为灵魂是整体的，不能分为部分，它以整体性发挥它的功能。他把生物界的灵魂分为三个等级：植物只有滋长的灵魂，动物还有感性的灵魂，人则还有理性的灵魂。高级灵魂包含所有低级灵魂，人为最高级，所以人同时具有三种灵魂，这三种灵魂在人体中统一而不可分割地起作用。

灵魂的结构性功能可以分为两类，一是认识功能，另一是动求功能。前者包括感觉、记忆、想象和思维，后者包括欲望、动作、意志和情感。他的这种划分方法是西方心理学史上最早的知与意的二分法。

他还认为，感觉、记忆、想象都是整体性灵魂的非理性功能，它们的总管区域在心脏，是被动的，与肉体同生死；而思维则是整体性灵魂的理性功能，它无一定的器官，是主动的，肉体死亡后，它归于纯粹的形式。后者为中世纪的基督教神学所利用。

亚里士多德把感觉定义为辨别的官能，视为生存的必要手段。他把感觉分为两大类：一类是特殊感觉，即触觉、味觉、嗅觉、听觉和视觉。其中以触觉作为最基本的一种，他已认识到触觉是一种复合的感觉。另一类是共同感觉。因为有些客体的属性如形状、大小、运动等，不止是一种感觉的对象，要把不同渠道得来的印象结合起来，就必须依靠共同感觉。这种共同感觉相当于今天所讲的知觉与意识。

他还认为记忆和回忆不同。记忆是被动的再生，是人和动物共有的；回忆是主动的，要求有思维的推理起作用，只有人类才有。他在探讨回忆的条件时指出，相似的、接近的和相反的事物有助于回忆。这是近代联想主义者称为相似律、接近律和对比律的雏形。他还做过一个简单的试验：将中指和食指交叉重叠，然后将一小圆球放在两指尖的中间，就会觉得接触到的是两个物体，这叫作“亚里士多德错觉”。

墨菲认为，在心理学史上亚里士多德有三项贡献：一是他建立了一个知识体系，关于灵魂的研究可在经验论和唯理论两方面都同关于活动的机体的研究发生联系；二是他界定了灵魂的性质及其活动，使灵魂成为活跃的生物的一种表现，而活跃的生物又是灵魂的一种表现，从而根除了以前的灵魂与肉体的二元论；三是他具体描述和解释了人类的经验和行为，论述了青年、老年，男人、女人，觉醒、睡眠、做梦，记忆、情绪、自制和人际关系等心理学问题。[①]

（三）古希腊晚期和古罗马时期的心理学思想

亚里士多德思想代表古希腊繁荣时期哲学思想的顶峰，自此以后，古希腊哲学走向衰落。从公元前 4 世纪后半叶马其顿统一希腊到公元前 2 世纪希腊本土被罗马征服，是古希腊城邦奴隶制的衰亡时期，史称“古希腊晚期”。而从公元前 2 世纪上半叶罗马打败马其顿，吞并古希腊各城邦，直到公元 476 年西罗马帝国灭亡为止，便是历史上的“古罗马时期”。古希腊晚期和古罗马时期的大多数哲学家都是通过注释前辈们的著作来阐发自己的思想，虽说不乏真知灼见，但从总体上说，不过是对以往哲学以不同形式加以综合而已，缺乏独创性。这一时期的重要哲学派别是怀疑学派、伊壁鸠鲁学派、斯多噶学派和新柏拉图学派，其中

①车文博著：《西方心理学史》，浙江教育出版社 1998 年版，第 47 页。

都包含有一定的心理学思想。

1．怀疑学派

从词源学上看,“怀疑”一词的希腊文的意思是“探究”（skeptikoi）。怀疑学派认为，真正的怀疑应该是不断的探究。这个学派的创立者是皮浪（约前365—前270）。古希腊早期哲学所孕育的理性主义和经验主义提供了两种截然不同的探求真理的途径，或者相信内部固有的理性，或者依靠外在感性的经验。然而，皮浪则认为理性也好，感觉也好，都不能提供真实的知识。皮浪说：“最高的善就是不作任何判断，随着这种态度而来的就是灵魂的安宁。”①有一次在海上遇到风浪，别人都惊慌失措，他却若无其事，指着船上一头正在吃食的猪说，这就是哲人应有的不动心状态。

2．伊壁鸠鲁学派

这个学派由伊壁鸠鲁（前341—前270）所创立。他研究了他以前的希腊各家的思想，还曾从怀疑学派那里学习心神恬静的方法。后来他领悟到真正的恬静不能从怀疑中获得，只能源于对客观世界的正确认识。他于是接受了德谟克利特的原子论，认为原子除有形状、次序和位置之外，还有质量的性质。所有的事物都不过是大大小小的原子团，都是无序碰撞的结果。由此，伊壁鸠鲁否认了目的论、宿命论和神意。他认为，人的灵魂是极轻极圆滑的原子。灵魂由弥散于整个躯体的非理性部分和位于心胸的理性部分组成。可以说理性是灵魂的集中部分，理性指挥非理性。灵魂原子从感官传导感觉于理性，理性利用灵魂原子的传导，推动肢体发生动作。

伊壁鸠鲁认为知识有三个阶段：感觉、预识或表象和意见。感觉是外在的方面，预识或表象是内在的方面，意见则是二者的结合。一切感觉都是物质相互碰触的作用，感觉是由外物流出的稀薄的原子团触到

①赵敦华著:《西方哲学简史》，北京大学出版社2001年版，第147页。

人的感官的结果。伊壁鸠鲁认为思维依赖感觉。对一项事物多次感觉之后，由记忆的帮助而形成对这事物的一般意象，依靠诸多一般意象才能思维。一般意象或概念，他称为预识，因为人们可以用它预想要寻求的事物。

伊壁鸠鲁区分了三类不同的快乐：第一种是自然的和必需的，如食欲；第二种是自然的但不是必需的，如性欲；第三种是既不自然又不必需的，如虚荣心、权力欲等。他又区分了动态快乐和静态快乐，并认同亚里士多德的观点，认为快乐更多地存在于静止之中，而不在运动之中。因为伊壁鸠鲁认为，最高的幸福是不可增减的，人们在动态快乐中得到的享受或强或弱，只有在静态快乐中才能处于平稳不变的幸福状态。

3．斯多噶学派

斯多噶学派是希腊哲学中流行最广泛、延续时间最长的一个派别。按照时间顺序，斯多噶学派可分为早期（流行于公元前 4 世纪至公元前 2 世纪的希腊化时期）、中期（流行于罗马人征服希腊化地区之后的罗马共和国时期）和晚期（流行于罗马帝国时期）。“斯多噶”的字义是“廊”，因这个学派在雅典的一处画廊集会讲学而得名。其第一创始人是芝诺（约前 336—前 264）。斯多噶学派的哲学体系包括逻辑学、自然哲学和伦理学三部分。其中伦理学是哲学的核心和目的，自然哲学是基础，逻辑学是手段。

斯多噶学派认为，在微观的层次上，万事万物均由元素构成，并消解为元素。“斯多噶学派说有些元素是主动的，有些是被动的，气和火是主动的，土和水是被动的。”[①]只有火是永恒的，其余三种元素都从火元素产生，并且包含着火的活动力。火和气这两种能动的元素构成精气，又称作“普纽玛”（pneuma），一般译作“精神”（spirit），是有精

① 赵敦华著：《西方哲学简史》，北京大学出版社 2001 年版，第 137 页。

细形体的精神。

在可感的宏观层次，被动的本原是质料，能动的本原是理性，两者结合为运动着的形体。理性所规定的形体相应地排列成无生命物、植物、动物、人和神。普纽玛给予质料以内聚力，使之形成一个单一的整体。植物中的理性除了有内聚力外还有生长力，又称为种子理性。动物的理性除有内聚力和生长力之外，还有自动和感觉的能力，这种理性即"灵魂"。人除有灵魂之外还有理智。理智是最高级的理性，是人和神共享的活动力。理智与普纽玛的不同在于理解是纯粹的火。神是"有智谋的火"，只有神才具有完全的理智。人介于神和动物之间，他与神分享理智，与动物分享灵魂。

斯多噶学派以为人的灵魂是物质的，是世界理性的一部分，所以人应该顺从理性，一切变化都是世界理性的表现，都是注定而不是偶然的。为了达到幸福的生活，斯多噶学派提出"按照自然生活"的口号。按照斯多噶学派的严格决定论，这个口号即指要服从命运。每个人都有自己的命运，人不能改变或控制命运，却可以控制对命运的态度。人生舞台的总导演是神，神赋予每个人的角色就是他的命运。正确的态度是顺从命运，努力承担命运赋予的职责；不正确的态度是为幸运而沾沾自喜，为厄运而怨天尤人。斯多噶学派认为，不顺应命运的态度是非理性的情感，这样的情感有四种：忧伤、恐惧、欲求和快乐。"忧伤是非理性的压抑，恐惧是非理性的退缩，欲求是非理性的扩展，快乐是非理性的膨胀。"①与此相反，理性的态度的特点是不动心。即使面对死亡也要不动心，马可·奥勒留说："有理性的人不要以烦躁、厌恶和恐惧心情对待死亡，而要等待这一自然动作的来临。"②

斯多噶学派认为心有 8 个部分，包括 5 种感官、生殖能力、语言能力和理性。理性是最高的部分，居于心脏。人出生时心是空白

①②赵敦华著：《西方哲学简史》，北京大学出版社 2001 年版，第 140 页。

的，没有天赋观念，一切知识来自感觉，感觉增多会渐渐形成概念。理性也从感觉发展而来，在 14 岁时成熟。理性有内部的和外部的活动，前者有判断和选择的作用，后者有语言表达的作用。这个学派将心理活动分为认识和情感两类。情感又分为良性的、常态的和过度的、病态的。前者是喜悦、谨慎、合理的愿望，后者是快乐、悲痛、恐怖和不合理的愿望。过度的情感是理性的错误判断，快乐和悲痛是对现在的错误判断，恐怖和不合理的欲望是对将来的错误判断。

4．新柏拉图学派

这个学派以柏拉图的理念论为基础，把柏拉图的著作看作是真理的源泉，其主要代表人物是普罗提诺（204—270）。他认为世界的本原是“太一”，一切万物都从“太一”中流溢出来。流溢过程是一个从高到低的下降过程，从“太一”首先流溢出来的是心智。心智具有“太一”的性质，也很像“太一”，具有完满性。心智仿效“太一”，从自身喷射出灵魂。灵魂在观看它的来源时，就充满了心智，再流向别的相反方向时，就产生自身的形象，产生出整个感性的现实世界。与此相反的实践历程则逐步上升：灵魂努力超越自身，经过净化脱离情欲，脱离罪恶、命运以及无信、迷信、星相、魔术等不纯粹不真实的观念，重新回到“太一”，达到物我两忘与神同在的境界。因此，一方面，存在表现为一个逐步下降的梯级：一端为一，另一端为多，比如心智是一，肉体是多。在后一形式中，统一无法得到实现。在这两极之间有着不同程度的统一，分别呼应不同程度的意识。另一方面，一切存在的真正目的是要从低级的存在回到高级的存在。上升之道可以通过灵魂的净化而获得。心理学既要研究自我意识的统一问题，又要探索灵魂的上升之道。普罗提诺的“太一”说成为后来基督教学说的主要思想来源之一。

普罗提诺认为感觉是一种辨别官能，而想象则是感觉的结果，与想象联系密切的还有记忆。感觉是一种与灵魂和肉体有关的活动，离开了肉体，灵魂无法施展它的能动的力量。记忆和想象则属于推论的理性领域。最高形式的思维是无激情的，是人竭力要达到的冥思状态。情感过程处在很低的位置。显然，普罗提诺认为感觉、情感过程与灵魂的本质不相吻合，因而轻视它们。

古希腊罗马时期的哲学思想是西方心理学的源头，也是现代心理学的重要源头之一。从公元前6世纪到公元5世纪，古希腊罗马时期的哲学心理学思想揭开了西方心理学史的序幕。它的中心问题是探讨灵魂究竟是什么，把灵魂及其活动作为心理学的研究对象。围绕着这个问题，思想家们引申出心身关系、心理过程等一系列不同问题的争论，同时奠定了中世纪灵魂官能心理学的基础。

## 二、中世纪和文艺复兴时期的心理学思想

5至16世纪，欧洲处于封建社会。这个时期，欧洲社会的特点是封建王朝和宗教教会长期统治着社会的一切。后来，在封建社会和教会内部孕育起来的新兴力量聚合在一起，反抗旧势力，在恢复古希腊文化的形式下，产生了资本主义社会意识形态的萌芽。史称前者为中世纪黑暗时期，后者为文艺复兴时期。

### （一）中世纪神学中的官能心理学思想

在5至14世纪的欧洲中世纪，基督教神学是占统治地位的意识形态。发端于2世纪终结于6世纪的教父哲学形成了一整套基督教教义，它是封建社会经院哲学的前身。历史上那些制订教义的人被称为“教父”，其学说被称为“教父哲学”。它和12世纪出现的经院哲学都是系统化和理论化的基督教神学。中世纪的人性论避开充满痛苦和混乱的可见世界，而集中在通过内省能够认识的上帝和灵魂上。这个时期的心理学思想有明显的宗教神学色彩，它以灵魂的官能心理学为主要特征，其

主要代表人物是奥古斯丁和阿奎那。

1. 奥古斯丁

阿内纽斯·奥古斯丁（354—430）是第一位富有影响的基督教哲学家，是教父哲学的最高权威。他极力宣扬“上帝创世”说和“原始罪恶”说，其观念统治了中世纪哲学直到1300年前后。

奥古斯丁宣称，柏拉图的共相是造物主在造物前的思想，上帝是根据共相造物的。奥古斯丁认为灵魂和身体同是上帝创造又各自独立存在的。灵魂是非物质的，分布于全身，支配身体，管理人的一切行为。灵魂与肉体是有主从关系的，两者的结合是“不相混合的联合”。他说：“我的灵魂的肉体是不同于灵魂的另一个实体，虽然两者在同一个人之间的关系不同于一个人与另一个人的灵魂之间的关系。”①这正是他宣称的心身二元论。

他还第一次使用了内省法，被认为是心理学中的第一个内省主义者。他把人的知识看作有两种来源，一是由感官来的关于外部世界的知识，一是来自灵魂对内心经验的反省。感觉搜集材料，理性则用规则整理材料。记忆是联系这两种能力的中介，在人的认识过程中起着重要的作用。奥古斯丁认为，记忆、理智和意志三者是灵魂的主要官能，但他强调意志的作用，三者在经验上形成统一体。奥古斯丁的这一思想被认为是后来的官能心理学（faculty psychology）思想的起源。“官能心理学无论在什么时候都占着通俗心理学中之一大部分的，而这种官能心理学之得到第一次的确定发展，则要推奥古斯丁了。”②

2. 阿奎那

托马斯·阿奎那（1225—1274）是经院哲学体系的完成者。他的影响深远，直到现代还有新托马斯主义。阿奎那歪曲亚里士多德的学说，并以此来为基督教教义辩护。他提出“二重真理论”，将哲学和

①杨鑫辉主编：《心理学通史》（第3卷），山东教育出版社2000年版，第119页。
②李汉松编著：《西方心理学史》，北京师范大学出版社1988年版，第37页。

神学分开，认为：神学真理来自上帝的启示，是信仰的真理；哲学真理从辩证推理中得来，是理性的真理。哲学理性要为神学教条的信仰找理由，为神学服务。这个理论为哲学是神学的侍婢制造了理由，也为先进的思想在宗教教会内部的存在留有余地。诸如培根、笛卡儿等许多学者因此形成其先进思想。阿奎那的《神学大全》是中世纪官方思想体系的百科全书。

在心身关系上，阿奎那以为灵魂是尘世中生物的内在生命原则，因而是有机体的内在生命原则，有机体有死亡，灵魂则不灭。可见，他抛弃了亚里士多德的心身统一不可分的唯物论，倒退到毕达哥拉斯和柏拉图的灵魂不死、轮回转世思想上去了。在心理功能上，阿奎那继承了奥古斯丁的官能心理学思想，把各种心理活动只看作内在的心力——灵魂的官能，提出感觉能力中包含有"内部感觉"，各种认识能力如记忆力、想象力和思维能力等离不开非物质的灵魂，却不依赖肉体器官。

阿奎那认为认识过程由四个阶段组成。第一阶段是感觉过程，灵魂通过肉体的活动形成感觉影像；第二阶段，感觉影像在理智的作用下形成"共像"，或称"理智影像"；第三阶段是"印入影像"，即理智被动地接受感觉影像；在第四阶段，理智把印入的影像与其他表象联系起来，即"陈述影像"。

阿奎那还认为情绪有好有坏，许多情绪是合理的，只是情绪充分发作时会扰乱思想。阿奎那主张在原则上理智支配意志，并认为这是绝对的。

（二）文艺复兴时期科学艺术中的感觉经验心理学思想

14 世纪末到 16 世纪末是欧洲封建制度的解体时期，也是资本主义生产方式的兴起时期。但是成长中的资产阶级还无力在政治上与封建势力抗衡，所以采取复兴古代希腊文化的形式向封建势力做斗争，掀起了反宗教、反神学的人文主义运动，史称"文艺复兴运动"。它的主要特点是提倡人文主义和研究自然科学，重视个人和感觉经验。这一时期的心理学思想也受到当时自然科学中唯物主义认识论和科学方法的影响，要求用经验的方法研究人的现实心理现象。其代表人物主要有达·芬奇、特勒肖和斐微斯等人。

1．达·芬奇

列奥纳多·达·芬奇（1452—1519）是文艺复兴时期意大利人文主义运动中最杰出的人物。他是个多方面的天才，既是著名的画家，又是卓越的学者，他对多门学科都有重要的贡献。他在认识论上基本上是唯物主义的，他反对二重真理说，认为只有科学才是真理。他强调感觉的作用，认为一切认识都从感觉开始，没有感觉就没有思维，没有认识活动。他说："我们的全部知识都是从感觉开始的。"[①]

他把绘画与雕刻的原理应用到透视学上，对知觉心理学做出了重要贡献。他确定了影响远近知觉的五种因素，即线条透视（物体越远，视角越小）、节目透视（物体越远，细节越模糊）、空气透视（山越远越蓝，是由于空气和烟雾的影响）、移动透视（注视近物而头摇动，则该物与头同向移动；注视远物而头摇动，则远物与头反向移动）、双眼视差（左右眼对同一物所见不完全相同）。

2．特勒肖

倍尔那狄诺·特勒肖（1508—1588）是达·芬奇之后意大利最卓越的哲学家和自然科学家。他提出了"物质"这一概念，并认为主观世界是物质的，物质长存不可创造，也不能消灭，其总量不变，也没有种类和性质的差别，物质由于热和冷的互相冲突引起运动。但他有泛灵论的思想，认为自然界的一切都具有灵性。特勒肖认为人有两种灵魂：一种是物质的，是细微的精气，这个精气集中在脑内，由脑通过神经分布全身，这样统制身体的动作；另一种灵魂是非物质的、不死的，是上帝所

① 唐钺编：《西方心理学史大纲》，北京大学出版社 1982 年版，第 53 页。

赋予的。

他认为一切心理作用的基础是感觉，感觉有两个方面：一方面是被动的，是物质过程；另一方面是主动的，是心理过程。联想是由于与观念相当的精气在运动以前彼此相连过。他认为感觉的强烈、感觉的多次发生以及感觉的历时长久是后来易于回忆的条件，从感觉到理性是一步一步发展的。

3．斐微斯

璜·路易斯·斐微斯（1492—1540）是文艺复兴时期西班牙的进步思想家。他主张要从经验来研究心理现象，他强调心理现象可以直接研究，不必先去研究什么灵魂，研究灵魂的本质如何是无用的工作。斐微斯认为动物的灵魂由物质发展而来，而人的灵魂则是上帝直接创造的。虽然他将人的心理与动物的心理划分了界限，但并没有摆脱天主教教义的影响。

斐微斯将心理功能同身体的营养功能类比。身体的营养功能有三个步骤：先是接纳，然后是保持，最后是物质的合成。认识过程也有三个相似的步骤：先是想象或表象的接收，然后是记忆，并进行组合和融合的幻想，最后是判断。

他认为一切知识都从感觉开始，从感觉到想象、从想象到理性是人的认识道路。斐微斯还总结了一些联想的规律。他认为相似的、相反的、在时间上或空间上接近的事物有相互联想的倾向，还认为联想同情感的关系要比同理智的关系更为密切。

他还论述了各种情感，以为情感影响人的全部活动。斐微斯最早注意到人们在发怒时表现出来的个别差异，比如有的人发怒快，息怒也快，有的人发怒慢，但怒气持久，不易平息。

斐微斯对于病理心理颇有见地，例如他主张对精神失常的人提供足够的营养，对他们应该温和，不能嘲笑他们，不能引导他们做愚蠢的事情，应该使他们心神安静，这样才可能使他们复原。

总之，从中世纪到文艺复兴时期，随着封建社会向资本主义社会的过渡，唯物主义的认识论和科学方法使心理学从思辨性的灵魂官能心理学向感觉经验的心理学转化。到了近代英法资产阶级革命时期，经验的心理学就迅速发展起来，成为哲学心理学的主流。

## 三、近代哲学心理学思想

17 世纪 40 年代爆发的英国资产阶级革命，标志着欧洲从古代社会进入近代社会，从封建制度进入资本主义制度。相应地，从 17 世纪到 19 世纪上半叶的西方近代哲学心理学思想，也从古代讨论世界的本原是什么的本体论问题转变到近代讨论知识经验是怎样产生的认识论问题。正是这些思想在经验主义和理性主义的论战中，为心理学脱离哲学母体成为独立的科学做了知识积累和理论概括上的准备。

### （一）经验主义心理学思想

从培根开始的经验主义心理学思想，重视感官经验的作用，重在探讨人如何获得知识，但通常忽视心理的主动性和理性思维的作用。

#### 1. 培根

弗兰西斯·培根（1561—1626）是英国哲学家和科学家，被马克思称为“英国唯物主义和整个现代实验科学的真正始祖”[①]。培根对心理学的影响主要是在研究方法上。

培根把经验主义者比作蚂蚁，把理性主义者比作蜘蛛，认为他们在研究方法上各有缺陷。蚂蚁只会归纳（采集），蜘蛛只能演绎（吐丝），而科学研究要像蜜蜂一样，既广采花粉，又能加工酿蜜。培根指出，科学研究应该“严肃地直接从感觉出发，通过循序渐进和很好地建立起来

---

①《马克思恩格斯全集》第 2 卷，人民出版社 1957 年版，第 163 页。

的实验进程，努力为人的理智开辟和建筑一条道路”①。

2．霍布士

托马斯·霍布士（1588—1679）是英国唯物主义思想家，也是英国联想主义心理学的先驱。他继承了培根的唯物主义经验论，坚持知识和观念来源于感觉经验。他认为人是物质的肉体的存在物，心理现象不是非物质的灵魂的活动，而是脑的物质的细微运动。

霍布士虽然没有使用“联想”这个名词，但他对联想有过很好的观察。他认为联想是由于两种感觉的运动在时间上紧接着发生，他还区分了两类联想：一类是无指导、无计划、非恒久的，另一类是有意识、有计划的。这正是后来人们所谓的自由联想和控制联想。联想的方向和目的是由人的情感和冲动决定的。

霍布士认为情感与身体内脏和脑活动有关，是对体内活动的一种体验。这种体内运动如果有支持生命的作用，人就觉得快乐，如果有阻碍生命的作用，人就觉得痛苦。霍布士把痛苦和快乐作为情感的两种基本要素。他还认为快乐引起欲望，痛苦引起厌恶。欲望和厌恶也是身体内的运动，但欲望是接近动作的萌芽，厌恶则是回避动作的萌芽。思考是表示欲望与厌恶交替不定，而最后定了的欲望或厌恶则是意志。

3．洛克

约翰·洛克（1632—1704）是英国近代著名的哲学家、政治家和教育家，也是联想主义心理学的创立者。

洛克继承和发展了培根和霍布士的唯物主义经验论，提出了“白板说”。他说：“心灵像我们所说的那样，是一张白纸，上面没有任何记号，没有任何观念。心灵是怎样得到那些观念的呢？它是从哪里获得由人的忙碌而不受约束的幻想以几乎无限多的花样描绘在它上面的那许多东西的呢？它是从哪里得到理性和知识的全部材料的呢？我用一句话来

①北京大学哲学系编译：《十六—十八世纪西欧各国哲学》，商务印书馆1975年版，第30—31页。

答复这个问题：是经验得来的。”[①]他认为观念有两个来源，一类来自感觉，另一类来自反省。感觉是外物刺激人的感官而引起的，是外部经验；反省是人观察自己内心的活动而得来的，是内部经验。

洛克是西方心理学史上第一个提出并使用“联想”（association）概念的人，认为联想是观念的联合，为联想主义心理学奠定了基础。他认为由感觉和反省得来的观念都是人被动接受的简单观念，是基本的或不能分析的。人心中的很多复杂的观念则是人使用自己的力量，经过综合、联系和分离作用，把简单观念联合而来的。洛克对现代心理学的深度知觉或距离知觉提出了一些有预见性的看法。如他发现了光亮和阴影在深度知觉中的作用，预期了知觉中的无意识推理。他把这种情况描述为以“习惯”为基础的知觉判断。他说：“我们一些观念之间有一种自然的联合……除了这些联合之后，还有另一种联合，完全是由于机会和习惯得出的。”[②]他尤其重视后者，认为习惯是使观念联合的一种力量，这是后来联想律中的频因律的开端。

洛克除了用联想的原则说明观念的结合外，还用它解释情绪的形成及其在儿童教育上的作用。可见，洛克不仅提出了联想概念，而且扩大了联想概念。但洛克的思想在诸多方面具有不彻底性和妥协性。例如，他把感觉观念分为两类：一类是第一性的质的观念，即关于物体的体积、广延、形状、运动、静止等的观念，它们同自己的原型是相同的，是这些性质的“真正映象”；另一类是第二性的质的观念，即关于事物的颜色、声音、滋味等的观念，它们完全根据主体的变化而变化，根本没有与之相符合的原型，至多在物体中只有引起这种感觉的原因。他对第二性的质的观念的解释是唯心主义的，为贝克莱所直接继承。

洛克还强调了自我的中心性与持久性是“人格”这个概念的标志。

---

①北京大学哲学系编译：《十六—十八世纪西欧各国哲学》，商务印书馆 1975 年版，第 240 页。

②[英]洛克著，方书春译：《人类理智论》，商务印书馆 1959 年版，第 376 页。

他说："所谓人格就是有思想、有智慧的一种东西，它有理性、能反省，并且能在异时异地认自己是自己，是同一的能思维的东西。而且，只有凭借意识，人人才对自己是他所谓自我。"①正是他在1690年所作的论述形成了现代自我心理学的萌芽。

总之，洛克是近代欧洲心理学史上的关键人物之一。他的感觉经验心理学思想，使欧洲心理学真正从讨论灵魂转向讨论经验；他的联想概念也是以后联想主义心理学思想的核心概念。

4. 贝克莱

乔治·贝克莱（1685—1753）是近代西方主观唯心主义哲学的创始人、英国唯心主义经验论心理学思想的主要代表。贝克莱在青年时期就形成了自己的思想体系，1709年和1710年相继发表了《视觉新论》和《人类知识原理》两本代表作。

贝克莱同意洛克关于人的一切观念都是来自经验的看法，但不同意洛克的第一性的质和第二性的质的学说。他认为，根本没有第一性的质，只存在洛克所谓的第二性的质，因为一切知识都是正在经验着或知觉着的人的一种机能。在他看来，物理对象只不过是我们一起经验到的诸感觉的累积，习惯的力量使它们在我们的心中联合起来。经验世界是我们的感觉的总和，即"存在就是被感知"。

贝克莱用联想来解释人们关于现实世界的知识，这种知识本质上是简单观念（心理元素）的结构或复合，由人的联想把它们结合到一起。贝克莱还用这种联想的概念来解释深度知觉。他认为，人们知觉到深度是经验的结果，即视觉印象与触觉和运动觉联合起来的结果。运动觉则是眼睛在不同距离注视对象时由于适应动作而发生的，或者是在走向或离开所看到的对象时由于身体运动而发生的。换句话说，走向物体或伸手拿物体的连续感觉经验与眼肌感觉形成联想，便产生了深度知觉。因

①[英]洛克著，关文运译：《人类理解论》（上册），商务印书馆2009年版，第309—310页。

此，深度知觉不是一种简单的感觉经验，而是一种必须经过学习才能得到的观念联合。贝克莱用感觉的联合解释纯心理过程，从而发展了经验主义中的联想主义传统。

5. 休谟

大卫·休谟（1711—1776）是英国哲学家、历史学家和近代不可知论的著名代表。著有《人性论》（1739—1940）、《人类理智研究》（1748）和去世后出版的《论灵魂不死》等。

休谟从贝克莱的主观唯心论走向不可知论，认为人们只知其感知，至于是否有客观事物存在则是值得怀疑的，也是无法知道的。同时他又重新强调了洛克关于简单观念的观点，发展了联想的概念并使之加以明确。他对观念和感觉印象做了区分，认为观念和感觉印象是两种心理现象：印象是有力、生动的知觉；观念是微弱、不生动的知觉，观念是印象的摹本。他把观念加以分类，复杂观念是通过简单观念的联想而形成的。他提出的两条联想律是相似律以及时空上的接近律。两个观念越相似或越接近，越容易形成联想。另外，休谟把因果律看作是人类经验的习惯性联想，一种错觉。他说："在我看来，观念的联系只有三条原则，就是'相似性'、时空上的'连续性'以及'原因'或'结果'。"①后来，休谟把这三条联想律改为两条，把因果律归并到接近律之中，以阐述他的观念联合的普遍原则。休谟对因果律的解构是西方哲学史上最有力的学术挑战，据说导致康德整整10年的沉思，并为此写出了著名的"三大批判"。

（二）理性主义心理学思想

理性主义心理学思想是近代哲学心理学思想的另一种理论形态。它产生于法国，后来主要流行于荷兰和德国。

1. 笛卡儿

勒奈·笛卡儿（1596—1650）是法国的哲学家、科学家和数学家。

①［美］黎黑著，刘恩久等译:《心理学史》，上海译文出版社1990年版，第145页。

著有《方法论》(1637)、《形而上学沉思录》(1641)、《论情欲》(1650)和《人性论》(1662)等。笛卡儿反对经院哲学，主张革新哲学，发展科学。他提出了唯理论的原则，认为人的知识不是来源于感觉经验，而是来源于理性，主张天赋观念论。他认为理性的演绎法是唯一的正确方法，提出"普遍怀疑"的口号。他从怀疑一切事物的存在出发，扫除自己的成见，寻求一个最可靠的命题作为起点，然后进行推论。他发现一件最可靠的事实是：他自己在怀疑。因此，心的存在是无可置疑的，而身的存在则须推论出来。由此他证明了存在三种不同的实体：上帝、精神、物质。他所说的"我思故我在"成为哲学史上的一句名言。

笛卡儿虽未正式提出"反射"这一术语，却提出了反射论思想。他从物理学的机械原理出发，把动物和人看作是一部机器。他认为神经是一种空管，内有细线，一端与感官相连，另一端与脑内某些孔道的开口相连。当外物刺激感官时，便拉动细线，从而拉开孔道口的活塞，让脑室内的动物精气沿着神经管流到肌肉，于是肌肉膨胀而发生动作，这是西方生理学和心理学史上第一次按照严格的决定论所描述的反射论模式。它对生理学和心理学的发展具有深远的影响。但笛卡儿是一个不彻底的唯物主义者，他认为这种机械的反射动作只是人与动物的物质实体的表现。在人身上还有灵魂，有精神实体，动物则没有。这是他的二元论哲学的反映。

笛卡儿认为人的心灵和身体这两个实体可以互相影响，心灵仿佛是身体运动的指挥者。他认为心身交感作用是通过脑内的松果体而实现的。脑内唯一单个的松果体是心灵的场所、心身交感的器官。当人的感官受到刺激时，感官神经管中的细线被拉动，影响松果体，就产生了印象，这样心灵就有了感觉。另一方面，心灵也利用松果体控制动物精气流动的方向，使某处肌肉发生动作，人的有意动作就是心灵控制的结果。对于传统的心灵决定论来说，笛卡儿的心身交感论是一个大胆的观点，近代心理学正是从这里找到了突破口。因为身也可以决定心，这样就有了一条通过实在的身而研究人类心理的新途径。笛卡儿的理论为现代心理学的发展预先准备了一块地盘，故而笛卡儿有“近代心理学之父”的称誉。

除了感知觉以外，笛卡儿把想象也看作是心灵的一种思想方式。人可以直观地想象三角形的三条边，但不能想象千边形的一千条边，这后一任务只有理性才能完成。笛卡儿把情绪的来源分为灵魂的作用和身体对灵魂的影响。前者如对理智的喜悦和上帝的热爱，后者如对外物的爱憎。

笛卡儿的唯理论和二元论把感性认识与理性认识相分离，把主体和客体相割裂，其思想一直影响到19世纪的冯特和现代的西方心理学，如冯特的心理学体系就是建立在把高级和低级的心理过程割裂开的基础上的。

2. 斯宾诺莎

别涅狄克特·斯宾诺莎（1632—1677）是近代荷兰伟大的唯物主义唯理论者和无神论者。著有《笛卡儿哲学原理》（1663）、《伦理学》（1667）和《论知性改进论》（1677）等。

斯宾诺莎反对笛卡儿的三个实体的学说，认为世界上只有一个实体，他称为上帝，其实就是指无限和永恒的自然界。人只认识这无限属性中的两种，即心与物。心就是这个实体的思维属性，物就是它的广延属性。两者彼此独立，相互平行，广延不能决定思维，思维也不能决定广延。这就是他的心物平行论思想。他认为自然界是认识的对象，而且是可以认识的。他把知识分为三种：感性知识、理性知识和直观知识，只承认理性的可靠性，否定感觉的可靠性。

斯宾诺莎的情绪理论反映了其心灵和肉体不可分割的整体思想。他认为，通过情绪，身体自身行动的力量以及有关身体变化的观念一起，或得到增强或被减弱，这说明斯宾诺莎已认识到情绪具有促进或阻碍行动的结果。斯宾诺莎将情绪分为基本的与派生的两类。所谓基本情绪就是与生俱来的情绪，除此以外的情绪都是派生的，是由基本情绪以不同的方式组合而成的。他认为基本情绪有快乐、悲哀、欲望三种。所有的情绪都是围绕欲望发生的。

3. 莱布尼茨

威廉·莱布尼茨（1646—1716）是德国近代著名的哲学家、数学家。据说他还研究过中国的《周易》，他发明微积分就是受《周易》的启发。他还曾写信给康熙皇帝，建议成立科学院。他的重要著作是《单子论》（1714）和《人类理智新论》（1704）等。

莱布尼茨认为，世界万物都是由单子构成的，单子是无限的、不可分割的和能动的客观精神实体，物质只是单子的外部表现。灵魂是人体中的最高单子。这种精神实体的单子是一个封闭的自为世界，与外界互不影响。由此，他提出了“预定和谐”的心身平行论。他认为，灵魂单子和身体单子也是互不影响的，它们没有因果关系，而是按各自的内部活动规律活动。由于上帝事先的安排，整个世界的单子在发展过程中是协调一致的，就像不同时钟之间的和谐。莱布尼茨的心身平行的预定和谐说虽属思辨，但它作为笛卡儿心身交感论的对立面却产生了很大的影响。

莱布尼茨用连续性这个概念说明单子的等级和观念的等级。观念按它的意识性的不同程度而分成许多等级，最无意识性的观念叫作微觉，最有意识性的观念叫作统觉。莱布尼茨以为微觉是意识性等于零或几乎等于零的观念。许多微觉可以集合成极明晰的统觉，这就像许许多多听不见的水滴声汇集成汹涌澎湃的巨浪发出雷鸣般的声音一样。统觉最具有意识性，主动性也较大，它能使人认识到内心状态和运用概念进行推理等思维活动。他关于微觉和统觉的学说，对于后来的无意识说和统觉说是有启发意义的。

莱布尼茨拥护笛卡儿的天赋观念论，反对洛克的经验论。莱布尼茨认为，人的心理不是一块白板，而是像一块具有一定纹路和形式的大理石，其本身的纹路和形式决定了它只能被雕刻成某种塑像。因此，人具有天赋的理性能力和理性原则，感觉经验不是知识的来源，而只是起到媒介的作用。通过它使人觉察出先天固有的理性原则，使心中不清晰的知觉变成清晰的观念。

总之，莱布尼茨的观点是近代德国理性主义心理学思想的开端，是后来心身平行论的起源，对后来的心理学思想的发展产生了深远的影响。

4．沃尔夫

克利斯提安·沃尔夫（1679—1754）是莱布尼茨唯心主义哲学的直接继承人和近代官能心理学的系统化者。著有《关于人类理解能力的理性思想》（1712）、《关于上帝、宇宙和灵魂的理性思想》（1719）、《经验心理学》（1732）和《理性心理学》（1734）等。他的后两部著作使“心理学”[①]一词流行起来。

沃尔夫把莱布尼茨的世界观改成了二元论。莱布尼茨说单子的本质是精神，物质只是单子的外部表现。沃尔夫则主张单子有两种：一种是心的单子，即灵魂；一种是物质单子，即物质原子。莱布尼茨说一切单子之间有预定的和谐，所以任何单子都反映全世界。沃尔夫则只说身体的物质单子与心有预定的和谐，这也是一种二元论的心身平行论。沃尔夫继承莱布尼茨的唯理论的认识论，反对洛克的经验论和联想说。沃尔夫认为人的心理不是空白的、被动的，坚信人心有一种主动活动的、富于理性的固有观念。在他看来，一切心理作用都不过是不同程度的理

①“心理学”（psychology）一词由古希腊的“灵魂”（psyche）和“知识”（logos）两个词合成而来。它最早是在16世纪出现的。菲力普·梅兰契逊（1497—1560）在《论灵魂》一书中首创“心理学”这个词。后来鲁道夫·高克莱尼斯（1574—1628）最早使用拉丁文“心理学”（psychologia）作为其著作的名称。但真正使“心理学”流行起来还是沃尔夫，他撰写了《经验心理学》和《理性心理学》，首先使用德语“心理学”（phychologie）一词。后来鲁斯齐（1806—1841）首先使用英语“心理学”（psychology）一词。

性，感觉是混乱不明的理性，狭义的理性才是明白清晰的理性。

沃尔夫是近代官能心理学体系的建立者。他认为人的心灵具有各种官能，心灵利用其不同官能从事不同的活动，如用记忆官能去进行识记和回忆。他依照亚里士多德的分类把人的心理官能分为两大类：认识官能分为感觉、想象、记忆、注意、悟性和理性；动求官能则包括愉快与不愉快的感情以及意志作用。他的官能心理学遭到了后人的反对，因为它只是给予某些心理现象以一个名称，实际上并没有对心理现象做分析，更不能找出心理活动的原因。沃尔夫在心理学方面还有一些有价值的见解，如认为愉快与不愉快是一切情绪所包含的，不能认为是两种情绪。他还认为注意是使观念明白的能力，注意领域的大小与对象的明晰度成反比，领域大时不如领域小时更清晰。

5. 提顿斯

约翰·尼柯拉·提顿斯（1736—1807）是德国启蒙时代的著名哲学家，著有《对于人性及其发展的哲学研究》（1777）等。

提顿斯进一步强调沃尔夫对经验心理学和理性心理学的区分，并对两者都加以重视。他认为心理学作为科学只是观察心理现象，不必问灵魂自身如何，即坚持以经验来研究心理。提顿斯认为心理学主要用内省的方法，即以经验为根据，在不同的情景下重复去认识、观察心的变化，并注重这种变化的来源和发生它们的力量。提顿斯强调内省不是指在心理现象发生时进行观察，而是对它所遗留的“最初记忆”进行观察，所以客观的观察活动不会妨碍主观现象的进行。

提顿斯对感情（愉快与不愉快）与感觉的关系也有很好的论述。他认为感觉是对外物的表象，而感情则是感觉者自身的变化。感情不能独立发生，是依附在感觉或其他心理过程中的。提顿斯因此把心理过程区分为理解、感情和意志。理解就是认识过程，理解和意志是主动的，感情则是被动的。这样，他就确立了近代对心理过程的三分法，并为康德所继承。

6. 康德

伊曼努尔·康德（1724—1804）是德国古典唯心主义和辩证法哲学的创始人。著有《纯粹理性批判》（1781）、《实践理性批判》（1788）、《判断力批判》（1790）和《实用人类学》（1798）等。

康德的哲学思想从认识出发，认为认识的形式是先验的，认识的材料虽然从经验得来，但人认识这些材料时由于人心有其本身的构造而必须依据某些形式来认识，所以这些形式是从心自身来，不是从经验来，是先验的。知觉的形式如空间和时间，悟性的形式如数量和因果关系之类，都是先验的。康德认为人认识的都只是现象，至于物自身则是不可知的，物自身有无这些形式也是不可知的。心也是物自身，因而也是不可知的。这种思想后来由布伦塔诺传给胡塞尔，因而形成了在西方心理学上影响巨大的现象学理论。康德的哲学力图调和唯理论和经验论的矛盾。他承认认识来源于感觉，这是继承了经验论的思想。他认为单从经验中得来的东西不具有普遍性、必然性，认识的普遍性和必然性是人的直观形式和知性范畴所赋予感觉材料的，这又是继承了唯理论的思想。

心理学只能研究心的现象。康德认为人不能设想无空间之物，也不能设想无物之空间，所以空间是心所固有的。同理，颜色也是心所固有的先验形式，因此后来的生理唯心主义者从康德的主张中引申出声、色是心所固有的结论。康德的空间先验论直接导致了心理学中空间知觉的天生说，即以为空间知觉是生来就有的，不是从对外物的经验发展而来的。这当然是错误的。

康德认为人的认识能力有感性、悟性和理性三种形式。感性是通过感官而获得的一些零散的感觉表象，悟性是运用逻辑范畴对感性材料进行加工使之具有规律性的知识，理性则是建立最高原则的认识能力。他尤其重视人的理性能力在认识中的作用。他也十分重视统觉在认识过程中的作用，认为统觉是人的一种先天的综合统一的认识能力，是“整个人类认识范围内的最高原理”。人之所以能由知觉、想象和概念而认识一个对象，并将杂而多的感觉印象通过知觉、想象、概念的结合而形成一个统一的对象，完全是由于主体意识中有一种所谓主动的统一性联结综合的结果。他的统觉学说对后来冯特的创造性综合学说有直接的影响。

前文提到提顿斯已经将心理活动区分为认识、感情和意志三种，但没有引起人们注意。真正使三分法流行的是康德，他提出这样区分的理由是：这三者之中任何一种都不是由任何其他一种派生的。但是康德的这个观点也未得到人们的注意。三分法的流行是由于康德的三部主要著作体现了心理三分法：纯粹理性相当于认识活动，实践理性相当于意志活动，判断力主要讲美感，相当于感情。从此，心理过程的三分法就取代了亚里士多德的两分法。

7．赫尔巴特

约翰·弗里德里希·赫尔巴特（1776—1841）是德国唯心主义哲学家，也是近代著名的教育家和心理学家。他的心理学著作主要有《心理学教科书》（1816）、《作为根据经验、形而上学、数学的科学的心理学》（1824—1825）和《关于心理学应用于教育学的几封信》（1831）等。

赫尔巴特第一次明确宣称心理学是一门科学，他在《作为根据经验、形而上学、数学的科学的心理学》一书中明确地对心理学做了界说。首先，他认为任何科学都是建立在经验之上的，所以作为科学的心理学也应该是经验的科学，而不是实验的科学；其次，他认为心理学不能离开哲学，它仍属于哲学的科学；最后，他认为科学应有数量计算，所以心理学应为数学的科学，要用数学的方法对心理进行计算。他在心理学研究中第一次做了运用数学法的尝试，虽然它脱离实验带有思辨的性质，但它对后来的心理物理法不能说没有启示的作用。

赫尔巴特接受了莱布尼茨关于灵魂单子具有活动特性的观点，认为观念也是活动的；同时他也吸收了英国联想主义的思想和当时力学关于引力和斥力的概念来说明观念互相吸引和互相排斥的关系。他列举了观念互相作用的几种情况：如果两个观念不相冲突，且属于同一感官，它们混合在一起，这就叫作融合( fusion )，例如红色和蓝色混合成紫色；如果两个观念不相冲突，且属于不同的感官，则它们可复合为一，这就叫作复合（ complicate )，如声与色可复合为一体；如果两个观念互相冲突，且势力相等，则它们可完全互相抑制；如果两个观念互相冲突，且势力不相等，则它们不能互相抑制，可以并存于意识之内。赫尔巴特提出的融合和复合概念后来被冯特所采用。

赫尔巴特为了进一步揭示观念互相作用的规律，他还提出了“意识阈”和“统觉团”的概念。他认为两个互相冲突的观念虽然可以相互抑制，但不会消灭于无形，受了抑制的观念由于其势力减弱，就由一种现实的状态退为一种被抑制的状态。他指出：“一个概念若要由一个完全被抑制的状态进入一个现实观念的状态，便须跨过一道界线，这些界线便为意识阈。”①就是说，任何时候占意识中心的观念只容许和谐的观念出现于意识上，而将不和谐的观念抑制下去，降入无意识状态。赫尔巴特认为，意识阈不是固定不变的，因为意识和无意识是可以互相转化的。随着时间的变迁，意识阈限上的观念可以转入阈限下而成为无意识的观念。

相反被抑制的观念，可以通过有关的意识观念的吸引从意识阈限之下进入意识阈限之上。赫尔巴特还认为，任何观念要进入意识内，都必须与意识中原有的观念整体相和谐，否则就会被排斥。这个观念的整体，他称为“统觉团”。

他还提出了影响深远的“四阶段教学法”( 即把教学过程划分为明了、比较、系统和方法四个连续阶段。他的后继者又把第一阶段分为预备和提示两步，构成所谓“五步教学法”)。他认为这四个连续的阶段是

①[ 美 ] 波林著，高觉敷译:《实验心理学史》，商务印书馆 1981 年版，第 288 页。

发展和丰富心灵的普遍程序，在一切教学活动中都应遵循。他的心理学理论在教育上的应用，使他成为近代著名的教育心理学家。

总之，赫尔巴特的心理学思想虽属唯心主义体系，但他在心理学思想史上影响很大，他的学说对韦伯、费希纳、冯特和弗洛伊德的思想都有直接的影响。

8. 陆宰

陆宰（1817—1881）是实验心理学建立以前的最后一位哲学心理学家。著有《医学心理学，即灵魂的生理学》（1852）和《心理学大纲讲演录》（1881）等。

陆宰对心理学的主要贡献是他提出的关于空间知觉的部位标记说。他认为外界刺激虽然具有空间的关系，但是人直接得到的只是特殊感觉而不是空间形式。首先看触觉的空间，皮肤与外物接触时，由于皮肤各个部位的厚薄、硬软、紧张度和皮下组织的状况彼此都不同，因此每个部位都有由这些特色所构成的标记（多种强度的特殊配合），这个标记就是这个皮肤部位的标记。在肢体移动时，被刺激的部位变化，部位标记也跟着变化。这种变化是逐渐的，邻接部位的标记是先后继承而又微有变化的。浑身的一切部位都有这样的标记，由于肢体屡屡移动的结果，最后这些标记就结合成了一个空间体系。

其次，视网膜上的不同点被刺激会发生不同的眼肌动作，任何视网膜点被刺激都发生使视线转到正对刺激物的眼肌运动。由于眼肌不止一个，不同的网膜点被刺激，会发生不同的强度配合的眼肌动作。邻近点所引起的眼肌运动感觉的强度配合是逐渐变化的，也就是说，网膜上邻近点的部位标记是逐渐变化的。这一切由眼肌运动所组成的且逐渐变化的部位标记最后会形成一个空间体系。在视觉空间体系形成之后，假如有一个网膜部位被刺激，人虽然不动眼睛也知道刺激物在什么地方，是因为以往的经验使这一部位被刺激时会引起一定的动眼趋势，对这个趋势的感觉也就是这个被刺激的网膜点的部位标记。

陆宰认为空间是客观存在的，但客观空间体系对于人所引起的结果最初只是一个部位标记的体系，而不是具体的空间关系的体系。那么为什么部位标记体系会转化为空间体系呢？陆宰认为心具有这样的转化能力。他的说法是关于空间知觉的经验说，这个观点后来为赫尔姆霍茨所发挥。陆宰虽然承认外来刺激的必要性，但更强调心理的主动性，他的学生斯顿夫、格奥尔格·缪勒和布伦塔诺都受他影响而重视心理的机能。

总之，理性主义心理学思想的特点是，强调主体先天固有的能动性、心理活动的统一性、动力性和矛盾性，强调把人的意识看作是发展的过程，忽视感觉经验在认识中的作用，夸大理性思维的作用。这其中虽包含有辩证的因素，但由于受唯心主义的束缚，严重脱离实际，脱离经验，往往带有思辨的性质。

（三）法国的感觉主义心理学思想

法国的感觉主义心理学思想是近代经验心理学思想的另一种表现形式。法国资产阶级启蒙思想家都是感觉主义心理学家，他们主要受到笛卡儿关于身体是机器的思想和洛克的唯物主义经验论的影响，强调感觉经验在认识中的作用。感觉主义心理学思想具有典型的唯物主义和机械主义倾向。

1. 拉·美特利

茹利安·奥弗雷·拉·美特利（1709—1751）是法国启蒙思想家和法国唯物主义的创始人。著有《心灵的自然史》（1745）、《人是机器》（1747）和《人是植物》（1749）等。他继承并发展了笛卡儿的机械唯物主义观点。笛卡儿提出动物是机器，拉·美特利认为应该把这种思想贯彻到底，他说："让我们大胆地断言，人是机器。"[①]拉·美特利的机械唯物主义思想倾向对后来的行为主义有重要的影响。特别需要指出的

①［美］杜·舒尔茨著，杨立能等译：《现代心理学史》，人民教育出版社 1981 年版，第 18 页。

是，他还认识到意识是大脑运动的一种属性，人脑是意识的器官，他曾明确指出："脑部受重伤时，就没有知觉，没有分辨力，没有认识了。"[①]

把心理看作人脑运动的属性，而不把它简单归结为物质的运动，这是法国唯物主义者对心理学做出的一个最重大的贡献。拉·美特利是一个彻底的感觉主义者，认为一切知识都来自感觉，没有感觉就没有思想，同时他也反对在感觉问题上的怀疑论和不可知论，指出感觉是完全可靠的。他说："真正说来，感觉是从来不欺骗我们的，除非是我们对各种关系下的判断太仓促。"[②]

2．孔狄亚克

埃蒂耶纳·博诺·德·孔狄亚克（1715—1780）是法国启蒙思想家，著有《人类知识起源论》（1746）和《感觉论》（1754）等。

孔狄亚克把洛克的唯物主义经验论心理学思想发展为感觉主义心理学思想。孔狄亚克认为，心灵有自己发展的能力，知识是由感觉引起的观念形成的。一切心理过程都是由感觉转化来的，都是变相的感觉；心理的复杂性不是由于感觉有多种，一种感觉可以经过转变而且有一切高级的心理功能，如记忆、判断、抽象等。他认为感觉越新近，越容易回忆；感觉越生动，也越容易回忆。孔狄亚克还认为，感觉过程总是伴随愉快和不愉快。愉快的经验就延续和重复，不愉快的就可能停止。这样孔狄亚克就形成了感觉主义心理学思想体系。

3．狄德罗

德尼·狄德罗（1713—1784）是18世纪法国启蒙思想家、百科全书学派的代表。著有《对自然的解释》（1754）和《生理学基础》（1774—1780）等。

他继承并发展了笛卡儿、洛克和拉·美特利的唯物主义，反对贝克

① ②北京大学哲学系编译：《十八世纪法国哲学》，商务印书馆1979年版，第227、213页。

莱和休谟的唯心主义与不可知论。他认为没有超物质或离开肉体的精神和心理，把人比喻为一架具有感觉和记忆能力的钢琴，嘲笑贝克莱“以为自己是世界上存在的唯一的钢琴，宇宙的全部和谐都发生在它身上”，这真是一架“发疯的钢琴”。[①]他把个体心理的发展和心理的过程都看作物质因素相互作用所致。他说：“这些物质因素逐步产生的结果，便是一个迟钝的生物，一个有感觉的生物，一个有思想的生物。”[②]狄德罗坚持感觉是一切知识的唯一源泉，观念和思维能力都是由感觉发展而来的，这是典型的感觉主义心理学思想。

4. 爱尔维修

克劳德·阿德里安·爱尔维修（1715—1771）是法国启蒙思想家、百科全书学派的代表。著有《精神论》(1758)和《论人及其智慧和教育》(1773)等。

他受了洛克和孔狄亚克的影响，认为感觉是一切知识的来源，记忆、判断等心理作用都只是感觉。他强调人和动物的区别在于人能制造工具，接触范围广阔，因而感性印象比动物多得多。同时人又有语言，能把事物的感性印象概括为概念并通过文化世代相传。他把人和动物相区别的最终原因归结于感觉印象的多少上。爱尔维修还把情感看作感觉，并把感觉、情感和需要联系起来，正如他把人的心理特点和手与语言的使用联系起来一样，都是一种独到的见解，丰富了法国感觉主义心理学思想。

5. 霍尔巴哈

保尔·亨利·霍尔巴哈（1723—1789）是法国启蒙思想家和百科全书学派的代表，也是感觉主义心理学思想的集大成者。著有《自然之体系》(1770)和《健全的思想》(1772)。

他强调脑是心理的器官，是神经系统的中心，心理只是脑的物质

①②［法］狄德罗著，陈修斋译：《狄德罗哲学选集》，生活·读书·新知三联书店1956年版，第130、122页。

运动的结果。外界事物作用于感官，通过振动在脑中产生感觉，被改变的脑神经产生的印象传递给神经运动，使肉体器官各司其职。他非常重视感觉在整个心理活动中的重要作用，认为感觉是在人身上看到的第一种机能，也是派生出其他一切机能的机能。在他看来，一切心理活动都是在感觉基础上产生和发展起来的。

总之，法国的感觉主义心理学思想坚持唯物主义认识论，重视感觉经验的作用，重视心理与脑的关系，认为心理是脑的属性，脑是思想的器官，这对心理科学的产生起了积极的作用。但感觉主义者片面夸大了感觉经验，看不到理性认识与感性认识之间质的差别。同时他们把人视为机器，忽视了人的主观能力。

（四）英国的联想主义心理学思想

从心理学发展史来看，“联想”这个词并非始于英国。但是，使联想成为一种“主义”而流行开来，并对现代心理学的学习理论产生重大影响的则是英格兰和苏格兰的一些心理学思想家，主要代表人物除洛克外还有哈特莱、布朗、穆勒父子和培因。

1. 哈特莱

大卫·哈特莱（1705—1757）是英国唯物主义的联想主义心理学思想体系的建立者。著有《观念的联想》（1746）论文和《对人的观察：其结构、其义务及其期望》（1749）专著。后者是第一部系统论述联想主义心理学思想的著作。

在心物关系上，哈特莱反对洛克的反省说，只承认感觉是知识的唯一源泉。在心身关系上，哈特莱把牛顿的振动说运用于神经系统方面，认为神经是固体而不是空心管，所以神经的传导不是动物精气的流动，而是极其细微的分子的振动。这种振动是沿着神经向前传导的，外物作用于感官引起神经的振动，神经的振动又引起脑内的振动，就发生感觉。外物引起的脑内振动并不是旋起旋落，而是在物质刺激停止以后还会继续发生微振，这些微振引起观念。这样，休谟关于印象与观念的区分，在哈特莱这里得到了生理学的说明。

哈特莱还用神经的振动和脑内的微振来解释联想。他认为联想就是两个事物同时或相继影响神经系统，它们在脑内所产生的微振由于多次重复就联结起来，后来，其中之一再次发生，微振便从它的相应部位扩散到另一个部位，同时我们便有了关于另一个事物的观念。在哈特莱之前，联想只局限在观念的范围之内。而他则用联想去解释感知、记忆、想象、思维、推理、情感、随意动作与不随意动作以及人格等一切心理现象。例如，情感就是简单的快感或不快感同对象的感觉或观念的联合。

同时，哈特莱还对联想的法则进行了整理，把传统的三大联想律归结为一条，即接近律。由此，他又把联想分为同时联想和相继联想。可见，哈特莱不仅用联想来解释一切复杂心理现象的形成，而且把经验和联想都建立在和外界事物发生联系的基础上，同时又做出了生理学上的解释。

2. 布朗

托马斯·布朗（1778—1820）是苏格兰学派的代表，著有《人的心灵哲学》（1820）等。苏格兰学派本来站在维护正统宗教观念的立场，恪守灵魂是一个统一的精神实体的信仰，既反对休谟的不可知论，又反对霍布士的唯物主义和联想主义。但布朗在说明人的具体心理活动时，也吸收了许多联想主义心理学思想的成分，又有助于联想主义心理学思想的发展。他提出了“心理化合说”，认为心理化合物不是观念元素简单相加的总和，而是具有新质特点的复杂现象。

他在联想主义心理学思想上的主要贡献是提出了关系联想、联想主律和联想副律。所谓关系联想即指看到两个对象之间的关系。他认为这种关系联想包括判断、推理和抽象等复杂的心理过程，不仅仅是简单的感觉。这是对联想主义心理学思想的发展。布朗提出的三条联想主律是接近律、相似律、对比律，这不过是亚里士多德观点的翻版。为了说明在一个观念之后引起的为什么是这个观念而不是另一个观念，他提出了九条副律作为联想主律的补充。这九条副律的前五条也就是后来所说的强度律、显因律、频因律、近因律和不可分律，后四条主要是指个人生理、情绪、习惯等主体状态对联想的影响。

3. 穆勒父子

詹姆斯·穆勒（1773—1836）著有《人的心理现象的分析》（1829）等。他坚持英国经验主义传统，把感觉视为最简单的意识元素，观念是由感觉“拷贝”而成的。它们共同成为心理的元素，一切复杂的心理现象都是感觉和观念通过联想形成起来的。这就是欧洲心理学史上惯称的心理元素主义。他还把感觉分为八种，除通常的视觉、听觉、嗅觉、味觉和触觉外，又加上肌肉感觉、消化管内感觉和扰乱感觉。他提出接近律为联想的主律，生动性和频因律是联想的副律。他还坚持心理力学的观点，把机械主义的观念直接而广泛地用到对人类心理的解释上，并认为人的心理只不过是一种机械装置，像钟那样以同一的机械方式起着作用，外来的物理力量使它启动，而内部的物理力量使它运转。他认为心完全是被动的，它接受外部刺激对它的作用。这样，人的心理就没有创造性机能，因为联想仅仅是一种纯粹被动的过程。

他的儿子约翰·穆勒（1806—1873）不同意这个观点，认为心具有主动作用，并借用当时的化学成就把其父的心理力学说改为心理化学说，这对后来冯特提出创造性综合学说有直接的影响。老穆勒认为接近律是联想的根本法则，小穆勒则提出了三条联想法则，即相似律、接近律和强度律，后来又改为四条联想法则，即相似律、接近律、频因律和不可分律。联想律的不断演变也反映出英国联想主义者对联想法则并没有给予令人满意的解决。

4. 培因

亚历山大·培因（1818—1903）是19世纪后期英国著名的联想主义心理学家。著有《感觉与理智》（1855）、《情绪与意志》（1859）、《心与体》(1872)等。他于1876年创办的《心灵》杂志是世界上最早的心理学杂志。

培因提倡心身平行论，对建立生理心理学起了很大的作用。他应用当时流行的能量守恒定律解释身体和心理的关系，认为身体是一个自我封闭的物质系统，心身互相平行而不互为因果，按照能量守恒的原则自行运动着。

他认为联想的法则不能只归结为接近律，还应包括相似律在内。他还提出了复合联想和构造联想。所谓复合联想就是把几个不能单独引起旧经验的线索合在一起，从而把那个旧经验引出来，复合的线索越多，联想越容易。构造联想则是通过相似联想形成与旧经验不同的新观念。他认为人的想象、创造和发明就是借助这种联想实现的。因为构造联想主要是由相似联想引起的，所以他认为相似联想比接近联想更重要。

培因还研究了学习心理。他认为学习的主要心理活动是辨别和认同。影响学习的条件主要有重复练习、集中注意和一定程度的一般学习能力(与此相反的特殊学习能力是指如艺术、体育等专门的学习能力)。他提出的“尝试错误”的学习观点成为后来桑代克的“尝试与错误”学习理论的先导。

波林说，培因是从哲学心理学向实验心理学过渡的一位承先启后的人，他为以前的心理学做了一次系统整理，在他以后就开始了心理学的实验。①

从上面列举的这些代表人物的思想演变中，我们可以看到联想主义心理学从霍布士、洛克奠定基础到哈特莱、培因形成完整的理论体系这整个发展过程的轮廓。在这中间，唯物主义认识论和自然科学的发展为联想主义心理学提供了方法论基础和研究手段，推进了联想主义心理

---

①李汉松编著:《西方心理学史》，北京师范大学出版社1988年版，第95页。

学的发展。联想主义心理学为心理科学的产生做出了重要贡献。

## 第二节 西方心理学的科学起源

西方心理学一方面起源于哲学，另一方面又起源于科学。特别是到了19世纪，各门学科的某些专门发展为心理科学的独立创造了条件。当时的天文学、解剖学、生理学和物理学等多门自然科学已获得巨大发展，这些学科的共同特点是采用系统的观察法和实验法。由于采用观察和实验的方法，这些学科巩固了自己的地位，获得了巨大成功。这些成功使得一些心理学家意识到，若要使心理学摆脱哲学束缚而成为一门独立的学科，则必须把观察和实验的方法引入心理学，把心理学建成一门实验科学。在此我们先论述古代医学和生理学中的心理学思想，然后分别论述天文学、生理学、物理学对心理科学独立的贡献。

### 一、古希腊和古罗马医学和生理学中的心理学思想

在古希腊之前的埃及和巴比伦，医学已有相当成绩，希腊人接受了这些医学遗产并加以发展。公元前5—6世纪，医学已成为哲学和自然科学的一个部分，不少哲学家也是医学家，如恩培多克勒和德谟克利特都精通医学。这里略述古希腊的希波克拉底和古罗马的加伦的心理学思想，因为他们都从临床经验总结出了一些有益的心理学知识，且在观点上有继承关系。

#### （一）希波克拉底

希波克拉底（约前460—前370）被尊为西方医学之父。他吸收了前人的医学成就，长于外科手术，并且善于诊断和治疗。

希波克拉底认为一切病都是由于自然的原因，与神无关。流传下

来的他的全集中有一本名为《论圣病》的书，是专论癫痫的，因为当时的人相信癫痫是与神有关的病。他认为："这个病的原因也像那些一般比较严重的病一样，是在于脑。"希波克拉底以为脑是心理的器官。他说："是由于脑，我们思维，理解，看见，听见，知道丑和美，恶和善，适意不适意。"①

在希波克拉底以前，恩培多克勒的人体含四根之说逐渐发展为人体含四液之说，希波克拉底则进一步加以系统化。他以为人体内有四种液体。黏液生于脑，是水根，有冷的性质；黄胆汁生于肝，是气根，有热的性质；黑胆汁生于胃，是土根，有渐温的性质；血液生于心脏，是火根，有干燥的性质。他认为，这四种体液"形成了人体的性质"，羊角风（癫痫的俗称）就是由于脑失去了黏液。而且，"当这些元素在复合上，力量上，体积上，彼此没有适当的比例，并当这些元素有一种太多或太少，或在体内孤立而不与一切其他元素结合之时，人就感到痛苦"②。希波克拉底的四体液说后来被误认为气质学说。其实，气质学说是以后加伦改进了四体液说才形成的，当然希波克拉底在气质学说的形成上也是有贡献的。

近年来，学者们还发现希波克拉底对环境心理学颇有研究。在《气、水和地域》一书中，他认为人的身体健康、性格特征和群体的风俗习惯都是受自然环境和生活方式影响的。他以亚洲某些民族的生活方式为例说明，风俗习惯，即人类的安排可以改变有机体的性质。比如亚细亚人性格温和，不像欧罗巴人那样好战，因为亚细亚的气候温润，变化较小。

（二）加伦

加伦（130—200）曾到亚历山大城学医，后来在罗马行医并讲学、著书，他是古代医学的集大成者。加伦强调脑是理性灵魂的器官，这是他对心理学实质问题的重大贡献。在加伦之后，脑作为心理器官的观点

①②唐钺编：《西方心理学史大纲》，北京大学出版社 1982 年版，第 14 页。

基本上得到了巩固。理性灵魂的功能包括外部功能（即五种感官的功能）和内部功能（即想象、判断、记忆等）。他认为非理性灵魂的功能即情感不在于脑，而在于心、肝二脏。心主愤怒、刚健，是男性灵魂的中枢；肝主情欲、温柔，是女性灵魂的中枢。加伦在心身关系上把身体放在第一位。他以为心理和生理的作用只是同一生命的不同方面，所以心理疾病可以通过身体来治疗，人的恶性乃是一种病，由其体质不正常引起。

加伦认为人的灵魂是物质的不同性质的配合，即气质，他继承了希波克拉底的四体液说并进一步把它与气质联系起来。多血质的人血液多，表现为热心、活泼。黏液质的人黏液多，表现为冷静、善于思考和算计。抑郁质的人黑胆汁多，表现为有毅力，悲观。胆汁质的人黄胆汁多，表现为易发怒、动作激烈。可见，气质类型的心理表现在加伦时代已相当明确。加伦还认为，人的行为方式不仅取决于气质，也决定于环境。加伦的气质学说虽然缺乏生理学根据，却比较确切地划分和描述了人的气质类型，引起了后人对气质的生理基础进行广泛深入的研究，因此至今它仍在心理学中占有一席之地。

## 二、天文学与心理学

### （一）人差研究

天文学的一个重要职能是精确测绘星体图。现代机械的照相方法出现以前，精确测定星体位置一直是依赖于所谓的“眼耳法”，即通过钟摆声而默记下星体通过望远镜视野内十字线交叉点的时间。准确注意星体通过交叉点的那一瞬间是关键的，因为在计算星体在银河中的位置时，微小误差会变成巨大的星际距离。1796 年，格林威治观察站的马斯基林（1732—1811）辞退了其助手金内布鲁克，因为他观察星体通过交叉点的时间总是比马斯基林的观察记录慢 0.8 秒。当然马斯基林肯定以为自己的观察时间是准确的，而他的助手则错了。此事引起德国天文学家贝塞尔（1784—1846）的注意，他开始系统对比不同天文工作者的观察时间。贝塞尔发现，所有天文工作者报告星体通过的速度都有差异，而这种误差源于个别差异。1823 年，贝塞尔根据人们观察时间上的个别差异计算出“人差方程式”，以便天文工作者之间的差异能在天文计算中消去。例如，贝塞尔将自己与另一个天文学家阿革兰特尔共同观察的人差方程式定为：$A-B=1.223$ 秒。

人差方程式的发现刺激了人们对反应时间研究的兴趣，也给早期的实验心理学提供了直接的研究课题，如复合实验和反应时实验。

（二）复合实验

“复合”一词是赫尔巴特 1816 年提出的，是指一种精神的混合物，包括两种以上的感觉过程。根据这个定义，天文学家的“眼耳法”就是一种复合。实验心理学的建立者冯特用赫尔巴特的这个术语称天文学家的发现为心理实验。1861 年，冯特设计了一个简单的钟摆。此摆随刻度而摇摆，在摆到某一点时发出咔哒之声。观察者要注意当听到咔哒声时指针所指的刻度，这是最早的复合实验，这个钟摆就被称为“冯特复合钟”。

复合实验使人们认识到知觉的准备对知觉结果的影响，而这正是动力心理学的基本出发点。

（三）反应时实验

天文学家对绝对人差方程式的测量实际上就是对反应时间的观察。反应时研究是早期实验心理学的一种主要研究。但是，受到天文学家的启发并进行反应时实验的第一人是荷兰生理学家弗兰斯克丝·唐得斯（1818—1889），他对视觉的研究是从简单反应开始的。简单反应实验就是被试用一个预定的运动反应一个预定的刺激。1862 年，唐得斯在简单反应的基础上增加其他心理过程而使之复杂化，他认为如果反应时间加长，那么这个增加的数目就是任何加入的过程所花的时间。首先，唐得斯测量选择的反应时间。他不是使被试常用一种运动 a 反应刺激 A，而是加上了其他刺激，每一种刺激都各要引起不同的预定的反应：刺激A引起反应a，刺激B引起反应b，刺激C引起反应c，以此类推。由于时间因这种变化而增加，他便以增加的时间减去简单反应的时间而算出纯粹选择的时间。其次，唐得斯认为人们的反应过程还包括辨别。因此，他随机采用许多刺激如A、B、C、D，但只许用反应a对应刺激A，借以测量辨别。被试必须在反应以前从所有刺激中识别出A刺激。唐得斯借助于减除得到了选择、辨别和简单反应的时间，这就是“因素相减法”。

总之，复合实验首次揭示了期待、态度对知觉反应的影响，而反应时实验中所使用的因素相减法在现代认知心理学实验中仍被经常使用。

## 三、生理学与心理学

到19世纪30年代，生理学作为一门已独立的实验科学取得了丰硕的成果。生理学家们的研究兴趣也进一步扩展到心理学的领域，他们研究了心理过程的生理机制，创造了一些富有科学价值的实验方法，积累了大量的科学资料，形成了介乎生理学和心理学之间的生理心理学，从而为实验心理学奠定了牢固的基础。

### （一）关于脑机能的研究

关于心理的器官问题，古希腊就有两种见解。毕达哥拉斯和柏拉图选择了头脑，德谟克利特和亚里士多德选择了心脏。以后由于临床观察和生理解剖的验证，到了18世纪末，对大脑是心理的器官的论断才被普遍接受，但对大脑与心理之间的具体关系则从19世纪才开始进行实验研究。

#### 1. 加尔的颅相学

弗朗茨·加尔（1758—1828）是德国的解剖学家。他于18世纪末曾经对人的心能与头颅的形状之间的关系进行过观察研究，并根据个别例证提出了面相学和头骨学，认为脑的各个区域是各种心理能力的特殊器官。后来他的学生施普茨海姆（1776—1832）把面相学和头骨学改称颅相学并广加宣传，使之流行起来。他进一步把颅骨划分为37个区域，标明各种不同的心能。例如，感情的心能在头颅的后部，理智的心能在前额等。颅相学虽然在西方风行了一个世纪，但由于缺乏科学根据，遭到许多生理学家和心理学家的反对。然而它以脑为心理之器官的观点以及关于脑的机能分区说，刺激了后人对脑的不同部位的机能之研究。

2. 弗卢龙的大脑统一机能说

皮埃尔·弗卢龙（1794—1867）是法国著名的生理学家，曾著《评颅相学》一书，驳斥了加尔的观点，创建了科学的脑生理学。他在前人研究的基础上，以解剖为根据把大脑分为六个机能区：脑叶、小脑、四叠体（也称中脑）、延髓、脊髓和神经等。他使用局部切除法和刺激法的实验测定脑的各部分的机能。他发现延髓控制生命机能，小脑控制协调动作，四叠体的各部分控制视听反射，脑叶控制高级心理过程，而且感觉、知觉和意志都在大脑器官中占有相同的位置。为此他认为，尽管中枢神经系统可依照其性质和机能分为几个不同的部分，但仍然构成一个统一的整体，神经系统特别是大脑的机能是统一的。他用大脑机能统一说反对传统的大脑机能分区（定位）说。弗卢龙的大脑机能统一说对脑科学的研究有很大的影响，他所使用的切除法为后来的动物实验心理学提供了有效方法。

3. 布罗卡言语运动中枢的发现

保罗·布罗卡（1824—1880）是法国著名的外科医生，首创临床法。这个方法是他对一个多年不能清楚地说话的人死后做尸体解剖时创立的。他在解剖时，发现此人的大脑皮层第三额回处出现损伤。他便把大脑的这一部分称为言语运动中枢，后亦称“布罗卡区”。临床法作为一种死后解剖方法，为发现损伤区提供了机会。布罗卡的发现对弗卢龙的大脑机能统一说是一个有力的挑战，又进一步激起了对大脑机能定位的研究。同时，由于切除法不能用于人类，所以布罗卡所采用的临床法成为对切除法的一种很重要的补充。

4. 运动和感觉中枢的发现

1870 年，法国医生古希塔维·弗里奇（1838—1927）给伤兵包扎头部创伤时，当偶然碰到了大脑皮质的某一部位时，发现对侧肢体便产生运动。同一时期，艾德尔德·希齐格（1838—1907）用电流直接刺激兔的大脑皮质的某一部位，发现引起了眼动。后来，他们合作采用电刺激法对狗的大脑皮质进行了系统的实验研究，终于发现了运动中枢位于中央前回。随着运动中枢的发现，又有人去寻找感觉中枢。早在约翰内斯·缪勒的神经特殊能说中已确信有五个感觉中枢的存在，后来其他人又陆续发现视觉中枢位于枕叶，听觉中枢位于颞叶，机体觉中枢位于中央后回，等等。

总之，从 19 世纪中叶开始的关于大脑机能究竟是定位还是统一的争论具有重要的意义：巩固了脑是心理的器官的信念；大脑研究中所使用的切除法、临床法和电刺激法等方法为实验心理学的研究提供了工具；推动了感觉生理心理学的发展。

（二）关于神经生理学的研究

关于神经活动在体内如何传导这一问题，早在 17—18 世纪有些哲学心理学思想家就已开始注意并进行了研究，例如，笛卡儿提出的神经导管说和哈特莱主张的神经传导的振动说，只是限于当时生理科学发展的水平尚无法得到证实。自 19 世纪开始，随着神经生理学取得重大的进展，这个问题也得到不断的深入研究。

1. 感觉神经与运动神经的区分

查尔斯·贝尔（1774—1842）是英国著名的生理学家和解剖学家。在贝尔之前，生理学家还以为凡属神经都具有传导感觉刺激和运动冲动的机能。贝尔于 1807 年发现脊髓神经的后根只传导感觉刺激，前根只传导运动冲动，证明了传导感觉刺激和运动冲动系由不同的神经纤维分担，这就是著名的感觉神经和运动神经的差异定律。1819 年，法国著名的生理学家弗朗西斯·马戎第（1783—1855）也独立地发现了这个定律，所以这个定律也称“贝尔—马戎第定律”。

2．反射动作的研究

早在加伦的时代就已有现代所谓瞳孔反射的描述，17 世纪笛卡儿提出反射的思想，但直到 1736 年阿斯特律克才首次提出“反射”这个词，他把反射分为感觉神经、中枢神经低级部位和运动三个部分，指出随意动作和反射动作的区别。到了 19 世纪，约翰内斯·缪勒把反射概念引入生理学体系，认为反射动作也通过大脑，只是在大脑里不起什么作用。[①]关于反射动作的深入研究对探讨心理活动所赖以发生的生理机制是十分有意义的。

3．神经冲动的电性质的发现和研究

在电的研究方面，物理学和生理学是互相促进的。17 世纪人们已经知道了产生静电的方法。18 世纪发明了莱顿瓶（1745），可用来储集电量。直到那时，神经冲动仍被看成是动物精气或原动力、生命力和神经力。1780 年意大利生理学家伽伐尼（1737—1798）发现，用两根金属棒分别连接蛙腿神经和蛙腿，当两棒接触时便引起蛙的踢腿动作。这一发现证明神经冲动具有电的性质。伽伐尼实际上是发明了一套供应电流的湿电池组，使蛙腿肌肉发生抽搐，所以说第一种湿电池组乃是一条蛙腿。比伽伐尼稍晚的意大利物理学家伏特（1745—1827）在 1799 年把两个金属片重叠起来，在两片之间放置浸了盐水的纸板，制成了一种直接产生电流的伏打电堆。1811 年，伏特制成了电流计。1831 年英国的物理学家法拉第（1791—1867）发现了电磁感应，从而发现了可以用感应电流来刺激神经。正是在这个基础上，法国生理学家杜布瓦·莱蒙

① 1863 年出版的俄国生理学家谢切诺夫（1829—1905）的《脑的反射》一书，证明了反射动作也适用于大脑机能，但对当时的西方学术界未发生影响。

（1818—1896）完成了有关动物电的著名研究。他提出的动物组织的电流极化概念对赫尔姆霍茨有重要的启发，使之认识到神经冲动的速度不是极其神速，而是有限的。

4．神经冲动传导速率的测定

赫曼·路德维希·弗汀兰德·冯·赫尔姆霍茨（1821—1894）是德国著名的物理学家和生理学家。关于神经冲动的传导速率，在19世纪上半叶，生理学家还以为跟光速差不多，不能测量。赫尔姆霍茨却大胆冲破了这个禁区，于1850年第一次对神经冲动的传导速率进行了测量。他用自己发明的筋肉测量计，以电刺激蛙的神经，然后测量筋肉伸缩和神经长度的关系，结果发现蛙的神经冲动传导速率每秒不到50米。后来他对人的神经冲动传导速率进行了测量，刺激一个人的脚趾和大腿，记录其反应时间的差异，结果发现人的神经冲动传导速率为50～100米/秒(实际是123米/秒)。赫尔姆霍茨对神经冲动传导速率的测定，后来被用于心理活动和反应时间的测量研究。1862年唐得斯把天文学家的工作和赫尔姆霍茨的工作加以综合，提出测量复杂反应时间的方法，被以后的实验心理学家所广泛采用。因此，赫尔姆霍茨的研究的重要意义是使心理学家认识到心理过程是可以进行实验和测量的，过去无法形容的"灵魂"居然可以时间化，从而打破了心理不能实验和测量的神话。

5．神经特殊能学说

约翰内斯·缪勒（1801—1858）是19世纪德国最有权威的生理学家。他积极提倡把实验方法应用于生理学，从而使之成为一门实验的科学，因此他被称为"实验生理学之父"。在他的学生当中后来有不少人都成为著名的生理学家和心理学家，如杜布瓦·莱蒙、赫尔姆霍茨和冯特等。缪勒写了一部系统的生理学著作《人类生理学纲要》(1833—1840)，这部书约75万字，共分8卷，概括了当时生理学各方面的知识，并介绍了自己大量的创造性观察。《人类生理学纲要》的第四、五、六卷都涉及心理学的问题，如反射动作、语言、感觉、神经特殊能、联想、记忆、想象、思维、感情与激情、气质、心身问题等等。这些问题大多数都谈得比较一般，而其中的神经特殊能学说则影响很大。缪勒于1826年先以论文形式提出这个学说，1838年又在《人类生理学纲要》第五卷中加以论述。其实他的这个学说所根据的一些事实，贝尔早在1811年就已提出，只是贝尔当时没有概括出神经特殊能这个概念，而缪勒又以新论据予以阐明，使之系统化，并且提出了十条通则，从而使它得到了广泛的传播。所以人们就把创立这个学说的荣誉归于缪勒了。

缪勒认为每种感觉神经都有自己的特殊性质或能，感觉所反映的不是外物的性质，而是关于感觉神经自身的性质或状态的知识。例如，他的第五个通则说："一个外界原因的作用，经由神经传导而影响脑部感觉中枢；感觉就是这个中枢这样得到的关于感觉神经自身的（并非外物的）某些性质或状态的知识；这些性质在各感官彼此不同，每种感官的神经都有它自己的特殊性质或能。"①例如，对声音的感觉只是关于听神经性质或状态的知识，对光色的感觉只是关于视神经的性质或状态的知识。其主要依据是：同一刺激作用于不同的感官引起不同的感觉，不同的刺激作用于同一感官引起同一的感觉。

应该说，缪勒的神经特殊能说是对于感觉研究的一大进步。首先，他用"能"的概念代替动物精气、原动力、生命力或神经力等神秘的概念，并从整个神经的探讨进入到个别神经纤维的研究。其次，他在生理学史上第一次提出了主观映象依赖于反映机构的问题，肯定了感官机构对形成一定感觉的作用，促使了生理心理学家对感官神经进行广泛深入的研究，如赫尔姆霍茨的色觉说和听觉说、海林的色觉说等显然都由此说所引起，可见，它对后来实验心理学产生了很大的影响。同时，现代感官心理生理学有关不同的神经组织和细胞"专门化"现象的发现也进

①［美］阮德著，唐钺译：《西方心理学文选》，科学出版社1959年版，第62页。

一步证实和丰富了这个学说。

（三）关于感觉生理学的研究

由于神经生理学和大脑机能研究的进展给感觉生理学提供了可供借鉴的方法，因而19世纪的生理学家开始注意研究视觉和听觉等感觉现象。

在视觉方面，他们发现了棒状细胞和锥状细胞，光的反映在网膜中心和边缘是不同的，还发现了盲点、色盲、色混合、视后像等视觉的各种现象。在研究技术上，他们创造了实体镜，理论上提出了色觉学说等。在听觉方面，他们知道了耳的某些构造，测定了声波的频率，提出了听觉共鸣说。并对皮肤感觉做了分类，如压觉、温觉和冷觉等。对皮肤感觉的测量是以后心理物理学的开端。当时还发现味蕾和鼻黏膜分别是味觉和嗅觉的器官，也对它们的适宜刺激物进行了分类。

1. 关于视觉的三色说和四色说

在1856年出版的《生理光学纲要》中，赫尔姆霍茨进一步扩充并发展了英国生理学家托马斯·杨（1773—1829）在1801年的论文中发表的三色说。根据色光的混合规律，赫尔姆霍茨确定了三原色为红、绿、蓝。他指出，视网膜上有三种神经纤维末梢器官，它们分别具有能感受红色、绿色和蓝色的色素。当这些感光色素受到刺激并产生化学分解时，神经细胞就产生神经冲动并传到大脑皮质的视觉中枢，于是分别产生红色、绿色和蓝色的感觉。这就是赫尔姆霍茨的视觉三色说。但三色说不能解释对比、视后像、色盲等视觉现象。

与此同时，德国的另一位生理学家海林（1834—1918）则提出了四色说。他认为视网膜上有红绿质、黄蓝质和白黑质三种视质，这三种视质受到刺激后即产生异化和同化的作用，例如，红绿质受红光刺激因异化而产生红色感觉，受绿色刺激则因同化产生绿色感觉。海林的四原色中的红绿和黄蓝都是颉颃成对的，因此能较好地解释色对比、后像和红绿色盲等现象。

三色说和四色说后来都得到了实验的证明，可见这两种学说是相互补充的。现在认为，视觉的神经机制可能是分阶段进行的：在前一阶段，即感受器水平上，符合三色说；在后一阶段，即神经冲动编码、传导过程中，符合四色说。

2．关于听觉的共鸣说

1863 年，赫尔姆霍茨提出了关于听觉的学说——共鸣说。他指出，听觉是由声音的不同频率与耳蜗内基底膜上相应的纤维发生共鸣而产生的。基底膜上横排的辐射纤维共有 2 万根左右，短的只有 4 ~ 5 毫米，最长的有 32 毫米，由低部向顶部不断增长。短纤维与高频率的声波共鸣，长纤维与低频率的声波共鸣。共鸣发生时，基底膜上相应部位的毛细胞兴奋，经听神经传入中枢，引起不同音高的听觉。这个学说虽能解释听觉的机制，但由于声音的频率（20 ~ 20000 赫兹）与纤维长短的比例并不适应，因此后人认为声音频率与纤维不是一一对应的关系，而是不同的频率与一组纤维发生共鸣。

生理学的发展表明，各种研究技术和发现都是支持心理学采用科学方法来研究心理现象的。

## 四、近代物理学与心理学

我们已经指出过，在科学知识的演化过程中，最先是天文学从哲学中分化出来，哥白尼（1473—1543）最早确定了宇宙世界的新秩序；其次是物理学的分化，牛顿（1642—1727）最早确定了物理世界的新秩序。物理学中的实验方法为研究生命现象的生理学提供了科学的工具，同时物理学中的许多方面，如电学、光学和声学的研究与神经生理学和感官生理学的研究也是相互促进的。物理学对心理学的影响，一方面是物理学中的实验方法通过生理学研究这一中介而为实验心理学的产生创造了重要的条件，另一方面则是物理学与心理学直接结合而形成的心理物理学对实验心理学的诞生产生了直接的影响。心理物理学先由韦伯奠定基础，后由费希纳正式建立。

（一）韦伯的研究

恩斯特·韦伯（1795—1878）是德国莱比锡大学的解剖学和生理学教授，以研究触觉而著名。

韦伯的创造性工作是用实验证明了赫尔巴特的阈限概念。他以圆规的两点接触皮肤，看看多大的距离才能被人察觉为两点。他把刚刚能感觉到两点的距离称为皮肤触觉的两点阈限或差别阈限。阈限这一概念从实验心理学的建立直到今天仍在沿用。后来韦伯在实验中发现，在比较两个物体的质量时，我们所觉知的不是两个物体质量之间的绝对差值，而是所增加的质量与原来的质量的相对差值，比如30克与31克刚能辨别，它们相差1克，然而对60克与61克则不能辨别，必然是60克与62克才能辨别。这个所增加的质量与原来的质量的比是个常数，都是1/30。以后他又对线段的长度做了实验，发现它们的比例也是个常数。于是他得出结论："观察彼此对象间的差异之时，我们所觉察到的不是绝对的差别，乃是相对的差别，这是在几种感官内都曾经得到证实的观察。"而且，"我们把两件东西比较而观察其差别之时，我们并不是看到这两件东西的差异，所看到的乃是这个差异对于所比较的东西的分量之比"。[①]如果我们用$I$代表原来的刺激量，用$\Delta I$代表刚能引起较强感觉的刺激增加量，用$K$代表一个常数，那么就可以用公式$K=\Delta I / I$来表示。这就是后来费希纳所称的韦伯定律。

这一定律表明物理刺激同它引起的知觉之间不存在直接的对应关系，但是韦伯的研究显示出身体与心理之间、刺激与感觉之间有相互依存的关系，且这种关系可以通过实验用数学公式加以表示，从而体现了赫尔巴特曾经设想而未能做到的事。这对于心理学具有极其重要的意义，因为它是心理学史上第一个数量法则。不久费希纳就在这个基础上

①［美］阮德著，唐钺译：《西方心理学文选》，科学出版社1959年版，第82页。

建立起他的心理物理学，促进了实验心理学的诞生。同时，韦伯也开始了引人入胜的心理学实验，连他本人也承认其研究“是个耐人寻味的心理学问题”[①]。

（二）费希纳的研究

古斯塔夫·费希纳（1801—1887）本是德国莱比锡大学一位年轻有为的物理学家，但由于身患疾病，长期卧床思考，研究兴趣便转向了宗教和灵学。他用一种富于诗意和神秘的眼光考察世界，认为凡物有组织即有生命，有生命即有灵魂。至此，费希纳就由一位自然科学家转变成一位地道的哲学上的唯心主义泛灵论者。他认为心与物是统一不可分的，不过心是主要的，物只是心的外观。他感到要使他所宣扬的泛灵论哲学观点有科学的根据，必须求得心与物关系的法则，要达到这个目的，则需要对它们作精确的数学测量。

人们的感觉虽有量的差异，又怎么能像物理学那样对它进行精确的测量呢？此时韦伯已完成了对韦伯定律的表述。这使费希纳想到可以用测量刺激量的变化来确定感觉量的大小。同时他也发现，刺激量按几何级数增加时，感觉量则按算术级数增加。于是他在韦伯定律的基础上，经过多年的研究和推导，把感觉强度与刺激强度之间的关系概括为：$S=K\log R$，其中 $S$ 是感觉强度，$R$ 是刺激强度，$K$ 是常数。因为这个定律是在韦伯定律的基础上推演出来的，所以亦称韦伯—费希纳定律。费希纳在 1860 年出版了他著名的《心理物理学纲要》一书，对心物关系做了详细的说明。他在心理物理学的研究中曾应用三种测量方法，即最小可觉差法、正误法和均差法。通常把这些方法称为心理物理法，而把关于刺激量的变化和感觉量的变化之间的关系的研究称为心理物理学。

费希纳的心理物理学虽然存在一定的局限性，例如，他的出发点是为他的唯心主义泛灵论作论证，他没有考虑到刺激与感觉之间的关系

①［美］阮德著，唐钺译：《西方心理学文选》，科学出版社 1959 年版，第 81 页。

会受其他因素的影响而产生波动的实际情况，以及其公式只适用于中等强度的刺激等，但费希纳的历史功绩也是不可抹杀的。他所使用的心理物理法经过加工，沿用至今。20 世纪 50—60 年代，随着通信科学和信息科学的发展，人们又在费希纳的经典心理物理法的基础上，创造了新的心理物理方法——信号检测论。

费希纳更重要的贡献是他第一次把物理学的数量化测量方法带到心理学中来，提供了后来心理学实验研究的工具。费希纳的工作是实验心理学的直接前驱，他的心理物理学为冯特建立实验心理学起了奠基的作用。正如美国心理学史家舒尔茨指出："冯特能够设想出建立实验心理学的计划，这主要归功于费希纳的心理物理学的研究……费希纳为物理世界与精神世界的关系找到了一种数学的说明。他关于测量感觉以及把感觉与刺激变量联系起来的出色而独立的见解，对认识韦伯早期工作的含义与结果，以及应用这些含义和结果使心理学成为一门精确的科学，乃是不可或缺的。"①

从古希腊到 19 世纪中叶这两千多年的漫长岁月中，哲学为心理学的独立做出了贡献。它确定了心理学的研究范围、具体观点以及思辨的方法，这为心理学最终分离出来准备了必要的条件。另外，19 世纪自然科学的研究成果及方法更直接地促进了实验心理学这门新学科的形成。事实上，唯物主义、机械主义、经验主义等哲学思想与实验、测量等科学手段紧密结合，成为 19 世纪 30 年代以来生理学突飞猛进的强大动力。总而言之，哲学为心理学的独立提供了观点和体系，而生理学则积极运用实验方法来研究作为心理现象之基础的生理机制，然后就自然而然地发展为应用实验方法于心理现象研究本身。于是，作为一门独立科学的实验心理学也就呼之欲出了。

---

①［美］杜·舒尔茨著，杨立能等译：《现代心理学史》，人民教育出版社 1981 年版，第 55 页。

自冯特创立实验心理学至构造主义与机能主义对立这一历史时期，西方心理学家皆以意识为主要研究对象。冯特探讨意识的内容，试图把意识分析成各种心理元素；布伦塔诺研究意识的“活动”；美国心理学的先驱、实用主义心理学家詹姆斯则把意识作为一种“流动”来探讨，强调意识在适应环境中的作用；铁钦纳的构造主义承袭了冯特的传统，把意识结构的分析作为心理学的首要任务；与之对立的机能主义则继承和发展了詹姆斯的基本观点，反对意识结构的分析而主张意识机能的探讨，重视意识的适应价值。尽管这些心理学家或学派观点不同，立场各异，但其探讨的对象都离不开意识的范围，故此，我们把它们合为一编，统称“意识心理学”。

# 第二编 意识心理学

# 第三章　心理学的建立与内容心理学

我们知道，在心理学独立以前，英国的联想主义心理学与法国的感觉主义心理学都有比较成熟的发展。然而，实验心理学建立于19世纪70年代的德国，而且首先将实验方法应用于心理现象的四位著名学者——赫尔姆霍茨、韦伯、费希纳和冯特都是德国人。这里就有一个很值得思考的问题：为什么实验心理学是在德国而不是在英国或法国建立的呢?

舒尔茨的分析很有兴趣。他认为，这里面的一个很重要的原因就是"德国人的气质比英国人和法国人更爱好细心的和精确的分类和描述工作。英国人和法国人喜欢用演绎和数学的方法来研究科学，而德国人则重视对观察到的事实进行认真的、彻底的和谨慎的搜集，他们爱好分类或归纳的方法"[①]。例如，德国人很早就把生物学作为一门学科来对待，英法两国则由于生物学缺乏演绎的基础而很迟才把生物学纳入科学领域。德国学者创造性地将先进的科学方法应用于研究生命过程，使本国的生物科学研究后来居上，如他们的感觉生理学研究，在19世纪中叶就达到当时世界科学的高峰。因此，当其他国家的人怀疑是否能用科学手段来研究像人的心理这样复杂的现象时，德国人就已经打破偏见，带头尝试，开始用科学的工具探索和测量心理世界了。

但是，同样是德国人，为什么一般的心理学史著作又都把建立科学心理学的荣誉归于冯特而不是赫尔姆霍茨、韦伯或费希纳呢？尤其是费希纳。可以说，在创建实验心理学的贡献上，费希纳并不次于冯特，若没有费希纳的心理物理学说，也就不可能出现冯特的实验心理

①[美]杜·舒尔茨著，杨立能等译：《现代心理学史》，人民教育出版社1981年版，第43页。

学。19 世纪初，当德国哲学家康德坚决认为心理学因为不能用实验或测量的方法来研究而永远不能成为一门科学时，正是由于费希纳关于刺激强度与感觉之间的数量关系的说明，使人们不再重视康德的这一断言。

对此疑问，波林是这样回答的："当中心思想已全部产生，某一个提倡者便掌握它们，组织它们，补充那些在他看来是基本的东西，宣传和鼓吹它们，坚持它们，总而言之，就是'建立'一个学派。"① 因此，费希纳是创始人之一却不是一个建立者，因为他并没有要尝试建立一门新学科。冯特则正好相反，他一心一意要建立一门新的学科。他总结了哲学心理学中的研究成果，并吸收了自然科学特别是实验生理学的研究方法，宣称要建立一门新学科——生理心理学，亦即实验心理学。为使这门新学科得以巩固，他做了大量的组织和宣传工作：建立了世界上第一个心理学实验室，创办了世界上第一种刊登心理学实验报告的学术刊物，吸收并培养了大批心理学人才。而且，冯特实验室里收集到的那些数据符合这样的知识标准："当你能够测量你正在说的话，并且能够用数字表达出来时，你就了解了其中的一些东西；可是，当你无法测量它，当你不能够用数字表达它时，你的知识就是贫乏和不能令人满意的那种。"②总之，当心理学离开哲学的母体而降临这个世界时，是天才而勤奋的冯特自觉地充当了"助产士"的角色。

由于冯特与其他一些德国心理学家们的实验心理学偏重于意识"内容"的研究，故此后人称其为"内容心理学"。本章将着重阐述他们的心理学观点。

①[美] 杜·舒尔茨著，杨立能等译：《现代心理学史》，人民教育出版社 1981 年版，第 56—57 页。

②郭本禹主编：《西方心理学史》，人民卫生出版社 2007 年版，第 24 页。

## 第一节　冯特的心理学理论体系

### 一、冯特的生平与著作

#### （一）生平

威廉·冯特（1832—1920）生于德国曼海姆城附近的尼卡拉地区。1845年入布鲁沙尔的文科中学学习，次年转到海德堡的文科中学学习。1851年考入杜平根大学学医，第二年又转到海德堡大学继续学医。但年轻的冯特对医学并无多大兴趣，他最初进入医学系只是出于将来谋生的考虑。他的志向在生理学，他渴望成为一名生理学家。因此，冯特于1855年毕业留校教了一年生理学之后，次年便前往柏林大学跟当时最负盛名的生理学家约翰内斯·缪勒研究生理学。同年又回到海德堡大学取得博士学位。从1857年始到1864年止，冯特一直担任海德堡大学生理学讲师。1858年他担任当时著名的生理学家赫尔姆霍茨的助手，协助他训练学生做肌肉收缩及神经冲动传导的测验。1864年冯特升任副教授并开设了“自然科学的心理学”讲座，1867年改为“生理心理学”讲座。在此期间，冯特开始产生以实验生理学的方法研究心理学问题的想法，试图把传统的哲学心理学改造成为独立的实验科学。

由于冯特在海德堡大学未能接任赫尔姆霍茨的生理学讲座而获升教授，1874年他便应邀前往苏黎士大学任哲学教授，讲授心理学。此时，冯特的学术兴趣已经由生理学转向心理学。1875年他转任莱比锡大学的哲学教授，继续从事心理学的教学、研究和著述。1879年冯特在莱比锡大学建立了世界上第一个心理学实验室，这标志着心理学的正式独立。1881年他创办《哲学研究》杂志，专门用于发表心理学的实验报告。世界上第一种心理学杂志是培因于1876年所创办的《心灵》杂志，但该杂志主要刊登有关哲学问题的文章。所以《哲学研究》

实际上是实验心理学的第一种杂志。随着心理学实验室的建立，莱比锡成了心理学的圣地，世界各地的许多青年学生都慕名前来学习。随着冯特的声名鹊起，1889年他被任命为莱比锡大学校长，并担任巴登邦议会下院议员和工会领导人。冯特还继承了赫尔巴特和费希纳的哲学讲座，直到1920年去世，享年88岁。

（二）著作

冯特学识渊博，著述丰富。其著作涉及心理学、生理学、物理学、哲学、逻辑学、伦理学、语言学、文化人类学等诸多领域。据冯特女儿的统计，冯特一生的著作有500余种，共计53 735页。如果一个人以每天阅读60页的速度，大约要花30个月的时间才能读完冯特的著作。舒尔茨感叹道："几乎没有人能在这样短的时期内以这样高的水平完成这么浩繁的工作。"[①]冯特的主要心理学著作有《对感官知觉理论的贡献》（1856—1862）、《关于人类和动物灵魂的讲演录》（1863）、《生理心理学》（1873—1874）、《心理学大纲》（1896）、《心理学导论》（1911）和《民族心理学》（10卷，1900—1920）。

《对感官知觉理论的贡献》一书第一次表达了冯特的实验心理学思想。他报道了自己最初的实验，呼吁建立一门实验的和社会的心理学，主张"凡心理学都始于内省"，而方法则有两种：实验法和历史法。[②]该书与费希纳的《心理物理学纲要》一起被视为新心理学著作诞生的标志。在《关于人类和动物灵魂的讲演录》中，冯特报道了许多与实验心理学有关的问题，如人差方程式和反应时实验、心理物理法等。如果说《对感官知觉理论的贡献》一书只是一位青年生理学家对心理学革新的一种设想的话，那么《关于人类和动物灵魂的讲演录》则是这一设想初具雏

①[美]杜·舒尔茨著，杨立能等译：《现代心理学史》，人民教育出版社1981年版，第63页。

②[美]波林著，高觉敷译：《实验心理学史》，商务印书馆1981年版，第362页。

形的新心理学体系的著作，是一位“生理学家的未加点缀的心理学”[①]。《生理心理学》一书在出版后的37年中先后修订6次，在1911年最后一版时成为3大卷，达2 353页。该书是冯特实验心理学思想成熟的标志。他在该书的序言里明确说明了他的目标是想“勾画出一门新的科学领域”[②]。冯特的生理心理学就是实验心理学，他用“生理心理学”作为书名，目的在于强调以生理学的实验方法研究心理学的问题，使心理学能成为一门独立的实验科学。该书是心理学史上第一部有系统成体系的心理科学专著，曾被美国心理学家卡特尔誉为“心理学的独立宣言书”[③]。在《心理学大纲》一书中，冯特对其心理学体系做了最明确的说明，可以说是他的心理学体系完全确立的标志，他的著名的情感三维说就是在该书中第一次提出来的。

冯特在其生命的最后20年中完成了10卷本的《民族心理学》巨著。他从语言、艺术、神话、宗教、社会风尚、法律和道德等方面来研究人类心理发展的各个阶段。在心理学史上，由于行为主义的垄断，冯特的民族心理学影响相对较小，然而它的重要性现在正越来越被人们所认识和肯定。冯特的其他著作还有《人体生理学教科书》（1865）、《逻辑学》（2卷，1880—1883）、《哲学体系》（1889）、《论朴素实在论和批判实在论》（1887—1889）、《哲学引论》（1901）、《经验与认识》（自传，1920），等等。

## 二、冯特的心理学体系

冯特在他去世前出版的自传《经验与认识》一书中指出，在他发表第一部心理学著作《对感官知觉理论的贡献》之初，他就设想把心理

---

①李汉松编著：《西方心理学史》，北京师范大学出版社1988年版，第146页。

②［美］杜·舒尔茨著，杨立能等译：《现代心理学史》，人民教育出版社1981年版，第60页。

③刘恩久等编著：《心理学简史》，甘肃人民出版社1986年版，第94页。

学分成实验的和社会的心理学，并计划把他的前半生贡献给前者的研究，而把后半生贡献于后者。冯特的确恪守这一人生目标，从30岁起，他花了38年时间去研究实验心理学，而用生命的最后20年去研究民族心理学。因此，冯特的心理学体系实际上包括两大部分。一是研究个体意识过程的个体心理学，即实验心理学。由于冯特强调心理或意识的内容，通常把他的实验心理学体系称为“内容心理学”，这便鲜明地区别于与他同时代的另一位德国心理学家布伦塔诺所强调的“意动心理学”。二是研究人类共同生活方面的复杂精神过程的民族心理学，即社会心理学。实际上，冯特心理学体系的这两大部分一直彼此孤立，他在有生之年也未能把它们综合到一个统一的体系之中。波林曾推测：“假使冯特的年龄较轻，也许他的《生理心理学》能出第七版，并慎重地使这个研究的结果（指民族心理学——引者注）能与其体系的其余部分协调一致。”①

（一）心理科学观

冯特之前的西方心理学是思辨的或形而上学的，属精神哲学的一个分支。1825年德国的赫尔巴特出版了《科学心理学》一书，认为心理学是一门科学，其基础是形而上学和数学。但赫尔巴特否认实验，认为那是物理学的方法。费希纳把数学方法与实验方法相结合，创立了心理物理学，却又保留了形而上学。冯特继承了费希纳的心理物理学，但抛弃了他的形而上学，使心理学成为独立发展的实验科学。那么冯特对哲学究竟是什么态度呢？他是否认为在抛弃形而上学的同时，应彻底割断心理学与哲学的关系呢？

传统的观点认为冯特为使心理学赢得独立，力图使心理学摆脱哲学。实际情形并非如此。冯特在力图使心理学成为独立的实验科学的同时，并不主张心理学与哲学的彻底分离，因为他认为所有学科都源于哲学，可以说哲学是科学的科学。心理学也不例外，哲学是它的基础之

①［美］波林著，高觉敷译：《实验心理学史》，商务印书馆1981年版，第373页。

一，心理学的许多实验课题都源于哲学。当然，哲学必然维持同其他具体学科的关系，以便从特殊化的知识中抽取出一般化的、普遍性的原理。

有一件史实可以说明冯特对此问题的态度。1913 年，德国一些大学的哲学教授联名上书，要求把心理学家从哲学系中赶出去。这些人认为，心理学在经过长期发展之后，其内容已相当独立，同哲学的联系日趋减少，因此，把心理学家留在哲学系是不适当的。由包括著名现象学家胡塞尔在内的 6 名教授发起并有 107 名教授签名的《反对实验心理学者占有哲学教席的声明》被送往奥地利、法国、瑞士的许多大学，一家法语哲学杂志也全文刊登了这一声明。对这一事件，冯特进行了回击。在 1913 年的一本题为《为生存而奋斗的心理学》的小册子中，冯特批评了上述声明的发起者，认为尽管心理学的研究领域是独立的，但它同哲学关系紧密，不能武断地切断两者之间的联系。

在心理学同生理学的关系方面，冯特认为生理学的研究给了心理学许多启发，它的研究方法和实验精神可为心理学所用，但是冯特反对把心理现象还原为生理现象。他认为心理学并非生理学的一个分支。尽管我们可以从神经系统的生理学与解剖学中获得有用的知识，但这决不是研究心理现象的唯一途径。心理现象有其自身的特性，我们不可能从生理生活中发现对心理现象的解释。

冯特早期是一个生理学家，他也把自己的心理学称为“生理心理学”，但冯特之所以没有陷入生理学化的泥潭，是因为他持有心身平行论的观点。他认为人的心理不是大脑生理过程产生的结果，心理过程与生理过程是两个独立的、平行的系列。虽然心理过程总是有生理过程相伴随，但心理过程并不依赖生理过程，心理过程有自己的规律性，不受生理过程支配。冯特的这一观点显然受到莱布尼茨的影响，是一种唯心主义二元论的观点。

但是冯特在心理学实验室的研究中并没有贯彻他的心身平行论。因为假如认为心身是平行的，是两个独立的系列，那么刺激身体怎么能引起心理上的变化呢？假如刺激导致的生理过程的变化不能引起相应的心理过程的变化，那么又怎么去用实验法来研究感觉、知觉等心理过程呢？因此，在实际研究中，心身平行论的观点是行不通的，这是冯特心理学体系中无法克服的理论与实践的矛盾。

冯特把他的实验心理学看成一种纯科学。他不反对应用研究，但认为应用研究应该建立在科学研究的基础上，是作为科学的心理学发展成熟之后的事。虽然冯特间或提到儿童心理学、动物心理学等应用学科，但冯特从没有对这些学科给予足够的重视。他所要研究的是正常人的一般心理，即现在的普通心理学。尽管他并不反对把心理学的研究成果付诸实际应用，例如，他赞成把语词联想技术应用于精神病诊断，但冯特认为那不是心理学家的工作。作为一名真正的心理学家，他只应该研究意识经验的自身，而不考虑意识经验的功用和意义。把心理学视为纯科学自然限制了冯特的心理学的研究范畴，使冯特只是局限于感知、联想、反应时等课题的研究。这种研究思路使心理学从一独立便脱离了社会生活，从而大大削弱了它的生命力。

（二）心理学的研究对象与研究方法

1. 研究对象

冯特认为心理学与其他自然科学都是以经验作为自己的研究对象，但是其出发点各不相同。他认为："在自然科学和心理学中，我们所研究的经验现象只是以不同的观点来考察同一经验的现象。在自然科学中我们把经验看成是客观现象的相互联系，由于抽去了知觉着的主体，它也就被看成了间接的经验；而在心理学中，我们则把经验看作直接的和非派生的。"[①]换句话说，冯特认为一切科学都研究经验，不同之处在于心理学研究直接经验，而其他科学研究间接经验。例如，对于"光"这一经验来说，心理学研究的是人对光的感觉，而物理学研究的是光的粒

① Written by Wilhelm Wundt, Translated by Charles Hubbard Judd. (1907). *Outlines of psychology*. (p.36). New York: W.Engelmann, G. E. Stechert in Leipzig.

子、波动和波长等。冯特把心理学的研究对象和自然科学的研究对象统一起来，推动了心理学的独立，这是冯特的功劳。

2. 研究方法

既然物理学和其他自然科学研究经验，心理学研究的也是经验，那么心理学就可以借鉴自然科学的研究方法，把心理学和自然科学在方法上也统一起来，以使心理学真正成为自然科学的一个独立分支。

冯特认为心理学必须借鉴自然科学的实验方法，因为传统哲学心理学所使用的内省法是不充分的，经常使人误入歧途。在 1882 年《实验心理学的任务》一文中，冯特曾把传统的内省主义比作德国民间故事中的喜剧人物巴伦·封慕西豪森。封慕西豪森掉进流沙里以后，试图通过抓住自己的头发而跳出流沙，冯特以此讽刺传统内省法对心理学毫无帮助。但是冯特又认为心理学不能完全抛弃内省法，因为个人的直接经验只能为自己所察觉，只有通过个人对自己的心理活动的自我观察才能接近直接经验。因此冯特主张把实验法和内省法结合起来，以实验条件控制内省，即在实验控制的条件下观察自我的心理过程，以消除主观内省所带来的不利影响。

冯特为实施实验内省法制定了几条规则：第一，要让被试了解自我观察开始的时间，以便使被试做好一定的心理准备；第二，观察自我的过程开始以后，被试必须集中注意于内部的心理活动，避免各种无关刺激的影响；第三，必须控制实验条件，使自我观察的过程能重复进行以便于验证；第四，经常变换刺激条件，如增加或减少刺激，或调整刺激的强度，以使被试能把刺激与自己的心理过程分离开来。

但冯特清醒地意识到实验内省法的不足，因为在自我观察的过程中，观察者观察的是自己的经验，观察者与观察物是混淆在一起的。为了做到观察者与观察物的分离，就必须利用各种客观实验技术记录被试的反应，而不仅仅依赖被试对自我观察所作的报告。在这一原则的指导下，冯特搜集了示波器、速示器、测时仪等工具，这些工具构成了冯特进行实验研究的基础。

由上述事实可以看出，尽管冯特在一定程度上保留了内省法在心理学中的地位，但冯特更注重实验。他的历史功绩之一就是把生理学和心理物理学的一套实验方法引进心理学，把传统的经验性内省改造为实验性内省，即在实验条件下进行内省，特别是注重利用各类仪器和工具等客观实验技术，使心理学的研究方法获得明显的进展，也使心理学成为一门独立的实验科学。但是冯特把实验内省限制在只能用于简单的心理现象，如感知觉、联想和反应时间，而反对把实验内省用于复杂的心理过程，如记忆、思维等课题。这不但显示出实验内省法的极大局限性，也使冯特的同时代人以及冯特的学生对他不满，最终导致他们在学术上和冯特分道扬镳。

（三）心理学的研究内容

在确定了心理学的研究对象和研究方法之后，冯特设想了心理学的研究内容，即对经验或意识的元素进行分析和结合，并探讨心理复合的规律。

1. 心理元素的分析

心理学研究的是直接经验，即意识。那么怎样研究意识呢？冯特认为各种意识状态无不以复合的形式出现，因此为便于研究，首先要把意识分析为最基本的意识状态，即心理元素。必须指出，冯特一直主张意识为一种过程，而不是一种静止的状态。尽管意识过程可以看作由各种心理元素组成，但这些心理元素本身也是一种过程，是动态的而不是静止的。

最基本的心理元素有两个：感觉和情感。感觉由作用于感官的刺激所引起，它具有强度和性质两种特性。依照强度和性质的不同，可以对感觉进行分类，如温觉、冷觉、光觉、触觉等。不同感觉的复合构成知觉和观念，对于外在客体的感觉总是以知觉的形式而不是以纯感觉的形式出现在意识中的。感知同外部世界相联系，它们代表着直接经验的客观方面。但是在心身平行论观点的指导下，冯特又认为感觉经验和外部刺激引起的中枢神经兴奋是两种平行的现象，后者并非前者的原因，前者也并非后者的结果。冯特在这里陷入了深深的矛盾之中，他既说感觉由作用于感官的外部刺激所引起，又说感觉经验与外部刺激引起的中枢兴奋是两种平行的现象，那么感觉经验究竟是怎样产生的呢？冯特无法回答。

另一个基本的心理元素是情感。感觉是直接经验的客观方面，情感则是直接经验的主观方面，它伴随感觉而产生，是感觉的主观补充。但情感并非像感觉那样同外部世界发生关系，它仅仅是感觉的伴随物，如当我们看、听、尝、触时所产生的主观感觉。

冯特认为情感也有性质和强度的特性。他根据自己的内省观察提出了著名的情感三维说。实验用一个发出嘀嗒声的节拍器来进行。冯特报告说，在一组有节律的嘀嗒声结束时，有一些节奏比另一些节奏听起来好像更愉快或更悦耳。他得出结论说，任何这样一种节奏的经验的一部分乃是一种愉快—不愉快的主观情感。他认为沿着愉快到不愉快的连续系列，可以定出情感状态所处的点。冯特用同样的方法得出情感的另外两个维度，即紧张—松弛和兴奋—沉静。他认为情感的这三个维度是彼此独立而不相同的。每种特定的情感都是这三个维度以不同的方式组合而成的。

情感是动态的，它既可能在单一的维度上发生变化，也可能在三个维度之间发生变化。例如，最初的搔痒可能是令人愉快的，随着搔痒程度增加，逐渐令人感觉紧张和激动，再继续增加强度则会令人感到痛苦。不同的情感元素结合成情绪，每种情绪中总有一种或几种情感元素占据支配地位。例如，在欢乐和高兴的情绪中，愉快居于支配地位；在愤怒的情绪中，不愉快和紧张居于核心地位。

冯特还论述了情绪与意志的关系。他主张意志的情感说，认为意志同情绪具有密切的联系。意志在本质上是情感性质的。情感是意志的动因，是意志的决定因素。某些情感因强度不够，可能不足以引起意志，但在缺乏情感的条件下决不可能产生意志。当然，冯特并不否认在意志结构中也有感觉即也有认识的成分。这样，意志中既包含着情感也包含着感觉，成为意识状态的一个重要成分。所以意志又概括了一切心理的过程，在其整个心理学中占有特殊地位。为了把他的心理观同生理观相区别，冯特甚至称自己的心理观为意志主义。

2. 心理元素的结合

把意识分析为元素，这种研究方式明显是受了联想主义心理学的影响，但是冯特超出了联想主义心理学的水平，他并没有因为心理元素的分析而忽视意识的整体性。心理元素是怎样结合成复杂的意识状态呢？冯特是用联想、统觉和几种心理复合的规律来加以说明的。

（1）联想。联想是传统联想主义心理学的一个核心概念。冯特利用这一概念来说明心理元素被动的、消极的结合方式。他认为联想的方式有下列几种。

融合：不同的心理元素结合成一个紧密的复合体，从这一复合体中很难再辨认出个别的心理元素。

同化：当一个不为我们所熟悉的事物进入意识时，我们总是通过联想找出与之相似的事物，并将它们组合起来。这是联想的同化机制在起作用。

合并：不同种类的感觉或情感共同组成一个复合体，如听到枪声脑子里出现枪的形象，同时产生恐惧。

相继联想：如记忆过程，把过去的感觉、情感回忆起来，并与现在的心理元素相结合。

（2）统觉。联想是一种被动的、消极的过程，是一种低水平的心理组合方式。通过联想，儿童可以流利地背诵诗文，对内容却毫不理解；成人也可以鹦鹉学舌般地复述一个生僻的概念，却不理解它的意义。只有通过一个更为积极主动的心理过程，使进入意识的内容得到清晰的注意，才有可能理解这一内容。冯特认为意识具有一定的范围，任何心理内容只有进入这个范围才有可能得到理解。意识的范围内又有一个较小范围的中心区域，冯特称之为“注意的焦点”，进入注意焦点的心理内容获得最大程度的清晰性和明显性。这一过程冯特称之为统觉。

统觉是德国理性心理学中的一个重要的概念，是把特定心理内容由意识的范围提升到注意焦点的那种过程，后人发现冯特所说的统觉相当于我们现在所说的“选择性注意”。统觉具有心理组合的功能，它使得各种心理元素以处于注意焦点的那些心理内容为中心，形成复杂的意识状态。统觉的组合功能具有创造性综合的作用，各种心理元素就是通过统觉形成与原来成分不同的具有新的性质的复合体。

（3）心理复合的规律。冯特认为心理复合遵循三条基本的规律。

创造性综合原则：由各种不同的心理元素组成的心理复合体并非原有元素的简单相加，实质上，元素的组合产生了新的性质。从表面上看，这一原则体现了“心理化学”的思想，但冯特并不是一个心理化学主义者，在创造性综合的过程中冯特强调了统觉的作用，在这一点上冯特超越了心理化学主义者。

心理关系原则：根据这一原则，不同元素之间的相互关系决定了各个元素的意义，换句话说，每种基本的意识状态总是在与其他意识状态所处的关系中获得意义。这一原则说明冯特重视整体的内在关系而不是元素自身。

心理对比原则：这条原则实际上是心理关系原则的特例。根据这一原则，两种相反或相对抗的意识状态在一定范围内可以相互加强。这一原则在情绪方面表现得最为明显，例如，若不愉快之后愉快随之而至，那么愉快的特殊性质就显得特别明显。

就以上事实来看，冯特并没有因元素的分析而忽视整体，片面强调冯特分析心理元素的一面而把他看作一个元素主义者，是一种不公正的观点。实际上他的许多观点，如创造性综合，预示了格式塔心理学的整体论概念，但是这一点被人们忽视了。

（四）民族心理学的研究

冯特的民族心理学同他的实验心理学一样，都是他所构建的心理学体系的重要组成部分。当他把自然科学的实验方法应用于心理学的研究时，他发现实验法仅仅能研究反应时、感知觉和联想等简单的心理过程，而对于记忆、思维、想象等复杂的心理过程，实验方法就无能为力了。为了解决这一问题，冯特认为必须求助于民族心理学，因为人的高级心理过程不可避免地同语言、神话和风俗习惯等社会产物联系在一起。因此，我们可以通过对这些社会产物的分析，从中推演出高级心理过程的基本规律。正如冯特在《生理心理学原理》中指出的："在实验法无能为力的地方，幸而还有另外一种对心理学具有客观价值的辅助手段可供利用。这些辅助手段就是心理的集体生活的某些产物，这些产物可以使我们推断出一定的心理动机。属于这些产物的，主要是语言、神话和风俗。由于它们不仅依存于一定的历史条件，而且也依存于普遍的心理规律。所以那些引申出普通心理学规律的现象，就成为一个特殊的心理学分支——民族心理学的对象，民族心理学的研究成果给研究复杂心理过程的普通心理学提供了极其重要的辅助手段。"冯特认为社会产物的具体研究方法包括两种：分析和综合。

冯特深受黑格尔的历史演化论和达尔文的生物进化论的影响，他参考进化论的观点把民族心理的发展分为四个阶段，即原始人阶段、图腾崇拜阶段、英雄与神的阶段和人性发展阶段。在冯特看来，人类心理的发展并没有完成，它还在展开着、发展着，人性发展阶段就是一个正在来临的阶段。民族心理学既要研究每一阶段的心理发展特点，也要研究阶段之间过渡状态的心理特点。从这个意义上说，民族心理学也可叫作发生心理学。为了使他的民族心理学符合以事实为基础的原则，冯特从人类学中寻求他所需要的事实和资料。他选择不同时期的文化产品进行分析，从中发现心理学的意义和规律。他认为只有通过这种方式，才能确定人类文化发展四个阶段的心理特点。

冯特认为语言、神话和风俗是组成民族心理的三要素，民族心理学可能研究到的其他有关现象，如宗教、艺术、法律和社会组织等，由于其起源不同，因而不能列入组成民族心理的基本要素之中。

冯特把语言同情绪表现和社会性的姿势相联系，认为语言既不是人类的一种特殊创造物，也不是人类尝试交流思想愿望的结果，而是一种高度进化并得以习惯化的自然形成物，这种形成物同哭叫、动物吼叫、聋哑人的手势、儿童牙牙学语时的发音类似。其之所以区别于低级的交流形式，在于它有思想内容。人类通过这些思想内容、情绪的运动表现表达着自己的观点，为他人所理解，并同他人交换思想、交流情感。这样，语言就超出了自然性的范围。冯特清楚地看出语言的社会意义，认为语言不仅是个体高级心理过程借以发展的工具，而且也是一种社会性活动，是社会生活的产物。正是由于语言的使用，才使得人群成为群体，组成社区。因此，语言在理解个体心理和社会心理方面起着至关重要的作用。正因为语言的这一特性，使得语言在冯特的心理学体系中起着联系个体心理学和民族心理学的作用。冯特认为，由于语言是人的心理发展必不可少的中介，而语言就其起源和本质来说又是社会的，因而个人的心理生活不可避免地同社会生活和群体心理生活紧密地联系在一起，人的心理也因此成为社会的产物。

冯特构建民族心理学的本意是弥补实验心理学在研究思维和想象等高级心理过程方面的不足，从民族的语言、神话和风俗习惯中发现高级心理过程的基本规律。但是，由于他的民族心理学以群体心理为研究对象，强调社会文化中的心理因素，因而支持了社会心理的研究，有利于社会心理学的形成。然而我们不应忘记，冯特并没有提出一种系统的社会心理学理论。除了偶然地谈到一些同社会心理学有联系的问题，他的民族心理学更多的是同文化人类学而不是社会心理学相联系[①]，对社会心理学的形成和发展仅起到了一种间接推动作用。不过，冯特将语言作为研究对象的方法一直沿袭到当今的社会心理学研究之中，并且成果卓著。同时，把发展的观点应用于心理学的功劳首先应该归功于冯特，他的《民族心理学》就是应用发展的观点写成的一部巨著，尽管他只谈及种族发展而未谈及个体发展。

### 三、对冯特的评价

对冯特的评价是困难的，因为在对冯特的认识方面，心理学家内部存在着一些争论。20 世纪 70 年代后，新的冯特研究者指出，冯特的形象被其学生铁钦纳及其弟子——《实验心理学史》的作者波林严重地歪曲了。铁钦纳对冯特的理论进行了有利于自己的解读，如他不顾冯特花费十几年心血研究的事实，宣称冯特 10 卷本的《民族心理学》只不过是其晚年的业余爱好，贬低研究文化心理的民族心理学在冯特理论体系中的地位和贡献；《实验心理学史》宣称冯特的主要目标是分析意识的元素，寻找心理的构成成分。其实，冯特的德国理性主义和唯意志主义背景使他对意识的元素分析并不十分感兴趣，反而"统觉"才是其理论的中心概念。因此，后世的心理学家把冯特视为心理学中元素主义的开山鼻祖，认为冯特不重视文化心理研究而重视个体心理研究等，其实是不公正的，应该还历史本来面目，给冯特一个恰当的评价。

#### （一）冯特的贡献

第一，由于冯特的努力，心理学成为一门独立的学科，这是冯特最大的贡献。西方心理学由古希腊罗马时期至现代心理科学的创立，

---

①例如，美国著名心理学史家罗伯特·华生认为，冯特的 volker psychologie 不应该译成 folk psychology，即民族心理学，而应译成 culture psychology，即文化心理学。

经历了两千五百多年的时间。在漫长的岁月里，西方心理学一直附庸于哲学，内省、思辨的方法使心理学一直处于默默无闻的状态。冯特全面总结了哲学心理学、生理学和心理物理学的研究成果，把哲学心理学的体系和自然科学的研究方法与心理学有关的研究课题结合起来，把实验法引入心理学研究领域，建立了世界上第一个心理学实验室，创办了第一种实验心理学刊物，确定了一批典型的心理学实验项目，使心理学成为一门实验科学和一个独立的研究领域。

美国心理学史家墨菲说过："冯特发表他的《生理心理学》和建立他的实验室以前，心理学就像个迷路者，时而敲敲生理学的门，时而敲敲伦理学的门，时而敲敲认识论的门。1879 年，它确立为一门实验科学，有了一定的活动区域，有了名称。"[①]美国的另一位心理学史家米西亚克也指出："冯特在心理学史上的独一无二的、永久性的地位不在于他的理论体系，而在于他作为心理科学的建立者。"[②]当然，社会生产的发展和科学的进步给冯特创立实验心理学奠定了基础。缺乏这个基础，心理学的独立也是不可能的。

第二，冯特建立的心理学实验室确立了一批典型的心理学实验项目，成为实验心理学的发展基础。据统计，1875 年至 1917 年，由冯特直接参加和指导的实验课题共 186 项，其中除 70 项属于哲学课题外，其余属于心理学课题的有：关于感觉方面的占 70%（其中视觉占 28%，听觉占 23%，触觉 5%，时间觉 8%），关于动作、联想和记忆的占 11%，关于方法论的占 9%。铁钦纳和武德沃斯的实验心理学就是在冯特的上述课题基础上发展起来的。[③]

---

①[美]墨菲、[美]柯瓦奇著，林方、王景和译：《近代心理学历史导引》，商务印书馆 1980 年版，第 230 页。

② Misiak, H., Sexton, V. S. (1996). *History of psychology*. (p.85). New York: Grune &Stratton Press.

③李汉松编著：《西方心理学史》，北京师范大学出版社 1988 年版，第 148 页。

第三，冯特不仅是心理科学的建立者，也是心理学发展的促进者。他为心理学在世界范围内的发展奠定了基础。冯特建立心理学实验室以后，世界各国的青年学生纷纷来到莱比锡学习心理学的实验方法。这些学生学成回国以后，或者宣传冯特的心理学，或者创建实验室，建立自己的心理学体系，成为各国心理学发展的先驱人物。据萨哈金统计，到莱比锡跟随冯特学习心理学的人数如下：德国人（包括奥地利人）136名，巴尔干人（罗马尼亚人、保加利亚人等）13名，英国人10名，俄国人3名，丹麦人2名，日本人2名。[①]其中有34人成为心理学界的知名学者，如美国的霍尔、卡特尔、安吉尔，英国的斯皮尔曼、铁钦纳，俄国的别赫切列夫，欧洲的克勒佩林、闵斯特伯格、屈尔佩、克鲁格等。

第四，冯特在心理学问题上也有一些独到的见解。他主张以实验法作为心理学研究的基本工具，把传统的内省改造为实验的内省，从而使经验、思辨的心理学成为实验的心理学。他主张以分析意识元素和探索这些元素结合的方式和规律作为心理学研究的课题，从而首创了内容心理学派。他主张二分法，把意识分析为感觉和情感两种元素，主张意志主义的心理学，等等。他不仅重视个体心理学的研究，而且强调社会心理学的重要意义。在他生命的最后20年，还用分析社会历史产物的方法从事民族心理学的研究。这一研究的意义不仅在于开创了心理学的一个新领域，而且在于为心理学的发展提供了一种新的方法论，可用于弥补自然科学的实验方法在研究心理学问题方面的不足。尤其是现代文化心理学的兴起使得心理学家重新认识到民族心理学的意义和价值。

总之，冯特对于心理学的建立与发展起了很大的促进作用。

（二）冯特的局限

第一，冯特把经验作为心理学的研究对象，把心理学的研究对象

① 李汉松编著：《西方心理学史》，北京师范大学出版社1988年版，第148页。

和自然科学的研究对象统一在经验的范围内，对于促进心理学的科学化是有帮助的。但是，以经验取代客观现实，把自然科学所研究的自然现象当成主观经验，无疑犯了主观唯心主义的错误。

第二，尽管冯特公开宣称反对传统内省法，在其实验中也尽量使实验的内省法客观化，但是，他归根结底并没有彻底摆脱传统的内省法，内省的成分在他的方法中仍占一定比例。这与他把经验看作心理学的研究对象是有关系的。既然依赖于个体的直接经验成为心理学的研究对象，那么抛弃内省就无法探索这种经验，这是冯特无法解决的矛盾。

第三，冯特的理论体系既庞杂又混乱。他受到多种哲学观点的影响，同时他又对许多哲学心理学思想的理论观点兼收并蓄，这就使他的心理学体系充满了矛盾，摆脱不了唯心主义和形而上学的束缚。正如列宁指出，冯特是个“抱着混乱的唯心主义观点”、经常在唯物主义与唯心主义之间跳来跳去的“老麻雀”。[①]

## 第二节　德国其他内容心理学家

在西方心理学史上，冯特被公认为心理科学的建立者、组织者和系统化者，莱比锡大学也的确成为当时世界心理学的研究中心。与冯特同时代的心理学家，如艾宾浩斯、格奥尔格·缪勒、布伦塔诺、斯顿夫、屈尔佩等人，在德国的其他大学都参与了发展心理科学的事业。由于冯特与他们的共同努力，德国成为新运动无可争辩的中心。

冯特虽然建立了心理学，但未能统一心理学。在上述这些人当中，有的人在方法上反对冯特将实验内省法局限于简单心理过程的做法，主张将它应用到高级心理过程的研究中去；有的人则在观点上反对冯特研究意识的内容，主张研究意识的活动或机能。前者如艾宾浩斯和格奥尔

①列宁著：《唯物主义和经验批判主义》，人民出版社 1960 年版，第 48 页。

格·缪勒等人，其主要工作仍属于或接近内容心理学范畴①；后者如布伦塔诺和斯顿夫等人，其主要体系是意动心理学或机能心理学。屈尔佩是冯特的学生，最初也属于内容心理学阵营，后来转向布伦塔诺的意动心理学，并把两者调和为二重心理学。

本节只介绍属于内容心理学阵营的艾宾浩斯和格奥尔格·缪勒的心理学实验和理论，其他心理学家则在下一章介绍。

### 一、艾宾浩斯的心理学研究

赫尔曼·艾宾浩斯（1850—1909）生于德国的巴门，17 岁起在波恩大学攻读历史学和语言学。1867—1870 年曾转入哈雷大学与柏林大学，后对研究哲学发生兴趣。1873 年在波恩大学获博士学位。1875—1878 年他游历英法两国，一面求学，一面教书。在英国期间，他受到英国联想主义思想的影响；在巴黎的旧书店，他购得费希纳的《心理物理学纲要》一书，并在该书启发下开始用实验方法研究记忆。1880 年艾宾浩斯任柏林大学讲师。1886 年升任柏林大学副教授。1890 年他与柯尼希共同创办了《心理学和感觉生理学杂志》，心理学家格奥尔格·缪勒、斯顿夫、利普斯等人和生理学家赫尔姆霍茨、海林、克里斯、普累叶等人都共同担任该杂志编辑。因此，该杂志实际上成为冯特实验室以外的德国心理学家的主要论坛。他还担任过德国实验心理学协会的领导人。1894 年艾宾浩斯转赴布雷斯劳大学任教授，1905 年任哈雷大学教授。在上述大学他都分别建立或完善了心理学实验室。1909 年艾宾浩斯在应邀参加美国克拉克大学成立 20 周年校庆的时候，突然患肺炎逝世，终年 59 岁。

---

①波林指出：艾宾浩斯“主要不外为内容心理学家”；格奥尔格·缪勒“显然和冯特同为内容的心理学家”。参见［美］波林著，高觉敷译：《实验心理学史》，商务印书馆 1981 年版，第 442、420 页。

1885年艾宾浩斯撰写的实验心理学经典著作《记忆》一书出版，由此他名声大振。1897年出版了他的大学教科书《心理学纲要》第1卷上册。该书文笔优美，可与詹姆斯的《心理学原理》相媲美。该书出版后风行一时，他不久就忙于修订而无暇继续写第2卷，第1卷的下册直到1902年才完成。1907年艾宾浩斯为《现代文化大全》撰写心理学部分，1908年又以《心理学大意》为题出版单行本，该书直到1922年还由彪勒刊行了第8版。艾宾浩斯的著作中常有对心理学的惊人名言，据考证："他的《记忆》的副题为'实验心理学研究'，在标题上还有拉丁文引语如下：'我们要将一个极古旧的学科造成一个极崭新的科学。'二十年后，他的《心理学大意》复有一名言与此意相应：就是'心理学虽有一长期的过去，但仅有一短期的历史'。"①

艾宾浩斯的心理学观点接近冯特的内容心理学，在理论上属联想学派。但他不受冯特框框的限制，也不为旧联想主义所束缚。他创造性地用实验法开辟了研究记忆的新途径，从而为实验心理学做出了特有的贡献。

（一）关于记忆的研究手段

记忆是一种高级心理过程，受许多因素影响。旧联想主义者只是从结果推论原因，没有给予科学的论证。艾宾浩斯冲破了冯特认为不能用实验方法研究记忆等高级心理过程的禁区，从严格控制原因来观察结果，对记忆过程进行定量分析，为此他专门创造了无意义音节和节省法。

1．无意义音节

旧联想主义者之间争论虽多，但对联想本身的机制结构从不进行分析。艾宾浩斯用字母拼成无意义音节作为实验材料，这就使联想的内容结构划一，排除了成年人用意义联想对实验的干扰。这是一项创造性工作，对记忆实验材料的数量化是一种很好的手段和工具。例如，他先

①［美］波林著，高觉敷译：《实验心理学史》，商务印书馆1981年版，第442页。

把字母按一个元音和两个辅音拼成无意义的音节，构成 zog、xot、gij、nov 等共 2 300 个音节，然后由几个音节合成一个音节组，由几个音节组合成一项实验的材料。由于这样的无意义音节只能依靠重复的诵读来记忆，这就创造出各种记忆实验的材料单位，使记忆效果一致，便于统计、比较和分析。例如，研究不同长度的音节组（7 个、12 个、16 个、32 个、64 个音节的音节组，等等）对识记、保持效果的影响以及学习次数（或过度学习）与记忆的关系等。

2. 节省法

为了从数量上检测每次学习（记忆）的效果，艾宾浩斯又创造了节省法。他要求被试把识记材料一遍一遍地诵读，直到第一次（或连续两次）能流畅无误地背诵出来为止，并记下诵读到能背诵所需要的重读次数和时间。然后过一定时间（通常是 24 小时）再学再背，看看需要读多少次数和时间就能背诵，把第一次和第二次的次数和时间比较，看看节省了多少次数和时间，这就叫作节省法或重学法。节省法为记忆实验创造了一个数量化的统计标准。例如，艾宾浩斯的实验结果证明：7 个音节的音节组，只要诵读一次即能成诵，这就是后来被公认的记忆广度。12 个音节的音节组需要读 16.6 次才能成诵，16 个音节的音节组则要读 30 次才能成诵。如果识记同一材料，诵读次数越多，记忆越巩固，以后（第二天）再学时节省的诵读时间或次数就越多。

（二）关于记忆的研究结论

艾宾浩斯除了用无意义音节和节省法控制记忆过程的客观因素外，在主观条件方面，他以自己为被试，力求做到使主观条件保持一致。通过多年耐心细致的实验研究，他得出了以下结论。

1. 保持和遗忘与时间的关系

他发现，学习后经过的时间越长，保持越少，遗忘越多，但遗忘的速度不是均衡的。根据艾宾浩斯实验所得数据画出的遗忘曲线，就是著名的“艾宾浩斯遗忘曲线”。遗忘的规律是遗忘在学习完后就立即开始，遗忘的速度呈先快后慢的趋势。保持和遗忘是时间的函数，这一心理现象古已有之，但精确地找到数值变化的规律，则艾宾浩斯为第一人。继艾宾浩斯之后，许多人用无意义材料和有意义材料以及不同的学习形式对遗忘现象进行研究，都证实了他的遗忘曲线的普遍性。艾宾浩斯的遗忘曲线使人们具体地了解了遗忘的进程，因此人们可以针对遗忘的客观进程采取相应的措施与遗忘做斗争，所以影响很大。

2. 记忆保持与诵读次数的关系

艾宾浩斯发现，诵读次数越多，时间越长，则记忆保持越久。我们知道，英国联想主义者早就根据日常生活经验提出过“频因律”。艾宾浩斯则对此加以实验证明和数量分析。当然，艾宾浩斯也认为过度学习是无益的。

3. 重复学习和分配学习的规律

对一定的识记材料，每天重复学习到恰好成诵所需诵读的次数，约按几何级数逐日递减。一定数量的材料分配到几天之内学习，比集中一天学习的效率要高。这是西方心理学史上分布学习和集中学习比较研究的开端。

4. 音节组内各项的顺序与记忆保持的关系

这是艾宾浩斯对直接联想（接近联想）、间接联想（远隔联想）、顺序联想和反向联想所做的实验项目。他认为：通过学习，不仅邻近的音节能够形成联系，就是远隔的音节也能形成联系；音节之间不仅按顺序能形成联系，而且反向也能形成联系。不过就保持的程度而言，音节组内各个音节彼此相邻的优于远隔和反向的。

此外，艾宾浩斯还用诗句和无意义音节作为识记材料，发现意义识记比无意义识记的效果好得多。最后，他还认为睡眠对记忆保持有利。关于这一点已被近年来的实验进一步证实。

（三）对艾宾浩斯记忆研究的评价

艾宾浩斯的研究是心理学史上第一次对记忆的实验研究，它是一项首创性的工作，具有历史意义：为实验心理学打开了一个新局面，即用实验法研究所谓高级心理过程，如学习、记忆、思维等，正如波林说的，“艾宾浩斯开辟了一个新园地，格奥尔格·缪勒等人便从而耕耘之，于是实验心理学乃复因明白其进步和命运而更具有生气了”①；在方法上力求对实验条件进行控制和对实验结果进行测量；激起了各国心理学家研究记忆的热潮，大大促进了记忆心理学的发展。艾宾浩斯的记忆研究虽然具有历史性的意义，但它也和任何新生事物一样，不可能是完美无缺的。其主要缺点是：对记忆过程的发展只做了定量分析，对记忆内容性质上的变化没有进行分析；把记忆当作机械重复的结果，没有考虑到记忆是个复杂的主动过程；艾宾浩斯把自己当作被试，不仅会产生大量的前摄抑制和倒摄抑制，而且他自己知道实验意图，也会给实验结果带来微妙的变化。同时从他自己一个人身上得到的结论是否具有普遍性也令人怀疑。当然，最集中的批评是他使用无意义音节作为识记的材料，因而使得记忆的研究脱离了现实生活。

（四）艾宾浩斯的其他研究工作

除对记忆的实验研究外，艾宾浩斯对心理学的其他方面也有一定的贡献。

艾宾浩斯于 1887 年和 1889 年分别发表一篇论文讨论明度对比。1893 年提出他的色觉学说。1897 年设计出一种“填字测验”，这是用来测验儿童智力的最初尝试，是后来智力测验的前身。“这显然是第一个成功的所谓高级心理能力的测验。”②1894 年法国的狄尔泰发表《关于一种描述和分析的心理学的观念》一文，提倡描述的文化心理学运动，反对分析的实验心理学。两年后，艾宾浩斯针锋相对地发表《关于解释和描述的心理学》一文与狄尔泰进行论战。这是心理学史上一场著名的

①［美］波林著，高觉敷译：《实验心理学史》，商务印书馆 1981 年版，第 438 页。

②［美］杜·舒尔茨著，杨立能等译：《现代心理学史》，人民教育出版社 1981 年版，第 76 页。

论战。他们分别代表心理学发展的两条路线，一条以人文科学为模板的心理学，另一条以自然科学为模板的心理学。此外，在艾宾浩斯的心理学内容中，还包含着许多所谓社会心理学的东西。他的唯一完备的著作《心理学纲要》几乎有五分之一的篇幅论述行为、道德、宗教、艺术和理想等问题。由于逝世过早，他未能把自己的研究发展到定型阶段。

总之，艾宾浩斯虽然对心理学理论或体系没有什么特殊的贡献，事实上他没有形成正式的体系，没有建立学派，也没有对心理学有重要贡献的追随者，但是，他的巨大的重要性不仅表现在他所开创的学习和记忆的研究上，而且表现在整个实验心理学方面。正如美国心理学史家赫根汉指出的那样："艾宾浩斯的《记忆》标志着心理学的一个转折点。这是第一次在学习和记忆的过程正在进行的时候进行研究，而不是在学习和记忆的过程完成之后再进行研究。此外，这种研究是实验性质的。"①

## 二、格奥尔格·缪勒

格奥尔格·缪勒（1850—1934）生于德国萨克森州的哥里马，早年曾在莱比锡大学和柏林大学学习哲学与历史。1872年，缪勒进入哥廷根大学做陆宰的学生，两人遂成为好友。同年，缪勒完成《感觉的注意学说》论文，并获得博士学位。1876年任哥廷根大学讲师，1881年继承陆宰的讲座，直到1921年因病退休。缪勒在哥廷根大学建立了一个设备完善的心理学实验室，仅次于冯特在莱比锡大学建立的心理学实验室，并且吸引了从欧洲和美国来的许多学生，取得了多方面的研究成果。因此，缪勒被国际心理学界誉为"德国心理学界的老专家"②。他终生勤于实验研究，但没有像冯特那样提出一个心理学体系。缪勒

①叶浩生著：《西方心理学理论与流派》，广东高等教育出版社2007年版，第37页。

②高觉敷主编：《近代心理学史》，人民教育出版社2001年版，第155页。

的著作都是关于心理学的专题，主要有《心理物理学基础》（1878）、《心理物理法的观点和事实》（1903）、《记忆与想象活动的分析》（3卷，1911—1917）、《复合说和格式塔学说》（1923）、《心理学纲要》（1924）和《论色觉：心理物理学研究》（2卷，1930）。

（一）缪勒关于心理物理学、记忆、视觉的实验研究

缪勒虽受过良好的哲学训练，富于批判精神，但是他并不像冯特和斯顿夫那样关注哲学和理论问题，而是专心致志地从事实验研究，强调实验、量化和逻辑上的严谨是他的一贯风格。正如波林指出的："只有缪勒才能脱离其初恋的哲学，而专致力于心理学。"①缪勒曾专门研究视觉和听觉的心理物理学，视听觉问题是其终生的研究课题。此外，他还对记忆做了许多研究。他的心理物理学问题取自费希纳，视觉问题取自海林，记忆问题则取自艾宾浩斯。

1. 关于心理物理学的实验研究

缪勒在莱比锡大学期间就与费希纳相识，后来两人经常通信讨论学术问题。他是费希纳去世后最负盛名的心理物理学家。他对费希纳的心理物理学的理论和方法进行了修正和扩充。他不同意费希纳把刺激进入心灵时的损失叫作通行税的心物二元论观点。缪勒认为，这种损失是由于神经系统上的原质有所消耗发生的。那个先前引起感觉的神经兴奋已经产生了相当的氧化作用，因此，要再产生刚刚觉到的差别感觉，就需要增加相应强度的刺激才有效果。所以，这种损失不能从心理物理学来解释，只能从生理心理学来解释。

2. 关于记忆的实验研究

缪勒和他的助手及学生一起进行了很多关于记忆的实验研究。为了使记忆实验更加客观和精确，他采用仪器进行测量。他与舒曼一起发明了记忆鼓，使每对音节以一定速度在记忆鼓上的小孔表现出来，让被

①［美］波林著，高觉敷译：《实验心理学史》，商务印书馆1981年版，第420页。

试熟悉，一段时间后，再用记忆鼓将第一个音节呈现出来，要求被试说出第二个音节，并记录下回答所需的时间，最后统计正确回答的百分率。这种方法的测量结果当然要比艾宾浩斯的更精确。再者，艾宾浩斯识记无意义音节组时，只是靠重复学习，使人觉得记忆好像是一种机械被动的形成联想的过程。缪勒要求被试报告记忆时心理活动的历程，结果发现人的记忆过程并不是机械被动的，而是有目的、主动的过程。无意义音节看来好像是排除了旧经验的影响，只是靠机械重复去记忆，但实际上，被试对无意义音节往往是尽可能想办法去加以组织，或用节奏感，或附加以某种意义去帮助记忆，并且记忆的目的和定势也对记忆的效果产生很大影响。

后来，缪勒和舒曼进行了重复辨别的实验，也发现了定势现象。他们对于心理定势的发现对后来屈尔佩的无意象思维实验有启发作用。缪勒把内省法与客观法结合使用，这是对心理学研究方法的一个重要贡献。

同时，缪勒还发现整体学习比分段学习效果更好，因为整体学习有助于学习者形成整体的完整特征，从一开始就帮助学习者组织和巩固记忆。早在20世纪之初，在格式塔心理学家之前，缪勒就发现了完形特征和格式塔性质，尽管它们是其记忆研究的副产品。后来，缪勒的学生都致力于完形性质的研究。缪勒还做了记忆术[①]的个案研究。

3. 关于颜色视觉的研究

缪勒对于海林的色觉说进行了修改和补充。海林的色觉说假定新陈代谢的同化作用和异化作用一样会引起感觉，而缪勒只假定有两种相反的而又可互相逆转的化学作用，不说是同化或异化作用，这就解决了同化作用一般不引起感觉的难题。另外，按照海林的假定，彩色或黑白色互相平衡后应该没有任何感觉，但实际上还有灰色感觉。于是缪勒便假定皮质经常有相当于中灰色的作用，所以一切平衡后仍有这个灰色感

---

①“记忆术”是数学家吕格尔首先命名的。

觉。后来支持海林色觉说的人也都采用了缪勒的假定。

（二）缪勒的复合说及缪勒与格式塔心理学家的论战

所谓复合就是集合掌握或理解。集合掌握可以分为两种：一种是同时集合掌握；一种是继时集合掌握。集合掌握比较容易引起，引起集合掌握的因素叫作内聚因素。内聚因素也分为两种。一为第一次的内聚因素。诸如空间的接近、要素的同样性、色彩或形状的类似、印象的对称过程、轮廓的影响等。这些因素是帮助没有经验的幼儿去集合掌握的。二为第二次的内聚因素，也叫经验的因素。这是使活动中的成年人容易去集合掌握的。所以缪勒说："所谓形，就是复合的一种性质。"①

缪勒用复合说去对抗自厄棱费尔以来的关于形、形质的格式塔心理学理论。他撰写《复合学说和格式塔学说》和《心理学纲要》，与格式塔学派展开论战。1925 年格式塔学派的领导人之一苛勒也写了一篇题为《复合学说和格式塔学说》的论文，与缪勒展开辩论。两人的论战在当时心理学界引起了很大的反响。

波林指出："就系统说，他（指缪勒）显然和冯特同为内容的心理学家，但他的处境和斯顿夫相似，所以他在信仰上理应为意动心理学家，虽在实践上则否。"②

（三）缪勒的学生及其心理学研究

在缪勒的门下有不少才华横溢并协助他进行实验而对实验心理学的发展做出贡献的弟子。下面择其主要代表加以介绍。

1. 舒曼

弗里德里希·舒曼（1863—1940）本是缪勒在哥廷根大学的学生和助手，1894 年转赴柏林做斯顿夫的助手。1904 年改任苏黎世大学教授，1910—1929 年任法兰克福大学教授。在艾宾浩斯逝世后，舒曼主编《心理学和感官生理学杂志》。他曾协助缪勒研究记忆，两人共同发明了记

---

①高觉敷主编：《近代心理学史》，人民教育出版社 2001 年版，第 156 页。

②［美］波林著，高觉敷译：《实验心理学史》，商务印书馆 1981 年版，第 420 页。

忆鼓。他本人以研究视觉的空间知觉著称。在视知觉研究中，他强调知觉的完形原则。例如，他证明了当孤立的成分在刚刚低于感觉阈限的强度之下以快速而连续的方式呈现时，会产生空间完形的知觉。在理论上，舒曼比他的老师更接受注意是心理过程的中心的观念。他一般用注意解释完形现象，认为知觉的完形特征是对选择注意的控制。梅茨格曾概括舒曼在 20 世纪之初所确定的知觉完形特征是：不完整图形倾向知觉为完整图形；成分的接近会使视觉成分并组为较大的知觉；模糊的图形被视为心理学组织原则的一部分。舒曼在法兰克福大学时曾邀请惠特海默前往做访问教授，他用自行车的轮子做成惠特海默用于似动实验的仪器。正是在这个意义上，我们说格式塔心理学的产生可追溯到缪勒及其学生。

2．乔斯特

阿道夫·乔斯特（1870—1920）在 1895 年用“无误的联想法”得出乔斯特法则，即如果新旧两种联想的强度相等，那么每重复一次，都有加强旧联想的作用，因而使旧联想比新联想更有效地保持强度。不过，乔斯特只提出这种现象，并未解释其原因。乔斯特用此法则来解释分散复习的好处。1900 年缪勒与皮尔捷克合著一文，发展了乔斯特的“无误的联想法”，认为反应时间可以用来表示联想的强度。

3．卡茨

大卫·卡茨（1884—1953）1906 年获得博士学位，1907 年被任命为缪勒的助手，以研究颜色现象闻名。卡茨根据颜色和空间的不可分关系提出三种颜色的模式。第一种叫表色，是在客观上知觉到的二维色。第二种叫泛色或膜色，在分光镜上才可以观察到。第三种叫三维色，可通过三维的半透明体来证明，如包含有红色液体的玻璃杯。卡茨曾通过实验证明，真正的客观颜色可以用分光镜的光谱色多重结构来解释。卡茨的多重结构思想和格式塔心理学的观点接近。

4．鲁滨

埃德加·鲁滨（1886—1951）1915 年因研究图形和背景的实验获

得哲学博士学位。他把视知觉的结构分为图形和背景。图形和背景相比，图形的印象更深刻，也更占优势，更容易记住。图形和背景的关系因注意点不同而互换，原为图形的可变为背景，原为背景的会成为图形。鲁滨的这些实验也成为格式塔心理学体系的成分之一。不过，鲁滨是把图形和背景作为知觉心理的构成元素来看待的，格式塔心理学家则把它们作为知觉的整体结构进行分析。

5. 杨施

艾内奇·鲁道夫·杨施（1883—1940）1908 年获得博士学位，1920 年提出“遗觉”一词，也称为遗觉像。例如，有些人看了一张画片后，会在灰墙上看到同样的影像，有时这种影像鲜明程度类似画片。后来发现，这种遗觉像是主观的，随年龄的不同而异。儿童时期的遗觉像最明显，青少年和成人时期就较少见。杨施认为，可以根据遗觉像把人分成两类：一类是 B 型（整合型）的人，他们对影像的记忆生动，且能随意控制；另一类是 T 型（非整合型）的人，他们也有类似的后像，但不能随意控制。

总之，从以上一系列的实验研究中，我们可以看到缪勒及其弟子在实验心理学上的贡献。他的实验工作比冯特创立心理学实验室还要早，事实上，他是最早以实验心理学为专业的人。他恪守其少年时代科学应前于哲学之训，所以力避哲学而成为一名科学家，但他以哲学的才智、精密的逻辑、深刻的批判去进行实验的研究。在实验心理学范围内，他既有广泛的兴趣，又有渊博的知识。他不拘泥于冯特的内容分析，支持自己的学生用现象学来描述。他本人及他的学生的研究，对正在发展中的实验心理学影响很大。波林指出：“就影响及学派说，他仅次于冯特而已。”[1]随着 1934 年缪勒的逝世和 1936 年斯顿夫的逝世，德国实验心理学便走过了其繁荣的时代。

---

①［美］波林著，高觉敷译：《实验心理学史》，商务印书馆 1981 年版，第 425 页。

# 第四章　意动心理学

在冯特所处时代的德国，心理学家大致可以分为两大阵营。第一阵营以冯特、艾宾浩斯、格奥尔格·缪勒等人为代表，这一阵营的心理学家所主张的心理学即后来人们所说的内容心理学。另一阵营则以布伦塔诺、斯顿夫、厄棱费尔、麦农、威塔塞克等为代表，他们主张心理学研究意识的“活动”，故称意动心理学。两大阵营的心理学家展开了激烈的争论，即所谓意动与内容之争。争论发生之初，双方各持己见，于是形成了一种僵局。为打破这种僵局，屈尔佩及其领导的符兹堡学派采取了折中的办法来调和双方的矛盾，提出了“二重心理学”的主张。这场争论是新心理学诞生后的第一次重大的争论，被认为是以后心理学史上的构造主义与机能主义对立的先声。在第二章我们已介绍过冯特等人的内容心理学，本章拟专门介绍布伦塔诺等人的意动心理学以及之后发展的二重心理学。

## 第一节　布伦塔诺的意动心理学

### 一、布伦塔诺的生平和著作

弗朗茨·布伦塔诺（1838—1917）是意动心理学的创始人。他生于莱茵河畔的马林贝格，年幼时曾立志做一名牧师。从16岁起，先后在柏林、慕尼黑、杜平根等大学学习哲学。1864年在杜平根大学获哲学博士学位。毕业后，担任格拉茨的地方牧师。1866年他离开了教堂，来到符兹堡大学任讲师，撰写和讲授关于亚里士多德的哲学。在这期间，斯顿夫成了他的学生。也就是在这期间，天主教教会内部对“教皇无过说”发生了争论。布伦塔诺于1869年发表了一篇文章反对此说，因这篇文章写得很好，他成了教会内自由党的学术领袖。1872年布伦塔诺升任哲学副教授，但这时“教皇无过说”为教会所接受，教会内的自由党失败了，布伦塔诺陷于进退两难的境地。于是，在1873年他便以曾任牧师为由辞去了符兹堡大学的教职。稍后，又辞去了牧师职务，专门从事著述。1874年在哲学家陆宰的帮助下，他来到维也纳大学任哲学教授。在维也纳大学他工作了20年，建立了一个举足轻重的学派——意动心理学派，或称奥国学派，与冯特的内容心理学相抗衡。在这期间，弗洛伊德听了布伦塔诺的课，还为布伦塔诺承担了将约翰·穆勒的著作翻译成德文的任务。1894年布伦塔诺辞去大学的教职，到瑞士和意大利从事研究和著述。1917年去世，享年79岁。

布伦塔诺一生的大部分时间都用于研究哲学问题。他的心理学著作有8部，其中影响最大的是《从经验的观点看心理学》(1874)。他之所以将书名定义成“经验的”，是想表明他倾向于经验而背弃武断的态度。他说：“只有经验影响着我，好像情人一样。”①布伦塔诺的主要心理学思想都集中反映在此书里。此外，他还著有《论心理现象的分类》(1911)和《感觉心理学》(1907)等重要著作。前者是他的《从经验的观点看心理学》的附录，也可以看作是它的第2卷的代用本。

## 二、布伦塔诺的心理学思想

布伦塔诺意动心理学的思想渊源，可以追溯到亚里士多德把心理看作灵魂的功能或机能。布伦塔诺不仅著文讨论亚里士多德的哲学，而且还继承和发展了亚里士多德的心理学思想。此外，意动心理学还与中世纪经验哲学和近代德国莱布尼茨以来的传统思想有关。布伦塔诺意动

①转引自［美］波林著，高觉敷译：《实验心理学史》，商务印书馆1981年版，第402页。

心理学的基本观点具体体现在他对心理学的对象和方法的看法上。

（一）心理学的研究对象

在心理学的研究对象问题上，布伦塔诺的主张与冯特是针锋相对的。冯特以为心理学的研究对象应该是感觉、情感等直接经验，并把心理学的任务规定为心理元素的分析，以及确定由心理元素构成心理复合体的原理与规律，因而冯特的心理学被称为内容心理学。布伦塔诺不同意冯特的这种观点，认为心理学应以意动作为自己的研究对象，因而他的心理学就称为意动心理学。意动心理学与内容心理学对立的主要表现就在于研究对象的这种分歧。这个关于心理学对象的争论，一直延续到今天。西方现代心理学派别就是在这场争论中，由于意见分歧各执一端而形成不同学派体系的。

布伦塔诺指出，一方面，意动与内容是有区别的。例如，我看见一种颜色，颜色就是内容，看见则为意动；我听见一支歌，歌就是内容，听见则为意动。由此可见，布伦塔诺的意动指的是各种心理的活动或动作，内容则为意动所涉及的各种对象。另一方面，意动与内容又是联系在一起的。看必有所见，听总要有所闻，任何意动总是指向于一定的内容，指向于一定的客体。这个客体不是一般心理学家所称的客体，它不存在于外在世界而存在于内在世界，所以叫作“内在的对象性”。心理活动就是以这种内在的对象性为其特征并与物理现象相区别的。物理现象就没有这种特征，它是自己包含着自己，是自足的，颜色就是颜色，它绝不包含别的事物。意动虽然是以其内在的对象性为特征，但这个内在的对象或内容不是心理本身，而是物理现象，是物理学研究的对象。只有意动才是心理现象，因而，说心理学是研究心理现象的科学也就是说心理学是以意动作为研究对象。冯特的内容心理学的根本错误就在于它误将物理学的研究对象当成了心理学的研究对象。

在确定心理学的研究对象为意动以后，布伦塔诺又进一步对意动进行了分类。他把意动区分为三种：表象的意动，包括感觉、想象活动等，如我见，我听，我想象；判断的意动，包括知觉、认识、回忆活动等，如我承认，我知觉，我回忆；爱憎的意动，包括情感、决心、意志、欲望活动等，如我决定，我意欲，我请求。在这三类意动中，表象的意动是最根本的，其他两类意动都是在它的基础上形成的。

（二）心理学的研究方法

在心理学的研究方法上，布伦塔诺主张心理学研究要运用经验的方法。他在《从经验的观点看心理学》一书的序言中写道："在心理学上我的立场是经验的，只有经验才是我的老师。"在这点上，他与冯特的主张似乎有着某种程度的一致。由于研究对象上的不同主张，因而，同是经验的立场，他与冯特却各有侧重。冯特主张心理学的研究对象是心理内容，内容是可以用实验法来分析的，所以，冯特的"经验"乃是一种实验的经验，重在实验。布伦塔诺主张心理学的研究对象为意动，意动是经验的，却难以置于实验条件下分析研究，因而，布伦塔诺的"经验"乃是一种经验的经验，侧重于观察而不是实验。虽然布伦塔诺并不反对实验，但他认为，科学心理学不应局限于一些细节的实验上，而应着眼于对心理现象做大体的解释，这样才不至于使心理学迷失于实验法之中。在人们正热衷于实验之时，布伦塔诺的这一主张无异于一声警钟。也正因为如此，布伦塔诺从未建立过自己的实验室。他的心理学是"经验"心理学而不是"实验"心理学。

具体说来，布伦塔诺认为心理学的研究方法主要有两种。一种是内部知觉（inner perception）或反省（retrospection）。他指出："心理学的来源是建立在对我们自己的心理现象的内部知觉上。如果我们不通过内部知觉来加以了解，我们不知道什么是思维、判断、愉快或痛苦、欲求或厌恶、希望或害怕、勇敢或失望、决定或意向。内部知觉是心理现象的基本和主要来源。"[①]内部知觉指的是对刚刚

① Brentano, F. (1973). Psychology from an empirical standpoint, Book 1. (*pp. 2-30*). London: Routledge & Kegan Paul.

过去的在记忆中仍呈鲜活状态的心理活动及其变化的观察。它与直接以正在进行着的心理过程为对象的内部观察（inner observation）即内省（introspection）有着根本的区别。布伦塔诺认为，在心理学的研究中，内省实际上是根本不可能的。当我们将注意集中于内部进行的心理活动时，这种内部的心理活动实际上就已发生了改变。例如，人在发怒之下观察自己内部的气愤心理，如果他知道自己在发怒往往气愤就会消失，这时他什么也观察不到。对其他心理活动的内省也莫不如此。而内部知觉的对象是刚刚成为过去的在记忆中仍呈鲜活状态的心理活动及其变化，因而在内部知觉中就不会出现内省过程中所遇到的那种干扰。内部知觉是完全可能的，而且也是心理学知识的主要来源。布伦塔诺还进一步指出，任何科学在其工作的历程中都必须求助于记忆，因而，在内部知觉中发挥记忆的作用，并不表明心理学存在着其他科学所没有的缺陷。

另一种是观察别人的言语、动作以及其他表现，并对儿童、动物、变态的人以及不同的文化进行研究。这种方法类似于我们今天所说的客观观察法或自然观察法。对于实验方法，布伦塔诺并不反对。他尊重实验的结果，甚至还认为当我们将注意集中于刚刚过去的在记忆中仍呈鲜活状态的心理活动时，实验方法也是完全可能的。并且，在他自己的研究中，布伦塔诺也曾使用过“决验法”（或称决定性实验，experimentum crucis）。“譬如布伦塔诺讨论视觉的错觉，也很愿画出旧的错觉说明的新图形，以就正于读者的经验：这是具体的经验法，或决验法。”[①]但布伦塔诺的决验法不同于冯特的系统实验，它并不运用心理物理法，“决验法依附于辩论，因此每易降为经验法的一部分”[②]，它有助于决定两种对立的观念。实验方法在布伦塔诺的心理学中并不占有重要地位。

①②［美］波林著，高觉敷译：《实验心理学史》，商务印书馆 1981 年版，第 404、404—405 页。

### 三、对布伦塔诺的评价

布伦塔诺并未像冯特那样建立一个完整庞大的心理学体系，对心理学的具体问题也未做较深入的研究。即使是意动问题，也只做了一些分类，并未对各种意动的特性、关系及形成发展的规律做细致的研究。其观点的缺陷也较明显，尤其是他把心理活动的内容与作为心理的源泉的客观现实混为一谈，进而把心理内容排除在心理学的研究范围之外。布伦塔诺对心理学的影响主要在于他的总的主张。他提出意动与内容相对立，对后来心理学的影响是很大的。他培育了奥国学派，推动了关于形质的研究。他的心理学观点成了后来不满于冯特心理学的各种心理学的推动力。后来欧美的机能主义、格式塔心理学及弗洛伊德的精神分析或多或少都受到了意动心理学的影响。即使在今天，布伦塔诺的观点仍受到人们的重视。尽管布伦塔诺的心理学是经验的而不是实验的，但他的理论仍旧被引进实验室，成为格式塔心理学的实验指南。他被视为现象学哲学的思想先驱，而现象学哲学乃是贯穿现代西方心理学发展历程的重要方法论之一。

## 第二节 斯顿夫的机能心理学

### 一、斯顿夫的生平和著作

卡尔·斯顿夫（1848—1936）出生于德国符兹堡。早年就有机会接触科学，但他尤其爱好音乐。七岁学提琴，十岁便能作曲、作词，以后又学会了其他五种乐器，这为他日后研究音乐心理学打下了良好的基础。1865 年斯顿夫考入符兹堡大学，做布伦塔诺的学生。之后，布伦塔诺又安排他赴哥廷根大学做陆宰的学生。1868 年斯顿夫在哥廷根大学获得博士学位。以后他历任符兹堡大学、布拉格大学、哈雷大学和慕尼黑大学的教授。在这期间，他结识了科学界的很多名流，如韦伯、费希纳、马赫、海林等。詹姆斯也于1892年慕名拜访过他。哲学家胡塞尔在哈雷大学时做过他的学生和助教。1894年他荣任柏林大学哲学教授，直至1921年退休。在此期间，斯顿夫将艾宾浩斯创建的实验室扩展为研究所，并将布伦塔诺的思想印刻在柏林实验室上，以至他在人们心目中成了冯特的主要的、直接的对手。也是在这一期间，他的成果空前丰富，活动也日益频繁。1896年他和里普斯共同担任在慕尼黑召开的国际心理学会主席。1900年他和其他人一起创立了柏林的儿童心理学协会。1908年担任柏林大学校长。在这期间，他还培养出一批学生，如舒曼、吕普、苛勒和考夫卡等。由此，斯顿夫的影响日益扩大。

斯顿夫一生的著作，除了影响较大的《音乐心理学》（2卷，1883，1890）外，还有《关于空间观念起源的心理学》（1873）。在这部书里，他反对空间知觉的经验说而主张先验说。比以上著作更重要、影响更大的是他1907年发表的关于心理学体系的两篇论文，一篇是《现象与心理机能》，另一篇是《论科学分类》。在这两篇论文中，他提出了机能心理学思想，从而将意动心理学做了一定的推进。

### 二、斯顿夫的心理学思想

斯顿夫是哲学家兼心理学家。他在哲学上的主要倾向是现象学。现象学起源于康德。斯顿夫的老师布伦塔诺和陆宰都有现象学的思想倾向。但现象学作为一门正式的哲学体系，则是斯顿夫的学生胡塞尔在1900年所著的《逻辑研究》一书中提出来的。斯顿夫将现象学应用于心理学中，提出了他关于心理学研究对象的主张。不过，斯顿夫对现象学的理解有别于胡塞尔。

（一）心理学的研究对象

斯顿夫以为，一切科学的研究对象均为直接经验。直接经验有四种，它们分别是不同学科的研究对象。

现象：如音、色、味等感觉、意象。它们是现象学的研究对象。现象学是心理学的预备学科，而不是心理学本身。

心理机能：如知觉活动、组合活动、理会活动、欲望活动、意志活动。它们才是心理学的研究对象。

经验之间的各种关系：这是关系学的研究对象。关系也是一种心理现象，但又和感觉不同，因而关系学也是心理学的预备学科。

内在的客观结构：这是经验中的特殊情况。例如，在“我看见红色”的情境中，“看见”是心理的机能，红色是感觉印象，是现象。机能和现象的存在都非常明显。而在“我喜欢红色”的情境中，机能和现象这两种观念就都不明显了。因此，斯顿夫将机能的内在对象称为结构。以这种内在的客观结构作为研究对象的学科，称为结构学。

由此可见，斯顿夫将感觉印象、意象等现象（即布伦塔诺所指心理内容）排除在心理学的研究大门之外，而主张心理学的研究对象乃是心理机能（即布伦塔诺的意动）。因此，在理论上，斯顿夫的立场与布伦塔诺的立场是一致的，斯顿夫也是一位意动心理学家。但斯顿夫又指出，机能和现象既不可分，又各自独立存在于经验中。例如，“我看见红色”，看是机能，红色是现象，它们既是独立的，又是彼此不可分的。又如，黄昏时光线渐暗，我们不加注意，这是现象变而机能未变。而当我们仔细分析一首合奏曲和一种混合味的味道时，我们就知道这是哪几种音合成的音，是哪几种味合成的味道，此时合奏曲和混合味即现象未变而机能变了。由于现象和机能既不可分，又独立存在于经验之中，因此，在这个意义上，心理学有时对机能和内容都要研究，而并不排除内容。在实际研究中，斯顿夫也正是这样做的。

（二）音乐心理学

斯顿夫的音乐心理学，包含了对音缀、混合和音、不和音、原始音乐、母音和语音分析等问题的深入细致的研究。在这一方面，至少有两点引起了人们的注意。其一是他和冯特在音乐心理学研究方法上的争论。争论的焦点在于谁使用的方法更为可靠。冯特以为，凡得自没有成见的、受慎重控制的实验的结果应当是正确的。而斯顿夫则以为实验室所得的结论若明显与音乐专家的经验相悖，那么这些结果必然是错误的。其二是他提出的与赫尔姆霍茨的共鸣说不同的音乐的和谐说。他认为，和谐不是由于两乐音间没有升沉现象，而是由于二音同时发生，构成了一种整体的关系，使人一听就有单一性（融合）。这个单一性使人愉快，这才是和谐的原因。他还指出，融合作为两个感觉内容之间的整体上的关系，与注意、练习、声音均无关，是高一级的神经特殊能力，叫作特殊协力。这样，他和约翰内斯·缪勒一样，把感觉看成了某种先验的精神现象。音乐的和谐只是一种先验的精神关系，不受经验制约，也和外界事物无关。

总之，斯顿夫认为心理学的对象是机能，同时又企图调和意动心理学与内容心理学的对立。他的主张实为屈尔佩的内容与机能的二重心理学的先导，并为他的学生苛勒和考夫卡建立实验的现象学和格式塔学派提供了理论基础。

## 第三节　形质学派

### 一、形质学派概述

形质学派起源于1890—1900年，由布伦塔诺的弟子厄棱费尔和麦农创立。他们接受了布伦塔诺的思想，将布伦塔诺的意动心理学具体运用到形、形质问题的研究上，认为形、形质的形成有赖于意动。

到了1910年，这一学派的思想又通过威塔塞克的努力继续传播于世。由于这一学派的主要成就或课题在于形质的形成，故称为形质学派。同时又由于这一学派是以奥地利的格拉茨大学为中心，所以形质学派又称格拉茨学派。这一学派对后来的格式塔心理学有直接的影响。在知觉理论上，它是由元素主义到格式塔心理学的桥梁。

在形、形质问题上的不同看法，是意动心理学与内容心理学分歧的具体体现。形质学派也正是在批判内容心理学的知觉理论的基础上形成和发展起来的。如前所述，在冯特看来，基本的心理元素有两个，即感觉和感情。其他心理现象都是元素的集合。感觉是知觉的元素，只有强度和性质两种属性。知觉则是感觉的集合。这种观点表面看来似乎有些道理，但在说明具体的知觉问题时常常遇到麻烦。当时就有人提出，如果说看见一个红斑点在一个黑斑点之旁得到的是两个感觉，那么，看见两个距离很近的黑斑点得到的究竟是一个感觉还是两个感觉呢？我们好像不应该说两个黑斑点是一个感觉，而白色的背景又是一个感觉。但如果我们称两个黑斑点为不同的感觉，那么我们对元素的辨别显然是以空间的隔离为根据，而不是以属性为根据了。这便与元素主义的假定发生了矛盾。又如，我们如果用一条黑线连接两个黑斑点，结果得到的是什么呢？究竟是一个感觉还是两个感觉，或者是一系列的感觉？如果是一系列的感觉，那么又有多少感觉呢？一个元素在空间上究竟以什么作为它的界限？很显然，元素主义不能圆满地回答这些问题。针对元素主义知觉论的困境，形质学派对它进行了批评，并提出了与元素主义不同的主张。

形质学派在提出自己主张的过程中，也注意吸收了马赫关于形式的感觉学说的部分内容。1885年马赫的《感觉的分析》一书出版了。在这本书里，他把一切经验都看成感觉，例如，一个圆周是“空间形式的感觉”，一首乐曲的连续音程是“时间形式的感觉”。这样，马赫扩大了感觉的概念，把属性和形式（空间、时间）都包含在感觉之内了。马赫还认为，形式可以独立于属性而存在。我们可以改变一个圆周的颜色和面积，而不改变其圆周性或其空间的形式。我们也可更换一个乐曲的实际音符符号，而不更换其曲调或其时间的形式。形式是独立地为我们所经验，经验就是感觉，因此我们仍有形式的感觉。这样，通过承认形式的单独存在，马赫就似乎回避了元素主义所遇到的困难。但这也仅仅是回避而已，在形质学派看来，马赫并未真正解决形质形成的问题。

这样，在形、形质的形成问题上，形质学派既反对元素主义的知觉论，也不同意马赫的形式的感觉论。形质学派认为，形、形质的形成既不是感觉的复合，也不是如马赫所说形式是一种独立的存在，而是由于意动，才使形、形质呈现出来。这样就形成了形质学派在形、形质上的特有见解。

### 二、形质学派的主要代表人物

#### （一）厄棱费尔

克里斯蒂安·冯·厄棱费尔（1859—1932）生于维也纳附近的罗道恩。他既是布伦塔诺的学生，又是麦农的学生。先后担任过维也纳大学的讲师、布拉格大学的哲学教授等。一生学术兴趣广泛，其著作涉及戏剧、性的伦理学、价值论及宇宙的起源等各个方面。他在心理学史上留名，主要由于他 1890 年发表了《论形质》的论文。在这篇文章里，他系统地提出了对于形、形质问题的见解，从而使他成为形质学派的创立者。

厄棱费尔认为，时间或空间的形式并不是感觉的集合，而是一种新属性。例如，一个四边形由四条直线所组成，直线是四边形的基本的感觉，可称为基素，合起来，便可以说是组成一个基体。但是四边形并不附着于这些元素的任何基素之内，因为直线本身只具有直线的性质，而不含四边形的性质。只有当基素（直线）构成基体以后，四边形才可呈现出来。形式显然是直接经验的，所以应该是一种新元素，即一个形质。

厄棱费尔区分出两种不同的形质，即时间的形质和非时间的形质。时间的形质包括音调、色调及感觉在时间上的变化，如变红或者变冷。非时间的形质大部分是空间的。

从厄棱费尔的上述观点来看，还未见得厄棱费尔就是一位意动心理学家，因为在意动和形质之间本没有多少必然的联系，但厄棱费尔使形质和意动联系起来了。他所持的理由是，比较或集合的心理的意动可把形质从基体中抽出来。如果一个人在心理上把四点形成一个四边形，再通过经验的集合作用，便完全可以了解这个意动是实在的了。这样，厄棱费尔就站到了布伦塔诺的立场上，成为一位意动心理学家了。

（二）麦农

在形质学派中，关于形、形质的基本见解是由厄棱费尔提出的，麦农的贡献则在于将厄棱费尔的体系加以整理。

亚历克修斯·麦农（1853—1920）是奥地利哲学家和心理学家。曾在维也纳求学，做过布伦塔诺的学生，又是厄棱费尔的老师。曾历任维也纳大学讲师和格拉茨大学副教授、教授等职。在格拉茨大学，他建立了奥地利第一个心理学实验室，在奥国学派中影响很大。据说，凡是奥国学派所及之处，他都有很大的势力。其研究范围是理论心理学和认识论。其研究大部分是心理学的，但也有很多人认为他是一个哲学家而非一个实验心理学家。

麦农对于形质理论的探讨，见于他的《复型和关系的心理学》（1891）以及《论较高级对象与其对于内部知觉的关系》（1899）两篇论文中。在形质的知觉理论方面，他与厄棱费尔差异不大，但运用了与厄棱费尔不同的术语。厄棱费尔的基素，麦农称之为创造的内容，厄棱费尔的形质，麦农称之为被创造的内容。麦农认为，这两种内容的关系是相对的、有等级的。创造的内容可称为下级，被创造的内容可称为上级。

麦农指出，创造的和被创造的内容合起来可形成一种复型（complexion）。实在的复型等于知觉，思想的复型等于概念。思想的复型的形成有赖于创造的行动，而实在的复型的形成除有赖于创造的行动之外，还有赖于被认识事物所固有的关系。在这里，麦农和厄棱费尔不同的是，麦农承认知觉的原有分子之间的关系的重要性，而厄棱费尔并不这么认为。

在心理等级的问题上，麦农指出了心理等级的相对性。他以为在创造上级的时候，下级复型的上级可变为上级复型的下级，因此才有更上级的复型的形成。

（三）威塔塞克

斯特潘·威塔塞克（1870—1915）是奥地利心理学家。关于他的著作与传记，至今已很难查考。人们只知道他在格拉茨大学度过其学术生涯，在那里他曾历任讲师、教授等。他以心理学为主科，偶尔也注意教育心理学、美学与伦理学等。较重要的论文和著作有《复型心理学》（1897）、《心理学大纲》（1908）、《视觉的空间知觉心理学》（1910）。

威塔塞克的知觉心理学受布伦塔诺的影响较大。威塔塞克认为，复型的形成主要依赖于心理的创造意动。复型可以是简单的（如在响乐和简单的曲调之内），这时，创造几乎是自动的；复型也可以是复杂的（如在复调乐曲的创造中），这时，复型既取决于客体刺激物的外在因素，也决定于内在的创造的意动。

由此可见，威塔塞克在知觉心理学上与厄棱费尔、麦农的见解差异不大。他在形质学派中的主要贡献在于，当厄棱费尔、麦农的形质学说遭到批驳而处于低谷时，由于他的努力，形质学说仍能继续流传于世。

综上所述，形质学派的初衷是对元素主义进行批驳。形质学派自称发现了一种新元素，并由注重形质而研究复型，后又由复型的分析而倾向于意动的探讨。但是形质学派仅想提供一种新元素，而不想提供一种全新的观点，因而其观点一方面受到了元素主义的反对，另一方面又遭到了格式塔心理学家的批驳，最终不得不归于失败。但是，形质学派一方面发展了马赫的感觉理论，另一方面又为格式塔心理学派提供了一套完整的形质概念与理论根据，这不能不说是这个学派的贡献。在知觉理论上，形质学派乃是由元素主义向格式塔心理学过渡的桥梁。

## 第四节 二重心理学

意动心理学与内容心理学互相对峙，形成了心理学发展中的僵局。为打破这种僵局，主张心理学的研究对象应是意动与内容的统一的二重心理学便应运而生。领导这一运动的是符兹堡学派的领袖屈尔佩，第一个提出二重心理学主张的则是麦塞尔。而符兹堡学派关于无意象思维的实验研究则是促使以上二人提出二重心理学主张的重要动因。

### 一、符兹堡学派的无意象思维研究

#### （一）屈尔佩

奥斯瓦尔德·屈尔佩（1862—1915）生于距东普鲁士很近的拉脱维亚的格尔兰。1881年考入莱比锡大学学习历史，与冯特接触以后，冯特引导他转向哲学和实验心理学。1883年转赴哥廷根大学跟随格奥尔格·缪勒学习心理学，1886年重新回到莱比锡大学以冯特为师。1887年他以论文《情感学说》而取得哲学博士学位，次年他始任莱比锡大学讲师，在心理学实验室做冯特的第二任助手。1893年他的《心理学大纲》一书出版了，他把此书献给冯特。在这本书里，受阿芬那留斯的影响，他把心理学的研究对象规定为研究依存于经验着的个体的经验事实，以有别于物理学研究的不依存于经验着的个体的经验，并试图弥补冯特心理学定义的不完善之处。

1894年，屈尔佩来到符兹堡大学任教授。由于此前艾宾浩斯已成功地将实验运用到高级心理过程的研究上，受其影响，屈尔佩坚信思维也可以运用实验来进行研究。因此，在符兹堡大学工作的十多年里，虽然屈尔佩个人的主要精力花在哲学和美学而不是花在心理学上，但他仍指导、鼓励其实验室的学生和同事进行了大量的关于思维的实验研究。通过实验，他们发现了无意象思维的事实，从而建立了著名的关于无意象思维的符兹堡学派。这个学派有很多著名的学者，如迈尔、奥尔特、马尔比、瓦特、阿赫、彪勒、麦塞尔、泰勒、赛尔兹、考夫卡等。在发现无意象思维的实验面前，屈尔佩的心理学立场逐步由内容心理学向意动心理学转变。

（二）马尔比

卡尔·马尔比（1869—1953）是符兹堡大学的教授。他于1901年做了大量关于质量比较判断的实验。他让被试先后举起两个物体，要求被试判断质量的大小，并报告在质量比较时的意识过程。结果发现，被试做出了正确的判断，却不知道判断是如何做出的。被试在判断时并未出现判断所依据的意象，只有那么一种模糊的、无法描述的状态，马尔比称之为“意识的态度”。这一实验结果与传统的观念发生了冲突。传统观念认为，被试做出正确判断的心理条件是将两个物体质量的意象进行比较，思维的过程像逻辑学上三段论的过程那么清晰明确。

（三）瓦特

乔克逊·瓦特（1879—1925）是英国人，来符兹堡跟随屈尔佩研究心理学。他首创分段内省法，并把希普计时器引入联想实验，于1904年做了控制联想实验，如种—属联想（植物—树）或整体—部分联想（房屋—门）。他把联想分为四个阶段：预备期、刺激字呈现期、反应字探索期、反应字发出期。要求被试分期及时反省，说出当时的心理活动。结果发现，从刺激字呈现到反应字发出，这中间并没有出现什么意象。被试在实验前已经得到了指令，对反应已有了定势，所以刺激字一呈现，他就立即按照指令说出反应字。因此，瓦特认为联想的主要阶段不是第三阶段的探索期，而是第一阶段的预备期，定势起了预先的选择作用。

（四）阿赫

卡斯帕尔·阿赫（1871—1949）是屈尔佩的学生。他于 1905 年运用系统的实验内省方法对动作和思维进行了研究。他把瓦特的预备期所发现的那种特殊的期待态度称为“决定倾向”，认为刺激字的思想反应（即说出反应字）和动作反应（即按压反应）基本上是一样的，都是受这种非意向的“决定倾向”所指引的。例如，纸上印有数字 5、2，5 在上而 2 在下，人们的联想会是 7、3 或 10。假使被试听说要加，有一联想便增强了，结果 7 常被引起；反之，假使任务为减，则另一联想得到加强，结果 3 常被引起。阿赫的研究完成于瓦特的研究论文发表前，表面看来阿赫的研究是对瓦特的见解的总结，但事实上阿赫的研究也是一个独特的发现。

（五）彪勒

卡尔·彪勒（1879—1963）和他的夫人都是著名的儿童心理学家。他在 1907 年采用一些须经过思考才能解答的问题作为实验材料，并用问答法，要被试报告在解答问题时的意识过程，结果和瓦特等所发现的相同。他更明确地指出，思维不能归结为感觉和意象。在思维者的意识中存在一种非感觉、非意象的元素，即思维元素，也就是“无意象思维”。

符兹堡学派关于无意象思维的实验和主张，引起了心理学界很大的兴趣和争论。虽然符兹堡学派受到冯特和铁钦纳的反对，并且它仍停留在心理元素的范畴内，没有揭露思维过程的规律，但它将实验方法运用于思维的研究，将冯特的实验内省法改造为系统的实验内省法，并在此基础上提出了“意识的态度”“定势”“决定倾向”等概念，发展了心理学的研究方法，丰富了心理学研究的内容，促进了思维心理学研究向纵深发展，从而开创了心理学研究的新局面。也正是在符兹堡学派发现无意象思维的实验基础上，麦塞尔、屈尔佩逐步向意动心理学靠拢，进而提出了他们的二重心理学主张。

## 二、麦塞尔的二重心理学

奥古斯特·麦塞尔（1867—1937）毕业于吉森大学，受到哲学家席勒的影响。1910年升任吉森大学教授。他1904年听了屈尔佩宣读《试论抽象》的论文后，深为屈尔佩的哲学和心理学观点所打动，决定在屈尔佩的指导下从事研究工作。所以，尽管他工作的地点不在符兹堡，他的研究仍可看成是符兹堡学派研究的重要内容。其主要著作有《思想的实验心理学研究》（1905）、《感觉与思想》（1908）、《心理学》（1914）等。

麦塞尔是第一个明确提出二重心理学主张的心理学家。他的这一主张的提出一方面得到符兹堡学派无意象思维研究的启发，另一方面也受到了胡塞尔现象学的影响。胡塞尔接受了布伦塔诺关于意向活动总是涉及某种对象的观点并对之进行了发挥。胡塞尔认为，意向性指的是意识对于某对象的内部倾向性，是一种特有的"有所感觉"。它包含三种要素：意向性活动的主体（自我）、意向性活动和意向性的对象（客体）。这样，在胡塞尔的意向性概念中，就把内容和意动同时包含进来了。麦塞尔接受了胡塞尔的观点，并首先把它引入心理学，从而实现了对于冯特的内容心理学和布伦塔诺的意动心理学的结合。

麦塞尔认为，心理学应该研究一切有意的经验，即广义的意动，其中既包含不易理解的意动（狭义的意动），也包含易于理解的意动内容。这样，麦塞尔把意动与内容都看作心理学的研究对象。他区分出三种有意的经验，并指出每种有意的经验都既包含意动的元素，也包含内容的元素。知的经验，指的是对于客体的意识，其中的元素是知觉、记忆、想象和思考。知觉、记忆和想象都有内容，而现在的物体、过去的物体及构成物的思考，则没有内容。情的经验，指的是对于状态的意识，其中感觉是内容，好恶和价值的感情是意动。简单的感情位于内容和意动之间，它有时是内容，有时是不易理解的意动。意的经验，指的是对于原因的意识，其中感觉是内容，嗜好、欲望、意志是意动。至于意象，类似于感情，也可看作一半是感觉，一半是意动。

麦塞尔还指出，意动与内容不仅有难于理解与易于理解的差异，而且就特殊的事例而言，它们还可以互相分离。他为此举出了例证：假使你要知道没有意动的内容究竟为何物，你只须设想意识的边缘，在意识的边缘上有赤裸裸的、无意义的内容；假如你要知道没有内容的意动，你便只须考察无意象思维。麦塞尔的心理学之所以叫二重心理学，有相当的原因就是基于他这种意动与内容有差别且可分离的观点。

三、屈尔佩的二重心理学

屈尔佩做冯特的学生和助手前后有 8 年之久，所以他的心理学观点深受冯特的影响。他原本是一位冯特式的内容心理学家，但到了符兹堡大学以后，由于符兹堡学派发现了“意识的态度”“决定倾向”“无意象思维”的事实，他的心理学立场便逐渐向布伦塔诺的意动心理学靠拢。不过，屈尔佩很慎重，他并没有完全倒向布伦塔诺。他把布伦塔诺的意动改称为机能，并认为内容和机能都是心理事实，都应该成为心理学的研究对象，从而提出了他的二重心理学主张。

不过，屈尔佩在二重心理学中最引人注目的地方，是他想在内容和机能之间树立起相区别的标准。屈尔佩认为，内容和机能虽同属于心理现象，但它们存在着明显的差别。这些差别主要表现在以下五个方面：

内容和机能在经验中可以分离。如梦和纯粹感觉就只有内容而无机能，而毫无目的的注意或没有具体对象的期望则只有机能而无内容。

内容和机能可以各自独立变化。例如当人从知觉一个客体转向知觉另一个客体时，是内容变而机能不变。而在对同一对象先感知后判断的情况下，则是机能变而内容不变。

内容和机能在性质上各不相同。内容稳定，易于进行实验分析；机能变动不居，不易进行实验分析，只能用经验的反省进行研究。

内容和机能都有强度和性质，但彼此各不相关。比如一个强烈的音和一个强烈的欲望，它们既不相关，也不能比较。

内容和机能各有自己的规律。内容的规律为联合、混合、对比等，而机能的规律则为定势、决定倾向、意识的态度等。

屈尔佩、麦塞尔提出二重心理学的目的在于调和冯特的内容心理学与布伦塔诺的意动心理学。他们把内容与意动同时包容于心理学的研究对象之内，力图使实验心理学与意动心理学相互为用，这在心理学发展史上不能不说是一种进步。遗憾的是，屈尔佩 53 岁就去世了，那时正处于他事业发展的重要关头。如能假以时日，他最后或许能建成其心理学体系，获取更大的成就。但屈尔佩、麦塞尔的二重心理学未能使意动与内容之争获得真正的解决。诚如波林所指出的："为了解决心理学是否研究内容或意动的问题而仅仅说我们可以兼收并蓄，这是极端的折中主义的懒汉办法。"[①]二重心理学存在的一个突出问题就在于屈尔佩、麦塞尔未能把内容与意动看作一种对立统一的关系，相反却认为二者在经验中可以互相分离。为此他们也提出了一些证据，但事实上，他们提出的证据没有一点能说明意动与内容是可以互相分离而不是一种对立统一的关系。因此，二重心理学以后，意动与内容之争并未完全结束。后来心理学史上发生的构造主义与机能主义之争正是这场争论的继续。

①[美] 波林著，高觉敷译：《实验心理学史》，商务印书馆 1981 年版，第 511—513 页。

# 第五章　构造主义与机能主义

在讲完内容心理学与意动心理学之争以后，我们的视线就可以从欧洲转向美国了。创建期的美国心理学，主要有两条思想路线：一是在德国冯特内容心理学的影响下形成与发展起来的构造主义；二是在19世纪末20世纪初美国特定的社会历史条件下形成的具有美国本土特色的机能主义。两者的对立与争论乃是欧洲大陆内容与意动之争在美国特定历史条件下的延续与发展。

## 第一节　构造主义与机能主义的产生

### 一、构造主义的产生

构造主义作为与机能主义两个互相对立的心理学派别，是铁钦纳1898年在《构造心理学的公设》一文中提出来的。铁钦纳的构造主义体系继承和发展了其导师冯特内容心理学中具有标志特征的理论和方法，所以波林在其《实验心理学史》中是以"'新'的内容心理学"为章节标题介绍铁钦纳的。尽管如此，构造主义学派仍是由铁钦纳所创立的，而冯特仅仅是构造主义的前驱。因为铁钦纳虽在一般观点上接受了冯特的心理学思想，但他本人有具体的研究和著述，在某些具体的观点上也不同于冯特，他的构造主义体系也没有包含冯特心理学的全部思想。同时，铁钦纳主要是用他的构造主义与机能主义进行论战。所以，米西亚克等人指出：构造主义主要是铁钦纳的产物，并由他提出，完全可以称为"铁钦纳主义"。我们与其说冯特是构造主义者，毋宁说构造主义是新型的冯特，是发展了的冯特。铁钦纳的构造主义是在与冯特实验心理学诞生相同的社会历史条件、哲学渊源与心理学背景下形成的，并在与机能主义的论争中发展起来的。

## 二、机能主义的产生

机能主义有广义和狭义之分。广义的机能主义包括欧洲的机能心理学和作为美国心理学总倾向的机能主义。前者主张心理学要研究意识的机能而不是意识的内容，但并不特别强调意识在人对环境适应中的作用；后者则特别重视意识在适应中的作用，并注重个人之间的差异。狭义的机能主义则是指旗帜鲜明地与构造主义对立的心理学派别，即芝加哥学派的机能主义。而代表美国机能主义总倾向的则是哥伦比亚学派的机能主义。作为一种运动和思潮，美国机能主义的产生有其特定的社会历史条件和思想基础。

首先是美国当时的社会历史条件。在 19 世纪后期，美国仍是一个开拓中的国家。在这个蒿莱初辟的国度里，在拓荒者看来，只有不断适应外界环境，各显神通，利用种种对自己有用的办法，发挥个人的能力，才能谋得生存和利益，才能充当淘金王国里的主人。美国历史学家精彩地描绘了这一时期美国人的特征："粗犷有力同敏锐而好探索相结合；讲究实际的、富有创造力的思想风格；很快地找到处理问题的办法；巧妙地掌握实质性的东西……有效地实现伟大的目标；好动和精力充沛，十分突出的个人主义……"[①]美国社会这种强调实际、效用和功能的总要求自然会反映到这一时期的心理学中来。因此，虽然冯特的美国学生把实验心理学带回美国，开始在大学讲授心理学和建立实验室，但是他们并没有像铁钦纳那样忠诚地沿着冯特的心理学传统研究意识的结构和一般化的人类心理规律，而是相反地转向研究意识的机能与适应价

①转引自［美］杜·舒尔茨著，杨立能等译：《现代心理学史》，人民教育出版社 1981 年版，第 137 页。

值，注重个人的心理能力的差异。这种机能主义倾向是与欧洲的机能心理学遥相呼应的。

其次是达尔文（1809—1882）的进化论思想。进化论思想源远流长，达尔文在总结前人成果和实地调查研究的基础上，撰写了《物种起源》（1859）一书，创立了科学进化论。达尔文的生存竞争理论在19世纪后期已经传播开来，在学术界有很大影响。这一理论所宣扬的自然选择、优胜劣汰、适者生存等观点正好迎合了当时美国人开拓疆土的需要和气质，因而对美国机能主义的产生起到了直接的促进作用。具体地说，这种影响主要表现在以下方面。（1）在进化论提出的动物与人类之间的心理机能的连续性思想的基础上，许多心理学家和生物学家开始研究动物的心理机能，并把这种新的对象引进了心理学实验室，从而导致了动物心理学的产生。（2）进化论使心理学的目标发生了深刻的变化。接受了达尔文进化论的心理学家更多地考虑心理的机能，考虑机体适应环境对于心理产生的影响以及心理对机体适应环境的作用。（3）进化论使心理学研究方法发生了变化。由于心理被理解为机体适应环境的机能而不是意识要素的集合，内省法对于心理学研究便不再具有重要意义。相反，由于需要了解心理是如何在适应环境中发展以及在适应环境中发生了什么作用，比较心理学的方法和心理测量的方法便被引入到心理学研究中。（4）进化论导致以个别差异为代表的应用心理学的发展。既然把理解发展的基点放在进化上，适应与变异是心理发展的基本规律，于是有机体中的个别差异的实质、特征及其作用等就引起了心理学家的特别兴趣，这就导致心理测量、儿童心理学、教育心理学等应用心理学的发展。

最后是实用主义哲学。实用主义是美国土生土长的哲学。其创始人皮尔士认为，对真理的信仰完全在于可以对设想的生活行为产生影响。这种哲学应用于科学研究时，对概念的审查不是消极观察而是积极实验。科学概念之所以有效，在于它能有效地指导我们的行动，它能告诉我们如何确定事物究竟是什么。实用主义的另一个代表人物詹姆斯则通过实用主义哲学直接影响机能主义，所以他常常被看作美国机能主义的先驱。詹姆斯在其《实用主义》一书中指出：真理的观念乃是那些我们能够同化、证实、确证和检验的观念。而观念最终在于它有助于我们和我们经验的别的部分发生令人满意的联系。实用主义哲学观反映在心理学上，就是科学的心理学要关注心理的作用、机能、功能和效用，这成为美国心理学家理所当然的命题和任务。正如詹姆斯所倡导的，心理学是心理生活的科学，发现意识的内容不如发现意识的效用重要，值得重视的是机能而不是内容。意识的主要机能是选择，意识引起机体的目的并服务于这些目的。机体的首要目的就是适应环境，以求生存。

## 第二节　铁钦纳的构造主义体系

爱德华·布雷德福·铁钦纳（1867—1927）出生于英国南部的奇切斯特。他先在莫尔文学院求学，后来转入牛津大学学习哲学。在英国的经验主义和联想主义哲学气氛影响下，铁钦纳对于新兴的冯特生理心理学表现出浓厚的兴趣。尽管当时牛津的学者们对心理学之类的新科学不屑一顾，铁钦纳还是将冯特的《生理心理学原理》第3版译成英文。1890年他带着译稿去莱比锡求教于冯特。1892年他以单眼刺激对双眼的影响的论文获得博士学位。

铁钦纳获得学位后原本想回牛津大学执教，但颇具绅士风度的牛津大学学者们对生理心理学依然不屑一顾。在牛津找不到自己的专业位置，25岁的铁钦纳只好应同窗好友之邀赴美国主持康奈尔大学的心理学实验室，从此终身执教于此。铁钦纳在康奈尔大学做了大量的工作：在35年里，培养了54名心理学博士，其中不少成为美国心理学界的知名人士；发表了216篇文章和评论，翻译了冯特和屈尔佩的许多著作。铁钦纳的主要著作有《心理学纲要》(1896)、《心理学入门》(1898)、《实验心理学》(4卷本，1901—1905)、《心理学教科书》(1909—1910)。他晚年曾致力于撰写《系统心理学》一书，可惜未能完成便于1927年去世，只在一家杂志上发表了一些章节，后由韦尔德编成一卷《系统心理学：绪论》(1929)，作为遗著出版。

尽管铁钦纳所倡导的构造主义与当时美国的时代精神相去甚远，但他是一位性格刚毅和好辩的心理学家。他治学严谨，文章明快，对学生有很大的吸引力，很快就在康奈尔大学形成了以他为核心的构造主义学派，并与机能主义学派长期对峙。1904年铁钦纳在康奈尔大学组成了一个称为“实验者”的俱乐部，这是一个非正式的学术团体。在铁钦纳逝世后，该俱乐部改组成为今天的美国实验心理学会，但以他为中心的构造主义学派则不复存在了。

### 一、关于心理学的研究对象

铁钦纳主张心理学的研究对象是经验，但他又不同意冯特的直接经验与间接经验的区分。他认为间接经验在意义上是矛盾的，因为科学总离不开观察，“假使自然科学的经验是间接的，那又如何可以观察呢？既说是对象，又如何是间接的呢？”[①]所以，他宁愿接受经验实证论者阿芬那留斯的独立经验和依存经验的学说，以为心理学和物理学都直接地研究经验，但是从不同的观点来考察人类经验的。物理学是研究不依赖于经验者的经验，而心理学是研究依赖于经验者的经验。例如，物理学家和心理学家都研究光和声，但物理学家是从物理过程来看这些现象的，而心理学家则是根据这些

①转引自［美］波林著，高觉敷译：《实验心理学史》，商务印书馆1981年版，第469页。

声、光现象怎样为人类观察者所经验来考察它们。所以，铁钦纳说："我们把心理定义为人类经验的总和，认为人类经验依赖于经验着的人。"[①]他还进一步指出："'经验着的人'……即作为有机体的个人而言……可以把有生命的个体归结为神经系统及其附属物。这样，心理就成为依赖于神经系统的人类经验的总和。"[②]但他同时又认为"心理不是脑的机能"，而"身体只是心理的条件"。这样铁钦纳又把神经系统与心理割裂开来了，从而复归到早期冯特的心身平行论观点。

铁钦纳还进一步说明了经验、心理、心理过程和意识之间的区别与联系。在他看来，人类经验始终是进行着的过程、发生着的事变，而且人类经验依赖于神经系统的方面正是它的心理方面。所以我们可更简单地说："心理是心理过程的总和……'总和'意为我们所探讨的是整个经验世界，不是它的一个有限部分；'心理'意指我们所探讨的是受神经系统制约的那种经验；'过程'意指我们所研究的对象是像河水那样的一种流动，是连续不断的一种变动，而不是固定不变的对象的集合。"[③]由此可见，铁钦纳所理解的心理，是基于它的活动过程、变化过程和连续过程，这似乎类似于詹姆斯的"意识流"概念。心理作为一种过程，我们是难以把握和研究的，但我们可以研究心理过程中意识到的片断。这样，铁钦纳就把心理与意识加以区分。他说："当我们讲到心理时，我们指的是一个人一生中发生的心理过程的总和，我们讲到意识时，则是指发生于现在或任何特定'时刻'的心理过程的总和。这样，意识将是心流（mind-stream）的一个部分，一个

---

①②③转引自［美］杜·舒尔茨著，杨立能等译：《现代心理学史》，人民教育出版社 1981 年版，第 98、98、99 页。

段落。”[①]可见，在铁钦纳看来，经验、心理、心理过程和意识都是心理学研究对象的表现形式，但它们还是有区别的。这四个概念的内涵是递增的，外延是递减的。他指出：“虽然心理学的对象是心理，但心理学研究的直接对象却往往是意识。”[②]只有把心理学的对象最终落实到意识上，才便于对意识元素进行分析。

铁钦纳认为，心理学与生物学的形态学相似。因此，“实验心理学家的主要目的一直在于分析心理的结构；把基本过程从意识的缠结（tangle）中清理出来，或者把一定的意识组织的组成部分分离出来。他们的任务类似一种活体解剖，但这种活体解剖要产生结构性的而非机能性的结果。他们极力要发现的，首先是在意识中有些什么东西和这些东西有多少数量，而不是要发现它有什么用处”[③]。铁钦纳主张，心理学应该研究心理或意识内容本身，不应该研究其意义或功用。他坚持心理学是一门纯科学，他反对机能主义的理由之一就是，认为机能主义只是心理学的应用，是心理学技术，不是心理学本身。他认为机能主义虽然有用，但是它必须建立在构造主义的基础之上，好比生物科学中的生理学要建立在形态学的基础之上一样。铁钦纳这种把意识的构造或内容和它的机能截然分开的观点，含有明显的形而上学因素，因为对心理的构造的理解是不能离开它的机能的。

### 二、关于心理学的研究方法

铁钦纳认为，既然物理学与心理学的研究对象相同，都是经验，那么它们的研究方法也相同，都是观察。只是由于观察的具体内容不同，才导致物理学的观察与心理学的观察有所区别。前者是观察不

①②转引自［美］杜·舒尔茨著，杨立能等译：《现代心理学史》，人民教育出版社1981年版，第100页。

③张述祖等审校：《西方心理学家文选》，人民教育出版社1983年版，第23页。

依赖于经验者的经验，因而是一种外部观察（a looking at），即检查（inspection）；后者是观察依赖于经验者的经验，因而是一种内部观察（a looking within），即内省（introspection）。他指出："名字上的这种差异不要使我们看不清两种方法在本质上的相似性。"①具体地说，内省是对意识经验的自我观察。内省首先要注意分析，分析可以是区分的，如把指定的一个正方体区分为组成部分，也可以是抽象的，如通过观察从指定的正方体之中选出某些特点或属性。

铁钦纳的内省法是对冯特内省法的继承和发展，但对内省描述的要求更加严格，为内省法规定了种种限制。第一，铁钦纳坚持只有训练有素的观察者才能进行内省，坚持反对使用未受过训练的观察者。第二，对于初学者来说，最好是根据记忆来进行内省描述，这样内省就变成了回忆，内省考察变成了事后考察。而老练的观察者则会养成一种内省态度，因而他在观察进程中心里默记时，不仅他的意识不受干扰，甚至还可以做笔记，犹如组织学家眼睛看着显微镜的同时还能做笔记一样。第三，自我观察包括注意和记录两部分。注意必须保持最高度的集中，记录必须像照相一样精确。第四，内省者必须在情绪良好、精神饱满和身体健康时，摆脱外界干扰，才能进行观察。第五，内省必须是公正而无私地描述意识状态自身，而不是描述刺激本身。如果把心理过程与被观察的对象即感觉与刺激相混淆，就会犯下"刺激错误"。第六，铁钦纳赞同冯特把内省与实验结合起来的做法。他认为心理学的观察实质上不仅是内省的，也必然是实验的。他一丝不苟地遵守科学实验的严格规则，并指出："为了确保清晰的经验和准确的报告，科学必须求助于实验。实验是一种可以重复、分离和加以变化的观察。"心理学实验室的一切实验设备和实验设计都要考虑到这一点。

总之，铁钦纳在心理学研究方法上没有什么创新，只是对冯特的

①转引自［美］杜·舒尔茨著，杨立能等译：《现代心理学史》，人民教育出版社 1981 年版，第 101 页。

实验内省法加以改造。如果说冯特的实验内省法重在实验的话，那么铁钦纳的实验内省法则重在内省，只不过他对内省的限制比冯特更加严格而已。在此我们需要指出，铁钦纳晚年十分注意德国格式塔心理学的知觉研究，他似乎逐渐放弃了以内省分析方法发现感觉元素的观点而赞同现象学的描述感觉属性的各个维度。正如波林所说："铁钦纳本曾驳斥符兹堡的现象学，始终是一个守旧者；但是现在则欲试用现象学的研究方法——并嘱其学生共同试用。他常对内省的、受束缚的、严格的报告与现象学的自由的报告严加区别，但是他也显然对于新方法有很大的信仰。"①铁钦纳晚年之所以有意从内省法转向现象学方法，是因为撇开实验控制而对意识经验的纯内省描述与对意识经验的纯现象学描述有相似之处，两者都是主观的描述方法。

### 三、关于心理学的任务和内容

在心理学的任务和内容问题上，铁钦纳与冯特的观点基本相同，只是在一些细节上稍有不同。铁钦纳认为，心理学的任务同自然科学的任务是一致的，都必须回答以下三个基本问题：回答"是什么"的问题，即把意识经验分析为最简单的、最基本的元素；回答"怎么样"的问题，即确定这些元素如何结合和结合的规律；回答"为什么"的问题，即把这些元素跟它们的生理条件（神经过程）联系起来。这三个问题是密切联系的，对任何一个问题的回答都有助于对其他两个问题的回答。我们在心理科学上的进步程度要由我们对所有这三个问题做出回答的能力如何而定。

像冯特一样，铁钦纳也把意识经验分析成基本元素，但他又在冯特的感觉元素与情感元素之间增添了一个新的意识元素即意象。这

①［美］波林著，高觉敷译：《实验心理学史》，商务印书馆 1981 年版，第 468 页。

样，人的一切意识经验或心理过程都是由感觉、意象和情感三种基本元素构成的。在这三种意识元素中，铁钦纳研究最多的是感觉，其次是情感，最少的是意象。感觉是知觉的基本元素，包括声音、光线、味道等经验，它们是由当时环境的物理对象引起的。铁钦纳把感觉分为视、听、嗅、味、触、动、机体七种形态。他发现的感觉种类多达 44 000 种以上，其中大多数是视觉（32 820 种）和听觉（11 600 种）。意象是观念的元素，可以在想象或当时实际不存在的经验中找到。铁钦纳认为意象是一种基本的心理过程，虽然可同感觉分开，但两者具有相似性。情感是情绪的元素，表现在爱、恨、忧愁等经验之中。铁钦纳反对冯特的情感三维度说，认为情感只有一个维度，即愉快—不愉快。而冯特所说的紧张—松弛、兴奋—平静实际上都是机体感觉和真正情感的结合，可以称为“感觉—情感”。关于意识元素的属性，铁钦纳也在冯特提出的性质、强度基础上增加了持续性、外延性和清晰性。性质是指一个元素区别于另一个元素的特征，如热的、红的、苦的；强度是指性质从低到高的序列，如明亮—阴暗、坚硬—柔软、愉快—不愉快等；持续性是指意识元素的时间特性；外延性是指意识元素的空间特性；清晰性是指一个意识元素在注意中的地位，当一个元素处在注意的中心时，就获得了最大的清晰性，而处在注意的边缘时，则是模模糊糊的。铁钦纳还认为，感觉和意象都具有五种属性，而情感只有前四种属性而缺乏清晰性。

关于心理元素如何结合的问题，铁钦纳不像冯特那样用联想和统觉加以说明，他只说联想而不说统觉，认为统觉这一概念并无实际益处。他引用休谟的一句话：“联想对心理学的作用就如引力对物理学的作用。”虽然铁钦纳承认过去传统心理学所确定的联想律，如频因律、近因律、相似律和接近律等，但他又认为所有的联想律都可以还原为接近律。他认为无论何时在意识中产生一种感觉或意象过程，那么都会与它一起出现（当然是想象用语）那些在早期意识中产生过的感觉和意象过程。这就是我们所谓的联想律。通过接近联想，我们首先把两个同类元素结合在一起，然后把两个以上的同类元素结合在一起，紧接着再把不同种类的基本心理过程结合在一起。

铁钦纳认为，回答了“是什么”问题是完成了分析的任务，回答了“怎么样”问题是完成了综合的任务。但是分析和综合都只是对心理过程的描述，为了建立科学的心理学，我们仅仅描述心理是不够的，还必须解释心理，也就是说我们必须回答“为什么”这个问题。铁钦纳认为，我们所研究的心理过程是片断的、不联系的、不成系统的。因此，我们不能把一种心理过程看成另一种心理过程的原因，不能用前者去解释后者，而应该在与心理过程平行的神经过程中寻找解释。神经过程可以保证心理过程具有连续性和一致性。例如，人在每天晚上睡着时，心理消失；在每天早上醒来时，心理又重新形成。有时一个观念记不起来，直到数年后又忽然想起。这是因在这段时间里，生理过程都照样连续一贯地进行着，才保证了心理过程没有完全中断而重新恢复。他进一步指出，如果我们拒绝用身体解释心理，我们要么满足于对心理经验的简单描述，要么发明一种无意识的心理，使意识得以前后一贯和连续不断。采用前一种方法，我们永远达不到一种科学的心理学；采用后一种方法，我们便自动地离开了事实的领域而走向虚构的境界。虽然铁钦纳强调用神经过程解释心理过程，但他坚持心身平行论的观点。他说：“我们也不能把神经过程看作心理过程的原因。心身平行论的原则在于，神经系统过程和心理过程这两类事件平行地进行，互不干涉，但恰好对应。从最终的事实看，它们是同一经验的两个不同方面。其中的任何一个都不能成为另一个的原因。”[①]他进一步指出，参照身体不会使心理学的资料和内省的总和增加一点儿什么东西，它只能为我们提供一种心理学的解释原则，只能使我们把我们的内省资料系统化。可见，他的这种

①转引自［美］杜·舒尔茨著，杨立能等译：《现代心理学史》，人民教育出版社 1981 年版，第 105 页。

心身平行论的观点否认了心理是大脑的机能，最终没有对心理过程做出科学的解释。

## 四、对铁钦纳构造主义的评价

铁钦纳把正统的冯特实验心理学移植到美国，创立了构造主义学派。但在构造主义与机能主义竞争中，心理学家最终放弃前者而选择后者。这样，构造主义就成为心理学史上的一个阶段，只能放到历史中任由人们去评说。人们常以成败论英雄，往往只看到铁钦纳的局限，而忽略其贡献。我们应该实事求是地给予铁钦纳公正的历史评价。

### （一）铁钦纳构造主义的贡献

首先，铁钦纳继承和发展了冯特创立的实验心理学的主要思想，坚持心理学的实验研究方向，为推动心理科学的发展做出了不懈的努力。正如海德布莱德所说："这是一个简单的历史事实，正是铁钦纳所教的这种心理学，正是这种以德国实验室为中心的事业，使心理学第一次被承认为一门科学。"[①]在冯特时代，实验心理学作为一种思潮，其影响还是有限的。由于语言的障碍，迫切需要在更广泛的范围内介绍冯特的实验心理学思想。铁钦纳早在正式成为冯特学生之前就致力于翻译冯特的著作，到了美国以后，他成了冯特著作的主要英语翻译者。他还翻译了屈尔佩等人的著作，促进了英语国家的人们对新兴的实验心理学的了解。同时，他严格按照当时实验心理学订立的法则，孜孜不倦地进行心理学实验研究，取得了许多引人瞩目的成果。他所主持的康奈尔大学心理学实验室培养了一批心理学人才，加强了实验心理学对美国的影响。总之，铁钦纳在传播和扩大实验心理学影响方面是功不可没的。

其次，铁钦纳正式打出构造主义旗帜，明确地划定了构造主义与

①转引自［美］杜·舒尔茨著，杨立能等译：《现代心理学史》，人民教育出版社 1981 年版，第 111 页。

其他学派，尤其是与美国机能主义之间的界限，导致了心理学史上的第一次心理学派别的对立。从严格意义上说，早年冯特的内容心理学与意动心理学之争只能算是心理学的观点和思想之争，还不是真正意义上的学派对立。学派的形成，意味着明确表达自己的观点，按照自己的法则开展实验研究，形成严密的理论体系，这样有利于推动心理科学的发展。在一定意义上说，心理科学的发展史就是一部学派的对立和融合的历史。

再次，铁钦纳的构造主义提供了一个相当强有力的正统体系，充当了批评的靶子。机能主义反对构造主义研究意识的结构，主张研究意识的机能；行为主义反对构造主义研究意识，主张研究行为；格式塔心理学反对构造主义研究意识的元素，主张研究意识的整体；精神分析则从研究意识转向研究无意识。这些较晚发展的学派之所以存在，在很大程度上应归功于对构造主义所开创的心理学的进一步改造。前进的运动往往需要某种反作用力，正是得助于构造主义者的观点，才使心理学远远越过它原来的边界而前进，就像海德布莱德所指出的："铁钦纳的心理学对发展美国的心理学起了主要作用，这不仅由于它有着杰出的与连续不断的成就，而且它有着壮烈的和足以使人得到启发的失败。"①

最后，在具体研究成果方面，铁钦纳对感觉心理学的贡献最大。他和他的学生对感觉做了大量的实验研究，取得了丰富的研究成果。铁钦纳1915年修订出版的《心理学教科书》，全书共534页，而关于感觉的内容多达293页。时至今日，许多心理学教科书在谈到感觉时仍引用他的研究成果。心理学家斯泰格纳曾指出，通过对铁钦纳的《心理学入门》(1918年修订本)与20世纪80年代的基础心理学教科书的比较来看，有关感觉过程这么多年来并没有太大的变化。

(二)铁钦纳构造主义的局限

由于铁钦纳是在冯特的心理学基础上建立构造主义体系的，所以

---

①转引自[美]杜·舒尔茨著，杨立能等译：《现代心理学史》，人民教育出版社1981年版，第112页。

构造主义存在的许多局限也是冯特心理学本身所固有的问题，如内省法、心身平行论等。

首先，在心理学对象上，铁钦纳只主张研究意识的内容或结构，反对研究意识的机能或功用。相应地，在心理学学科性质上，他仅坚持心理学是一门纯科学，反对把心理学看成一门应用科学。他把儿童心理学、变态心理学、动物心理学等都排斥在实验心理学之外，认为即使对它们做了实验研究，它们也不配称为实验心理学。①

其次，在对意识经验的分析上，铁钦纳比其老师冯特走得更远。尽管冯特也强调分析意识的元素，但冯特并没有忽视整体，且把元素看成是一种过程。而铁钦纳只重视元素而忽视整体，对意识元素进行了频繁的分析，因而最终成为一个元素主义者，受到激烈的批评。冯特也因铁钦纳的分析方法而受到格式塔心理学家的批评，蒙受不白之冤。

再次，在内省方法上，铁钦纳也比冯特更加极端，对内省附加许多限制。一方面要剥夺内省者的主观价值判断，只能严格如实地描述自己的经验，另一方面要防止把物理刺激与感受相混淆，避免犯“刺激错误”。这样最终把心理学引向封闭的主观世界。他否认主观心理是客观现实的反映，因此，他的“刺激错误”概念本身就是错误的。

最后，在心身关系上，铁钦纳坚持心身平行论。他只承认神经过程是心理过程的条件，而否认前者是后者的原因，只承认两者是平行的对应关系，而否认两者的因果关系，这样他就不可能用生理来解释心理。

## 第三节　詹姆斯的实用主义心理学

作为产生于美国本土的第一个心理学派别，机能主义的产生汇聚了一批心理学思想先驱的贡献。冯特的美国学生，除铁钦纳继承其衣

①［美］波林著，高觉敷译：《实验心理学史》，商务印书馆 1981 年版，第 466 页。

钵创建了构造主义外，其他学生，如格兰维尔·斯坦利·霍尔（1844—1924）、詹姆斯·马克·鲍德温（1861—1934）、雨果·闵斯特伯格（1863—1916）等，则适应美国社会的需要，发展了带有明显机能主义倾向的心理学。他们在美国建立了心理学实验室，创建了美国心理学家自己的组织——美国心理学会（1892），创办了美国第一种心理学刊物——《美国心理学杂志》（1887），用问卷、测量等方法研究了心理发生、发展的进化过程，提出了心理发展的“复演说”，认为个体心理的发展是种系进化历史的复演。这些工作，在一定程度上奠定了机能主义的基础。

但对机能主义产生最重要影响的当推并非冯特学生的威廉·詹姆斯。詹姆斯以其实用主义心理学思想体系，奠定了其美国心理学一代宗师的历史地位，获得了“美国心理学之父”的美誉。

## 一、詹姆斯的生平与著作

威廉·詹姆斯（1842—1910）出生于美国纽约一个著名的富豪之家。其父知识渊博，且非常重视对詹姆斯的教育，常鼓励詹姆斯独立求知、爱好科学，曾带詹姆斯游历法、英、瑞士等国。优越的家庭环境和良好的早期教育，使詹姆斯很早就思想活跃、能言善辩、为人豁达，并且具备丰富的社会经验。

1860 年詹姆斯决心成为一名画家，在波士顿学画一年后。1861 年他转入了哈佛大学劳伦斯理学院学习化学和解剖学，后又改学医学。1865 年获得了一次随动物学家阿加西斯赴巴西亚马孙河做动物学调查的机会。在这次旅行中，他曾尝试过以生物学作为自己的终生事业，但他发现自己不能忍受这个领域所要求的正确而有秩序的资料收集、归类工作。于是他又恢复了医学的学习。1867 年赴德国，就学于赫尔姆霍茨，熟悉了哲学、心理学。1869 年詹姆斯在哈佛大学获得医学博士学位。1872 年他接受了哈佛大学生理学讲师职位，在哈佛大学开设生理学和解剖学课程。由于研究神经系统生理学及其他与心理学有关的生理学问题，詹姆斯开始转向心理学问题的研究。1875—1876 年詹姆斯开设了他的第一门心理学课程，即生理学和心理学的关系，这是美国人开设的第一门新心理学课程。1875 年詹姆斯从校方获得 300 美元为其心理学课程购置实验室和演示设备，从而建立了供其教学示范用的心理学实验室。1878 年詹姆斯与出版社签订了出版《心理学原理》一书的合同。最初他认为用两年时间就可以写好这本书，不曾想一写就是 12 年。1880 年詹姆斯任哲学副教授。1884 年他发起组织"美国心灵研究协会"，在《心灵》杂志上发表关于情绪的学说。1885 年开始任哲学教授。1889 年又改任心理学教授。1890 年他的著名的《心理学原理》出版了，该书文笔流畅优美，一直为后人所称道。这是詹姆斯最重要的心理学著作，出版一个世纪以来，"它的力量尚未稍减，它的识见也尚未落伍"[①]。正值它出版一百周年之际，1990 年美国出版了一本《心理学原理反思》。1894 年和 1904 年詹姆斯两次当选为美国心理学会主席。

《心理学原理》出版后，詹姆斯觉得他已说出他所知道的关于心理学的一切，故转向哲学的研究，而聘请闵斯特伯格来哈佛大学做心理学实验室主任。在以后的岁月里，詹姆斯只写了《心理学简编》（1892）和另外两本与心理学有关的书，即《对教师讲心理学》（1899）和《宗教经验种种》（1901—1902）。他的大部分时间集中在哲学研究和哲学著作的写作上。他的主要哲学著作有《实用主义》（1907）、《多元的宇宙》（1909）、《真理的意义》（1909）等。这些著作使他和皮尔士、杜威等成为实用主义哲学的倡导人。1910 年詹姆斯逝世，终年 68 岁。

---

①[美]波林著，高觉敷译：《实验心理学史》，商务印书馆 1981 年版，第 581 页。

## 二、詹姆斯的实用主义心理学体系

### (一)关于心理学的研究对象

关于心理学的研究对象，詹姆斯在其《心理学原理》中写道：“心理学是关于心理生活现象及其条件的科学。”[①]以后，他又在《心理学简编》一书中开篇就做了更明确的规定：“心理学的定义最好按照兰德教授的词句界说为所谓意识状态的描述和解释。意识状态是指感觉、愿望、情绪、认识、推理、决心、意志以及诸如此类的事件而言的，它们的解释当然须在可能的范围内，包括关于它们的原因、条件和直接后果的研究。”

在规定了心理学的研究对象以后，詹姆斯便对其研究对象做了进一步的说明。他首先对作为其心理学研究对象的意识状态做出描述和规定，其结果就是著名的意识流学说。他反对当时流行的冯特式的心理学把心理现象人为地分析为若干元素，反过来又认为心理仅仅是这些元素的集合的做法，他称这种做法是“心理学家的谬误”(psychologist's fallacy)。詹姆斯主张，意识不是一些割裂的片断，而是一种整体的经验，一种川流不息的状态，所以叫作意识流、思想流或主观生活流。意识具有如下五个基本特性。

第一，意识是属于私人的。每个思想都倾向于成为某个人的私人意识的一部分。每个思想都属于某甲或某乙所有，而不会非你的也非我的，或既是你的也是我的，并且，“这许多心各自保持自己的思想，不相交易”[②]。即便时间、空间、性质、内容相同，也不能打破这层障

---

① James, W. (1890). *The principles of psychology*. (*vol. 1*). (p.5). New York: Henry Holt.

② James, W. (1890). *The principles of psychology*. (*vol. 1*). (p.226). New York: Henry Holt.

碍，把思想融合在一起。在这里，詹姆斯把意识流和自我联系起来，强调了意识的主观性，有正确的一面，且为后来自我心理学的发展奠定了基础，但同时也夸大了意识的主观性，从而否认了意识中共有东西的存在，这可以说是他的实用主义、主观唯心主义思想在心理学中的表现。

第二，意识是常变的。每一种意识的状态都是心物总体的一种机能，因而，它变动不居，只能出现一次，不能复返。“物可再至，但感觉或思想则否。”①在这里，詹姆斯主张意识是变化的，有合理的一面，但同时也否认了意识中稳定的东西的存在，则是错误的。

第三，意识是连续不断的。詹姆斯认为意识虽然不断变化，却从来不会中断。或许表面看来存在着某些意识上的间断，但这并不足以否定意识的连续不断的性质。为此，他对意识中发生的间断做了如下解释。一是时间上的间断，如在睡眠中所发生的，但彼得、保罗睡后初醒，彼得仍为彼得，保罗也仍为保罗，他们二人决不混而为一。人在回忆睡前的思想时，总会有温暖、亲密之感，因此，立即会把自己当前的思想和过去的思想联系起来，而不会把此时的思想和过去的思想完全区分开。二是各种不同的思想和意识状态似乎都只占有一定的时间而在时间上分开来了。对此，詹姆斯认为，人的意识活动有两种状态。一是实体状态，当思想流平静或转入旋涡之处，便有了这种相对固定的意识的实体状态，类似于一般心理学上讲的感觉、知觉、表象等而布伦塔诺等称之为“内容”的东西。二是过渡状态，当思想流流动甚速，而不易描写之处便有了稍纵即逝的不固定的意识的过渡状态，类似于符兹堡学派所说的“意识的态度”“决定倾向”、布伦塔诺所说的“意动”、屈尔佩所称的“机能”等。他曾以鸟的栖息与飞翔来比喻这两种状态，认为意识就是这两种状态的交替呈现所构成的，因而是连续不断的。在这里，詹姆斯区别了意识的两种状态，强调了二者之间的联系，并认为二者都是心理学的研究

①［美］波林著，高觉敷译:《实验心理学史》，商务印书馆 1981 年版，第 584 页。

对象，这对于解决心理学史上的意动与内容之争是有一定的启发意义的。

第四，意识必定有它自身以外的对象，而意识又具有对这些对象认识的功能。詹姆斯所说的对象指的只是在当前意识状态之外的对象，并不一定是指存在于主观世界之外的客观世界。

第五，意识具有选择性。意识总是对它的对象的一部分比另一部分更为关切，总是选择一个对象或对象的一个方面，同时，又排斥着其他对象或对象的其他方面。选择性注意的过程和审慎的意志过程都是意识选择性的明显表现。除此之外，还有一些我们似不曾觉察的选择作用，如感觉从根本上来讲就具有选择作用。在知觉、推理、灵感、道德等方面也是如此。意识的选择受到一些因素的影响，对此，他写道："一个人的思想经验依赖于他所经历过的事物，可他经历什么事物在很大程度上取决于注意的习惯。"①"每一个人都是从所呈现的同一集团内，选择那些合乎他的私人兴趣的东西，并由此形成他自己的经验。"②随着现代认知心理学的兴起，詹姆斯关于意识选择性的这些说法重新受到了人们的重视。

以上便是詹姆斯意识流学说的基本内容。在完成了对于意识状态的描述之后，詹姆斯进而按照他在心理学的定义中所提出的第二项程序，对意识状态的原因、条件及直接后果进行了解释工作。

首先，在意识状态的原因方面，他反对以灵魂来解释各种心理现象，但同时又主张"思想自身就是思想者"③。实质上是把意识状态的原因归结于思想本身，归结到思想的各种官能上了，因而与灵魂说并无本质区别。

其次，在意识状态发生作用的条件方面，詹姆斯特别重视心理与脑的关系，认为"意识状态的直接条件是大脑两半球内的某种活动"，

---

① James, W. (1890). *The principles of psychology*. (*vol. 1*). (p.286). New York: Henry Holt.

② James, W. (1892). *Psychology: Briefer course*. (p. 173). New York: Collier.

③ James,W. (1890). *The principles of psychology.*(*vol. 1*). (p.401). New York: Henry Holt.

“心理动作可能一致地和绝对地是脑动作的功用”[①]。但同时他又指出，这种看法只不过是为了方便而做的工作假设，只是指的脑的状态和心理状态之间的一致和相关，而不能用对脑的这种依存性来说明心理的本质，并坚决要求和唯物主义划清思想的界限。

最后，詹姆斯特别重视意识状态的直接后果问题。受达尔文进化论的影响，他特别强调心理生活在有机体适应现实中的作用，反对把意识只看作一种与某些生理过程相平行的副现象，主张意识的功用是指引有机体达到生存必需的目的。正因为如此，他认为必须从与现实的关系上研究心理和意识作用的特点。

以上便是詹姆斯在心理学对象上的基本观点，从上述见解中我们可以看出明显的实用主义和机能主义性质，如肯定意识在生物适应中的重要作用，主张在与环境的相互作用中研究心理和意识的特性，同时又否认外在世界的客观存在等。这些思想对后来美国机能主义的形成和发展产生了很大的影响，因此，我们可以把詹姆斯看成是机能主义的先驱。

（二）关于心理学的研究方法

詹姆斯认为，心理学的研究方法主要有三种。

1. 内省法

在詹姆斯看来，内省法乃是心理学研究的基本方法。他说：“内省的观察是我们首先的和主要的而且经常所需依赖的方法。‘内省’这个词几乎不用定义——当然，它是说观察我们的心理而报告在那里所发现的。人人都同意：在那里，我们发现的是意识状态。”[②]在内省的准确性问题上，他也承认内省观察是“困难的并易误的”。但同时也指出，内省的困难是一切观察共同存在的困难，并且通过努力，完全可以使内省法做到准确无误。但他反对那种受过专门训练的心理学家的内省。

---

① James,W. (1892). *Psychology: Briefer course.* (p.5). New York: Collier.

② James,W. (1890). *The principles of psychology*. (*vol. 1*). (p.185). New York: Henry Holt.

2. 实验法

詹姆斯对于实验法的态度是矛盾的。一方面，他从理论上证明并高度评价了实验法的作用。他主张心理学家要用实验法，因为实验法可以提供必要的心理学事实。并且，心理学研究必须依靠实验法，才能获得真正的进步。对刚刚兴起的德国实验心理学，詹姆斯也给予了比较高的评价。他说："心理学正在进入一个不太简单的阶段。在短短几年里，一种可以称为显微镜式的心理学已经在德国兴起，这种心理学依据实验方法，当然是时刻寻求着内省资料，并用大样本数据和统计方法消除资料的不确定性。"[①]另一方面，詹姆斯对当时实验法的发展却抱着不满、轻视和消极的态度。他曾写信给闵斯特伯格表示讨厌实验工作。

3. 比较法

詹姆斯把比较法正式列入心理学的研究方法范围之内。他认为："比较法可以补充内省法和实验法的不足。这种方法预先假定一种常态的内省的心理学在它的主要特色方面已经确立，可是在这些特色的起源，或者是它们彼此之间的依存性成为问题的地方，那就极需要把这种现象通过考察它的一切可能的类型和组合的变异而加以研究。因此，就发生了这样的事实，人们把各种动物的本能详加研究以求有助于了解我们自己的本能，并且乞援于蜜蜂和蚂蚁的推理能力，野人、婴儿、白痴、聋盲人、罪犯和怪僻人的心理，以求支持关于我们自己的心理生活的某一部分的这种或那种特殊的学说。"[②]正因为詹姆斯把比较法看作心理学研究的重要方法，所以后来在机能主义的倡导和影响下，比较心理学、发展心理学、变态心理学的研究之风在美国特别盛行。

---

① James, W. (1890). *The principles of psychology*. (*vol. 1*). (pp.191-192). New York: Henry Holt.

② James,W. (1890). *The principles of psychology*. (*vol. 1*). (p.193). New York: Henry Holt.

（三）本能论和习惯论

1．本能论

关于本能的定义，詹姆斯说："本能通常被界定为产生一定的结果但未预见到结果，而且无需事先经过教育就能自动完成的这样一种方式的动作官能。"[①]他还说："每一种本能都是一种冲动。"[②]在这一定义的基础上，詹姆斯进一步把诸如"模仿""竞争""恐惧""同情心""建设性""社交性和害羞性""爱情""父母之爱"等都归入本能的范畴，并认为比人类较低级的动物有着更多的本能，从而反对当时欧美流行的认为人是理性的动物和人的本能比动物少得多的观点。

他指出，本能并不是固定不变的，本能常会在一些因素的影响下被掩蔽起来，从而使人们对它的存在发生怀疑，并进而得出人的本能比动物少一些的结论。本能被掩蔽的原因主要有两种。一是习惯对本能的抑制。每一种本能都可以引起两种相反的冲动。在婴儿早期，如果某一刺激引起了一种冲动，人对之产生了一种偏爱，就再也引不起另一种冲动。例如，小鸡在刚孵出时有跟随母鸡的一种倾向，但如果让它们一出生就见不到母鸡，而只见到鸭子或人，那么，人或鸭子就会成为小鸡跟随倾向所偏爱的对象。据此，詹姆斯进一步主张，应选择一种刺激，使有益于个人和社会的本能冲动在早期就得到表现，并使之养成习惯。另一种原因是本能的表现具有暂时性的特点。"许多本能在某一特定时期成熟而后就消失了。"[③]即使在本能表现的那一特定时期，如果不予以适当对象，本能倾向也得不到表现。例如，本来互为天敌的猫和老鼠，如果刚一生下来就一直让它们和睦相处，那么它们将来也不会互相憎恨。孩子刚生下来就用小勺喂奶，以后就不会

---

① ② James, W. (1890). *The principles of psychology*. (*vol. 1*). (p.383). New York: Henry Holt.

③ James,W. (1890). *The principles of psychology*. (*vol. 1*). (p.398). New York: Henry Holt.

吸吮母奶。

詹姆斯比较重视本能的作用。由于他扩大了本能的范围，从而把社会生活中的很多现象都归结为人的本能，并进而认为社会生活的样式也是由本能所决定的。

詹姆斯关于本能的上述观点，后来引起了心理学中的两种倾向：一种是大讲特讲本能的重要作用，如麦独孤的社会心理学认为人的一切行动都源于本能；另一种则完全否定本能的存在，如像行为主义所强调的那样，把人的本能归结为幼时习得的习惯。

2. 习惯论

习惯问题在詹姆斯的思想中也占有较重要的地位，他认为，习惯是物质受外力作用而产生的适应性变化过程。习惯无处不有，衣服的合身、钥匙的好使、小提琴的音准都是习惯造成的。自然界的规律，也只是各种单纯物质互相感应时所遵循不变的习惯。每个动物都可以说是由习惯所造成的，至于人的习惯，则主要有两类："由先天的倾向而来的习惯，叫本能，由教育而来的习惯，其中有一些，大多数人会把它叫作理性行为。"①由于他如此定义习惯，因而他特别强调习惯的作用。他指出，习惯对个人的实用效果有二：一是省事、准确，减少疲劳；二是减少动作操作时意识的注意。习惯还具有很大的"伦理学意义"，"习惯是社会庞大的稳定带动轮，是社会的最可贵的保守势力，只有习惯能使我们人人安分守己，能使豪富的人们免得被穷窘的人妒忌反抗。只有它会使从小学做人生那些最艰苦最可厌的职业的人不改途弃业……习惯把我们人人注定，就是不适意的事业也要尽力求上进。"②正因为习惯有如此重要的作用，因此，詹姆斯说："教育

① James, W. (1890). *The principles of psychology*. (*vol. 1*). (p.104). New York: Henry Holt.

② James, W.(1890). *The principles of psychology*. (*vol. 1*). (p.122). New York: Henry Holt.

的大事在于把我们习惯作为基金，以后安闲自在地靠这基金的利息过活。为达到这个目的，我们必须将好多有用的动作弄成机械的、习惯的。这种动作尽量学得多，而且学得越早越好。还要预防将来会不利于我们的习惯，像预防瘟疫那样认真。”[①]

詹姆斯的习惯论对后世发生了很大影响，它对早期教育重视的思想为现代早期教育的有关理论所吸收、发展。但在这一学说中，我们也可明显地看出其夸大习惯的作用，并进而为资本主义制度辩护的倾向。

（四）记忆理论

詹姆斯是双重记忆理论的最初提出者，它认为，记忆由两种要素组成。第一种要素是初级记忆（primary memory），指的是存在于意识之中的内容。它如实地转换刚刚知觉到的事件。第二种要素是次级记忆（secondary memory），指的是“一个过去心灵状态，已经脱出意识之外，又重新回到我们的知识上”[②]。这种记忆并非过去心象的简单恢复，其对象必须符合以下要求：“要有一个专指时日，由我们思维起来，以为在概括感到的时间回溯方向里。而且由它的名称或现象内容制定其意义。还要有一桩事件想象起来以为位置在其中，且经我们认为自己经验的一部分”。[③]

关于记忆的原因，詹姆斯认为，保持得好，回忆也好，其原因“就是神经系统里的习惯定律。它工作时也像习惯定律在观念联想里工作”[④]。所不同的是，“保持作为一种回忆的倾向，属于纯粹物质现象，其固定基础总藏在那些组织好了的神经途径里”[⑤]。而回忆则属于心理物理现象，其原因“既牵涉到躯体方面，又牵涉到心灵方面。牵涉到躯体方面的，就是那些脑途径所产生的激动。牵涉到心灵方面的，就是过

---

① James, W. (1890). *The principles of psychology*. (*vol. 1*). (pp.122-123). New York: Henry Holt.

②③④⑤［美］詹姆斯著，伍况甫译：《心理学简编》（第 5 册），商务印书馆 1930 年版，第 1、4、4—5、8—9 页。

去事件在意识里的再生表象和我们对于该事件认为确定经受过的这样一种信仰”[①]。

从上述观点出发，詹姆斯进一步探讨了记忆力的有关问题。他认为：“一人记忆来得强，一半是因为他所有的这些脑道比别人多，一半是因为他的脑道比别人能持久。”[②]脑途径的坚持性，是个人脑组织里的生理特性。它因人而异，也随年龄而变。脑途径数目的多少，则完全看一个人心灵经验的事实而定。“一件事实在心灵里所联结的其他事实越多，就越容易为我们的记忆所好好保留。每个联结变成一种钩，好让该事实挂在上头。等到该事实沉到表面以下，就好凭一个个钩，把它钩了上来。这许多钩，总合起来，做成一种互相附着的网状构造。靠着这张网，该事实就可以编织在我们的思想的全部脑组织里。”[③]一个人天生的脑途径的坚持性不会因教育、训练而改变，因此，增进记忆力的唯一途径，就在于“对所愿保持的事实上连带构成各种异样联想”[④]。增进记忆力的方法具体说来有三种，即机械方法、明哲方法和巧妙方法。这三种方法分别类似于今天所说的机械识记（含通过多种分析器协同活动提高记忆效果的方法）、意义识记和记忆术。

随着信息加工认知心理学的兴起，詹姆斯的记忆理论越来越受到人们的重视。他提出的双重记忆理论已为信息加工认知心理学所接受，并被大量的心理学实验所证实。所不同的是他的初级记忆、次级记忆的概念已分别被短时记忆、长时记忆的概念所取代。从他关于记忆力的有关论述里，似乎也可以找到现代记忆网络模型的雏形。但总的说来，詹姆斯在记忆领域内的主要贡献在于理论的构建，而非具体的实证研究，虽然他也曾做过一些记忆的实验。

（五）情绪理论

詹姆斯的情绪理论最初于1884年发表在《心灵》杂志上。以后又

①②③④［美］詹姆斯著，伍况甫译：《心理学简编》（第5册），商务印书馆1930年版，第8—9、10、13、13页。

以专章编入《心理学原理》中。因1885年丹麦生理学家兰格提出的主张与其类似，故后人常将这一理论称为詹姆斯—兰格情绪学说。

在詹姆斯以前，人们一般认为，情绪体验先于身体表现。例如，我们遇到一头熊，感到害怕就逃跑。詹姆斯不同意这种看法，提出了一种与之完全不同的主张。他认为，情绪有两种：一种是较粗糙的情绪，如愤怒、恐惧、爱、恨、快乐、悲伤、羞耻、孤傲等都属于这类情绪，这类情绪常伴有较强烈的身体的骚动；另一种则是较精细的情绪，如道德感、理智感、美感等属于这类情绪，这种情绪的身体反应常常是微弱的。无论是较粗糙的情绪还是较精细的情绪，都是我们对于身体内部所发生的某些变化的知觉。他说："从常识上讲，我们失去了财产就难过、哭泣，遇见了熊就害怕、逃跑，受到他人的侮辱就发怒、殴击等，这里我们拥护的假设认为这个前后次序是不正确的，这一个精神状态不是由哪一个精神状态所直接引起的，身体的表示法应该位于二者中间。更合理的说法是：我们因哭而悲，因殴击而怒，因战栗而恐惧。而不是因悲伤、愤怒或恐惧，所以才啼哭、殴击或战栗。如果没有身体的变化追随在知觉之后，那么这种知觉只是纯乎暗淡无光的认识作用，而毫无情绪性的暖流。那时，我们也许看见了熊，然后决定三十六计走为上策。遭受了侮辱，然后回击。但是我们实际上决不至于感到恐惧和愤怒。"①在詹姆斯看来，情绪不是别的东西，而只是对身体状态的感知，而且它具有一种纯粹属于身体的原因。

詹姆斯的这一情绪理论在后来产生了重大的影响，今天，几乎每本普通心理学教科书中都予以介绍。这一理论看到了情绪与身体变化的联系，强调了外周神经系统的活动在情绪产生中的作用，有一定的合理成分，并且，这一理论还激起了后来有关情绪的大量的实验研究，进而

① James, W. (1890). *The principles of psychology*. (*vol. 2*). (pp.449-450) .New York: Henry Holt.

促进了人们对情绪的深入认识。但这一理论忽视中枢神经系统在情绪产生中的作用，则是片面的，后来的一些实验研究也表明这一理论与实际情况相悖。如谢灵顿和坎农等生理学家曾对詹姆斯的情绪理论进行检验，得到的都是与该理论不同的实验结果。谢灵顿切断狗的颈部和内脏之间的神经联系，使狗不再知觉到内脏器官活动的变化，但结果表明，狗不但有愤怒情绪，而且还表现出厌恶情绪。坎农的实验则证实了中枢神经系统的丘脑在情绪产生中的重要作用。另外，还有生理学家通过注射肾上腺素，引起了人恐惧时所特有的机体变化，但被试报告说并没有真正的恐惧体验。

（六）自我理论

詹姆斯的自我理论实质上是一种人格理论，因为他是在相同意义上使用人格和自我这两个概念的。在《心理学简编》中，詹姆斯曾明白地写道："不管我在那里思想什么，我多少对于我自己总有些知晓。所谓我自己，就是我的人格或人性的存在。"①

根据自我在心理生活中的地位与表现，詹姆斯把自我划分为经验自我和纯粹自我，并对这两个方面的自我进行了分析和说明。

所谓经验自我，从最广泛的含义上来说，指的是一个人用"我"（me）或"我的"（mine）来称呼的一切。它是一种被知的东西，也可以叫作被知的我或被动我。其成分有三种。

（1）物质自我。在这类自我中，我们的身体居于中心，由内向外分别是我们的衣服、嫡系亲属、我们的家，以及我们所积聚起来的可以供我们占有和使用的各种资产等。（2）社会自我。人的社会自我就是从同伴那里所得到的注意和重视。对一个人加以注意和重视的人越多，则他的社会自我也就越大。而在这些不同的社会自我中，在所爱恋的人的心目中的评价和地位又有着特别重大的意义。（3）精神自我。对于这种

①［美］詹姆斯著，伍况甫译：《心理学简编》（第 3 册），商务印书馆 1930 年版，第 1 页。

自我，詹姆斯在其《心理学原理》一书中指出，它指的是“一个人的内心的或主观的存在”，“他的心理职能或倾向”。[①]这些东西是“自我的最持久、最密切的部分”[②]，像一个人的辩论和鉴别的能力、道德心与良心、坚强的意志等，都属于精神自我。从整体上看，这几种自我成分具有一定的层次关系，“身体的自我最低，精神自我最高，身外的物质自我以及各种社会自我在中间”[③]。

所谓纯粹自我，也可以称为能动我或主动我，指的是知晓一切（其中也包括自我）的那个东西。具体说来，就是一个人暂现的“当事思想”。这个暂现的“当事思想”，就是每一时刻存在的把自己一切对象据为己有的一种心理状态。它在人的心理生活中的重要作用表现在：它是人的一切心理内容和品质的接受者和所有者，它接受不同的感觉并影响感觉所唤起的动作；它是兴奋的中心，接受不同情绪的震荡；它是努力与意志的来源，并且是意志的命令发出的地点。可以看出，詹姆斯的纯粹自我就是人们习惯称为灵魂的东西。

在对自我进行了分析和说明以后，詹姆斯又进一步探讨了与自我联系在一起的自我意识问题，如自我情感、人格恒同之感等。他认为，自我情感是由对经验自我的成分的评价所产生的体验，自尊＝成就／抱负。而人格恒同之感，就是“现在自我与它所想的过去自我相同”的那种感觉。这种感觉是完整的自我得以存在的一个首要条件。它之所以可能，一方面，是因为过去的思想或自我与当前的思想或自我之间有一个基本方向的相似，二者“在我们的心上是连续的”。我们一想起过去的思想或自我，就可以感到一种温暖或亲密。另一方面，还由于存在一个“当事思想”，即纯粹的自我。“每个‘当

① ③ James, W. (1890). *The principles of psychology*. (*vol. 2*). (p.283). New York: Henry Holt.

② James, W. (1890). *The principles of psychology*. (*vol. 2*). (p.296). New York: Henry Holt.

事思想'一出生就是战胜者，一死就被占有，将它所体会的任何自我都遗传给它后来的主人。"[①]通过"当事思想"及其所占有的一切思想内容的传递，就实现了自我的连续与统一，人便有了人格恒同之感。

应该肯定，詹姆斯的上述见解中包含着一些积极的成分。把自我区分为主动我与被动我，看到了自我既可作为自我意识的主体，又可作为自我意识的客体，这无疑是正确的。把自我与人格等同，在对经验自我的分析和说明中，把社会自我、身体自我都当成自我的成分，这有助于我们从更广泛的范围上去考虑人格的构成范围，而不致把自我、人格局限于纯心理范围之内。詹姆斯关于自我分层次的思想，事实上就是一种较早的关于需要层次的理论，"自尊＝成就／抱负"公式也不无合理之处。一直到今天，詹姆斯的这一自我理论仍是我们在探讨自我、人格、自我意识问题时常常需要提及，并能从中获得丰富的启迪的一种理论。但这一自我理论中存在的问题也是较为明显的，除了"思想自身就是思想者"的观点带有明显的唯心主义色彩外，一个非常突出的问题就是他不合理地扩大了自我的概念。他把被动我定义为"一切呼之为我的东西的总和"，进而把一个人的直系亲属、家庭以及资产等都纳入自我的范畴，实质上是混淆了一事物本身的属性和该事物与其他事物的关系之间的差异。

### 三、詹姆斯在心理学史上的影响

鉴于前文已详细分析了詹姆斯心理学思想中的合理方面与不足之处，在此，我们就只着重考察詹姆斯对后世心理学发展的影响。

---

① James, W. (1890). *The principles of psychology*. (*vol. 1*). (pp.339-340). New York: Henry Holt.

詹姆斯没有像冯特那样把毕生精力都贡献给心理学，没有广招自己的信徒，也没有建立自己的心理学派；在实验方法风靡心理学领域之时他采取的都是消极的态度，对于以后流行的倾向如智力测验等，他也充耳不闻；他甚至否认过自己是一个心理学家，否认存在着一种新心理学。但这一切，并没有损害他在心理学发展上的导师形象，并没有妨碍他的心理学思想在后世心理学的发展中散发出应有的光彩。由于他独特的人格、新颖的见解和流畅的文笔，更由于他的思想适应了美国社会发展的需要，他的著作和学说对美国甚至对世界心理学的发展均有重大影响。柯恩 1973 年的调查结果表明：在心理学的第一个十年（1880—1889），最有影响的心理学家依次是冯特、詹姆斯、赫尔姆霍茨、艾宾浩斯和费希纳；在第二个十年（1890—1899），依次是詹姆斯、冯特、杜威、铁钦纳和弗洛伊德。由此可见詹姆斯在心理学史中的地位。

詹姆斯是作为个人而不是某个学派的领袖对美国心理学发生影响的。关于他对美国 20 世纪 50 年代以前心理学发展的影响，波林在其《实验心理学史》一书中曾给予了中肯的评价："他所提倡的学说隐含新的美国心理学的可能于其内，而这个心理学后即成为机能心理学及其从弟——心理测验和儿子——行为主义。詹姆斯指示别人如何到达的地方，正是别人所欲到达的去处。"[①]美国许多著名的心理学家如霍尔、安吉尔、桑代克、武德沃斯等都承认他们是受到詹姆斯的影响而走上实验心理学的道路的。从 20 世纪 50 年代开始，美国心理学逐步为人本主义心理学、认知心理学所取代。令人惊异的是，虽然它们各自的观点有很大不同，但认知心理学和人本主义心理学都从詹姆斯的《心理学原理》中引经据典。认知心理学从詹姆斯对"意识流""记忆""注意""推理""表象"的记述中找到了依托，而人本主义心理学又从詹姆斯对"自

①［美］波林著，高觉敷译：《实验心理学史》，商务印书馆 1981 年版，第 583 页。

我意识”“本能”的见解里吸取了养分。现代美国普通心理学的教科书，无论是出自何派之手，很少有不提到詹姆斯的观点的。詹姆斯不愧为美国心理学的一代宗师。

詹姆斯对心理学发展的影响绝不限于美国。对此，墨菲在其《近代心理学历史导引》一书中曾有过生动的描述：“在地球上的每一个角落，只要心理学为人所知，他的名字就会被提到。好几万人读过他的《心理学原理》，更有好几十万人在大学生时代就读过他的一卷著作《心理学简编》。有很长一段时间，说詹姆斯是美国最杰出的心理学家，那似乎是说废话，因为不论是学者还是一般人都承认，任何仅次于他的人物都远不及他。……欧洲的心理学家……近几十年来对詹姆斯的认识超过了詹姆斯本国的人士；他们只要有重大的心理学尝试——不论是实验的还是理论的——要提出讨论，就总要邀请他的亡灵赴会。”①由此可见，詹姆斯的影响远远超越了他的国界。

詹姆斯的影响也不仅限于心理学领域。他使实用主义生活化的做法，使他成了美国家喻户晓的哲学家和思想家。他提出的意识流学说对西方文学艺术和思想文化也有着相当深远的影响。

总之，詹姆斯是美国心理学发展史上的第一个科学心理学家和最后一个哲学心理学家，在美国心理学的整个发展中起着承前启后的作用，对世界心理学的发展也有着重要影响。作为美国心理学之父，作为心理学的一代宗师，詹姆斯是当之无愧的。

## 第四节 机能主义的芝加哥学派

虽然美国早期的心理学都表现为机能主义的总倾向，但由于它的早期代表人如詹姆斯、霍尔等人都不是终生钟情于心理学，因而也没有

①[美]墨菲、[美]柯瓦奇著，林方、王景和译：《近代心理学历史导引》，商务印书馆 1980 年版，第 282—283 页。

像冯特那样建立一个新学派。大多数心理学家都反对铁钦纳的构造主义的狭隘性，但都没有试图用一个不同名称的什么“主义”去替代构造主义。在某种意义上说，机能主义学派的正式形成似乎是它的对手铁钦纳起了推波助澜的作用。因为是铁钦纳首先提出了构造主义，并把它作为机能主义的对立面，这样铁钦纳便不知不觉地使机能主义比过去更加明确地成为注意的中心。正如哈利森指出的：“铁钦纳在命名机能主义以前，实际上他所着手进行的是一种没有名字的运动；因此，他便竭力使这个运动更加明确，而且在把机能主义这个术语引进当代心理学方面，比任何人的功劳都更大。”[①]到了 1894 年，杜威和安吉尔来到刚刚建立的芝加哥大学，积极从事心理学研究，使芝加哥大学成为了机能主义的领导中心，逐渐形成了机能主义的芝加哥学派。之后，卡尔等人也加入到这个阵营中来，成为机能主义芝加哥学派有影响的人物。芝加哥学派一般称为狭义的机能主义，它与构造主义直接对立。

### 一、杜威

约翰·杜威（1859—1952）生于美国佛蒙特州。在佛蒙特大学毕业后当过几年中学教师，并自学哲学。1882 年去霍普金斯大学跟随霍尔学习，1884 年取得哲学博士学位，先后在密歇根大学与明尼苏达大学任教。1886 年他的《心理学》出版了，这是美国人所写的第一本关于“新”心理学的教科书，颇受欢迎。1894 年杜威赴芝加哥大学任哲学教授，同年安吉尔也来到芝加哥大学任心理学副教授，并主持一年前成立的心理学实验室。在芝加哥大学哲学、心理学圈子里，杜威年龄最大，而且他凭着聪明才智支配了其他人的思想，从而逐渐形成了一个有系统观点的学派。1900 年杜威当选为美国心理学会主席。1904 年，杜威

①转引自［美］杜·舒尔茨著，杨立能等译：《现代心理学史》，人民教育出版社 1981 年版，第 166 页。

离开芝加哥大学去哥伦比亚大学任教，在那里一直工作到1930年退休。其间，他不再从事心理学研究，而转向研究哲学和教育问题。

杜威对心理学最重要的贡献集中在他1896年发表的《心理学中的反射弧概念》一文。一般认为该文标志着机能主义芝加哥学派的正式开始。这篇文章的出发点是反对元素主义。他认为心理活动是一个连续的整体，不能把整个活动分析为反射弧和把反射弧分析为刺激和反应，正像不能把意识分析为元素一样。在他看来，反射弧是一个"回路"或叫作"器官"。一个反射与它前后的反射是相连的，人的动作是一系列相连的反射构成的，前一反射的终点即为后一反射的起点，因此反射弧不能理解为单独的研究对象。而且，在反射弧中的刺激与反应之间、感觉与运动之间也并不存在一条鸿沟，二者没有单独存在的意义。为此，杜威提出，心理学要研究的是动作机能，这种动作机能表现为协调，实际上就是一种适应活动。心理学的真正对象是在环境中发生作用的整个有机体的适应活动。

杜威并不否认意识作用。他把意识看作是有机体适应生活的工具，人为了生活而思考，通过人的智力与现实斗争，以达到进步。意识在这一斗争中则为有机体的生存而发挥作用。与此相适应，心理学研究则应当以心理"效用"为目的。因此，杜威是从其实用主义哲学立场出发来理解心理学，必然导向机能主义。但杜威只为狭义的机能主义提供了基本概念和理论基础，机能主义的芝加哥学派关于心理学问题的系统主张则是由安吉尔和卡特尔提出来的。

## 二、安吉尔

詹姆斯·罗兰·安吉尔（1867—1947）生于美国佛蒙特州。先在密歇根大学学习，师从杜威，然后又到哈佛大学师从詹姆斯，1892年获得硕士学位。之后到德国莱比锡大学和哈勒大学学习。在莱比锡大学师从冯特，并与屈尔佩、铁钦纳等人为同窗好友，但没有获博士学位便回到明尼苏达大学。1894 年到芝加哥大学同杜威一起宣传机能主义，成为机能主义芝加哥学派的主要领导人。1906 年当选为美国心理学会主席。1920 年到耶鲁大学任校长。

在芝加哥大学期间，安吉尔主持过芝加哥大学心理学实验室，从事过许多具体研究。1896 年他和穆尔一起发表的关于反应时的研究，在心理学史上有重要影响，因为它完成了铁钦纳论题和鲍德温反论题之间的黑格尔式的综合，证明了铁钦纳关于两种反应（感觉的和运动的）和鲍德温关于两种反应器（感觉的和反应的）的关系。1904 年安吉尔撰写的《心理学》出版了，该书体现机能主义观点，书中宣扬意识的基本机能是改善有机体的活动，而心理学必须研究心理是如何帮助有机体适应环境的。1907 年他在《心理学评论》上发表了《机能主义心理学的领域》一文，该文对机能主义的概念、原则、任务及特征作了概括。这是对机能主义思想的第一个明确的表述。安吉尔认为，机能主义就是要分辨并描写在实际生活条件下意识的典型作用，它是关于心理活动的心理学。如果说构造主义讨论心理是什么，那么机能主义则在讨论心理是什么之外还要讨论怎么样和为什么。安吉尔在谈到机能主义的任务时说："所以近代式的机能心理学家感兴趣的不但是仅仅从自在、自受、自为方面来考虑心理过程的作用，而且更强烈地感兴趣的是作为一个更大的生物力量潮流的一部分的心理活动——这些生物力量时时刻刻在我们眼前起作用并且构成我们世界的最重要的并最动人的部分。"[①]因此，所谓心理的东西就不单单是一个心理感觉要素的总体，而且包括判断、情感等方面的活动。安吉尔进一步解释说，这些心理活动的机能是为顺应服务的，是对新事物的顺应，而这些功用的一切来源都可能最后归结为选择性的调节。由此我们可以清楚地看到安吉尔的实用主义哲学立场

---

①张述祖等审校：《西方心理学家文选》，人民教育出版社 1983 年版，第 55 页。

和从进化论观点对心理学的基本阐释。

在谈到身心关系时，安吉尔认为他所主张的机能主义关于身心关系更注重从方法论的区别来处理，而不是从形而上学方面的存在的角度来处理，亦即不去考虑它们二者谁决定谁的关系，而只考虑决定机体的身体的部分和心理的部分彼此的关系。在这种前提下，机能主义可以被看作是包括一切讨论身心关系的“心理物理学”。

安吉尔将行为问题引入心理学，尽管他尚未将意识及内省方法排斥于心理学之外，但他认为，我们的精神生活或许可以被规定为客观的行为。这一思想转变具有重要意义。因为尽管意识尚作为安吉尔的心理学概念之一，但他关注的仅仅是适应环境的机能，因而意识在心理学研究中也仅仅是一种形式而已。这就为行为主义的兴起准备了思想前提。几年之后，他的学生华生就举起了行为主义的旗帜。

安吉尔主张心理学属于自然科学，而且是一门生物科学。关于心理学的领域，他主张包括对儿童的、动物的以及变态人的心理的研究。此外，他还重视应用心理学，如教育心理学、工业心理学、医学心理学等。所有这些都体现着机能主义的精神。安吉尔的上述心理学观点标志着芝加哥学派机能主义心理学体系的形成。

## 三、卡尔

哈维·卡尔（1873—1954）生于美国印第安纳州。先在科罗拉多大学读书，后来到了芝加哥大学，成为安吉尔的学生，1905 年获得博士学位。从 1908 年到 1938 年退休前，卡尔一直在芝加哥大学工作，成为安吉尔的继承人。卡尔的心理学体系更完满地体现了机能主义的特点，代表着芝加哥学派机能主义的晚期倾向或完成形式，但这时的机能主义已经停止了与构造主义的论战，它本身已成为一个公认的合格的体系，因而不再明显地表现为一个界限分明的心理学派别的主张了。在 1925

年出版的《心理学》一书中，卡尔阐述了他的机能主义思想。在该书中，卡尔讨论了心理学的研究对象、研究方法、心理活动的心理物理性质，以及从机能主义者的观点来看心理学同其他科学的关系。

卡尔把心理学定义为心理活动的科学，心理学的研究对象是心理活动。他指出："心理学主要是研究心理活动的。心理活动这个术语是知觉、记忆、想象、推理、情感、判断和意志的总称。"[①]心理活动的机能在于获取经验、确定经验、保持经验和评价经验，并利用这些经验来确定行为。他进一步把心理活动所表现出来的行为称为适应性行为。所谓适应性行为，就是有机体对于具有能满足其动机条件的那种特性的物理环境或社会环境的反应。[②]由此我们可以看出机能主义向行为主义过渡的征兆。

关于研究方法，卡尔认为心理学研究方法可以是多种多样的。"心理动作可以主观地或客观地加以观察。客观观察指的是理解他人的行为中所反映出来的心理操作。主观观察是指人们认识自己的心理操作。"[③]他进一步指出，主观观察法又称内省法，与客观观察法在过程的性质上基本相似，只是在认识对象上有所不同。这两种方法都有其优点和缺点，可以互相补充。内省法的优点是可以给予我们关于心理事件的较深入和较全面的知识，内省法的缺点在于正确性往往不能测定。由此，卡尔提出可以用实验法补充观察法的不足。但实验法也有其局限性，因为不是人类心理的一切方面都可以加以控制。他还认为可以通过对人的活动产品的研究，如发明、文学、艺术、宗教习惯和信仰、道德传统、政治机构等来间接地了解人们的心理活动，这种方法可以称为社会研究法。此外，心理动作也可以从解剖学和生理学的角度来研究，从日常生活中得到的观察资料也可以补充由其他方法所得资料之不足。

---

①②③转引自［美］杜·舒尔茨著，杨立能等译：《现代心理学史》，人民教育出版社 1981 年版，第 174、174、177 页。

在身心关系上，卡尔比安吉尔更坚决地放弃了二元论，认为反应针对的刺激异常复杂，反应是在一个带有动机性的刺激推动下而发生的。因此，与其他机能主义者不同，卡尔除提出刺激和反应的因素外，还提出了介于二者之间的动机因素，为心理学的发展从机能主义走向动力心理学起了先导作用。正如波林指出的："所以机能心理学便走向动力心理学，虽然这不因为动力心理学是机能的。"①

## 第五节 机能主义的哥伦比亚学派

### 一、哥伦比亚学派的概述

机能主义的芝加哥学派在心理学的研究对象、方法和任务等方面都有自己明确的主张，是自觉地与构造主义相对立的学派。与之差不多同时或稍晚，在美国还有哥伦比亚大学的一些心理学家，早期的有卡特尔，后来有桑代克和武德沃斯等人，都是美国心理学中的机能主义总倾向的代表，不过他们并没有明确打出机能主义的旗号，其中像武德沃斯还不承认自己属于任何派别。他们的心理学主张和学术研究气氛比较自由而广泛，但也有美国机能主义的一些共同特点，因而可以归属于广义的机能主义，一般称为机能主义的哥伦比亚学派。这个学派有如下共同特点：

从研究心理的共同规律问题转向个别差异问题，着重对个体的智力和能力进行研究，心理测验是主要的方法；

从研究意识内容转向研究意识活动，并不将意识排除在心理学之外，但只注重意识的功用；

从重视内省方法转向重视客观的方法，不取消内省法，但并不把

①［美］波林著，高觉敷译：《实验心理学史》，商务印书馆 1981 年版，第 635 页。

它作为主要的方法，而主张多种方法并用，如实验法、测验法、统计法、等级法、评选法等；

从研究心理学“是什么”问题转向心理学“为什么”问题，主张研究前者是为后者服务的，但后者又要建立在前者基础之上；

从主张心理学是一门纯科学转向主张心理学是一门应用科学，把机能主义芝加哥学派提出的个体适应环境的一些原理加以具体化，使之应用于生活实际。

哥伦比亚大学在1884—1948年培养的心理学博士多达344人，其人数超过美国其他任何一所大学，而且不少人都成为心理学界的知名学者。在此，我们仅介绍哥伦比亚学派三位主要代表人物——卡特尔、桑代克和武德沃斯。

## 二、哥伦比亚学派的主要代表人物

### （一）卡特尔

詹姆斯·麦基恩·卡特尔（1860—1944）在许多方面影响了美国机能主义方向，是机能主义哥伦比亚学派的先锋。卡特尔生于宾夕法尼亚州的伊斯顿。1880年在拉斐特学院获得学士学位，然后去德国的哥廷根大学做研究生，不久就到了莱比锡大学跟随冯特学习。随后又回国就任霍尔在霍普金斯大学建立的心理学实验室研究员。1883年卡特尔再次回到冯特那里成为冯特的第一位助手。据说冯特要他写一篇关于认识的反应时间的论文，他完成以后，还想研究反应时间的个别差异，其中多数实验是在自己房间里完成的，因为冯特不同意他在莱比锡实验室进行这些实验。1886年卡特尔获得博士学位后，回宾夕法尼亚大学和布林马学院讲授心理学一年。然后去英国剑桥大学任讲师，在那里他结识了高尔顿。他们对个别差异有同样的兴趣和看法，卡特尔对高尔顿关于心理测量的方法与统计方法产生了深刻印象。1888 年卡特尔被任命为宾夕法尼亚大学心理学教授，这是世界上第一个心理学教授职位。在此之前，心理学的职位是由哲学系任命的。1891 年卡特尔离开宾夕法尼亚大学前往哥伦比亚大学任教授和系主任，并创建一实验室，主持该实验室达 26 年（1891—1917 年）之久。在此期间，他 35 岁时任美国心理学会主席，40 岁时成为被选进美国科学院的第一位心理学家。1894 年卡特尔同鲍德温一起创办了《心理学评论》，1900 年又创办《通俗科学月刊》。1917 年美国参加第一次世界大战，卡特尔主张和平而被辞退。后来他积极从事编辑工作，任《科学》《美国自然科学家》《学校与社会》《科学月刊》的编辑。1921 年卡特尔创立了应用心理学，并组织了服务于工业和社会事业的心理学社团，这个社团至今仍然在积极地活动。1929 年他被选为第九届国际心理学会主席。

卡特尔的主要学术贡献体现在以下几方面。

1. 关于反应时的研究

卡特尔在霍普金斯大学和莱比锡大学时就潜心从事关于反应时的研究。至 1902 年他几乎涉猎了这一研究领域的每个方面，并发明和改良了许多仪器。为了更客观地研究反应时，卡特尔依据统计学规律进行实验设计。卡特尔研究过的反应时类型包括辨别和认识的时间及选择“意志”的时间，控制联想的反应时间和自由联想的反应时间。这些研究都作为经典文献而为以后的学者所引证。其中关于控制联想的论文发表于 1887 年，关于自由联想的论文发表于 1889 年，卡特尔据此编制了正常联想表。

2. 关于个别差异和心理测验的研究

卡特尔说：“心理学除非建立在实验和测量的基础上，否则它就不能达到自然科学那样的明确和精密。”[①]卡特尔关于个别差异和心理测验

① 张述祖等审校：《西方心理学家文选》，人民教育出版社 1983 年版，第 77 页。

的研究对心理学产生了重要的影响。个别差异是其他所有研究的中心。1890 年他在一篇文章中提出了“心理测验”这个术语。1901 年他用所收集的数据计算被试的测验分数与学习成绩的相关系数。他还继续了高尔顿的工作，对科学探索能力的性质和起源进行了研究。他对许多技术加以改进，如 1902 年发展了次序评量法，并将这种方法用于评价美国科学家的杰出程度。

3．关于心理物理法的研究

在实验研究方面，卡特尔对高尔顿所使用的方法的热心程度高于费希纳和冯特。他不认为内省为唯一的手段，但认为内省可以为感觉距离作出可靠的判断。他说在他所做的实验中几乎多数不依赖于内省法。1892 年他曾与富勒顿撰文批判过均差法，因为被试对于相等刺激的适应未受控制，由此介入了许多可变的成分。对于最小可觉差法，他认为“相等”这个概念用于刺激的范围时，纯粹依赖于内省，产生了不小的变异。在传统的心理物理法中，他认为只有常定刺激法才是可信的。除了发明和改良心理物理学的仪器，他还与富勒顿一起用 $S=K\cdot\sqrt{R}$ 代替了韦伯—费希纳的 $S=K\cdot\lg R$。与韦伯—费希纳不同的是，$S$ 不是感觉，而是观察的误差。卡特尔对心理物理法的最新贡献是用反应时间测量感觉的差异量，这是传统心理物理学中所没有的。

4．关于知觉和阅读过程的研究

卡特尔研究过视知觉的网膜时间，还研究过看见物体、形状、颜色、字母、字句而说出其名称所需的时间。卡特尔发现，随着呈现物数目增加，各项所需要的时间随呈现物的增加而减少。这个研究同注意范围有关。根据这一研究，他发现了不同文字的阅读时间随对文字的熟悉程度而异。以后他又研究字母及不同字形的阅读率，对这个领域的研究产生了重要的影响。

总之，卡特尔一方面通过主编刊物和建立组织，宣传和扩大心理学的影响，另一方面通过具体研究，从应用方面推动了机能主义的发展。不过，他并不重视心理学的理论建设。

（二）桑代克

埃德伍德·桑代克（1874—1949）出生于马萨诸塞州。1895年入哈佛大学，师从詹姆斯。1896年在哈佛大学开始用小鸡做实验。后来得到卡特尔的帮助，转赴哥伦比亚大学学习，继续用猫、狗等做实验。1898年以《动物的智慧：动物联想过程的实验研究》论文获博士学位。从1899年起任职于哥伦比亚大学直到1940年退休，1942年复出接任哈佛大学詹姆斯的讲座。桑代克著作极为丰富，主要有《教育心理学》（1903，后来第2版扩展为3卷本，1913）、《动物的智慧》（1911）、《智力测量》（1927）、《人类的学习》（1931）、《比较心理学》（1934）、《愿望、兴趣和态度的心理学》（1935）、《联结主义心理学文选》（1949）等。

桑代克首先用实验法研究动物心理，用以代替对动物的自然观察，为动物心理学的研究开辟了新的道路。他用小鸡、猫、狗和猩猩做了大量实验，其中猫走迷笼实验最为著名。他设计了15只迷笼，这些迷笼各有一个互不相同的装置，当猫按动了这个装置后，笼门就会自动打开。实验的猫处于饥饿状态，笼外放着食物，猫出来后就会吃到食物。桑代克将13只猫轮流放入每个迷笼里，观察猫的反应，记录它们逃出迷笼所花费的时间。桑代克发现13只猫中有11只被放入迷笼后都有一种逃脱拘束的行为。它们先是乱抓、乱咬，竭力要从笼中逃出来，做出许多无效的动作，最后偶然触动了开门的装置，逃出来获得了食物。经过很多次的尝试以后，无效的动作逐渐减少，而导致成功的动作则逐渐保留下来，最后猫在放入迷笼后就立刻能用一定的方式打开笼门。根据这些实验，桑代克提出，动物的学习是一种尝试与错误的过程，也就是选择了联结的过程。这个过程的起点是一套本能活动，这种本能活动因猫受拘束时感到不舒服而被激发，加之对情境的感觉印象，以本能的挤、抓、咬等动作来逃避不舒服的拘束。其中的一种动作被选择出来，与情境形成稳固的联结，以后当猫在面临同样的情境时，这一联结有被再次使用的倾向。因此，他明确提出："学习即联结，心理即人的联结系统。"[①]他进一步将动物的学习推广到人类的学习。他指出："下至26个字母，上至科学或哲学，其本身都是联结造成的。人之所以善于学习，就是因为他养成了这许多联结。"[②]在他看来，"理智、性格或技能的任何事实，都意味着按照一定的方式对一定的情境发生的反应倾向"[③]。教育的目的就是把其中的某些联结加以永久地保留，把某些联结加以清除，并且把另一些联结加以改变或引导。

桑代克以情境与反应之间的联结代替早期联想主义者的观念的联合，否认在联结形成中观念的作用。他认为只要把可能的情境、情境的元素或复合物和相关的反应的各种复杂表现加以归类编目，就可以了解人的整个心理活动。这就使他在限制意识的作用上前进了一大步，为行为主义者否定意识作用提供了依据。他也因此被人们看作是行为主义的前驱。但桑代克并未否认人的心理的存在，因而他还不是一个行为主义者。

桑代克根据动物的实验，提出了三条学习律。

（1）准备律，指学习开始时的预备之势。它包括三种状态：当一个传导单位准备好传导时，传导得以实现就引起满意之感，例如，当某人准备好做某件事时，做的活动就会令他感觉适意；若一个传导单位准备好传导，不给传导就引起烦恼；当一个传导单位没有准备好传导，强行传导就引起烦恼之感。

（2）练习律，指学习需要经过重复才能完成。练习律包含应用律和失用律两个方面。前者是指在特定情境下做出的任何反应会同此情境逐渐联系起来，而且反应在情境中用得越多，它们之间的联系就越牢

---

①② L. E. Thorndike. (1931). *Human Learning.* (p.122). New York: The Century Co.

③转引自杨清著：《现代西方心理学主要流派》，辽宁人民出版社 1980 年版，第 56 页。

固；后者是指如长期不用这个反应，联系就会趋于减弱。

（3）效果律，指凡在一定情境中引起满意之感的动作就会和该情境发生联系，结果是再遇到此情境时，这一动作会比以前更容易出现。相反，在某一情境中引起不满意之感的动作，就会与该情境分离，当该情境再现时，这一动作较难重复。

后来，桑代克对上述学习律进行了修正。他把准备律和练习律看成是效果律的副律，强调学习的最重要因素是机体的行为后果，同时他对于效果律更强调奖赏而不强调惩罚。

除了学习联结说，桑代克还与武德沃斯一起提出过学习的迁移理论。认为学习效果的迁移是由于前后活动中存在着共同的因素。他还对成人的学习进行了研究，认为人在 25 ～ 40 岁时学习能力并不下降。他对学科心理，如算术和代数心理也进行了研究。他还继承了卡特尔的研究方向，设计过许多种心理测验和教育测验并加以宣传，成为美国当时心理测验运动的领袖。他总结了美国机能主义和他自己研究的成果，撰写了《教育心理学》。该书于 1903 年出版，1913 年扩展为三大卷，1914 年被编成《教育心理学简明教程》。这些工作表明，桑代克确定了教育心理学的体系，使教育心理学从此从教育学和儿童心理学中分化出来，成为一门独立的学科。

（三）武德沃斯

罗伯特·塞钦斯·武德沃斯（1869—1962）出生于马萨诸塞州。最初在阿默斯特大学学习，毕业后曾到中学任教。1895 年前往哈佛大学学习，受到罗伊斯和詹姆斯的教导。后来转到哥伦比亚大学学习，1899 年获得博士学位。然后到纽约医学院讲授生理学，又花了一年时间到英国利物浦大学师从著名生理学家谢灵顿。1903 年返回哥伦比亚大学任教，1917 年卡特尔退休，武德沃斯成为卡特尔的接班人。1915 年当选为美国心理学会主席。1945 年第一次退休，退休后仍继续工作，直到 1958 年 89 岁高龄第二次退休。他活跃在心理学界前后达七十多年。

武德沃斯的著述甚丰，影响了几代学生。其著作主要有《论运动》（1903）、《生理心理学》（1911，该书为修订，赖德原著，后改为赖德、武德沃斯合著）、《动力心理学》（1918，该书集中表述了他的机能主义观点）、《现代心理学派别》（1931年初版，1964年三版时改为武德沃斯、汉舍合著）、《心理学》（1921年初版，1947年五版）、《实验心理学》（1938，1959）以及《行为动力学》（1958）。此外，他还著有许多论文，涉及心理学体系问题、变态心理学、差异心理学、运动心理学和教育心理学。由于他的重要贡献，1956年美国心理学基金会将第一枚金质奖章授予他。

武德沃斯认为心理学的研究对象是人的全部活动，包括意识和行为两个方面。在具体研究中，必须从研究刺激与反应的性质开始，也就是说，必须从客观的外界事物开始。但仅研究此尚不够，武德沃斯认为在刺激和反应之间还存在有机体的作用，即通常的S—O—R模式，其中O代表有机体本身及其能量和经验等。以后武德沃斯又把上述公式扩展为W—S—Ow—R—W。其中W代表周围世界，S代表刺激，O代表有机体，附于O下的小W代表有机体对环境的调整及对情境和目标的定势，R代表反应。整个公式可以解释为：周围世界—刺激—有对一定情境和目标定势的有机体—反应—改变了的世界。这样，武德沃斯将心理活动与行为纳入同一系统来看待，这对以后的新行为主义产生了重要的影响。新行为主义者由此发展出“中介变量”学说。

武德沃斯将心理动力观引入心理学。据说1897年他在哈佛时就告诉桑代克要发展一种“动力学”。他的《动力心理学》旨在反对铁钦纳、华生和麦独孤，要求理解人的思想和行为的因果机制（也就是机能部分）以及决定内驱力的特殊性的动力刺激或情境。这里的思想和行为的因果机制包括内驱力和机制两种心理成分。内驱力是行为的发动者，是回答行为的“怎样”的问题，也称为行为的能力。机制有赖于内驱力的发动才得以活动，内驱力也只有通过机制的作用才能实现。同时，机制在内驱力多次发动后也可以转化为内驱力。

关于心理学研究方法，武德沃斯主张既用客观的实验和观察，也用内省的方法。或者说，外部刺激和外部反应可以通过对行为的客观观察来发现，有机体内部的事件则可以通过内省来观察。

武德沃斯还讨论了心理与生理的关系。他认为心理过程和生理过程不是两个互相平行的过程，而只是对同一过程的不同的科学描述。心理学研究过程的大的方面，生理学则只是描述过程的细节，所以生理学的描写不能代替心理学的描述。

总之，武德沃斯的心理学观点是折中的。他不想追随任何一种体系，也不想发展一种严格的体系或建立他自己的学派。他的观点不是建立在反对别人的观点上，而是建立在发展、评述、综合工作上。但是，在他的心理学中明显地表现出了美国心理学的机能主义总倾向。他自己就表示过，如果一定要给他的心理学一个系统的名称的话，可以把它叫作“机能主义的”。波林也指出过：“武德沃斯自称为动力心理学家，但实际上他首先是机能心理学家，其次才是动力心理学家。”①

## 第六节　对机能主义的评价

作为旗帜鲜明地与构造主义相对立的心理学派别，机能主义在1927年铁钦纳逝世以后就已不复存在。这一方面是由于构造主义的主张逐渐失去了影响，另一方面也由于机能主义作为一种倾向已为一般人所接受。机能主义作为一种派别已失去存在的意义。但是，作为一般倾向的广义的机能主义则不但没有消失，反而有了不断的发展，并在美国乃至世界的心理学领域留下了丰厚的历史遗产。

---

①[美] 波林著，高觉敷译：《实验心理学史》，商务印书馆1981年版，第643页。

## 一、机能主义的贡献

首先，机能主义铸就了美国心理学的基本精神，影响了美国心理学的发展轨迹。与从欧洲传入的铁钦纳的构造主义不同，机能主义的产生与发展始终根植于美国社会生活的土壤。正因为如此，机能主义在与构造主义的竞争中，迅速占了上风，并逐步成为整个美国心理学的主流。机能主义所确立的心理学的基本格调，如强调心理学从研究封闭意识的传统转向对意识的开放的机能研究，重视从与环境的关系中研究心理的适应机能，重视个别差异的研究，关注心理学的实际应用，以及贴近现实、追求实用的研究风格等，则铸就了美国心理学的基本精神。此后，美国心理学的诸学派或思潮，如行为主义、信息加工心理学、人本主义心理学等，均从不同角度吸取了机能主义的营养，或多或少地刻上了机能主义的烙印。正是在这一意义上，波林指出："美国心理学，就其精神来说，是机能主义的。"①查普林也曾指出："作为一种系统的观点，机能主义是一种前所未有的成功，但也正因为有这样的成就，它已不再是一个阵线分明的心理学派。可以说，它已经被吸收在主流心理学中。任何心理学观点也不能期待更美好的命运了。"②

其次，机能主义扩大了心理学的研究领域，促进了心理学的广泛应用。如前所述，在实用主义和进化论思想的影响下，机能主义将意识看作有机体适应环境的一种基本机能和有用工具，重视从与现实生活的联系中研究人类心理意识，强调心理学的应用性质，形成了贴近现实、追求实用、兼容并包的研究风格。这样，任何与适应环境有关的问题以及如何有利于从适应的角度理解人的心理主题都得以包括在心理学的研究范围内，心理学的诸多分支学科，如动物心理学、儿童心理学、差异

①［美］波林著，高觉敷译：《实验心理学史》，商务印书馆1981年版，第578页。
②转引自叶浩生主编：《心理学通史》，北京师范大学出版社2006年版，第199页。

心理学、变态心理学、教育心理学、工业心理学、心理测验等均获得了相应的发展，心理学研究所揭示的基本原理亦广泛应用于教育、文化、工业、医疗、军事、司法等领域。按照卡特尔的描述，在机能主义占主导地位的时代，几乎每个美国人都试图在自己的所作所为中运用心理学原理："我们的教育制度、我们的教会、我们的法律制度、我们的政府等，都在运用心理学。"[①]心理学也因此赢得了良好的社会声誉，展现出勃勃生机。

最后，机能主义推进了心理学的基础研究，丰富了心理学的理论建设。机能主义关注心理学的应用，强调心理学是一门应用学科，因此，基础研究和理论建设在机能主义中并不占重要地位。但这并不意味着机能主义对心理学的基础理论问题研究无所建树。透过本章的论述，我们不难发现，对一些重大的心理学基础理论问题，如心理与环境的关系、心理与生理的关系、还原论与整体论、主观范式与客观范式、目的论与因果论等，机能主义均有所研究；在一些重要的心理学领域，机能心理学家也提出了自己相应的理论，如詹姆斯的意识流学说、自我理论、情绪理论，杜威的反射弧概念，武德沃斯的行为机制理论，桑代克的学习理论等。历史的发展证明，这些理论有力地推动了美国心理学的学科建设，在一定程度上奠定了美国心理学的理论基础。

二、机能主义的局限

当然，机能主义也有其明显的局限性。

其一是在实用主义哲学影响下形成的折中主义倾向。实用主义哲学强调"有用即是真理"，这导致了机能主义的折中主义倾向，使得机能主义的理论主张良莠混杂，矛盾重重。例如，源自德国心理学的实体

①转引自［美］赫根汉著，郭本禹等译：《心理学史导论》，华东师范大学出版社 2004 年版，第 538 页。

论意识观与源自进化论的机能论意识观的矛盾①，还原论与整体论研究原则的矛盾，主观研究范式与客观研究范式的矛盾，目的论与因果决定论的矛盾，等等，不一而足。由此，机能主义的理论观点往往较为肤浅、零散，缺乏系统、深入的理论建构，当然也就谈不上理论体系的完善了。应该说，现代心理学的“枝叶茂盛，主干脆弱”的病症，与机能心理学的这一传统不无关联。

其二是在进化论思想影响下形成的生物化倾向。进化论主张“物竞天择，适者生存”，将生物物种的起源与发展看作是适应环境条件的结果，并将人视作生物进化阶梯高层的一个物种，强调人与自然、与动物的连续性，认为人的发展亦服从于自然进化的规律。在进化论的影响下，机能主义不仅把人的生物构造看作适应环境的结果，人的意识也被看作适应环境的产物与工具。人与动物被等量齐观。从动物身上得出的结果被不加考虑地推广到了人身上，心理学也因此被认为是生物科学的一个部门。在这样的情况下，人的社会属性、人与动物的根本差别便被完全忽略，心理学的人文科学属性也因此消失殆尽。有人说，现代心理学像一个“跛子”：她的一条腿——自然科学取向的心理学相对粗大、肥壮，而另一条腿——人文科学取向的心理学则相对细小、瘦弱。现代心理学的这种状况，显然也源自机能主义的生物化倾向。

---

①参见车文博主编：《西方心理学思想史》，湖南教育出版社 2007 年版，第 387—388 页。

行为主义（behaviorism）是美国现代心理学的主要学派之一，对西方心理学产生了重大影响，被称为西方心理学第一势力（first force）。行为主义区别于先前心理学派的根本特点是：它排斥意识，主张将行为视为心理学的研究对象。行为主义的发展大致可分为三代。早期的行为主义是第一代，其特征为：客观主义；以刺激和反应的术语解释行为；强调联结学习；外周论；环境决定论。新行为主义是第二代的行为主义，其特征为：强调刺激和反应之间的中介变量；允许在经验事实的基础上，对行为的内部动因进行推测；以操作主义观点解释中介变量。第三代的行为主义则是新的新行为主义，其特征为：给予认知、思维等心理因素在行为调节中的作用以足够的重视；把认知、思维看成是积极、主动的过程；强调研究方法的客观性。尽管新的新行为主义探索了认知与思维在行为调节中的作用，但它把行为的预测与控制作为其研究的根本目标，这一点使它区别于认知心理学。

# 第三编

# 行为主义

# 第六章　早期行为主义

上一章已经指出，构造主义和机能主义为研究意识内容还是研究意识机能进行激烈的争论，双方各持己见，互不相让，形成了一种对峙的局面。面对这种僵持的局面，华生独辟蹊径，倡导心理学家从对意识的研究转向对行为的研究，从而导致了一场行为主义革命。行为主义很快席卷美国，而且几乎遍及全球。20 世纪 20—50 年代，各国心理学界几乎都被行为主义所统治。本章着重评介华生等人的早期行为主义。

## 第一节　行为主义产生的历史背景

### 一、社会历史背景

行为主义的产生是当时美国社会生活和生产实践的需要。到 19 世纪后半期，美国完成了工业革命。与此同时的城市化运动使大量农业人口逐渐成为城市人口，农民成为产业工人。在 19 世纪初，美国只有 1/4 的人口住在城市，到了 19 世纪中叶，则有一半以上的人口住在城市。从农村进入城市的人们必须学会新的生活方式和生活技能，国家需要加强对这些人的训练。正如杜威在 1900 年所指出的，对他们训练的价值就在于创造社会适应的新手段。强调社会适应就是指强调行为，其中最重要的是学习。美国这一社会条件促使心理学家从对意识的研究转向对适应性行为的研究。同时，由于工业革命的完成，在机械和技术方面已取得了最高效率，若再提高生产效率，就必须更透彻地了解工人，通过提高工人的身体动作效率来提高生产效率。因此，正如华生所认识到的那样，心理学家要想帮助社会去解决这个问题，就必须研究工人总体的活动效果。可见，华生所倡导的行为主义的目的之一就是最大限度地提高工人的工作量及其效率，这也是大工业机械化生产的要求。

行为主义是美国政治生活中进步主义运动的产物。进步运动是开始于19世纪90年代的一场广泛的政治革新运动。这个运动试图撤换政治机构中的老成员，使用能够科学管理社会的贤人进行治理。它是温和的乌托邦，而它的目的则是控制社会。“社会控制万岁……不仅使我们能够应对战争（第一次世界大战）的严酷要求，而且还可以作为即将到来的和平与兄弟般关系的基础。”①对许多革新者来说，行为主义似乎向他们提供了合理地、有效地管理社会的科学工具。通过行为技术的社会控制是一种最有生命力的革新思想。

从社会历史发展的角度来看，行为主义产生于20世纪初的美国绝非偶然，它是当时美国社会生活、生产实践和政治改良的一种要求和反映。

## 二、哲学背景

华生表面上是反对哲学的，他拒绝以任何哲学作为心理学的理论基础。但实际上，他的行为主义是以机械主义、实证主义和实用主义作为哲学基础的。

### （一）机械唯物主义哲学

心理学史家米切尔·惠特海默指出，虽然行为主义是美国最主要的心理学派别，但它的前驱在欧洲而不在美国。自18世纪欧洲产业革命以来，各种自然科学飞速发展，它们对人类生活发生了越来越深刻的影响。而在当时自然科学中占统治地位的是力学，因此，作为当时自然科学成果总结的哲学是机械唯物主义。例如，笛卡儿关于人的身体机制的

①转引自［美］黎黑著，刘恩久等译：《心理学史》，上海译文出版社1990年版，第370页。

机械论思想和拉·美特利等把人看作机器的观点对行为主义有明显的影响。坎贝尔指出，所有的机械唯物主义的圣经都来自于法国哲学家霍尔巴赫撰写的《自然的体系》（1770）一书，该书是对心理概念的第一个行为分析。

（二）实证主义哲学

实证主义是对华生行为主义产生影响的另一个哲学思潮。而且实证主义的影响一直在扩大，实际上直到它规定了新行为主义的意义。正如黎黑指出："整个行为主义精神是实证主义的，甚至可以说行为主义乃是实证主义的心理学。"[①]实证主义是19世纪中叶法国哲学家孔德首创的一种科学哲学。孔德始终倡导"以被观察到的事实为基础"的实证精神，实在、确定和实证是实证精神的要素。孔德主张的实证主义原则是：一切科学知识都必须建立在来自观察和实验的经验事实的基础上。这是各种形态的实证主义哲学都必须遵守的实证原则。实证主义哲学在不同的历史时期有不同的表现形态，孔德的激进实证主义影响了华生等人的激进行为主义，维也纳集团的逻辑实证主义影响了托尔曼、赫尔等人的新行为主义，马赫和阿芬那留斯的经验实证主义则影响了铁钦纳的构造主义。

孔德从他的实证主义原则出发，认为科学的资料必须是社会的、公开的事件，是可证实的事实。单独的、私人的意识内省所得来的知识是不可靠的，是非科学的知识。科学的任务就在于描述一切可能观察到的事实，然后指出事物的一般规律，达到预测和控制自然的目的。用那些无法观察的东西作为了解自然的工具，就会重返神学和形而上学的阶段。华生等人的早期行为主义正是根据这样一种标准，放弃了对不可观察的意识的研究而改以可观察的行为作为心理学的研究对象，抛弃了主观的内省法而改以自然科学的客观方法作为心理学的研究方法。难怪墨

①[美]黎黑著，刘恩久等译：《心理学史》，上海译文出版社1990年版，第416页。

菲说："孔德以现代行为主义精神极力贬斥内省法；假如他曾经提供一个研究方案，他本可以被公正地称为第一个行为主义者的。"①

（三）实用主义哲学

作为美国官方哲学的实用主义，比起机械唯物主义和实证主义对于华生的影响更为直接和深刻。实用主义英文原名为pragmatism，源于希腊文pragma，其含义是行为和行动。实用主义哲学的代表人物都声称，实用主义就是强调行为、实践、生活的哲学，实用主义哲学的要点是强调立足于现实生活，把确定信念当作出发点，把采取行为当作主要手段，把获得效果当作最高目的。华生否定不可直接经验的意识在心理学研究中的地位，把人的实践活动简化为刺激—反应的行为模式，把有效地控制人的行为作为心理学的根本目的，这些都是实用主义哲学在心理学中的具体体现。

## 三、自然科学背景

俄国谢切诺夫、巴甫洛夫和别赫切列夫的生理学研究为行为主义的产生与发展提供了自然科学依据。

伊凡·米哈伊洛维奇·谢切诺夫（1829—1905）是俄国生理学的创始人，被称为俄国的"生理学之父"，也是巴甫洛夫的直接影响者。19世纪70年代，他根据新的反射图示提出把心理学改造成为客观科学的纲领。他认为，心理学要想大大进步，必须靠科学的、能够证实的事实，而不是靠未经证实的意识假设。他指出，只有面向自然科学，首先是生理学，先开始对心理生活的较简单方面进行详细的研究，而不是立即冲向最高级别的心理现象方面的研究，心理学才能转变成为客观的实证科学。在概括谢切诺夫的心理学体系时，拉茨拉恩（1986）强调"这

①［美］墨菲、［美］柯瓦奇著，林方、王景和译：《近代心理学历史导引》，商务印书馆1980年版，第200页。

是一种激进的环境主义，谢切诺夫思想和观念中的绝大部分，或是说千分之九百九十九，如果他有这么多思想的话，都是起源于训练，而只有一小部分是来自于遗传”[①]。如此激进的环境主义与华生强调环境的重要性的取向有共同之处。

伊凡·巴甫洛夫（1849—1936）是俄国著名的生理学家，有关条件反射的理论与实践是巴甫洛夫最伟大的科学成就。尽管巴甫洛夫本人拒绝把他的研究和心理学联系在一起，但是条件反射的观念和实验技术确实深深地影响了心理学的发展，尤其是对华生创立行为主义产生了重大作用。首先，在实验中，巴甫洛夫用生理学术语描述高级神经活动所表现出来的心理现象。这启发了华生，他在阐释其行为主义理论时，宣布用肌肉运动、腺体分泌和肢体反应等生理学名词代替传统心理学的感觉、思维、情绪等概念。其次，条件反射的概念描述的是行为可具操作性的单元，是有关行为最简单的模式。华生正是据此建立了 S—R 这一行为主义公式。最后，华生在他的研究中，把条件反射作为一种具体的实验技术而加以采用。华生也因使用条件反射的方法而感激巴甫洛夫。由此可见巴甫洛夫的理论与方法对华生的行为主义产生的深刻影响。

弗拉基米尔·米哈伊洛维奇·别赫切列夫（1857—1972）是与巴甫洛夫同时代的心理学家。他在“反射是探究行为的基本类型”这一观念的基础上提出了客观心理学。他不仅把心理学理解为主观的东西，还理解为客观的东西，理解为脑的物质过程。个人的精神生活可成为主观心理学的研究对象，而涉及他人，我们只能研究他们在外界作用的影响下发展起来的内部过程的外部表现。这种外部表现就是反射，或叫心理反射，由此他于 1910 年把客观心理学改称为心理反射学（psychoreflexology）。1917 年别赫切列夫提出反射学的观点。别赫切列

---

① Raran, G. (1968). Ivan M Sechenov. In D. L. Sills (Eds.), *International encyclopedia of the social sciences* (vol. 14, pp.130). New York: Macmillan and Free Press.

夫认为，要对人类的行为进行严格的客观研究，以理解环境影响和外显行为之间的关系。如果所谓的精神活动存在，它就必须在外显行为中表现出来，因此，只研究行为就可以避开“精神领域”。由此，他主张在反射学中排除主观心理学，不要去研究意识，而用严格的客观方式记录外部的反应，企图建立“没有心理的心理学”。显然，别赫切列夫的思想不仅是对行为主义的支持，同时也是对客观心理学反对内省主义的声援。

华生从上述三位心理学家那里汲取了大量关于将动物与人的研究完全建立在客观的可以观察的基础之上，并力图使心理学转变成一门实证科学的思想，这些思想是其行为主义产生的生理学基础。

### 四、心理学背景

虽然行为主义的产生受到当时美国社会的政治、经济、哲学和自然科学等外部因素的影响，但是心理学自身的发展则是行为主义产生的内部因素。

#### （一）机能主义

华生作为机能主义集大成者安吉尔的学生，深受机能主义的影响。机能主义把人的心理、意识作为适应环境的工具，也就抹杀了人在意识指导下的行为与动物本能行为之间的本质差异，把人的行为等同于动物的行为，为华生提出行为主义原则做了必要的理论准备。华生的行为主义正是把机能主义合乎逻辑地推向极端，剔除掉残余的思辨遗迹，把机能主义顺利地过渡到行为主义。正如华生本人指出：“行为主义是唯一彻底而合乎逻辑的机能主义。”[1]其实安吉尔在1910年就已预见到，就像灵魂这个词从心理学中消失一样，意识这个词也很可能从心理学中消

① Watson，J. B. (1914). *Behavior: An introduction to comparative psychology.* (p.9). New York: Henry Holt.

失。而后安吉尔更加明确地认为，如果取消意识范畴的存在，而代之以客观地描述动物和人的行为，这将对心理学是十分有益的。所以，华生宣布取消意识，反对内省，并不是对机能主义方向的背叛，而是这种方向发展的必然结果。只是在反对构造主义方面，行为主义比机能主义做得更加彻底。

（二）动物心理学

华生曾明确宣称，他的行为主义是动物心理学研究的直接结果，表明行为主义与动物心理学的发展有着密切的内在联系。动物心理学的发展是由于达尔文进化论的影响。达尔文在 1872 年出版的《人类和动物的表情》一书中，指出动物和人类各种不同情绪所特有的表情在发生上具有共同的根源，论证了人与动物心理发展的连续性。但是，达尔文忽略了人与动物心理的本质差异。进化论所包含的生物学化倾向被英国动物心理学家摩尔根所发展，他提出了“吝啬律”，认为在动物心理研究中，只要能用更低级的心灵作用来解释活动，就绝对不用较高级的心灵作用来解释活动。他用“比较心理学”这个术语代表他的研究。德国生物学家洛布比摩尔根更激进，提出“向性”学说，主张从无机物运动的物理化学规律来解释植物的运动乃至动物的运动。桑代克在研究动物行为时，企图贯彻摩尔根的吝啬律。动物心理学的研究既然有助于对人的心理活动规律的揭示，动物心理学就迅速发展起来了。到了 1910 年，在美国已有哈佛等 8 所大学建立了动物心理学实验室。华生明确承认，正是在芝加哥大学长期从事动物心理的研究，使他形成了一种观念，既然能对动物的行为进行纯粹客观的观察和解释，那么也就能够对人类行为进行同样纯粹客观的观察和解释。为此，华生彻底地贯彻了摩尔根的吝啬律，走上行为主义的立场。

当然，我们也要指出，行为主义的创立不能只归功于华生一人。实际上，在 20 世纪初，美国整个心理学界都对意识心理学感到不满。美国心理学家巴契勒在 1907 年指出，心理学中正在产生不满的潮流。

他在 1911 年又进一步指出，大多数心理学家都不清楚他们的领域是研究什么的。在 1910 年年会之后，美国心理学会的主要任务是反思心理学的定义。第一个把心理学定义为行为科学的人是麦独孤。他早在 1905 年出版的《生理心理学》一书中给心理学下了这样的定义："心理学最恰当地和最广义地定义为生物行为的实证科学。"[①]到了 1908 年他又在《社会心理学导论》中声明："心理学一定要成为……行动或行为的实证科学……幸而这一更广阔的定义正在开始流行。"[②]1912 年他干脆将他的书题名为《心理学：行为的研究》。甚至连铁钦纳早年的学生皮尔斯伯利也在 1911 年出版的《心理学纲要》中说："心理学可以被最恰当地定义为人类行为的科学。"[③]可见，心理学从对意识的研究转而对行为的研究是那时整个时代精神的要求，华生只不过是顺应时代精神的潮流，树起行为主义大旗而已。

## 第二节　华生的行为主义体系

约翰·华生（1878—1958）出生于美国南卡罗来纳州格林威尔城外的一个农庄。1894 年他进入伏尔曼大学，五年后他得到硕士学位。后来他选择了芝加哥大学，把获得哲学博士学位作为目标。但是，他对哲学的热情很快消失，甚至很难理解他的导师杜威的思想。然而，在安吉尔的影响下，华生开始对心理学产生兴趣，并把神经学作为第二副科。他还师从洛布学习生物学和生理学。1903 年他得到了哲学博士学位并结了婚。博士毕业后，直到 1908 年，他都在芝加哥大学当讲师。在这几年里，他做了大量的动物行为实验，并表现出对以动物为被试研究行

① Woodworth, R.S., & Sheehan, M. (1964). *Contemporary schools of psychology (3rd ed.)*. (p.114).New York: Ronald Press.

② ③ Watson, J. B. (1914). *Behavior: an introduction to comparative psychology*. (p.115). New York: Henry Holt.

为的偏好，开始形成他的行为主义方向的信念。

1908年，当华生成为芝加哥大学助理教授的同时，他又获得了霍普金斯大学正式教授的职位。尽管华生对芝加哥大学十分留恋，但由于霍普金斯大学让他来指导实验室，并提供更丰厚的薪水，这些优越的条件使华生最终还是来到霍普金斯大学，他在这里度过了他学术生涯最光辉的岁月，一直到1920年。

长期以来，华生不断思考如何使心理学研究更加客观化，1908年在一份讲义中他第一次公开了对这个问题的思考。1912年，应卡特尔的邀请，他在哥伦比亚大学做了一系列的演讲，又谈到了这个问题。1913年他在《心理学评论》杂志上发表了题为《行为主义者心目中的心理学》一文，正式宣告行为主义的诞生，也标志着行为主义革命的开始。1914年他的第一本系统阐述行为主义的专著《行为：比较心理学导言》出版。文章的发表和专著的出版在美国心理学界产生了重大影响，特别是得到了广大青年心理学家的响应。两年后，38岁的华生被选为美国心理学会主席。这也从一个侧面说明了华生的行为主义受到了心理学界的欢迎。1919年他的第二本专著《从一个行为主义者的观点看心理学》出版，这本书全面系统地阐述了他的行为主义观点。

1920年，由于一宗轰动当时的离婚案迫使华生辞去了霍普金斯大学的职务，使他中断了红极一时的学术经历。1921年华生进入商界，他用行为主义的方法进行广告宣传。他发现“新产品的销售曲线的增长与动物或人的学习曲线的增长有惊人的相似之处”[①]。他还用大量时间普及行为主义。他为许多杂志撰稿介绍行为主义，甚至亲自讲课，传授行为主义心理学。1925年他的《行为主义》一书出版，这本书是华生行为主义的通俗表述。1930年华生对这本书进行了修订，这是他在心理学方面最后一项专业工作。1947年华生从商界退休，在康

---

① Watson, J. B. (1930). *Behaviorism*. (p.280). Chicago: University of Chicago Press.

涅狄格州的一个农庄中度过他生命的最后几年。1957 年美国心理学会在授予他荣誉的一段褒奖文字中，把他的工作赞扬为“现代心理学的形式与内容的极其重要的决定因素之一……是持久不变的、富有成果的研究路线的出发点”[①]。华生为得到官方的承认而高兴。1958 年华生去世，享年 80 岁。

## 一、心理学的性质和对象

华生的行为主义又称刺激—反应心理学，华生反对传统意识心理学把意识作为心理学的研究对象，把内省法作为心理学的研究方法，主张心理学用自然科学的客观方法研究行为，并在此基础上构建他的行为主义理论体系。

华生在作为行为主义宣言的《行为主义者心目中的心理学》一文中，开宗明义宣称行为主义的“理论目标就是对行为的预测和控制”[②]。为了实现这个目的，他贯彻经验实证原则，继承机能主义的传统，认为心理学是纯粹自然科学的一个客观实验分支。把心理学改造成为一门自然科学的追求，反映了华生在实证哲学指导下的努力，只有实现这种追求才能在心理学中贯彻他的行为主义观念和方法。由此，华生认为凡是不可经验的对象都不能作为心理学的对象，主张放弃传统的内省法，放弃所有与意识有关的范畴，诸如感觉、情绪、思维，等等。这样他就能消除人与动物的差异，建立起人与动物统一的行为公式；把心理学改造成为与其他自然科学一样的，仅凭实验者通过外在观察就能描述其经验事实的实证科学，而无需再听取被试的自我报告。

---

①转引自［美］杜·舒尔茨著，杨立能等译：《现代心理学史》，人民教育出版社 1981 年版，第 213 页。

②转引自张述祖等审校：《西方心理学家文选》，人民教育出版社 1983 年版，第 152 页。

基于上述的科学目的和追求，华生明确宣称，意识不能再作为心理学的对象，心理学必须放弃所有提到意识的地方。这是因为，华生认为意识是不可以观察的内隐过程，必须依赖于内省报告才能描述，这违背了经验实证原则。在华生看来，讨论意识问题无疑属于一种空论。为此他抨击以铁钦纳为代表的构造主义，认为铁钦纳所引起争论的原因在于产生于意识范畴的内省是私人性的东西，很难获得共同经验。没有共同经验也就无法证实。华生也批评了他所师承的机能主义，认为由机能取代内容，但没有放弃意识则更具有欺骗性，也陷入了平行论的困境。华生认为，只有行为主义才能使机能主义摆脱平行论的困扰。所以，华生正式宣告以行为作为心理学的研究对象。

华生认为：行为是有机体适应环境的全部活动。为了便于对行为进行客观的实验研究，华生把行为和引起行为的环境影响分析为两个最简单的要素，即刺激（S）和反应（R）。刺激是指引起有机体行为的外部和内部的变化，而反应则是构成行为最基本成分的肌肉收缩和腺体分泌。这样，全部行为，包括身体活动，也包括通常所说的心理活动，都不外乎是一些物理变化引起的另一些物理变化而已。所以华生认为，这种心理学被称为生理学、肌肉心理学和生物学更为合适。

华生承认，“反应”一词是从生理学中转借到心理学的。但是，心理学扩大了它的用法。也就是心理学把一组简单的生理反应组合成为一套复杂的反应，把简单的肌肉骨髓动作联结为一种行为的方式。华生把反应分为四类：

外显的习惯反应，包括开门锁、打网球、拉提琴、盖房子、与人说话、与人交往；

内隐的习惯反应，包括条件反射所引起的腺体分泌、无声言语（即思维）、身体的定向或态度；

外显的遗传反应，包括人的各种可以观察到的本能和情绪反应，例如，抓握、打喷嚏、眨眼等；

内隐的遗传反应，包括生理觉察所研究的内分泌系统和循环系统的各种变化。

华生进而强调，他所讲的反应是由特定的刺激引起的。引起反应的刺激可以是简单的，如投在视网膜上的光波；也可以是较为复杂的情境，如在社会生活中一组复杂的刺激。华生特别注重有机体对一定刺激情境的整体反应。华生认为，心理学研究的目的就在于确定刺激和反应之间的规律，以便人们在已知刺激之后，就能预料将会发生怎样的反应，或者当已知反应之后，能够指出有效刺激的性质，从而建立起著名的 S—R 行为公式。

## 二、心理学的研究方法

由于华生主张心理学应研究可观察到的行为，反对内省法，所以他大力倡导客观方法，包括四种具体方法。

### （一）观察法

华生承认观察法的重要作用，他把观察法（observation method）分为两类：一种是无帮助的观察，也就是通常所讲的自然的观察。对许多现象不能加以充分的控制，因而这种观察只能是一种比较粗略简便的方法。另一种是借助仪器的观察。华生认为，科学的进步与实验手段和设备的改进有关。因此，对于心理学来说，有必要设计精密的仪器，有效地控制被试，从而更加精确地研究行为。这种观察实际上就是通常的实验法。

### （二）条件反射法

华生认为，如果被试是聋哑人、或是婴儿、或具有某些病态，那么口头报告法就不能使用。当然，对动物的实验当然也不能用口头报告法。这时，条件反射法（conditioned reflex method）就有独到的效用了。并且，条件反射法还能检验口头报告法的效果。所以，华生认为条件反射法是非常客观的方法。但是，华生批评了有些人把条件反射法作为唯一客观的方法，认为在反应时、联想实验等研究中也有一些纯粹的客观方法。这也正是华生与巴甫洛夫的区别。

华生把条件反射法分为两类，一类是用以获得条件分泌反射的方法，一类是用以获得条件运动反射的方法。华生不仅把条件反射正式列入心理学的研究方法，而且还亲自应用这一方法对儿童的情绪进行系统的实验研究，丰富了心理学的研究方法。

（三）口头报告法

华生认为，在正常人身上，有一种在动物身上不存在的，甚至在变态的人身上也不完善的能力，即观察自己身体内部所发生的变化并对这些变化进行口头报告的能力。而且，人对于各种情境的顺应更经常地使用言语而不用其他运动来实现。有时，这甚至是唯一可观察到的反应。这也决定了对人的研究不仅可能，而且必须采用口头报告法（或言语报告法，verbal report method）。而在对动物、婴儿或病态的人的研究中，则只能用其他方法了。

华生的口头报告法曾经在心理学界引起很大的争论。人们认为，华生把内省法从前门赶出去，又以口头报告法的形式把内省法从后面迎进来。华生辩解说，言语是人所特有的一种行为反应，因此，观察别人在接受某种刺激后的言语反应，并不违反行为主义者所坚持的客观原则，这是把言语当作反应来看的。观察别人的言语和观察别人的身体动作一样，都属于客观观察。华生也承认，心理学目前尚没有观察别人体内机制变化的更有效的方法，所以，至少部分地需要口头言语报告来让被试叙述自己体内的变化。他也认为口头报告法的结果有待于仪器的验证，但不能完全弃之不用。可是，人们在评论华生的口头报告法时仍然认为，华生混淆了内省和自我观察的言语报告。华生认为口头报告法所报告的只是自己身体内部的变化，而不是心理和意识的活动，并不是通常所谓的内省。

（四）测验法

华生认为，随着科学的发展，纯粹的学术研究与应用研究之间差异越来越小，测验法也逐渐由应用的方法成为研究的方法。他认为已有的测验方法的一个重大问题就在于它们大多数都是与言语有关的，这就使有言语缺陷的人不能运用这种方法。因此，他主张要设计和运用不一定需要言语的行为测验。

三、其他重要的心理学理论

（一）本能理论

华生关于本能的认识的转变前后经历了三个阶段：一开始全盘接受传统心理学的观点，后来产生动摇和怀疑，最后完全否定了本能的存在。在他早期的论述中，并不否认本能的存在，只不过把本能看作是一种由许多在适当的刺激作用下系统地展现出来的先天性反应所形成的组合。在这些组合内，每一种元素都可以被看作是一种反射，因此，本能就是一系列的连续反射。但这种反射是不能被遗传的，能够被遗传的只是反射之间的组合。本能行为的主要作用在于引发机体的学习活动。"如果一个对象既不引起积极反应，也不引起消极反应，那么，有关这个对象的行为习惯就不能形成，除非我们能够形成一种条件性的反应。"[①]

后来，华生却主张在心理学中取消本能的概念，认为心理学不再需要本能概念。在他看来，人类是一种动物，生来便具有一定形式的构造。因为有了这样的构造，人一出生就对各种外界刺激产生一定方式的反应，如呼吸、心跳、打喷嚏等。他把这些反应称为非学习行为。他认为，这些非学习行为与通常心理学家讲的本能行为不相符，所以，根本没有本能这种东西，从而也就不需要本能这个概念。他把人们所讲的本

① Watson, J. B. (1913). Psychology as the behaviorist views it. *Psychological Review*, 20, 158–177.

能动作都归到学习行为之中，认为这些动作是由于学习而得到的结果。他声称，人们形成本能概念是由于把遗传的构造与遗传的机能相混淆了，存在遗传的构造并不能说明机能也能遗传。

华生否认遗传的本能行为之后，认为人的行为完全是由于环境造成的。他说："请给我十几个健康而没有缺陷的婴儿，让我在我的特殊世界中教养，那么我可以担保，在这十几个婴儿之中，我随便拿出一个来，都可以训练他成为任何一种专家——无论他的能力、嗜好、趋向、才能、职业及种族是怎样的，我都能够训练他成为一个医生，或一个律师，或一个艺术家，或一个商界首领，甚至也可以训练他成为一个乞丐或窃贼。"[①]这段话一直被人们公认为环境决定论的经典表述。华生又提出了动作流的概念，以代替詹姆斯的意识流。他把人一生的全部行为制成一个由简到繁的图表，认为人的一生的行为是川流不息的动作流，从受精卵开始，随年龄增长日趋复杂。一些非学习行为存在的时间很短，有些则存在的时间较长。华生把这个动作流图作为他的行为主义观点的表达，并认为行为主义正是通过这些动作流来理解人的行为。动作流为行为主义观察人的心理提供了现实的背景。

（二）情绪理论

华生认为，情绪是一种遗传的类型反应，包括整个身体机制的深刻变化，特别是内脏和腺体系统的深刻变化。这里的类型反应是指反应的各个细节表现出一定的经常性、规则性，以及每当激动的刺激呈现时，反应差不多总是以同样的次序出现。华生把本能和情绪都看作是遗传的类型反应，但本能和情绪有区别。如果刺激所引起的适应是内部的，而且是局限于主体身体之内的，那么这就是情绪；如果刺激引起整个有机体对各种对象的顺应，那么这就是本能。

华生认为，人有三种原始的或基本的情绪，即恐惧、愤怒和爱。

---

① Watson, J. B. (1930). *Behaviorism*. (p.171). Chicago: University of Chicago Press.

它们发生的主要情境及它们的典型表现各不相同。华生说，他在用这几个名词时很犹豫，唯恐人们从主观意识方面去理解。他希望学者们把这些名词看作除了充分可以用情境和反应的术语加以说明的内容外，并不包含其他任何东西。他说，他情愿把它们叫作 X、Y 和 Z 的情绪反应状态。

华生用条件反射法研究了情绪的发展变化并得出了一些有价值的结论。首先，他根据对一个 11 个月男孩形成条件恐惧反应的事实，认为条件化是使情绪复杂化和发展的机制，人的各种复杂情绪都是在前述三种原始情绪的基础上，通过条件作用而逐渐形成的。其次，华生的实验还表明，条件化的情绪反应具有扩散或迁移的作用。例如，形成对白鼠的条件恐惧反应时，相似的刺激物如白兔、皮外衣、圣诞老人面具等都可以引起恐惧反应。而在适当的条件下，又可分化开来，形成分化的条件情绪反应。例如，除条件刺激白鼠外，其他刺激单独使用时不以敲击声来强化，则扩散消失，只对白鼠保留反应。此外，华生还通过对一个 3 岁孩子的实验研究表明，重行条件作用或解除条件作用是消除不良情绪反应的最有效的方法。

（三）思维理论

华生认为思维也是一种感官运动的行为。他说，语言的习惯有两种：一种是外显的语言习惯，这就是言语；一种是内隐的语言习惯，这就是思维。两种习惯动作在本质上是等值的，因此，言语是大声的思维，思维则是无声的谈话。在这里，他还提出了一个重要的思想，就是内隐的语言习惯是由外显的语言习惯逐渐演变而来的。开始是儿童独自一人不断地对自己讲话，以后在大人与社会的要求下，变为小声地讲话，最后又变为只在嘴唇之内出现。

华生认为，构成内隐的语言的肌肉运动的组成是很复杂的。喉头运动并不是构成思维的唯一成分，此外还包括面部的、舌部的和胸部的肌肉运动。这些肌肉组织本来是与喉头运动一起作用的，但喉头去掉后，它们还能独自发生作用。此外，由于语言习惯和组织是极富于变化的，每一次说话，在语调、强度、面部和身体的表面都有不同的变化，这些变化也就使得人的内隐的语言在肌肉组成上是无限变化的。其结果是任何个别的肢体动作都可以代替词的作用。而所有这些反应，只要在发生时是不出声的，都应该包括在无声语言即思维这个名词之内。显然，这是由于把思维归结为运动反应导致对思维运动成分的扩大。

华生还对思维的创造作用进行了解释。对于各种思维的创造物，我们之所以会得到它们，是由于玩弄词的反应的结果。人们将词的反应变来变去，最后得到一种新的反应模型，这便是各种思维的产物。

华生认为，人类除了语言形式的思维之外，还有非语言形式的思维。他提出，聋哑人是用肢体运动代替词汇的，他们的语言和思维都是以同样的肢体反应进行的。甚至正常的人也并非总是用词汇来进行思维的，当一个人在思维的时候，他不仅发生着潜伏的语言活动，而且还在发生着潜伏的肢体活动和潜伏的内脏活动。而在后面这种潜伏活动占据优势的时候，就发生了没有语言形成的思维。

（四）人格理论

华生认为，人格就是指一个在反应方面现有的和潜在的全部资产（asset）和现有的、潜在的可能性（liability）。华生所说的资产指：第一，已被组成的各种习惯的总体，社会化了的已被调整过的各种本能，社会化了的和已被锻炼过的各种情绪，以及这些东西之间的各种组合和相互关系；第二，可塑性（形成新习惯和改变旧习惯的能量）和保持性（已建立的各种习惯恢复其作用的速度）是高度系数。也就是个人对于当前或将来外界环境适应的能力。而可能性则是指在当前环境中不发生作用和组织其对已改变的环境进行顺应的潜在因素。

华生指出，人格是一切动作的总和，是各种习惯系统的最后产物。他认为，研究人格的方法是设法将动作流切断使之成为横切面。一个人的动作流在某一年龄时的横切面，就是他在该年龄时所具有的人格。华生认为，虽然人格是由一切动作所构成的，但其中有一些占优势的习惯系统。判断一个人的人格特征，对人格进行分类，都是依据这种占优势的习惯系统。

华生认为，人格是可以改变的，因为它是在环境的影响下形成的。改变人格的途径就是改变人所处的环境，在新的环境下，人们不得不形成新的习惯系统，改变旧的习惯系统。华生对这种人格改造的方式持乐观态度，他曾设想办一些医院来改造人格，并相信通过这种重新安排生活的办法可以达到对整个社会的改造。但是，由于他把人看成是环境影响的产物，是消极被动的，因而找不到改造整个社会的人格的真正途径。

（五）感觉理论

华生从行为主义观点出发，在著述中尽量避免使用“感觉”之类的传统心理学名词，代之以“刺激”“反应”等字眼。他把各种感觉改为“视反应”“听反应”“痛反应”等。华生用差别反应取代差别感受性，用白光反应取代补色视觉，用后效取代后像，用视反应错误取代错觉。从华生的良苦用心中我们看到，虽然他费尽心机地用一些生僻费解的名词代替传统心理学的术语，但是，他实际上并未能脱离传统心理学所讨论的各种问题，把一切对传统心理学的革命降格为文字游戏。可见，华生的行为主义观念的“革命性”与其偏激性是统一的。由于偏激造成了华生的革命，而恰好因为革命的偏激致使他不能清醒地应用理论，导致了一些徒劳无效的过激行为。

## 四、对华生行为主义的评价

### （一）主要贡献

#### 1. 促进了心理学的客观研究

行为主义坚持使用客观的研究方法，反对内省法，促进了心理学从主观唯心主义向客观唯物主义的发展。19 世纪末，无论是意动心理学与内容心理学之争，还是机能主义与构造主义之争，实际上都是主观心理学或唯心主义心理学内部之争。

而华生在这种激烈争论、互不相让的对峙局面中，倡导心理学家从对意识的研究转向对行为的研究。华生承认外部刺激的客观存在，坚持S–R的联结，反对把心理封闭在主体之中，主张以客观行为作为心理学的研究对象，以客观的研究方法代替主观的内省法，这样就动摇了传统心理学的理论基石，摆脱了主观心理学脱离实际的研究取向，在心理学走向客观研究的道路上立下了丰功伟绩。

2. 丰富了心理学的研究领域

行为主义的出现，使动物心理学、儿童心理学尤其是实验心理学和学习心理学都取得了重大的突破，丰富了心理学的研究领域。行为主义产生之前，心理学只限于对意识的研究。动物心理学中的拟人论倾向使动物心理学在心理学领域中不能取得合理地位，只有以行为为研究对象，这种情况才得到改变。儿童心理学也是如此，原来主观内省的方法很难用于儿童心理的研究，而行为主义产生后所盛行的客观观察和实验，使儿童心理学迅速发展起来。再者，行为主义产生后，注重对学习特别是动物学习的实验研究，并把从动物学习的实验研究中所获得的结论推演到人类的学习，从而促使了学习心理学和教育心理学的出现。行为主义诞生后，心理学中所出现的这些变化说明，心理学的研究领域有了进一步的扩展。

3. 深化了心理学的应用

华生曾说过，心理学的目的就在于预测和控制人的行为，这就决定了行为主义更加注重面向实际生活，重视心理效应。在华生的行为主义产生之后，人们对行为治疗技术的兴趣急剧提高。华生还指出，人们购买产品的同时也购买与产品相关联的思想观念，这对广告心理学和销售心理学产生了一定的影响。[①]目前，就以美国为例，心理学应用范围

①［美］韦恩·瓦伊尼、［美］布雷特·金著，郭本禹等译：《心理学史：观念与背景》，世界图书出版公司2009年版，第344页。

之广、涉及领域之多是不胜枚举的。从政府机关到大、中、小学校，从工厂到生化实验室，医院诊所更是不计其数，这些都部分地归功于行为主义。

（二）局限性

尽管行为主义对心理学的发展起了革命性的作用，但矫枉过正，因而其本身也存在着一定的不足和局限性。

1. 生物主义

行为主义起源于动物心理的研究，强调动物心理研究的客观化倾向，践行摩尔根的吝啬律，从而避免了动物心理研究中的拟人化倾向；但行为主义过于极端，采用动物做被试并把从动物实验中发现的活动规律推演到人类身上，忽视了人类的特殊性，难免走上人性生物学化的道路。

2. 客观主义

虽然行为主义产生之后，心理学的研究领域得到了扩展，但这只是针对心理学的分支学科而言的。就具体研究范围来说，行为主义否认意识、心理、内省及相关的概念，竭力主张运用客观方法研究动物和人的客观行为，这难免缩小了心理学的研究范围，使心理学成为没有心理的心理学。同时，由于行为主义过分强调人和动物的同一性，否定人的中枢神经系统在行为中的重要作用，认为它仅起联络和传导作用，使心理学陷入了“没有头脑的心理学”的客观主义境地。

3. 机械主义

行为主义否认生理和遗传对心理的作用，忽视刺激、反应之间人的主体性因素的作用，把人看成是一架被动的刺激—反应机器，认为只要给予适宜的环境刺激，就可以塑造人的相应的行为反应，并认为只要知道人的反应，就可以推知他所受到的环境刺激，把环境特别是社会环境看作是人的行为的决定力量。这样，行为主义在解释人的行为时，就难免要犯机械环境决定论的错误。

4. 还原论

行为主义虽然反对冯特和铁钦纳的内省心理学，却不反对他们元素分析的还原立场。在华生看来，人的行为都可以归结为刺激—反应的联结，而刺激、反应又被分析还原为肌肉收缩和腺体分泌等生理活动。他把社会的东西还原为生物的东西，再把生物的东西还原为物理、化学的东西，抹杀了精神与物质、社会与自然的本质差别，从而走上了生物还原论的道路。

## 第三节 其他早期行为主义者

华生无疑是行为主义的旗手，也是当时行为主义的一位最有影响的人物。20世纪20年代，行为主义在美国迅速风行起来，许多心理学家都提出了与华生接近的观点，但这些早期行为主义者的意见不完全一致，他们也不被认为是华生的追随者。

### 一、梅耶的生理行为主义

马克思·弗雷德里克·梅耶（1873—1967）出生于德国，早年就读于柏林大学。先师从艾宾浩斯学习心理学，后又在斯顿夫的指导下获得博士学位。在美国密苏里大学执教30年。专攻听觉和音乐心理学。在研究中对耳和脑的机制渐生兴趣，认为真正的科学心理学必须研究这些机制。他在《人类行为的基本规律》（1911）一书中阐述的观点接近行为主义，此后便被人们划归于行为主义阵营。他比华生早两年在专著中论及心理学的客观方法。

梅耶在《人类行为的基本规律》一书中宣称，在过去的几十年中，人们逐渐相信，由于各种限制，心理学已不配叫作科学。心理学只有采用与物理学相似的客观方法才能成为一门科学。他认为，能使我们了解人类行为在个体生活和社会生活上的意义，不应是个体意识的研究。传统的内省心理学的科学价值，仅仅在于它有助于我们揭露神经机能的规律。他主张要发现神经活动的规律和模式，来解释意识经验和行为的事实。

在 1922 年出版的《他人心理学》中，梅耶强调了作为一名科学家要约束自己去研究那些可以测量的事物的重要性。梅耶认为，心理学的研究对象是他人。他人应是心理学观察的适当对象。梅耶极力主张抛弃把心理学看作为主要研究自己的传统看法。他认为，心理学是研究他人的科学，如果研究者关心自己的行为，就容易对观察的结果产生偏见。因此，作为一个临床心理学者、一个实验心理学者、一个社会心理学者，必须研究他人。

但是，梅耶的行为主义观点与华生有很大区别。梅耶强调自己是方法论的行为主义，而非形而上学的行为主义。他认为，心理学家不必去否定心灵、意识的存在，尽管心灵、意识不是科学研究的合法对象。在他看来，心理学的任务是研究公开的资料，意识在公开的情况下也能进行科学的研究。皮尔斯伯利在《心理学史》中对梅耶的评价极高，称他是“第一个对人的行为作了全面的行为主义解释的人”①。

### 二、霍尔特的非正统的行为主义

艾德温·比赛尔·霍尔特（1873—1946）出生于美国的马萨诸塞州。1901 年在哈佛大学获哲学博士学位，尔后在哈佛大学和普林斯顿大学度过了他的学术生涯。他的主要著作有《意识的概念》（1914）、《弗洛伊德的愿望及其在伦理学中的地位》（1915）、《动物的驱力与学习过程》（1913）。他的主要影响是为行为主义提供了一个哲学的框架。波林曾指

① Pillsbury, W. B. (1929). *The history of psychology*. (p.200). New York: Norton.

出，可能是由于他一半是哲学家（实在论者），一半又是优越的实验家，所以他被认为是一位非正统的行为主义者。

霍尔特赞成华生的观点，认为心理学家应该研究行为，并主张中枢神经系统只有传递功能而没有任何加工作用的外周论（或周围论，peripheralism）。但霍尔特的行为观比华生的行为观更为广阔、更富有哲学性。与华生不同的是，霍尔特认为：（1）心理学的研究对象应该包括意识，意识包括在行为之中，行为就是认识。只有通过研究行为，才能理解意识。（2）不应把行为归结为刺激—反应，行为是特殊的反应关系，是整体性的动作。（3）行为是有目的的。他把人的行为模式视为习得的和有目的的行为的统一体。

## 三、魏斯的社会生物行为主义

艾尔伯特·保罗·魏斯（1879—1931）出生于德国，幼年时随家庭移居到美国。1916 年在梅耶的指导下获博士学位。后一直在俄亥俄州立大学执教。一生从事儿童心理学的研究。主要著作有《人类行为的理论基础》（1925）和《汽车驾驶的心理学原理》（1930）。

魏斯是一位激进的行为主义者。他认为，心理学是一门严格的自然科学。因此，他排斥一切有关意识的描述及内省的方法。他认为，用客观的自然科学的方法不能观察的所有现象都应该被清除出心理学。于是，通过内省所得到的心理现象在心理学中就不能存在。心理学不应该研究意识、心理，只能研究由物理学界定的对象。

魏斯的激进的行为主义立场源于他的极端的还原主义。他认为，人的行为、意识及人格都和世界上的万事万物一样，最后都能分解为化学的、物理的要素，直至电子的、质子的运动。这就不存在其他的超物理的所谓意识的或心理的实体。所以，心理学也不能把非物理实体的意识作为研究对象。魏斯相信心理学实际上只是物理学的一个分支。魏斯强调行为的生物要素，然而，又不能回避人的行为具有社会性的事实。于是，魏斯主张，人是这两种力量的产物，并且创造了“生物—社会的”一词去说明人类行为的特点。他认为，心理学的范围在于生物社会的过程，心理学的观点应是生物社会的。

四、亨特的人类行为学

瓦尔特·塞缪尔·亨特（1889—1953）生于美国的伊利诺伊州，曾就读于机能主义的策源地芝加哥大学，也是安吉尔和卡尔的学生。1912年获得哲学博士学位。他曾在得克萨斯大学、堪萨斯大学、克拉克大学和布朗大学工作。主要著作有《动物和儿童的延迟反应》（1914）、《心理学与人类行为学》（1926）。他从事动物和人类的实验工作，对学生和解决问题的研究有重要贡献，他的延迟反应和时间迷津的实验最为有名。1913年亨特当选为美国心理学会主席。

亨特认为，心理学已由争论心理学是什么和是怎样的思辨时代进入了实验时代，心理学已走上了客观地研究人类行为的道路。心理学应当努力地描述和解释、预测和控制有机体对外在的，主要是社会环境的外显行为。他同其他的行为主义者一样，力求避免应用带有心灵色彩的术语。他认为“心理学”（psychology）应该由“人类行为学”（anthroponomy）一词来取代，其中“anthropo”是指人，“nomy”是指控制人的行为之法则，①而意识的叙述改译为刺激和反应的术语。

亨特用客观的方法研究动物的符号过程（或象征历程，symbolic process），并通过对白鼠、狗、浣熊等动物和儿童的延迟反应（delayed response）实验，为其行为主义观点提供依据。实验是让被试学会由一定地点走向几只箱子中有亮光的那只，当那只箱子发光时，不让被试立

① Isills, D. L., & Merton, R. K. (1968). *International encyclopedia of the social sciences.(vol.2)*. ( p.168). New York: Macmillan.

即走过去，而是要等光熄灭一定时间后才能走过去。被试之所以在亮光熄灭后能够正确走向发过亮光的箱子，传统的解释是被试的反应不是由当前的刺激所引起，而是由光亮的意象，这种观念的东西所引起的。亨特在实验中发现，动物和幼儿在延迟时间内必须保持亮光未熄灭时的身体姿势，才能使反应正确完成。因此，他得出了结论，所谓起作用的观念意象，其实不过是身体的特定姿势所产生的动觉，正是这种姿势成了被试完成某一反应的信号。亨特还推测，一定还有许多不为主试看到的机体内部变化起到所谓观念性的意象作用。于是，传统心理学中所谓的心理状态，也就消融在包括言语动作在内的身体动作状态之中了。心理、意识也就不存在了。

### 五、拉施里的大脑机制论

卡尔·斯宾塞·拉施里（1890—1958）是华生在霍普金斯大学的学生。1915 年他在该校获博士学位。他先后在明尼苏达大学、芝加哥大学和哈佛大学执教，最后到伊尔克斯灵长类生物学实验室工作。他以动物的脑摘除研究闻名于世。主要著作有《意识的行为主义解释》(1923)、《脑的机制与智力》(1929)。1929 年拉施里当选为美国心理学会主席。

拉施里打着反对主观主义的旗帜，坚持其师承的行为主义立场。他认为心理学不应当把意识作为研究对象，因为意识是不可被经验到的。人们所经验的只是作为意识内容的客观事物本身，而不是意识。所以，他也反对内省法，否定由内省获得的各种意识活动。他认为，有意识的行为和无意识的行为只有程度上的差异而无本质的区别，语言反应与身体其他反应并无性质上的区别，都只是一些肌肉群的收缩。因此，反应组合形式中有无语言反应参与，只能使反应组合发生复杂程度的差异，而不能发生性质的差异。拉施里还把内省理解为通过内部感官对自己身体内部的变化所进行的观察。

拉施里用老鼠及其他动物摘除脑的实验，研究了脑在学习过程中的作用。研究的结果使他提出了关于大脑皮质功能的整体活动原则和等功原则。所谓整体活动原则是指，切除大脑皮质对学习效率的影响的大小是以切除分量的多少为转移的，切除分量越多，影响越大。并且受到影响的大小，也随着学习活动的复杂程度而不同，活动越复杂，受影响越大。所谓等功原则，是指皮质的一定部位，从其对任务的功效来说，本质上是与另一部分相等。因此，切除大脑皮质的不同部位，对动物的学习效率并不发生不同的影响。

拉施里通过实验发现，皮质内并不存在具有确定定位点的感受装置与运动装置之间的联结，因而脑的作用也并不是仅仅把内导的感觉神经冲动转换为外导的运动冲动，脑在学习中的作用要比这复杂和积极得多，并大大超出了反射学说允许的限制。拉施里以此来反对华生的观点——反射只是点对点的简单联结，复杂行动是由许多简单反射组合而成的。当然，拉施里和华生的这种争论只是在具体问题上的争论，而作为行为主义者，他们的基本观点则是始终一致的。

# 第七章　新行为主义

1913—1930 年的行为主义以华生为代表，被称为早期行为主义。它坚持心理学只能研究行为而非意识，强调以绝对客观的而非内省的方法研究心理学。1930—1960 年，新一代的行为主义者出现了。他们在坚持华生行为主义的基本立场方面没有歧见，但对华生那种极端简单化的观点和方法或多或少存有异议，于是展开了自己的研究，试图对华生的理论加以改进、弥补，或者干脆转向不同的方向。这一派被称为新行为主义，古斯里、托尔曼、赫尔及斯金纳即是其主要代表人物。

## 第一节　从早期行为主义到新行为主义

行为主义从早期行为主义发展到新行为主义，既是逻辑实证主义和操作主义影响的结果，也反映了行为主义自身发展的需要。

### 一、逻辑实证主义的影响

前一章已经指出，实证主义是一切行为主义的哲学基础。到了 20 世纪 20 年代，实证主义已经从孔德的激进实证主义经马赫的经验实证主义发展到维也纳集团的逻辑实证主义。在孔德和马赫看来，科学定律是总结经验的描述。发现科学事实的方法，是严格避免将所观察到的事实立论。只不过孔德强调经验可以同时持有，而马赫则重视个人经验。这样实证主义在坚持以往实证主义强调可直接观察证实的基本原则的同时，发展了可间接观察证实的原则，即一个不能被直接观察证实的命题，如能通过间接的观察或逻辑推理而证实，也是可以接受的。如此一来，理论从要绝对避免的错误就变成科学的一部分。因实证主义与形式逻辑的融合，逻辑实证主义始得名。逻辑实证主义通过来自维也纳集团的费格尔介绍给美国心理学界，颇受心理学家的欢迎。例如，史蒂文森就提出，如果心理学按照逻辑实证主义的要求来予以研究，那就可以与物理学平起平坐。新行为主义者正是受逻辑实证主义方法论的启发，冲破了早期行为主义因有机体内部因素不能直接被观察证实而不予研究的局限，从而有可能面对而不是决然回避意识这个不容回避的问题，并得以做出不同程度的解释。一些新行为主义者如赫尔和托尔曼都假设了介于刺激与反应之间的不可直接观察的中介变量即是一例。

## 二、操作主义的影响

操作主义严格地说起来并不是一种哲学流派，它只不过是逻辑实证主义与美国的实用主义相结合的一种产物，由美国物理学家和自然哲学家布里奇曼于20世纪20年代后期创立，旨在以操作分析的方法来探讨科学概念的精确定义。在布里奇曼看来，科学概念既不是对客观实在的反映，也不是一些其他别的东西，而仅仅是科学家自身的操作活动。"概念仅止于一组操作，概念就是相应的一组操作的同义语。"[①]概念如此，命题亦如此，如果不能用可观察的操作来描述、证实它，则是虚假的、客观上不存在的，因而也不具有科学意义或价值。这样，操作主义将理论术语与可观察测量的事实联系起来，使得理论不至于滑入模糊和主观解释中，与逻辑实证主义有限度地给理论以容身之地不谋而合。最早将操作概念引进心理学的是心理学家史蒂文森和波林等人。操作主义赋予行为主义者具有启迪意义的是，如果意识的东西、有机体内在的因

① Bridgman, P. W. (1927). *The logic of modern physics*. (p.5). New York: Macmillan.

素等可以操作定义来表达，那我们就不妨接受它。新行为主义者正是在这一点上表明了他们操作主义的立场，所以说“新行为主义者就是操作主义者”[①]。

### 三、行为主义自身发展的需要

华生行为主义迅速推向顶峰的时候，也就意味着早期行为主义的衰落为期不远了。很显然，因为人脑的机能问题、意识问题等难以直接观察证实、研究而被排斥、被否定，这种做法不是过于武断，就是过于无知，心理学也因而变得非常简单，而这种客观的研究方法或原则本身也不免过于极端。可以说，华生的行为主义在力图争取心理学的科学地位的同时，也妨碍了心理学的科学研究的进步。华生把心理学变成没有“心理”或无“头脑”的心理学，不仅遭到了行为主义以外的其他派别的批评，在行为主义内部也引起不满。例如，早在1918年武德沃斯就提出了S—O—R公式，以纠正华生的S—R公式。新行为主义者正是看到了这一根本缺陷，而在不同程度上修正和发展了早期的行为主义，并形成了各具特色的理论体系。这其中具有代表性的有古斯里的接近联想行为主义、赫尔的逻辑行为主义、托尔曼的认知行为主义和斯金纳的操作行为主义。新行为主义者既贯彻早期行为主义者的严格决定论和客观方法论的根本观点，又不像华生等人那样回避传统心理学的概念，而是对它们加以行为主义的客观解释。这样，他们既保留了早期行为主义弃行为取意识，作为心理学研究对象这一根本特征，又不像华生等人那样忽视对有机体内部条件的研究，以此回应了学界对古典行为主义的批评，推动了行为主义的新发展。

---

①高觉敷主编：《西方近代心理学史》，人民教育出版社2001年版，第276页。

## 第二节　古斯里的接近联想行为主义

相对于其他新行为主义者来说，古斯里的立场和观点更加与早期行为主义接近。在他看来，条件作用是人类一切行为的基础，而刺激与反应的接近则是条件作用发生的普遍原则。因此，刺激与反应接近的条件作用原理足以说明人类的学习行为，其他诸如练习、动机、习惯、强化、遗忘等皆是不必要的，因为它们皆可以接近性原理来说明。

埃德温·古斯里（1886—1959）生于美国内布拉斯加州林肯镇，中学时便对达尔文情有独钟，阅读过达尔文的《物种起源》等著作。1907年毕业于内布拉斯加大学，获数学学士学位。1912年从美国宾夕法尼亚大学毕业，获哲学博士学位。在担任两年的中学数学教师之后到华盛顿大学任职，1943年起任该校研究生院院长，1945年当选为美国心理学会主席，1956年从华盛顿大学退休。1958年被美国心理学基金会授予金质奖章。古斯里的主要著作有《普通心理学：关于行为》（与斯密斯合著，1921）、《学习心理学》（1935）、《人类冲突的心理学》（1938）、《迷笼中的白鼠》（与豪顿合作，1943）和《心理学：关于人类行为的第一课》（与爱德华兹合作，1949）。

### 一、心理学：研究刺激与反应的联结

古斯里的成就主要反映在他的学习理论中，他在《学习心理学》一书中反复阐明，学习的理论只有一条，那就是刺激与反应的客观联结，其他所有的解释都是多余的、不必要的。至于所谓的神经系统的“场说”或神经突触的“阻力学”等，既难以观察，也无法予以证实，因而是没有意义的。

引发反应的刺激有两种：内部刺激和外部刺激。内部刺激可能是一

些关节内的刺激或肌肉运动所产生的刺激，它们皆由外在可见的有关身体姿态和运动所激起，因而可以观察和证实。外部刺激皆由外在情境作用于有机体，通常所见的声、光、色、电等皆属此类。至于反应，就是对刺激的回答，“只限于肌肉的收缩和腺体的分泌”①。

动作即是由肌肉收缩和腺体的分泌所执行或完成的。应该注意的是，我们所研究的反应是细节反应而非整体反应，是实际的动作而非动作的效果。例如，一个男孩子在教室里边哼歌，边晃腿，边写字等，在整个这一系列的反应中，我们感兴趣的只是他把某一单词写对了，这个单词是怎么写出来的，是由哪些感觉器官和肌肉完成的。由此看来，古斯里的理论融合了桑代克的联想说，但较少主观色彩，倒是把华生的客观性观点发挥得淋漓尽致。

二、学习定律：接近条件作用

关于联结（早先也称联想或联合），在古斯里以前有许多哲学家、心理学家曾做过探索和研究。古斯里吸收了前人的学说，但他又非常不满意其中的心灵主义概念，诸如心的联结、观念的联结、联结的效果律、准备律，等等。他主张，联结只发生于可以观察的刺激与反应之间，更确切地说，“联结是在感觉器官受到的某种刺激和一个相应的肌肉收缩或腺体分泌之间形成的”②，同时，如果原来的刺激（无条件刺激）未能引起通常的反应的话，联结也不可能如巴甫洛夫所说的发生于两个刺激（无条件刺激和条件刺激）之间。

那么，刺激与反应究竟是如何联结起来的呢？古斯里认为原理只有一个，即刺激与反应的接近，或称同时性条件作用。这不仅是心理学中最一般的规律，也是古斯里唯一正式的学习规律。他是这样表

①②转引自章益辑译：《新行为主义学习论》，山东教育出版社 1983 年版，第 216、220 页。

述这一规律的："当某一反应发生时，那个正在起作用的刺激模式往往能够在以后再次出现时引起那个反应。"[①]举个例子说，手被火烫过一次，下次再看到火时，灼痛的感觉往往随之发生。接着，古斯里于1942年补充了一条附律，即"一个刺激模式在第一次和某一反应配合时就取得了它的全部联系力量"，亦即"一次尝试即建立联系"。[②]以后，古斯里还提出了被称之为新近性原理的第二条附律，即一个刺激与一个反应形成联结，一组刺激与一组反应形成联结，而一组刺激发生时所联系的最终动作（最新近动作）将会在这组刺激再次出现时发生。这一附律的提出有助于说明刺激与反应的严格接近并非必要这一问题。实际上，古斯里以这条附律说明了其他行为主义者所说的"行为链"这一现象。

古斯里认为，上述一条定律和两条附律已足够解释人类的一切学习行为，所谓练习、消退、强化、动机等都能以此来说明。

### 三、对练习、消退、强化和动机的解释

#### （一）练习观

既然刺激与反应的接近成就了学习，那练习为什么是必不可少的呢？为了说明自己的练习观，古斯里首先将动作（action）和活动（movement）区分开来。他说，作为一种肌肉反应和腺体反应的动作是活动的一个模式或细节，而活动则是由一系列的动作所组成的，是许多动作组成的一种结果。例如，投篮就是一个由握球、举起、跃起、掷球、落下等一系列动作所构成的活动。可以说，活动就是一个动作链，就每一链上的联结点来说，它需要在不同的刺激情境下重复。拿投篮来说，不仅需要练习远、近距离投篮，练习有、无防守时投篮，甚至还需

① ②转引自章益辑译：《新行为主义学习论》，山东教育出版社1983年版，第220、230页。

要练习在不同的光线、温度和风向等各种刺激情境下投篮，如此这般，学习的进步发生了。只是练习的效果表现在反应与众多的情境刺激建立了联系，而对于反应与某一特定刺激的联系来说，一次接近就足够了。在他看来，是活动需要练习，而不是动作，“只是为了要使反应能在许多不同的情境下引起，练习才是必要的”[①]。在古斯里看来，正因为人们适应环境的往往是活动而非单一的、机械的动作，因此，练习对人们的活动来说，就显得有必要，但这并不违背他关于学习的唯一定律的解释。

（二）消退观

古斯里认为，所谓消退或遗忘无非是指已有的线索（即刺激）不能唤起旧有的反应。之所以如此，仅仅是因为另一反应代替了旧反应而与原来的线索建立了新的联结，或者说原有的线索与另一反应的联结抑制了原有的刺激与反应的联结。看来，过去背过的诗文之所以背不出来，是因为某词、句之间插进了另外的词或活动而形成了另外的联结，时光提供了这种机会，只不过我们未能意识到这一点而误认为时光使我们遗忘罢了。看来，古斯里以联结的抑制来解释遗忘的观点与心理学中的遗忘干扰说确有异曲同工之妙，只不过他所称的联结抑制相当于我们所说的后摄抑制罢了。

问题不止于此，古斯里还极为重视联结抑制应用的另一面，即如果我们在已有的联结之间主动安排某种积极的活动，那么我们既可以以新的联结来塑造我们所期望的行为，也可以借此消除旧有的不良反应，获一举两得之效。举个例子说，一个母亲要改变她女儿一回家就把大衣和帽子满地乱扔的坏习惯，用不着恳求女儿将衣帽一一捡起挂好，只需要求女儿重新穿戴好衣帽，走出家门，然后重新回到屋里，脱下衣帽一一挂好即可。因为挂好衣帽不再是对母亲的恳求和地板上的衣帽的反

① 转引自章益辑译：《新行为主义学习论》，山东教育出版社 1983 年版，第 231 页。

应，而是对走进家门的反应。

此外，古斯里还具体提出了消除原有联结的三种方法。其一，控制引起某种反应的刺激，使它以极微弱的数量呈现而反应不至于出现，以后逐渐增加，从而使得原有的反应无法建立。系统脱敏即是如此。其二，充分、反复呈现某种刺激，直至它所引起的反应疲乏为止，然后再呈现该线索并辅以新的反应相匹配，从而建立新的联结。此法也称疲劳法。这与心理治疗中的所谓暴露方法、冲击疗法相似。其三，待某一刺激与另一个引起抑制某反应的刺激同时呈现，使得原有的刺激与该抑制性反应形成联结而原有的联结被破坏。例如，要训练一只狗不去追赶小鸡，可将一只死鸡挂在狗脖子上，狗欲摆脱死鸡而不能，这一厌恶性反应使得狗对附近的小鸡形成逃避反应。

古斯里对消退、遗忘的观点不仅有利于我们解释许多学习现象，同时也被应用于心理咨询与治疗的实践中，值得肯定。

（三）强化观——关于奖赏与惩罚

古斯里和其他行为主义者一样承认强化对学习的影响，但他对强化作了接近性条件作用的解释。他认为，奖赏的实质意义在于通过“某种特殊的机械安排”，使得行为免除了因干扰而形成新的不必要联结的可能，除此以外，没有任何新东西加入到联系性学习之中。假设有这样一条行为链，刺激—反应（刺激）—反应（刺激）……反应（即最终行为）—奖赏，在这里，奖赏总是在最终行为之后，它的作用在于保护最终行为，使得引起它的刺激不至于与其他的行为或反应形成新的联结，造成对已有的最终行为的抑制。可见，奖赏对行为的加强意义是相对的，而非实质的加强。例如，猫在迷笼箱偶然碰到了笼里的栓子，笼门得以开启，猫逃出迷笼并获得食物。在这里，逃跑使猫脱离了原来的刺激情境，使之不至于有新的对原有刺激的反应，而食物的作用在于防止逃跑行为的解除。反过来讲，如果要切实加强某一行为，就要善于安排一种情境，使得该行为在相应的刺激出现时发生，并尽可能多地使该行为与众多的相应刺激建立联系，从而使该行为与其他无关刺激建立联系或相应的一组刺激与其他无关行为建立联系的可能性较小。实际上，奖赏的作用有限，除非服从以上的安排。

关于惩罚，古斯里以同样的原理作了解释。他认为，惩罚似乎加强了行为，原因就在于它打破了原有的联结（即某一刺激与无关的或不良、不正确的反应之间的联结），而形成一种新的联结（即原有刺激与一个可接受的反应的联结）。看来，惩罚的作用方向正好与奖赏相反。奖赏是安排在某一反应之后，使之前的刺激—反应联结没有机会受到破坏以至形成新的、不必要的联结；惩罚则是在原有的刺激—反应之后，安排一个厌恶性刺激，而该厌恶性刺激所激起的反应使得有机体逃脱原有的刺激情境，此时如果碰巧新的刺激情境与一个可接受或所期望的反应形成联结，则有机体还习得了新的反应。这种新的反应既可以是不好的或不必要的行为，也可以是好的或必要的行为。所以，惩罚本身并不一定使有机体习得正确的行为。为此，古斯里提出，要使惩罚更加有效，必须巧于安排，关键有这样两点：一是要使受罚后的行为反应与被惩罚的行为反应相冲突或互不相容（如积极行为对消极行为）；二是要使引起受罚行为反应的刺激与惩罚同时配对使用，使该刺激与新的行为反应联系起来。

（四）动机观

动机是对有机体行为原因的解释。在古斯里看来，既然一切行为皆是由刺激所引起的肌肉收缩和腺体分泌反应，那么行为原因的唯一解释便是刺激。所以，动机就是刺激，是对感觉器官的刺激，只不过动机作为一种内部因素，它是机体内部的刺激，具体地说，“内分泌、糖原控制、疲劳产物的排除、血压、新陈代谢等等皆是行动力量的来源”[①]。例如，所谓饥饿这种动机无非就是一些胃壁收缩、血糖降低等内部生理刺激，

①转引自章益辑译：《新行为主义学习论》，山东教育出版社1983年版，第245页。

这种内部刺激激起有机体迅速通过迷津，直至找到食物并狼吞虎咽。之所以会有这种反应，是因为在有机体的过去生活中，饥饿的内部刺激曾经与穿过迷津找到食物的反应联系过。

那么，动机作为激起机体行为的动力作用表现在什么方面呢？动机的重要性表现在它提供维持性刺激（maintaining stimuli），从而使得有机体活动不止，直至达到目标。目标一旦达到，维持性刺激得以消除，相应的活动也就终止了。看来，虽然古斯里否认赫尔的驱力概念，但他对动机作用机理的解释又与赫尔的驱力理论相差无几。

## 四、对古斯里接近联想行为主义的简评

古斯里以较少的实验、较多的经验事实和操作主义的术语提出了关于学习的刺激—反应接近性原理，并且以这个唯一的原理来解释学习中的练习、消退、强化、动机等现象，虽然不乏简单、片面，但确实简明、扼要，这是他的理论的最大特色，无疑具有很大的吸引力。与早期行为主义者相比，他既承袭和坚持了行为主义的基本立场，又克服了他们的不足，例如，他较少关心实验和神经生理学的细节，不拘泥于巴甫洛夫或条件反射的实验等，这些都表明尽管古斯里是一位正统的行为主义者，但他的学说是一种非形式化的行为主义。

古斯里对心理学的重要贡献表现在他的学习理论对学习心理学所产生的重要影响上。一方面他的理论激起了后人的许多研究，如他的学生沃克斯、谢非尔德分别以实验支持和发展了他的理论，埃斯蒂斯则以他的理论为基础发展了一套关于学习的刺激抽样模型，以至于心理学史家舒尔茨在《现代心理学史》一书中肯定地说："新近出现的关于学习的统计模型，大部分是基于古斯里的设计。"[①]另一方面，正如他的联

①［美］杜·舒尔茨著，杨立能等译：《现代心理学史》，人民教育出版社 1981 年版，第 258 页。

结原理被应用于现代学习模式中一样，它还被广泛地发展成为行为技术学，应用于多种行为治疗中，如前面已经提到的有关消退原理被发展成系统脱敏方法而应用于恐怖消除治疗中。确实，一种理论被后人所重视和应用的程度本身就是其重要性的最好证明。

但是，古斯里的理论也因为过于简单而遭受批评。人们怀疑，由于现阶段学习实验的不确定性，以一种几乎无懈可击的理论来解释一切学习现象是否具有足够的现实性。鉴于此，有的批评家指出，古斯里的理论不是关于学习的一般理论，它只是说明了某一类型的学习现象，因为它只是回答了学习是怎样发生的问题（即联结），而没有解释它为什么在第一次联结时就发生了。而且，就一般人的理解而言，将一切有机体行为归结为刺激—反应的联结，并且将动物的实验结果推及于人类，这不仅与人类行为的基本事实不符，也是人们难以接受的。

## 第三节　赫尔的逻辑行为主义

正如刺激—反应的接近性条件作用代表了古斯里新行为主义理论最突出的特征一样，赫尔的新行为主义理论的独特之处在于他企图以客观性为原则，以假设—演绎系统为方法论，构建一个关于人类和动物行为的普遍的、系统的心理学理论，使心理学最终像欧几里得的几何学和牛顿的经典力学那样客观、精确以及具有可操作性。这也是他区别于其他新行为主义者的突出之处。

克拉克·赫尔（1884—1952）出生于美国纽约州阿克隆的一个小乡村。早年家境贫寒，健康状况不佳，但这并未阻止他立志成才。他先是在密歇根州的一所大学学习采矿工程学，因健康原因而放弃，再因读到詹姆斯的《心理学原理》便转往密歇根大学学习心理学。在此期间，赫尔对实验心理学和逻辑学情有独钟，甚至设计和制造了一台模拟演绎推理的机器。此后，赫尔到康奈尔大学和耶鲁大学申请研究生学习，但惨遭拒绝，幸运的是，威斯康星大学录取了他。1918 年，赫尔获得威斯康星大学的哲学博士学位，之后留校任教。1929 年，他受聘到耶鲁大学人类关系研究所任心理学教授，并在耶鲁度过了其学术生涯的后半部分。值得注意的是，赫尔将青年时期对数学和逻辑学的浓厚兴趣融进他终生的学术研究中。在其学术生涯的早期，他着重研究了概念形成、烟草对行为效应的影响、统计与测量、催眠与受暗示性等，成就不菲。他在 1927 年读到在美国出版的巴甫洛夫的《条件反射》一书后，便立即对学习行为及条件反射问题产生了浓厚的兴趣。此后，他便以巴甫洛夫的条件作用律为基础，着手建立自己的行为理论。因为他既不满意于格式塔心理学的不确定性，又认为华生的许多具体观点过于武断，结果他发展了一种新行为主义，一种主要从事确立行为的数量法则及其演绎体系的行为主义。

赫尔的主要论文和著作有:《心理、机制和适应性行为》(1937)一文，勾画了他的理论体系的大纲；与人合作撰写的《机械学习的数量演绎论：科学方法论研究》(1940)一书，表述了一种严格的数理演绎系统；《行为的原理：行为理论导论》(1943)一书的出版，激起了大量的研究；《行为纲要》(1950)一书，反映了他对理论体系的修订；生前写就的最后一本著作《一种行为系统：关于个体有机体的行为导论》(1952)在他身后出版。

## 一、赫尔的假设—演绎系统

赫尔接受了达尔文进化论思想的影响，认为有机体行为从本质上说就是一种对环境的适应行为。至于这种适应行为的性质是物理的或机械的，还是非物理的或心理的，赫尔毫不犹豫地采取了前者的观点，并进一步发挥说，要检验以上两种对立观点孰是孰非，就必须彻底研究科学的方法论问题，建立一种可靠的科学理论体系。赫尔从逻辑实证主义和操作主义方法论出发，认为这种科学体系必须具备以下三个特征：

其一，有一套表述清晰的公设以及被予以具体明确的操作性定义的一组重要术语；

其二，从以上的公设出发，以尽可能严密的逻辑演绎出一系列相互联结的，包括有关领域的具体现象的定理；

其三，以所观察到的已知事实去检验、印证以上定理，如果两者一致，则该理论系统为真，否则是没有科学意义的。

赫尔称这个科学理论体系为假设—演绎系统。赫尔希望将假设—演绎的方法应用于心理学中，最终使心理学成为像物理学和数学等自然科学一样客观的科学。赫尔本人也正是这样做的，他致力于研究刺激、反应的联结和其间的中介变量层次，并为此演绎了十七条公式，推出了一百三十三条定理和附律。这些公设和定理基本上概括了他关于学习或行为的观点，反映在他的行为原理中。

## 二、赫尔的行为原理

### （一）学习的性质：刺激—反应的联结

赫尔依然坚持学习的联结观点，这与古斯里一致。但他与华生和古斯里所不同的是，赫尔修改了 S—R 的公式，使之成为 S—s—r—R 的公式。其中 S 为外在环境刺激，s 为刺激痕迹，r 为运动神经冲动，R 为外部行为反应。赫尔认为，外在环境刺激消失后仍持续存在一段时间，成为刺激痕迹。该刺激痕迹导致了运动神经冲动，而该运动神经冲动最终导致了外部行为反应。赫尔希望借这样的修改能回避心理或意识的作用。

此外，赫尔认为，引发行为的刺激极少是单个刺激，这也是行为难以预测的原因。通常是一组刺激及其相应的刺激痕迹共同作用，共同决定了行为，如图 7-1 所示。显然，赫尔想借此更加精确地说明和预测行为。

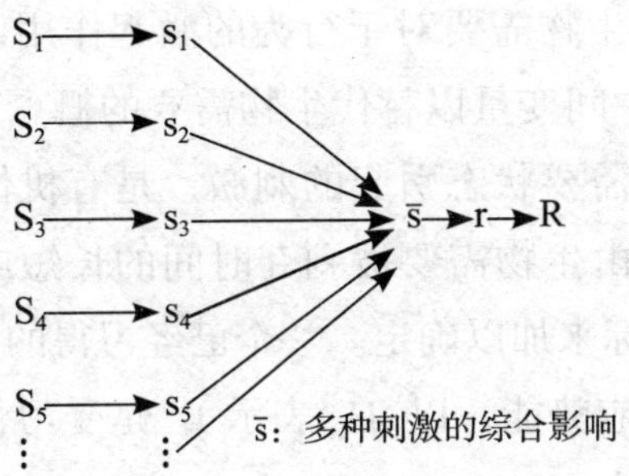


图 7-1　赫尔的多种刺激作用示意图

（二）学习的基本条件：接近和强化原则

赫尔认为，刺激与反应在时间上的接近将加强该刺激引起该反应的可能性，在这一点上他接受了古斯里的观点。但与古斯里不同的是，接近并不是学习的唯一条件，甚至不是学习的充分条件，它只是一个必要条件。学习的另一个必要条件是强化，没有强化，便没有学习。强化是内驱力降低所必需的。赫尔将强化分为初级强化和次级强化两类。初级强化是内驱力降低的过程。满足这类强化的强化物主要是一些能满足有机体生物需要的物质，如食物、水等。另外一些中性刺激，本身并不具备降低内驱力的能量，但因为经常与初级强化物紧密相连，因而也获得了强化的效用，这就是次级强化。例如，母亲每次喂奶时总是先将婴儿抱起来，喂奶是初级强化物，怀抱婴儿则成为次级强化物。

赫尔将刺激与反应的联结力量称为习惯强度，以 ${}_{S}H_{R}$ 表示。${}_{S}H_{R}$ 由接近和强化而得到加强。赫尔以公式表明了强化和习惯强度的函数关系：

$${}_{S}H_{R}=1-10^{-0.0305n}$$（$n$ 为强化的尝试次数）

（三）行为的动力：内驱力

鉴于有机体的生物需要对于行为的激起作用，赫尔假设了内驱力（以 D 表示）这一中间变量以替代生物需要的概念。赫尔认为，内驱力是一种有机体组织需要状态引起的刺激，是有机体一切行为反应的动力，它的力量可以由生物需要被剥夺时间的长短或所激起的行为的强度、力量等客观指标来加以确定。一个已经习得的反应是否发生的可能性（赫尔称之为反应势能，以 ${}_{S}H_{R}$ 表示），是受习惯强度和内驱力所决定的，用公式表示就是：

$${}_{S}H_{R}=D\cdot{}_{S}H_{R}$$

显然，没有习惯强度就没有反应势能，而没有内驱力，反应也不可能发生。例如，已经饱食的白鼠极少去按压杠杆，尽管它已经习得了按压杠杆的反应。

赫尔不仅认为每种内驱力都有与之相关联的特殊刺激，如干渴内驱力的特定刺激是嘴唇、喉头的干燥，而且认为内驱力也可以分为两种：原始内驱力和继起内驱力。原始内驱力与机体的生物需要相伴随，是维持生存所必需的，如饥、渴、性等。继起内驱力是指某一中性刺激由于曾伴随过原始内驱力的降低，因而也就具有内驱力的性质。例如，手被火炉烫伤，原始内驱力（解除烧伤之痛）驱使手立即缩回，与此相随的一个中性刺激，如看见火炉，可能由此获得了强化的性质，即看见火炉，手即缩回。赫尔所说的这两种内驱力，实际上是无条件反射和条件反射的别名。

赫尔以生理性刺激来界定内驱力的概念，并以此回避行为的动机作用问题，这再一次反映了他的行为主义的客观立场。

（四）行为的抑制与消退

在没有强化的条件下，一个不断重复的习得反应会逐渐削弱，以至消失，赫尔认为这是发生了抑制的缘故。抑制可分为两种：反应抑制（以 $I_R$ 表示）和条件抑制（以 $_SI_R$ 表示）。反应抑制是指有机体不断重复的活动产生了疲劳，而疲劳使动物削弱并最终终止反应，当操作停止，反应抑制逐渐消失；如果在疲劳削弱反应的同时人为地匹配一个刺激，则该刺激也获得了抑制性力量，此为条件抑制。条件抑制是习得的，不会随时间而消失。既然这两种抑制都削弱反应，那么一个有效的反应势能（以 $_S\bar{E}_R$ 表示）就应该是：

$$_S\bar{E}_R=D \cdot {_SH_R}-(I_R+{_SI_R})$$

除此之外，赫尔还假定抑制性潜能的存在，它能抵制习得性反应的发生，由于其作用发生并不稳定，赫尔便以 $_SO_R$ 来表示这种波动效应。所以，一个有效的反应势能还必须减去波动效应带来的抵制作用，即：

$$_S\bar{E}_R=[D \cdot {_SH_R}-(I_R+{_SI_R})]-{_SO_R}$$

由于抑制的增强，一个反应在未强化的情况下逐渐削弱以至消失，这即是行为的消退现象。在赫尔看来，行为的发生没有强化是不行的，行为的消退则不是因为强化，而是因为抑制的影响。

（五）赫尔后期对理论的修正

赫尔在其学术生涯的后期对行为公式进行了修正，认为强化（以 K 表示）和刺激强度（以 V 表示）与习惯强度和内驱力一道共同决定行为的发生。他的行为公式最终表述为：

$$_S\bar{E}_R=[D \cdot V \cdot K \cdot {_SH_R}-(I_R+{_SI_R})]-{_SO_R}$$

此外，赫尔还修正了他的内驱力降低起了强化作用的观点，认为不是内驱力本身的降低而是内驱力刺激的降低起了强化作用，如饮水直接消除了嘴唇、喉头的干燥，即刻降低了干渴内驱力，这一强化作用不必等到水经由胃的消化而至血液、至大脑的缓慢过程。

赫尔在其后期的修正中提出了一个非常重要的概念，即零星期待目标反应（以 $r_G$ 表示）。以白鼠走迷津为例，白鼠由起点走至终点获得食物，这种针对目标物的吃食反应即目标反应。由于终点处的其他刺激经常与食物这一强化物紧密相连，因而成为次级强化物。依此类推，终点前面过道里的刺激，乃至通往终点的所有通道甚至起点处的刺激都逐渐具有了次级强化作用，成为次级强化物。它们使得白鼠在得到目标（即食物）以前对这些原本中性的刺激物产生了条件反应，由于这种反应是部分的、零碎的、于目标物之前的，故而称之为零星期待目标反应。

赫尔用零星期待目标概念来解释连锁反应的学习：动物在达到目的物之前的每一刺激既是对前一反应的强化，又是引发下一反应的刺激，由此构成一个完整的行为链。赫尔希望借此概念的提出来客观地说明人类行为的认知、意识过程，这反映了新行为主义者在克服早期行为主义过于天真、简单等方面所做的努力。

### 三、对赫尔逻辑行为主义的简评

赫尔花费了毕生的精力，以数学和逻辑方法为工具，提出了一个庞大的、无所不包的、企图说明“一切哺乳类动物行为”的理论体系，希望借此使心理学摆脱模糊、玄奥、不可测的旧轨，而成为一门完全客观的、像物理学和数学那样精确的自然科学，这是其他任何一位心理学家所不曾做过的。尽管最终的结果与初衷相去甚远，但这种尝试和努力本身是值得赞赏和令人鼓舞的，赫尔也因此对心理学做出了巨大贡献。

的确，赫尔建立了一个非常精确、详细的理论。正因为详细、精确，所以与他同时代的人或后来者竞相检验或修正它，赫尔本人也不断予以改进和修正。这与古斯里提出的似乎无懈可击但又难以检验的理论形成了鲜明对照。同时，赫尔及其同伴所做的无数严密而又生动的实验不仅向人们展示了精确的实验研究模型的标准，而且大大促进了我们对学习问题的理解。他的实验研究方式和结果对心理学产生了深远的影响。

赫尔的理论提出后激起了巨大的反响，不管是赞同还是反对的人都对此展开了广泛的研究。许多心理学家会集在他的门下，成为他的学生和信徒，以至形成了人们所说的耶鲁学派；他的文章和著作被广泛引证，他关于学习问题，如强化、内驱力等的观点至今仍为许多心理学家所接受。这一切莫不表明赫尔及其理论对现代学习心理学的重要影响。毫无疑问，赫尔的体系“在当时是最好的体系。……在 1930 ~ 1955 年这一段时间，它也是影响最大的学说”[①]。

但是，赫尔的体系也遭受了众多的批评。他的体系过于庞大、复杂、精细，令人望而生畏。赫尔的方法过于特殊而且缺少概括性，他的许多普遍的公设和参数往往来自于单一实验情境中的少量动物行为研究，而他又将它们用来概括和说明一般动物行为，这究竟有多大的代表性着实令人怀疑。而且赫尔假定和推断了许多内部状态变量，如刺激痕迹等，但这些假定状态或变量又难以被证实。更何况赫尔的假设——演绎系统是从经典几何学中借来的，应用于经验科学是否合适仍是一个问题。最后，人们还批评赫尔是一个还原主义者，他以动物的刺激——反应实验来解说人类的意识等高级认知活动，犯了还原论的错误。

---

①［美］鲍尔、［美］希尔加德著，邵瑞珍等译：《学习论——学习活动的规律探索》，上海教育出版社 1987 年版，第 213 页。

## 第四节 托尔曼的认知行为主义

在赫尔致力于创建逻辑行为主义理论体系的同时，另外一位心理学家却坚持以一种完全不同于赫尔和其他行为主义者的方式和风格建立一种“特殊的”行为主义体系——认知行为主义的体系，有时也称之为目的性行为主义的体系。此人就是新行为主义者托尔曼。

爱德华·托尔曼（1886—1959）出生于美国马萨诸塞州的一个商人家庭。虽然出生比赫尔晚，但他着手行为主义研究比赫尔早。与赫尔一样，他先是学工程，后来兴趣转向哲学和心理学，他接受的是传统的冯特—铁钦纳式的意识心理学训练。詹姆斯的《心理学原理》对托尔曼的影响颇深，与此同时，华生的《行为：比较心理学导论》解释了他对内省的困惑与怀疑。1911 年，托尔曼转入哈佛大学学习心理学。学习期间曾去德国短暂游学，跟随格式塔心理学家考夫卡学习。1915 年托尔曼获得哈佛大学哲学博士学位。他先后任教于西北大学、加州大学伯克利分校、哈佛大学和芝加哥大学。1937 年他当选为美国心理学会主席，1953 年任美国心理学会普通心理学分会主席，1957 年获美国心理学会颁发的杰出科学贡献奖。

托尔曼的早期求学经历似乎预示着他的心理学体系同华生行为主义、格式塔心理学的复杂联系。此外，他还认为，麦独孤的策动心理学、武德沃斯的动力心理学对他也产生了影响。他坚持行为主义的基本立场，但又吸收了其他各派心理学的概念，最终成为一个不同于华生等人的认知行为主义者。托尔曼的主要著作有《动物和人类的目的性行为》（1932）、《导向战争的内驱力》（1942）、《托尔曼论文集》（1951）等。

## 一、心理学：关于整体行为的学说

在基本立场方面，托尔曼是一个十足的行为主义者。他强烈反对内省，坚持研究行为，这一点他与华生等早期行为主义者没有两样。但托尔曼与华生等人不同的突出一点是，他反对华生对行为所做的分子性的定义，认为心理学应该研究整体行为，而且这种整体行为具有目的性和认知性。托尔曼对整体行为和分子行为做了明确的区分。所谓分子行为，是指华生等人以简单的刺激—反应联结概念来界定一切行为。其中，刺激不过是声、光、色、电等物理属性，反应则是特定的肌肉收缩和腺体分泌。托尔曼认为，以这样的方式来描述行为，虽然精确、客观，但与动物和人类的实际不符。如动物走迷津、小鸡觅食、孩子上学、踢球等都是对一个包含了许多不同刺激组合的复杂情境的反应，很难将它们肢解为一系列单个的物理刺激和生理运动；即使能够一一肢解，也不能准确地描述整体行为，因为整体行为并不是各部分之和，它有自己的描述性和规定性。

托尔曼认为心理学应该研究整体行为。尽管整体行为同生理运动有关，或者说依存于生理运动，但犹如从单个的水分子性能不能窥测一杯水的性质一样，我们要了解整体行为的本质特征，仅仅依靠对行为的分子式的分析是不行的。整体行为有自身的特征。

第一，总是坚持指向一定的目标—对象。例如，白鼠走迷津总是奔向食物，与朋友的谈话是为寻求下一步共同行动的计划等。动物和人类行为莫不如此。

第二，为实现指向目标—对象，总是选择一定的途径和方式。例如，白鼠总是选择一定的通道而非另外一些通道通过迷津，我们外出旅行总是选择一定的路径和交通工具等。

第三，在指向特定的目标—对象时，总是选择那些较短的路径或较容易的手段，即所谓最小努力的原则。例如，白鼠总是选择那些较短的、所花时间较少的迷津通道获得食物，我们总是选择一种较为便利、快捷的交通工具到达目的地。

托尔曼认为以上第一点代表行为的目的性，第二、三点则代表行为的认知性。他强调说："目的和认知是行为的血和肉，是行为的直接特征。"①托尔曼客观地界定目的性和认知性，如他以尝试错误及由此而带来的学习进步（托尔曼称之为可教性）来客观定义目的性，以目标—对象的性质、位置以及刺激情境等行为先决条件的变更对习得行为的影响来对认知性予以客观定义。看来，托尔曼吸收了格式塔心理学关于整体的观点和麦独孤的目的论观点，但又对它们做了非常客观化的行为主义处理。

## 二、决定行为的机体内部因素：中介变量

托尔曼认为，行为的最初原因主要有物理的和生理的两类，分别称之为环境变量和个体差异变量。其中环境变量包括：

M——补给时间表；

G——目标对象的适度性；

S——刺激物的类型及其所提供的方式；

R——所要求的运动反应类型；

P——先行的或后继的迷津单元模式。

个体差异变量包括：

H——遗传特征；

A——年龄；

T——先前所受的训练；

① 转引自章益辑译：《新行为主义学习论》，山东教育出版社 1983 年版，第 327 页。

E——特殊的激素、药物和维生素所维持的生理状态。

托尔曼认为它们（亦称实验变量或自变量）与行为变量（亦称因变量）之间的关系不像行为主义者所说的 S—R 那么简单，二者之间还存在着一系列不能被直接观察到的但可以根据引起行为的先行条件及最终的行为结果本身推断出来的中介因素，即中介变量，它们是行为的实际决定因子。我们据此能理解为什么这样的刺激能引起这样的反应。

中介变量虽然听起来比较主观，但托尔曼强调说它是完全可以客观定义和定量的，它能客观、精确地同一定的实验变量和行为变量联系起来。例如，饥饿这一典型的中介变量，既能以离上次进食间隔时间的长短，也能以动物找到食物时进食的速度和数量来予以客观精确的计算和说明。事实上，每一特定的中介变量都与特定的环境变量和个体差异变量相关联，如补给时间表与个体差异结合形成需求这一中介变量，欲望这一中介变量则与目标对象的适度性有关联。在此我们看到了托尔曼的逻辑实证主义和操作主义的方法论特征。

托尔曼早年认为中介变量有两类，即需求变量和认知变量。前者实际上就是动机，包括饥、渴及性等需求，后者指对情境、目标的认知，如动作、技能等。后来，他对此做了修改，认为有三种主要的中介变量：一是需要系统，指生理需要和内驱力等；二是行为空间，指机体在某一时刻感知到的具有不同地点、距离和方向的客体，相当于勒温的生活空间；三是信念—价值的符号排列矩阵图，指个体将环境中的客体按照学习的结果而加以归类和分化，排出一个等级顺序。值得指出的是，托尔曼分别给以上的中介变量予以操作性定义和说明，再次表明了他客观的行为主义者的立场。

中介变量一经提出，即为当时的心理学家所接受，如赫尔立即采纳了它，这代表着托尔曼对心理学所做的独特贡献。

## 三、学习理论：符号—格式塔模式

与赫尔等人对学习持刺激—反应观点相反，托尔曼坚持学习的符号—格式塔模式。他认为，有机体习得的是关于周围环境、目标位置以及达到目标的手段和途径的知识，也就是形成“认知地图”的过程，而不是习得简单、机械的反应。托尔曼用“符号”这一术语来表示有机体对周围环境的认知，而关于目标及达到目标的手段和途径的意义的知识则是对符号意义的认知。所以，所谓学习也就是习得符号及其意义。他的学习理论也就被称为符号学习论，或学习的符号—格式塔模式。由此，托尔曼被称为现代学习理论中认知学派的重要代表人物。

为了证明有机体习得的是符号及其意义而非动作反应模式，托尔曼提出了期待、位置学习、潜伏学习的概念，并设计和引用了一系列精巧的实验来证明它们。

### （一）期待

所谓期待是有机体关于客观事件的意义——通常是指目标物意义的知识或信念。这种知识既可以是当前习得的，也可以是过去曾经习得的，有关的实验证明了这一点。

埃利厄特以一群饥渴的白鼠为被试，安排它们走迷津。在最初的九天里都将水放在出口处作为目标—对象；到第十天，安排它们饿着（而非渴着）走迷津，同时在出口处将水换成食物，此时白鼠走迷津的错误和花费的时间都显著上升；第十一天则恢复了先前的水平（见图 7-2）。这表明，白鼠对“水”这一特定的目标—对象有一种预先的认知或期待，换上食物则立即导致行为的紊乱。又因为新近产生的对“食物”的期待，使得第十一天的行为恢复到了先前的水平。托尔曼还设想，如果能改变实验情境，让白鼠在最初奔向目的物的时候能直接感知到来自目的物的刺激，直至白鼠到达终点时发现目的物已被调换（设计一种程序），观察此时白鼠所表现出来的紊乱行为，也能证明对目的物的感知性期待的存在。此外有人还证实以猴子等为被试，使用类似的“调包计”，猴子亦表现出令人惊讶的搜寻原目的物的行为。①

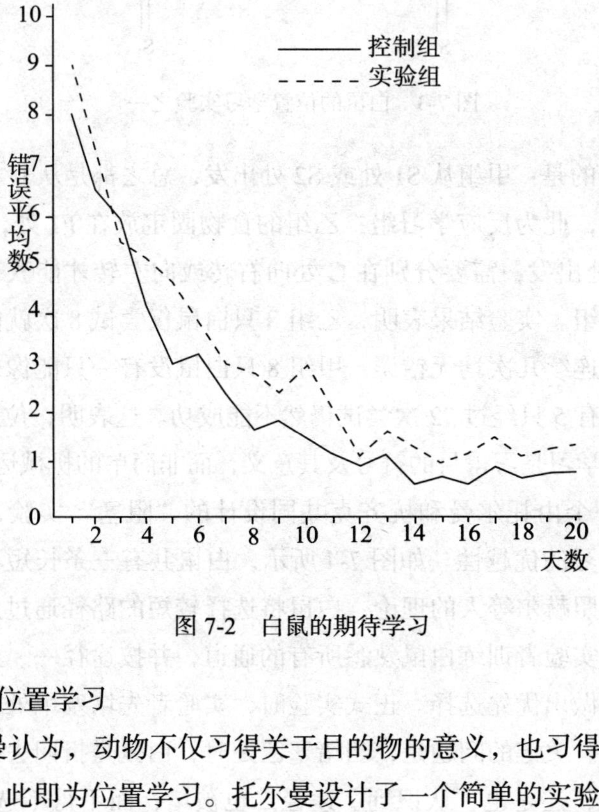


图 7-2　白鼠的期待学习

（二）位置学习

托尔曼认为，动物不仅习得关于目的物的意义，也习得关于刺激情境的意义，此即为位置学习。托尔曼设计了一个简单的实验证明了这一点。实验者安排两组白鼠走一个十字形高架迷津（见图 7-3）。

① 转引自章益辑译：《新行为主义学习论》，山东教育出版社 1983 年版，第 347 页。

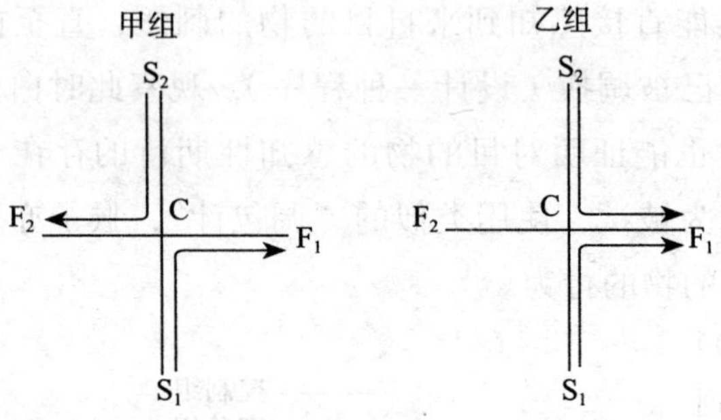


图 7-3　白鼠的位置学习实验之一

所不同的是：甲组从 S1 处或 S2 处出发，总之都是从 C 处向右转方能找到食物，此为反应学习组；乙组的食物固定放在 F1 处，白鼠从 S1 处或从 S2 处出发，需要分别在 C 处向右转或向左转才能获得食物，此为位置学习组。实验结果表明，乙组 8 只白鼠仅尝试 8 次就能准确通过迷津，而且连续几次均无错误；甲组 8 只白鼠没有一只能像乙组学得那样快，其中有 5 只经过 72 次尝试仍然不能成功。这表明，位置学习比反应学习快。学习是习得目的符号及其意义，而非简单的机械运动反应。

另外一个由托尔曼和杭齐克共同设计的“阻塞”实验，进一步证明了位置学习的优越性。如图 7-4 所示，白鼠共有三条长短不一的通道通向食物。照赫尔等人的理论，白鼠将选择较短的路径通过迷津。在预备实验中，实验者训练白鼠熟悉所有的通道，并按途径一、途径二、途径三的顺序做出优先选择。正式实验时，实验者先堵塞甲处，白鼠立即选择途径二。关键的问题是，当堵塞乙处时，白鼠是折回去选择途径二而受堵塞呢，还是也“认识到”途径二也被堵，而不得不选择最长的、最不省力的途径三呢？结果表明，白鼠在面临乙处被堵塞时，一般都舍途径二而选择途径三。这表明，在先前的预备实验中白鼠已形成了由起点至终点的关于各通道环境的“认知地图”，它正是根据这张“地图”来行动的，而不是按照盲目的习惯或选择点所激起的机械行为习惯来行动的。

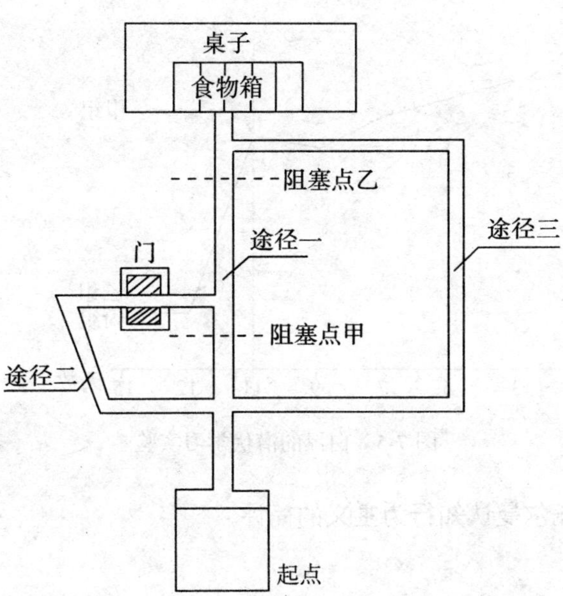


7-4　白鼠的位置学习实验之二

（三）潜伏学习

所谓潜伏学习是指动物在没有强化的条件下，学习也会发生，只不过结果不甚明显，是“潜伏”的。一旦受到强化，具备了操作的动机，这种结果才明显表现出来。托尔曼想借潜伏学习证明，强化并非学习的必要条件，这也是符号学习的特征之一。

托尔曼和杭齐克设计的迷津实验将白鼠分成三组：甲组不给任何食物，为“无食物奖励组”；乙组每次予以食物强化，为“有食物奖励组”；丙组为实验组，前十天不予以食物强化，从第十一天开始予以食物强化。结果表明（见图 7-5），从第十一天开始，丙组的错误突然减少，几乎与乙组一样少，甚至还更少些。托尔曼分析说，丙组在前十天没有受到食物强化时，依然学习了迷津的空间关系，形成了认知地图，只不过未曾表现出来而已。食物强化促使动物利用已有的认知地图，学习结果也就表现出来。这也说明，强化确实促进符号学习，但不是符号学习的必要条件。

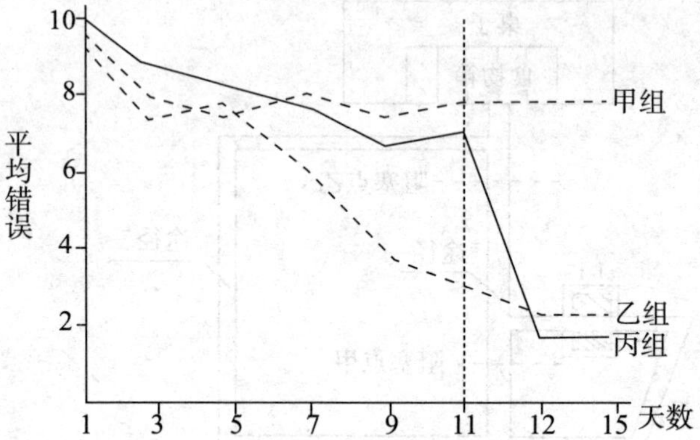


图 7-5　白鼠的潜伏学习实验

四、对托尔曼认知行为主义的简评

托尔曼的认知行为主义融合了格式塔心理学、麦独孤的策动心理学、武德沃斯的动力心理学的许多思想，但他确实是一个行为主义者。他坚持以行为主义的基本立场和方法研究动物和人类的认知性学习，这一点又使他与赫尔、古斯里、华生等行为主义者迥然不同。所以托尔曼的理论是独特的，为认知的行为研究开辟了道路。现代认知心理学吸收了托尔曼关于人类学习的认知观点和客观的研究方法，以至他被认为是认知心理学的开山始祖。

托尔曼的理论也影响了行为主义的发展。他倡导的整体行为研究和他提出的中介变量等概念吸引了与他同时代的其他行为主义者，被他们吸收和接纳。这在赫尔、斯彭斯和阿姆塞尔等人的思想中可以看到。托尔曼首次将认知与行为主义联系起来，这使得刺激—反应式的行为主义者得以客观面对有机体的内部认识过程，从而推动了行为主义向认知方向的发展。

此外，托尔曼的学习理论对学习心理学产生了重要影响。他以一系列设计精巧的学习实验为学习心理学的研究展示了新的方法，他还提出了许多关于学习的新的、重要的课题，如位置学习、潜伏学习的课题。他强调学习中的知觉和动机作用。这些都大大丰富了学习理论，促进了人们对学习的认识和理解。

但是，托尔曼未能像赫尔那样坚持理论的系统性、严密性和完整性。他的理论显得有些凌乱，许多概念没有予以明确定义，许多表述显得模糊不确定，对许多学习问题也未能做出回答。他提出了有机体内部的认知问题，但未能将行为与有机体内部的某种认知机能恰当地联系起来，这使得他的理论逊色不少。对他的理论的最尖锐批评就是主观主义和心灵主义的倾向。在其他一些行为主义者看来，他的许多思想，如期待理论只能提供对某一过去行为的解释，而难以预测行为，这与行为主义的目标相去甚远。此外，虽然他强调人类行为的复杂性和认知性，但他的认知行为主义体系建立于动物实验基础之上，这究竟能在多大程度上说明人类行为，仍然是个问题。

## 第五节　斯金纳的操作行为主义

在所有新行为主义者中，斯金纳在坚持行为主义基本立场方面也许是最激进的一位，他也是对当今心理学影响最大、最重要的新行为主义者。这不仅是因为他漫长的学术生涯给心理学以持续、长期的影响，更主要的是因为他坚持行为的实验分析方法，发展了一套理解动物和人类行为的操作行为主义体系，并将它推广应用到教学和社会控制中。这也是他区别于其他新行为主义者最明显的地方。

弗雷德里克·斯金纳（1904—1990）出生于美国宾夕法尼亚州东北部的一个小城镇，并在那儿度过了童年和中学时代。出于对文学的兴趣，他进入汉密尔顿学院，主修英国文学。毕业后从事写作，但两年后他便觉得“没有什么重要的事要说了”。由于曾阅读过华生和巴甫洛夫的著作且印象深刻，于是在 1928 年考入哈佛大学读研究生，转修心理学。1931年他获得哲学博士学位。之后他在哈佛大学做了五年的博士后。1936年，他执教于明尼苏达大学。1945年转往印第安纳大学。1947年他受聘重返哈佛大学，担任该校心理学系的终身教授。

斯金纳一生兴趣广泛，著述甚丰。他最著名的论文有《鸽子的“迷信”》（1948）、《学习的理论是必要的吗？》（1950）、《怎样训练动物呢？》（1951）、《行为的实验分析对作为整体研究的心理学的贡献》（1953）、《学习的科学与教学的艺术》（1954）、《五十年的行为主义》（1963）等。他的主要著作有《有机体的行为》（1937）、《科学与人类行为》（1953），这是两本详细阐述其操作行为主义体系的著作。《言语行为》（1957）是一本将操作行为主义原理用于解释人类言语行为的著作。《沃尔登第二》（1948）、《自由与人类的控制》（1955）以及《超越自由与尊严》（1971）皆代表着斯金纳将其操作行为主义原理应用于社会控制之中的思想。在《关于行为主义》（1974）一书中，斯金纳为自己的行为主义立场和观点进行了辩解。

鉴于斯金纳对心理学所做的巨大贡献，1958年美国心理学会授予他杰出科学贡献奖；1968年他获得美国国家科学奖章；1971年他获得美国心理学基金会授予的金质奖章。1990年，美国心理学会将首次设立的心理学终身贡献奖授予斯金纳，以表彰他对心理学所做出的先驱性的、富有创见的、持久的贡献。

### 一、心理学：描述行为的科学

斯金纳认为，心理学应当是一门直接描述行为的科学。但是以往的心理学家往往在这一点上将心理学引入歧路，他们总是采取间接研究的方式，假定行为的一切特性存在于有机体内部，然后寻找证据证明这些被称为心理实体的东西。例如，有关“自由意志”的东西，有关心的官能的假定，有关“自我”“超我”“伊底”的概念等，莫不是被心理学家假定或制造出来的。但糟糕的是，这些概念或假设皆无法予以科学的定义。

将心理学定义为一门关于行为的科学，这一点应归功于华生。但华生的行为主义又包含了许多模棱两可的东西，而且华生也未能直接研究行为本身，而是致力于肌肉收缩和腺体分泌，看似客观科学，但实际上使心理学变成生理学。此后的新行为主义者为避免这一点，便假设有机体内部存在某种中介变量或驱力，并以此假设演绎出理论，这不仅不必要，而且其结果只能是引导人们从行为以外的东西上来寻求有关行为的答案。因为它们只能提供有关行为原因的解释和说明，无法分析和描述行为，无法预测和控制行为，况且这些假设的东西本身还需要予以说明。斯金纳认为，要研究行为，只需观察和研究行为本身，假设根本就是多余的。所以有人称他的行为主义为“没有有机体”的行为主义或“直线”行为主义。

要使心理学成为一门描述行为的科学，就需要使用客观的方法找到决定某一行为的特定因素，以此来分析行为，并把决定行为的先行影响（即自变量，以 S 表示）与后继的行为（因变量，以 R 表示）之间的关系及其性质确定下来。如果用一公式来表示的话，那就是 $R=f(S)$。这一公式排除了自变量和因变量之间存在什么介于二者之间的中介变量的可能性。但是，斯金纳也承认某些条件，如过去形成的条件（以 A 表示）确实会改变 R 与 S 之间的函数关系，它们是除了自变量和因变量之外的“第三变量”，如饥饿这一条件便直接影响了动物在特定情境中的操作行为，只不过它既不是什么驱力，也不是什么中介变量，它仅仅是有机体的一组操作，完全可以从距上次进食的时间这一实验变量和找到食物时的进食速度、进食量这一反应变量中观察到。所以 $R=f(S)$ 的公式可以改写为：$R=f(S, A)$。在这里，斯金纳否定了赫尔和托尔曼有关驱力或中介变量的观点，认为剥夺有机体的进食纯粹是一种操作程序，这也反映了他激进的行为主义者的立场。

要确定因变量和自变量、第三变量之间的函数关系，斯金纳认为最好的办法是依靠实验，通过设置和控制一定的实验情境，实验者操纵自变量，然后观察后继的行为变化。为此，斯金纳专门设计了一种类似于桑代克迷笼的实验装置，即斯金纳箱。此箱去掉了所有无关刺激，通常内设一杠杆，杠杆与一食物仓相连，白鼠偶然地一按杠杆，食物仓便打开，落下一食物小丸于食物盘内。箱外有一记录器，可记录白鼠按压杠杆的速度。斯金纳依靠这种专门的实验装置，系统控制和分析了影响动物行为的因素，总结了动物操作性条件作用的原理。他的这一套方法体系也被称为行为的实验分析体系。值得注意的是，斯金纳认为，以这种控制得很好的行为分析方法对单个被试进行研究而取得的资料具有足够的代表性，因而无需统计分析的方法就可以重复得到结果。斯金纳一派的人于1958年专门创办了《行为的实验分析》杂志。

### 二、行为原理：操作性条件作用

#### （一）应答性行为和操作性行为

斯金纳将有机体的行为分为两类：应答性行为和操作性行为。前者是指由特定的、可观察的刺激所引起的行为，如在巴甫洛夫的实验中，狗看见食物或灯光就流唾液，食物或灯光是引起流唾液反应的明确的刺激；后者是指在没有任何观察到的外部刺激的情境下的有机体行为，它似乎是自发的，如白鼠在斯金纳箱中的按压杠杆行为就找不到明显的刺激物。应答性行为比较被动，由刺激控制；操作性行为则代表着有机体对环境的主动适应，由行为的结果控制。人类的大多数行为都是操作性行为，如游泳、写字、读书等等。

这两类行为具有不同的形成机制，即经典性条件作用和操作性条件作用。华生仅以经典性条件作用来说明一切机体行为，过于简单。既然人类的行为大多表现为操作性行为，所以斯金纳就着重研究了操作性条件作用。

（二）操作性条件作用的规律

1. 操作性条件反射的建立

斯金纳利用斯金纳箱这个独特的实验装置，对白鼠的操作性行为进行了一系列的研究。并且，他以类似的方法对其他动物和人也进行了研究，从中得出了操作性条件反射建立的规律，即“如果一个操作发生后，接着给予一个强化刺激，那么其强度就增加”[①]。

只不过，强化增加的不是某一具体的反应，而是反应发生的概率。例如，斯金纳箱里的饿鼠偶然地一按杠杆，便获得食物，而食物的强化使白鼠按压杠杆的可能性增加，如此一来，连续的食物强化使白鼠很快习得了按压杠杆的反应。

在这里，斯金纳并没有像桑代克那样，依据强化带来满意与否的效果来谈问题，也不强调练习的作用，因为练习至多只能增加接受强化的机会而不会提高速度。行为的关键在于操作及其强化依随。至于强化的作用，斯金纳也不赞成赫尔关于强化使内驱力降低的观点。他认为内驱力的东西只不过是一种操作，是影响反应行为的又一因素。

斯金纳关于操作性条件反射建立的原理，在许多动物和人类的学习中得到印证。例如，鸽子偶一抬高头，受到强化，此后会继续抬高它的头；孩子偶尔叫一声“妈”，妈妈便报以微笑和爱抚，于是孩子学会了叫“妈妈”。斯金纳甚至依据这个原理，训练两只鸽子玩一种乒乓球游戏，获得成功。实际上，只要巧妙安排强化程序，可以训练动物习得许多复杂的行为。

2. 操作性条件反射的消退

关于操作性条件反射的消退，斯金纳总结说：“如果在一个已经通过条件化而增强的操作性活动发生之后，没有强化刺激物出现，它的力

① Skinner, B. F. (1938). *The behavior of organisms: an experimental analysis*.(p.21). New York: Appleton-Century-Crofts.

量就削弱。”[①]可见，与条件作用的形成一样，消退的关键也在于强化。例如，白鼠的压杆行为如果不予以强化，压杆反应便停止。学生某一良好反应未能受到教师充分的关注和表扬，学生便最终放弃这一做出良好反应的努力。

但是，反应的消退表现为一个过程，即一个已经习得的行为并不即刻随强化的停止而终止，而是继续反应一段时间，最终趋于消失。斯金纳以实验表明，一只已经习得压杆反应的白鼠在强化被停止之后，仍然能按压杠杆达 50 ~ 250 次之多，然后最终停止反应。至于消退的时间，则与该习得反应本身力量的强弱成正比，即如果原来的反应非常牢固，那么消退的时间较长，反之，则消退的时间较短。例如，在上述实验中，受过多次强化的白鼠在强化停止后，可连续按压杠杆 250 次左右，而仅受过一次强化的白鼠在强化停止后连续按压杠杆的次数为 50 次左右。所以，消退过程的时间长短也是斯金纳衡量操作性条件反射力量的一个指标。

3．操作性条件反射的分化

所谓分化是指通过安排强化动物条件反应的某个特征，如速度、持续时间和强度等，动物可逐渐形成有选择性的反应。与消退一样，分化的关键因素也是强化。例如，斯金纳在训练白鼠的压杆力量实验中，先是强化动物任何力量的压杆行为，然后制定一个较低的力量标准，只有超过这一标准的反应才予以强化，低于这一标准的反应便遵从消退原理而消退。此后逐步提高压杆力量标准，分别予以强化和不强化，如此可以训练动物以较强力量做出压杆反应。可见，通过在反应的细微变化水平上实施强化，动物学会了特定的、表现出选择性的反应，最初的条件反应也就形成了分化。

分化原理经常被应用于动物和人类的行为塑造中。斯金纳以此法

---

①转引自章益辑译:《新行为主义学习论》，山东教育出版社 1983 年版，第 286 页。

训练鸽子专啄一种红色圆盘，大获成功。人类个体也借此习得在特定的场合做出合适的反应，如在葬礼上低声说话、表情凝重等等。同时，这一原理也被广泛地应用于行为治疗中。

（三）强化在操作性条件反射中的作用

强化在斯金纳操作性条件作用中如此重要，以至有人称他的行为原理为操作—强化学说。确实，斯金纳详细研究了强化物的种类、性质及强化的实施程度等问题。

1. 积极强化物和消极强化物

斯金纳认为，强化物一般分为两类：一类是积极强化物，与反应相依随的刺激物能增强该反应，则这种刺激物为积极强化物，如水、食物、奖赏等。另一类是消极强化物，与反应相依随的刺激物从情境中被排除时，可增强该反应，则这种刺激物为消极强化物。例如，将白鼠放进一个特殊的箱子里，给予白鼠电击直至白鼠按压杠杆。经过几次强化以后，白鼠很快习得了压杆反应，以逃避电击。电击即是增强压杆反应的消极强化物，其他诸如强光、噪声、批评等厌恶性刺激皆属此类。

既然强化的效果总是增强反应，那么惩罚不应算是一种消极强化物。斯金纳指出，惩罚中厌恶刺激的安排与强化安排相反：呈现一个消极强化物或是取消一个积极强化物都可起到惩罚的作用。

2. 条件性强化

所谓条件性强化是指一个中性刺激与一个强化刺激反复匹配联合，那么这个中性刺激也具备了强化的性质，这与赫尔关于次级强化的概念是一致的。例如，在白鼠按压杠杆时，让灯光和食物同时出现，白鼠很快形成条件反应。此后同时撤除灯光和食物，反应迅速消退。此时，再安排白鼠按压杠杆，不给予食物而仅呈现灯光，白鼠的压杆反应增加。这表明，灯光已具备了强化性质。许多中性刺激都是由此而获得条件性强化的性质的。

应该指出，条件性强化物的强化力量与相匹配的原始强化物的配对次数成正比。如灯光与食物的匹配次数越多，灯光的强化作用便增加。如果某一条件性强化物与许多原始强化物相匹配，那么该条件性强化物便具备了多方面的强化作用而成为一个概括性强化物。最典型的例子莫过于金钱了，由于它与衣、食、住、行等皆相联系、匹配，因而具有广泛的强化作用。斯金纳进一步指出，概括性强化物即使没有了赖以为基础的原始强化物相依随出现，效果也依然存在。

3. 强化的程序

鉴于强化及其依随在行为学习中的重要性，斯金纳细致地研究了强化的程序。由于实际生活中的个体行为并不像实验情境中的动物行为一样总是受到连续的强化，所以，斯金纳着重研究了间歇强化。

间歇强化即非连续性强化，一般可分为固定强化和非固定强化两种。固定强化又分定时强化和定比强化。定时强化是指以固定的反应时间而非反应数量为单位来实施强化，如每隔 3 分钟或 10 分钟给予一次强化，人类的计时工资即是一例。实验表明，强化的时间间隔越短，动物的反应越快，反之，则反应越慢。此外，反应也随着接近强化点时间的长短而变得或慢或快，即反应之初，速度较慢，而接近强化时间点时，反应则加快。一俟强化之后，反应重新变慢，开始了下一个循环。

所谓定比强化，是指以固定的反应数量而非时间为单位来实施强化。如设定白鼠只有压杆每 20 次才予以一次强化，人类的计件工资即是一例。实验表明，如果强化比率的标准不是高不可攀的话，定比强化下的动物反应要快于定时强化下的反应。

斯金纳的研究还指出，如果使用非固定强化，即安排强化的时间间隔或反应次数不是以固定的标准出现，而采取变异的标准的话，这往往会克服固定强化的缺陷，而使得反应既稳定又均匀，而且难于消退。如果将固定强化和非固定强化混合安排使用，则效果非常好。有关的研究可详见斯金纳和费尔斯特合写的《强化的程序》（1957）一书。

## 三、行为原理的推广与应用

斯金纳非常重视将他的行为原理广泛推广与应用于人类的许多实践领域中，诸如教学、言语行为、社会控制以及动物训练和心理治疗，这里主要介绍前三个方面的应用。

### （一）教学机器与程序教学

斯金纳对当时流行的课堂教学不满意，尤其是他在1953年应邀参观他女儿的课堂之后，认为美国的教学并未依据强化依随的原理来安排学习，而是过多依赖惩罚强迫学生学习，其结果只能是使学生消极被动，或厌学。有鉴于此，斯金纳运用他的操作强化原理设计和制造了一种教学机器。该机器是一种台式机械装置，内置一教学程序，该程序是将一门学科内容分成一系列具有逻辑联系的一组知识项目，并以问题形式由浅入深、由易到难渐次排列。学生只有通过前面的问题，才可以进行下一个问题或程序，这一形式被称为机器教学或程序教学。斯金纳希望以此程序安排教学，培养我们所期待的反应，以达到教学的理想效果。

机器教学确实具有许多优点，不仅可以集中全国最优秀的教师来编制教学程序，而且可使学生在每一步都获得及时强化，学生甚至还可以自定步调来学习。当然也有不足，最主要的是机器教学无法取代教师的人格教育活动。随着50年代计算机的普及，程序教学很快与计算机结合起来，形成一种新的教学形式，即计算机辅助教学（简称CAI）。

### （二）言语行为

斯金纳认为，语言是动物与人类的最明显区别所在。斯金纳坚持以他的操作强化原理来解释人类的语言。斯金纳认为，言语也是一种行为，它与其他行为反应一样，服从于操作强化原理，并且也是可以预测和控制的。例如，婴儿最初发出的声音，受到妈妈的爱抚、肯定或否定，婴儿于是学会了单词和句子。之后，他说的每个字或每个句子，都受到听众的强化或不强化，或者惩罚，于是言语行为有控制地形成了。

斯金纳还根据言语与强化反应的关系，将言语行为概括为具有不同功能的四种类型（召唤、命名、形声、复合），并一一分析了它们的形成。[①]但是，斯金纳的观点未能被语言学家充分接受，尤其受到语言学家乔姆斯基的强烈否定和批评。乔姆斯基指出，几岁幼儿的语言已经极其丰富，这不可能是经由操作强化而一一形成的，而且事实上，幼儿的许多语言都是以往不曾说过的，根本不可能获得过强化。可见，语言的获得是一个极其复杂的过程，单一的操作强化原理的解释难以令人信服。

（三）社会控制计划

斯金纳的操作强化原理应用于社会控制中，便是他的环境决定论的观点。早在1948年出版的小说《沃尔登第二》中，他就提出了一个以操作强化原理进行社会控制，以建立理想的公社生活的设想。此后出版的《自由与人类的控制》《超越自由与尊严》又系统地阐述了他这方面的观点。

在这些著作中，斯金纳首先批评了人是自由、自主的这一观点。他认为人类根本没有自由可言，人类的一切行为皆由环境所决定。我们所说的自由不过是我们逃避环境中的厌恶性刺激的一种欲望而已。实际上，社会的政治经济制度、风俗、文化习惯、宗教信仰，包括法律与教育都是一种控制，谁说它们是不必要的？只有承认这一现实，抛开自由与尊严的假面具，并且积极选择控制，完善控制，才能达到人类幸福的目标。而为了选择科学的控制，完善控制，就必须使用行为技术，借助于行为科学的帮助。

斯金纳希望以行为科学的原理来进行社会控制，愿望是良好的，

① 叶浩生著：《现代西方心理学流派》，江苏教育出版社1994年版，第127页。

看起来也是可能的，但问题是，谁是最后的控制者呢？控制者又是由谁来控制的呢？人类除了受控制的行为以外，难道就没有其他理念和有价值的东西？对此，斯金纳的社会控制计划未能做出说明。在当今，他的社会控制计划已经被时代束之高阁了。

### 四、对斯金纳操作行为主义的简评

斯金纳是当代杰出的心理学家之一。他严谨而富有生气的观察和实验方法以及高度精确的实验技术，给人们留下了极为深刻的印象，以至许多心理学家都将自己归入操作实验主义者之列。他坚持极端客观的行为主义立场，严格遵循科学的描述原则，使得他的行为主义体系非常精确、清楚，他对许多动物行为的研究也非常精细、彻底。他用不同于心灵主义的术语清楚解释了反应形成、表象等现象，他竭力反对研究有机体的内部过程，使得他的立场似乎比华生更加激进。可以说，他的工作“极大地提高了我们预测和控制有机体行为的能力”[①]。

斯金纳的操作行为主义体系对心理学产生了巨大影响。回顾20世纪对学习心理学有重要影响的人物，可以说是独领风骚各十年。如果说在20世纪前60年中，桑代克、华生、巴甫洛夫、古斯里、托尔曼和赫尔分别以其理论依次统治了各十年的话，那么从60年代开始到70年代，是斯金纳及其追随者统治学习心理学，斯金纳的影响甚至超过了赫尔在50年代所达到的高度。美国心理学会第25分会——行为的实验分析分会的成立及其拥有的专门杂志《美国行为分析杂志》《行为的实验分析杂志》，亦反映了斯金纳操作行为主义体系的影响力。

不仅如此，斯金纳的巨大影响超越了学术界。他不懈地致力于将他的行为理论应用于人类社会，这使他获得了广泛的声誉。他的行为理

①[美]杜·舒尔茨著，杨立能等译：《现代心理学史》，人民教育出版社1981年版，第280页。

论还被人们广泛应用于行为治疗和行为矫正中，使得他的理论的生命力延续至今。正如伦丁在《心理学的理论与体系》一书中所言，提到最杰出的心理学家，人们不能不提到斯金纳，就像不能不提到弗洛伊德和巴甫洛夫一样。

对斯金纳的最经常的批评在于，第一，他所宣称的心理学不需要任何理论。其实，不要理论本身就是理论。斯金纳坚持描述行为而不是解释行为原因的立场本身就代表了他的理论倾向。第二，因为斯金纳坚持只有能够予以客观观察和实验证实的东西才可以研究，这样将人们的主观事件摒弃在心理学的大门之外，而这正是我们所需要了解的，所以有人指出斯金纳研究的是空洞的有机体。第三，斯金纳以有限的动物行为研究（如按压杠杆、啄键）推导出普遍的动物行为规律，并用于描述和控制人类行为，不免有过分简单化、片面化的嫌疑。第四，斯金纳的极端环境论忽视了影响行为的其他因素，如机体状态、脑损伤等。况且，机体状态如人的认知、情感等也与环境发生相互作用，忽视了这些也是不符合事实的。第五，他以操作强化的唯一模式解释言语获得，令人难以信服。总之，斯金纳的体系给我们留下了许多仍有待探讨的课题。

# 第八章　新的新行为主义

行为主义在美国乃至世界心理学界处于主导和支配地位长达五十多年，至20世纪60年代初，行为主义暴露出严重的缺陷与不足，其实证主义哲学基础、严格的环境决定论以及人和动物不分的观点遭到了越来越多的反对。许多心理学家开始放弃行为主义的立场转而研究人的内部心理过程。[①]种种迹象表明行为主义已处于困境与危机之中。此时，一场心理学“革命”已经爆发，一种新的范式——认知心理学正在迅速崛起，成为西方心理学界来势迅猛的潮流。被早期行为主义拒绝的心理学概念，诸如意识、思维、表象、记忆等，再次成为心理学合法的研究对象。在这种历史条件下，一部分新行为主义者既不愿重蹈传统行为主义的覆辙，又不愿寄居于认知心理学门下，便试图在行为主义与认知心理学之间开辟一条折中的道路，从而导致了新的新行为主义（new neo-behaviorism）的诞生。

## 第一节　从新行为主义到新的新行为主义

### 一、新的新行为主义的产生

华生的行为主义由于无视有机体的内部过程，其极端化和简单化的倾向招致心理学家们的强烈反对，到20世纪30年代末已成强弩之末。许多行为主义者便设法将行为主义改良为一种真正的科学心理学，他们采取了一种既发展客观实验，也发展客观的心理学理论的做法。改良后

---

①高觉敷主编:《西方心理学的新发展》，人民教育出版社1987年版，第51页。

的这个行为主义派系被称为新行为主义。[①]

新行为主义的兴起受到逻辑实证主义和操作主义的影响。新行为主义者信奉逻辑实证主义，赫尔和托尔曼等人竭尽全力地执行逻辑实证主义和操作主义所规定好的程序，以期产生心理科学，但到20世纪50年代前后已陷入绝境。黎黑曾一针见血地指出："托尔曼和赫尔诚心诚意地以他们自认是适宜的科学途径从事心理学研究，他们信奉自己从华生那里学来的客观化研究。他们信奉自己从逻辑实证主义那里学到的客观化理论，而尽管有严密的方法，他们仍然未能造成一种在细节上比铁钦纳体系更可行的体系。"[②]赫尔、托尔曼理论体系影响的衰落，使行为主义失去了信念的基础，行为主义出现了"范式"危机。

面对这一局面，行为主义阵营内部出现了两种不同的观点。一部分以斯金纳为代表，发展了行为分析原理，倡导激进的行为主义，取代赫尔派而在行为主义阵营中获得支配地位。另一部分以罗特、班图拉、米契尔等人为代表，主张采用更"温和"的态度，试图在坚持行为主义基本信念的基础上，突破传统行为主义的禁区，努力寻找新的出路。他们在坚持行为主义基本精神的前提下，大胆地引进认知心理学的研究思路，开创了一条独特的道路。这样一来，第三代行为主义，即新的新行为主义便产生了。美国心理学史家库克曾指出：温和的新行为主义几乎全然丧失了其可鉴别的特点。的确，观点变化如此之大，以至于值得在其名称前面再加上一个"新"字。

## 二、新的新行为主义理论的特点

新的新行为主义的代表理论有班图拉的社会学习理论或观察学习

① ②[美]黎黑著，刘恩久等译：《心理学史》，上海译文出版社1990年版，第389、403页。

理论[①]、罗特的社会行为学习理论和米契尔的认知社会学习理论等。尽管这些理论侧重点不同，但其共同的特点是既坚持行为主义的客观化精神，又吸收了认知心理学的研究成果。

第一，大胆地使用以往被传统行为主义所摒弃和拒绝的心理学概念，探索认知、思维、意象在行为调节中的作用。新的新行为主义者认为，人类有机体主要是对环境的认知表征物而不是对环境本身做出反应，大多数外部影响是通过中介的认知过程对行为产生作用的。

第二，强调行为和认知的结合。人类的行为是以认知为中介的，人们既可以通过思维、信念和期待等认知过程预测人类的行为，也可以通过改变人的认知来改变人类的行为，这是行为和认知结合的一个方面。行为和认知结合的另一个方面是，通过行为的改变也可改变人的信念、期待等认知过程。

第三，强调自我调节的作用。传统的行为主义强调外在强化对行为的影响，忽视了自我在行为调节中的作用。新的新行为主义者则认为，如果行为仅仅由外部的奖励或惩罚所决定，人就会像风向标一样，不断地改变方向，以适应作用于自身的各种短暂的影响。由于人们具有自我指导的能力，便可通过自为的结果对自己的思想、感情和行为施加影响。

第四，强调心理活动的积极性与主动性。新行为主义者虽然在中介因素的名义下承认了心理因素的作用，但他们以机械论的观点解释中介因素，实际上仅仅把心理因素看成是外部环境因素起作用的通道，实质上仍然否认了心理的作用。新的新行为主义者则把心理过程看成是积极主动的，强调要把行为主义同建构论结合起来，重视以往经由学习而获得的认知规则在对环境信息做出反应过程中的作用。

第五，坚持客观主义的态度。在心理学的研究对象和研究方法方面，坚持客观主义的立场是行为主义历来的传统，也是行为主义发展至今仍保持下来的最显著的特点。尽管新的新行为主义者探索了人的心理过程，强

①后来班图拉又称自己的理论为社会认知理论。

调行为调节中心理因素的作用，并毫无顾忌地使用思维、认知、自我等带有主观色彩的概念，但最终仍旨在说明或解释人的行为。并且他们在使用这些概念时，仍然严格遵循行为主义的客观化的基本原则。正因为如此，我们才未将他们称为认知心理学家，而称为“新的新行为主义者”。

## 第二节　班图拉的观察学习理论

阿尔伯特·班图拉（1925—）是美国当代著名心理学家。他出生于加拿大艾伯塔省，早年就读于加拿大不列颠哥伦比亚大学，1949年毕业。因对新行为主义者斯彭斯的学说感兴趣，遂前往艾奥瓦大学攻读临床心理学，分别于1951年和1952年获硕士和博士学位。从1953年开始在美国斯坦福大学任教授。1974年当选为美国心理学会主席。他曾多次获得美国心理学会颁发的杰出科学贡献奖，是美国心理学界著作引用率较高的心理学家之一。[①]其主要著作有《青少年的攻击》（合著，1959）、《社会学习与人格发展》（合著，1963）、《行为矫正原理》（1969）、《心理学的示范作用：冲突的理论》（主编，1971）、《攻击：社会学习的分析》（1973）、《社会学习理论》（1977）、《思想与行为的社会基础：一种社会认知理论》（1986）、《变化社会中的自我效能》（1997）等。

班图拉的心理学体系形成于20世纪60年代，这一时期认知心理学日益崛起并得到迅速发展，认知心理学的思想方法无疑给班图拉强烈的冲击。然而，他毕竟接受了多年的新行为主义思想方法的训练，行为主义的客观性原则对他的影响更为深刻。班图拉对这两种思想有如下评价：行为主义专注于操作而忽视了认知功能是引起人的行为的决定因素，人具有给自己提供某种自我指导力量的潜在能力；认知心理学虽然注意到对人的内部意识过程的研究，却又相对忽视了对人的外显行为的

①［美］吉尔根著，刘力等译：《当代美国心理学》，社会科学文献出版社1992年版，第204页。

探讨。他想走一条既不同于传统行为主义，又不同于认知心理学的中间道路。班图拉对心理学的最大贡献在于提出了社会学习理论与行为矫正技术，他认为观察学习是社会学习的一种最主要的形式。

## 一、观察学习及其过程

观察学习又称无尝试学习或替代性学习。在班图拉看来，由于人有通过语言和非语言形式获得信息以及自我调节的能力，使得个体通过观察他人（榜样）所表现的行为及其结果，不必事必躬亲便能学到复杂的行为反应。也就是说在观察学习中，学习者不必直接做出反应，也无须亲身体验强化，只要通过观察他人在一定环境中的行为，并观察他人接受一定的强化便可完成学习。个体能通过观察他人的行为得到某种认知表象，并以之指导自己以后的行为，这样就使得他减少了不必要的尝试错误。

### （一）观察学习的特点及类型

#### 1. 观察学习的特点

从上面的论述我们可以看出观察学习有其明显的特点。

第一，观察学习不一定具有外显的行为反应。班图拉认为人们可以通过观察他人的示范行为，在自己尚未表现行为时就已经学会如何去做，这样就可能避免许多不必要的错误。

第二，观察学习并不依赖直接强化。观察者仅仅通过观察别人的行为就能学会复杂的行为过程，因此，不需要亲自体验强化。

第三，观察学习具有认知性。个体通过观察他人的行为就能学会复杂的反应，这种学习无疑具有认知性。班图拉认为观察学习基本上是认知过程。

第四，观察学习不等同于模仿。模仿仅指学习者对他人行为的简单复制，而观察学习指的是从他人的行为及其后果中获得信息，观察学习既可能包含模仿，也可能不包含模仿。

2. 观察学习的类型

从班图拉有关观察学习的论述中，我们可以归纳出几种观察学习的基本类型。

直接的观察学习，也称行为的观察学习，指的是对示范行为的简单模仿。日常生活中大部分观察学习属于这种类型。

抽象性观察学习，指观察者从他人的行为中获得一定的行为规则或原理。以后在一定条件下观察者会表现出能体现这些规则或原理的行为，却不需要模仿所观察到的那些特殊的反应方式。

创造性观察学习，指的是观察者通过观察可将各个不同榜样行为特点组合成不同于个别榜样特点的新的混合体，即从不同的示范行为中抽取不同的行为特点，从而形成一种新的行为方式。创造性表现在观察者通过观察，受他人行为的启发，把自己原有的行为成分进行新的排列组合，从而形成一种新的反应方式。

（二）观察学习的心理过程

班图拉关于观察学习心理过程的观点明显地受到了信息加工认知心理学的影响，他按信息加工的模式对观察学习进行了分析，认为观察学习由四个相关联的子过程组成，每个子过程都有一些影响它们的变量，见图 8-1。

1．注意过程：对榜样的知觉

注意过程决定了学习者在大量的示范事件面前观察什么、知觉什么、选取什么。它调节着观察者对示范活动的探索和知觉。班图拉认为示范活动的显著性和复杂性影响着观察学习的速度和水平；成功的行为模式较失败的行为模式更易引起人们的注意；那些具有一定的社会地位、较高的能力和较大权力的榜样易为观察者所注意；观察者的知识经验、认知能力、已经形成的知觉定势和期待等使得他选择一些示范信息而放弃另外一些示范信息。

2．保持过程：示范信息的储存

保持过程使示范者把示范经验转换成表象或言语符号保持在记忆

中，形成示范活动的内部形象，这些记忆代码在日后便能指导操作。这些以符号形式保持在记忆系统中的示范信息，当示范活动不再存在时，就给观察者提供指导，通过符号的中介，瞬间的示范经验进入长时记忆中。高度发展的符号化能力，使人们可由观察学会大量的行为。另外，演习也能成为一种重要的记忆支柱，经由观察而习得的示范行为只有经过认知上的演习或实际的行为操作后，才能保持长久记忆。

示范事件 →

| 注意过程 | 保持过程 | 动作复现过程 | 动机过程 |
| --- | --- | --- | --- |
| 示范事件 | 符号编码 | 认知组织 | 外部的诱因 |
| 显著性 | 认知组织 | 对复现行为的观察 | 物质的 |
| 情感诱发力 | 认知演习 | 反馈信息 | 感觉的 |
| 复杂性 | 认知演习 | 概念匹配 | 社会的 |
| 流动性 | | | 控制的 |
| 实用价值 | | | 替代性诱因 |
| 观察者的特性 | 观察者的特性 | 观察者的特性 | 自我诱因 |
| 知觉能力 | | | 物质的 |
| 知觉定势 | | | 自我评价的 |
| 认知能力 | | | |
| 唤醒水平 | | | |
| 习得的偏爱 | | | |

→ 匹配行为

图 8-1　观察学习的心理过程

3．动作复现过程：记忆向行为的转变

这一过程是把以符号形式编码的示范信息转化成适当行为的过程。

这是一种由内到外、由概念到行为的过程，这一过程以内部形象为指导，把原有的行为成分组合成新的反应模式。班图拉认为观察者为了重现示范动作和产生最佳的行为模式，必须具备一定的运动技能。仅仅通过观察，技能是不可能完善的。观察者只有不断地进行悉心的练习，在信息反馈的基础上，对自身的行为操作状态与示范行为加以对照，经过自我矫正和调整，才能形成熟练的运动技能，做出与示范行为同样正确的反应来。

4．动机过程：从观察到行为

这一过程决定了哪种经由观察而习得的行为得以表现。经过上面三个子过程后，示范行为基本上为观察者所习得，但观察者可以在自己的行动中表现出来，也可以不表现出来。所以示范行为的习得与示范行为的操作是有距离的。班图拉认为当获得的行为没有实用价值或要冒遭受惩罚的危险时，学习与操作之间更容易不相一致。只有出现了积极的诱因，处于压制状态下的观察学习才快速地转化为行动。也就是说，操作是在足够的动机和激励作用下才出现的。

班图拉认为观察学习的这四个子过程是紧密相连、不能完全分离的。观察者如果不能复现示范行为，其原因可能是：没有注意有关活动；记忆表象中对示范行为进行了不适当的编码；所学的东西不能在记忆中保持；自身缺乏操作的能力；没有足够的诱因驱动。

## 二、交互决定论

在心理学界，对于行为受什么因素影响和决定历来有不同的看法。一种看法是个人决定论，认为个人内部的本能、需要、驱力、特质、认知结构等决定人的行为，强调个体单方面的决定因素，忽视环境对人行为的影响。另一种看法是环境决定论，如华生的行为主义及斯金纳的激进行为主义认为人是环境的产物，控制了环境就可以控制人的行为。再一种看法是互动论，认为环境和人彼此作为独立的因素，联合起来影响和决定行为。

班图拉不同意上述三种看法，认为个人的和环境的因素并不能独立发挥作用，两者是相互决定的，而且也不能把人视为独立于行为之外的原因。他主张行为、环境、个人内在诸因素三者相互影响、交互决定，构成一种三角互动关系（见图 8-2）。

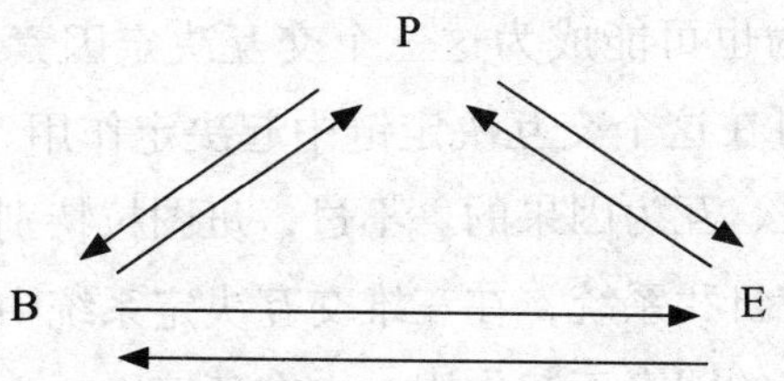

图 8-2　交互决定论模型

班图拉认为，行为、人的内部因素、环境影响三者彼此相互联结、相互决定。这一过程涉及三个因素的交互作用而不是两因素的结合或两因素之间的单向作用。他指出，行为和环境条件作为交互决定的因素而起作用。人的内部因素（即观念、信仰、自我知觉）和行为同样是彼此交互决定的因素。

在班图拉看来，行为与环境是相互依赖、相互决定的。他把行为和环境区分为潜在的和实际的，它们之间的相互依赖与决定表现在环境影响决定了哪些潜在的行为倾向成为实际行为，而行为又决定了哪些潜在环境成为实际影响行为的环境。他注意到行为对环境的反作用，主张人的行为能影响并能创造和改变环境。

班图拉进一步分析指出人的内部因素与行为的关系同样是相互依赖、相互决定的。个人对行为结果的期待影响自己的行为，而行为的结果反过来又改变自己的期待；个人对自我能力的估价决定了自己追求什么目标，以什么方式去实现这些目标，追求的结果反过来又影响对自己的估价。也就是说个人不同的动机、观念和认识使人表现出不同的行为，而这种行为反过来以其结果使人的动机、观念和认识发生改变。个人与环境的关系亦是如此，个人可以通过自己的性格、气质上的特征激活不同的社会环境反应。不同的环境反应又反过来影响个人对自我的评价，从而导致气质与性格某种程度的改变。

在班图拉看来，个人、环境和行为三种因素的相对影响力在不同的条件下对不同的人来说是大不相同的。有时环境的影响对行为具有决定作用，有时行为也可能成为这三个交互决定因素中的主要成分，同样，认知因素也可在这个交互决定链中起决定作用。在大多数情况下，这三者是密切相关、互为因果的。不过，班图拉特别重视人的因素，他把人的因素概括成自我系统，在三维交互决定系统中，自我系统不仅作为行为的交互决定的因素而起作用，也在环境影响本身的形成与对环境的知觉中处于重要地位。由于班图拉重视人的因素在决定行为中的作用，这就使行为主义与人本主义心理学的目标渐趋一致，无怪乎班图拉曾声称试图发展一种人本主义的行为主义。①

交互决定论在众多的行为因果观中独具特色，其独到之处就在于把人的行为与认知因素区别开来，指出了认知因素在决定行为中的作用，在行为主义的框架内确立了认知的地位。此外，这种观点视环境、行为、人的认知因素为相互决定的因素，注意到人的行为及其认知因素对环境的影响，避免了行为主义的机械环境论的倾向。至于班图拉提出交互决定论能否成为他宣称的一种分析人的思维与行为的一元化的理论框架，能不能用它来完善地解释人的思维与行为，这是有待于我们进一步加以探讨的。②

---

①高觉敷主编：《西方心理学的新发展》，人民教育出版社1987年版，第48页。

②马文驹、李伯黍主编：《现代西方心理学名著介绍》，华东师范大学出版社1991年版，第327—328页。

## 三、自我调节论

班图拉认为自我调节是个人的内在强化过程，是个体通过将自己对行为的计划和预期与行为的现实成果加以对比和评价，来调节自己的行为的过程。他指出，人通过认知过程不仅能控制自己的生活，而且能对未来制订计划和确定目标。人之所以能持之以恒、不懈追求，就是因为人具有预期未来、树立目标、自我满足和自我批评的能力。人能依靠自己的内部标准来调节自己的行为，以奖励和惩罚自己。在班图拉看来，自我系统具有提供参照机制的认知框架和知觉、评价、调节行为的功能。人的行为不仅要受外在因素的影响，人们也可通过自我生成的因素，自己调节自己的行为。他指出："事实上，除了在某种强迫压力下，当面临各种冲突影响时，人们表现出强有力的自我导向……由于人们具有自我指导的能力，使得人们可通过自我的结果为自己的思想、情感和行为施加某种影响。"①

班图拉既不把自我看成是行为的动因，也不认为自我是环境的奴隶。他认为自我源于外部，有时也受到外部影响的支持，自我的影响部分地决定了一个人的行为过程。同时，他还指出自我并不是固定不变的，它会因时间和条件的变化而发生相应的转变。

班图拉认为自我调节由三个过程组成。第一个过程是自我观察。由于不同活动的衡量标准不尽相同，人们往往根据各种标准对自己的行为做出评价。这种评价对自己的行为既有积极影响，也有消极作用。第二个过程是自我判断。人们在行动之前总为自己确定一个标准，并用它来判断和评定自己的行为结果。如果结果超过了标准，就会产生积极的自我评价；反之，则会产生消极的自我评价。第三个过程是自我反应。

① Bandura, A. (1986). *Social foundations of thought and action: a social cognitive theory*. (p.335). Englewood Cliffs, NJ: Prentice-Hall.

个人对自己的某种行为做出评价，要么会产生自我肯定、自我满足、自信自豪的体验，要么会产生自我否定、自我批评、自怨自艾的体验。自我赞赏起正强化作用，产生积极影响；自我批评会产生消极影响，属负强化作用。

自我调节功能并非一蹴而就、轻而易举就能建立的。班图拉认为在一个人的成长过程中，自我奖惩的标准可以通过以下几条途径获得：第一是模仿，儿童多半是通过模仿父母、同伴或权威人物的示范行为而获得评判标准的；第二是标准内化，在儿童成长过程中，由于父母、教师或其他年长者对符合他们信念和标准的行为予以奖励，不符合者予以惩罚，使儿童将这些信念和标准内化为自己的标准，掌握道德的、伦理的评价尺度；第三是榜样作用，儿童凭借榜样作用，学习怎样借助道德的要求或论点为自己的标准提供合理的依据。班图拉的自我调节论强调人的主观能动作用，表明人具有理性认知的能力，能合理地控制和调节自己的行为，这一点无疑是值得称道和肯定的。

### 四、自我效能论

班图拉于1977年首次提到了自我效能这一概念，随后于1980年在荣获美国心理学会杰出科学贡献奖的大会上发表的演说中更加透彻地阐述了自我效能原理。在1986年出版的《思想与行为的社会基础：一种社会认知理论》这一巨著中，他对自我效能机制进行了更深入系统的论述。

#### （一）自我效能的含义

班图拉在1977年时，把自我效能看作是对自己在特定的情境中是否有能力操作行为的预期。他认为预期是认知与行为的中介，是行为的决定因素。他进一步把预期分为结果预期和效能预期：结果预期是对某种行为导致某种结果的个人预测；效能预期是个人对自己能否顺利地进行某种行为以产生一定结果的预期。他指出：效能预期不仅影响活动和场合的选择，也对努力程度产生影响。被知觉到的效能预期是人们遇到应激情况时选择什么活动、花费多大力气、支持多长时间的主要决定者，即被知觉到的效能预期越强，越倾向于做更大程度的努力。班图拉在 1980 年发表的《人类行为中的自我效能机制》演说中，指出效能的自我感知影响思维模式、行动和情绪激活。20 世纪 80 年代以后，班图拉把自我效能看作是对行为操作能力的知觉和有关恪守自我生成能力的信念。这样一来，班图拉便提出了两个概念：自我效能感和自我效能信念。知觉到的自我效能是一种对自我生成能力的知觉，被感知到的自我效能结果即自我效能感。自我效能感深化到价值系统就成为自我效能信念，即有关自我能力判断的认知取向。他认为自我效能信念有近似于认知、动机及情感的功能，是人类行为操作中的一种强大力量，它在控制和调节行为方面有着不可估量与替代的价值。[①]

自我效能从本质上讲是自我生成的能力。班图拉强调指出，人类除了有替代性学习能力、自我调节能力和使用符号的能力之外，自我生成的能力是最根本的能力，人们通过自我生成的能力，就可以对技能进行权衡和判断，也可以对自己的思想加以评价与改变。

（二）影响自我效能形成的因素

班图拉与其同事对自我效能的形成条件及其对行为的影响进行了大量的研究，发现自我效能的形成依赖于以下五种信息源的影响。

1. 行为的成败经验

行为的成败经验指经由操作所获得的信息或直接经验。它对自我效能的形成影响最大。成功的经验可以提高自我效能感，使个体对自己的能力充满信心；反之，多次失败会降低对自己能力的评估，使人丧失信心。任务的难度、个人的努力程度、社会支持的多少，也会影响自我

①参见高建江：《班图拉论自我效能的形成和发展》，载《心理科学》1992 年第 6 期。

效能的形成。

2．替代性经验

替代性经验指个体能够通过观察他人的行为获得关于自我可能性的认识。这种通过观察示范行为而获得的替代性经验，对自我效能的形成有巨大影响。当一个人看到或者想象与自己水平差不多的示范者获得成功时，能够提高其自我效能判断，增强自信心，确信自己有能力完成相似的行为操作。

3．言语劝说

言语劝说包括他人的暗示、说服性告诫、建议、劝告以及自我规劝。言语劝说用以说服人们相信自己的能力，确立行动的目标，去做以前不曾做过的事情。言语劝说的效果依赖于劝说者的声望、地位、专长及劝说内容的可信性。自我规劝或教导会使人在操作特定的任务时付出更大、更持久的努力。

4．情绪的唤起

班图拉认为情绪和生理状态也影响自我效能的形成。在充满紧张、危险的场合或负荷较大的情况下，情绪易于唤起，高度的情绪唤起和紧张的生理状态会妨碍行为操作，降低对成功的预期水准。

5．情境条件

不同的环境所提供给人们的信息是大不一样的，某些情境比其他情境更难以适应与控制。当一个人进入一个陌生而易引起个体焦虑的情境时，会降低自我效能水平与强度。

自我效能对个体行为的影响很大，因此，如何加强对自我效能的培养就成为教育实践中的一大课题。班图拉认为可通过以下途径来进行培养：（1）适当的外部强化。外部强化能促进任务的完成，激励人去不断奋斗；能使人看到自己的进步，提高对自我能力的判断。（2）及时自我强化。自我强化以自我奖赏的方式激励或维持一个人达到某一目标，目标的实现会提高自我效能感。（3）加强归因训练。归因对人的行为、情绪和期待有重要的影响，正确的归因能帮助一个人树立自信心，使他在每一次进步中意识到自己的努力是有成效的。

### 五、集体效能论

班图拉将自我效能概念加以扩展，提出了集体效能这一新的团体心理概念，并将其定义为："在某一情境中，团体成员对于自己的团队取得特定水平成绩能力的一种共同信念。"[①]后来他又进行了补充，将其视为在团体、组织甚至国家之中，人们感受到是否可由共同的努力解决问题，并且增进生活的信念强度。[②]值得注意的是，集体效能所指的并不是团体的能力本身，而是团体成员对于自己所属团体的总体能力的一种评价和信念。集体效能知觉不是成员个体效能信念的简单相加，它是一个突变的群体水平的属性。群体成员对群体能力进行判断，一方面是根据他们自己的能力及过去的成绩，另一方面也根据他们在群体互动过程中获得的认识，即对其他成员能力的认识和成员们怎样结合在一起的认识。

集体效能概念自提出以来，它的主体性作用，如动机激发、情感唤起、目标设定等方面在教育、社区、生产、军事、政治、运动等组织领域得到了较好的验证。班图拉认为，集体效能信念会对以下重要方面产生影响：人们通过集体行动谋求怎样的未来；人们会以怎样的努力程度去执行团体任务；人们能否有效利用他们的资源；在集体努力未能较快地产生结果或者遇到强制力量反对的时候，他们能否保持以前的努力程度等。

学术界对集体效能的测量途径看法不一，大致有以下三种：第一种方法是聚集个别成员对自己在组织中执行个人任务的能力信念，此种

---

① Bandura, A.(1986). *Social foundations of thought and action*: *a social cognitive theory*. (p.468). Englewood Cliffs, NJ: Prentice-Hall.

② Goddard, R.D. (2001). Collective efficacy: a neglected construct in the study of schools and student achievement. *Journal of Educational Psychology*, 93, 467-476.

聚集自我效能感的测量方式是团体成员自我参照知觉的平均值；第二种方法是聚集个别成员，分别评测其对集体效能的感受，然后将个别评测的结果加以平均；第三种方法是让团队成员共同对集体效能加以讨论，然后以讨论的结果作为衡量的结果。

## 六、对班图拉观察学习理论的评价

班图拉对心理学的杰出贡献在于他探究了前人所忽视的学习形式——观察学习，给予观察学习应有的关注和重要的地位。他提出的观察学习模式同经典条件反射和操作条件反射一起被称为关于学习的三大理论体系，观察学习理论有重要的理论与现实意义。

第一，班图拉在对观察学习的研究中，注重社会因素的影响，改变了传统学习理论重个体轻社会的局面，把学习心理学的研究同社会心理学的研究结合在一起，对学习理论的发展做出了独特的贡献。

第二，班图拉吸收认知心理学的观点，把强化理论与信息加工理论有机地结合起来，改变了传统行为主义重刺激—反应和轻中枢过程的立场，使解释人的行为的理论参照点发生了重要的转变。

第三，由于强调学习过程中的社会因素和认知过程在学习中的作用，因而在方法论上，班图拉必然注重以人为被试的实验。这改变了行为主义以动物为实验对象，把由动物实验中得出的结论简单地推论到人类学习问题上的错误倾向。

第四，班图拉的概念和理论建立在丰富的实证研究的基础上，其具有开放性的理论框架，在坚持行为主义立场的同时，积极吸取现代认知心理学的研究成果与研究方法，并受人本主义心理学若干思想的启发，涉及观察学习、交互作用、自我调节、自我效能等重大课题，突出了人的主动性、社会性，受到心理学界的广泛赞同。

当然，班图拉的观察学习理论也有明显的不足和局限性，主要表现在以下四点。

第一，正由于班图拉的理论具有开放性特征，导致了它缺乏富有内在统一性的理论框架。其理论的各个部分如何彼此关联，构成一个有内在逻辑体系、结论与方法井然有序的宏大框架，仍是一个亟待解决的问题。

第二，大多数发展心理学家认为班图拉的观点忽视了发展变量的重要性，即它忽视了儿童在多大程度上能独立学习，以及发展阶段在多大程度上对儿童的观察学习发挥作用。

第三，班图拉在研究攻击行为的观察学习中所采用的一些方法也难以让人苟同。班图拉给儿童提供一个攻击行为的榜样，让儿童观察其行为，这无疑起到了鼓励儿童使用攻击方式处理问题的负面作用，对儿童的健康成长不利。

第四，班图拉虽然强调人的认知能力对行为的影响，但他以研究行为为重心和目的，实际上并没有给认知因素以足够的重视。他只是一般化地对认知机制进行了分析，因而对于内在动机、内心冲突等有关的领域研究不够，这也表明其理论本身有一定的局限性。

## 第三节　其他新的新行为主义者

除了班图拉以外，新的新行为主义者还有很多，限于篇幅，我们仅选择两位主要代表人物并对其理论进行介绍。

### 一、罗特的社会行为学习理论

朱利安·罗特（1916—　）1941年在印第安纳州立大学获博士学位，之后到俄亥俄州立大学任教，并着手把米勒和多拉德提出的社会学习这一概念应用于临床领域、人格领域。他从托尔曼和勒温的理论中借用了很多概念，并把它们融合成一种新的理论观点。他还把赫尔的学习理论扩展到变态心理、儿童心理与社会心理的研究中去。[①]他于20世纪40年代末50年代初构建其理论体系，并撰写了《社会学习与临床心理学》（1954）一书。从20世纪60年代起，他开始探索将其理论付诸实际应用，与他人合作撰写了《人格的社会学习理论的应用》（1972）。他还把控制点和人际信任等抽象的人格变量引入他的理论中，于1980年发表了《人际信任、值得信任以及轻信》[②]一文。在这篇论文中，罗特阐述了关于信任和不信任的后果的观点。1966年他把关于控制点的研究整理成其著名专著——《强化的内外控制的类化期待》[③]。罗特由此还构建了一个著名量表——内外控制点量表，这一量表得到广泛应用。20世纪70年代关于控制点的研究极为盛行。大量研究表明，内外控制点这一维度是一个相对稳定的人格维度。罗特创立了独具特色的社会行为学习理论。1989年美国心理学会授予他杰出科学贡献奖。尽管罗特教授于1987年退休，但他目前仍积极从事社会学习领域的著述和研究工作。

罗特对学习理论有两大发展：第一，虽然他并不忽视由实验得来的关于动物学习的大量资料，但他关注的焦点转移到了人身上；第二，他把研究重点由实验室转到了临床应用上。罗特所倡导的学习是社会行为学习而非华生、赫尔、斯金纳等人所关心的个体的学习，他认为人一生中最重要的学习是从父母、教师和同事那里得来的。他重视人与人之间的相互作用、相互影响，很少研究独立的个体。他说："行为的主要的、基本的模式是在社会情境中获得的。行为模式总是不可避免地同需

① 高觉敷主编：《西方心理学的新发展》，人民教育出版社1987年版，第43页。

② Rotter, J. B. (1980). Interpersonal trust, trustworthiness, and gullibility. In Rotter, J.B. (Eds.), *The development and applications of social learning theory.* (pp.285-298). New York: Praeger.

③ Rotter, J. B. (1966). Generalized expectancies for internal versus external control of reinforcement. In Rotter, J.B. (Eds.), *The development and applications of social learning theory.* (pp.169-214). New York: Praeger.

要融合在一起，而需要的满足又必须通过其他人的中介作用。”[①]

（一）人格的基本结构

罗特在其理论中采用了心理情境、行为潜能、期待和强化值四个基本概念或变量及其相互关系来预测个体的行为。

心理情境是指“反应着的个体所体验到的有意义的环境，它是由个体的内外环境构成的”[②]，类似于考夫卡的行为环境、勒温的生活空间和罗杰斯的现象场。罗特认为心理情境在预测行为方面起重要作用。他的第一个主张为：行为是心理情境的一种功能，个体行为的发动取决于心理情境。他的第二个主张为：在分析行为时不必关心生理过程。第三个主张为：心理学应关心社会学习的研究。他认为社会学习是在社会环境（家庭、学校、工作单位）中对社会刺激（家长的表扬与惩罚、教师的教育等）所做出的反应。他坚持认为人与动物的行为有本质的区别，不能把由动物研究所归纳出的一些法则类推到人类行为上。

行为潜能是指“在某具体情境中追求单个强化或一组强化的行为出现的可能”[③]。这种行为产生于追求某个具体的强化或一组强化有关的具体情境中。在此处，行为的含义有所扩展，既包括自动的行为动作，也包括认知活动、情绪反应和言语等。

期待是一种主观心理状态，即“个体所认为的由于在某一特定情境中做出了某种行为，从而使某特定强化发生的可能性”[④]。罗特比较

①Rotter, J. B. (1954). *Social learning and clinical psychology*. (p.84). New York: Prentice-Hall.

②Rotter, J. B. (1981). The psychological situation in social learning theory. In Magnusson, D. (Eds.), *Toward a psychology of situations: an interactional perspective*. (p.96).Hillsdale, NJ: Lawrence Erlbaum Associates.

③Rotter, J. B. (1954). *Social learning and clinical psychology*. (p.105) . New York: Prentice-Hall.

④Rotter, J. B. (1954). *Social learning and clinical psychology*. (p.106). New York: Prentice-Hall.

强调反馈的作用，认为在日常生活中，人们的行为会随着期望值的提高而加强。反馈能强化期待，使个体实现最终的目标。他指出，如果一个人形成了一种关于成功的类化的期待，自我评价会随之提高。罗特认为行为的动力取决于要实现的预期目标，而不大取决于生理状态，他说："所有由目标所决定的行为可以带来心理上的平衡、心理满足和安全感。"①

罗特与赫尔、斯金纳一样，认为强化在行为中具有实质性意义和重要地位。罗特认为，强化值是"在所有强化发生的可能性相等的情况下，个体对某一强化的偏爱程度"②。比如一个儿童偶有关心他人的举动，受到表扬后，他关心、同情他人的倾向就会得到巩固。鉴于此，罗特认为成人可设计适当的强化手段来帮助儿童青少年养成爱劳动、关心他人、与人和睦相处等好的行为习惯。罗特还指出，尽管人们对强化的估价有共同之处，然而各人对不同的强化还是有不同的估价的，因而喜爱的程度也会因人而异，强化值在很大程度上依赖于个体是否能分辨出何种行为以何种方式能获得奖励。

（二）关于控制点的理论

罗特经研究发现人们对成功或失败的原因分析是因人而异的。当一个人实现了欲求的目标，比如说考试取得了高分数，工作创了佳绩，事业有所突破等，他会自然而然地问自己成功的原因。同理，如果一个人考场失利，工作受挫，前途渺茫时，他便扪心自问：这是为什么？有的人归因于自身的努力、能力、特质或者技能，即成功与否完全取决于自身，而不能推诿于自身以外的原因；有的人则归因于运气、机遇、命运或者其他不可抗拒的外部力量。罗特称这种取舍机制为控制点（locus

① Rotter, J. B. (1954). *Social learning and clinical psychology*. (p.196). New York: Prentice-Hall.

② Rotter, J. B. (1954). *Social learning and clinical psychology*. (p.107) . New York: Prentice-Hall.

of control)，它反映了一个人对行为结果的领悟方式是积极主动的抑或消极被动的。

1. 两种控制点

罗特将控制点分成两类：内在控制点和外在控制点。内在控制点指一个人所得到的强化或惩罚是其自身所用手段、智谋或努力的结果；外在控制点则指一个人所受的强化和惩罚与自身无关，非自己所能左右和控制。

罗特认为，人们对结果的归因“内外”有别。如果一个人接连在体育比赛中创佳绩，往往归于能力和奋斗使然；如果一个人玩扑克时抓了一手好牌则常常归于运气不错。当然，事情远非如此泾渭分明，在多数情况下，人们把结果归于内在因素还是外在因素主要取决于其观点和态度。尽管从客观上讲结果产生的原因易于区分为内部的还是外在的，但是决定人们的控制点的是其如何去理解和觉察这些原因，也就是说正是人们主观上的控制点影响人们如何去评价和行动。当两种人面对同一问题或境况时，由于控制点不同，将决定他们必然采取不同的方法去行为和做出不同的归因。

2. 两种控制点的差异

罗特及其后来者的大量研究发现，具有不同控制点的个体因对导致强化和惩罚的内在、外在因素的归因不同，行为上会表现出很多差异。研究表明：具有内在控制点的个体比具有外在控制点的个体更潜心追求知识、学习文化，因为他们认为应对自身的结果负责，知识的多少、文化素质的高低、成功机会的大小完全取决于自身努力的程度，他们还热衷于搜集资料和信息，以利于提高获得成功的可能性；具有内在控制点的个体的成就动机水平和所获成绩往往高于具有外在控制点的个体；具有内在控制点的个体更倾向于反抗社会压力，更不易于为别人所说服，他们对自己的能力充满自信，更具有自主性；具有内在控制点的个体较少焦虑不安，并且患精神病的概率小于具有外在控制点的个体。

一般而言，具有内在控制点的个体优势显得多一些，但在一些情况下，具有外在控制点的个体有更多的适应性。比如在个人有较少控制机会的前提下，具有外在控制点的个体更易于适应，表现得较为轻松自如。

值得一提的是控制点并非一成不变，罗特曾指出，如同人的生活环境会发生变化一样，像控制点这样的类化性期待（generalized expectancy 简称 GE，指的是由一种情境产生的期待类推到另一种情境）是有可能变化的。后来的事实证明了这一观点的正确性。

罗特的控制点理论是其学说中贡献和影响最突出、最持久的一个。对控制点的研究所产生的影响之大，就连罗特本人也感到吃惊。他曾经说："我在林中漫步，点着了烟斗，丢掉了火柴，可当我往回走时，那里燃起了丛林大火。"①关于控制点的研究很多，比如关于控制点信念产生的根源研究、关于控制点信念的发展研究、关于控制点倾向的个体差异研究等。需要指出的是，关于控制点理论的研究已远远超出心理学领域，涉及社会科学的方方面面。罗特自己回忆说，据初步统计，1969—1977 年，他 1966 年的那篇关于控制点的文章在社会科学文献中被引用达 1 345 次，它不仅是被引用次数最多的，而且比其他任何文章被引用次数的两倍还多。即便时至今日，控制点这一概念的受欢迎程度仍不减当年。

（三）关于人际信任的研究

在研究中，罗特注意到除了控制点这一特殊的类化性期待之外，人际信任也是一种很重要的类化性期待。

1. 人际信任

罗特认为，人们对别人的言行是否可以信赖的类化性期待是因人而异的。有些人期待着他人是可以依赖的、可靠的，而另外一些人则认定他人是不能相信、无法依靠的。这种类化性期待的形成取决于父母、

①［美］伯纳德·韦纳著，孙煜明译：《人类动机：比喻、理论和研究》，浙江教育出版社 1999 年版，第 241 页。

教师、同伴和新闻媒体对诺言是该信守还是违背的看法和做法。罗特称这类化性期待为人际信任（interpersonal trust），是指“某一个体对另一个体或团体的言辞、诺言、口头或书面的陈述可以信任的期待”[①]。

罗特首先进行了人际信任的测量工作。在他看来，是否可以相信别人是人们学习的一个重要变量。因为人们的大多数学习（正式的和非正式的）都是建立在别人口头和书面陈述基础上的，而且人们对知识的获得也受到他们对那些提供信息的人的信任程度的影响。因此，对人际信任的个体差异的测量对社会心理学、人格心理学以及临床心理学的研究都是极有价值的。在此之前，社会科学领域的一些相关研究运用博弈理论（game theory）研究了与人际信任相关的一些条件。这些研究表明，在两人非零博弈（two-person non-sum-zero game）的情境中，两个陌生人的典型反应是相互竞争的，这就涉及信任问题。这些研究似乎表明，美国人是一个高怀疑和极端竞争性的群体，他们宁肯放弃许多利益也不与别人合作。但在罗特看来，这些结论与日常生活常识相悖，因为，个体和各种组织机构的日常行为多是合作而非竞争的。他认为：“这种不一致可能是由于实验室情境本质上就带有高竞争性，而且其概括性也很差。”[②]同时期涉及信任的研究还有，如吉芬关于信息来源可信度的研究，米契尔较小的即刻奖励与许诺了的较大的延迟奖励的研究等。罗特指出，这些研究并没有涉及个体差异。而在他看来，个体差异的测量对研究行为的发展、根源、稳定性等都有重要意义。因此，罗特发展了一种有理论根据的人际信任测量。被试是未来社会的决策者——大学生群体。他选择大量题目，并采用了利克特模式表达，题目涉及各种社会对

---

① Rotter, J. B. (1971). Generalized expectancies for interpersonal trust. *American Psychologist*, 26, 444.

② Rotter, J. B. (1955). The role of the psychological situation in determining the direction of human behavior. In Jones, M. R. (Eds.), *Nevraska symposium on motivation*. (p.255). Lincoln: University of Nevraska Press.

象，如父母、教师、物理学家、政治家、同学、朋友等，得分高表明对各种社会对象的信任度也高。

2. 人际信任的作用

罗特认为，人际信任程度不同的人在面对同一问题或情境时，由于期待不同，将采取不同的方法。他发现，有宗教信仰的人比不可知论者、无神论者或无信仰的人的人际信任程度高。罗特指出，人际信任程度与社会经济地位有着密切的关系，来自社会经济地位高的家庭的孩子一般来说人际信任程度高，而来自社会经济地位低的家庭的孩子由于对现状和当权者不满，似乎没有理由去信任别人。大学生人际信任的分值与父母的分值密切相关，这是由于为父母所信奉或支持的观点和态度很容易为自己的孩子所接纳造成的。罗特还发现人际信任程度与可靠程度有很大的关系，人际信任程度高的个体很少说谎或欺骗他人，也很少有偷窃行为。人际信任程度高的个体一般生活幸福，易为他人喜欢和尊重，并且多半会给他人提供机会，对他人的权利和价值比较尊重；人际信任程度高的个体很少有内心冲突、精神失常或顺应不良，愿意结识朋友，善于处理人际关系。当然，这并不意味着具有高信任感的个体易于轻信他人或上当受骗，他只相信那些没有更多的理由表明不值得相信的人或事。事实上，当情境变得模糊不清、真伪莫辨时，他并不比具有低信任感的个体更容易受骗上当。相反，大量事实表明，具有低信任感的个体在贪心或私欲的驱使下更容易成为他人精心设计的骗局的冤大头。

在人际信任的相关研究领域，罗特及其同时期的心理学家们主要进行了关于人际信任的产生根源、影响信任发展的因素、人际信任的个体差异等方面的研究，这些研究对许多相关领域，如人格心理学、社会心理学以及临床心理学等都极具启示意义。

除了上述三种比较重要的理论观点之外，罗特还对人格的发展、人的六种心理需要、适应不良者的特征、心理治疗的方法等问题进行过许多研究。

（四）对罗特社会行为学习理论的简评

罗特的社会行为学习理论有自己的特色，大致可归纳如下：采用建构论的观点，着意发展一系列有预测效用的概念；特别注意概念的精确性，力图使概念的含义明确；对每个概念都下一个操作性定义，以便于实验验证；既使用了动机性变量（强化），又使用了认知变量（期待），把两者有机地纳入一个综合性的理论框架之中；强调行为的表现而非行为的习得。有人干脆称他的社会行为学习理论为"社会行为表现论"。当然，这一点既是其理论的特色，也是其理论的缺陷。这一缺陷为后来的班图拉所觉察并加以弥补。同时，罗特提出的人格的基本结构能否反映人格本身的不同层次、不同水平和不同因素的多维系统结构也是一个问题。

罗特在由传统行为主义向新的新行为主义转变过程中起了重要的作用，其他的新的新行为主义者，如班图拉、米契尔等人运用了他的一些思想观点和概念，并发扬光大，将社会学习理论发展到了一个新的高度。

## 二、米契尔的认知社会学习理论

沃尔特·米契尔（1930— ）是奥地利维也纳人，九岁之前住在离弗洛伊德家仅咫尺之遥的地方。弗洛伊德的理论对其早期的研究工作有潜移默化的影响。米契尔成长于美国的纽约，1956 年获俄亥俄州立大学临床心理学博士学位。当时，受两位著名心理学家的影响很大，他说："凯利（人格心理学家乔治·凯利——作者注）和罗特是我的两位良师，他们二位对我的思想有深远的影响。"[①]米契尔先后在科罗拉多大

① Pervin, L. A. (1993). *Personality: theory and research. (6th ed.)* (p.387). New York: John Wiley & Sons, Inc.

学、芝加哥大学、哈佛大学和斯坦福大学任教。在斯坦福大学与班图拉并肩携手做过许多研究，所以他的理论观点及所使用的一些概念与罗特和班图拉有类似之处。1968 年出版的《人格及其评价》一书，确定了米契尔在心理学界的地位。米契尔的另一本力作《人格导论》（第七版）于 2003 年 7 月出版。他认为人的行为既受个人因素的制约，也受情境变化的影响。他更进一步指出，强化在人通过认知功能对特定情境进行预测时起作用。这些看法成为新的新行为主义理论中的核心性原则。1978 年他荣获美国临床心理学分会颁发的科学贡献大奖。自 1984 年至今，米契尔担任哥伦比亚大学心理学教授。

（一）五种认知人格变量

从 1973 年开始，米契尔借助于认知心理学和新行为主义理论重新对人格进行界定。他建议心理学家应重视对认知变量的研究。他强调指出，为了搞清楚人与环境的关系，必须把人格变量与环境变量视为同等重要的因素。他总结出五种认知人格变量来解释人们是如何对各种刺激进行反应的，又是怎样表现出各自不同的行为模式及人格的。

1. 建构能力

建构能力即建构特定的认知与行为的能力。米契尔认为建构能力来源于一个人内在的潜力，在生活中，人们发挥这种潜力从而获得了各种行为模式。一个人可以通过观察学习、模仿、试误等途径形成其建构能力。建构能力在米契尔看来是个体灵活地使用和处理信息的能力，它有两层含义：其一是指人们有能力对情境进行辨别与分类，运用相应的认知和行为模式，对某种刺激加以反应；其二是指人们在认知行为方面存在着很大的差异，只要把握得当便能对某人在某种情境中的行为表现进行预期。

2. 编码策略与个人建构

它们是用来对事物进行归类和进行自我描述的单元。米契尔认为人们在分析某件事或对其进行分类时所采用的方法是很不一样的。由于人们的知识经验、认知方式、建构构成极不相同，所以对同一件事或情境的反应就有可能相去甚远。米契尔认为编码策略的不同又取决于个人建构的差异，因为每个人都有特殊的建构世界、分析世人的方法，这样就会在处理信息时各行其道，因此行为反应就因人而异了。

3. 行为结果与刺激结果的预期

它们是人们对特定情境的预期，米契尔认为“最令人感兴趣的个体变量就是主观预期”[①]。米契尔把这两种预期看成是向实际行为表现提供编码策略与个人建构的手段。他认为，要想搞清楚人们从事什么活动以及如何去行动，则要对可能的行为及结果进行预期。人们通过对各种经历加以总结便发展了一种对可能性的预期，即一个特定的反应会带来一个特定的结果，这种预期便是行为结果的预期。他认为，不协调行为是由行为结果预期与实际情况不相符合造成的。而刺激结果预期是人们对一个特定事件能否引发另一个事件的可能性预期，用以解释一个特定的事件为什么会在一个特定的场合发生。

4. 主观刺激价值

主观刺激价值即对刺激、动机和反感的引发与唤醒。米契尔指出，由于主观刺激价值的不同，即使人们具有同样的预期，对事件的反应也不尽相同。他认为，主观刺激价值的不同是相对稳定的，因此每个人就会表现出不同的保证自己结果的行为来，但他指出这种特殊的事件或结果的价值很大程度上依赖于它所发生的条件。

5. 自我调适系统的计划

这是指人们用来规定其行为和组织复杂的行为程序的规则与自我反应。这是其理论中最富于认知特色的方面。米契尔认为，尽管我们的行为受到来自外部奖赏或惩罚的左右，但有时也遵循我们自己的临时规则。人们可以通过自己的认识过程来策划自己的行为方式，即人们有时

① Mischel, W. (1973). Toward a cognitive social learning reconceptualization of personality. *Psychological Review*, 80, 252-283.

是由自我规定的目标和计划来调节自己的行为的。米契尔认为这种变量有如下作用：设立使用目标和活动标准分类的原则；规定达到和未达到这些标准的结果；设计自我教育和认知刺激的改变，以获得达到目标所必需的自我控制；为了延续和终止复杂行为而组织规则与计划。

米契尔试图用认知心理学的知识对情境建构及人与情境的相互联系加以解释。他认为，上述五种认知人格变量可以使人们在不同水平上有区别、有选择、灵活机动地采取合适的行为方式来适应变幻莫测的情境。

（二）认知原型理论

米契尔及其同事发表了大量论文并出版专著来阐述其原型理论，他们运用认知心理学的有关知识来对人、对情境加以归类研究。在认知心理学中，原型是指类别中最具特征性的成员，也是类别里最中心的成员，即最典型的样例。[①]由于原型是比较固定的认知结构，因而人们往往将之称为认知原型（cognitive prototype）。米契尔认为，当我们判断一个给定的客体是否属于某一认知范畴时，我们就运用原型作为范例来衡量这一客体，它越是与原型相类似，我们越倾向于将它归入这一范畴。比如，提到“水果”，我们或许把苹果作为原型范例，由于桃、梨、杏等与之相近，我们就很容易把它们归到水果这一类中，但当有人说西红柿也是水果时，我们便大惑不解，这是因为西红柿与我们的原型相去甚远，所以很难把它归到水果一类中去。

米契尔等人认为原型是一种相对比较稳定的认知结构。它是关于某一类事物特征的模式，其中包括了几种典型的特征，尽管不可能包括所有的特征，但只要具有了关键性的几点特征，就可以将人、物与之相对照，然后将某人、某物划到某一范畴之中。这样说来，原型便是一种理想的样板和可参照的标准。在米契尔等人看来，每个人都有自己独特

①［美］J. B. 贝斯特著，黄希庭主译：《认知心理学》，中国轻工业出版社 2000 年版，第 423 页。

的原型，这种不同的领悟方式会导致不同的行为。也就是说，因为你与我有不同的原型和不同的分类标准来处理信息和面对刺激，这样我们就有可能对同一个人、同一件事做出截然不同的推论和反应，以至于我们在与同一个人、同一件事打交道时自然地采取完全不同的方法。又因为原型是一种比较稳定的认知结构，所以我们在行动中的个体差异相对而言也是稳定的，这样便表现出相对稳定的人格特征来。当然，如果一个人长期用一种原型来衡量他所遇到的人或事，也有可能产生麻烦和错误。经历了某种挫折和失败后，人们就有可能改变原型或产生一种新的用不同的原型来分类与处事的方法，以利于有效地获取和处理信息，恰到好处地行动。

1．利用原型对人进行分类

原型可用来对人进行分类。一个原型可以是大众形象的代表，这样就可以用来描述一般的人了；也可以是一个特殊的人，他可以作为一个群体的最优秀人物的缩影。米契尔建议关于人的分类可以用一种等级的形式。比如，我们可以用“运动员”这一原型，也可以用“篮球选手”这一原型，为了更好地说明问题，还可以用“篮球中锋”这一原型。

米契尔等人在 1979 年做了一个实验，要求被试对 36 个人物名称按等级不同进行分类。结果表明，被试能够按等级有次序地对各种类型的人进行准确的分类，在一个特定的范围内的人有一些特征是特别关键和具有说明性的。一般地讲，每种人都可依据与之相联系的具有说明性的特征的数目与质量来加以界定和区分。比如，把外向的人作为第一等级，对外联络员、滑稽角色就成了外向的人的下属第二等级，推销员、竞选组织者、总统事务发言人成为对外联络员的下属第三等级。第一级分类太笼统、概括，第三级分类又过细，所以都不适合作为分类的标准，我们平时大都在第二级水平上对人进行分类和观察。

2．利用原型对情境进行分类

米契尔认为情境也可以按原型进行分类，这种情境原型同样被认为是相对稳定的认知因素，同样可以导致相对稳定的个体不同的行为表现。他把情境看作是一种有意义的变量。他在 1982 年进行了一项研究，要求被试把 36 种情境归到几个范畴中去，结果发现被试对情境的分类也有高低不同的三级水平。他总结道：情境原型一般包括情境的自然特征、参与者的人格特征、与情境相联系的情感体验、所期待的行为等。

3. 人与情境的联系

米契尔认为人如何行动取决于他对情境的建构情况，但反过来这种建构又依赖于特定的情境和建构者本人。他指出，用原型来对人或情境进行分类的方法可以作为估价个体行为差异的真实性与稳定性的一条途径，但还必须用人与情境交互作用的立场来看待这些差异。他认为："要恰当地了解人与情境间的相互作用就需要对人与情境的建构在理论上重新界定，而不是想当然地设计一些特殊的情境来观察人的行为表现，这种再界定可以使对人的特征的分析与对认知学习过程的分析联成一体。"①

（三）人格的认知—情感人格系统理论

米契尔和舒达于 1995 年提出了认知—情感人格系统（cognitive-affective personality system，简称 CAPS）理论。该理论是社会认知理论中发展的一种较为系统的人格观点，它扩展了社会认知方法，使之包括情感。

在 CAPS 理论中，米契尔在认知社会学习的个体变量的基础上强调了情感和目标的作用，并将这些变量称为认知—情感单元（cognitive-affective units，简称 $CAU_S$）。CAUs 是指个体可以获得的心理—情感表征，即认知、情感或感受。米契尔之所以考虑到情感因素对个体差异的影响，是因为有越来越多的实验表明，情感会对自我调节、个体对未来长期目标的追求、社会信息加工、应对行为产生深远的影响。同时米契

① Mischel, W., Peake，P.K. (1982). Beyond déjà vu in the search for cross-situational consistency. *Psychological Review*, 89, 730-755.

尔认为，目标能够引导并建构个体正在追求的长期计划，它不仅会影响个体寻求、创设的情境和结果，也能够影响个体对这些情境和结果的认知、情感和行为反应。米契尔指出，系统中的这些CAUs不是孤立的、静止的组成部分，当个体对情境进行选择、解释、创造时，单元之间会产生相互作用。在动力学上，这些认知表征和情感状态相互作用、相互影响，而且正是这些单元之间关系的结构，构成了人格结构的核心，并促进或抑制这些单元的影响。

个体是通过以下两个方面表现出自己的特征的：（1）个体可获得、可通达的认知和情感单元；（2）单元之间独特的相互关系的结构以及能引起特定心理体验的情境特征。当个体感受到特定的情境特征，并对其进行加工时，单元之间关系的结构便会促进或抑制这些情境特征对特定的认知、情感及潜在行为的激活。CAUs之间关系的结构构成了人格的基本结构，反映了个体在特定的认知和情感上长期的可通达性和激活的难易程度上的差异，是个体独特性的基础。

（四）对米契尔认知社会学习理论的简评

米契尔的理论具有一定的积极意义，表现在：第一，他关于认知人格变量的研究，对我们如何看待和改进人格测验是很有帮助的。他认为，人们最具有说明性的差异不会在面对相同情境的反应中表现出来，而只有在扎扎实实地分析他们对情境的建构及抉择后，才能抓住本质。他坚持人格测验应从认知心理学的研究中得到启示，而人格心理学的研究反过来又可以丰富和发展认知心理学。第二，米契尔运用认知心理学的有关知识对人、对情境及人与情境的关系加以分类研究，取得了一定的成果。他的出发点在于摆脱和结束关于人与情境关系问题的长期纷争，努力使人格—临床和认知—实验这两大心理学阵营在目标规划和方法等方面相互协作，以便从根本上完成对人的心理这一难题的研究。[①]

---

① Mischel, W. (1979). On the interface of cognition and personality. *American Psychologist*, 34, 740-754.

他的这一思想表达了他希望心理学出现新的整合的美好设想。第三，米契尔的理论比较重视人与环境的交互作用、认知因素对人格发展的影响等。这是潮流所向，也是新的新行为主义的特色之一。

当然，米契尔的理论也有其局限性。第一，他所用的认知人格变量和原型不一定能解释人的行为，因为在他看来，只要对行为研究有用即可。他说："应当注意的是其实用性，并且这种实用性只有依据特定的目的才能做出准确的判断。"[①]那么，当我们使用这些概念时，不一定能帮助我们准确地把握人的行为，甚至会使我们误入歧途。第二，米契尔的理论结构不太完整，涉及面过于单一。比如他提出了五种认知人格变量，但它们之间的关系如何且又是怎样联系起来的，没有讲清楚。他还过于看重后天学习、模仿等因素的作用，否认先天素质、特质等的影响，这就有失公允了。

---

① Mischel, W. (1979). On the interface of cognition and personality. *American Psychologist*, 34, 740-754.

# 第四编

# 精神分析

精神分析是20世纪最重要的学术思潮之一。然而由弗洛伊德开创的精神分析运动无论在理论研究上还是在心理治疗上，一直存在着严重的分歧，经常发生派别内部的分裂与重新组合。在精神分析运动的早期，一方面弗洛伊德本人不断修正自己的理论，他的前期理论与后期理论就有很大差别；另一方面弗洛伊德的弟子们由于日益不满弗洛伊德精神分析的理论与方法，先后与他分道扬镳。于是出现了阿德勒的个体心理学和荣格的分析心理学。在精神分析运动史上，它们与弗洛伊德的精神分析一起被称为早期精神分析或古典精神分析。精神分析最初流行于德语国家，但第二次世界大战爆发以后，随着大批精神分析学家移居美国，精神分析运动的中心从欧洲转到了美国。一些精神分析学家又在新的社会条件下对弗洛伊德的古典精神分析理论和方法进行修正或扩充。移居美国的哈特曼和艾里克森等人从弗洛伊德重视伊底转向重视自我，形成了精神分析的自我心理学派；移居美国的霍妮、弗洛姆和美国的沙利文等人则从社会和文化方面扩充弗洛伊德的理论，形成了精神分析的社会文化学派。精神分析的自我心理学派声称代表着正统的弗洛伊德精神分析运动的发展方向，它与精神分析的社会文化学派在新的形势下相对峙，构成了精神分析发展的主要线索。

# 第九章　弗洛伊德的古典精神分析

精神分析又称心理分析，产生于19世纪末20世纪初的奥地利，由维也纳精神病医生、心理学家弗洛伊德始创。精神分析是现代西方心理学的一个重要学派，但它又不同于其他学派，它起源于精神病的治疗实践而非大学心理学实验室研究，是一个非学院心理学派。精神分析正是从对精神疾病的分析和治疗中形成了对人的心理和人格的新解释。正如弗洛伊德所说："精神分析最初是一种特殊的治疗方法，而现在它也变成了一门科学的名称——潜意识心理过程的科学。"①所以，精神分析既是治疗精神疾病的方法，又是研究潜意识活动的理论。同时，弗洛伊德晚年还把精神分析的理论和方法广泛应用到社会科学的各个领域，成为一种无所不包的哲学观或世界观，构成现代西方的一种主要的社会思潮。

## 第一节　精神分析运动的起源

### 一、社会历史条件

精神分析的产生不是偶然的，而是有其特定的社会历史根源。正如美国著名心理学史家黎黑指出："由于弗洛伊德的经验是用于临床诊治现实的人类问题，他的理论比实验心理学家的理论来说，就更多地根植于社会基础。"②

弗洛伊德的古典精神分析产生于19世纪末的奥地利。当时的奥地利

---

①[奥]弗洛伊德著，张霁明、卓如飞译：《弗洛伊德自传》，辽宁人民出版社1986年版，第99页。

②[美]黎黑著，刘恩久等译：《心理学史》，上海译文出版社1990年版，第287页。

利，在经济上由资本主义自由竞争发展到垄断阶段，这种变化导致了社会矛盾更加尖锐。弗洛伊德的居住地维也纳在19世纪末作为奥匈帝国的首都正处于物质文明和物欲横流的中心，而居住在贫民窟里的大多数市民却生活潦倒，更受种种欺压，精神上的矛盾冲突引发出众多的精神神经病患者。作为治疗神经症的一种理论和方法，精神分析正是在这样一种特定的社会条件下孕育产生的。

弗洛伊德的理论也受到当时欧洲维多利亚时代的影响。在那个时代，社会盛行一种陈腐伪善、道貌岸然的道德标准和行为规范。清教主义的伦理观受到推崇。性在婚姻中被看作是一种必需的罪恶，仅在繁衍后代上有好处，造成人们精神上的巨大创伤和内部紧张冲突的状态，以致犹太人家庭中神经症和精神病的发病率日益增加。弗洛伊德的精神分析也正是为了解决这一迫切的社会问题而产生的。

总之，弗洛伊德的精神分析理论既是他居住地的精神文化气氛下的产品，也是他成长于其中的社会环境下的产物。

## 二、文化思想渊源

精神分析的产生，不仅有其特定的社会历史条件，还有其深刻的文化思想渊源。

### （一）哲学思想的影响

首先，在哲学思想方面，要提到叔本华和尼采哲学思想的影响。无意识的概念在叔本华哲学中占有重要地位。弗洛伊德自己也认为一些著名哲学家的思想是精神分析理论的重要来源，特别是叔本华的无意识理论，它相当于精神分析中的心理欲望。叔本华的无意识概念通过尼采对弗洛伊德发生了相当大的影响。尼采不仅承认无意识的存在，而且认为最伟大、最基本的活动是潜意识。他进一步解释，人类自认为是理性的动物。实际上人们的行为根本就不是理性的，只是意识不到自己的行为动机，对行为的理性解释既欺骗了自己，也欺骗了别人。这一观点对弗洛伊德产生了极为重要的影响。

其次，要特别提到哈特曼哲学思想的影响。哈特曼在《无意识的哲学》中指出：无意识不是与有意识相对立的概念。无意识既表现在植物的生长中，也表现在动物的本能动作和反射动作等活动里，还表现在人的精神活动中，如在情绪活动、感情活动、艺术创作、审美感受中都可以找到无意识的例证。在哈特曼那里，无意识被看作是人的心理的不可分割的部分，是生命的源泉和动力所在。虽然难以肯定弗洛伊德对哈特曼的无意识哲学有多深的研究，但是19世纪70—80年代大量出版物中有关哈特曼的思想对弗洛伊德产生了影响则是无疑的。

最后，弗洛伊德还受到18—19世纪哲学中流行的享乐主义动机学说的影响。这一学说主张，人的行为总是与趋乐避苦的欲望联系在一起的。享乐主义有三种：现在享乐主义、未来享乐主义和过去享乐主义。现在享乐主义主张人的行为动因在于"及时行乐"，过去享乐主义则视过去快乐与否为行为的决定因素，未来享乐主义则认为人的行为动因在于未来能否获得快乐。18—19世纪流行的是未来享乐主义。弗洛伊德的快乐原则与现实原则的对立正是体现了未来享乐主义的观点。

（二）心理学思想的影响

弗洛伊德在维也纳大学学习时，曾连续三年聆听布伦塔诺的课，熟悉布伦塔诺关于心理现象的意向性、能动性的观念，并把心理现象的能动力量视为不存在于外在世界，而只存在于内在世界的一种内在的对象性。另外，弗洛伊德通过布伦塔诺接受了亚里士多德的发生学观点。

莱布尼茨提出的微觉说，无疑使弗洛伊德受到启发。在莱布尼茨之后，赫尔巴特进一步提出意识阈的概念。赫尔巴特指出："一个概念若要由一个完全被抑制的状态进入一个现实观念的状态，便须跨过一道界线，这些界线便为意识阈。”[①]意识阈上的观念可以转入意识阈下而成为无意识的；相反，被压抑的观念，可以通过有关的意识观念的吸引从意识阈下进入意识。正如波林指出，弗洛伊德早年对于潜意识的描写，也许直接来源于赫尔巴特。

费希纳继承和发展了赫尔巴特关于意识阈概念的思想，认为人的心理类似于一座冰山，它相当大的部分藏在水面以下，在这里有一些观察不到的力量对它发生作用。意识的运动是由下面的潜流推动的。他还直接把无意识称为心理能量。弗洛伊德公开承认费希纳对自己有重要的影响。他说：“我一直乐意接受费希纳的思想，在许多重要观点上信奉这位思想家。”[②]

（三）科学思想的影响

19 世纪科学界盛行能量和进化的概念，这些科学思想通过弗洛伊德大学时代的老师、著名的生理学家布吕克对他产生了深刻的影响。

19 世纪中期赫尔姆霍茨提出能量守恒的观点。这种观点认为，能量是一种系统，它可以从一个物体转至另外一个物体，却不能被消灭。赫尔姆霍茨还指出，有机体内除了普通的物理和化学力之外没有别的活动力，心理能就是脑细胞所提供的物理能。深受 19 世纪物理学和生物学思想的影响，弗洛伊德认为，人体也是一个复杂的能量系统。人从大自然中获取能量，又为某种目的消耗能量，人类的行为就是能量释放的结果。根据能量守恒定律，心理能量可以转化为不同的形态，但总的能量是不变的。显然，弗洛伊德的这种心理动力观与赫尔姆霍茨的能量守恒观点有密切的关系。

另外，弗洛伊德也深受达尔文的进化论思想的影响。早在中学时代，弗洛伊德就阅读了达尔文的《物种起源》。达尔文认为，人类是经

①［美］波林著，高觉敷译：《实验心理学史》，商务印书馆 1981 年版，第 288 页。

②［奥］弗洛伊德著，张霁明、卓如飞译：《弗洛伊德自传》，辽宁人民出版社 1986 年版，第 82 页。

过不断的演化而来的，是从动物阶段过渡到人的阶段，在许多方面与动物是没有区别的，这种把人生物学化的观点就构成了弗洛伊德本能论的依据，他把人的本能同动物的本能等同了起来。

## 三、心理病理学的背景

精神分析的产生更直接的原因则是心理病理学的背景。长期以来，精神疾病的原因和治疗一直是个令人困惑的难题。在文艺复兴以前，对精神病的认识和治疗一直是迷信观点占统治地位，人们把精神失常的原因看作是中邪、魔鬼附身，因而主要采取残酷的肉体惩罚等非人道的办法，如给患者锁上铁链，或者放逐到荒无人迹的森林中任其自生自灭。自文艺复兴之后，由于科学和社会思想的进步，人们逐渐认识到精神错乱是一种疾病，对精神病患者应施以治疗。法国精神病学家皮奈尔就是这一观点的首倡者。以后德国精神病学者格里辛格尔提出把精神病因归为大脑的病变，并于1845年提出生理病因学的观点，从而开始取代迷信观。到了19世纪，精神病学总的说来是生理病因观占优势，但同时心理病因观也很快形成起来。心理病因观是在心理或精神方面寻找行为异常的原因。精神分析就是主张心理病因观的一些人发展起来的，而麦斯麦（1734—1815）可以说是心理病因观的先驱。

麦斯麦是奥地利维也纳的医生，曾经用一种“通磁术”，亦称麦斯麦术，使患者进入昏睡状态，使不少病人有所好转。实际上，麦斯麦术就是一种催眠术。但由于麦斯麦无法解释引起催眠的原理和机制，而以为是一种“动物磁力”在起作用。同时，麦斯麦术带有江湖气息，它的有效性遭到医生和科学家的质疑。在以后很长的一段时间内，催眠术一直为人们所忽视。

1843年英国外科医生布雷德（1795—1860）提出以精神催眠说代替麦斯麦术，认为催眠不是什么磁性的作用，而是一种心理作用，自此才正式确立了催眠术的概念。由于布雷德在使用催眠术时很谨慎，并未夸大催眠的作用，反倒使催眠术获得了合法的地位。布雷德的催眠术通过法国乡村医生李厄保（1823—1904）为法国另一位医生伯恩海姆（1840—1919）所继承，后者最终创立了催眠术的南锡学派，与以沙可（1825—1893）为代表的巴黎学派对立。

这两个学派都相信催眠术，并用以治病，但对催眠的性质和作用持不同的看法。南锡学派主张催眠是暗示的结果，与神经症无关。该学派侧重研究催眠的心理方面。巴黎学派主张催眠状态是一种病症，是由神经症引起的。该学派侧重研究催眠状态中的生理变化。弗洛伊德先到巴黎跟沙可学习，后到南锡跟伯恩海姆学习，因此两派对他都有影响。但是，弗洛伊德似乎受沙可的学生让内的影响更大。沙可的精神病因观仍是一种生理病因观，让内则转向精神或心理病因观。弗洛伊德曾于19世纪90年代访问过让内所工作的萨伯居里医院，对让内的研究很有兴趣。同时弗洛伊德也发表了一些新的观点，他更改了让内的一些术语，如改心理组织为情结，意识缩小为压抑，心理分裂为精神宣泄。

## 第二节 弗洛伊德精神分析的主要理论

### 一、弗洛伊德的生平与著作

西格蒙德·弗洛伊德（1856—1939）是奥地利心理学家和精神病学家，是精神分析学派的创始人，被誉为精神分析之父。

弗洛伊德1856年5月6日出生于摩拉维亚（现属捷克）弗赖堡的一个犹太人家庭，父亲是个羊毛商。在弗洛伊德4岁时，全家移居奥地利维也纳，在那里，弗洛伊德度过了他一生中的大部分时间，直到1938年纳粹占领奥地利而不得不避难伦敦。

弗洛伊德的母亲是他父亲的第三任妻子，弗洛伊德是他母亲所生六个孩子中的长子，他还有两个与他母亲年龄相近的异母哥哥。生活在这样一个特殊的家庭，弗洛伊德自小深得母亲的宠爱，这使得他对其母亲形成了一种强烈的感情依恋，而他的父亲并不像母亲一样偏袒他，相反，有时对他显得冷漠与粗暴。弗洛伊德自幼聪颖好学，先在家中由母亲教导读书，后进入大学预科，17 岁时完成大学预科学业后，考入著名的维也纳大学医学院。在校期间，他兴趣广泛，曾研究过鳝鱼的性腺结构。在大学时代，他还听过意动心理学家布伦塔诺的课，做过著名生理学家布吕克（1819—1892）的研究助理。1881 年获医学博士学位后本想进大学专门从事神经医学的研究，但因受犹太背景的限制未能如愿。1882 年开始在维也纳中心医院工作。1885 年他被任命为维也纳大学神经病理学讲师。同年秋，赴法国巴黎留学，师从著名神经病学教授沙可，对癔病的治疗和催眠术发生了兴趣。1886 年在维也纳开设私人诊所，开始运用催眠术治疗癔病患者。他的合作者约瑟夫·布洛伊尔（1842—1925）是一位有着丰富从医经验的精神病医生。在对患者的治疗过程中他们发现，催眠对癔病的持续治疗缺乏有效性，所以弗洛伊德吸收布洛伊尔的实践经验，鼓励病人自由谈论他们的早期生活，这在某种程度上可以减轻他们的症状。弗洛伊德和布洛伊尔一起治愈了几个神经症病例，并合作撰写了《癔病研究》（1895）一书，这本书通常被认为是精神分析的开端。只是布洛伊尔并不认同弗洛伊德的做法——过分强调性对癔病发作的影响，因此他们的合作最终不欢而散。

弗洛伊德在使用自由谈话方法的过程中，有时发现患者回忆和谈出来的内容，就是患者在睡眠时所做的梦。这样，弗洛伊德就以患者的梦的情节作为精神分析的另一个出发点。他把研究梦的结果于 1900 年写成《梦的解析》一书出版。该书被认为是弗洛伊德一生中最重要的著作之一。《梦的解析》问世后，大大推进了精神分析运动，并大体上构建起了精神分析的理论框架。1908 年在奥地利西部的萨尔茨堡召开了第一次国际精神分析大会，会议决定出版关于精神分析的年鉴，同一年弗洛伊德组织的“心理学星期三讨论会”改为“维也纳精神分析协会”。因此这一年是精神分析学派形成的重要标志。1909 年弗洛伊德和荣格应美国著名心理学家、克拉克大学校长霍尔之邀，赴美参加该校 20 年校庆，在美发表系列演讲，接受荣誉学位，并与美国心理学界知名人士詹姆斯等人会晤。此事意味着弗洛伊德的理论开始得到国际上的承认与重视。

弗洛伊德非常重视荣格，并将他视为继承者。可事与愿违，弗洛伊德、阿德勒和荣格三人的关系终因学术观点的分歧而破裂。阿德勒和荣格分别于 1911 年和 1913 年先后脱离精神分析协会。他俩各立门户，分别建立了个体心理学和分析心理学，然而弗洛伊德的盛名并未因此受到影响。就在 1923 年弗洛伊德学术声望达到巅峰之时，医生诊断他患了口腔癌，此后 16 年间曾开刀 33 次，口腔肌肉多被切除。1933 年纳粹执政后，反犹太人浪潮涌起，弗洛伊德的著作在柏林被公开烧毁。事后弗洛伊德评论说：时代毕竟是进步了，他们仅仅满足于烧我的书，要是在中世纪，他们恐怕会连我也一起烧掉！1934 年左右多数犹太人避难国外，弗洛伊德坚持留在维也纳。1938 年德军占领奥地利，他的女儿安娜被捕，弗洛伊德和家人不得已踏上了逃亡的路，途经法国最终到达英国。1939 年 9 月 23 日因患癌症逝世于伦敦，享年 83 岁。

弗洛伊德在心理学史上的地位无人超越。由于在潜意识以及梦的方面杰出的研究工作，弗洛伊德曾多次获诺贝尔生理学或医学奖提名。2002 年依据其著作被学术期刊引用次数，美国心理学家对心理学史上的重要学者进行了排名，结果发现排名第一者正是弗洛伊德。此外，弗洛伊德的影响还扩展到了哲学、文学、艺术和社会学等领域。有人把弗洛伊德列为与达尔文和马克思齐名的 19 世纪最重要的三位思想家。

弗洛伊德一生著述甚丰，先后发表论文、著作 300 余种，后人编辑的《弗洛伊德全集》共 24 卷。主要代表著作有《梦的解析》（1900）、

《日常生活的心理病理学》（1901）、《性学三论》（1905）、《图腾与禁忌》（1913）、《精神分析引论》（1917）、《超越快乐原则》（1920）、《群体心理学与自我的分析》（1921）、《自我与伊底》（1923）、《幻想的未来》（1927）、《文明及其缺憾》（1930）等。

## 二、精神分析的研究对象

与传统心理学主要研究意识现象和内容不同，弗洛伊德把无意识现象和内容作为精神分析研究的主要对象。在最早形成的理论中，弗洛伊德就断言："精神过程本身都是无意识的，有意识的精神过程不过是一些孤立的动作和整个精神生活的局部。"[①]精神分析也研究那些能意识到的心理事实，但是研究这些意识层面的心理事实的目的是为了了解潜意识过程，即那些实际存在却意识不到的心理事实。弗洛伊德认为，无意识的精神活动远比有意识的精神活动重要得多。意识过程在人的全部精神过程中不过是极小的一部分，就像大海中的冰山，浮在水面上的部分是能够被人看到的，却只是整个冰山的一小部分，而藏在水面以下的部分则为冰山的大部分。在弗洛伊德看来，无意识就像冰山水下的部分，在人的全部精神活动中占主要地位。因此，弗洛伊德主张，精神分析所研究的对象应当是无意识的内容，而不是像以往那样，仅限于对意识内容的研究。

弗洛伊德认为，人的心理包括意识（conscious）、前意识（preconscious）和潜意识（unconscious）三部分。前意识和潜意识共同构成了人的无意识（non-consciousness）。

意识是指可觉察到的心理活动，这是传统心理学集中研究的领域。在弗洛伊德的理论中，意识的作用微乎其微，意识在人类心理领域中只

① Freud, S. (1920). *Introduction to psychoanalysis.* (p.7). New York: Boni and Liveright.

占极小的部分。

前意识是指人们能够从无意识中回忆起来的经验。它处于潜意识和意识之间，担负着“稽查者”的任务，严密防守，把住关口，不许潜意识的本能和欲望随便进入意识之中。但是当“稽查者”丧失警惕时，有时被压抑的本能和欲望也会通过伪装而迂回地渗入意识之中。

在弗洛伊德看来，意识只是前意识的一部分，从前意识到意识，或从意识到前意识，二者虽有界限，却没有不可逾越的鸿沟。然而，潜意识很难或根本不能进入意识中去，是无意识中永远不可回忆的内容，因为从理论上说它们是不能为人所接受的。

潜意识概念是精神分析的核心，是弗洛伊德整个学说的理论基础，后来的精神分析学无论怎样发展和演变，潜意识概念却始终不变。潜意识包括原始的本能冲动以及与本能冲动有关的欲望，特别是性的欲望。由于这些冲动不被社会风俗、道德、习惯所容纳，而被排挤到意识阈之下。但它们并没有消失，而是在潜意识中积极活动，追求满足。这种潜意识的心理过程，虽不为人所察觉，却在人的一生中占有重要的支配地位。正常人的举止言谈、日思夜梦、偶然失误，神经症患者的各种症状，以及宗教、科学、艺术等活动，无不受它的支配和影响。

## 三、精神分析的研究方法

弗洛伊德早期接受过严格的自然科学的训练，他一生所追求的是如何用科学的方法探求人类的无意识现象。通过长期的医疗实践，他总结出了三种研究无意识心理的方法，即自由联想、梦的分析和对日常生活的分析。

### （一）自由联想

自由联想（free association）是一种不给予任何思路限制或指引的联想。

精神分析者让患者在全身心都处于放松的情况下，进入一种自由联想的状态，即脑子里出现什么就说什么，不给患者的思路以任何有意识的引导，但是患者必须如实地报告他所想到的一切，不管它们是怎样地荒唐、不重要或毫无意义，都不应该隐瞒。在实施自由联想过程的同时，精神分析者把患者所报告的材料加以分析和解释，直到精神分析者和患者双方都认为找到了发病的最初原因为止。弗洛伊德把自由联想的使用比喻为考古学家发掘一个被埋葬了的城市，他们只能从少量碎片中试图查明城市原来的结构与性质。同样，自由联想提供了仅有的几个潜意识的闪现，而精神分析者要从这些闪现中了解病人潜意识心理的结构与性质。自由联想法为构建精神分析理论奠定了基础。

（二）梦的分析

梦是弗洛伊德精神分析的重要方面，也是探索精神领域中无意识活动的一条重要途径。弗洛伊德认为，梦的本质是潜意识愿望的曲折表达，是被压抑的潜意识欲望伪装的、象征性的满足。弗洛伊德把梦分为"显梦"（manifest dream）和"隐梦"（latent dream）两部分。显梦指人们真实体验到的梦。隐梦是指梦的真正含义，即梦象征性表现的被压抑的潜意识欲望。做梦好比制作谜语，显梦是谜面，隐梦是谜底。梦的分析（dream interpretation）就是从显梦中破译出隐梦来，从而揭示出梦境中所表达的潜意识的本能欲望，揭示出梦的真正意义。所以，弗洛伊德说："实际上，梦的分析是通向潜意识领域的皇家大道，它也是精神分析的可靠基础。"①

（三）对日常生活的分析

弗洛伊德认为，潜意识与意识的斗争在日常生活中是无处不在的。在《日常生活的心理病理学》一书中，弗洛伊德对正常人在日常生活中经常出现的种种"过失"（parapraxis）进行了描述与分析。弗洛伊德将

①［美］C. 詹姆斯·古德温著，郭本禹等译：《现代心理学史》，中国人民大学出版社 2008 年版，第 439 页。

过失界定为那些暂时的口误、笔误、误读、错放、遗忘及误解等。弗洛伊德认为，导致过失产生的心理机制与做梦的心理机制类似，过失与梦都是被压抑于意识中的愿望经过扭曲掩盖后的表达。若对日常生活中的各种过失行为加以分析，就可以透过过失表层的偶然无意的现象，发掘深层的潜意识的内在动机，从而揭示过失行为的一定意义和目的。所以，弗洛伊德认为，过失行为和梦一样也是了解潜意识活动的重要途径。

## 四、本能论

本能论（instinctive theory）是古典精神分析理论的重要基石之一，也是精神分析动力学思想的主要表现。弗洛伊德认为，人的心理动力就是本能，因此本能和潜意识一样是其精神分析学说的理论基础。

### （一）本能的概念及特征

在弗洛伊德的理论体系中，本能一词来源于德语的“trieb”，转译成英语就是本能或驱力。弗洛伊德认为，本能是人的生命和生活中的基本要求、原始冲动和内在驱力。每一种本能都有其根源、目的、对象和原动力。本能的根源是人身内部的需要或冲动，主要是指身体欠缺什么；本能的目的是寻求满足，消除人体的需要状态；本能的对象是指能满足身体需要的对象和手段；本能的原动力决定于身体欠缺的程度。例如，感到饥饿的人需要食物（来源），想要消除对食物的需要（目的），就得寻求和摄取食物（对象），而这些行为产生的强度依赖于这个人饥饿时间的长久（原动力）。

本能具有保守性、倒退性和重复性三个特点。保守性是指本能的目的在于消除紧张状态，使人体恢复到受兴奋干扰之前的平静状态。倒退性是指本能总是向早期状态倒退，力图恢复事物早先的状态。重复性是指本能具有从兴奋到平静反复循环的倾向，如饥饿得到满足，几个小时后又会饥饿。

（二）本能的种类

关于本能的种类，弗洛伊德在前期和后期的理论中，持有不同的看法。

在早期，弗洛伊德把本能分为两种：性本能和自我本能。性本能也称为力比多（libido），这是弗洛伊德精神分析体系的一个重要概念。在弗洛伊德看来，性本能是人的行为的内在潜力，这种本能促使人通过各种方式获得满足。自我本能则是害怕危险，保护自我不受伤害。

第一次世界大战给人类带来巨大灾难，为什么人类要互相残杀呢？对第一次世界大战的反思使弗洛伊德认为人类有着本能的破坏倾向，对自己遭遇的无法释怀使弗洛伊德对死亡有更深刻的认识。1920年弗洛伊德最喜爱的女儿苏菲因流感而离世。此后不久，他最喜爱的一个孙子又死去，一个侄女也自杀身亡。1923年弗洛伊德被诊断为口腔癌并且看到死神已离自己不远。残酷的战争、亲人的死亡和自己所遭受病痛的折磨使弗洛伊德对人类的认识发生了重大转变。据此，弗洛伊德修正了他以前的本能论。他认为，自我本能和性本能，虽然各有其不同的直接目的，但最后都同样指向生命的生长，都代表着爱与建设的力量，所以可合成一个生的本能。生的终极就是死，弗洛伊德引用叔本华的话说，一切生命的目标都是死亡，因此他又提出了死的本能，它代表恨与破坏的力量。死的本能最重要的衍生物是攻击。根据弗洛伊德的理论，攻击是指向外部对象而不是指向自身的一种自我毁灭的需要。弗洛伊德认为，残酷、自杀、谋杀以及攻击都受死的本能驱使。

由于人有两种本能，人的行为又受本能的支配，所以行为有两个原则，即快乐原则和现实原则。人的本性以快乐原则办事，寻求直接的满足。但是，受到周围物质环境和社会环境的限制，人不可能直接满足。在梦中和无意识状态，人根据快乐原则行事；在日常清醒的生活中，人则受现实原则的支配。

## 五、人格论

在心理学史上，弗洛伊德被公认为第一个对人格进行全面而深刻研究的心理学家，他的人格理论揭示了人格的结构和人格发展的深层动力机制，对以后的人格心理学和发展心理学都产生了深远的影响。

### （一）人格结构

早期，弗洛伊德的人格结构属于以无意识为主的无意识、意识二部结构。但因它的无意识层又包括前意识层，所以，实际上弗洛伊德把人格分为意识、前意识和潜意识三个层次。

晚期，弗洛伊德修正了他先前的二部人格结构说，在无意识概念的基础上又提出了三部人格结构说，即伊底（id）、自我（ego）、超我（superego）。

伊底是音译，意译为本我，它是人格中与生俱来的最原始的潜意识结构部分，是人格形成的基础。伊底由先天的本能、基本欲望所组成，如饥、渴、性等，其中以性本能为主。弗洛伊德把它形容为“巨大的深渊，一口充满沸腾刺激的大锅”[①]。它“不知道价值判断，是不好的、邪恶的和不道德的”[②]。伊底纯粹依照快乐原则追求本能能量的释放和紧张的解除。伊底不考虑外界现实的情况，不考虑时间、地点，不考虑用什么方式、方法进行活动，而是趋向于立刻寻求满足，以发泄原始冲动。伊底是人格深层的基础和人类活动的内驱力，也是精神分析学派的理论基石。

自我是从伊底中分化出来的，是有意识的结构部分。儿童出生后

---

① Freud, S. (1933). *New introductory lectures on psychoanalysis*. (p.104). New York: Norton & Co., Inc.

② Freud, S. (1933). *New introductory lectures on psychoanalysis*. (p.105). New York: Norton & Co., Inc.

只有伊底，直到伊底和环境相互作用时，人的自我才发展起来。自我按照现实原则活动。自我既要满足伊底的即刻要求，又要按客观的要求行事。自我所代表的是理性，而伊底所代表的是情欲。但自我不能脱离伊底而单独存在，自我的力量来自伊底，自我是用来帮助伊底并力图使伊底得到满足的。为了理解自我与伊底的关系，弗洛伊德打了一个比喻：伊底像匹马，自我犹如骑手，通常骑手控制着马行进的方向。

不过，仅有自我还不能完全控制伊底的冲动，自我还需要超我的帮助。超我是从自我中分化出来的，被称为“理想自我”，弗洛伊德曾称它为良心，视它为道德的代表。超我按照至善原则活动，其功能是监督自我去限制伊底的本能冲动，以使行为符合社会规范和道德理想。超我给好的行为提供奖赏（如感到骄傲、自爱等），对坏的行为给予处罚（如内疚、惭愧、自卑等），以达到人的自我实现。弗洛伊德认为，超我的形成是儿童社会化的结果，儿童把社会的规范和父母的要求转化为一种内在的理想标准，最终导致超我的形成。

在人格系统中，伊底、自我、超我三者相互联系、相互作用，以动态的形式相互结合着。如果人格的三个组成部分保持平衡，人格就得到正常发展。但是，三者的行动原则是各不相同的，所以冲突是无法避免的，三个组成部分的平衡关系遭到破坏时，个体往往产生焦虑，导致神经症和人格异常。

（二）人格发展

弗洛伊德的人格发展理论是建立在他的性心理发展理论的基础之上的，因此也叫作心理性欲发展理论。弗洛伊德认为，儿童出生到成年要经历几个先后有序的发展阶段，每个阶段都有一个特殊的区域成为力比多兴奋和满足的中心，此区域称为性感区。据此，弗洛伊德把心理性欲划分为口唇期（oral stage）、肛门期（anal stage）、性器期（phallic stage）、潜伏期（latency stage）、生殖期（genital stage）五个阶段。弗洛伊德认为，儿童在这些阶段中获得的各种经验决定了他们成年后的人格特征。

1. 口唇期（0 ~ 1 岁）

婴儿的活动大部分以口唇为主，诸如吸吮、咬、吞咽等，口唇区域成为快感的中心，嘴巴几乎是他们的整个世界。婴儿的口唇活动如果没有受到限制，成年后性格倾向于乐观、慷慨、开放和活跃等；婴儿的口唇活动如果受到限制，成年后性格倾向于依赖、悲观、被动、猜疑和退缩等。

2. 肛门期（1 ~ 3 岁）

儿童因排泄解除压力而产生快感，肛门一带成为快感中心。在这一时期，儿童必须学会控制生理排泄过程，使它们的功能符合社会的要求。也就是说，儿童必须接受在厕所中大小便的训练。大小便排泄对成人的人格有很大的影响。肛门排泄活动如果不加限制，成年后性格倾向于不讲卫生、浪费、凶暴和无秩序；肛门排泄活动如果严加限制，成年后性格倾向于爱清洁、忍耐、吝啬和强迫性。

3. 性器期（3 ~ 5 岁）

这一时期力比多集中在生殖器上，性器官成为儿童获得快感的中心。此时儿童以异性父母为“性恋”的对象。男孩要占有他父亲的位置，有与自己父亲争夺母亲的表现；女孩要占有她母亲的位置，有与自己母亲争夺父亲的表现。男孩爱母亲，妒嫉父亲；女孩爱父亲，妒嫉母亲。弗洛伊德认为，这是一种本能的异性爱的倾向，一般由母亲偏爱儿子和父亲偏爱女儿所促成。这种幼年的性欲由于受到压抑在男孩心理上就成了恋母情结（Oedipus complex），在女孩心理上就成了恋父情结（Electra complex）。如果这两种情结获得正当的解决，儿童认同父母的价值观念，导致超我的逐渐形成和发展，就会形成与年龄、性别相适应的许多人格特征。

以上三个心理性欲阶段可称为前生殖阶段，它们是人格发展的最重要阶段。弗洛伊德认为，一个人的人格实际上是在人生的前五年就已形成。

4. 潜伏期（5 ~ 12 岁）

这一时期力比多处于沉寂状态。儿童将上一阶段以父或母为对象的性冲动转移到环境中的其他事物上去，如学习、体育、歌舞、艺术、游戏等。在这个阶段，儿童表现为对异性漠不关心，游戏时大多寻找同性伙伴。这种现象持续到青春期才有改变。

5. 生殖期（12 ~ 20 岁）

这是人格发展的最后阶段，也就是通常说的青春期。男女儿童在身体上和性上趋于成熟，性的能量和成人一样涌现出来，异性恋的行为明显。这个时期最重要的任务是力图从父母那里摆脱出来，减少同父母、家庭的联系，逐渐发展出成人的异性恋，人格向着成熟的方向发展。

弗洛伊德认为，在人格发展的各个阶段都有可能发生力比多的变异，这种变异主要有固着（fixation）和倒退（regression）。在某个阶段，力比多过度满足或缺乏，都会使力比多停止在这个发展阶段上，此为固着。如果力比多在发展过程中遇到挫折，就会从后一个阶段返回到前一个阶段，此为倒退。固着和倒退都会对人格的发展产生不良影响，导致神经症和精神病。

## 六、梦论

梦的学说在精神分析中占有特殊地位。弗洛伊德在对患者分析治疗时，患者常常提到他们的梦。同时，他通过对自己梦的自我分析也发现，梦与无意识有密切的联系。所以，他断言："实际上，梦的分析是通向潜意识领域的皇家大道，它也是精神分析的可靠基础。"①

什么是梦？弗洛伊德认为"梦是一种被压抑的欲望的象征性满

①［美］C. 詹姆斯·古德温著，郭本禹等译：《现代心理学史》，中国人民大学出版社 2008 年版，第 439 页。

足”[①]。他还认为，在梦中满足的欲望主要是性的欲望，无论是与性欲有直接联系的梦，还是与性欲有象征性联系，甚至看起来没有联系的梦，在弗洛伊德看来统统都包含着性的意义。“明显是属于天真无邪的梦也一定包含着粗野的色情欲望。”[②]

所有的人，不论是否患有神经症，都有一些为我们意识所不容的欲望。白天，这些欲望被压抑或隐藏在潜意识中，到了夜间，压抑的力量有些减弱，白天的欲望乘机闯入意识就成为梦。但是，梦依然受到意识余力的监督，于是潜意识的冲动就经过伪装而表现出来，故做梦是潜意识的本能欲望得到伪装的、象征性的满足。

要想对梦进行解释，就必须了解所谓“梦的工作”（dream work），即隐梦是如何化为显梦的。弗洛伊德认为，梦的工作有四个基本过程。

凝缩（condensation），即几种隐意用一种象征（或符号）出现。弗洛伊德把梦看作简略的译本。他自己曾梦到一种植物，据他分析，“植物”一词可代替园丁、教授及其美丽的夫人、名叫弗洛拉（Flora）的患者和弗洛伊德妻子所喜爱的花。

移置（displacement），即在梦的工作中，把隐梦内容加以转移，用不重要的替换重要的。例如，当事人所陈述显梦中的次要情节，可能恰恰是隐梦中的重要情节。

象征（symbolism），即以具体的形象代替抽象的欲望。如一妇女梦见自己被践踏，其实是代表她内心顺从了男性的要求。

润饰（secondary elaboration），即醒后把梦中无条理的材料加以系统化来掩盖真相。

弗洛伊德对梦的工作非常重视，他认为：“梦不可能意味着别的，而只能意味着梦的工作的结果，也就是内隐的梦的思想由梦的工作所改

① Freud, S. (1913). *The interpretation of dreams*. (p.136). New York: Macmillan.

② Freud, S. (1913). *The interpretation of dreams*. (p.241). New York: Macmillan.

译成的形式。”[1]因此，要想发现梦的隐意，打开心灵的世界，就必须剥开梦的工作的层层伪装，去探索精神的潜意识领域。这虽很困难，却极有意义。

## 七、焦虑论与自我防御机制

### （一）焦虑论

焦虑是弗洛伊德精神分析理论中的重要概念之一，它在人格的发展中起着重要作用。

#### 1. 焦虑的性质和根源

弗洛伊德为了解释和治疗焦虑病人，最早对焦虑的原因做了探讨。在早期，弗洛伊德把焦虑看作是神经症的关键因素，认为焦虑主要是对不可发泄的性冲动的一种有害反应，当力比多难以找到正当的发泄途径时，就变成了焦虑。后来弗洛伊德发现，本能冲动并不能直接转成焦虑，因为不同的冲动往往产生同样的焦虑。于是他提出了另一种新的看法，就是把焦虑看作是冲突所引起的结果，而自我只是把它当作一种危险的或是不愉快的信号去反应，从而产生了防御机能，这就是弗洛伊德的“第二焦虑理论”，也称作“焦虑的信号理论”。

弗洛伊德认为，人的焦虑最早来自婴儿在出生时与母体的分离。出生前，婴儿作为胎儿受到母体的保护。出生后，婴儿对内部的及外在的刺激毫无准备，因此就有一种对危险无能为力的弥漫性的感觉，弗洛伊德把这种体验称为出生创伤，伴随这种创伤出现的体验就是焦虑。在婴儿以后的发展中，他还要遇到许多无法应付的情形，凡是可能使他陷入无能为力的婴幼儿状态的情况，都将触发焦虑发出信号。所以，弗洛

---

① Freud, S. (1920). *Introduction to psychoanalysis*. (p.152). New York: Boni and Liveright.

伊德认为，由出生而产生的创伤是一切焦虑经验的基础，焦虑代表了早期创伤经验的重复出现。

2. 焦虑的种类

弗洛伊德把焦虑分为三类，即现实性或客观性焦虑、神经性焦虑和道德性焦虑。这三种焦虑性质都相同，即不愉快。它们之间的区别仅在于其根源的不同。

现实性焦虑是指由外界环境中真实的、客观的危险引起的情绪体验。在一定程度上，焦虑是恐惧的同义词，如人们害怕毒蛇、野兽、自然灾害等，即是现实性焦虑。当危险消除时，现实性焦虑也就减轻或消失了。这种焦虑有助于个体的生存。

神经性焦虑是指个体由于惧怕自己的本能冲动会导致自己受到惩罚时所产生的情绪体验。神经性焦虑是在现实性焦虑的基础上产生的。因为只有当人们认识到实现本能需要可能招致来自外界的危险时，他们才学会恐惧本能，只要本能的冲动不导致惩罚，人们就不会惧怕它。

道德性焦虑是指个体的行为违反了超我的价值观时引起的情绪体验。当伊底趋向那些不道德的思想和行为时，超我就以羞耻、罪恶感来警告，并进行自我谴责。道德性焦虑指导行为符合个人的良心与社会标准。

作为人格的某种焦虑状态，经常不止一个根源，它可能是两种焦虑的混合状态，也可能是三种焦虑的混合状态。焦虑有其特殊的功能，并通过警告作用表现出来。它提醒人们警惕已经存在的内部和外部的危险，使人们意识到危险，并避开危险。如果无法躲避危险，焦虑就可能不断地积累起来，最终把人压垮，这便是所谓的“人格崩溃”。

（二）自我防御机制

既然焦虑是相当痛苦的情绪体验，那么我们就必须去降低和防止焦虑。为了减轻焦虑，自我可能采用正常和理性的方法来控制危险，解决问题，也可能采用否认现实甚至歪曲现实的非理性方法。后一种方法就是自我防御机制。

自我防御机制有三个特点：其一，防御机制的作用是避免和减轻消极的情绪状态，防御机制不仅可以作用于焦虑，也可作用于心理冲突和内在挫折；其二，大多数防御机制是通过对现实的歪曲起作用的，对各种事实视而不见，听而不闻；其三，大多数防御机制在起作用时，人们通常意识不到。如果人们意识到自己在歪曲现实，这种歪曲就不能起到避免和减轻消极情绪状态的作用。

自我防御的概念最早是由弗洛伊德在他的《神经—精神病症》（1894）这篇论文中提出来的。他认为，神经症就是对抗无法忍受的观念的一种防御手段。在弗洛伊德逝世后，他的小女儿安娜（1895—1982）便着手弗洛伊德的防御机制的研究加以扩展和系统化。安娜把散见在她父亲著作中的防御机制收集整理后进行了分类，其中主要的心理防御机制有八种。

1．压抑（repression）

压抑是把引起焦虑的思想、观念以及个人无法接受的欲望和冲动压入潜意识中使之遗忘。这是最重要、最基本的防御机制。因为任何其他防御机制的产生，都必须先有压抑作用。根据弗洛伊德的理论，我们每个人都要使用压抑，因为所有人的无意识中都有不愿意带入意识的想法。压抑的概念在弗洛伊德的理论中占有极其重要的地位。弗洛伊德正是通过对压抑的分析，才发展出潜意识理论的。

2．投射（projection）

投射就是把自己内心存在的不为社会所接受的欲望、态度和行为推诿到他人身上或归咎于别的原因。例如，一般人们拒绝承认自己有异常的性欲，却认为别人有。认为世界充满猜疑和欺骗的人，无意识中承认他自己是猜疑别人的骗子。

3．移置（displacement）

移置指个体将对某人或某事物的情绪反应（多属消极情绪，如愤怒、憎恨等）转移对象，以寻求发泄的过程。例如，某人被老板惹火了，但他不会向老板发怒，他会把自己的怒气发泄到那些不太具有威胁性的人身上，比如自己的朋友。

4. 否认（denial）

否认或称否认现实，指个体在现实生活中，拒绝承认与自己有关的痛苦事实的存在。这样可以逃避现实，不必面对生活中那些无法解决的困难与无法达成的愿望，从而减轻内心的焦虑。例如，一个内心极度恐惧的人可能无视自己的恐惧而认为是激动。否认不同于压抑，否认中重新解释占有很大成分，而压抑则是从意识中抹去某些经验。在否认中压抑也起着一定作用。

5. 反向作用（reaction formation）

反向作用是个人有些隐藏在潜意识中的欲望不愿显露，除了压抑之外，在行为上采取与欲念相反的方向来表示。例如，心里对某人憎恨，因碍于身份或道德观念，报复之心不便显露，反而改以超乎寻常的友善态度对待之。此种内外趋向两端的现象，称为反向作用。

6. 认同（identification）

认同是把某人的特征加到自己身上以某人自居，所以也称为自居作用。作为防御机制的认同是指个体在现实生活中，如遭受挫折不能获得成功的满足时，即模仿甚至自己比拟其他成功的或厉害的人物，或比拟幻想中的偶像或强者，以此在心理上分享其成就或威严，从而减轻因挫折而产生焦虑的痛苦。

7. 退行（regression）

退行指当个体面临冲突、紧张，特别是遭受挫折时以较幼稚的行为应付现实困境，以惹人注意或博人同情，从而减轻自己的焦虑。如失恋者可能会转而寻求以往恋人甚至自己异性父母的关注，即转向以前曾获得满足的对象，也可能会抽烟、饮酒、过量地饮食等，因为抽烟、饮酒都是口唇期满足口欲的表现。

8．升华（sublimation）

升华是指将本能冲动转移到为社会所赞许的具有社会意义的对象或活动上去。如有人认为，交际舞是两性接触的最好的升华。弗洛伊德认为，升华是防御机制的最高水平，一个人只有在自我是健康和成熟时，在性本能部分得到满足时，才可能施行这种防御机制。

## 第三节　对弗洛伊德精神分析理论的评价

在人类历史上，弗洛伊德是一位备受争议的风云人物。弗洛伊德的崇拜者对他推崇备至，认为他是伟大的科学家、学派领袖。然而在批评者那里，弗洛伊德又备受诋毁，被斥为搞伪科学的骗子。但无论是他的崇拜者还是批评者都必须承认的一点是，在科学史上从未有任何一个人像弗洛伊德那样对心理学、心理治疗以及人们的思考方式产生如此巨大而深远的影响。正如波林写道："谁想在今后三个世纪内写出一部心理学史，而不提弗洛伊德的姓名，那就不可能自诩为一部心理学通史了。"①

### 一、弗洛伊德理论的贡献

#### （一）开创了无意识的研究领域

在心理学的研究对象上，精神分析开创了无意识心理研究的新纪元，这是弗洛伊德最主要的历史功绩。在弗洛伊德之前，传统心理学只是研究意识范畴内的认知过程，尤其是对简单心理现象，如感觉、知觉、记忆等方面的研究较多，而没有把无意识现象纳入心理学的研究范围。虽然近代许多哲学家如莱布尼茨、赫尔巴特、费希纳等人对无意识

① 荆其诚、傅小兰主编：《心·坐标：当代心理学大家》，北京大学出版社2008年版，第105页。

也有研究，但都没有把无意识看作是人类心理的主要方面。弗洛伊德是第一个对无意识心理现象与规律做系统而全面研究的人，他发现了无意识动机对人类行为的重大影响，这比以往的心理学家对人的内心世界的认识更加深刻。正因为弗洛伊德以毕生的心血致力于揭示埋藏在人心深处、受意识表层重重封锁和压抑的无意识王国的内幕，因而在西方，弗洛伊德有无意识领域的哥白尼或达尔文之称。

（二）开辟了心理学科新的研究领域

性的问题，自从人类进入文明社会之后，就成了一个禁区，很少有人把它作为一个科学问题去加以探索。弗洛伊德则不畏世俗，勇敢冲破性学研究的禁区，对性的概念和范围、性的发展过程、性动力等做了系统的研究。虽然弗洛伊德以性的能量作为人类的动力、以性的观点解释人类的心理发展遭到了人们的斥责，但他毕竟把性现象作为科学研究的对象，并提出了具有独特见解的理论，从而开辟了性心理学研究的新领域。

在弗洛伊德之前，大多数心理学家关注的是意识的静态分析，对于行为动机的研究极少。弗洛伊德独辟蹊径，从人类的潜意识中发掘行为的动力因素，探究无意识动机对人类行为的作用。虽然他的有关动机的解释并不能为大多数心理学家所接受，但是他对动机问题的重视得到了众多心理学家的肯定。动机心理学由此成为心理学的一个新兴的领域。

弗洛伊德还开创了变态心理学之先河。人们对异常心理现象的观察和记载虽有漫长的历史，但是系统地探讨和科学地解释还是近百年来的事。在弗洛伊德以前，人们往往只重视精神病人的外在因素而忽视其内在原因，而弗洛伊德则重视病人的内心冲突和动机，把变态心理学从静态的描述转变为内在精神动力的探究。尽管其理论体系有着明显的错误，但是弗洛伊德为变态心理学的发展开拓了新道路。

（三）开辟了一条重视心理治疗的新途径

弗洛伊德的精神分析突出了心理治疗的价值，在临床实践中创立了一套治疗神经症的方法和理论。在他以前，对精神病患者的治疗主要依靠躯体治疗，这种方法有明显的局限性。为此，弗洛伊德第一个提出了心理创伤是引起神经疾患的主要原因，主张用精神分析的方法来发掘病人被压抑到潜意识内的心理矛盾来治疗病人，这就突破了过去那种单靠药物、手术与物理方法治疗的束缚，开辟了一条重视心理治疗的新途径。时至今日，精神分析作为心理治疗的主要范式依然活力不减。

（四）极大地影响了社会科学的各个领域

从历代心理学家的影响来看，有些人仅限于心理学范围之内，弗洛伊德的名气则是超出了心理学，他的精神分析理论逐渐扩展到了文学、史学、哲学、艺术、宗教、法学、医学、社会学等领域，并由一种无意识的心理学体系发展成为一种解释个人、文化及社会历史现象的世界观和方法论。所以，有的西方评论家认为，弗洛伊德的精神分析学说是现代世界中任何人要树立个人的世界观时都必须迁就承认的；甚至还有人认为，弗洛伊德的精神的分析学说对于社会科学的根本观点和方法的影响，已达到如此深刻的程度，以至可以把社会科学的发展划分为前弗洛伊德和后弗洛伊德两个时期。就连反对弗洛伊德观点的人也不得不承认精神分析学说对现代西方社会思潮所产生的巨大影响，它已经成为20世纪人类思想的一个重要组成部分。

## 二、弗洛伊德理论的局限

### （一）在方法论上的局限

在方法论上坚持还原论、等同论。弗洛伊德精神分析的基本出发点就是把人视为一个与社会根本对立的自然存在物和非理性的动物，坚持用能量守恒和转化定律解释心理活动规律，主张先天的本能是人的一切心理和行为的内驱力。弗洛伊德这种单纯用物理学定律、生物学范畴说明人的内在动力和心理活动的规律，实质上完全抹杀了人的意识的社会历史制约性和主观能动性，从根本上否定了意识在人的心理活动中的主导作用，把人的高级心理活动简单地归结为低级的物理、生物的运动。显然，这是一种典型的庸俗唯物论和形而上学还原论的表现。

弗洛伊德在方法论上的另一个局限是，把特殊的变态心理与一般的常态心理相等同。不可否认，弗洛伊德在病态心理学领域的研究是有相当成绩的，但弗洛伊德将此推而广之，企图以变态心理的规律去说明常态心理的发展，结果把正常人和精神病患者混为一谈，把自己治疗精神病患者的经验绝对化，把变态心理普遍化，把整个人类的心理看成是畸形的，实质上是一种用特殊代替或否定一般的形而上学的观点。

（二）学说的生物学化倾向

整个学说具有生物学化倾向，提倡泛性论。弗洛伊德的整个理论体系是建立在生物学的基础之上，他用生物学的观点观察社会、历史，解释人类的心理和文化。把一种动物的原始本能，一种脱离社会条件的抽象人性，看成是决定人类精神生活和实践活动的巨大的内驱力，极端夸大人的生物性，贬低人的社会性。正是由于弗洛伊德夸大人的本能的作用，特别是夸大人的性本能的作用，以致在他的学说中，到处弥漫着性的色彩。弗洛伊德坚持认为，小至个人发展、心理失常、创造活动等，大到社会习俗、宗教、制度以及人类的各种行为，都出自性本能冲动，即都是受力比多的支配和推动。他尤其重视幼儿性欲的作用。在《图腾与禁忌》《集体心理学》等著作中，弗洛伊德甚至把恋母情结看成是人类道德和宗教的根源，这就完全歪曲了事实的本来面目，从而走向了“泛性论”。

（三）整个理论主观色彩浓厚

弗洛伊德精神分析的许多概念和理论，如关于伊底、自我、超我的假设，关于儿童性欲、人类日常生活的心理分析，对梦的象征以及对神经症和精神病的解释，都是纯粹出于主观的臆想和纯粹的逻辑演绎。他甚至简单地运用神话传说来证实和提出自己的观点，既没有事实根据，也无从加以客观的验证，从而使他的学说缺乏严密的科学性，故通常被称为心理玄学。

## 第四节 其他早期的精神分析学家

20世纪初，弗洛伊德的精神分析开始引起维也纳其他医生，其中包括阿德勒和荣格的兴趣，他们追随弗洛伊德，并成了精神分析的得力干将。然而精神分析在经过短暂的繁荣之后，很快便出现了冲突和分裂。弗洛伊德是一个独裁且信守教条的人，不能容忍别人对他的理论有任何异议，加之阿德勒和荣格都怀疑弗洛伊德对性动机的泛化看法，由此他们先后离开弗洛伊德，建立了各自的理论体系。

### 一、阿德勒的个体心理学

#### （一）阿德勒的生平与著作

阿德勒是奥地利心理学家和精神病医生，个体心理学的创始人，人本心理学的先驱，现代自我心理学之父。

阿尔弗雷德·阿德勒（1870—1937）出生于奥地利维也纳近郊的一个犹太粮食商家庭。自小患有佝偻病，身材矮小，四岁才学会走路，五岁患严重肺炎，险些丧命。入学后学业成绩很差，教师建议他父亲训练阿德勒当个鞋匠。幼年的经历与他后来学医以及独特的心理学思想的形成有关。1895年阿德勒获得维也纳大学医学博士学位，先为眼科和内科医生，后转向精神病学。因读到弗洛伊德《梦的解析》（1900）书，对精神分析发生兴趣，并于1902年参与由弗洛伊德领导的精神分析学派。1910年在弗洛伊德支持下，阿德勒出任维也纳分析协会主席。但好景不长，1911年，因阿德勒强调社会因素的作用并且公开反对弗洛伊德的泛性论而导致两人关系破裂。1926年他访问美国，次年受聘为哥伦比亚大学教授，1934 年定居美国。1937 年赴欧洲讲学，5 月 28 日病逝于苏格兰的阿伯丁市，终年 67 岁。

阿德勒的主要著作有《神经症的性格》（1912）、《器官缺陷及其心理补偿的研究》（1917）、《理解人类本性》（1918）、《个体心理学的实践与理论》（1919）、《生活的科学》（1927）、《自卑与超越》（1932）等。

（二）阿德勒的个体心理学思想

离开精神分析学派后，阿德勒创立了他的个体心理学（individual psychology）。他深信决定个人思想、感觉和行动的不是性冲动，而是权力欲。他认为，这种对“权力”和“支配”的需求是每个人生活中唯一重要的因素。阿德勒的个体心理学主要包括以下观点。

1. 追求优越

阿德勒认为，追求优越是人生的推动力。人的一切动机，无论好歹，都是向着一个方向：追求征服，追求优越，不断奋斗，永不停留。阿德勒说，这是我们生命的基本事实。

2. 自卑与补偿

人为什么会追求优越呢？阿德勒认为，人追求优越的愿望来自人的自卑，由于自卑而促使儿童进行补偿以取得优越。

最初，阿德勒把自卑与身体缺陷联系起来。他认为，有身体缺陷的人往往有一种生理上的自卑感，必须通过发展有缺陷的器官或全力发展其他功能而使这种缺陷得到补偿。如身体残疾而有自卑感的人，会努力在学业上寻求补偿。后来，阿德勒扩大了自卑的范围，把自卑扩展到精神或社会的障碍。如缺乏社交能力而有自卑感者的人，可在体能活动上寻求补偿。根据阿德勒的理论，自卑感并不一定是坏事，实际上这种情感是隐藏在所有个人成就后面的主要推动力。一个人由于自卑才推动他去完成某项事业。当然有些人并没有被自卑感所激励，相反，却被自卑感所压垮，成了个人发展的绊脚石，那么可以说，这种人具有自卑情结。

3. 生活风格

按照阿德勒个体心理学理论，追求优越虽是先天的共同的人格倾向，但在实际生活过程中，由于每个人使用的追求方式及追求的后果不同，因而逐渐形成了每个人各具特色的生活风格（style of life）。按照阿德勒的说法，一般人生活风格的形成在 4 ～ 5 岁。个人的生活风格一旦形成就很难改变，对未来世界的知觉、认识，设定目标与达成目标的行为方式，都与个人的生活风格有关。

4. 创造性自我

基于生活风格的概念，阿德勒在他的个体心理学理论中提出了创造性自我的概念（creativ eself）。创造性自我的含义是，每个人都能够自由地选择、决定自己的命运。根据阿德勒的解释，人并不仅仅是遗传和环境的产物，人能创造性地对环境做出反应，并使环境服务于他。阿德勒认为，遗传和环境就像建构人格的砖和水泥，但是建筑设计反映了我们的生活风格。因此，在人格形成中最重要的不在于我们从遗传和环境中得到多少，而在于我们如何使用这些材料，这是由我们自己决定的。

（三）对阿德勒个体心理学的评价

阿德勒的个体心理学是精神分析学派内部第一个反对弗洛伊德的心理学理论体系，是古典精神分析向新精神分析转变的中介。阿德勒强调每个人都有一种努力追求优越的潜能，以适应环境，并达到人格的整合和统一，这对以后人本主义思想中自我实现、发挥潜能的观点有很大影响。

阿德勒更突出的贡献在于重视社会因素对个人精神生活的影响。当然，阿德勒的个体心理学和弗洛伊德的精神分析仍然有联系，阿德勒的“追求优越”“自卑与补偿”等概念和他对神经症的解释等在理论基础上仍然是以潜意识为主导的。尽管他批评弗洛伊德理论的生物学化倾向，但他自己仍未摆脱生物学化的桎梏。

## 二、荣格的分析心理学

### （一）荣格的生平与著作

荣格是瑞士心理学家和精神病学家，是精神分析学派的代表之一。

卡尔·荣格（1875—1961）出于瑞士凯斯威尔的一个宗教家庭，父母感情不和使荣格自幼养成对人缺乏信心的性格。荣格性格内向，常常幻想，好做白日梦，致使其童年生活完全脱离现实。荣格早年在巴塞尔大学学医并获得博士学位。后来在苏黎世的一家精神病诊所工作，其间他开发了一种以词语联想为基础的心理测验。此外，他还将“情结”这一术语引入心理学和精神病学。1906 年荣格与弗洛伊德开始互通信件，翌年 2 月两人第一次会面，连续讨论精神分析理念长达 13 小时之久，自此建立了父子一般的亲密关系。荣格非犹太人的身份为弗洛伊德所倚重，荣格自身过人的才华也为弗洛伊德所赏识，弗洛伊德认定，这个年轻人就是自己事业的接班人。1910 年国际精神分析协会成立后荣格担任第一任主席。但在 1914 年两人因学术理念的不合而决裂，决裂后的荣格辞去国际精神分析协会主席职务。此后一段时间陷入情绪低潮，连续有三年时间不能专心写作。康复后的荣格先后去非洲和美国、墨西哥、新西兰、印度等地考察原始民族文化。1961 年 6 月 6 日逝世于苏黎世，享年 86 岁。

荣格一生卷帙浩繁，他的主要著作有《潜意识心理学》（1912）、《心理类型学》（1921）、《分析心理学的贡献》（1928）、《寻求灵魂的现代人》（1933）、《分析心理学的理论与实践》（1958）、《记忆、梦、反思》（1961）、《人及其象征》（1964）等。

### （二）荣格的分析心理学思想

荣格与弗洛伊德分裂后，建立了自己的心理学思想体系，称为分析心理学（analytical psychology）。荣格分析心理学思想可概述为下几个方面。

1. 人格结构

荣格的分析心理学也是一种整体的人格结构理论。他把人格的总体称为“心灵”，认为心灵包含一切有意识的和潜意识的思想、情感及行为。心灵既是一个复杂多变的有机整体，又是一个层次分明、相互作用的人格结构。它由三个层次组成：意识、潜意识、集体潜意识。

（1）意识（consciousness）。这是心灵中唯一能够被人觉知的部分，如我们所觉察到的知觉、记忆、思维和情感等。荣格发现，人的意识的发展过程就是人的“个性化”的过程，意识的作用类似于看门人的角色，它对进入心灵的各种材料进行筛选和淘汰，使个体的人格保持同一性、连续性。

（2）个体潜意识（individual unconscious）。个体潜意识包括个体生活中一切被压抑的经验和被遗忘的记忆、知觉，以及属于个体性质的梦、幻想等。个体潜意识存在于潜意识的表层，随时有浮出意识层面的可能。

（3）集体潜意识（collective unconscious）。集体潜意识是荣格学说中最重要的成分，也是荣格理论中最引起争论的观点。集体潜意识是遗传下来的集体所共有的潜意识，它反映了人类在以往的历史进化过程中的集体经验。它不是个人习得的，而是包含人类祖先在内的各个世代遗传下来且没有在意识中出现过的经验，处于潜意识的深层。由此可见，集体潜意识是在种族进化和人类历史发展中积累的心理上的积淀物，由遗传的神经模式决定。

集体潜意识的主要内容是原型。荣格将这些原型描述为以特定方式对外界进行反应的潜在性（可能性）。荣格曾描述过许多原型，如母亲、父亲、智慧老人、太阳、月亮、英雄、神和死亡。人类的原型多种多样，但荣格认为，有些原型在我们的生活中特别重要，而且发展得较为充分。它们是人格面具（persona）、阿妮玛（anima）、阿妮姆斯（animus）和阴影（shadow）。人格面具位于人格的最外层，是人格的外部形象。它实际上是一种个人对社会生活的适应，它保证一个人能够扮演某种性格，而这种性格不一定就是他本人的性格。阿妮玛和阿妮姆斯又称男女“双性”意象：男性中有女性成分或意象，称为阿妮玛；女性心灵中的男子气则是阿妮姆斯。荣格认为，这种男女各带异性特质的现象，是长期以来男女共同生活彼此影响所致。阴影是内心深处隐藏的或无意识的心理层面，它是由于意识的自我压抑形成的，包括让人们感觉最羞耻，最没有自我的内容。这些无意识中的人格特点往往会被投射到其他人身上，造成了人际冲突和人类战争。同时，它也是生命力、自发性和创造性的能量源泉。

2. 人格类型

除了意识、个体潜意识和集体潜意识之外，心灵的结构中还有两种基本态度和四种独立的功能。荣格提出内倾（introversion）和外倾（extroversion）两种态度类型。外倾型的人心理能量指向外在世界，这种人爱社交，活跃和开朗，容易适应环境的变化。内倾型的人心理能量指向主观世界，这种人喜欢安静、沉思，较难适应环境的变化。功能类型是人们与世界相联系的方式，包括感觉、思维、情感和直觉。感觉是对现象不加评价的最初体验，思维是运用推理和逻辑解释各种事件，情感是对事物做出判断时的主观体验，直觉是对事物的一种预感或没有理由的推理。按照两种态度类型与四种功能类型的组合，荣格描述了人格的八种心理类型：外倾思维型、内倾思维型、外倾情感型、内倾情感型、外倾感觉型、内倾感觉型、外倾直觉型、内倾直觉型。

自从荣格提出人格类型理论以来，心理学家对此进行了大量验证，虽然结果不完全符合荣格的观点，但在一定程度上也支持了他的学说。

3. 人格动力

荣格不仅系统论述了他的人格结构的学说，而且还提出了自己的人格动力学说。他将人格结构看作是由很多两极相对的内在动力所组成。例如，意识与潜意识，升华与压抑，个性内向与个性外向。既有相对，自然就会产生紧张、不安定和不平衡的情形，这就是荣格人格结构的动力观点。人格结构内相对力量来自性力，是性力促动的结果，自然会使个体人格结构中有时失衡。因此，一般人在性格上或多或少有些偏向，如常见的内倾或外倾。在荣格看来，正是人格动力推动了人格的发展。

（三）对荣格分析心理学的评价

荣格的分析心理学是对古典精神分析理论的一种新发展，它强调了心理结构的整体论，扩大了无意识的内涵和功能，沟通了个体和集体心理的文化历史联系，创立了心理类型说和字词联想测验，不仅在心理学范围内产生了明显的作用，而且对文学、艺术、历史、宗教、精神病学也有突出的影响。当然，荣格学说中也包括许多神秘主义和宗教的成分。

# 第十章　精神分析的自我心理学

在弗洛伊德逝世以后，精神分析的自我心理学代表着正统的精神分析运动的新发展。其实在弗洛伊德的理论体系中早已蕴含自我心理学的思想，后经其女儿安娜的过渡，最终由哈特曼建立，并经埃里克森等人发展，逐渐形成了精神分析的自我心理学。自我心理学最初产生于德国，在第二次世界大战爆发之后，转移到美国继续发展。

## 第一节　自我心理学的起源和演变

### 一、弗洛伊德的自我心理学思想

弗洛伊德的精神分析理论大致可以划分为创伤范式、驱力范式和自我范式三个发展时期。我们从中可以看出弗洛伊德的自我心理学思想的发展线索。

精神分析运动的最初十年是创伤范式时期。弗洛伊德早期在运用催眠术和疏导法治疗神经症时发现，如果病人在催眠状态下能回忆起并说出过去创伤和痛苦的情绪经验，病症就会消失。而且他还发现，这种创伤主要是一种性创伤。这就是所谓的创伤范式理论。但他后来又发现，病人所说过去的性创伤大多是假的，是病人主观臆想出来的。同时在治疗过程中，病人还会出现向治疗者发生移情的现象。这给弗洛伊德以沉重的打击，迫使他不得不寻求新的理论途径。这一时期与自我心理学有关的是弗洛伊德在 1894 年所写的《神经—精神病症》一文中，首次提出“防御”概念，这是后来的“自我防御”概念的先导。

大约从 1897 年开始，弗洛伊德放弃了理论上的创伤范式，转向了驱力范式。这一时期长达四分之一世纪。弗洛伊德开始强调潜意识中的本能驱力特别是性本能的作用，用力比多能量解释人的一切心理活动，是一种典型的泛性论。他把自我也看成是一种本能。例如，他在1911年《关于心理机能的两条原则的系统论述》一文中，提出了自我本能概念。在1914年《论自恋》一书中又提出自我驱力和自我力比多学说。在他看来，自我本能和性本能一样，也是具有欲望，追求自身的满足。如自恋就是自我本能欲望的一种表现，这种满足自恋的行为被称为"自体性欲"（auto-erotism）满足。自我一方面追求趋乐避苦，表现为愉快的自我；另一方面又要满足现实需要，表现为现实的自我。由于实现自我本能经常受到现实环境的压力，自我有时不得不放弃某种快乐的根源，而延缓满足，暂时忍受一些痛苦，并等待更适合的机会最后实现满足。当自我受到这种经常训练之后，自我本能的行为就变得合理了，它不再受盲目的快乐原则支配，而有可能按照现实原则行事。但在驱力范式时期，弗洛伊德认为自我本能从属于性本能，而且它的能量还需要性本能供给。此时弗洛伊德关于自我的思想还是一种本能理论，把自我看成是一种驱力。这对应于他以后提出的伊底、自我、超我人格结构中的伊底部分，所以也称伊底心理学。

从1923年出版的《自我与伊底》一书开始，弗洛伊德的理论从驱力范式转向自我范式，也标志着他的自我心理学思想的重大发展。弗洛伊德开始赋予伊底、自我和超我三种成分在人格结构中的各自地位。他不再把自我看作是简单的本能力量，而把它看作是人格结构中一个相对独立的组成部分。它遵循着现实原则，其内部存在着一系列的防御机制，以处理力比多与现实的关系。这样，弗洛伊德就从本能理论转到了结构理论，这也是精神分析从伊底心理学向自我心理学迈出了很重要的一步。同时，弗洛伊德也修正了他以前理论中与自我心理学相矛盾的一些内容。例如，在1926年出版的《抑制、症状和焦虑》一书中，他修正了他的焦虑理论。他放弃了早期主张焦虑是对不可发泄的性紧张的一种有害反应的观点，即第一焦虑理论，而主张焦虑是自我发出的一种危险到来的信号，即第二焦虑理论。这与整个自我心理学的方向是一致的。在此书中，弗洛伊德还列举了自我的一些防御机制，如压抑、退化、认同、固着等。

但我们知道，在弗洛伊德的古典精神分析体系中，始终贯彻一个观点，即精神分析的核心就是阐明潜意识的本能动力学。他的精神分析理论中最真正的心理事实还是伊底。在他生前最后一本著作《精神分析纲要》（1940）中，还坚持“伊底的能量标志着有机体生命的真正意图和目的”。因此，尽管从20世纪20年代以后，在弗洛伊德的理论中逐渐增加了自我的重要性，但在他看来，自我的能量仍然来自伊底。“伊底要求什么，它就得到什么。”[①]总之，弗洛伊德的理论仅为自我心理学勾画了一个初步的轮廓，指出了一个继续发展的方向。他的自我心理学思想为其女儿安娜所直接继承。

## 二、安娜·弗洛伊德的自我心理学思想

安娜·弗洛伊德（1895—1982）是弗洛伊德最小的女儿。其父有意让她成为精神分析的传人。安娜从1918年起就参加维也纳精神分析学会著名的星期三讨论会，1923年起便开始了精神分析的医疗实践。1925—1938年担任维也纳精神分析学会主席。1938年随其父亲从奥地利到达伦敦，后来成为一位著名的儿童精神分析学家。安娜一生发表100多篇论文，撰写了10多部著作，其中的《自我与防御机制》（1936）是重要的自我心理学著作。

在弗洛伊德生命的最后16年，安娜一直陪伴在其身边。因此，她

① Freud, S. (1964). An outline of psycho-analysis. In Strachey, J. (Eds.), *The standard edition of the complete psychological works of Sigmund Freud.* (p.207). London: Hogarth Press.

深知其父晚年的工作意图，进一步继承和发展了弗洛伊德后期的自我心理学思想。安娜接受了弗洛伊德关于人格是由伊底、自我和超我这三种结构组成的学说。但在如何看待自我作用的问题上，父女俩则持有不同的意见。弗洛伊德始终重视伊底的作用，伊底为自我提供能量。自我仅是伊底与外界之间的中介，伊底通过自我来对付外界。而安娜则更加重视自我的作用，反对伊底对心理活动具有绝对支配作用。她说："研究伊底及其活动方式永远不过是达到目的的手段。我们的目的是始终如一的：矫正心理异常，使自我恢复其统一性。"①在安娜看来，伊底和超我是不能直接观察到的，我们只能观察到自我。只有当伊底、超我和自我不一致时，我们才能了解这两种心理组织。因此，"我们观察的适当领域总是自我。可以说自我是一个媒介，我们试图通过这个媒介来了解其他两种结构的情况"②。弗洛伊德主张的是伊底控制自我，而安娜主张的则是自我约束伊底。如果说弗洛伊德以分析伊底作为治疗和理论的起点，那么安娜则彻底逆转了其父亲的起点，把分析自我作为解决所有精神分析问题的起点。这在自我心理学发展史上是一个巨大的进步。自此，自我成为精神分析的一个合法的研究对象。

安娜还进一步系统总结和扩展了弗洛伊德对自我防御机制的研究。她归纳出其父亲提出的十种防御机制，又补充了她自己提出的五种防御机制。但她仍把主要注意力放在否认、自我约束、对攻击者的认同、禁欲作用和利他主义机制上。对这些防御机制她都进行了明确的阐述。安娜关于防御机制的研究对自我心理学的发展具有重要的意义。因此尽管自我的功能很多，但其防御功能是主要的。它们直接和自我的强度、性质紧密相关，具有重大的临床意义。自我发展总离不开防御机制的发

① Freud, A. (1936). *The ego and the mechanisms of defense*. (p. 4). New York: International University Press.

② 车文博主编：《弗洛伊德主义原著选辑》（下卷），辽宁人民出版社 1989 年版，第 296 页。

展，通过防御机制的活动可以看到自我的影子。

安娜继承和发展了弗洛伊德的自我心理学思想，对自我心理学的建立做出了重要的贡献。然而，她终究是弗洛伊德的女儿，而不是别人。她并没有真正解决弗洛伊德思想中始终存在的自我的两种机能的不协调，即狭义的防御（与本能冲突所产生的）与广义的适应（与环境相互作用中产生的）矛盾。她仍在自我与伊底的冲突与防御中来研究自我，而发展自我心理学的关键任务是让自我离开伊底，使自我成为没有冲突的领域。所以安娜仅仅是发展弗洛伊德的自我心理学思想的一位过渡人物，而自我心理学的真正建立则是由哈特曼所完成的。

### 三、自我心理学的历史演变

几乎从精神分析运动的一开始，就出现了自我心理学的萌芽。著名的自我心理学家拉波帕特最早对精神分析的自我心理学的历史演变做出概括。他在 1959 年发表的《精神分析的自我心理学的历史概略》[①]一文中，把自我心理学的历史划分为四个发展阶段：第一阶段是从 1886 年至 1897 年，弗洛伊德提出最初的防御概念。第二阶段是从 1897 年至 1923 年，弗洛伊德把自我看作一种本能，提出自我本能、自我驱力和自我力比多学说。第三阶段是从 1923 年至 1937 年，弗洛伊德划分人格结构中的伊底、自我和超我三种成分，给自我相对独立的地位。安娜进一步强调自我的作用，阐述自我的防御功能。第四阶段是从 1937 年至 1959 年，即从 1937 年哈特曼在维也纳精神分析学会发表他的《自我心理学与适应问题》著名演讲开始，这被看成是自我心理学真正建立的一年。自此自我心理学进入一个新的历史发展时期，成为现代心理学的一

① David Rapaport. (1959). A Historical Survey of Psychoanalytic Ego Psychology. *Psychological Issues*, 1, 5-17.

个重要学派。后来自我心理学家布兰克夫妇在《自我心理学》（1979）[①]一书中，把第四阶段的后限延伸到1975年，以马勒与人合著的《人类婴儿的心理诞生》一书的出版为标志。1986年他们又在《超越自我心理学》[②]一书中将前述的第三阶段称为早期的自我心理学，第四阶段称为后期的自我心理学。

## 第二节　哈特曼与自我心理学的建立

### 一、哈特曼传略

哈特曼（1894—1970）出生于德国的名门望族，家世显赫。几个世纪以来，他的家族一直取得较大的科学和学术成就。从其父亲家族谱系看，可以追溯到16世纪的天文学家和史官甘斯，甘斯与当时的天文学家开普勒和布拉赫是好友。哈特曼的祖父是著名文学教授和政治家，曾做过1848年革命之后的德国议会的议员。他的父亲以研究历史闻名，曾任维也纳大学教授，第一次世界大战以后，做过奥地利驻德国的大使。哈特曼的外祖父是产科学和妇科学教授，弗洛伊德曾在其《精神分析运动史》中称赞他为"也许是我们维也纳所有的医生中最杰出的人"[③]。

在哈特曼的早期训练中，他除了主修当时流行的医学课程外，还选修了许多哲学和社会科学课程，曾与著名社会学家韦伯共过事。由于他的这种家庭和个人背景，哈特曼经常接触当时杰出的科学家和学者。他获得医学博士学位后，在维也纳随安娜学习精神分析。第二次世界大

① Blanck, G. & Blanck, R. (1974). *Ego Psychology: theory and practice*. (pp.19-23). New York: Columbia Universities Press.

② Blanck, G. & Blanck, R. (1986). *Ego psychology: developmental object relations theory*. (pp.3-4) New York: Columbia Universities Press.

③ Freud, S. (1914). *On the history of the psycho-analytic movement*. (p.13). London: Hogarth Press.

战爆发后移居美国，主办《儿童精神分析研究》杂志，致力于发展精神分析的自我心理学。曾任纽约精神分析学会会长和国际精神分析学会主席。哈特曼是第二次世界大战后在自我心理学方面最著名的理论家，被尊称为“自我心理学家之父”[①]。他发表了一系列有关自我心理学的论文。他根据自己在维也纳精神分析学会上所做的演讲概括而成的《自我心理学与适应问题》(1939)一书，可以与弗洛伊德的《自我与伊底》(1923)相提并论，是自我心理学发展的第二个里程碑。后来出版的还有他的《自我心理学文集》(1964)。尽管哈特曼的著作不多，却很有分量，它们经常被引用，已经成为精神分析的经典作品。因此，在精神分析发展史上，凡是谈及哈特曼的评论家，都给予他很高的评价。

由于深受家庭和成长环境的影响，特别是其父亲和祖父的影响，哈特曼十分尊重和信奉通行的思想传统。这导致他对弗洛伊德理论的主要部分，采取一种保守性或许是一种明智的保护性的态度。正如格林伯格和米切尔指出的那样，哈特曼的书读起来就像读立宪学者的著作。这些学者不能挑战已有宪法的主体，宪法本身是规定的，只能通过对“规定”意义的解释，进而应用到以前未能预见和探讨它们可能适用的情况。但这样显然是改变了他们所评注的宪法文件的影响。这个比喻特别适合于哈特曼对待弗洛伊德精神分析的态度。他的许多论著都是从一个或几个方面评注精神分析理论，他的贡献似乎仅在于阐释。尽管这种阐释是以弗洛伊德的理论本质为基础的，但它们的增值作用在于打开了许多以前从未考虑过的可能性。[②]哈特曼的主要贡献在于，一方面澄清了弗洛伊德体系中关于自我心理学的一些模糊认识，另一方面他把精神分析中的一些命题表述恰当地纳入普通心理学

---

① Mitchell, S. A. & Black, M. J. (1995). *Freud and beyond: a history of modern psychoanalytic thought*. (p.34). New York: Basic Book.

② Greenberg, J.R. & Mitchell, S.A. (1983). *Object relations in psychoanalytic theory*. (pp.237-238). Harvard University Press.

范畴，试图建立精神分析与学院心理学之间的联系。

## 二、哈特曼自我心理学的主要内容

### （一）没有冲突的自我领域

无论是弗洛伊德还是安娜都从心理动力学出发，强调自我与伊底的冲突与防御，他们的自我概念仍没有自己的独特领域。安娜似乎比其父亲前进了一步，把自我当作“观察的适当领域”，但她对自我的观察仍是为了说明自我与伊底和超我之间的动力关系，照样陷入潜意识冲突的领域。因此，创立自我心理学的一个首要任务就是为自我划定一个独特的研究范围。这一范围应当与本能的研究有所不同，应体现出自我的特殊的心理规律及主动性的特点。这一范围就是哈特曼所称的“没有冲突的自我领域”（the conflict-free sphere）。他认为，古典精神分析的最大毛病就是忽视了没有冲突的心理学领域，把冲突作为自己唯一的研究任务，而“下一步扩大精神分析范围的任务应该是揭示自我的各种没有冲突的活动了”①。在哈特曼看来，自我并不一定要在与伊底和超我的冲突中成长。诸如知觉、思维、记忆、语言、创造力的发展乃至各种动作的成熟和学习等自我的适应机能，并不是自我与伊底驱力相互作用的产物，它们是在没有冲突的领域里发展着。所谓没有冲突的自我领域，并非指空间的领域，而是指“一套心理机能，这些机能在既定时间内在心理冲突的范围之外发挥作用”②。哈特曼的整个自我心理学体系都是围绕着没有冲突的自我领域展开的，包括自我的起源、自我的自主性发展、能量的中性化和自我的适应过程等。哈特曼提出了没有冲突的自我

---

① 转引自车文博主编：《弗洛伊德主义论评》，吉林教育出版社 1992 年版，第 958 页。

② Hartmann, H. (1939). *Ego psychology and the problem of adaptation* (D. Rapaport, Trans). (p. 39). New York: International Universities Press.

领域，标志着精神分析的自我心理学的真正建立，所以他被誉为自我心理学之父。他明确将这一概念纳入精神分析，扩大了精神分析的范围，引起了精神分析的实质变化。

（二）自我的起源及自主性发展

在弗洛伊德的理论体系中，伊底的出现不论在生物学上还是在心理学上，都比自我的出现要早；自我是从伊底中发展出来的，并为伊底的实际利益服务的。但在哈特曼看来，自我与伊底是两种同时存在的心理机能，自我独立于本能冲动，但又是与它同时发生发展的。那么，自我与伊底是怎样同时发生发展的呢？哈特曼认为，它们都是从同一种先天的生物学的禀赋——“未分化的基质”（the undifferentiated matrix）中分化出来的。在这种未分化的基质中，一部分生物学禀赋演化为伊底的本能驱力，另一部分生物学禀赋演变为先天的自我的自主性装备（the apparatuses of ego autonomy）。也就是说，在自我与伊底未经分化之前，既没有自我，也没有伊底。自我与伊底一样都是先天遗传的，伊底不是唯一的遗传禀赋，自我也不是伊底的副产品，两者都是分化的产物。

哈特曼在自我起源问题上的这种修改标志着自我心理学的最重要的进展，具有十分深远的意义。因为这一修改承认了自我与伊底具有共同的先天起源，使自我在起源问题上摆脱伊底，具有明显的独立性。这一独立性可以扩大精神分析的研究范围，使之包括记忆、思维、想象、学习等普通心理学的问题。同时，在起源上区别伊底与自我，有利于我们认识自我的主动性，揭示人类区别于动物的特点。

由于自我在起源上独立于伊底，所以自我在发展上也独立于伊底的本能发展，哈特曼称之为自我的自主性发展。他区分了两种自我自主性：一种是初级自主性（primary autonomy），另一种是次级自主性（secondary autonomy）。

初级自主性是指那些先天地独立于伊底的没有冲突的自我机能。这种自我机能一旦从未分化的基质中分化出来，就开始起着对环境的适应作用。在个体心理发展的过程中，初级自主性主要表现为一种自我机能的成熟过程。在刚出生后的最初几个月内，婴儿的心理处于未分化的状态，不仅自我与伊底浑然一体，婴儿与环境也浑然一体。例如，婴儿在吃奶时把母亲当作自己的一部分。到了 5 ~ 6 个月，婴儿的自我开始分化。本能驱力按照自身区位的成熟而不断发展，同时，自我也按照自己固有的发展程序分化出来。哈特曼强调，自我的知觉、思维、运动机能都有自己独特的结构和发展规律。"这些机能的应用独立于直接的需要，与外界刺激具有更加分化的关系，它们是现实的自我发展部分。"① 自我的这些特点及成熟处在现实和本能驱力的影响之外，哈特曼把它们称为自我的初级自主性因素，它们起源于遗传的生物学禀赋。从 6 个月到 1 岁，自我的初级自主性开始成熟起来，包括知觉、运动、记忆、学习和抑制等机能的成熟。这些变化使婴儿能更好地控制自己的身体，部分地掌握生活空间中的非生命客体，形成一定的预测能力。总之，哈特曼提出了自我的初级自主性机能，这就使自我和一般的心理过程联系起来，使精神分析有可能从病理范围转向正常的心理范畴。

次级自主性是指从伊底的冲突中发展起来并作为健康地适应生活的工具的那些自我机能，也就是指最初服务于伊底的防御机制逐渐演变成一种独立的结构，摆脱了冲突的领域。哈特曼认为，防御在本能水平上已经存在了，这种存在于本能中的机制后来可以服务于自我并演化成自我应付伊底的手段。自我的次级自主性的一个例子是理智化作用（intellectualization）。理智化原是一种防御机制，是指人们为了防御不可接受的潜意识动机而故意用智力活动压抑它，如小孩可借助看小人书而压抑恋母情结。最初理智化是解决冲突、反对伊底的防御机制，发生在本能水平上，但在这一过程中，理智化在自我结构的组织和利用下可以演化成一种高超的智力成就。正如哈特曼自己所说："这一过程还有

① Hartmann, H. (1939). *Ego psychology and the problem of adaptation* (D. Rapaport, Trans). (p. 167). New York: International Universities Press.

一种现实倾向的方面，即这一反本能的防御机制同时可以看成一种适应过程。”①所以，理智化作用具有与现实环境相互作用的方面，体现了人们对现实的认识，可以转化为人的思维、记忆等智力活动。这一过程实质上是一个机能转变过程，即最初起源于某一冲突领域的活动形式，在发展过程中转变成一种完全不同的没有冲突的心理领域，具有不同的作用。在理智化的例子中，作为防御机制的理智化变成了作为适应的自我的次级自主性。哈特曼提出了自我的次级自主性对于进一步理解防御、适应和自我作用是很有意义的，但同时也说明了他在自我心理学理论上的妥协性一面。尽管次级自主性也是一种自我机能，但它的起源仍是本能的，这说明次级自主性仅凭借自身的力量难以完成整合的使命，必须从伊底中获得能力。其实，这也就等于承认自我的次级自主性起源于伊底，它不是自我本身固有的，而是伊底能量的改头换面。这表明了哈特曼理论的保守性立场。

（三）能量的中性化

弗洛伊德认为，心理能量主要来自伊底的力比多能量，它是一切心理活动的动力源泉。自我的能量来自伊底，也受制于伊底。因此，哈特曼要想促使自我彻底离开伊底，赋予自我以自主性，就必须修正和扩展弗洛伊德的心理能量概念。在他看来，如果某一服务于自我的能量过于接近本能则会妨碍自我的机能，因此必须使本能的能量中性化（neutralization）。所谓的中性化是指一种把本能能量改变成非本能模式的过程。哈特曼认为，自我一旦从伊底中解脱出来，为自己服务时，中性化的过程就产生了。3 个月的婴儿就多少有一些使驱力能量中性化的能力，比如当他饥饿时，他就能把饥饿感觉和过去得到满足的记忆痕迹联系起来，于是他就用哭声来呼唤母亲。这时，他已经能将新生儿的无目的的哭声变成有目的的了。在饥饿驱力和呼唤母亲的联系之中就存在

① 转引自车文博主编：《弗洛伊德主义论评》，吉林教育出版社 1992 年版，第 319 页。

着中性化的过程。自我在反对伊底的斗争中，将本能驱力中性化，转变成为自我服务的能量，从而脱离和控制本能的能量，实现其自主性机能和达到适应环境的目的。

能量的中性化的概念为哈特曼首创，但中性化的思想发端于弗洛伊德的思想之中。弗洛伊德认为，自我一经形成便可以直接使力比多能量实现非性欲化，如升华作用。升华可以把直接的性冲动通过某种高尚的社会行为转变为社会所接受的东西。这是一种本能的替换作用，通过这种行为方式，可使自我获得变相的、象征性的满足。哈特曼的中性化概念吸收了升华的思想，但他对这一概念有所发展。升华仅仅是对力比多能量的改造，而中性化则包括两种本能的非本能化。哈特曼认为，本能不仅包括性欲，而且包括攻击性，攻击性也含有大量的能量。自我不仅通过力比多的非性欲化获得能量，而且通过攻击性的非攻击化来获得能量。弗洛伊德的非性欲化概念不能囊括全部能量的改造，所以哈特曼提出能量的中性化概念来表述对两种能量的改造过程。他认为，中性化是一个持续的过程，包括本能驱力的质的改变，而不单单是像升华那样将本能目的暂时转变成社会可接受的目的。同时，中性化也是有等级之分的，它从完全本能化到完全中性化。例如，超我所借用的攻击本能便具有本能性，尚未脱离攻击的原型；而非防御性的自我活动所借用的攻击本能是最具有中性化特点的。尤其重要的是，在心理的发展过程中，自我可以贮存中性化的能量，摆脱具体特殊的中性化及其等级化，形成自身的目的和机能。也就是说，经过贮存的中性化能量是一种不带有本能痕迹的纯粹中性能量，可以被自我自由和随时地支配和运用，而不像升华那样依靠直接的能量转化。中性化的能量已发生了质的改变，在某种意义上，它已不再是本能的能量而是自我的能量了。由此，哈特曼就把自我的独立性又向前推进了一步，使自我的中性能量距离本能更加遥远，自我拥有的能量不再具有本能的形态，只是根源上属于本能，这种能量对本能的归属只是名义上的。总之，在哈特曼的自我心理学体系中，中性化是一个十分广泛的概念，决定着所有自我的次级自主性。他设想通过对本能能量的中性化改造，从能量上增加自我的力量，使自我更好地适应环境。

（四）自我的适应过程

哈特曼认为，能量的中性化过程的产生，也就是自我的适应过程的产生。适应实质上是自我的初级自主性和次级自主性作用的结果，也就是说，一旦自我装备与环境取得平衡，就产生了适应。研究自我的适应机能是没有冲突的自我领域的必然要求。正如哈特曼自己所说的："没有冲突的自我领域的思想使我们研究并掌握与现实任务密切有关的机能，即适应机能……适应是精神分析的一个核心概念，因为一旦我们深入探讨许多问题，这些问题都可集中到适应问题上来。"[①]他把适应看作是一种有机体与环境交互作用的过程，一种不断地与环境相适合的连续运动，而不是一种静态的产品。哈特曼借用了弗洛伊德著作中的自体形成（autoplasty）和异体成形（alloplasty）的概念来解释个体对环境的适应活动。个体或者通过改变自己去适应环境，即自体形成活动；或者通过改变环境使之更适合于自己的适应，即异体成形活动。在哈特曼看来，人类的适应包括两个过程：人类活动使环境适应人的机能，然后又适应自己创造的环境。因此，自体形成和异体成形都是很有用的适应活动，自我的高级机能决定在既定的环境中哪种适应活动更适合。此外，哈特曼又增加了一种个体对有利于生存的新环境做出选择的新的适应途径，这是第三种适应形式。它也具有极大的生存意义。

哈特曼进一步深入研究了人类适应的操作手段与适应过程的关系。他认为有两种适应在前提和结果上有所不同，一种是进步的适应（progressive adaptation），另一种是倒退的适应（regressive adaptation）。

① 转引自车文博主编：《弗洛伊德主义论评》，吉林教育出版社 1992 年版，第 324 页。

前者是指与心理发展的方向相一致的适应，后者是指为了将来或整体上对环境的适应而暂时表现出的倒退与适应不良，即通过倒退而迂回前进。哈特曼指出：“适应现实这种最高度分化器官的机能不能单独保证有机体的完善。”[①]因此，在适应过程中，还必须考虑有机体的整体适应（fitting together）的重要作用。在通常情况下，某一适应在整体上是前进的，体现了有机体对环境的适应，但个别的组织过程可能是不适应的、倒退的。为了保证整体适应，个别心理组织必须暂时表现出不适应。这种整体适应表现为自我的整合机能（synthetic function）。它体现了自我的本质特点和适应的最高成就。它并不是自我的一个独立机能，而是自我机能的统合。整合机能使人类区别于动物，使自我能够衡量各种利弊，比较长远和短近的利益，进行正确的选择。自我的整合机能说明，适应并不是被动的过程，而是一种克服困难、改造环境的能动活动。

哈特曼认为，适应过程既受生理心理组织的影响，又受外部环境的影响。在环境方面，他提出了“正常期待的环境”（average expectable environment）这一概念。所谓正常期待的环境是指人的正常适应和正常发展所面临的环境，是正常人可以期待和想象的环境。正常人一生的大部分时间都处在正常期待的环境中，其个人发展的要求与环境的要求是吻合的。正常期待的环境首先从对儿童发生作用的母亲和其他家庭成员开始，日后逐渐扩大到整个社会关系。在哈特曼看来，对一个健康的新生儿自我来说，这种日常期待的环境就是婴儿自我最适合的环境。在这种环境中，婴儿借助自我调节机能影响着环境，而环境又反过来影响着婴儿自我。婴儿的自我正是在这种交互作用的关系中螺旋式地逐步与环境保持平衡，并不断向前发展的。哈特曼的自我心理学理论强调自我与环境的调节作用，使精神分析从伊底心理学的理论框架中解脱出来，摆

① 转引自车文博主编：《弗洛伊德主义论评》，吉林教育出版社 1992 年版，第 333 页。

脱了自我的单纯防御机能，从而走向正常的发展心理学，这无疑是一个巨大的进步。

### 三、对哈特曼自我心理学的评价

在弗洛伊德逝世以后，哈特曼领导正统的精神分析沿着自我心理学的方向继续发展。在自我心理学的创立上，他无可否认地起了承上启下的作用。他在继承弗洛伊德和安娜的自我心理学思想的基础上，创建了自我心理学的理论体系，成为自我心理学的当之无愧的建立者。因此，他的理论又孕育了大批后继的自我心理学家，如斯皮茨、雅可布森、马勒和埃里克森等人。

哈特曼的自我心理学澄清了弗洛伊德和安娜对自我心理学的概念和体系的模糊思想，探讨了没有冲突领域的自我心理学规律。他从起源上说明了自我与伊底的区别，强调自我的独立性，阐述了自我的自主性发展的特点，赋予自我以主动性。他还把伊底的本能能量中性化为自我的能量，使自我脱离伊底的控制。哈特曼的这些工作扩展了弗洛伊德和安娜的自我概念，使自我的机能由防御本能变为适应环境。他进一步阐述了自我的适应过程，把适应过程看作是有机体与环境交互作用的过程，是自我装备与环境不断取得平衡的过程。他还引进了正常期待的环境的概念，以说明环境对自我适应的影响。这样，哈特曼就扩大了精神分析的目的和范围，把古典精神分析从研究本能冲突的病态心理转向了研究自我适应的正常心理，从而把精神分析的研究内容纳入普通心理学的研究范围。这是哈特曼最大的理论贡献。长期以来，精神分析的普通心理学意义的问题一直困扰着心理学家。在学院心理学家看来，精神分析的概念和方法对于理解正常人用处不大，精神分析学家则埋头于治疗实践，不关心普通心理学的发展。这使精神分析的发展脱离了整个心理学的进程。而哈特曼的工作正是试图建立精神分析与学院心理学之间的联系。正如他自己指出的，自我心理学的兴起，“使我不再怀疑精神分析学可以被称为普通心理学，在这一词的最广泛意义上”[①]。同时，哈特曼把自我的发生和发展的研究当作精神分析的重要任务，探讨了精神分析的发生学原则，试图建立精神分析的发展心理学。他“希望精神分析成为一般的发展心理学……我们要借助精神分析的观点及方法重新分析非精神分析心理学领域提供的研究成果，这自然使精神分析学家对发展过程的直接观察（首先是对儿童的直接观察）具有了新的重要性”[②]。安娜的发展线索概念就是受了哈特曼的影响，下一节中将要讨论的斯皮茨、雅可布森和马勒等人，都是从观察儿童入手建立他们的理论体系的。

但是我们应该看到，哈特曼对弗洛伊德的理论体系的改造是不彻底的，从而导致了他的自我心理学体系具有许多不可克服的矛盾。哈特曼一方面提出精神分析的新目标即没有冲突的自我领域，另一方面又把冲突领域的心理学问题毫无保留地交给了古典精神分析。他在引进新概念描述自我的正常发展和适应过程的同时，保留了本能冲突对于解释病态心理的作用。在他看来，本能及其冲突可以解释病态心理，但不能说明正常心理；而自我及其适应可以解释正常心理，但不能说明病态心理。因此，在哈特曼的理论中，对正常心理的解释和病态心理的解释是不协调地存在着的。如果精神分析果真是普通心理学，那么它一定具有贯穿这两个领域的一致理论。哈特曼的根本缺陷在于未能将整个人格结构与社会环境具体地统一起来，只是在自我水平上，人与环境是统一的、互相影响的，而在伊底水平上，现实的影响总是外在的、抽象的。此外，在哈特曼的体系中，尽管用伊底驱力和中性化这些概念来说明自

① Hartmann, H. (1939). *Ego psychology and the problem of adaptation* (D. Rapaport, Trans). (p.4). New York: International Universities Press.

② Hartmann, H. (1939). *Ego psychology and the problem of adaptation* (D. Rapaport, Trans). (p.8). New York: International Universities Press.

我在它的次级自主过程中，使受伊底控制的心理能量转化为一种与环境交互作用的能量，但是他的这一观点仍然没有彻底逃脱伊底内驱力的束缚，并没有给自我以真正独立的能量。可惜的是，哈特曼在这一发展的逻辑步骤上没有再向前迈出一步。

## 第三节　自我心理学的发展

在哈特曼建立自我心理学体系后的数十年间，西方涌现了许多新的自我心理学家。不过，真正把哈特曼的自我心理学作为出发点，在他的理论表述上建立各自的自我心理学体系的，则要数斯皮茨、马勒和雅可布森等人。

### 一、斯皮茨

斯皮茨（1887—1974）生于维也纳。1910 年获匈牙利皇家大学医学博士学位，后来又分别获布拉格大学和美国纽约大学的医学博士学位。匈牙利著名精神分析学家费伦茨引导他走上精神分析道路，1910—1911 年他曾聆听弗洛伊德的教诲。第一次世界大战期间，他暂时中断了精神分析工作，在奥地利军队从事医疗服务工作。1933—1938 年任职于巴黎精神分析研究所。1950-1952 年任纽约精神分析学会副主席。主要著作有《是与否：论人类交往的发生》(1957)、《自我形成的发生场论》(1959) 和《生命的第一年》(合著，1965)。此外还有 60 多篇论文。斯皮茨的知识面广，好奇心强，对精神分析的自我心理学做出了重要贡献。

斯皮茨在自我心理学的理论和实践上都有建树。他的研究主要是关于发展问题，对于发展过程中的复杂性，他采用一种微观研究策略，着重分析了生命第一年的发展情况。他倡导对儿童进行直接的观察，把对儿童的观察资料拍摄成电影，这对于研究和教学来说是一种重要的方法学上的贡献。他是使用这种方法的前驱。斯皮茨在20世纪40年代进行过住院致病和孤儿忧郁症等研究，后来他的研究重点转向自我形成的发生场理论。他在哈特曼的理论基础上，阐明了个体通过亲子关系构造自我的过程。

斯皮茨认为，从婴儿到客体形成有一个过程，在这个过程中，婴儿在外部行动中看到各个不同的指征（indicator，指的是内部变化发生的外部信号），于是，自我构造中就出现了不同的精神构造者（organizer of the psyche）。精神构造者是他从胚胎学中借用来的，指的是在胚胎发展中一个散发着影响的中心点。在构造者未出现之前，移植组织采用周围组织的特性；在构造者出现之后，移植组织就获得了“构造了的”同一性，就能采用自己的独特形式。斯皮茨对婴儿自我构造的三个阶段进行了描述。

在第一阶段，婴儿刚出生不久，只有一种混浊的一般机体感觉，随着母亲奶头的得到与失去以及满足与挫折的不断适应，即开始了初步的辨别性感觉。到出生后三个月，他开始对运动着的母亲面孔发出微笑。这种微笑反应就是第一个精神构造者的指征，它表明精神构造者已经把感觉和意向性联结起来，从一般机体感觉转向距离知觉，心理能量由内部向外围贯注，这是客体关系的开始。

在第二阶段，随着婴儿认识能力的不断发展，他开始认识了他的母亲，母亲是他的力比多的合适客体，看到其他陌生面孔就哭叫，这一现象叫作“第八个月焦虑”或“陌生人焦虑”。这说明客体关系达到新的水平，婴儿获得了精神结构的第二个精神构造者，而“第八个月焦虑”就是第二个精神构造者的指征。

在第三阶段，随着活动的增加，婴儿的触觉经验减少了，但婴儿对母亲的需要未减少，母亲的声音重要起来，语词也参与交往。婴儿开始叫“妈妈”，这个词包含着复杂的感情。另外，婴儿急需表示他的抽象思想，如说“不”这个字，并伴有一种摇头的动作。这就是第三个精神构造者的指征，它标志着语词交往的开始。斯皮茨认为，来自母亲的每一次“不”均构成一次挫折，给儿童带来一种对自己活动的攻击和禁止的体验。这一阶段在出生后十五个月左右。

总之，在斯皮茨的理论中，新生儿自我的正常发展就是这三个精神构造者循序不断构造的过程，儿童的客体关系和自我逐渐在人类和社会的方向上发展起来。如果不恰当地建立一个构造水平，那就会导致日后发展上的异常现象。

### 二、马勒

马勒（1897—1985）生于匈牙利距离维也纳很近的一个小镇。她在维也纳完成了高等教育和儿童精神分析训练。20 世纪 30 年代她在维也纳从事儿童精神分析工作。1938 年移居美国纽约，成为美国精神病研究所纽约儿童服务站的一位咨询人员。50 年代她在纽约市儿童管理中心从事儿童观察研究。她的主要著作有《论人类共生和个体化的变迁》（1968）和《人类婴儿的心理诞生》（合著，1975）等。

马勒的工作对精神分析的发展心理学贡献很大。她和斯皮茨一样，也是在哈特曼理论的基础上继续研究，试图深入地描述婴儿自我发生发展的过程。马勒特别强调把异常与正常儿童进行比较和对比研究，她对弗洛伊德理论的贡献在于充实了精神分析关于生命头三年的发展理论。

马勒在长期观察和积累大量论据的基础上，制定出一个常规的发展阶段序列，用以刻画儿童从诞生到成长为一个人或者走向精神异常的过程。她首先把儿童头三年的发展划为三个阶段。（1）自闭（autism）阶段（从出生到两个月），儿童在一种原始混沌的无定向状态中度过，满足需要是属于他自己唯一的我向范围。儿童没有目的，不能区别自我与客体（母亲）。（2）共生（symbiosis）阶段（从两个月到四五个月），随着儿童开始区分快乐的经验和痛苦的经验，他能模糊地意识到其满足需要的客体，共生阶段就开始了。"共生"一词是从生物学中借来的，原义是指两种不同的有机体在紧密结合后共同生活。这一阶段的基本特征就是儿童对母亲客体还只具有一种模糊的认知，儿童自己与母亲之间还没有真正的分离。不过儿童从母亲对他的各种需求的控制下，不断经历愉快和痛苦的经验，从而开始对自己身体的感觉与外界客体的感觉加以区分。本体感觉的出现，意味着儿童自我的内部核心的形成。（3）分离—个体化阶段（从四五个月到三岁），儿童开始能在自身意义上与母亲和外部客体分离开来，达到独立的个体化。分离并非所谓生理上的分离，而是指儿童与心理知觉的分离。马勒后期主要从事这个阶段的观察研究。她进一步将这个阶段分为四个亚阶段。①身体意象的分化与发展亚阶段（从四五个月到十个月），婴儿能从他与母亲的共生中分化出自己的身体表象。马勒观察到从第六个月起，儿童表现出各种新的行为，如抓母亲的头发、耳朵、鼻子，将食物塞进母亲的嘴里，等等，这就显示出儿童自己与母亲的分化。到了第七或第八个月，儿童开始将母亲与别人进行比较，出现了一种新的"查对母亲"的行为模式，当他看到不是母亲而是别的陌生人时，就会产生惧怕，激起一种"陌生人的焦虑"。总之，这一阶段的主要发展成就就是儿童积极的分离机能开始发展起来了。②实践亚阶段（从十个月到十五六个月），这一阶段的特征是，儿童最初把兴趣专注于母亲所提供的物体上，如玩具、奶瓶等，但主要兴趣还在母亲身上。与此同时，儿童也逐渐发展了运动协调能力，他可以探索周围的世界了。这时，当婴儿一旦与母亲分离，也可以接受他人作为替代。③和解亚阶段（从十五六个月到两岁），这时儿童更能觉察到与母亲的分离，但也更能利用认知能力来抵抗挫折。和解亚阶段是一个矛盾的时期，儿童往往会产生一种协调危机。一方面，随着认知能力和运动能力的发展，儿童要求独立，不愿依恋母亲；另一方面，他似乎又会重复出现"陌生人的焦虑"，显示出羞怯腼腆的情感来。精神分析史家范因认为："从理论的观点看，她（马勒）的主要贡献在于协调危机的概念，她对此给予很大的注意。"[①]④个体化的巩固与客体恒常性亚阶段（从两岁到三岁），这一阶段母亲的表象作为一个外在的实体已经在儿童的心理上得以巩固，儿童自己的个性也就随着这种认知能力的增长而开始出现。这时，作为交往工具的言语能力已经占主要优势；游戏也更具有想象性和目的性；随着母亲的来来往往，儿童的时间概念也有了特定的意义。总之，个体化的巩固与客体恒常性亚阶段使儿童形成了自我概念，产生了一个具有稳定意义的"客体我"，即得到自我的同一性。马勒认为，在儿童的发展中，既要使儿童的自我能够同母亲分离出来成为一个自主的动因，又要使儿童能够利用母亲这个有力的助手认识外界事物的意义，否则的话，就会产生儿童自我的病态现象，成为自闭精神病或共同精神病儿童。

马勒及其同事在长期观察的基础上提出的关于儿童自我发生发展的模式，既详细又令人可信。克莱尔指出："马勒的发展模式所取得的主要成就，具有前恋母情结时期的里程碑的意义。"[②]

## 三、雅可布森

雅可布森（1897—1978）生于德国。20 世纪 30 年代她在德国接受医学和精神分析训练，并成为柏林精神分析学会的成员。1938 年她曾被关进纳粹监狱，不久侥幸被释放。随后她逃离德国，移居美国。她是一位具有坚强信念的勇敢的女性，后来又曾从安全通道返回德国，保护那些受到纳粹分子迫害的她以前的病人。她最重要的研究是在 40—60

① Fine, R. (1979). *The history of psychoanalysis*. (p.169). New York: Columbia Universities Press.

② Clair, Michael, St. (1986). *Object relations and self psychology*: *an introduction*. (p.122). Monterry, CA: Brooks/Cole Publishing Company.

年代进行的。她的主要著作有《自体与客体世界》（1964）和《忧郁症》（1971），其著作颇为晦涩难读。

雅可布森对精神分析的贡献主要表现在两个方面：一是以精神分析理论分析妇女忧郁症的形成及表现；二是分析儿童自我的形成，阐述儿童心理结构的发展模式。

雅可布森为了在其理论阐述中不至于把自我与自己体验着的客体与现实中的客体发生混淆，对自我（ego）、自体（self）和自体表象（self representation）做了明确的界定。她指出，自我指的是一种心理结构，自体则是个人身心的总和，而自体表象是自体在自我这个心理结构中的反映，或叫作"内心表象"（endopsychic representation）。这个表象有时是个人意识到的，有时是意识不到的。

雅可布森的理论也是从哈特曼的"未分化的基质"概念展开的。首先她扩大了哈特曼的这一概念。她认为，未分化的基质不限于自我与伊底。力比多和攻击这两种驱力在最初也是未分化的，它们都包含在这种基质之中。她把这种基质称为原始的心理生理自体。雅可布森认为，婴儿最初几周的心理生活就是从这里开始的。她把这一阶段称为前共生阶段。这是在自体客体表象融合阶段形成之前的一个短暂时期。在这一阶段，机体的各种因素共同决定着婴儿的内部心理过程，婴儿的力比多只能静悄悄地通过生理渠道向内部贯注。这一阶段的第一个外显表现就是愉快的情感。由于未分化的心理生理自体既标志着自体表象又标志着客体表象的始发点，因此，力比多能量向自体和客体上贯注原本是同一个过程。她认为，这种内部心理结构若是倒退回去或是衰退下去，就会产生自闭综合征。在母亲与婴儿关系影响下，婴儿逐步形成了一种融合不分的自体客体表象，也就是说，婴儿的第一个内部心理结构开始诞生，这时婴儿就进入了发展的第二阶段。这一阶段持续时间较长，一直要到婴儿能将自体表象从客体表象中分析出来才结束。这一阶段在儿童的发展中很重要，因为正是在这一心理发展的基础上，婴儿才能区分出自体和客体世界来。雅可布森提出，这一阶段如果长期地或病理性地停滞下去，那么就会导致儿童的共生性精神病或忧郁性精神病，也会导致成人期的精神分裂症。

随着机体的成熟，婴儿的未分化的驱力能量就发展出力比多和攻击这两种驱力；而且这些能量向外发泄的途径也就逐渐敞开。未分化的自体表象，如果投入攻击驱力，就会与投入力比多驱力的自体表象相对立，正是在这一点上，客体关系的内部世界就包含了“好的”和“坏的”客体表象了。在发展过程中，儿童总是通过心力的内投和外投过程，力求保持自体表象和客体表象之间的好的或理想的关系，而把自体表象与客体表象之间坏的关系排斥和投射出去，这时便进入心理发展的第三阶段。在这一阶段，特别是 2 ~ 3 岁的儿童，还会发展出一套理想化的自体表象和客体表象。这是由于当儿童的自体表象和客体表象逐渐更加现实化时，他便会经受到各种挫折，体验到炫耀、自制、嫉妒、竞争、失望和失败。正是由于这些感受，才促使儿童能辨别自己的和别人的情感，检察外部的和内部的现实，并在这个基础上把一些好的和坏的自体表象和客体表象加以整合，建立起理想化的自体表象和客体表象，进一步把自体从客体中分化出来，促进自我的自主性。因此，雅可布森认为，如果发展正常的话，理想化过程就会使幼儿向超我形成迈进。如果误入歧途，就会导致忧郁性心理病理症状的出现。

发展的第四阶段是以客体恒常性为标志，在四五岁开始。这一阶段的幼儿，理想化了的自体表象和客体表象已被整合成为自我理想，而自我理想又被掺合成为超我的一个部分。只有到了这个时候，自我和超我才可说是真正分化出来，从而完成了自我、伊底和超我三分结构的建立，而且，正是由于自体表象和客体表象的分化，致使自我与外界现实和伊底的界限渐臻巩固，因而自我的界限也就更加分明。雅可布森指出，如果自体表象与客体表象重新融合，就会造成自我界限的破坏和现实检察的丧失，这时的儿童就陷入病理状态了。

总之，雅可布森提出了一个包括客体关系在内的精致的自我心理结构的发展模式，这一发展模式具有综合性或整体性特点，它给精神分析家解释病理的和正常的发展过程，提供了一个确切明了的理论依据。这正是她对自我心理学的主要贡献。因此克莱尔指出："由于她对古典精神分析观念进行了修正，所以她是一位影响了许多现代主要研究者的重要人物"①。

以上介绍的三位自我心理学家斯皮茨、雅可布森、马勒都各自描述了儿童自我结构化的全过程，对精神分析的自我心理学做出了各自的贡献，推动了精神分析运动向儿童心理学发展。但是，他们的理论都主要揭示幼儿早期的身心发生发展过程，把人格发展的决定作用局限于人生的早年阶段，而且他们都还是在心理性欲范畴内去阐明自我的形成和发展过程。同时他们也都把自我及其机能的发展限制在个体的范围，以先天的"基质"说明后天的人格发展，所以都没有从根本上摆脱精神分析传统思想的束缚。这样就限制了自我心理学的进一步发展。只有埃里克森，才把心理的社会文化因素归纳入自我心理学的理论体系。

## 第四节　埃里克森对自我心理学的贡献

### 一、埃里克森的生平和著作

美国心理学史家墨菲指出，现代弗洛伊德心理学的锋芒所向是自我心理学，而其杰出的代表人物则是埃里克森。②他对自我心理学的主要贡献是进一步发展了哈特曼所重视的社会环境对自我适应作用的

---

① Clair, Michael, St. (1986). *Object relations and self psychology: an introduction.* (p.103). Monterry, CA: Brooks/Cole Publishing Company.

②［美］墨菲、［美］柯瓦奇著，林方、王景和译：《近代心理学历史导引》，商务印书馆 1980 年版，第 420 页。

思想，从生物、心理、社会环境三个方面考察自我的发展，提出了一个以自我为核心的人格发展渐成说，使自我心理学的理论达到了一个新的水平。

埃里克森（1902—1994）出生于德国的法兰克福，只受过大学预科教育。1933年他参加了维也纳精神分析学会，并随安娜从事儿童精神分析工作。同年去美国波士顿开业，1936—1939年在耶鲁大学医学研究院精神病学系任职。在此期间，他研究了自我发展的三个问题：（1）儿童的空间游戏行为中所表现的社会道德的概念；（2）作为一种连续统一体的自我的发展；（3）关于人在时空中的人类学调查。他于此时先后结识了心理学家默里、勒温和人类学家本尼迪克特、米德等人。1939—1944年他参加加利福尼亚大学伯克利分校儿童福利研究所的儿童指导研究。40年代他曾到印第安人的苏族和尤洛克部落从事儿童的跨文化现场调查。1951—1960年任匹兹堡大学医学院精神病学教授。1960年起任哈佛大学人类发展学教授，直到1970年退休。埃里克森的著作颇多，主要有《儿童与社会》（1950，1963）、《同一性与生命周期》（1959）、《理解与责任》（1964）、《同一性：青春期与危机》（1968）、《新的同一性维度》（1974）、《生命历史与历史时刻》（1975）、《游戏与理由》（1977）、《生命周期的完成》（1982）等。

## 二、埃里克森自我心理学的主要内容

### （一）自我及其同一性

埃里克森自认为是弗洛伊德学说的热烈拥护者，他同意弗洛伊德把人格结构分为伊底、自我和超我，但他对自我的理解不同于弗洛伊德。埃里克森认为自我是一个独立的力量，不再是伊底和超我压迫的产物。他把自我看作一种心理过程，它包含着人的意识活动并且能够加以控制。自我是人的过去经验和现在经验的综合体，并且能够把进化过程中的两种力量——人的内部发展和社会发展综合起来，引导心理性欲向合理的方向发展，决定着个人的命运。自我过程已失去防御性质的重要性，其所表现的游戏、言语、思想和行动等带有自主性，具有对内外力量的适应性。

埃里克森赋予自我许多积极的特点，诸如：信任、希望，独立性，自主性、决心，勤奋、胜任，同一性、忠诚，亲密、爱，创造、关心，统整、智慧，等等。这些特性都是弗洛伊德从未提到的。他认为，凡是具有这些特性的自我都是健康的自我，它能对人生发展的每一阶段所产生的问题创造性地予以解决。

在上述的自我特性中，埃里克森特别重视自我的同一性。他指出："对同一性的研究已成为我们时代的策略，犹如弗洛伊德时代对性欲的研究。"[①]在他看来，具有建设性机能的健康自我必须保持一种同一性，即自我同一性或心理社会同一性。这一复杂的内部状态包括四个不同的方面：（1）个体性（individuality），是指一种意识到的独特感，以不同的、独立的实体而存在。（2）整体性和整合感（wholeness and synthesis），是指一种内在的整体感，产生于自我的潜意识整合作用。成长中的儿童形成许多零碎的自体表象，健康的自我就把这些零碎的表象整合成一种有意义的整体。（3）一致性和连续性（sameness and continuity），是指潜意识追求一种过去与未来之间的内在一致性和连续感，感受到一个人生命的连贯性并朝着有意义的方向前进。（4）社会团结性（social solidarity），是指具有团体的理想和价值的一种内在团结感，感受到社会的支持和认可。埃里克森指出："在人类生存的错综复杂社会里，如果没有自我同一性，就没有生存感。同一性的剥夺能导致残杀。"[②]同一

① Erikson, E. H. (1963). *Childhood and society*. (p.256). New York: Norton.

② Erikson, E. (1959). *Identity and the life cycle: selected papers*. In *Psychological Issues*.vol1. (p.90). New York: International University Press.

性的另一极端是同一性混乱[①]或角色混乱，也就是通常所讲的同一性危机。同一性混乱是指感受不到一个人生命是向前发展的，不能获得一种满意的社会角色或职业所提供的支持。埃里克森还认为，自我的同一性最初起源于婴儿，到青春期才能正式形成。

（二）人格发展的渐成论原则

埃里克森认为人的发展是依照渐成原则进行的。这个原则是借用了胎儿发展的概念，把人的发展看作一个进化的过程。他认为人的一生是一个生命周期，可以划分为八个阶段。这些阶段是以不变的序列逐渐展开的，而且在不同的文化中是普遍存在着的，因为它们由遗传因素所决定。但他又指出，每个阶段能否顺利地度过则是由社会环境决定的，在不同文化的社会中，各阶段出现的时间可能不一致。在发展过程中，以个人的自我为主导，按自我成熟的时间表，将内心生活和社会任务结合起来，形成一个既分阶段又有连续性的心理社会发展过程，以区别于弗洛伊德的心理性欲发展过程。

埃里克森认为，人格发展的每个阶段都由一对冲突或两极对立所组成，并形成一种危机。所谓危机不是指一种灾难性的威胁，而是指发展中的一个重要转折点。危机的积极解决，会增强自我的力量，使人格健全发展，有利于个人对环境的适应；危机的消极解决，会削弱自我的力量，使人格不健全，阻碍个人对环境的适应。而且，前一阶段危机的积极解决，会增加后一阶段危机积极解决的可能性；前一阶段危机的消极解决，则会减少后阶段危机积极解决的可能性。每一次危机的解决，都存在着积极因素和消极因素，只有根据其中的哪一种因素多少而称为积极的解决或消极的解决。当积极因素的比率大时，危机就顺利地解决，反之则相反。一个健康人格的发展，必须综合每一次危机的正反两个方面，否则就会有弱点。埃里克森还指出，不仅所有的发展阶段是依

① 最初埃里克森使用“同一性散乱”（diffusion）概念，后来才改为“同一性混乱”（confusion）。

次地相互联系着的，而且最后一个阶段和第一个阶段也是相互联系的。例如，老人对死亡的态度会直接影响幼儿的人格发展。他说："如果儿童的长者完美得不惧怕死亡，儿童也不会惧怕生活。"①人的发展阶段是以一种循环的形式相互联系着，一环扣一环，形成一个圆圈。

（三）人格发展的八个阶段

埃里克森所划分的人格发展的八个阶段，其中前五个阶段与弗洛伊德划分的阶段是一致的。但埃里克森在描述这几个阶段时，并不强调性本能的作用，而是把重点放在个体的社会经验上。至于后三个阶段则完全是他独自阐述的。

1. 基本信任对基本不信任（0—1 岁）

这个阶段的儿童最为软弱，非常需要成人的照料，对成人依赖性很大。如果父母等人能够爱抚儿童，并且有规律地照料儿童，以满足他们的基本需要，就能使他们对周围的人产生一种基本信任感，感到世界和人都是可靠的；相反，如果儿童的基本需要没有得到满足，那么儿童就会产生不信任感和不安全感。儿童的这种基本信任感是形成健康人格的基础，也是以后各个阶段人格发展的基础。如果这一阶段的危机得到积极解决，就会形成希望的品质；如果危机是消极解决，就会形成惧怕。

2. 自主对羞怯和疑虑（1—3 岁）

在这个阶段的儿童学会了走、爬、推、拉和谈话等，而且他们也学会了把握和放开。这不仅适用于对外界事物，而且同样适用于自身控制排泄大小便。也就是说，儿童现在能"随心所欲"地决定做什么或不做什么，因而容易使儿童陷入自己意愿与父母意愿相互冲突的危机之中。这就要求父母在养育儿童的过程中，一方面根据社会的要求对儿童的行为要有一定的限制和控制，另一方面又要给儿童一定的自由，不能

① Erikson, E.H. (1963). *Childhood and society*. (p. 269). New York: Norton.

伤害他们的自主性。父母对子女必须有理智和耐心。如果父母对子女的行为限制过多、惩罚过多和批评过多，就会使儿童感到羞怯，并对自己的能力产生疑虑。如果这一阶段的危机得到积极解决，就会形成自我控制的品质；如果危机是消极解决，就会形成自我疑虑。

3. 主动对内疚（3—5 岁）

这个阶段的儿童活动更为灵巧，语言更为精练，想象更为生动。他们开始了创造性的思维、活动和幻想，开始了对未来事件的规划。如果父母肯定和鼓励儿童的主动行为和想象，儿童就会获得主动性；如果父母经常讥笑和限制儿童的主动行为和想象，儿童就会缺乏主动性，并且感到内疚。如果这一阶段的危机得到积极解决，主动超过内疚，就会形成方向和目的的品质；如果危机是消极解决，就会形成自卑感。

4. 勤奋对自卑（5—12 岁）

这一阶段的儿童大多数都在上小学，学习成为儿童的主要活动。儿童在这一阶段最重要的是"体验从稳定的注意和孜孜不倦的勤奋来完成工作的乐趣"[①]。儿童可以从中产生勤奋感，满怀信心地在社会寻找工作；如果儿童不能发展这种勤奋，使他们对自己能否成为一个对社会有用的人缺乏信心，从而产生自卑感。如果这一阶段的危机得到积极解决，就会形成能力品质；如果危机是消极解决，就会形成无能。

5. 同一性对角色混乱（12—20 岁）

这一阶段的儿童必须思考所有他已掌握的信息，包括对自己和社会的信息，为自己确定生活的策略。如果在这一阶段能做到这点，儿童就获得了自我同一性或叫心理社会同一感。自我同一性对发展儿童健康的人格是十分重要的，同一性的形成标志着儿童期的结束和成年期的开始。如果在这个阶段青少年不能获得同一性，就会产生角色混乱和消极同一性。角色混乱指个体不能正确地选择适应社会环境的角色，消极同

---

① Erikson, E.H. (1963). *Childhood and society*. (p. 259). New York: Norton.

一性指个体形成与社会要求相背离的同一性。如果这一阶段的危机得到积极解决，青少年获得的是积极同一性，而不是消极同一性，他就会形成忠诚的品质；如果危机是消极解决，就会形成不确定性。

6. 亲密对孤独（20—24岁）

这一阶段属于成年早期。只有建立了牢固的自我同一性的人才敢与他人发生爱的关系，热烈追求和他人建立亲密的关系。因为与他人发生爱的关系，就要把自己的同一性和他人的同一性融合一体，这里有自我牺牲，甚至有对个人来说的重大损失。而一个没有建立自我同一性的人，担心同他人建立亲密关系而丧失自我。这种人离群索居，不与他人建立密切关系，从而有了孤独感。如果这一阶段的危机得到积极解决，就会形成爱的品质；如果危机是消极解决，就会形成混乱的两性关系。

7. 繁殖与停滞（25—65岁）

这一阶段属于成年期，一个已由儿童变为成年人、变为父母、建立了家庭和自己的事业的时期。如果一个人很幸运地形成了积极的自我同一性，并且过着充实和幸福的生活，他们就试图把这一切传给下一代，或直接与儿童发生交往，或生产和创造能提高下一代精神和物质生活水平的财富。如果这一阶段的危机得到积极解决，就会形成关心的品质；如果危机是消极解决，就会形成自私自利。

8. 自我整合对失望（65岁以后）

这一阶段属于成年晚期或老年期。这时主要工作差不多都已经完成，是回忆往事的时刻。前面七个阶段都能顺利度过的人，具有充实幸福的生活和对社会有所贡献，他们有充实感和完善感，怀着充实的感情向人间告别。这种人不惧怕死亡，在回忆过去的一生时，自我是整合的。而过去生活中有挫折的人，在回忆过去的一生时，则经常体验到失望，因为他们生活中的主要目标尚未达到，过去只是一连串的不幸。他们感到已经处在人生的终结，再开始已经太晚了。他们不愿匆匆离开人世，对死亡没有思想准备。如果这一阶段的危机得到积极解决，就形成智慧的品质；如果危机是消极解决，就会形成失望和毫无意义感。

三、对埃里克森自我心理学的评价

与其他的自我心理学家如斯皮茨、马勒和雅可布森等人不一样，埃里克森进一步发展了哈特曼所重视的社会环境对自我适应作用的思想，对精神分析自我心理学的发展做出了杰出的贡献。首先，埃里克森把自我放在心理与社会相互作用中，强调社会环境在自我形成和发展中的作用，将弗洛伊德的心理性欲发展理论修正为心理社会发展理论，把自我心理学理论提高到一个新的水平。其次，埃里克森把以自我为中心的人格发展阶段扩展到整个生命周期，突破了其他自我心理学家仅仅描述幼儿早期人格发展的局限性。他详细描述了人格发展每一阶段的普遍性问题，涉及发展中的许多冲突和危机。他把解决人格发展中的冲突和危机视为一种两极分化的对立面斗争过程，自我就在这一过程中不断得到增强。所以，他的人格发展渐成说含有一定的辩证因素。最后，埃里克森提出的自我同一性和同一性混乱等概念已成为人们日常使用的概念，不仅对现代西方心理学产生了重要影响，而且对“精神病学、教育学，甚至就整个文明的评价来说，都已成为一个中心问题。……显示出一扫无遗的跨文化倾向……并已像弗洛伊德所梦想的那样变成一种对一切有关人性东西的关注”①。许多心理学家发现在青少年身上的确存在着自我同一性和同一性混乱，并用同一性混乱解释青少年吸毒和犯罪的原因。

当然，埃里克森的自我心理学理论也有不足之处。首先，埃里克

①[美]墨菲、[美]柯瓦奇著，林方、王景和译:《近代心理学历史导引》，商务印书馆 1980 年版，第 422 页。

森的理论体系不够严密，思辨性多于科学性。例如，他提出的人格发展阶段就缺少足够的证据，人们很难验证每个阶段的各种品质。其次，埃里克森的理论中隐含着个人—社会发展的二因次平行论。尽管他强调自我与环境、个人与社会之间的相互作用和依存关系，但他又认为人的发展是一个进化的过程，体现出自我的先天成熟时间表；而在解决每一阶段的冲突和危机时，也反映了自我的要求及其制约性。社会本身也是一个发展过程。在他看来，个人的成长在心理发展过程中反映了社会的历史发展；个人成长中出现的危机也反映着社会的历史发展中出现的危机。美国辩证法心理学家巴斯曾明确地指出："他（埃里克森）所提出的是一个包括八个明显的自我阶段的生命周期发展学说……他所提出的是一种二因次的发展观点，二者平行然而又相互渗透，是个人（个体发生）和社会进化（历史）的发展。与个人发展八个阶段相适应的是社会发展的八个阶段，……个人信任感的社会对应物是宗教制度；自主感和自我控制的对应物是法律和秩序的制度；主动感为经济；勤奋感为文化的工艺学；同一感为某种意识形态；亲密感为伦理学；繁殖感为教育、艺术和科学，而完善感的对应物为所有伟大的文化制度，包括经济、政治、哲学和宗教，只有最后阶段人生周期的开始和终止才结合起来。"①巴斯虽然也指出埃里克森并没有把社会历史各阶段描述得像心理各阶段那么完善，二者发展之间的对应关系也不是那么精确，但埃里克森眼中的个人成长和社会发展之间显然是一种机械的、形而上学的平行关系。个人既没有参加社会实践活动，社会制度也只是以心理社会产物为基础的一些上层建筑。不管埃里克森强调自我有如何丰富的潜能，个人和社会又如何互相需要和彼此支持，个人对于社会的改革和创新，显然是无能为力的。

---

①Buss, A.R. (1979). *A dialectical psychology*. (pp.60-70). New York: Irvington Publishers, INC.

# 第十一章 精神分析的社会文化学派

精神分析的社会文化学派是指以霍妮、沙利文、弗洛姆等为代表的一批心理学家，在对传统精神分析进行扬弃的基础上，强调社会文化对人格的影响力。传统精神分析根植于维多利亚时代中产阶级的生存方式，到了20世纪初期，社会现实发生了很大变化，传统精神分析在神经症的治疗上逐渐变得力不从心；一些社会科学如社会学、人类学等正在兴起，这些学科主张把人看作是社会文化因素的产物，而不是受本能驱使的动物；传统精神分析在美国民众中的影响日渐深入，逐步扩张到日常生活的各个领域，二战使大批的精神分析学家来到美国，美国心理学界也需要适合美国传统和文化的精神分析来解决与战争等有关的一系列社会问题。在这些因素的影响下，对传统精神分析的改造变得迫切而可行，以霍妮等为代表的受过正统精神分析训练的心理学家分别用自己的方式对传统的精神分析进行改造。虽然是分别进行的，但由于其大体相似的专业背景和社会环境，使其在继承和发展上沿着大体相同的方向，如对人格动力学的继承、对童年经验和早期亲子关系的重视、强调社会文化对人格的影响等。然而各人在继承和发展的程度上是有差异的，其中阿德勒强调自卑情结的理论被视为传统精神分析到精神分析的社会文化学派的过渡，霍妮开创性地从文化的角度强调文化在神经症形成中的决定作用，沙利文认为代表着社会文化的广义的人际关系决定着心理健康和人格，卡丁纳主要从文化人类学的视角考察了文化因素对群体人格的决定作用，精神分析社会文化学派的集大成者弗洛姆不仅关注个体人格，更关注整个社会的心理。从思想发展来看，精神分析的社会文化学派在继承传统精神分析的基础上，越来越重视社会文化对人格的影响，关注的主题也逐渐由个体人格转向群体心理，成为现代心理学体系中的一个重要派别，对精神分析的继承和开拓做出了重要贡献。

## 第一节 社会文化观的演变

弗洛伊德认为：人类行为的基本动力是本能欲望；社会文化是其对立面，它压抑本能欲望的满足，因而导致神经症发作；科学和艺术创造是本能欲望的升华，文明的发展以压抑人的本能为代价，却不能给人带来幸福；人性就是人的生物性，是人的本能，人性决定社会文化而不是社会文化塑造人性；人性中充满破坏性和攻击性，与社会道德的冲突不可避免，人类的不幸福很大程度上要归咎于这种世俗的道德及限制。[①]与本能决定论紧密相关的是泛性论，弗洛伊德将人格的发展归结为性心理的发展，归结为性本能随着年龄的增长依次通过不同的身体部位获得满足的过程；人从婴儿期开始就有性欲，并且指向父母；女性心理特点是由女性身体结构决定的；恋母情结普遍存在，贯穿于个体的成长过程，是神经症的根源，也是道德和宗教的起源。这些理论可以归结为两句话：生理决定心理，内部（驱力／心理）决定外部（行为／文化）。

在精神分析阵营的内部，对弗洛伊德的泛性论和本能论也存在着不同的声音，霍妮等精神分析心理学家对传统精神分析的临床效果越来越不满意，他们发现患者的问题主要不是性压抑，而是社会生活的困境、人际关系的失调所造成的人格扭曲。他们结合自己的临床实践和其他学科的理论，对弗洛伊德的理论进行了修正。这些修正可以简化为一句话：文化决定心理。

---

① Botstein, L. (2007). Freud and Wittgenstein: language and human nature. *Psychoanalytic Psychology*, *24*, 609.

## 一、萌芽——家庭环境对个体人格的影响

"阿德勒的心理学在心理学历史中是第一个沿着我们今天应该称之为社会科学的方向发展的心理学体系。"[①]阿德勒1911年离开弗洛伊德正是因为他背离了弗洛伊德的正统，沿着社会科学的方向走得太远而为弗洛伊德所不容。阿德勒认为人格发展的动力是为克服自卑而寻求补偿的努力，自卑感来源于童年的社会生活经验，儿童发现自己的软弱无能与周围高大强壮而又活跃的成人形成了强烈的对比，于是产生了对力量的需要。儿童逐步形成的补偿方法是根据自己在家庭中的处境、父母的性格、家庭经济状况和人员构成，逐步扩大到根据邻居的特点和社会的要求等多种社会因素而采取的策略。阿德勒认为自卑感及其补偿作用是在家庭环境、家庭气氛及其他社会环境中形成的，这一观点与霍妮重视早期亲子关系对人格的影响颇为相似。他还认为男女心理差异是社会秩序造成的，在一定社会秩序中家庭的权力结构（家长制）是与军事、经济和政治领域中的权力结构分不开的，因此，女性心理不是由身体结构造成的。阿德勒的下述观点则可以看作弗洛姆的直接先导："对于那些不能再像农民那样从接触土地得到直接满足或像手艺人那样由于看到自己亲手劳动的成果而满怀喜悦的大多数男男女女，他们面临的是日复一日的机械活动的世界，那根本是毫无意思的，而在这些活动中，你不是受制于一个你并不认识的什么人就是受一部机器的摆弄，它的目的和最终目标你并不理解。这里没有任何解脱的可能，除非在计划和管理生产过程中有充分的民主参与。"[②]因此，尽管精神分析社会文化学派的代表

---

①②［美］墨菲、［美］柯瓦奇：《近代心理学历史导引》，商务印书馆1980年版，第410、407—410页。

人物都是通过直接修正弗洛伊德的学说进而形成自己的体系，并不承认他们是在阿德勒的基础上开展工作的，但一般还是将阿德勒视为社会文化学派的先驱。当然，阿德勒理论中对社会文化的定义是比较窄的，主要指早期的家庭环境。

## 二、建立——社会文化对个体人格的影响

### （一）社会文化观

精神分析社会文化学派的创立者首推霍妮。霍妮（1885—1952），犹太人，生于德国汉堡，后来移居美国；大学期间学习医学，并对精神分析感兴趣，毕业后在柏林接受精神分析训练，受到弗洛伊德弟子阿伯拉罕指导。

霍妮早期是弗洛伊德精神分析的忠实信徒，移居美国后发现弗洛伊德的理论不能适应新的临床实践，对神经症的治疗效果越来越不满意。此时正是经济大萧条时期，这种处境下困扰大多数美国人的主要问题是失业、房租、食品、医疗费等，性的问题是次要的，而且这个时期对性的压抑已经远远低于维多利亚时代，这使霍妮意识到心理问题的根源在社会环境，而不是生物本能。另外，这一时期出现了一些著名的人类学、社会学的研究，这些学科的很多研究结论不同于弗洛伊德的结论。而在弗洛伊德生活的时代，关于文化与人格关系的知识是缺乏的。受此启发，霍妮意识到，弗洛伊德的理论根植于他那个时代的中产阶级的局限，这也是促使霍妮提出神经症的文化观的重要因素。

霍妮把神经症分为情境神经症（situation neurosis）和性格神经症（character neurosis）。前者指病人对特定的困难情境（如考场）暂时缺乏适应能力，但未表现出病态的人格；后者指患者具有某种神经症的性格结构，且这种性格结构又往往是从童年时代逐渐形成的。霍妮关注的是后者，她把性格神经症简称为神经症，认为神经症的症状如火山爆

发，病态的性格结构好比火山本身，潜藏于人的内心深处。

霍妮认为神经症的根源要从社会文化中去寻找，这首先要从人际关系谈起，尤其是早期的亲子关系。“我将环境及其困难置于问题的中心。但在全部环境因素中，涉及性格形成的最主要的因素是一个孩子成长于其中的人际关系。”[①]儿童的基本需要是满足和安全，但儿童的这两种基本需要必须得到成人的帮助才能满足。如果父母不能给予儿童以真正的爱，就会造成儿童的不安全感，霍妮将这类父母行为称为“基本罪恶”（basic evil），包括：直接或间接的支配，冷漠，怪僻行为，不尊重儿童的需要，缺乏真诚的指导，轻蔑的态度，过分赞扬或缺乏赞扬，缺乏令人信赖的温暖，迫使儿童在父母的争吵中选择一方，偏袒，歧视，羞辱，反复无常，不守信用，不公正的责骂，阻止子女与其他孩子的交往等等。[②]一个儿童的父母如果经常表现出这类行为，就会使儿童产生敌意，霍妮称这种敌意为基本敌意（basic hostility），而儿童又不得不压抑这种敌意。这样，儿童就陷入一种既依赖父母又敌视父母的不幸处境之中，而且基本敌意很容易泛化到整个世界和一切人，使人感到世间的一切事物和一切人都潜伏着危险。基本敌意及其压抑使人陷入焦虑，霍妮称之为基本焦虑（basic anxiety）。这是一种在内心不知不觉地积累并蔓延渗透的孤独和无能之感，一种自觉渺小、无足轻重、无依无助、被抛弃、受威胁的体验，一种置身于一个充满欺诈、妒忌、怨恨、背叛和荒诞的世界中的感受。这种在特定的童年环境中产生的感受是一块随时有可能滋生神经症的肥沃土壤。[③]基本焦虑与基本敌意不可分割地交织在一起，并且相互加强，形成恶性循环。

---

①［美］霍妮著，冯川译：《我们时代的神经症人格》，贵州人民出版社 1988 年版，第 239 页。

② Horney, K. (1945). *Our inner conflicts*. (p. 41). New York: Norton.

③ Hjertaas, T. (2009). Rediscovering the construct of basic anxiety. *The Journal of Individual Psychology*, *65,* 47-56.

霍妮认为早期经验和家庭环境虽然重要，但后期的社会环境的影响对于神经症的形成也是不可忽视的。“在我们的文化中，存在着某些固有的典型困境，这些困境作为种种内心冲突反映在每个人的生活中，日积月累，就可能导致神经症形成。”[①]导致神经症患者内心冲突的社会文化基础是现存文化的矛盾：第一个矛盾是竞争、成功与友爱、谦卑的矛盾，文化对个人提出的这两方面的要求是相互矛盾的，这容易使人对竞争持有不正确的态度，导致适应不良；[②]第二个矛盾是人们不断被激起的享受需要与人们在满足这些需要方面实际受到的挫折之间的矛盾；第三个矛盾是所谓的个人自由与实际受到的各种限制之间的矛盾。这些社会文化困境使人们陷入难以调和的内心冲突之中。生活于这种文化中的大多数人都要面对这些困境并产生内心冲突，正常人与神经症病人的区别仅仅是程度上的，但并不是整个文化中的每一个人都会因为这种内心冲突而发展为性格神经症，那些早期具有较高的基本焦虑和基本敌意的个体是易发人群。生活于这样一种充满矛盾的社会文化中而不得神经症，就要求一个人的行为方式具有一定的灵活性，他能够依据情境的变化而选择适当的行为方式。神经症病人由于其特殊的个人经历（特别是童年经历）等原因，过分强烈地体验到这些困境和冲突，而且不能灵活地运用顺从、反击、回避等策略，只会强迫性地使用一种策略，即其行为方式有强迫性，缺乏选择的能力，不能很好地适应社会。

可以看出，霍妮认为童年期不恰当的亲子关系是神经症的根源，而后天充满矛盾的社会生活是神经症的导火索。对于神经症的发作，两个因素缺一不可，霍妮也是基于这两点来构建其人格理论的。

---

①［美］霍妮著，冯川译：《我们时代的神经症人格》，贵州人民出版社 1988 年版，第 3 页。

② Ryckman, R. M., Thornton, B., Gold, J. A. (2009). Assessing competition avoidance as a basic personality dimension. *The Journal of Psychology*, *143,* 175-192.

（二）人际关系观

在社会文化学派创立初期，另一个具有标志意义的理论是沙利文关于精神病的人际关系理论。沙利文（1892—1949），美国人，精神医学家，1917 年获得芝加哥内外科医学院博士学位，在此期间接触并研究了精神分析，二战期间任美国选拔委员会顾问，参与选拔军人工作，战后参与制定联合国教科文组织的“紧张计划”，1949 年因脑溢血去世。

沙利文是从精神疾病的病理学出发展开研究的，他特别重视人际关系对人格的影响，尤其强调人与人之间的关系，[①]并从人际关系去寻找精神疾病的根源。1937 年，他将精神医学界定为“关于人际关系的研究”[②]，将精神医学的应用视为人际关系的阐释。沙利文所说的人际关系既指与现实的他人的关系，也指与想象中的人物、古代的英雄、小说中的人物、祖先或者尚未出生的子孙之间的关系。个人的心理过程，如知觉、记忆、思维、想象等都具有人际性。即使做梦也具有人际性，因为梦往往反映了做梦者与他人的关系。除了现实的和想象的人与人的关系，人际关系“还包括与人创造的传统、习俗、发明和制度的相互作用”[③]。这样，人际关系这一概念就具有社会文化的广泛含义了。

沙利文将人格放在人际关系中加以研究。他强调：“人格永远无法与个人生活于其中并因此具有其本质的人际关系的背景相脱离。”[④]人格是在人际情境中形成和表现出来的。他对人格的定义是：“人格是人际关系的相对持久的模式，这些人际关系彼此联系重复出现，成为一个人生

①叶浩生主编：《心理学通史》，北京师范大学出版社 2006 年版，第 323 页。

②［美］萨哈金著，周晓虹等译：《社会心理学的历史与体系》，贵州人民出版社 1991 年版，第 256 页。

③ Sullivan, H. S. (1962). *Schizophrenia as a human process*. (p. 302). New York: Norton.

④ Sullivan, H. S. (1947). *Conceptions of modern psychiatry*. (p. 10). Washington, D.C. : The William Alanson White Psychiatric Foundation.

活的特性。”[①]也就是说，人格是一个人在与人相处的社会情境中经常表现出来的生活方式。因此，研究人格不能只注重个体内部，应该注重个体与个体之间的关系。

尽管霍妮也强调人际关系，但不像沙利文将人际关系作为其全部理论的核心概念，而且沙利文的人际关系的概念比霍妮的人际关系的概念要宽泛得多。虽然如此，二者关注的重点都是个体神经症或精神病的原因，强调社会文化对个体人格的影响，都很少关注社会文化对群体心理的意义，后来的卡丁纳、弗洛姆则用更开阔的视野来看待社会文化对人格的影响，关注的问题也由个体的人格转向整个文化内的群体和社会心理。

## 三、成熟——社会文化对群体人格的影响

### （一）文化人类学观

19 世纪末 20 世纪初的很多人类学家的研究探讨了原始人所赖以生存的文化环境是如何塑造其人格的，所得出的最终结论是弗洛伊德对西方文明社会中的人格的揭示不具有普遍性，不同的文化塑造了不同的人格，文化对人格形成起决定作用。卡丁纳受此启发，认为不同的制度造就了不同的人格结构。

卡丁纳（1891—1981），人类学家，生于美国纽约，曾在维也纳接受弗洛伊德的精神分析训练。卡丁纳早年就对弗洛伊德的本能论和恋母情结等表示怀疑，认为经济和文化因素对神经症和精神病的形成有重要作用，后来用文化人类学的理论对弗洛伊德的理论进行修正。卡丁纳认为不同制度导致不同的人格，但并不是一个社会中的所有制度都能决定基本人格结构，为此他将制度区分为初级制度

① Sullivan, H.S. (1953). *The interpersonal theory of psychiatry*. (p. 111). New York: Norton.

（primary institution）和次级制度（secondary institution）。初级制度是塑造一个社会的基本人格的基础，包括家庭组织、群体结构、基本规范、哺乳和断奶方式、对孩子的关怀或忽视、大便训练、性的禁忌、谋生技能等，这些制度古老而稳定，很少受气候或经济变化的影响。初级制度的执行者主要是父母，父母按照制度的要求对儿童进行训练，训练的策略就是奖赏或惩罚，儿童正是在这种奖赏或惩罚的基础上形成基本人格结构。对儿童的这些训练必然导致儿童的某些需要的满足遭到挫折，而人对挫折的反应方式构成基本人格结构。已经形成的基本人格结构反过来对文化施加影响，它通过投射系统塑造该社会的次级制度，也就是说次级制度是基本人格结构的投射物，包括民间传说、宗教信仰、仪式、禁忌系统、思维方式，等等，以及一些相关的技术。因此，基本人格结构是初级制度和次级制度之间的一个中介的同时又是能动的环节。

可以看出，卡丁纳和霍妮等一样，重视早期经验尤其是早期亲子关系对人格的决定作用。不同的是，卡丁纳更关注整体的文化如何影响该文化中的群体人格，他首先是一位文化人类学家而不是心理治疗家，在这一点上他比霍妮、沙利文的视野更开阔。

（二）人的处境观

弗洛姆（1900—1980）生于德国法兰克福一个犹太商人家庭，22岁获海德堡大学哲学博士学位，曾在柏林精神分析研究所接受正规训练。1934年随法兰克福大学社会研究所一起离开纳粹德国，迁往纽约并入美国籍。在美国从事广泛的教学、理论研究和精神分析实践活动。

关于人的处境的学说是弗洛姆整个思想体系的逻辑起点。他认为进化程度越高的动物，生而具有的由本能自动调节的装备越不完善，这种反差在人这里达到了顶点。在所有动物中，刚出生时，人是最无能的，而且人类婴儿对父母的依赖期最长。人的本能适应性不足以使人生存下去，人必须寻求新的途径，这就是文明。人在生物意义上的软弱性使人超越动物的本能状态，超越自然，但人是自然的一部分，[①]这种超越又使人陷入了一系列困境。由于这些困境根植于人的本身，弗洛姆称其为人的存在的矛盾性。这些困境包括三种。第一，个体化与孤独感的矛盾。人超越自然、超越本能的过程也就是发展自我意识、理性和想象力的过程，它使人的独立性和力量感日益增强，这就是“个体化”（individualization）。与此同时，人与自然、与他人、与真实自我的关系日益疏远，因而越来越感到孤立无助。第二，生与死的矛盾。人能意识到死是生命的必然结局，对生的眷恋和对死的恐惧折磨着人。第三，人的潜能的实现与生命之短暂的矛盾。每个人都具有潜能，但短暂的生命不可能完全实现他的全部潜能。除了人存在的矛盾外，还有历史的矛盾性也影响着人的人格，存在的矛盾根植于人的存在本身，是不可能解决的。历史的矛盾是人为的，即使在产生时不能解决，也可以在历史的稍后阶段解决。例如，当代人类掌握的高新技术手段与无力将它们全部用于人类和平和人民福利之间的矛盾，就是可以解决的。因此，人的存在的矛盾是人的更深层次的处境，其中个体化与孤独感的矛盾是最具实质性的矛盾，这一观点是弗洛姆全部理论的基石。

显然，弗洛姆对社会文化的论述已不仅仅是社会文化对人格的影响，更多是对人的历史、人的存在处境的反思，包含着深切的人文关怀，以此为出发点，对现代西方人的状态和性格特征进行了深刻的剖析，更进一步对西方人的社会心理以至社会改革提出了系统的理论。精神分析社会文化学派至此成为现代心理学体系中的一个成熟派别。

---

① Wilde, L. (2007). The concept of solidarity: Emerging from the theoretical shadows? *British Journal of Politics & International Relations*, *9*, 171-181.

## 第二节　基本人格理论

社会文化学派的基本人格理论对于传统精神分析理论既有继承又有发展，具体表现在人格动力观、人格发展观、人格结构与人格类型观上。在这些基本问题上，社会文化学派的观点一方面来源于传统精神分析，同时又基于新的时代精神对其进行了社会文化视角的改造。

### 一、人格动力观

#### （一）神经症需要

阿德勒认为人格发展的动力是为克服自卑而寻求补偿的努力，并指出自卑感源自童年的社会生活经验。霍妮认为，由于童年期的亲子关系的矛盾，个体形成基本敌意和基本焦虑，为了减轻基本焦虑，就会形成一些防御性策略。这些策略是一些潜意识的驱动力量，霍妮称之为神经症需要（neurotic need），她在《自我分析》一书中列举了10种常见的神经症需要：对友爱和赞许的神经症需要；对主宰其生活的伙伴的神经症需要；将自己的生活限制在狭窄范围内的神经症需要；对权力的神经症需要；对利用他人、剥削他人的神经症需要；对社会承认和声望的神经症需要；对个人崇拜的神经症需要；对个人成就和野心的神经症需要；对自足和自主的神经症需要；对完美无缺的神经症需要。[①]这些需要的内容本身并不是神经症的，正常人也需要友爱、赞许、伙伴、回避、节俭、权力、声望、成就、完美等，但神经症的需要盲目地偏执于一种或少数几种，强迫地、潜意识地、不由自主地去追求满足，而不能随着现实条件的变化而主动地选择适当的目标。

---

① Horney, K. (1942). *Self-analysis*. New York: Norton.

在追求各种需要满足的过程中，个体会有意无意地依赖于某种策略，也就是形成不同的人格类型。

（二）人际安全

沙利文与霍妮一样，认为人生来有追求满足（主要是生理上的）和追求安全（主要是心理上的）的需要。前者包括对食物、水、氧气、睡眠、性的需要等；后者包括对获取、积聚、成就的需要，特别是人际需要，如对亲近和爱的需要。人类满足这些基本需要的方式受到社会文化的制约，因而对满足的追求就不是一种生物学的过程，这种追求离不开人际关系。儿童在追求满足的过程中很可能遭到父母的限制甚至谴责，这会使儿童担心自己的安全受到威胁，担心失去父母的爱，这就引起心理上的紧张，这种紧张的体验就是焦虑。焦虑是在人际关系中发生的，最初可能来自焦虑的母亲。母亲焦虑的面孔、不安的声音、慌乱的动作等都可能使儿童感到生活的焦虑。随着年龄的增长和生活领域的扩大，个人会感受到更多的焦虑。焦虑是由于当时没有获得安全感。但当事者往往对焦虑的对象缺乏清晰的意识，就是说他往往并不知道为什么焦虑，相对于恐惧，它更多地具有弥散性和模糊性。由于焦虑会降低机体满足生理需要的效率，会妨碍正常的思维和人际关系，甚至造成思维混乱或人际关系失调，因此，必须寻找减少和避免焦虑的途径，也就是说，在沙利文的理论中，人格形成和发展的动力就是减少和避免因人际关系失调导致的焦虑。这对于心理治疗具有重要的启示意义。①

（三）社会性需要

“人类所有的热情和奋斗，都是为了寻求对其存在问题的解答。”②弗洛

---

① Schulz, C. G. (2006). Applying Sullivan's theory of anxiety versus fear. *Psychiatry*, *69*, 110-112.

② Jacobsen, B. (2007). Authenticity and our basic existential dilemmas: Foundational concepts of existential psychology and therapy. *Existential Analysis*: *Journal of the Society for Existential Analysis*, *18,* 290.

姆认为，除了生理需要，人的基本需要都起源于人的处境，人的基本需要就是人对存在的矛盾性的处境的反应。因各种条件的复杂作用，不同的人满足需要的方式不同，这些方式有的是健康的，有的是不健康的，而不同的方式构成不同的人格。以下是几种基本需要及其不同的满足方式。

关联的需要——爱与自恋。人为了克服孤独，就要与他人建立联系。爱是随着年龄的增长逐步发展起来的与世界、与他人联系起来的健康情感，是“人类存在问题的终极答案”。[①]没有发展这种情感的人总是按自己的主观臆断而不是根据现实本身去对待外部世界，像婴儿一样仅仅将他人视为满足自己需要的手段或工具。

超越的需要——创造与毁灭。人都是身不由己地被抛入这个世界，又身不由己地被抛出这个世界，与一般生物一样。只是人能意识到这一点，不甘心安于生物的被动状态。这就是人作为一种生物又要超越生物被动状态的需要。这种需要驱使人去创造，当创造的愿望得不到实现时，可能转而采取毁灭的方式。

寻根的需要——母爱与乱伦。人的成长，意味着脱离自然和母亲的襁褓。但失去根基是可怕的，必须找到新的“根”，才会感到安全。母子依恋是一种人类存在状态的象征，[②]个人往往通过依恋母亲及母亲的象征物（家庭、氏族、民族、国家、教会等）来建立自己的生存根基。有的人过于依恋母亲及其象征物，使个性和理性的发展受到束缚，就陷入了乱伦的精神病态。

同一感的需要——独立与顺从。人在脱离自然和母亲的“原始束缚”的过程中，形成了自我意识。人需要回答“我是谁”这个问题。自我意识健全的人能够意识到自己的独特性。但有的人只向民族、宗教、

① Shinebourne, P. (2006). Erich Fromm’s The Art of Loving: 50 years on. *Existential Analysis: Journal of the Society for Existential Analysis, 17,* 397.

② Biancoli, R. (1998). Mother fixation and the myth of Demeter. *International Forum of Psychoanalysis, 7,* 6.

阶级、同伴等认同，追求一致性或顺从性而失去了自我的独立性。

定向和献身的需要——理性与非理性。人需要为自己确定一个目标并为之献身，从而赋予生命一种意义。有的人确定的目标符合实际，具有意义，这是理性的。有的人相信某种神的启示或自己种族的优越性，从而追求某种“神圣的”非理性的目标。

综上所述，在人格动力观上，霍妮与沙利文都强调人自身具有满足和安全的需要，因为人际关系不恰当导致需要满足受挫，需要满足受挫导致焦虑，为消除焦虑个体会做出各种反应，形成其基本人格。不同的是霍妮主要强调早期亲子关系，而沙利文对人际关系的强调不仅仅局限于童年期，而且其人际关系的概念要宽泛得多。他们与弗洛伊德一样，都强调基本需要或本能的满足受挫对人格发展的意义，而且这种受挫都是源自于外部环境。他们虽然努力强调后天社会文化的重要性，但根源上的动力还是与生俱来的基本需要，他们摆脱弗洛伊德的本能论的努力因此显得苍白无力。弗洛姆的人格动力观显然不同于弗洛伊德、霍妮和沙利文，他基本上摒弃了人与生俱来的各种基本需要对人格发展的意义，明确提出除了最基本的饥渴等生理需要，人类行为的绝大多数动力完全来源于人的处境。显然，弗洛姆对传统精神分析人格动力观的改造要彻底得多。

## 二、人格发展观

社会文化学派的几个主要代表人物中，明确提出人格发展理论的只有沙利文，他认为儿童人际经验的发展要依次经过三种模式。（1）原始的经验模式（prototaxic mode of experience）。婴儿的感觉经验是笼统的，不能将自己与外界区分开来，不会使用语言，不能知觉时间。（2）并列的经验模式（parataxic mode of experience）。随着儿童的成长，他开始能够区分自己与外界并能知觉事件之间的关系，但他对事物之间的因果关系的认识缺乏逻辑根据；虽然能使用语言，但难以用语言符号进行交往。有些成人的思维方式还停留在这一水平。沙利文说的这种情形使人联想起“守株待兔”故事中的那位主人公。(3)综合的经验模式(syntaxic mode of experience)。个人发展进入这一阶段就能运用共同有效的语言符号进行思考和交往，能够认识事物之间的逻辑关系。可见，沙利文十分重视语言符号和逻辑规则对人格发展的重要意义，他认为早期人类以及现代精神病患者的经验就属于并列的模式。除了对儿童人际经验发展的论述外，他还把人格的发展划分为六个阶段：

(1)婴儿期——从出生到言语能力的成熟。对新生儿来说，口腔是他与环境交互作用的主要部位，从乳头那里得到的满足或焦虑的经验人格化为“好乳头”或“坏乳头”的形象，进而形成“好母亲”或“坏母亲”的形象。自我系统中“好我”与“坏我”的概念开始形成。婴儿逐步将自己与环境区分开来，并开始使用语言，经验的发展从原始的模式进入并列的模式。

(2)儿童期——从言语能力成熟到学会寻求玩伴。经验发展进入综合的模式，能使用语言符号进行思维和交往，需要玩伴。自我系统的结构逐步明确，并能发挥防御焦虑的功能。为避免惩罚，儿童可能升华某些欲望以寻求接纳或赞许。如果在人际关系中产生过多焦虑而得不到消减，就会使儿童感到孤立、产生敌意，妨碍其顺利成长。

(3)少年期——从寻求玩伴到亲近同性同伴。个体的生活范围从家庭向社会扩大，喜欢同龄同性的伙伴，更多地参与群体的活动，有较强的竞争意识，也懂得与人合作。沙利文认为，个体在同伴关系中能培养出爱、亲密感与合作精神等优良品质。①自我系统在支配行为过程中能习惯性地避免焦虑。

(4)前青春期——从同性亲近到生殖欲成熟。这一阶段的突出特征是结交同性密友(chum)，视密友为知己，能体谅他人、关心人，表

① Berndt, T. J. (2004). Children’s friendships: Shifts over a half-century in perspectives on their development and their effects. *Merrill-Palmer Quarterty*, *50*, 206.

现出慷慨、平等等特性。如果这一阶段没有建立良好的亲密关系，就会陷入很深的孤独。

（5）青春期初期——从生殖欲到情欲行为的模式化。这一阶段生理变化急剧，性机能发育成熟，但性的要求在往往不能满足，又不容易得到升华，因而导致激烈的冲突甚至偏激的行为。

（6）青春期后期。开始形成适合于自己的生殖行为模式，与特定异性建立稳定的关系。婚姻、家庭生活和职业及其他社会生活使人际经验逐渐成熟，责任意识增强，自我系统稳定。经过以上六个阶段，个人便进入成人期，发展成为一个成熟的人。

沙利文的人格发展的各阶段就是人际关系的发展过程，在这个过程中沙利文特别重视四五岁以后的人格发展。他虽承认遗传和成熟以及早期经验的重要性，但他更强调人际关系在人格发展中的重要性，强调人的可塑性，这是他与弗洛伊德、霍妮显著不同的地方。

## 三、人格结构观

### （一）神经症的自我观

霍妮不赞同弗洛伊德将人格划分为本我、自我、超我的人格结构理论，而把人格看成是完整动态的自我（self）。这种自我不是弗洛伊德的作为人格某一部分的自我（ego），而是人自身。霍妮将自我区分为三种基本存在形态。

（1）真实自我（real self）。真实自我指个体的潜能。人的一切能力、成就等，都是从真实自我发展而来的。它是发展的源头，是个人成长和发展的内在力量，是人类共有的，具有建设性。当然在每个人身上表现各不相同。只要身体机能正常，环境适当，就可能发展成健全的人格。因此，霍妮将真实自我称为可能的自我。

（2）理想化自我（idealized self）。理想化自我指个体凭空在头脑中设想的形象，是不可能实现的一种纯粹虚幻的形象。因此，又称之为不可能的自我。

（3）现实自我（actual self）。现实自我指个体此时此地身心存在的总和。它包括身体的和心理的、健康的或神经症的、意识的和潜意识的。

霍妮通过分析这三者之间的关系，揭示了神经症的形成过程。神经症病人的理想化自我与真实自我、现实自我之间是冲突的，它脱离了真实自我所提供的可能性，以一种幻想的完美形象去贬斥、憎恶现实自我。当一个人被理想化自我控制时，他就被“我应该是什么”所驱使。霍妮称这种现象为“应该的暴政”（tyranny of the shoulds）。“应该的暴政”是理想化自我和现实自我的冲突。[①]他总是对自己说：我应该忍受一切，应该喜欢每一个人，应该诚实、慷慨、体谅、公正、勇敢、无私，应该是个完美的情人、完美的丈夫、完美的教师，应该……[②]

（二）人际关系的自我观

沙利文认为个人为了消除焦虑，就会形成一种具有防御功能的自我觉知系统或一套衡量自己行为的标准，这就是自我系统。自我系统的形成可追溯到儿童与母亲（或其他抚养者）的关系。在这种关系中，由于儿童满足需要必须依赖母亲的帮助，因此他格外关注母亲的赞许或责难。受赞许的行为就自我接受而形成“好我”（good me），被反对的行为就自我禁止而形成“坏我”（bad me）。好我通过紧张减弱而形成，坏我是为避免因惩罚所导致的焦虑而形成的。自我系统是一种包括好我和坏我的心理组织。所以，自我系统是在人际关系中，通过评价他人对“我”的反应而形成的。自我系统的主要功能就在于消除紧张和焦虑以获得满足和安全。它好比一种过滤器或选择器，使人自动地忽视和回

① Gudan, E. (2008). Karen Horney and personal vocation. *The Catholic Social Science Review, 13,* 117-127.

② Horney, K. (1950). *Neurosis and human growth*. (p. 65). New York: Norton.

避容易引起焦虑的经验，吸收和保存那些受赞许的经验。那些可能导致严重焦虑的经验会从自我系统中分离出去，这种经验是自我系统拒绝注意的部分，沙利文称之为“非我”（not me）。自我系统的防御功能主要通过自我动能来实现。自我动能（self-dynamism）是在认可和反对、奖赏和惩罚的经验的基础上形成的人际行为模式。儿童在与重要的成人交往时，逐渐明白什么样的行为会得到认可或奖赏，什么样的行为会遭到反对或惩罚，从而小心地表现那些不会导致焦虑的行为。这就像用显微镜看东西，除了由镜头传来的东西，看不到别的。它使人自动地回避焦虑，即所谓“选择性不注意”。但注意和不注意的界限很可能妨碍必要的生理满足，也可能妨碍安全感，而且这种界限不容易总是维持得那么分明，一旦界限被破坏或被超越，焦虑就会产生，甚至导致精神疾病。

作为精神分析社会文化学派初期代表，霍妮与沙利文的自我观符合其自身的理论构建。霍妮作为社会文化学派的开创者，其自我观有着明显的弗洛伊德色彩，虽然名称和内容都有差异，但她的理想化自我、现实自我和真实自我大体对应于弗洛伊德的超我、自我和本我，并且其理论也明确指出自我三个部分不和谐是神经症的表现形式，这点与弗洛伊德是完全一致的。虽然沙利文也强调自我系统的不和谐会导致精神疾病，但他的自我的三个部分，无论是形成方式还是和谐的方式，都是通过人际交往来完成，有着明显的人际色彩，即沙利文对人格的探索已经开始由个体内转向个体间。

## 四、人格类型观

### （一）神经症人格

霍妮继承了弗洛伊德关于人格的动力学的观点，需要决定人格，神经症的需要决定了神经症病人的人格，使其形成一定的行为方式。不同的神经症人格追求不同的神经症需要，主要类型有三种。

（1）顺从型。顺从型的行为方式是接近人。这种人对友爱、赞许、伙伴或者将自己的生活限制在狭窄范围内怀有神经症的需要。主要特点有三：一是甘居从属地位，常有一种“我多渺小可怜”之感；二是总认为别人比自己强；三是潜意识地倾向于以别人的看法来评价自己，自我评价随别人的褒贬不同而时高时低。他的安全感建立在这种逻辑上：如果我顺从了，那我就不会受到伤害。

（2）攻击型。攻击型的行为方式是对抗人。这类人对权力、剥削、声望、个人崇拜、成就、野心等怀着神经症的需要。主要特征是：将生活视为一场搏斗，适者生存，必须控制别人以掌握主动权；一心想超群出众、事事成功以至功名显赫；千方百计利用他人给自己带来好处；好斗但输不起；努力工作但并不真正热爱工作；压抑感情，不愿为感情而“浪费时间”；彬彬有礼的外表隐藏着老谋深算的狠毒。他的安全感建立在这种逻辑上：如果我有权力，那就没有人能伤害我。

（3）退缩型。退缩型的行为方式是回避人。这类人对自足自立、完美无缺怀着神经症的需要。主要特征是：为逃避与他人的紧张关系而离群索居；保持与他人的距离，不以任何方式与他人发生感情上的联系，无论是爱情、争斗、合作，还是竞争，好比在自己周围画了一个魔圈，任何人不得侵入；一种象征性的表现是房门上总挂着“请勿打扰”的牌子；不介入；自立自强；限制自己的需要；疏远自我，对自己也持旁观态度；凡事力求完美，以避免他人的帮助或指责。他的安全感建立在这种逻辑上：如果我离群索居，什么也不能伤害我。

在正常人身上，这三种行为方式可以根据条件的改变而改变，顺从、反抗、回避这三者相互补充。但神经症病人缺乏变通的能力，他们只会固执地使用某种模式，[①]仅仅运用其中一种来应付一切生活难题，

---

① Parker, S., Dewberry, J., Lloyd, B., et al. (2009) . Moving away, against and toward God: Karen Horney's neurotic trends and relationship to God. *Journal of Psychology and Christianity*, *28,* 36.

结果不仅不能克服焦虑，反而陷入更深的焦虑。霍妮的神经症人格类型着重分析了神经症病人与他人关系的失调，而其人格结构理论则着重分析神经症病人自我关系的失调，二者目的一致，都是为神经症的治疗服务。

（二）弗洛姆的性格类型理论

弗洛姆认为人在存在的困境下形成与自然、他人、自我建立联系的需要，而人的性格和潜意识则是人满足这些需要的方式。人与世界的关系有两种：就人与物的关系而言，人要获取物体，即同化（assimilation）；就人与人的关系而言，人要使自己与他人发生联系，即社会化（socialization）。性格就是把人之能量引向同化和社会化过程的相对稳定的形式。这里说的“能量”不是力比多（弗洛姆不同意弗洛伊德关于力比多的说法[①]），而是基于人的处境而产生的需要。性格是由一系列性格特性组成的，一些性格特性具有共同的倾向性，弗洛姆称之为性格倾向。一个人的性格结构中可能有几种性格倾向，通常根据占主导地位的性格倾向来划分性格类型。

1. 同化过程中的倾向

弗洛姆根据同化过程中的倾向是否具有生产性（productiveness）将人的性格分为非生产性倾向和生产性倾向。生产性的概念来自于弗洛伊德关于生殖期人格成熟的描述，指一个成熟的人所具有的生殖和劳动的能力，或者说爱和工作的能力。非生产性倾向有四种：接受倾向的人特别乐于被动地接受所需要的东西，不管是物质的还是精神的；剥削倾向的人则通过强力或狡诈来从外界得到他需要的东西；囤积倾向的人通过囤积和节约来获得安全感，通过保护自己阵地的秩序和清洁来防止外部世界的威胁；市场倾向的人善于随劳动力市场的变化而随机应变。生

---

① Funk, R. (2002). Psychoanalysis and human values. *International Forum of Psychoanalysis*, *11*, 18-26.

产性倾向是弗洛姆为人类建构的符合人性的性格结构。①生产性倾向的人关心的是人所特有的潜能的实现。生产性的性格特性体现在思维、工作和情感过程中。生产性的思维即理性，能透过现象发现本质，能客观地看待世界和自己。生产性的工作不是为生存或强权所迫，不是为了克服无聊和空虚，而是出于人的潜能的实现。生产性的爱是在保持自我完整性和独立性的同时与他人结为一体。这种爱的基本要素是关心、责任、尊重和理解。

2. 社会化过程中的倾向及其与同化过程中的倾向的联系

人在社会化过程中也会形成不同的性格，包括施虐、受虐、破坏和迎合四种不健康的性格倾向，它们与同化过程中的四种非生产性倾向是一一对应的，如接受倾向和受虐倾向所指的是同一类人，以此类推。健康的性格就是能够自发性地爱和工作（“自发性”这一概念是 1941 年提出的，到 1947 年就发展成为“创原性”，二者含义相近）。受虐倾向者通过屈从于他人或某种强大的外在势力（上帝、权威、组织、国家等）并成为这个势力的一部分来逃避孤立无助的处境，同时也可以从中得到所需要的东西；施虐倾向者则通过使他人屈服和痛苦来显示自己的强大，同时也从被统治的他人那里获取所需的东西；破坏倾向者是由于害怕自己营造的世界被侵犯而主动地非理性地去消灭、摧毁对象。以上三种倾向都常常以爱、责任、良心、爱国主义等合理化的形式出现。迎合就是放弃个性，根据市场效应，有意无意地迎合人力资源市场的要求，“我就是你要的！”

把各种倾向分开讨论是为了研究的方便，人的性格往往是各种倾向的混合，只是有一种倾向占主导地位。非生产性倾向的混合最常见的是接受倾向与剥削倾向（受虐与施虐）的混合，集这两种倾向于一身的人在权力大的人面前就情不自禁地谄媚，在权力小的人面前就不由自主

① 杨鑫辉主编：《新编心理学史》，暨南大学出版社 2003 年版，第 309 页。

地逞强，这种欺软怕硬的性格叫作施虐—受虐性格。当然，在一个人的性格结构中可能既有生产性倾向又有非生产性倾向，其中有某种倾向占优势。

3. 堕落综合征和成长综合征

弗洛姆后来在《人之心》（1984）中从病理学角度对人的性格进行了进一步研究，提出堕落综合征和成长综合征两种性格类型。前者是死之爱或恋尸癖、自恋、共生—乱伦的固着三种倾向的结合体。后者是生之爱或恋生癖、人之爱、独立性三种倾向的结合体。具有恋尸癖倾向的人被所有无生命的事物所吸引，迷恋腐朽的东西，热衷于暴力和破坏，喜爱机械僵化的事物，沉溺于过去而害怕未来。具有恋生癖倾向的人为生命和生命的成长过程所吸引，富于创造性，喜欢新生事物。自恋的实质是不能客观地看待自己、他人和世界，过高地评价自己，过低地评价他人和世界。极端自恋者为社会所不容，但个体自恋者可以通过转变为社会自恋而得到"合理"的满足，这种转变只需将"我"换成"我的国家（或民族、宗教和政治团体）"，并对其他社会群体加以贬斥。与自恋相对立的是真正的人之爱（爱他人和爱自己），即建立在理性和平等基础上的爱。共生—乱伦的固着是指一个人强烈地依恋母亲或母亲的象征物（如家庭、民族、国家、宗教或政治组织），完全丧失了独立性。恋尸癖、自恋和共生—乱伦的固着三种倾向的极端形式混合在一起，就是堕落综合征，其群体的大规模发作就是战争。大多数人的性格处在两种综合征之间，只是某一种占优势。

4. 重占有的生存方式和重存在的生存方式

弗洛姆在《占有与存在》一书中，将人的生存方式区分为重占有的生存方式和重存在的生存方式。前者关注的是占有对象（包括物、人、精神），后者则关注生命的存在本身，以人的潜能（爱和理性）的实现为生存的目的。占有与存在这一对概念是从世界观上特别是以价值观为标准对人的性格类型所做的进一步分析。

## 第三节　群体心理研究

虽然都是从社会文化的视角对传统精神分析进行改造，霍妮、沙利文与卡丁纳、弗洛姆不同，前者主要研究社会文化对个体心理的影响，而后者则更注重对群体心理的研究。

### 一、文化人类学研究

#### （一）思想渊源

关于文化与人格关系的人类学研究是由弗洛伊德的《图腾与禁忌》（1913）一书引起的。弗洛伊德发现先民的图腾崇拜与儿童的恋母情结之间有惊人的相似之处：图腾制度的两个禁忌，即不杀图腾，不与本图腾氏族内的妇女性交，与恋母情结的两条罪恶，即杀父娶母之间有着明显的一致性。先民对图腾既崇拜又恐惧的矛盾心理与儿童对父亲的矛盾心理是一致的。因此，可以从个体心理的发生揭示出种系宗教、文化的起源。图腾崇拜是恋母情结的象征或升华。弗洛伊德从图腾的普遍性进而断定恋母情结的普遍性，而一切文化都是被压抑的本能欲望（如乱伦）的升华。就在《图腾与禁忌》出版的第二年，英国人类学家马林诺夫斯基就开始了特罗布里恩群岛之行，他通过对处在母权制社会的美拉尼西亚人进行现场研究，得出了这一文化中不存在恋母情结的结论。他认为：情结是由文化决定的，文化类型不同，情结也不同；恋母情结只是夫权社会的特产品。

早在 1911 年，美国哥伦比亚大学的人类学家波亚士在《原始人的心理》一书中，着重讨论了文化因素和生物因素对人的行为习惯的影响，他通过对爱斯基摩人和印第安人的研究，认为对人的行为起决定作用的是文化而不是遗传。弗洛伊德的《图腾与禁忌》等著作激起了他对文化与人格关系的心理学问题的浓厚兴趣。自 20 世纪 20 年代中叶始，波亚士及其两位著名的女弟子本尼迪克特和玛格丽特·米德等人通过大量的现场研究，把马林诺夫斯基对弗洛伊德思想的修正大大推进了一步。本尼迪克特深入研究了三种原始文化：祖尼人（新墨西哥的印第安人）、多布人（新几内亚）的原始部落、夸扣特尔人（美洲西北海岸的印第安人），研究成果总结在 1934 年出版的《文化模式》一书中。米德先后研究了西太平洋波利尼西亚群岛上的萨摩亚人、新几内亚阿德米洛底群岛的居民，写成《萨摩亚人的成年》（1928）等著作。这些研究都是为了探讨原始人所赖以生存的文化环境是如何塑造其人格的。所得出的最终结论是，弗洛伊德对西方文明社会中的人格的揭示不具有普遍性，不同的文化塑造了不同的人格，文化对人格形成起决定作用。

（二）初级制度决定基本人格结构

卡丁纳与霍妮、沙利文等人不同，不满足于仅仅在精神医学领域内研究文化对人格形成的作用，致力于能够“对社会科学做出具有持久价值的贡献”的研究。他看到了波亚士师徒的成功，因而转向人类学（卡丁纳也借鉴了他们的方法[①]）。在前人研究的基础上，他致力于研究文化与人格的相互作用，特别是一定文化中的基本人格结构的形成及其对文化结构的影响。

文化人类学的研究首先要对文化这一概念做出界定。卡丁纳将文化描述为在有组织的社会生活中形成的习惯化了的规范，个人获取物质生活资料的技术，人们对待出生、成长、发展、衰老、死亡的习惯化的态度，等等。当这些规范、技术、态度具有持续性和传播性时，就是文化。一切文化都具有下列成分：某种形式的家庭组织；某种类型的团体组织；以家庭、血缘或共同目标为基础的大团体；获取生活资料的技

① Meyerowitz, J. (2010). “How common culture shapes the separate lives”: Sexuality, race, and mid-twentieth-century social constructionist thought. *The Journal of American History*, *(3)*, 1058.

术；激励或控制人的需要的基本规范；控制或调节个人或团体彼此间矛盾的规则；使个人聚集在团体之中的心理力量；社会成员共同的生活目标。为了使文化这一概念具体化和操作化，卡丁纳主张使用制度（institution）这一术语。制度是一个社会的成员所共有的思想或行为的固有模式。[①]它得到人们的普遍接受，对它的违背或偏离就会导致个人或团体内部的失调。简单地说，制度就是人们彼此相互作用以及人与环境相互作用的固有模式。

在卡丁纳的研究中，基本人格结构（basic personality structure）是一个核心概念，它是生活于某一特定社会中的每个人都共同具有的有效的适应工具。它是同一文化中的人所具有的共同的人格特征，不同文化中的基本人格结构是不同的。基本人格结构不同于性格（character），性格是指同一文化中的个人之间的人格差异。

卡丁纳认为"不同的制度造就了不同的人格结构"[②]，其中对人格塑造起决定作用的是初级制度。初级制度是个人在童年期就面临的基本规范，被社会成员视为自然之物加以接受，"像呼吸一样不言而明"[③]。但初级制度对儿童来说可能十分严厉，个人必须以某种方式加以适应，对初级制度的适应形成基本人格结构。已经形成的基本人格结构反过来对文化施加影响，通过投射系统塑造该社会的次级制度。次级制度是基本人格结构的投射物，包括民间传说、宗教信仰、仪式、禁忌系统、思维方式等，以及一些相关的技术。因此，基本人格结构是初级制度和次级制度之间的一个中介的、能动的环节。在《社会的心理疆界》一书中，

① Brown, T. N. (2008). Race, racism, and mental health: elaboration of critical race theory's contribution to the sociology of mental health. *Contemporary Justice Review, 11,* 56.

② Kardiner. A. (1939). *The individual and his society: the psychodynamics of primitive social organization*. (p. 455). New York: Columbia University Press.

③ Kardiner. A. (1939). *The individual and his society: the psychodynamics of primitive social organization*. (p. 471). New York: Columbia University Press.

卡丁纳承认有许多制度无法明确地归为初级制度或次级制度。

卡丁纳从弗洛伊德那里接受了早期经验决定论的信念，认为早期经验对基本人格结构的形成起着关键的作用，初级制度正是通过影响个体的早期经验进而塑造基本人格结构的。卡丁纳的基本假设是：早期经验持久地影响人格的发展；相似的早期经验会形成相似的人格；一定社会在对儿童的养育方式上是模式化的，因此，一定社会的成员就有许多相似的早期经验，同一社会的成员就有许多共同的人格要素（基本人格结构）。一个社会的大多数成员所共同具有的基本人格结构，是他们所具有的共同的早期经验的结果。初级制度的执行者主要是父母，父母按照制度的要求对儿童进行诸如喂奶断奶、排泄训练、性的禁忌等训练，[①]训练的策略就是奖赏或惩罚，儿童正是在这种奖赏或惩罚的基础上形成基本人格结构。对儿童的这些训练必然导致儿童的某些需要的满足遭到挫折，而人对挫折的反应方式构成基本人格结构。

（三）基本人格结构创造次级制度

文化与人格的研究本身应该包括两个方面，即文化对人格形成的影响和人格对文化变迁的影响。卡丁纳一方面将人格视为文化的产物，另一方面又将人视为文化的创造者。他认为基本人格结构能够创造和影响次级制度或适应性的文化。“基本人格结构虽然不能决定某一文化的全部变迁，但它提供了方向，规定了适应性文化的变迁所发生的方式。”[②]卡丁纳认为基本人格结构通过投射作用产生神话、宗教等次级制度。所谓投射作用就是主体潜意识地将自己的过失或不能满足的欲望归咎于客体，以便减轻内心焦虑的过程。投射是由挫折引起的。如上所述，人格是对挫折的反应，而这些挫折经验又通过投射作用创造出次级

① 郭本禹：《精神分析运动的发展逻辑》，载《南京师大学报》（社会科学版）2006 年第 5 期。

② Kardiner. A. (1945). *The psychological frontiers of society*. (p. 454). New York: Columbia University Press.

制度，进而在想象中满足需要并缓解紧张。所以次级制度是挫折经验的潜意识的派生物，是人的主观愿望的曲折的体现。

（四）文化人类学的实例

卡丁纳的文化与人格相互作用理论是在对一些人类学现场研究材料进行分析的基础上形成的。这些研究材料包括林顿提供的关于马克萨斯人（Marquesan）、塔纳拉人（Tanala）的材料和杜波伊丝提供的关于阿洛人（The People of Alor）的材料。在《个人及其社会》和《社会的心理疆界》中，卡丁纳用较长的篇幅讨论了包括以上三种文化在内的五种文化。

马克萨斯人生活于太平洋中南部的波利尼西亚，他们面临的主要威胁是严重干旱导致的周期性饥荒。为了控制人口，解决食物短缺问题，他们采用杀女婴的权宜之计。这就使男女比例失调（5∶2），相应的婚姻制度就是一妻多夫制。妻子把大部分时间花在打扮自己和满足几个丈夫的需要上，为此甚至不给哺乳期的婴儿喂奶。孩子主要由母亲的丈夫们照料。成人对孩子基本上放任不管，缺乏基本的纪律要求。性行为也不受限制，除了禁止与父母或兄弟姊妹乱伦。在这种初级制度下，孩子得不到来自母亲的爱和安全感，依恋对象是父亲或别的男人，而且从小就产生了对女人的恐惧和憎恨。男人之间较多地表现出团结合作，女人之间则较多地表现出相互嫉妒。虽然没有性压抑，但仍有神经症。与这些基本人格结构相对应，在马克萨斯的民间传说中，女人被描绘成恶毒、黑心的剥削者；她们吃人，勾引天真无邪的青年男子，抢夺儿童的食物。没有类似俄狄浦斯（杀父娶母）的神话，却有类似厄勒克特拉（恋父杀母）的传说。

塔纳拉人生活于非洲东南部的马达加斯加群岛。实行一夫多妻制，父亲的权力至高无上，但长子拥有特权。女儿地位低。母亲的主要职责是照料孩子。婴儿断奶很晚。对孩子的大便训练很严格。性限制很严格，特别强调女人的贞洁。因此，塔纳拉人对父亲既崇拜又恐惧，对母亲怀有强烈的依恋。在个人品质上，重视服从、忠诚、勤劳、认真等。在他们的宗教观念中，家神喜欢这些品质，触犯了家神就会受到惩罚（如生病）。在其神话传说中，有类似于杀父娶母的故事。

著名女人类学家杜波伊丝实地研究了阿洛人，并撰写了《阿洛人》（1944）一书。她曾将具体材料交给卡丁纳分析。阿洛人生活于东印度群岛。在阿洛人的生活中，男人负责供应肉食，女人负责供应蔬菜。当母亲在田间种植蔬菜时，婴儿被留在村子里。吃奶或进食方面的挫折贯穿整个童年。对孩子的训练不系统，在走路、说话、排便等方面都是如此，这也体现出对孩子成长的忽视。奖惩标准不明，前后矛盾。同一种行为，有时得到赞许，有时得到惩罚。这些初级制度对个人造成严重的人格整合失调。阿洛人疑心重，焦虑不安，缺乏信心和自重，经常用谎言和诡计来诈骗他人。在民间故事中，最常见的主题是因父母而导致的挫折和对父母的仇恨。例如，在一个故事中，母亲要孩子用她故意刺穿了底的容器打水，在孩子费尽心机试图装满水时，父母却扔下他走了。多年以后，在他的婚宴上，父母出现了，但在给他们的食物容器中，却装满了粪便。在阿洛人的宗教中，没有理想化的神灵。神不能给人安慰，不能满足人希望得到奖赏的愿望，也没有积善得福的观念。

虽然都是着眼于群体心理研究，卡丁纳与弗洛姆又有显著的不同，卡丁纳主要考察了不同的土著文化，指出不同的文化造就不同的基本人格结构，相同文化下有着大体相同的基本人格结构，弗洛姆则主要研究了西方资本主义文化下社会成员的社会性格和社会潜意识。

## 二、现代西方人的心理

### （一）社会性格理论

弗洛姆认为，社会性格是一个社会中绝大多数成员所具有的基本性格结构。它具有如下一些基本特性。第一，它是群体心理，弗洛姆在不同场合用社会性格指称不同群体（如纳粹德国）的心理，有时指一定的民族或阶级心理。第二，社会性格是一个群体在共同的处境下，在共同的生活方式和基本的实践活动的基础上形成的。第三，它是激发一个群体的行为的共同内驱力。社会性格是一个跨学科的概念[①]，是经济、政治、文化诸因素交互作用的结果，而经济因素在这种相互作用过程中起着更大的作用。社会性格的形成与家庭也有密切关系。[②]家庭起着一种将社会所需要的性格的基本特点转移到孩子身上的作用。

弗洛姆认为马克思和恩格斯没有说明经济基础是如何决定意识形态这种上层建筑的。他提出“社会性格”概念是为了弥补马克思主义的这一“不足之处”，把社会性格看成是联系经济基础和上层建筑的重要中介之一。一定社会的经济基础是造成那个社会的人的处境的决定性因素，社会性格就是在这种处境中形成的；具有一定社会性格的人就会形成一些共同的观念，一些杰出的人物就作为代言人将这些观念理论化，这就是意识形态。就是说，意识形态根植于社会性格中，而社会性格又是由经济基础决定的。反过来，已经形成的意识形态又容易被具有一定社会性格的人所接受并强化这种社会性格，从而通过社会性格作用于经济基础。所以，社会性格既是经济基础决定上层建筑的中介，又是上层建筑反作用于经济基础的中介。这种中介作用不能被理解为是被动的，社会性格作为一种能动的力量对社会进程起着重要的作用。

（二）社会潜意识理论

弗洛姆指出，在弗洛伊德和荣格那里，潜意识好比一座房子的地窖，里面存放着罪恶或智慧。他不同意这种实体性的概念而主张一种功

---

① Maccoby, M. (2002). Toward a science of social character. *International Forum of Psychoanalysis*, *11*, 33-44.

② de Millán, S. G., Millán, S. (2004). Hidden meaning of an early loss: The common ground of attachment and social character assessments and their clinical applications. *International Forum of Psychoanalysis*, *13*, 157-163.

能性的概念。意识或潜意识是指一种主观状态，指觉察到或未觉察到的经验、感情、欲望等，觉察到的是意识，未觉察到的是潜意识。同时弗洛姆也不满意弗洛伊德对个人潜意识和荣格对集体潜意识的揭示，认为要达到解除压抑的目的，就要研究社会潜意识。

所谓社会潜意识，是指一个社会的大多数成员共同存在的被压抑的领域。这些共同的被压抑的因素是一个具有特殊矛盾的社会所不允许它的成员们意识到的内容。有史以来的大多数社会的特征都是少数人统治并剥削多数人。如果大多数人能意识到社会的不合理并充满怨恨情绪，那就会威胁到现存的秩序，因此必须将它们压抑下去，以避免人们意识到他们真正的处境。[①]对个人而言，压抑的主要原因是害怕受到孤立和排斥。当人们接触到社会潜意识时，会在意识层面感觉到一种未能符合权威要求的内疚感。[②]

压抑的机制是什么？任何一个社会都有一套决定人的认识方式的体系，这种体系的作用就好比一种过滤器。除非经验能进入这个过滤器，否则就不能成为意识。这种社会过滤器是由三种要素组成的。第一是语言。同样的经验和现象，在有的语言中有丰富的词汇来表达，在另一种语言中却难以用语言来表达，这种难以用语言表达的经验和现象就难以成为明确的意识。第二是逻辑。逻辑在一定的文化中指导着人们的思维，那些不合逻辑的经验就被排斥在意识之外。但不同的文化有不同的逻辑，如亚里士多德的逻辑就不同于老子的逻辑，而每一文化中的逻辑在该文化中都被看成是毋庸置疑的。第三也是最重要的就是社会禁忌。每一个社会都排斥某些思想和感情，使之不被思考、感受和表达。

---

① Tubert-Oklander, J. (2006). The individual, the group and society: Their psychoanalytic inquiry. *International Forum of Psychoanalysis, 15,* 146-150.

② Juthberg, C., Eriksson, S., Norberg, A., Sundin, K. (2008). Stress of conscience and perceptions of conscience in relation to burnout among care-providers in older people. *Journal of Clinical Nursing*, *17*, 1897-1906.

有些事不但不能做，甚至不能想。社会潜意识是除了社会性格的另一个联系经济基础和意识形态的中介环节。社会利用过滤器的压抑作用，将那些与一定经济基础不相符的经验排除在意识之外，将那些与一定经济基础相符合的经验上升为意识形态。意识形态反过来强化压抑过程，从而作用于经济基础。社会性格和社会潜意识都是人们在一定的处境下为满足与世界建立联系的需要而形成的，二者都是人为了逃避孤立和排斥而形成的心理机能。

## 第四节 心理健康理论

精神分析的生命力很大程度上在于其对神经症等心理疾病的疗效，传统精神分析得到学院派心理学家的认可很大程度上就基于此，精神分析的社会文化学派也是在对神经症等心理疾病治疗的过程中形成和发展起来的，其心理健康的理论和疗效是其生命力的重要保障。

### 一、个体心理健康理论

#### （一）神经症的标准

首先要明确的是神经症的标准问题，即确定心理上的常态和病态的标准。霍妮认为这种标准取决于社会文化为其成员所规定的行为模式，不同的文化、时代、阶级、性别的成员，社会为其规定的行为模式是不同的。“在我们的文化中，如果有人因别人提到他已故亲属的名字而大为恼怒，我们一定会认为他是神经病；但在基卡里拉·阿巴切（Jicarilla Apache）文化中，这种人却被认为是完全正常的。”[①]整日游手好闲，只在出猎和征战中一显身手，对欧洲中世纪的封建阶级而言是正

①［美］霍妮著，冯川译：《我们时代的神经症人格》，贵州人民出版社1988年版，第3页。

常的，而对资产阶级而言则是不正常的。除了社会文化的标准外，霍妮也强调心理标准的重要性，因为生活中存在着一部分人，他们的行为符合社会通行的行为模式，但他们确实患神经症，也存在另一部分人，他们的行为不符合通行的行为模式，但他们确实没患神经症。因此，在确定神经症时还要借助于心理标准，即个体是否强迫性地使用某种防御机制来对抗自身的病态焦虑。

弗洛姆则提出了与其截然相反的标准。按照适应良好即心理健康的逻辑，很好地适应资本主义社会的现代人是最健康的。但他认为资本主义社会是异化的社会，在异化的世界中适应良好的人，从人本主义的观点来看，就可能是病入膏肓的人；而那些被异化社会视为病态的人反而是最健康的。弗洛姆的最后谈话就是以《病人最健康》为题发表的。他认为真正健康的人是具有生产性格的人，是热爱生命、热爱他人和自己，并保持自我独立性的人，是以生命的存在来决定其生活方式的人。从标准问题也可以看出，霍妮与弗洛姆在对社会文化的思考上差异是很大的，相比之下，霍妮仅仅考虑适应问题，把社会文化视为既定的、必须要适应的，而弗洛姆则更强调人的潜能的成长和发展，这是一种人本主义的立场。

（二）神经症的病理学

霍妮认为内心冲突是神经症的基本特征，她把在基本焦虑基础上所形成的内心冲突称为基本冲突（basic conflict）。基本冲突包括三种情形。一是各种神经症需要之间的冲突。神经症病人为克服焦虑而强迫性地追求一种或少数几种需要，压抑了其他的需要。二是对待他人的三种行为方式之间的冲突。由于神经症病人强迫性地使用一种方式，因此压抑了其他两种方式。在以上两种情形下，需要的追求和行为方式的使用都不是自发的合适的选择，这样，其他的需要或行为方式就可能有自发地发挥作用的倾向，而神经症的需要或人格又与它们互不相容，于是有压抑，压抑则导致冲突。第三种冲突的情形是理想化自我与真实自我和现实自我的冲突，其核心是真实自我的建设性力量与理想化自我的障碍性力量之间的冲突。为解决自我的冲突，可能形成三种策略：一是自谦（self-effacement），贬低自己，常有失败感，自恨，自卑；二是自夸（self-expansion），美化自己，有强烈的优越感，自信，好胜；三是自弃（self-resignation），放弃努力，逃避冲突，习惯于独处。这三种解决自我冲突的策略分别对应于三种对待别人的行为方式：接近人、对抗人、回避人。从上述霍妮关于神经症的揭示可以看出她对神经症实质的独特理解。她认为神经症是由焦虑、由对抗这些焦虑的防御策略、由缓和内心冲突的努力等所造成的心理紊乱，当这种紊乱偏离了特定文化的共同行为模式，就是所谓的神经症。

沙利文认为精神病学的领域就是在任何情况下都存在的人际关系的领域。[①]他很少从遗传的、机体的或生物学的方向去解释精神病，反对当时医学界关于精神分裂症是遗传决定的、不能彻底治愈的观点，而主张精神分裂症是由不良的人际关系造成的。可能是早年与一个“坏母亲”的关系，也可能是以后生活中的其他人际关系，使个体产生严重焦虑，导致自我系统的防御功能失灵，将幻觉人格化为某种实体，不能将幻想或梦与现实区分开来，人格发展停滞不前甚至倒退，由经验模式倒退到并列的甚至原始的水平，现实的人际关系和个人的自信自尊遭到严重的破坏。这些观点对后来的家庭心理治疗等也产生了深远的影响。[②]

（三）神经症的治疗

弗洛伊德将本能与文明的冲突视为不可避免的悲剧，人注定要受苦和毁灭，精神分析治疗不过是帮助病人较好地疏导、宣泄或升华本能。霍妮不同意弗洛伊德对人性、对神经症治疗的悲观主义态度，她认为人生来具有实现自己潜能的建设性力量，神经症治疗就在于使病人发

---

① 叶浩生主编：《心理学通史》，北京师范大学出版社 2006 年版，第 323 页。

② Kemp, H. V. (2004). Harry Stack Sullivan (1892-1949): Hero, ghost, and muse. *The Psychotherapy Patient*, *13*, 7-61.

现并发展自己的潜能，将其天赋中的建设性力量引向自我实现的轨道。

霍妮虽然也使用弗洛伊德创立的诸如自由联想、梦的分析等技术，但使用这些技术主要不是挖掘与性有关的早期经验。霍妮重视的是早期的亲子关系。尽管如此，霍妮还是反对夸大早期经验的作用。霍妮主张把分析治疗集中于病人的神经症需要和人格结构，以帮助病人克服冲突，实现与他人的和谐关系和自我的和谐关系。

倡导自我分析是霍妮对精神分析治疗的一大贡献。她认为既然相信人生来具有建设性的力量，既然治疗效果在很大程度上依赖于病人的配合和参与，那么就应该相信自我分析的可能性和可行性。霍妮在《自我分析》一书中系统阐述了自我分析的态度、规则、步骤和方法，以缓解社会对分析治疗的广泛需要与专家治疗的局限性（专家少、治疗费用高、费时等）的矛盾。当然，霍妮倡导自我分析并不是要取消专家治疗，而是主张把二者结合起来。

沙利文认为对精神分裂症的治疗首先要创设良好的人际情境，他把精神病院视为人格成长的学校，而不是人格缺陷的收留所。在这所学校里，精神医学家是人际关系的专家，他尊重患者，在治疗过程中参与观察，通过建立良好的医患关系，通过交谈、梦的分析等治疗技术，使患者恢复健康的人格并能体验到爱、满足感、安全感和幸福感。①沙利文在他主持的精神病院实践他的治疗理论，取得了成效，成为治疗精神分裂症的权威。

## 二、群体心理健康理论

无论是基本的人格理论还是心理健康理论，群体心理都是弗洛姆关注的重点，现代西方人的困境、精神危机和出路是弗洛姆心理学的核

① Blechner, M. J. (2006). Love, sex, romance, and psychoanalytic goals. *Psychoanalytic Dialogues*, *16*, 779-791.

心问题。

（一）逃避自由

弗洛姆认为古代社会的生产方式和社会关系限制了个人自由，但使人感到安全。例如在中世纪，生产工具和劳动技能主要从前辈那里继承下来，革新和发展过程缓慢，竞争也不激烈，人很少远离家乡。社会地位和身份（是主子还是奴才），人一生下来就确定了。现代社会，劳动手段不断更新，社会变迁越来越频繁，竞争越来越激烈，经济危机和战争难以预料，人的不安全感与日俱增。在资本主义社会，人的独立和自由增多了，但人的孤独和不安全感也增强了。资本主义的自由是不安全的自由，即"消极自由"，所以人们要逃避自由。"积极自由"是安全的自由，这要在未来健全的社会中才能获得。

（二）异化

弗洛姆在马克思的劳动异化理论的基础上，进一步研究了现代社会的异化。资本主义的生产方式和分配方式决定了人不得不成为他人或自己的经济利益的工具，或者成为非人的庞大经济机器的工具。人不是自身的目的。现代化大生产的劳动越来越单调机械，每个人的工作相对整个生产过程而言简直微不足道。面对产品，人没有一种创造者的感觉，因为他只是完成了一个规定好的简单动作。劳动仅仅是获得金钱的手段，根本不是人的生命活动。消费也是为了扩大利润而人为刺激起来的、与人性的真实需要相异化的活动。在弗洛姆眼里，现代社会，异化日益普遍，甚至无处不在。[①]异化指人与自然、与他人、与真实自我的疏远和对立，指人所创造的现代文明反过来成了压抑人性的强大力量。

（三）现代人的性格和潜意识

自由与安全的两难境地、异化，都是人的处境特别是存在的矛盾性在现代社会的具体表现。现代人为了适应这种处境，形成了特殊的

① Levine, B. E. (2005). Mental illness or rebellion? *Ethical Human Psychology & Psychiatry*, *7*, 125-129.

性格和潜意识，施虐、受虐、破坏和迎合，这些性格倾向都是为了与世界建立联系，为了逃避自由以克服孤立无援和不安全感。前三者常见于法西斯主义国家（如纳粹德国），后者常见于民主的资本主义国家（如20世纪的美国）。19世纪的资本主义社会占主导地位的性格是剥削倾向和囤积倾向的结合，这种性格促使欧洲资产阶级无情地剥削亚洲、非洲以及本地区的劳动大众。同时，人的许多思想和欲望受到禁止和压抑，特别是性压抑。弗洛伊德的理论是对那个时代的社会潜意识的揭示。20世纪占主导地位的社会性格则是接受倾向和市场倾向的混合。社会通过传播媒介和市场机制控制着大众的生活，人们只是被动地接受和消费。世界好像是一个大乳房，人们是一群只知吮吸的乳儿，总是期待着、渴求着……而真实自我则受到压抑，这样就可以与社会的要求保持一致并在市场上取得成功。现代人深深地被所有机械的东西所吸引，执着地发展各种大规模的杀伤武器（如核武器）。这种恋尸癖倾向混合着一种自恋倾向，现代人为自己能生活于这个高度发达的技术世界而自豪并迷恋于这个技术世界。在这个世界里，只要按一下按钮，人的需要就能得到满足，正如婴儿一张口就能吃到奶一样。现代人依恋高技术的享受正如婴儿依恋母亲。对于成人而言，这是一种乱伦倾向。因而现代人患有堕落综合征，人们忙于对物的占有而忽略了作为生命的人的存在。

（四）对纳粹主义和希特勒的心理学研究

尽管社会经济和政治根源是纳粹主义崛起的根本原因，但纳粹意识形态获得大众的狂热拥护并占据统治地位，必须用心理学来解释。由于德国战败，1918年《凡尔赛条约》对德国的处置使德国大众感到不公平，这种怨恨逐步转变成民族主义情绪。加上垄断力量的强大和战后的通货膨胀，使各阶级都产生了不同程度的不安全感，从而形成了施虐、受虐和破坏等社会性格。希特勒身上集中了这些性格倾向，他创建了纳粹意识形态和纳粹党，使人们回到一种安全的依从状态[①]，从而强化了大众的这些性格倾向，使这些性格倾向成为支持德国帝国主义扩张的社会心理力量。纳粹德国的社会性格也是一种严重的堕落综合征。德国人把侵略、杀人看成英雄行为，把残酷迫害犹太人视为正义的事业。杀人越多越值得骄傲（恋尸癖），这一切都是在爱国主义和种族优越的旗帜下发生的（自恋和乱伦）。

希特勒是一个集极权主义性格、破坏和堕落综合征于一身的典型。他渴望权力，蔑视群众，迫害政敌和犹太人。他还有一种受虐的渴望，宣称要服从上帝、命运、必然、历史。他带领德国人去侵略别国，并从战争的破坏中得到满足。对他而言，死亡是最伟大的，死亡的气味似乎是芳香的，他喜欢在刚结束战斗的尸横遍野的战场上流连忘返。他迷信种族的优越性，过高地估计自己的力量，不能容忍任何不同意见。他长期呆在地下室里（在精神分析学中，地下室象征母亲的子宫），最后在地下室里结束了他疯狂的一生。

## 第五节　对社会文化学派的简要评论

从修正正统的精神分析开始，霍妮等沿着阿德勒的方向，结合自己的临床实践和其他社会科学的研究，经过短短几十年的开拓，最终使形成精神分析的社会文化学派。其中，霍妮是精神分析社会文化学派的开创者；沙利文扩张了人际关系的概念，赋予人际关系以社会文化的内涵；卡丁纳进行跨文化的心理比较研究，丰富了社会文化学派的理论；弗洛姆构建了一个庞大的且影响广泛的关于现代人心理的体系，成为精神分析社会文化学派的集大成者。

霍妮以当仁不让的科学态度、勇于创新的精神和顽强鲜明的个性，

①［美］杜·舒尔茨著，杨立能等译：《现代心理学史》，人民教育出版社 1981 年版，第 377 页。

开辟了精神分析的新道路，并最先建立起社会文化精神分析的基本框架。她继承了弗洛伊德的一些基本原理，积极吸收人类学、社会学等学科的新成果，将着重点从本能与文化的矛盾转移到文化本身的矛盾，强调人际关系失调及与此相关的自我内在冲突的重要性。她看到了社会在正常的或神经症的行为中的作用[①]，根据变化了的社会文化条件创建出一种新的神经症病理学，使精神分析治疗更广泛、更有效地满足现代人适应社会生活的需要。但霍妮把社会文化导致神经症最终追溯到亲子关系失调，把关键的问题简单化了，而且霍妮既说现存文化不合理，又说心理健康就是去适应这种文化，有自相矛盾的嫌疑，相对于弗洛伊德对社会文化的批判态度，霍妮在这一点上是一种倒退。

沙利文的精神医学的人际理论超越了弗洛伊德精神分析的生物学化的倾向，将精神分析的研究重心转移到社会学的方向上，即从个体之内转向个体之间。他最大的贡献是在精神医学中强调人际关系的重要性。尽管霍妮也强调人际关系，但不像沙利文将人际关系作为其全部理论的核心概念。他改变了人们对精神分裂症的悲观态度，改善了病人的处境，并寻找了一种新的治疗途径。他促进了精神医学与社会心理学等社会科学的结合，推动了这些学科的发展。但沙利文看到的只是人与人之间的心理关系，没有看到更深层的以生产关系为基础的人与人之间的社会关系，这使得他所阐述的人际关系心理化、抽象化、表面化。[②]而且他的理论缺乏一套完整的概念体系，所用术语晦涩难懂，相互关系不甚明了，这在一定程度上妨碍了他的理论的推广。

卡丁纳的文化与人格相互作用的人类学强调文化因素，特别是社会的初级制度对人格形成的决定作用，对弗洛伊德的本能论进行了突破性的修正。卡丁纳的研究基于对土著文化的比较分析，着重于文化与群体的人格结构之间的关系，丰富了社会文化学派的理论，成为该学派的

① 叶浩生主编：《心理学通史》，北京师范大学出版社2006年版，第324页。
② 沈德灿著：《精神分析心理学》，浙江教育出版社2005年版，第362页。

一个不可替代的组成部分。同时，卡丁纳的基本人格结构概念为跨文化的群体心理学的研究提供了一种方法论上的工具和途径，开辟了一个对不同文化群体的人格差异进行比较研究的新领域。然而由于其理论主要集中在文化间人格的差异，忽视了文化内人格的差异，使其理论看起来不像是人格心理学家的理论，更像是不同文化下民族性格的调查报告。他在方法论上几乎完全接受了弗洛伊德的早期经验决定论，忽视了后期生活经验的作用，这在一定程度上违背了其强调社会文化重要性的初衷，而且将文化和制度归结为家庭组织、育儿方式、早期规范等等，更是抹杀了文化和制度在经济和政治等方面广泛而深刻的内容。①

心理学研究的社会学取向是弗洛姆理论的主要特色，弗洛姆对社会比对个人怀有更浓的兴趣。②他视野开阔③，将心理现象放到广阔的经济、政治和文化的社会环境中加以研究，特别注重在一定经济结构中具体的劳动方式、分配方式和生活方式对人的影响；他以现代社会中的大多数人而不仅是以作为个体的少数精神病患者为研究对象；他把医治心理疾病与改革社会现实结合起来，将心理治疗与大众的社会需要联系起来④，恢复和发扬了精神分析对资本主义文化的批判精神；他将社会性格和社会潜意识作为联系经济基础和意识形态的中介，重视社会心理作为一种能动的力量在社会进程中的作用；他发展了弗洛伊德和荣格等人的潜意识理论，创立了社会潜意识理论；他以现代人的困境和精神危机作为其关

---

①转引自车文博主编：《弗洛伊德主义论评》，吉林教育出版社 1992 年版，第 836-847 页。

② Wolman, B. B. (1981). *Contemporary theories and systems in psychology* (*2nd ed.*). (p. 384). New York and London: Plenum.

③郭本禹：《精神分析运动的发展逻辑》，载《南京师大学报》（社会科学版）2006 年第 5 期。

④ Camphell, J. (2007). Are your dreams wishes or desires? Hysteria as distraction and character in the work of Siegfried Kracauer. *New Formations*, *61*, 132-148.

注的核心问题，等等。这些都是弗洛姆心理学的重要特点和贡献。

精神分析的社会文化学派从霍妮、沙利文的精神医学，到卡丁纳的文化人类学、弗洛姆的社会心理学和社会改革哲学，视野逐步开阔，涉及领域逐步扩大，到弗洛姆这里建成了一个庞大的影响广泛的体系。他们的理论增强了精神分析的生命力，丰富了现代心理学的内容，成为现代心理学体系中的一个重要派别。

# 第十二章　精神分析的发展

经历了众多的背叛、分裂和冲突，精神分析在整个心理学历史中的地位时有起伏，然而其发展的脚步从未停止。20 世纪中期之后，除了自我心理学、社会文化学派等学术分支仍在活跃之外，新的理论形式不断涌现，英国的客体关系理论、美国科赫特创建的自体心理学、法国精神病学家拉康创立的结构主义精神分析，都是 20 世纪后期影响较大的新的分支学派。

## 第一节　精神分析的客体关系理论

客体关系理论是 20 世纪 40 年代在英国形成的一个独特的精神分析理论分支，由克莱因创立。20 世纪 60 年代，英国的客体关系理论通过南美洲传播到北美地区，于是出现了以美国的克恩伯格为代表的客体关系理论，并与美国的精神分析自我心理学由对立逐渐走向融合，对自我的重视是二者相互融合的基础。

### 一、广义与狭义的客体关系学派

客体关系学派应有广义和狭义之分。从狭义上来说，客体关系学派是指以克莱因、费尔贝恩、冈特里普、温尼克特等为代表的一批英国精神分析学家，他们改变了古典精神分析的理论基础，不再强调先天生物因素和本能驱力，转而强调早期母婴关系对儿童心理发展的影响，形成客体关系理论。这是狭义的客体关系学派，又称英国客体关系学派，其中以克莱因及其拥护者（又称克莱因学派）为核心。这一理论派别重视客体及客体关系对人格形成的影响，忽视或抛弃本能驱力的作用，强调关系寻求的动力性，重视前恋母情结期的心理发展对之后心理特点的影响。广义的客体关系学派不仅包括英国客体关系学派，还包括在英国本土之外遵循客体关系研究范式的精神分析心理学家的观点。

有些西方学者倾向于将美国的自我心理学和沙利文的人际关系理论，英国以克莱因为代表的客体关系学派，美国科赫特的自体心理学、克恩伯格的客体关系学说统称为客体关系理论，以对应于传统的本能驱力理论①，或者将迄今为止的精神分析理论分为三种模式：驱力结构模式、客体关系模式和自体关系模式②。两种划分方式都倾向于将克莱因的客体关系理论视为由传统的驱力模式向现代的关系模式转化的桥梁和纽带，视其为一种过渡形式。

## 二、客体关系理论的特点

客体关系理论家将人类精神的本质视为关系，视客体关系为人类经验和行为的重要决定因素。人类行为被关系所驱动，心灵的构成材料多与关系的内化有关，而与原欲冲动和精神能量没有多大关系。这是人类心理研究道路上的重大转折。正如克莱因所说："客体关系理论是针对弗洛伊德的本能驱力的动机概念做出的第一个也是最重要的反应。"③格林伯格和米切尔在他们的观点中也回应了这种思想："关系模型将关系构象建构成存在的基础；所有人类的行为和体验……都

---

① Greenberg, J. R., & Mitchell, S. A. (1983). *Object relations in psychoanalytic theory.* (pp. vii-vix). New York: Harvard University Press.

② Bacal, H.A., & Newman, K.M. (1990). *Theories of object relations: bridges to self psychology*. New York: Columbia University press.

③［美］S. 卡什丹著，鲁小华等译：《客体关系心理治疗——理论、实务与案例》，中国水利水电出版社 2006 年版，第 23 页。

是关系的衍生物。”①

重视早期的亲子关系，尤其是儿童与母亲的关系，这是客体关系理论的另一重要特征，同时也是对传统精神分析观点的深刻背离。因为在传统的精神分析理论中，父亲占据核心地位。通过使小男孩心理上产生阉割焦虑，使小女孩心理上产生阴茎嫉妒，父亲强有力地影响了儿童是否能成功地度过恋母期。客体关系理论却将重心从父亲身上转到了母亲身上。这一重大转变意味着在重要概念上的重新定位。比如，前恋母期受到客体关系理论家的重视，在前恋母期发生的事件、出现的冲突和体验对个体心理的影响大过恋母期的事件和体验。因此，个体心理发展的关键期也由5岁或6岁提前到了1岁以内，甚至是5—6个月大的时候，亲子关系中的权力和控制等问题也不得不让位于亲密和抚养的问题。

大多数客体关系理论家（克莱因是个例外）都将婴儿心理视为关系的“白纸状态”。早期与母亲的互动被内化成关系构象，这种关系构象随着时间的进展会转变成存在的感觉。这种内化过程连同它聚集的投射和认同一起构成了最终被体验为自体的事物的基本成分。

相应于贬低或否认伊底的作用，客体关系理论家更加重视自我的统合功能。克莱因和费尔贝恩都承认自婴儿诞生之初即存在一个自我，自我的整合过程即人格的形成，因而自我是人格的一种内在统整力量，自我与内部客体和外部客体的关系，演绎着儿童精神结构化的图景。对自我的重视，成为客体关系理论日后与美国的自我心理学相互融合的基础。

所有的客体关系理论家似乎都注意到了自体内部深层运作的好与坏的动力，强调它对“分裂”机制的基础性意义。在克莱因的理论中，这种动力表现为奶水通畅、提供满足的“好乳房”与奶水不足、带来不适的“坏乳房”的对立。在费尔贝恩的理论中，这种动力是以中心自我、

①[美]S. 卡什丹著，鲁小华等译：《客体关系心理治疗——理论、实务与案例》，中国水利水电出版社2006年版，第23页。

原欲自我和反原欲自我来表达的。

除了上述理论上的特色之外，客体关系学派的成员在治疗理念和方法上也迥异于传统精神分析。首先，病因由内在冲突转向“联系困扰”（contact disturbance），也就是说，个案不是遭受“症状”之苦，而是遭受“联系困扰”之苦。个案的痛苦在于没有能力与他人建立并维持令人满意的关系，而不是无力调和内在冲突。精神症状如焦虑、抑郁、躯体主诉等的意义在于个案的关系正在恶化或正威胁着他的自体感。其次，治疗的焦点被放在内部客体关系在产生和维持关系中所起的作用上，尤其是分裂机制对好与坏的客体关系的发展所起的作用，以及什么样的客体关系影响了目前的自体感。再次，由于重视关系，在治疗情境中，此时此地的医患关系被视为个案生活中病态关系的生动表达，医患关系成了发现和解决不良客体关系的有效途径。反移情受到空前的重视。在经典的精神分析治疗中，反移情被理解为治疗师的病理反应，是治疗师自身未解决的内在冲突的表现，因此在治疗中要求避免或消除反移情。与之相反，客体关系学者把反移情视为治疗师对个案病理的体验性反应，视其为治疗过程中有价值的部分，因而重视它在分析中诊断和治疗的意义。最后，重视儿童精神分析，重视游戏治疗技术的使用，重视对精神病患者和人格障碍患者的分析治疗，是客体关系学者们随着理论观点的转向，在临床实践领域获得的重大突破。

### 三、克莱因客体关系理论的主要内容

克莱因被称为“提出彻底的客体关系理论的第一人”[①]，也常常被看作是由传统的驱力结构模式向关系结构模式转变的创新性和过渡性人物，其客体关系理论是客体关系学派学术思想的典型代表。

---

① Bacal, H.A., & Newman, K.M. (1990). *Theories of object relations: bridges to self psychology.* (p.6). New York: Columbia University press.

（一）克莱因的生平与著作

克莱因（1882—1960）是德裔英国著名儿童精神分析学家，是精神分析客体关系学派的建立者。她于1900年前后在维也纳大学学习艺术与历史。早年曾有志于学医，1914年第一次接触弗洛伊德的著作，对精神分析产生了极大的兴趣。1917年接受费伦茨的分析治疗，受到鼓励立志从事儿童精神分析。1921年应亚伯拉罕之邀到柏林精神分析研究所担任儿童治疗专家。1922年加入柏林精神分析学会。1924—1925年跟随亚伯拉罕学习精神分析。1926年移居伦敦，1960年去世。20世纪40年代中期，英国精神分析学会的内部矛盾激化，经过1941—1945年的对立性大讨论之后，英国精神分析学会分裂为三派：以克莱因为首的克莱因学派或客体关系学派，以安娜为代表的维也纳学派，以温尼克特为代表的中间小组。克莱因学派曾一度成为英国精神分析学的主流。克莱因的客体关系理论在欧洲和拉美等国影响巨大，其后继者被称为后克莱因学派。

克莱因的著作主要有《儿童精神分析》（1932）、《对精神分析的贡献，1921—1945》（1948）、《精神分析的进展》（合作主编，1952）、《精神分析的新方向》（合作主编，1955）、《感恩与嫉妒》（1957）、《儿童分析记事》（1961）和《我们成人的世界及其他论文》（1963）。

（二）客体关系理论的核心：客体及客体关系

客体关系既是克莱因理论的核心，又是其理论的特色。克莱因的研究集中在婴儿与母亲之间突然发生的冲突，与母亲这一客体的特殊关系决定着婴儿心理的发展。在克莱因看来，客体关系即客体与客体之间相互联系的方式，或者说“我”与“非我”之间的联系。这个客体既可能是外部的真实客体，也可能是外部客体的内在心理表征，还可能是儿童自身分离出去并被客体化的一部分。对于婴儿来说，他最早面对的客体即他的母亲，因而与母亲的关系是一切客体关系的基础。

儿童与母亲的客体关系分为两个阶段：部分客体关系和整体客体

关系。克莱因认为，部分客体关系即婴儿与母亲乳房的关系，是客体关系的开端。部分客体关系始于口唇期的吮吸阶段，婴儿在幻想中内投了母亲的乳房，并根据吮吸需要的满足与否将其分裂为好乳房和坏乳房。由断乳引起的施虐幻想是儿童的兴趣由部分客体转向母亲的身体这一整体客体的关键。在儿童的幻想中，母亲的身体包罗万象，它充满丰富的食物、有价值有魔力的粪便和新生的婴儿，等等。由于儿童自身的爱与破坏性的本能冲动分别投射于母亲，母亲的意象也被分割成“好的”与“坏的”两部分，因而儿童对于整体客体充满着爱与恨的矛盾情感。

克莱因赋予潜意识幻想特别重要的地位。她认为潜意识幻想是动力性的，是普遍存在的，它影响着儿童所有的知觉和客体关系，儿童在早期通过潜意识幻想与整个世界保持联系。

（三）婴儿期的心理结构

克莱因的心态（postion）观是对弗洛伊德的心理性欲发展阶段（stage）观的修正。在对儿童观察和分析的基础上，克莱因对弗洛伊德的儿童心理性欲发展阶段观提出异议。她认为弗洛伊德的发展阶段概念过于局限。首先，这些阶段的转换并非完全以力比多的贯注为转移，更多地是随着客体关系的变化而变化。其次，在从一个阶段到另一个阶段的发展过程中，这些阶段不仅具有连续性，而且是可以反复的。为此，克莱因用心态观取代弗洛伊德的阶段观，认为所有人都发展自两种心态：偏执——分裂样心态和抑郁性心态。在人的一生中，人们不断地从一种心态发展到另一种心态。心态实际上也是一种特殊的结构，它包含贯穿人一生的客体关系、焦虑和防御模式。

1．偏执——分裂样心态

偏执——分裂样心态是在婴儿达到客体的一致性之前建立起来的，存在的时间是从出生到三或四个月。在这个时期，婴儿同部分客体，即母亲的乳房建立了关系。强烈的力必多冲动（生的本能）和攻击性冲动（即口唇期的噬咬—死亡本能）都投射到乳房上。由此，母亲的乳房就被分裂为“好”与“坏”两种客体：当它带来满足和愉快时，它就是“可爱的好乳房”，就能引发生的冲动；当它不能带来满足并令人失望时，它就变成“可恨的坏乳房和惹人讨厌的东西”，成为死亡冲动的物质基础。与这种客体的划分相联系，原始的处于虚弱和未整合状态的自我也被分裂为力必多自我和破坏性自我两部分，即“好我”与“坏我”。此时，“好”与“坏”的方面是分离的，因而好客体不可能被破坏。此阶段自我的目标是内投和认同它的理想客体，同时令迫害者消失。但是，由于死亡本能的运作所激起的消亡恐惧，婴儿害怕自己被摄取的坏客体毁灭，因而产生迫害性焦虑。这一阶段的主导焦虑是唯恐迫害者摧毁自我或好客体，因而婴儿采用了分裂机制。当此阶段焦虑过度时，未解决的问题就会引起最严重的病理问题。克莱因认为，这一早期发展阶段的偏执焦虑和分裂防御，潜伏于精神分裂性的疾病群、分裂性人格以及婴儿或成人神经症的偏执或分裂特征之中。

2．抑郁性心态

大约从第五或第六个月开始，直到一岁左右，婴儿进入抑郁性心态。此时，母亲作为一个不同于婴儿自身的人被全面地理解或认识，这个完整的客体身上汇聚着可爱与可恨两个方面的特征，她既令人满足，又令人受挫，既有好的方面，也有坏的方面。婴儿开始有了矛盾情绪的体验和犯罪的动因。一方面，他爱他的母亲，他不仅需要她，而且完全依赖她。但是，由于母亲不能总是满足他的愿望，他有时便对她萌生了强烈的恨。此时，力必多冲动和破坏性冲动指向了同一个客体——作为整体客体的母亲。这种仇恨和破坏性冲动使得婴儿害怕自己会毁灭母亲从而失去她，于是陷入抑郁性的心态。

克莱因指出，婴儿在抑郁性心态时的核心任务是在他自我的核心建立足够好和安全的整体内部客体。如果这一活动失败，婴儿就会患偏执或躁狂—抑郁类的心理疾病。在讨论抑郁性心态时，克莱因还认识到修复机制在婴儿成长中的根本作用。抑郁性的情感和破坏好客体的犯罪感引起了保存和复活所爱客体的渴望，由此驱动了修复的愿望和修复好的内部客体的幻想。好的内部客体的建立正是以这种愿望为转移。在修复的过程中，婴儿获得责任感，克服了焦虑并安定下来，从而对母亲建立了爱的客体关系。克莱因认为，抑郁性心态是一种普遍现象，抑郁性心态中客体关系被整合的方式是人格结构的基础。随着开始于抑郁性心态的整合过程的继续发展，焦虑减少了，而修复、升华和创造性倾向逐渐取代精神病和神经症的防御机制。抑郁性心态的特点是，婴儿开始把母亲知觉为一个独立的整体客体，此时的客体关系是与整体客体的关系，占优势的机制是整合、矛盾、抑郁性焦虑和犯罪感。

（四）儿童分析技术：游戏治疗

1．游戏治疗的基本原则

游戏治疗是克莱因对于精神分析技术的一项创新。克莱因用儿童的游戏替代成人的自由联想，通过观察和解释儿童的游戏来接近儿童的幻想和潜意识。游戏治疗不仅使得对儿童的分析成为可能，而且引发了一系列关于儿童心理的重要发现。游戏治疗的前提是：首先，承认儿童的游戏是类似于梦一样的潜意识形式，是用象征性的行为而非意象来表达潜意识的欲望，阐明游戏的过程可等同于释梦；其次，认为儿童能够像成人一样对分析者产生移情，移情的基础是儿童早期的客体关系，即与母亲的关系的内化形式，移情的实现即儿童将内投而来的父母式人物投射到分析者身上。

克莱因游戏治疗的目标是为儿童尽可能严格地建立一种分析的情境。在游戏分析的情境中，分析者的任务是以同情的方式解释儿童的焦虑，充分地描述儿童在爱与恨、真实与虚幻等对立的需求之间所遭受的强烈冲突。在克莱因的游戏治疗中，儿童的游戏完全是自发的，分析者尽量不去干涉。

2．游戏治疗的环境设置

克莱因认为环境的设置和玩具的使用是游戏技术的关键部分。环境设置应保持时间和空间的稳定性，玩具应具有安全性和个人使用性以及与环境和病人的适宜性等特点。

克莱因发现，固定而有规律的环境设置是很重要的。通过密切关注来自大大小小的病人的潜意识信息，时间或空间上的任何改变和分析师的变化都会被病人注意到并纳入他们的潜意识幻想情境中。有些病人对于环境中的轻微变化非常敏感。尤其是时间上的变化，常被理解为病人与分析师之间权力关系的体现；一次分析时间的轻易改变，常会使病人对分析师产生种种揣度，使病人异常焦虑。所以，克莱因非常重视环境的稳定性。

分析师对于儿童的安全必须承担普通成人应有的责任，因为儿童年幼，或者有的是具有攻击性的精神错乱者，所以玩具的安全性和适宜性是非常重要的。克莱因要求，游戏室内不应放置易碎的物品，电线、灯等应放置在儿童不易接近的地方。房间的结构应该使儿童自由地表达少许的攻击性而不至于伤害自己，或危害周围的环境。分析师必须能够阻止儿童的自伤行为或对分析师的实际攻击，还需制止儿童的破坏性行为，以避免对游戏室造成破坏而妨碍其他病人使用。当然，房间的布置应根据儿童的年龄和患病程度做某种程度的改变。比如，对于精神病儿童或带有攻击性的精神错乱的患儿，当他们可能把锋利、坚硬的东西用作武器时，就应该把这些东西拿走。

克莱因还认为，游戏室内的玩具应该每人一份，放在固定的抽屉或箱子里。儿童可以自由地使用这些玩具，但只准在游戏室里使用。房间里有可以发挥想象力的小玩具，如小积木、栅栏、小汽车、小火车、球、玩具动物和玩具娃娃等，还有纸、铅笔、剪刀、水和容器等。除了这些个人的玩具之外，房间里最好能有自来水和一些所有儿童能共用的设施，如清洁用的抹布和肥皂等。房间里还应该有一张桌子和至少两把椅子。最好有一个沙发，儿童可用来做游戏，当他们愿意自由联想时，也可以躺在上面。分析师本人和房间里的其他东西也是环境的重要部分，都可以成为儿童展示自己内心体验的工具。

（五）对克莱因的评价

克莱因对于客体关系的重视使她成为由传统的本能理论向客体关系理论转变的关键性人物。克莱因从弗洛伊德的驱力结构模式出发，强调驱力的关系性，着重探讨了婴儿的内部客体世界，认为正常的发展和病理心理都可归因于婴儿的自我与内部和外部客体之间的相互作用，她尤其重视内部客体经验对于婴儿心理发展的意义。

克莱因最有成就的领域是儿童精神分析，这不仅表现在她创立游戏治疗，开辟了儿童精神分析的新方向，而且还在于她关于偏执—分裂样心态和抑郁性心态的描述，使我们对于一岁以下婴儿心理的发展和婴儿的内部世界有了更加深刻的认识和了解，为人们提供了一个理解弗洛伊德所谓的这一“昏暗且朦胧的时代”的概念框架和研究工具。

不过，克莱因将病态儿童身上获得的研究结论推及所有儿童，且用精神病理学的术语来命名婴儿的心埋结构，不仅有以偏概全之嫌，而且令人难以接受。此外，在研究方法上仍然局限于推理和思辨。

## 四、客体关系理论的进展

尽管克莱因在20世纪60年代就已去世，但她所提出的诸如内部客体、投射性认同、象征形成等概念以及由她创立的游戏治疗技术仍然是吸引精神分析学者的重要研究课题。在她的已有观点的基础上，克莱因学派的第二、第三代成员，以及温尼克特和克恩伯格等人，分别从理论或临床的角度进行了诸多验证、扩展和深化。

1．贝恩的摄受功能观

贝恩（1897—1979）是英国著名的精神分析学家，克莱因学派的第二代成员或后克莱因学派的成员之一。他于70年代去美国，建立了“克莱因方向的分析者”（Klein-orientated analysts）小组，使克莱因学派在北美开始产生影响力。投射性认同是客体关系理论的核心概念。贝恩区分了投射性认同的正常形式和病理形式，并以病理性的投射性认同过程说明了精神分裂症患者的人格分裂。贝恩认为，在病理性的投射性认同中，即在精神分裂症患者的异常思维中，伴随着最大化的暴力和施虐欲，它导致了一种充满报复性仇恨的外部客体，这可以解释精神分裂症患者的迫害性妄想。在讨论分析者的功能时，贝恩提出摄受功能（containing function）的观点（目前有研究者称之为容器理论）。贝恩所言的摄受功能既有接纳、容忍之意，也含有理解和修正的意思。按照贝恩的看法，相对于儿童这一被摄受者（contained）来说，父母尤其是母亲就是一个摄受者（container），他们通过自己的存在、行为和情感或者修正儿童的冲动，或者强化儿童的冲动。贝恩的研究对于当今的克莱因学派的理论与实践产生了重要的影响。

2. 温尼克特的过渡客体观

温尼克特（1896—1971）是英国著名的儿科医生和精神分析学家。1914 年进剑桥大学耶稣学院攻读医学，因为第一次世界大战的爆发而中断学习。战争结束后，在伦敦的圣·巴塞洛缪医院继续他的医学培训，1923 年获得儿童医学会诊医师证书，随即在伦敦定居。先后在哈克利的女王儿童医院、伦敦城市议会风湿病和心脏病临床医院、帕丁顿·格林儿童医院工作。从 1923 年起，接受斯特拉奇长达 10 年的精神分析，接着又接受瑞韦尔近 5 年的分析。1956—1959 年和 1965—1968 年先后两度担任英国精神分析学会主席。1968 年获斯彭斯儿科学奖章。他的著作有《关于儿童期精神紊乱的临床笔记》（1931）、《儿童与家庭：第一关系》（1957）、《儿童与外部世界：发展中的关系研究》（1957）、《儿童、家庭和外部世界》（1964）和《家庭与个人发展》（1964）。两卷本精神分析文集《文集：从儿科学到精神分析》和《成熟过程与激励性环境：情绪发展理论研究》分别于 1958 年和 1965 年出版。在他去世的当年，《游戏与现实》和《儿童精神病学诊断建议》出版。

温尼克特的研究最初受克莱因的影响，之后在克莱因和安娜的对立中他采取了折中的立场，试图寻求理论上的独立发展。和一般的客体关系理论家一样，温尼克特也特别关注母婴关系，认为与婴儿的需要相联系的母亲的护理功能是决定儿童心理健康与否的最重要因素。因而真正自我的形成是一种与足够好的母亲之关系的结果，这样的母亲不仅认识到婴儿的本能需要，而且了解他的创造性，并直觉地认识到他对于过渡客体（transitional object）的需要，以及过渡现象象征着他试图平衡他的虚幻的和幻灭的经验。如果母亲对婴儿缺乏这种了解，婴儿就可能出现精神障碍和心理紊乱。同样，如果父母的教育态度是过度保护性的，也会影响婴儿的正常成长。也就是说，婴儿将获得一种打上虚伪事实烙印的性格，即形成虚假的自我。温尼克特把破坏性看作是对关系崩溃的一种反应，并重视它对婴儿发展的意义。对温尼克特来说，婴儿隐藏着一种无怒气的破坏性，它的表达能够使婴儿发现是他的母亲令它存在，从而使他能够将母亲体验为一个独立于他自己的整体客体。

对婴儿情绪发展和婴儿自我形成的研究使温尼克特坚信，在对严重的退行性病人的治疗中，必须采用精神分析疗法，即必须让病人在一段长时间内处于像婴儿面对母亲那样的依赖状态，以便让他们倾诉苦恼。

在克莱因所提出的内部世界和外部世界之间，温尼克特认为还存在第三个精神世界，即潜在的或过渡的空间。外部世界是外部充满无数真实他人的生活现实，内部世界是内化的客体关系世界，过渡的空间是经验的中间区域，存在于幻想和现实之间，属于游戏、创造力、幻想、想象和错觉的范畴。与过渡的空间相对应，温尼克特提出了过渡客体的概念。它是婴儿从完全的主观过渡到完全的客观时的中介，不是一种内在的精神对象，而是一种具体的外在财产。但对于婴儿来说，它还不算是一种外在客体，它存在于过渡的神奇世界中。所以，过渡客体是婴儿从自己的玩具世界中，为自己挑选的第一个“不完全是我”的财产。它是母亲的替代者，是婴儿饥饿时母亲的乳房，是他的第一个玩伴，是婴儿的安慰者。儿童的游戏场就是一个过渡的空间，在这里儿童发展出人际交往的能力。

在儿童心理治疗方面，温尼克特发明了一种涂鸦游戏。这是一种成人和儿童都能玩的游戏，轮到谁谁就在纸上用铅笔画些线条，每个人的涂鸦都会在原来的基础上注入一些新的想象和见解。起初温尼克特把它作为与病人建立联系的方式，之后，涂鸦游戏成为温尼克特心理治疗技术的重要组成部分。

温尼克特以其儿科医生和精神分析学家的双重知识背景，进行了富有开创性的研究。他把来自弗洛伊德和克莱因的传统语言与自己关于母婴相互作用的客体关系理论巧妙地结合在一起。

3. 克恩伯格的边缘性人格障碍研究

克恩伯格（1928—　）是美国著名精神分析学家。他出生于奥地利，最初在智利接受教育，后来在美国堪萨斯的门宁格（Menninger）诊所接受精神病学训练。他主要的临床和研究活动都是在纽约地区进行的。现任纽约医院康奈尔医学中心主任、康奈尔大学医学院精神病学教授，兼任纽约州立精神病研究普通临床服务中心主任、哥伦比亚大学内外科学院临床精神病学教授。克恩伯格的主要著作有《心理治疗与精神分析：最后的报告》（合著，1972）、《边缘状态和病理性自恋》（1975）、《客体关系理论和临床精神分析》（1976）、《内部世界与外部现实》（1980）和《严重的人格障碍：心理治疗的策略》（1984）。

克恩伯格试图完成两个理论目标：一是整合客体关系理论与精神分析的传统本能理论；二是通过这一整合概念模式理解边缘状态。他认为：从广义上说，客体关系理论是指通过人际经验影响心理结构的一般理论；从狭义上说，客体关系理论是精神分析的一种方法，这种方法重点在于建构内部客体的结构，如与客体表征相联系的自体表征。他将克莱因、费尔贝恩和自己都视为狭义上的客体关系理论家。

克恩伯格在克莱因的内投、分裂和内部客体概念的基础上发展了自己的内化观。他把儿童与外在世界的关系导致精神结构发生变化的过程称为内化，这一过程随着儿童年龄的增长而日趋复杂。内化过程经历内投、认同和自我认同三个阶段，从出生开始一直到两三岁。在内投阶段，儿童心灵中的记忆痕迹由三个基本元素组成：客体影像或客体表象，自体影像或自体表象，驱力衍生物或特定的情感状态倾向。克恩伯格认为，力比多驱力是寻求快乐的驱力，会带来与正向感觉或情感有关的生理反应，而负向的感觉或情感大多与攻击驱力有关。客体表象和自体表象之间的情感色彩，受制于二者互动当时所呈现的驱力，也就是说，儿童记忆中的客体关系与当时的心情有关。在最早的内投中，客体和自体表象尚未完全分化开来，但是当儿童三个月时，根据情感状态的两极性，客体关系会被整合为“好的”和“坏的”，这种分裂则是精神整合过程的开始。

随着儿童的知觉和认知能力的发展，在生命的第一年结束时，儿童可以辨认出人际关系中的角色层面。克恩伯格认为，认同意味着角色的内化，在这种更深层次的内化中，儿童可以觉察和学习自己在回应他人的角色时所扮演的某些角色。但此时儿童的内部世界仍处于分裂的状态，只有发展到自我认同阶段，内部的客体世界才逐渐得以整合。这种内在的整合意味着：与自体连续感有关的自我结构的巩固；从内投和认同的客体表象中演绎出一致、整体的“客体世界”概念，使得客体和他人互动时，有一种前后一致的感受；从个体的环境中辨认这种互动的一致性，可以了解个人的特性，也通过环境来确认自己的感受。克恩伯格认为，自我认同在生命的第一年就开始了，在后来的两三年内，内在的客体世界会产生进一步的整合。但是，受过创伤和被剥夺了亲情的儿童，他们只能修正部分的成长和整合。这样的儿童时常处于恐慌之中，有破坏和混乱的行为，自体同一性和自我界限不明显。这样的儿童成人之后，常常处于精神病的边缘，他称之为“边缘型人格”。

克恩伯格对于人格边缘状态的研究做出了重要贡献。他在自己提出的人格的组织水平模型基础上，概括了边缘型病人的特征，而且对于精神病患者、边缘型病人、神经症病人进行了区分。

> 精神病患者严重缺乏自我发展，自我形象和客体形象大都没有分化，缺乏自我界限；相对于精神病患者来说，边缘型病人的自我是有组织的，自我形象和客体形象分化到一种可观的程度，除了紧密的人际投入一项外，他们建立起了牢固的自我界限，具有典型的认同扩散的症状；神经症患者具有强大的自我，自我和客体完全分离，自我界限明显，没有认同扩散的症状。①

他概括了边缘型病人的如下特征：自我虚弱；转向初级思维过程；分裂防御；自我形象与客体形象之间的矛盾特别明显；原始的理想化；早期投射形式，尤其是投射认同作用；否认；泛灵论和否定事物价值；客体关系的病态内化，尤其是原始非现实自我形象的顽固性。

## 第二节 精神分析的自体心理学

自体心理学（self psychology）②酝酿于20世纪50—60年代，诞生于70年代，由美籍奥地利裔精神分析学家科赫特创建。科赫特从自恋型人格障碍的研究出发，关注自体的发展以及自体与自体客体（selfobject）的移情关系，并在此基础上提出了新的心理病理观和治疗

① Fine, R. (1979). *A history of psychoanalysis*. (p.399). New York: Columbia University Press.

② 因Self有多种译法，可译为自我、自己、自身、自体等，Self Psychology在译为中文时也不统一，大陆的心理学者早期多译为自我心理学，台湾学者译为自体心理学。本书采取后一译法。

观。科赫特的自体心理学和客体关系理论具有某些相同之处：它们都关注前恋母情结期（或前语言期）的心理结构及其病理根源，是自弗洛伊德的古典精神分析以来对此领域研究得最为详尽和彻底的两大精神分析理论分支。不同之处在于，前者更加关注生本能和自体的积极发展，后者较重视死本能（或攻击性）和病态心理问题的处理。

## 一、科赫特与自体心理学的建立

### （一）科赫特的生平与著作

海因兹·科赫特（1913—1981）于1913年5月出生于奥地利维也纳的一个犹太人家庭。1932年考入维也纳大学医学院，1938年获得医学学位，并对精神分析产生浓厚兴趣。为逃避纳粹迫害于1940年3月移居美国芝加哥。1944年开始精神病学研究。1946年进入芝加哥精神分析研究所工作，直至去世。

科赫特先后担任芝加哥精神分析学会主席、美国精神分析学会主席和国际精神分析学会副主席。主要论文和论著有：《神入、内省和精神分析：对观察模式和理论间关系的考察》（1957）、《自恋人格障碍的精神分析治疗》（1968）、《自体的分析》（1971）、《自体的修复》（1977）和《如何进行分析治疗》（1984）等。

### （二）自体心理学的建立[①]

科赫特的自体心理学有着深厚的文化根基和现实基础。

从精神分析内部而言，它继承和发展了古典精神分析的自恋理论、人格结构思想，并将弗洛伊德和布洛伊尔有关神入和内省的思想萌芽发展为自体心理学的方法论。此外，自我心理学家哈特曼所确立的精神分析研究健康心理机能的思想、对自体的界定以及对环境的重视，都为科

① 参见蔡飞著：《自身心理学：科赫特研究》，福建教育出版社2008年版第16—52页。

赫特所继承。

从时代背景来看，20 世纪 50—60 年代，美国开始由工业社会向后工业社会过渡，社会经济的迅速发展、工业化和城市化进程的加剧，以及“反战示威”“女权运动”“黑人革命”等反主流文化事件的接踵出现，使美国社会的主流文化和价值观发生了翻天覆地的变化，并深刻影响了人们的心理和行为，导致新的社会和心理问题的出现。表现为：个人主义和享乐主义的泛滥，人际关系疏远，正常人际关系的心理支持作用下降；传统大家庭逐步被小的核心家庭取代，单亲家庭增多，妇女就业率提高，这些都给儿童的心理发展带来重大影响；性解放和享乐主义消除了性禁忌和性压抑，导致心理疾病的原因和表现形式发生变化。

科赫特的认识论立场深受康德哲学的影响，即认识是主观与客观的统一。科赫特的自体概念也源于康德先验的自体这一观念。康德认为人类的认识只及于现象界而不及于物自体。科赫特也相信，我们不可能认识自体本身，而只能认识自体的表现。康德曾论及，认识的内容和手段不可分，实在的本质是不可知的，只有内省和神入才能揭示人类的内心生活。这一观念促使科赫特把神入和内省作为精神分析的基本方法。

除此之外，现代物理学的整体观以及现代艺术对自体分裂状态的描述，都对科赫特创建自体心理学产生了重要的作用。

（三）自体心理学的阶段性特点

科赫特的思想历程大约为三个阶段：传统阶段、转变阶段和成熟阶段。在传统阶段，科赫特恪守传统精神分析的驱力理论。转变阶段表现为从传统驱力理论向自体心理学的过渡，其代表成果是《自体的分析》。在成熟阶段，科赫特发展出完整系统的自体心理学理论，《自体的修复》是自体心理学正式确立的标志。

根据科赫特思想发展的阶段，自体心理学理论在早期和晚期也呈现出不同的阶段性特征。

早期的自体心理学仍然沿用弗洛伊德的某些概念和观点来解释、

说明自体的发展变化。比如，科赫特在早期仍然相信存在着两种不同性质的力比多，即客体力比多和自恋力比多，只是两者有各自独立的发展道路。他依然采用弗洛伊德的伊底、自我和超我这一人格结构思想，只是更加重视自我的作用。

在早期理论中，尽管仍然使用力比多、自恋等传统精神分析的术语，但含义已发生变化。例如，力比多不再单纯指心理性欲，也指与生俱来的自恋心理能量，即自恋力比多。自恋的发展独立于性驱力的发展，有自己独特的发展路线。前恋母情结期有了更多的心理意义，并与自我的发展息息相关。

在晚期的理论，科赫特彻底抛弃力比多概念，用全新的自体理论模式取代传统的驱力模式，来说明自体的发展及病理变化。自体成为人格的核心，传统精神分析归于伊底、自我和超我的功能悉数归于自体，自体因此成为一个综合性的概念。自体的发展变化取决于自体—自体客体的关系（self-selfobject relationship），即自体客体能否满足个体的自体客体需要。自体障碍（或自恋性障碍）是由自体客体在某一发展阶段未能适当发挥作用，使自体客体及其功能未能转变成自体的相应成分，导致自体结构的缺陷而引发的。因此，治疗过程就是创设一种环境，使病人能够继续其在成长过程中被阻碍的发展。

晚期的自体心理学已成为精神分析的一种新范式，与以弗洛伊德为代表的驱力模式、以克莱因为代表的客体关系模式并驾齐驱。它用独特的理论术语，既能解释前恋母情结期的人格发展，也能解释自体障碍的病理根源，同时还能说明对自体障碍的有效治疗。

## 二、自体心理学的主要内容

### （一）自体与自体客体

在自体心理学中，自体与自体客体是两个关键的概念，而自体与自体客体的关系决定着自体健康与否。

科赫特在不同的意义上使用自体。在狭义上，自体是人格或心理的特殊结构、自我内的自体表象。在广义上，它指一个人精神世界的核心，这样的自体只能通过内省和神入性观察才能发现。总之，自体不同于自我，它是人格的核心，是一个在空间上具有内聚性、在时间上具有持久性的单元，它是积极性的核心，是外界影响的接收器。

科赫特这样定义自体客体：它是被体验为自体的一部分或为自体提供一种功能而服务于自体的人或物。[①]自体客体并不是一个独立且实际存在的人，而是被自体体验到的他人（或无生命的客体，或抽象概念）的内在表象。在个体的发展中，自体客体是精神和现实之间的媒介，使儿童了解哪些行为是被响应的（或赞赏的），哪些理想是有价值的。在青少年时期，同辈群体是重要的自体客体。在成人生活中，配偶、朋友可能是自体客体，他们对于为自体提供内在的功能和情绪的稳定非常有意义。[②]

（二）自体的形成

自体的形成大致可分为两个阶段：原始的核心自体的形成和成熟的内聚自体的形成。前者通过心理结构的包含和排斥过程获得，即原始自体把一些古老的心理内容体验为自体或归于非自体并加以排斥。后者是通过加强和保护自体界限，使紧密结合的内聚自体形成。

1. 核心自体的形成

科赫特认为，自体的形成和发展既不是独立的，也并非来自内驱力，而是来自于儿童的人际关系。人生之初，并无自体，只有各种与生俱来的生物禀赋和潜能，但是父母或其他照料者对婴儿的反应，似乎是

---

①［美］M.St. 克莱尔著，贾晓明等译：《现代精神分析“圣经”——客体关系与自体心理学》，中国轻工业出版社 2002 年版，第 193 页。

②［美］M.T. 怀特等著，林明雄等译：《自体心理学的理论与实务》，心理出版社 2002 年版，“译者附录”第 41 页。

以婴儿具备自体为前提的。作为自体客体的父母或其他照料者，对婴儿的自然倾向所做出的有选择的、神入的响应，使得婴儿通过变形性内化（transmuting internalization）过程逐渐形成原始的核心自体。通过这一过程，自体客体及其功能被自体及其功能所取代。核心自体的形成时间大约在出生后第二年。

核心自体有两个主要成分：夸大性、展示性的自体（即自恋性自体）和理想化的父母意象。前者通过自体客体对婴儿做出赞许等移情性反应而形成，涉及儿童以自我为中心的世界观和对于赞美的偏爱，此种体验可概括为："我是了不起的、完美的，看看我！"后者是通过自体客体允许和欣赏儿童对双亲的理想化这一移情性反应而形成的。理想化的父母意象意味着别人是完美的，这种体验可描述为："你是完美的，但是，我是你的一部分。"核心自体的这两种成分都包含了一些与自体客体合并的欣喜体验。

2．内聚自体的形成

随着自体的紧密性增强，自体逐渐发展出志向和理想两极，内聚自体形成，分裂破碎的风险降低。在人格的正常发展中，自体的夸大性得到修正，并被导向现实的追求。被改造和被结合的夸大性提供能量、雄心和自尊，成为个体为权力和成功进行奋斗的一极——志向。当儿童比较现实地看待被理想化的客体时，便从父母那里撤回理想化的自恋投注。理想化的父母意象被内投为理想化的超我，取代先前由理想化的客体所完成的功能，成为自体的另一极——理想。介于两极之间的，是由基本的才能和技艺所构成的中间区域。

一旦内聚自体出现，它与自体客体的关系将得到进一步发展，表现为儿童通过正视和面对自体客体，通过在自体和环境之间划定界限，通过说"不"的阶段等，来进一步加强自体界限。

（三）自恋的发展

科赫特认为，夸大性自体和理想化的父母意象是自恋的两种形式。

围绕夸大性自体聚集着雄心和野心，围绕理想化意象则聚集着完美的典范。自体两极之间的张力和心理能量，在自己的志向的驱使和自己的完美典范的引领下，促发个体的行为。①

与弗洛伊德的观点不同，科赫特提出了独立于力比多的自恋发展路线。弗洛伊德认为，力比多通过自恋，由自主快感（autoeroticism）向客体爱发展。科赫特则认为，自恋是由自主快感开始，发展为自恋的高级形式和转化形式。而且正常的成人都有自恋需要，终生需要由自体客体提供的对自体的反映。持续终生的自恋会转换成各种形式。在成年期，健康的自恋表现为创造性、幽默和移情能力。正是自恋性自体（夸大性自体）、自我和超我（被内化的完美典范）的相互作用决定了一个人人格的特征性风格。

可见，科赫特从不同水平的成熟度关注自恋，承认自恋需要的正常性，这些都与弗洛伊德的自恋观截然不同。

（四）自体障碍及其治疗

依据科赫特的观点，在自体结构的构建过程中，适度挫折发挥着核心作用。比如在原发自恋阶段，儿童由于与母亲融合在一起而有一种全能感和完美感。但母亲的缺点会扰乱儿童自恋性完美的宁静与平衡，从而发展出一个夸大性自体。因此，适度挫折会促使儿童通过建立新的结构去处理自恋平衡的紊乱，进而导致自体的发展。但是，假如父母具有人格障碍，长期不能运用深入准确理解并满足孩子的反映性需要和理想化需要，就会使孩子遭受创伤性挫折，从而妨碍自体的正常发展。夸大性自体和理想化客体将继续处于未改变的形式中，并努力满足它们的古老需要。它们与成长中的其他心理结构相隔离，并因为它们的古老需要而使自体出现紊乱。

通过对自恋性人格障碍患者的研究和治疗，科赫特认为自恋性自

①[美] M.St. 克莱尔著，贾晓明等译：《现代精神分析“圣经”——客体关系与自体心理学》，中国轻工业出版社 2002 年版，第 198 页。

体障碍的实质是自体结构存在缺陷，是未能把夸大性自体和理想化自体整合为现实取向的自体结构的结果。因而，自体障碍源自于自体结构的缺陷而非伊底、自我、超我的冲突。

弗洛伊德把自恋看作是病理性的，而且是不能分析治疗的。科赫特则认为，通过自体心理学特定的治疗方法和目标，自恋性人格障碍和自恋性行为障碍均可以分析治疗。传统精神分析治疗的实质在于扩展意识的范围（使潜意识中的本能冲突显现于意识之中），提高自我的功能，而自体心理学的治疗目的在于弥补自体结构中的缺陷，其实质是使病人有缺陷的自体能够继续因早期自体客体的创伤性失败而受阻的发展过程，建立成熟的自体—自体客体关系。理解和解释是“基本的治疗单元”。自我自主性的提高，自我及意识范围的扩展，是自体缺陷得到弥补、自体—自体客体关系从幼稚走向成熟、自体障碍得到治愈的副产品。①

### 三、对自体心理学的评价

科赫特的自体心理学是精神分析的一种新范式，它不仅扬弃了传统精神分析的驱力模式，而且对自我心理学和客体关系理论均有超越。

自体心理学发展出治疗自恋障碍的精神分析方法，从而拓展了精神分析的治疗范围。科赫特根据在临床实践中运用神入和内省得来的经验资料，对自恋做出了全新解释，揭示了自恋障碍的成因和病理机制，形成了治疗自恋障碍的精神分析方法，从而否定了弗洛伊德关于自恋障碍不能用精神分析方法进行治疗的观点。

自体心理学澄清了精神分析的实质。弗洛伊德认为，只有承认移情和抵抗机制才能算得上精神分析。对精神分析实质的这一界定缺乏认

---

① 郭本禹主编：《当代心理学的新进展》，山东教育出版社 2003 年版，第 60—61 页。

识论基础。[1]科赫特撇开具体理论观点，根据精神分析的研究领域和方法论来重新界定其实质。他认为，精神分析是一门运用神入和内省研究人类复杂心理状态的科学。这一界定，是在考察人类认识复杂心理状态的可能性以及如何可能的基础上做出的，因此具有坚实的认识论基础，排除了独断论嫌疑。

此外，自体心理学对人性的看法也较传统精神分析更加积极和理性。

自体心理学的不足主要表现在两个方面：对自体发展观的描述具有形而上学的倾向；未能充分考虑不同社会文化对自体发展的影响。

## 第三节　拉康的结构主义精神分析

结构主义精神分析由法国精神病学家拉康创建，是拉康以结构主义哲学和结构主义语言学为哲学基础和方法论工具，对弗洛伊德的精神分析进行重新解读的结果。结构主义精神分析不仅对弗洛伊德的精神分析有所发展和创新，同时也是后现代精神分析的重要内容，其理论和思想对心理学之外的哲学、人类学、精神病学和文学评论等都产生了深远的影响。

### 一、拉康的生平与著作

拉康（1901—1981）出生于巴黎，是法国著名的精神分析学家和结构主义思想大师。他早年学习哲学，后转习精神医学。30 年代跟随荣格和宾斯旺格学习精神分析学，随后又从师于波兰籍的精神分析学家列

---

① 郭本禹主编：《当代心理学的新进展》，山东教育出版社 2003 年版，第 68 页。

文斯坦接受精神分析的训练。1932 年获医学博士学位。1932—1936 年任巴黎医学院门诊部主任。后改任巴黎精神病防治医学院医生。1953—1963 年担任巴黎圣安娜医院的教授。1963 年始任巴黎高等教育实验学校讲师。同年起，出任索伊出版社主编，直至去世。1964 年，拉康创建巴黎弗洛伊德学派，在他去世前一年又将其解散。

拉康个性独立，喜欢标新立异，又极爱争论。他的学说主要通过讲演或口头讨论的方式传播。自 1953 年开始直到去世前，他一直从事研究班讲演，这些讲演集由他的女婿雅克 - 阿兰·米勒整理出版。1966 年，拉康的文集出版，其中收集了 1936—1966 年他发表在各种刊物上的 28 篇论文。该文集的出版为拉康赢得了巨大的国际声誉。拉康其他的著作还有《论电视》（1974）、《偏执狂病态心理及其与人格的关系》（1975）和《谈话疗法：关于精神分析与语言的论文集》（科林·麦考比主编，1981）等。此外，拉康还创办了《弗洛伊德学派通讯》《潜意识》《弗洛伊德研究》等刊物。

拉康的结构主义精神分析体系，自 1936 年他提出镜像阶段论开始显现雏形，50 年代逐渐成熟，60 至 70 年代影响日隆。以他为领袖的巴黎弗洛伊德学派曾一度成为法国精神分析学的代名词。

## 二、思想来源

结构主义精神分析的形成，深刻体现了精神分析与社会学、人类学、哲学和语言学等外部学科相互融合的外部发展模式。

第一次世界大战之后，法国的经济和政治的震荡使得精神病人骤增，为精神分析运动在法国的传播准备了社会条件，拉康就是在法国的精神分析日益繁荣的形势下，从医学和精神病学的角度切入精神分析领域。他的博士论文《论偏执狂病态心理及其与人格的关系》（1932），突破了传统精神病学的临床诊断模式，从患者的人格、性本能、童年经历、情感发展、家庭关系和思维能力等方面加以考察，认为精神病是主体在其“变化和结构”中发生的“人格病变”。二战之后，精神分析的观念与方法在哲学、人类学和文学等领域的影响更加广泛。如列维-斯特劳斯把潜意识用于人类学的考察，以萨特为代表的存在主义者试图把精神分析哲学化。拉康认为，这些都是对精神分析的歪曲，并不符合精神分析的本来面目。为此，在反思和解读浪潮的推动下，拉康把解读和回归弗洛伊德定为自己的历史使命，最终确立了他的结构主义精神分析体系。

拉康对弗洛伊德的重新解读借助了索绪尔的结构主义语言学。结构主义语言学把语言看作一个由语言符号组成的结构体系。语言符号是语言的基本单位，由一个概念和一个声音形象，即所指（signified）和能指（signifier）联结而成。所指和能指之间的联系是约定俗成的，即符号具有任意性。这种任意性导致所指和能指之间的断裂和不稳定的关系。拉康受此影响，把人的整个心理现象视为具有内在结构性的系统，符号的任意性暗示了从人类行为到其心理含义之间没有必然的、自主的或自明的转换，这正是精神分析依赖于解释的原因和可能性。从另一位语言学家雅可布森那里，拉康继承了隐喻和换喻的表达。拉康确信语言在本质上是隐喻的。语言的这种隐喻特性可以使它指代超出字面意义和所指对象的另外某种东西。因而，在说出话语的后面存在它原想说的意思，而在它原想说的东西背后还有另外的意思。潜意识就是在这种话语的层层剥离中发现的。

拉康的结构主义精神分析创立的内在动力，是拉康自始至终与国际精神分析学会的格格不入和与自我心理学的抗衡。代表正统的自我心理学在精神分析学术圈中的霸权地位，以及它过于强调精神分析的临床治疗功能而忽视它在社会文化领域中的广泛意义，都激起了拉康的不满和反叛意识。拉康由于独树一帜的思想风格而受到国际精神分析学会的排挤，被法国精神分析学会所驱逐，但这为他创建自己的学说和学派提供了契机。

三、潜意识论

拉康对弗洛伊德的潜意识理论进行了重新解读，并提出两个重要的命题：潜意识具有类似语言的结构；潜意识是他者（other）的话语。他倾其一生的心血，就是要证明：潜意识也是一种结构，具有与语言结构相似的活动规律。

（一）潜意识具有类似语言的结构

拉康把潜意识与语言学联系起来经历了三个步骤：首先，以所指和能指取代弗洛伊德的物的呈现（thing-presentation）和词的呈现（word-presentation），并赋予能指以优越性；其次，把隐喻和换喻同潜意识的基本规律凝缩和移置联系起来；最后，把隐喻和换喻与整个潜意识的形成结合起来。

拉康把潜意识与语言统一起来的重要一步，是用所指和能指代替弗洛伊德的物的呈现和词的呈现。早在1915年，弗洛伊德在《潜意识》一文中对物的呈现和词的呈现做了区分，认为前者主要与视觉印象、概念相联系，纯粹属于潜意识范畴内的活动，是某些记忆的痕迹；后者基本上是一些听觉的东西，处于前意识水平。物的呈现必须通过前意识的词的呈现才能出现于意识中。简言之，如果潜意识的物的呈现最终像字母、像词一样可读，即成为字母或词的一部分时，它们才能成为意识的东西。如此一来，它们就获得了一种词的意义，意识将把那些词理解为潜意识的内容。拉康认为，弗洛伊德的物的呈现和词的呈现，可分别用索绪尔的术语所指和能指来表示。因为能指是一个工具，只有通过它消失的所指才得以表达出来。所以，在对病态心理的理解、对梦的解释过程中，能指起着本源性中介者的作用。能指相对于所指具有优越性。由此，拉康在精神分析和结构主义语言学之间架起了一座简易的桥梁。他的下一步宏伟工程，就是以语言学的隐喻和换喻机制来代替潜意识的活动规律。

拉康认为，从广义上说，弗洛伊德从梦的解析中获得的凝缩和移置机制，可等同于修辞学上的隐喻和换喻。弗洛伊德将梦分为显梦（梦的内容）和隐梦（梦的思想），显梦和隐梦之间存在多重决定的关系，即显梦的每个要素不只来自一个隐梦要素，每个隐梦要素也不只依赖一种显梦要素进入梦境，这种关系主要是经由凝缩和移置两种过程实现的。凝缩主要通过省略、仿同和合成来完成，表现为隐梦和显梦要素之间具有相似性。移置则是使显梦要素和隐梦要素在重要性、强度、大小和性质等方面予以转换，使其不再具有任何相似性。拉康借助雅可布森对隐喻和换喻的研究，指出了凝缩和移置过程与这两种语言学规律的相似性。他发现：隐喻是透过两个词项之间内在的相似关系或类似关系进行的言语转换，是共时性的；换喻是透过两个词项之间外在的因果关系、空间和时间的接近性而进行的转换，是一种名称的改变，是历时性的。由此可见，凝缩和移置这两种主要的潜意识作用过程与隐喻和换喻这两个语言作用过程在作用机制上具有相似性，因而前者可用后者来替代。因此，要挖掘患者的潜意识，必须根据隐喻和换喻的作用原理，对患者的话语进行层层剥离，去除其伪装和象征，还原其本来面目。

通过上述论证，拉康得出结论：潜意识可比拟于语言的话语或本文，其组成规则与语言规则类似。弗洛伊德从梦、玩笑和症状中发现的潜意识活动规律——凝缩和移置过程，可以用语言学中的隐喻和换喻规则来代替，从而推测潜意识现象的真正意义。从心理学的角度而言，隐喻是用一能指代替被压抑的另一能指，换喻则是使一能指代替另一不在的能指。对拉康而言，潜意识的意义通过隐喻和换喻的方式固着（insist）在能指链中；症状是隐喻，而欲望则是换喻。

拉康借助结构主义语言学，把弗洛伊德原本从经验上无法证实的潜意识看作一种类似语言的结构，从而在意识与潜意识之间建立了清楚的联系。对拉康而言，潜意识不再是一系列无秩序的冲动，而是具有逻辑性的语言结构。

（二）潜意识是他者的话语

弗洛伊德认为潜意识属于个体心理的范畴，拉康在解读之后发现，潜意识不是个人的，而是人们共同具有的一种心理结构。它早在主体产生之前就已存在，是与语言结构类似的心理结构。在拉康看来，主体是指在言语中表现出个体的东西，即掌握了语言的某种独立力量。他引入他者这一概念，与主体概念相对。拉康关于他者的定义尽管众多，但他主要在象征水平上使用这一概念，用它代表主体的潜意识、分析者、分析性会谈中的言语活动。在分析性会谈中，主体是被分析者，他者则是分析者。当拉康说“潜意识是他者的话语”时，他把这样几种假定糅合在一起：人类主体是分裂(split)的，即意识与潜意识之间存在一个裂隙；他者栖居于主体之上；精神分析是一种言语的变化。

以分析性的对话为例，拉康认为分析者与被分析者之间是互为主体的关系。但被分析者是不完整的主体，他总是滔滔不绝地说着，却又不知自己说了些什么。分析者是倾听者，是对于被分析者潜意识的“假设的知情者”，是相对于被分析者主体的他者。换言之，被分析者的潜意识可以在他者处发现。实际的过程是，分析者将被分析者的话语加以整理、连贯，找出失落的所指，然后返回给被分析者。所以，他者的话语也就是被分析者主体自己的话语的逆反形式，“信息发出者以一种逆反的形式从信息接收者那里收回了自己发出的信息”[①]。通过语言的转换作用，主体发出的信息以潜隐的方式从他者那里返回主体。美国的拉康研究者利维认为，“潜意识是他者的话语”这一命题强调了分析者提供给病人的是病人自己的潜意识。

---

① Leavy, S. A. (1977). *The significance of Jacques Lacan. The Psychoanalytic Quarterly*, *46*, 201-219.

## 四、主体论

拉康认为，人格发展有两个关键期，镜像阶段发展出自我（虚假的主体），恋母情结期获得真实的主体性。他认为主体不是实体，而是关系系统，是一种符号建构和“语法化”的结构。主体的结构有三个层次或三种秩序：想象、象征和实在。这三种秩序与弗洛伊德的人格三结构存在功能上的相似，但又有本质的区别。

### （一）镜像阶段：自我产生

镜像阶段论是拉康主体理论的基础和关键。镜像是儿童心理学中研究婴儿的自我意识时使用的手段之一，即通过观察婴儿对镜子中自己的形象（即镜像）的反应，来确定自我意识发生的时间。法国儿童心理学家瓦龙研究发现，人类婴儿能在镜像的活动与它们自体的活动之间看到一种联系——镜像即自我。拉康接受了瓦龙的镜像观，并把镜子发展为一种象征性的东西。因而镜子在拉康的理论中也是一个隐喻，它可以指母亲或他人。拉康的镜像阶段发展出了一种想象的二元关系（dyadic relationship）。

拉康认为人类婴儿是“早产的”（prematurity）。在出生后很长的一段时间内，由于婴儿的神经系统尚未发育成熟，无法随意支配自己的四肢，也无法控制和协调自己身体的其他部分，处于动力无助（motor helplessness）或无力（debility）状态。但是当婴儿发展到 6 个月时，随着视觉器官发展到一定程度，婴儿开始进入镜像阶段，通过镜像认识自己，认识自体的整体性。镜像阶段发生于 6 至 18 个月的婴儿身上，是婴儿生存史上的第一个重要转折点。

镜像阶段经历三个时期：开始，婴儿不能区分镜像与自己、他人的镜像和他人的差别，即不能将自己与外界其他客体区分开来。稍后，婴儿发现镜像不再是一个现实的事物，而仅仅是他人的影像。他可以区分母亲与母亲的影像，其结果是婴儿与母亲的分离，婴儿不再把自己与母亲视为一个整体。最后，婴儿认识自己的影像，发展出一种想象的能动性和完整感，初步确认了自己身体的同一性与整体性，并对这个镜像产生自恋的认同。镜像阶段的结果是，使婴儿从一个混沌之物发展为一个心理化的个体。

镜像阶段既是儿童自我的形成过程，又是自我的异化。婴儿通过认同自己在镜中的影像，形成了拉康所谓的第一次同化——婴儿与镜像合一。镜中的影像似乎是一个具有结构化能力的因素，使婴儿原先支离破碎的身体构成一个整体，通过这种结构化作用，主体形成自己基本的人格同一性。然而，镜像只是一个外在于自我的第二者，是婴儿身体的反射影像，这个影像是虚构的，因而对镜像的认同无异于一次误认。婴儿的自我只是他的“理想我”，它从一开始就是沿着一个虚构的方向发展的。这个自我与日后通过掌握语言而形成的主体不同，这个自我只是而且永远是主体的一个异化和疏离的部分。自我与其影像的异化关系处于拉康所谓的想象界。

（二）恋母情结期：主体性形成

拉康认为，自我的确认始于镜像阶段，但它只是主体性确立过程中的一个片断。只有当儿童的心理发展进入恋母情结期（3—6 岁），儿童开始接触语言及语言的规则，并屈从于语言的存在时，个体才获得主体性。为了论证此观点，拉康引入了“父亲的名字”的隐喻。

“父亲的名字”这一术语，代指父亲的法规和父亲的压抑，即一种家庭和社会的制度。在这里，父亲并不是现实生活中真实的父亲，它仅代表一个位置或一种功能，在生活中行使着父亲职权的舅父、教师等也在“父亲的名字”之列。儿童对“父亲的名字”的认识，实际上就是对文明社会的一套已存在法规的认识。在这种认识过程中，拉康强调语言所起的作用。他认为，在镜像阶段和恋母情结的初期，婴儿还没有掌握语言，还没有为自体争取到语言上的替代身份，他还缺少自己的个人特性，缺少自己的主体性和应有的社会位置。而当他掌握语言，并步入与父母的三角关系之中时，儿童不得不服从由父亲注入其生活中的“法”的影响，接受父亲的权威与生殖地位。因此，儿童欲在社会——象征的秩序中占据一席之地，拥有一个名字和一个讲话的位置，是以与母亲的分离和在语言层面上经历一次阉割为代价的，这种牺牲换来的是对父亲的认同，从而确立自己独立的主体性人格。

（三）主体结构论

拉康提出的主体三层结构说是对其主体理论的结构学分析。在他看来，想象、象征与实在是存在的三种不同阶段，又是功能各异的三种秩序。它们相互交织在一起，重叠并存于主体之内，尽管与现实性相联系，但又独立于现实性。

1．想象界（the imaginary order）

想象界产生于镜像阶段，由幻想和意象（或映象）构成。一个意象就是一种潜意识的映象，它调整着主体理解他人的方式。镜像阶段中婴儿在镜前沉迷于他的映象这一现象是一种典型的想象关系。同时，想象秩序还包括前语言的各种结构，例如儿童或精神病患者各种各样的原始的幻想。

想象界不受现实原则支配，而是遵循着视觉的或虚幻的逻辑。它执行着类似弗洛伊德的自我的功能，是个体保持平衡、进行自我防御的手段。想象界可以在精神分析揭示潜意识过程时被把握。

2．象征界（the symbolic order）

拉康所谓的象征界包括三类秩序：逻辑—数学、语言、社会与文化的象征现象。他更为强调后两类现象。象征界是俄底浦斯情结上演的舞台，在这里，人获得主体性的同时，又被语言所异化。拉康始终强调，语言是先于主体的一种存在，语言创造了人的主体性。个体语言的发展过程既是语言的习得、展开过程，也是儿童社会化的过程。

3．实在界（the real order）

在拉康看来，实在界既不属于言语活动，也不同于客观现实，而是一种脱离语言的主观现实。它处于知的彼岸，在精神分析会谈中也几乎觉察不到，因而拉康把它排除在科学研究的范围之外。实在界尽管处于语言作用之外，与象征界格格不入，但是它起着一种十分特殊的作用，即产生欲望客体。实在界是欲望的来源，它是永远“在场”（at presence）的，它是一种生活机能，是主体支配不了的一种动力。就其作用而言，实在界恰似弗洛伊德的伊底，是本能欲望的范畴，是潜意识的界限。

拉康对想象界、象征界和实在界的论述，使其主体论与弗洛伊德的自我、超我和伊底的人格结构论联系了起来。对象征界或象征性功能的强调，使他发展了弗洛伊德关于潜意识决定论的思想。

## 五、心理治疗观

### （一）治疗的本质与目标

丰富的临床实践以及迥异的哲学背景，使拉康形成了自己独特的治疗理论。他把治疗界定为一种话语疗法，治疗的目标就是揭示病人话语中流露出的潜意识欲望。

拉康认为，无论是分析治疗的过程还是治疗的结果，都依赖于语言和言语，精神分析过程就是对语言的直接分析过程。因此，精神分析治疗就是一种话语疗法。拉康认为，在分析性会谈中，分析者和被分析者之间唯一的沟通工具就是被分析者的言语。而被分析者这一主体的真实性也在他的言语中流露出来，并在处于“另一个场所”、另一个水平上的他者（即潜意识）处被重新发现。分析者唯一能做的，就是把被分析者送回语言或象征的秩序，把被分析者的言语以逆反的形式返回给他本人。这就是我们在潜意识论中所说的：分析者提供给病人的是病人自己的潜意识。由此可见，治疗能否有效的标准，是分析者是否揭示出病人话语中所隐含的真正的潜意识欲望。

（二）分析者的角色

拉康不仅坚持传统的精神分析观点，认为分析者应恪守三条原则，即中立性、非指导性和隐身性，而且将之发展到极致，让分析者做一个冷漠的缄默者，或一面中性的镜子。

拉康认为，被分析者总把分析者设想为一个知情的主体，这个主体似乎能为他解出他的精神之谜和欲望之谜。而实际上，分析者也是一无所知，他唯一可凭借的材料就是病人的言语。因此分析者应设法打破病人对于分析者的这种全能幻想，在医患关系中引进第三个成分，即语言的成分。为此，分析者应做一面中性的镜子，保持冷漠的中性态度，以沉默来拒绝对病人的需求做出反应，从而激起病人说话的欲望，使他在言语中暴露他的潜意识欲望。

（三）治疗的手段与方法

1. 解释

拉康强调分析者应做一个静默的、聪明的听众，能够听出病人话语背后的潜意识，并对之加以恰当的解释。沉默是为了抗拒病人想象的认同，为了阻挠病人的需求满足。沉默正是为了后来的解释。解释是分析治疗的最重要步骤，可以说解释本身就是治疗。拉康不相信会有完全的解释，他认为解释就像释梦一样，总有部分意义会流失，而且解释只能通过含糊其词来进行，因而真实性也只能是相对的、部分的真实性，没有绝对的、完全的真实性。拉康的这种解释观与克莱因学派的解释观背道而驰，克莱因学派的分析者认为存在着完全的解释，而且他们也能给予病人完整的、无矛盾的解释。

2. 移情

拉康对治疗过程中发生的移情现象做出不同于传统精神分析学的解释。传统观点认为，移情是病人将其以往对他人的情感关系，以扭曲现实的形式转移到分析者的身上，使本来单纯的医患关系转变为亲子间或情人间的情感关系。对移情的分析往往放在治疗的后期进行。虽然拉康也承认移情是一种潜意识的表达，但他对传统的观点持反对态度，他从更为积极的角度看待移情现象，认为移情就是分析治疗中的活动，移情与主体的进步、与治疗自身的进展是一致的。

移情既是一个“事实”，又是一种“过程”。作为一个“事实”，移情就是指病人把分析者认同为一些影像，这些影像是主体以前所迷恋的，并把他们认同为自我。拉康更多地强调移情的过程特征。“移情作为一个‘过程’将标志着主体的退行，即从他的自我形成的一个阶段退行到另一个阶段，从需求的一个能指退行至另一个能指，在主体的需求中，主体的欲望——能指陷阱的俘虏被表达出来。”[①]分析治疗的过程就是通过阻挠主体的需求反应而引起主体的退行，使主体的自恋性影像丧失，进而达到揭示出潜意识欲望的目的。

3．弹性会谈时间

弗洛伊德对治疗时间曾有严格的规定，一般每次会谈不应超过 90 分钟，后来改变为固定的 50 分钟，每周连续 3 ~ 5 次，一个疗程需 2 ~ 5 年。拉康根据自己的治疗实践，把固定的治疗时间改为灵活的弹性时间。拉康认为，这两种时间的划分是两种不同的时间概念。前者重视时间的精确度，后者则重视谈话内容的有效性，时间是相对的和可变的。

弹性会谈时间的优势表现在如下方面：弹性会谈时间可以刺激病人的自由联想。与会谈时间缩短和不知何时停止相联系的压力，极大地增强了病人自由联想的倾向，因此弹性会谈时间首先使病人学会了切中要点，其次是尽可能快地多说一些内容。弹性会谈时间可以消除病人的消极抵抗，避免无谓的时间消耗。此外，弹性时间还可以预防病人的倦怠情绪。病人因时刻提防分析者会结束会谈而不敢有丝毫懈怠，这种会谈就不会成为一种空洞的仪式。

---

① Lemaire A. (1977). *Jacques Lacan.* (Macey D. Trans.)(p.221). London: Routledge & Kegan Paul Ltd.

## 六、对结构主义精神分析的评价

拉康的贡献主要表现在如下方面。首先，结构主义精神分析是一套迥异于传统精神分析的理论体系，使精神分析由医学分析模式转变为一种语言学的人文模式。拉康在方法论上的革新促进了精神分析理论的更新，也使精神分析进入了新的历史阶段。其次，结构主义精神分析带有强烈的反生物学倾向，重视文化的而非“自然的”驱力，重视人类学和社会学的影响。最后，拉康重视对主体结构的探讨，尤其重视象征界的作用，表明他已放弃弗洛伊德的本能论，把视角转向语言、文化这些外在因素的影响。他的主体三层结构说实际上包含了人的个体从自然的、生物的存在物向社会的、文化的存在物过渡的思想，强调了主体的社会性质。这一倾向恰好符合后现代主义心理学中反对还原论、简约论，提倡整体论和从文化历史角度研究人的心理的思路。

然而，拉康理论的局限性也是很明显的。首先，他的理论并未超越亲子关系的模式，缺乏对社会关系和社会文化影响的直接阐述。其次，他在把精神分析由医学分析模式转变为一种语言学的人文模式的过程中，又走上了一条玄学化的道路。再次，因过于重视语言的作用，致使其临床治疗模式更加脱离临床经验，更加抽象。最后，强调分析性会谈的灵活性，无疑降低了分析治疗技术的可操作性，使治疗的成功标准更加难以统一。

# 第五编

# 认知心理学

作为一种体系的认知心理学并不仅仅指20世纪50年代形成的信息加工认知心理学，而是包括以认识过程为主要研究对象的心理学的各种学派和理论。广义的认知心理学包括：格式塔心理学，以知觉和思维的研究而著称，对现代认知心理学有重要影响；勒温的拓扑心理学，勒温把格式塔学派知觉研究中的整体原则应用于个体和社会领域，其理论具有强烈的认知倾向；皮亚杰学派，主要探讨儿童认知结构的形成和发展，属于结构主义的认知心理学；信息加工认知心理学，以现代科学的方法探索人的认识过程，是狭义的认知心理学，代表着当前认知心理学发展的主流。

# 第十三章　格式塔心理学

格式塔心理学诞生于 1912 年的德国。它以反对冯特的元素主义和铁钦纳的构造主义起家，后又反对桑代克的联结主义和行为主义的刺激—反应公式。格式塔心理学强调经验和行为的整体性，认为整体不等于且大于部分之和，主张从整体的动力结构观来研究心理现象。格式塔心理学是现代西方心理学的主要学派之一。

## 第一节　格式塔心理学产生的背景和主要代表人物

### 一、格式塔心理学产生的背景

#### （一）社会历史条件

德国自 1871 年实现全国统一后，资本主义工业经过二三十年的迅速发展，到 20 世纪初迎头赶上并超过了老牌的英、法等资本主义国家，一跃成为欧洲最强硬的政治帝国。德国以最新崛起的力量，要求重新划分势力范围，积极参与瓜分世界的罪恶活动。后来更是妄图称霸世界、征服全球，使全世界归属于德意志帝国的整个版图中，并悍然发动了两次世界大战。这种社会历史条件，反映在其意识形态中，便是强调主动能动、统一国民意志、加强对整体的研究。德国的政治、经济、文化、科学等领域的研究，都被迫应和这一背景和潮流，心理学自然也不能例外，格式塔心理学不过是这一社会历史条件下的一种产物。

#### （二）康德的先验论和胡塞尔的现象学

格式塔心理学的产生有其哲学思想渊源，主要得益于两个方面：第一是康德的先验论；第二是胡塞尔的现象学。

1. 康德的先验论

康德把客观世界分为现象和物自体这两个不同的世界。他认为两者之间有着不可逾越的鸿沟，人们只能认识现象，但不能认识物自体。同时，人们要想认识现象，必须通过先验的范畴。在康德看来，空间、时间、因果性等范畴都不是来自于经验，而是以一种先验的形式存在心理之中，是可以通过直觉的方式认识的。他认为这些先验的范畴是经验成为可能的先天条件，它们先于并独立于一切经验。他还指出经验是一种整体的现象，不能分析为各种元素，心理会给原始的知觉材料以形式和组织。理性主义哲学家大多持整体论的立场。斯宾诺莎认为，研究任何事物都要从自然这个整体出发，因为所有事物都是自然或神的表现，它们之间必然有内在的联系；他还认为心灵与肉体之间具有不可分割的内在联系。莱布尼兹将世界看作是由单子按层次组织起来的巨大整体，生命活动是由许多活动构成的整体。[①]康德等理性主义哲学家对经验主义中的感觉主义、还原主义、联想主义和机械主义的批判，奠定了格式塔心理学的哲学基础。譬如，格式塔心理学认为时间和空间形式是心理现象的存在方式，苛勒对“现象世界”和“超现象世界”的区分，亦即对心理世界和物理世界的区分，便孕育于康德的“先验范畴”的思想母体中。

2. 胡塞尔的现象学

现象学作为一个独立的哲学派别，作为一个独立的哲学运动或方向，是由胡塞尔开始的。胡塞尔试图应用现象学的方法论，建立一种能为其他各门科学提供坚实基础的科学的哲学。在他看来，现象学的方法就是观察者如何摆脱一切预先的假设，凭直觉来发现本质的一种方法。它包括三个方面：观察的主体；观察的对象，即呈现于自己意识中的一切东西；观察的方式，即直觉。胡塞尔进一步指出，要想凭直觉

① 杨鑫辉主编:《心理学通史》第3卷，山东教育出版社1999年版，第275页。

把握本质，需经过以下几个步骤。第一步是把历史的观点搁置起来，否认一切传统的知识。他认为只有割断了这些先入之见的联想，才能自主地进行哲学研究。第二步是把存在的东西搁置起来。为了摆脱一切预先假设，必须把独立于人们意识之外而存在的物质或现实的东西存放起来，不去考察它。第三步是感性的还原，即以经验为出发点，并对其持保留态度。第四步是本质的还原，又称自我意识或内省，意思是把变幻无常的经验还原为变中之不变的观念，而观念的东西就是本质。第五步是先验的还原，指的是对自我意识进行彻底清洗，把它还原为一种纯粹的意识。

苛勒在其《詹姆斯讲座演讲集》的序言中就指出："我相信，在我们回到我们的根源之前——换言之，在我们应用现象学的方法之前，即在对经验质的分析之前，我们决不能解决有关根本原则的任何问题。"[①]现象学正是格式塔心理学整个体系的逻辑起点和方法论基础。

（三）怀特海的新实在论和摩尔根的突创进化论

怀特海等人的新实在论也为格式塔心理学提供了理论基础。怀特海深受苏格兰学派及布伦塔诺、麦农和马赫等人思想的影响，他主张有两个世界：人们用常识去观察的世界可称为"呈现即刻"的"事件世界"，物理学家所认识的世界可称为"因果效能"的"永恒世界"。他认为在人们头脑中反映的"呈现即刻"的"事件世界"和物理学的"因果效能"的"永恒世界"并不是一回事。

摩尔根的突创进化论认为在进化的各个阶梯上，可突现出全新的产物，这些产物是不能用个别成分的简单组合来说明的。也就是说，进化的较高阶段所产生的是一个全新的整体的组合，而不是现有的各种成分的机械的联合。这些思想与格式塔心理学有相通之处。苛勒公开承认他的思想受到过怀特海和摩尔根理论观点的影响。

---

①［美］波林著，高觉敷译：《实验心理学史》，商务印书馆1981年版，第686页。

（四）物理学中的场论

19 世纪末 20 世纪初，科学界出现了许多思想潮流，对格式塔心理学家产生了很大影响。特别是物理学界在这一时期抛弃了机械论的观点，承认并接受了场的理论。场可以用磁力现象加以解释：把铁屑撒到一张纸的上面，当纸下放有一块磁铁并移动时，铁屑会随着磁铁向同一方向移动，并排列成特殊的形状。铁屑很明显地受到了磁铁周围磁力场的影响，这个场不是个别物质分子引力和斥力的总和，而是一个全新的结构。格式塔心理学家试图用场论解释心理现象及其机制问题。考夫卡在《格式塔心理学原理》中提出了一系列新名词："行为场""环境场""物理场""心理场""心理物理场"等。苛勒更是对他在柏林大学时的老师马克斯·普朗克推崇备至。普朗克是现代理论物理学家，对场论有过重大贡献，他强调事件的自然属性以及对量的测定背后特殊过程的探讨，他反对经验论和对量的测定的过分倚重。苛勒在 1920 年出版的《静止状态中的物理格式塔》一书的序言里专门向普朗克致谢。

（五）心理学内部的影响

就心理学本身而言，对格式塔心理学产生直接影响的主要有马赫和厄棱费尔。

1．马赫的影响

马赫在 1885 年出版的《感觉的分析》一书中，宣称感觉是一切存在的基础，是一切科学研究的对象。他把感觉这一概念加以扩充，其中包括空间、时间及性质的各种差异，并且注意到一些关系的问题。如不同线条的组合可产生菱形或正方形等形状，此为"空间形式的感觉"；一首乐曲的连续音称为"时间形式的感觉"。他认为形式（空间、时间）本身是可以离开属性而独立存在的一种经验，例如，我们可以改变一个圆形的大小、颜色，但其形式是不变的；我们可以改变一首乐曲各音阶的音高或者改变演奏的速度，但其曲调或其时间形式不变。波林曾指出："马赫应为格式塔心理学另一位当之无愧的前辈，因为他相信空间感觉和时间感觉的存在。”①

2. 形质学派的影响

厄棱费尔在1890年发表了《论形质》一文，其中提出了形质的概念。他认为形质不是感觉的简单的组合，而是存在于人的大脑之中，独立于个体感觉之外，属于另一种组织形式的新的性质，即为整体所具有，而整体中的任何部分所不具有的形式和性质。例如，四条直线组成一个正方形，直线是正方形知觉的基本感觉，称为要素，而合在一起的正方形为基体，但对正方形这一基体的知觉并不依赖于这四个基素中的任何一个，只有当它们按一定比例组成基体后，正方形的知觉才可突现出来。因此，它是一种新的元素，即形质，它是可以直接经验到的，而且具有移位不变的特性。比如，组成正方形的四条直线可按相同的比例加长或缩短，但基体的性质不变；一首歌曲的性质，不会因音阶的升高或下降而发生变化。

从渊源上看，厄棱费尔的形质学说可以作为格式塔心理学的直接前驱。因为，一方面它强调经验的整体性及整体对部分的决定作用，另一方面它侧重于知觉问题的研究。但是格式塔心理学家不愿承认形质学说对其理论的影响，他们对形质学说进行了批判和扬弃，认为厄棱费尔并没有背离元素主义，只不过把形质看作是附加在其他元素之上的一种新元素罢了。此外，我们已在第二章提到过，格奥尔格·缪勒的弟子如舒曼、卡茨、鲁滨等人都可以视为格式塔心理学的前驱。

## 二、主要代表人物

惠特海默、苛勒和考夫卡是格式塔心理学的主要代表人物。正如心理学史家波林所指出的那样：“很少有一个运动是如此特别地与几个

①[美]波林著，高觉敷译:《实验心理学史》，商务印书馆1981年版，第673页。

人的姓名联系在一起的……他们无疑地私下各不相同，但对基本原则却完全一致，因而能够避免公开的争论。”①

（一）惠特海默

马克斯·惠特海默（1880—1943）生于布拉格。在格拉茨大学期间，他曾跟哲学家、心理学家厄棱费尔学过很多门课程。之后他又到柏林大学师从斯顿夫。1904 年在符兹堡大学以最优异的成绩获得哲学博士学位，导师为屈尔佩。他的学术生涯开始于法兰克福的一个研究机构。1916—1929 年在柏林大学任教，1929 年任法兰克福大学教授。1933 年由于不堪纳粹迫害，惠特海默被迫与许多闻名世界的科学家一道移居美国，受聘为纽约市社会研究新学院教授，一直在那里工作到 1943 年去世。在生命的最后的十年，惠特海默将格式塔原理拓宽到了许多新的领域中：1934 年探讨真理的意义，1935 年研究伦理学，1937 年关注民主问题，1940 年讨论自由问题。由此可见，惠特海默所创的格式塔理论并不只局限于心理学范畴，而且涉及哲学、科学和教育领域。1988 年 10 月德国心理学会追赠惠特海默一枚冯特胸章，这是该学会最高的荣誉，表明他在实验研究、理论创建、对人性问题的关注等方面的贡献已得到了确认。惠特海默的著述不多，但影响巨大，主要有《视见运动的实验研究》（1912）、《原始民族的思维》（1912）、《知觉之组织》（1923）、《格式塔说三论集》（1925）、《创造性思维》（1945，这是一本遗著）。

（二）考夫卡

库特·考夫卡（1886—1941）生于柏林。1903 年入柏林大学攻读哲学，后转学心理学，除去有一年在爱丁堡学习以外，他一直在柏林大学待到 1909 年，这一年在斯顿夫指导下获得哲学博士学位。从 1910 年开始，他与惠特海默、苛勒一起在法兰克福工作一年半，并以助教身份在符兹堡大学屈尔佩的实验室工作一年。20 世纪 20 年代中期他先后前

①［美］波林著，高觉敷译：《实验心理学史》，商务印书馆 1981 年版，第 677 页。

往美国的康奈尔大学、芝加哥大学、威斯康星大学任教，自 1927 年起担任美国史密斯学院心理学研究教授，一直工作到 1941 年去世。考夫卡是三个代表人物中最多产的一位，主要著作有：1921 年出版的《心之发展》，这是一本把格式塔原理运用到发展心理学中的有影响力的著作；1922 年用英文撰写了《知觉：格式塔学说引论》，向美国心理学界介绍格式塔心理学；1935 年出版的《格式塔心理学原理》，试图对格式塔心理学做全面系统的阐述。

（三）苛勒

沃尔夫冈·苛勒（1887—1967）生于波罗的海的雷维尔，但他受的正式早期教育是在德国完成的。1909 年在柏林大学斯顿夫指导下获哲学博士学位，1913—1920 年在特纳里夫群岛，任普鲁士科学院人类研究所主任，进行了著名的猩猩实验。1920 年任哥廷根大学教授，1922 年担任柏林大学心理研究所教授兼主任。20 世纪 20—30 年代是其多产的时期，也是柏林大学心理学事业人才济济、成果辈出的时期。但从 1933 年纳粹夺权后，一切都发生了变化。苛勒曾与纳粹势力进行过英勇的抗争，强烈反对解雇犹太教授。1934—1935 年接受哈佛大学的邀请，为詹姆斯讲座演讲。1935 年他永远离开德国，到美国的斯瓦太摩学院担任心理学教授。1956 年获得美国心理学会颁发的杰出科学贡献奖，1959 年出任美国心理学会主席。苛勒是格式塔心理学多产而富有创造力的代表人物，著述甚丰，主要有《人猿的智慧》（1917）、《静止状态中的物理格式塔》（1920）、《格式塔心理学》（1929）、《价值在事实世界中的地位》（1938）、《心理学中的动力学》（1940）、《图形后效》（与瓦拉赫合著，1944）和《格式塔心理学的任务》（1969）。

## 第二节 格式塔心理学的主要理论

格式塔是德文"gestalt"一词的音译，在我国最早由赵演先生仿照译 logic 为“逻辑”的方法，将 gestalt 译为“格式塔”，后成为一种约定俗成的名称，而朱光潜先生最早将 gestalt 意译为“完形”。[①]用苛勒的话讲：“在德文里，gestalt 一词常被用作形式或形状的同义词……这一词有两种含义：除了作为事物的一种特性的形状或形式的含义外，它还具有作为某种被分离的和具有形状这一属性的事物而存在的具体个体和独特实体的这样一种含义。”[②]第二种含义即指事物的现象，是格式塔心理学所采用的。

### 一、关于似动现象的实验及诠释

似动现象的实验是从 1910 年夏天开始的，这一实验由惠特海默主持，被试有苛勒和考夫卡及妻子三人。由惠特海默撰写的《视见运动的实验研究》，于 1912 年发表在《心理学期刊》上，文中初次提出了格式塔心理学的基本观点，1912 年便作为格式塔心理学诞生的标志。惠特海默用舒曼所制的速示器来做实验，他所采用的刺激有很多种形式，我们举其中一个简单的例子加以说明。在黑色的背景上呈现两条白线（如图 13-1，*a* 为水平线，*b* 为斜线），如果这两条线同时呈现，则它们在顶点相连组成一个 45° 角。如果依次呈现，则会出现下面的情况：当两次呈现时间间隔为 *t*=60ms 时，呈现客体会引起最佳的运动现象；当 *t*=30ms 时，则引起静止客体的同时出现；当 *t*=200ms 时，则会有静止客体的先后出现。[③]惠特海默称这种原先静止的两条线，在一定条件下知觉为单线移动的现象为似动现象，他命名为 Φ（希腊字母，读作 fài）现象。

---

① 高觉敷著：《高觉敷心理学文选》，江苏教育出版社 1986 年版，第 77 页。

② Köhler, W. (1929). *Gestalt psychology.* (pp.177-178). New York: Liveright.

③ 张述祖等审校：《西方心理学家文选》，人民教育出版社 1983 年版，第 292 页。

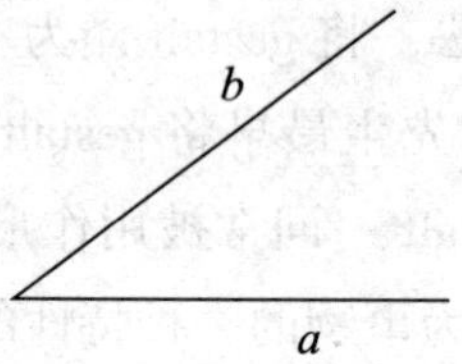


图 13-1　似动现象的实验刺激之一

在惠特海默以前，已有不少学者对这一现象进行了解释。惠特海默根据他的实验结果，对他们的解释进行了批驳，并提出一种新观点。他认为在实验中所用的刺激是静止不动的两条直线，但在一定条件下可表现出动的现象，这种动的现象是一种崭新的现象，无法用孤立的两条线来解释。他认为似动现象是一个格式塔，是一种突现的现象，格式塔的性质不存在于部分之中，而附属于整个心理物理的情境中。因此，对部分进行分析无法解释整体的性质。似动现象的关键在于两个刺激在时间上发生了一种动的交互作用。从这种现象出发，惠特海默进而认为在一切心理现象中，整体都不可分析为元素，整体不等于各部分的总和，整体先于部分且大于部分之和，并决定着各部分的性质。

## 二、格式塔心理学的研究对象

格式塔心理学虽然与构造主义和行为主义有诸多的分歧和争论，可是在心理学的研究对象方面不谋而合。它既不反对构造主义把直接经验作为心理学的研究对象，也不反对行为主义以行为为研究主题，声称心理学是“意识的科学、心的科学、行为的科学”[①]。

### （一）直接经验

格式塔心理学家不反对把意识作为自己的研究对象，并认为行为

①［德］考夫卡著，傅统先译：《格式塔心理学原理》，商务印书馆 1936 年版，第 26 页。

主义不用意识建立一种心理学是荒谬的。为了避免误解，他们尽量不用“意识”一词，“至于完全与‘意识’一词有同义的词，苛勒即用‘直接经验’代之”[①]。

所谓直接经验就是主体直接感受到或体验到的一切。格式塔心理学家认为一切经验都是现象的经验，都是有意义的整体。直接经验的意识不与外界刺激相符合，因为外界的刺激只有纯粹几何的性质，而直接经验的事实则有超几何的性质。他们认为不仅客观世界能够直接经验，就是主观世界至少有一部分也能直接经验，前者为客观经验，后者为主观经验，这两种经验所具有的性质是能互相比较的。例如，“兴高采烈”便是客观言辞所表现的主观情况，并且主观的状态和客观状态一样，也能在现象方面表现出来，比如他人对我发怒便是可以直接经验的事实。[②]

格式塔心理学家甚至认为直接经验是一切科学研究的基本资料，苛勒曾以物理学和心理学为例进行论证，“直接经验是物理学和心理学二者的原始材料”[③]。不过他认为这两门学科也有区别，物理学只处理客观经验，采用客观的研究方法并进行量的测定就行了，而心理学既研究客观经验也研究主观经验，所以不仅需要客观的研究和量的测定，还应进行质的分析与推测。比如，“在一个稍显重要的情境中观察一个人，听他讲话的声音是正常的还是颤抖的，似乎是必需的，这种观察只能是一种质的辨别”[④]。

（二）行为

行为也是格式塔心理学的主要研究对象。考夫卡指出，“心理学虽

①［德］考夫卡著，傅统先译：《格式塔心理学原理》，商务印书馆 1936 年版，第 38 页。

②萧孝嵘著：《格式塔心理学原理》，国立编译馆 1931 年版，第 22 页。

③Köhler, W. (1929). *Gestalt psychology.* (p.34). New York: Liveright.

④Köhler, W. (1929). *Gestalt psychology.* (pp.38-39). New York: Liveright.

可成为意识或心灵的科学，然而我们将以行为为研究的中心点”，因为“从行为出发比较容易找到意识和心灵的地位”[①]。考夫卡同意新行为主义者托尔曼的看法：将行为分为显明行为（或译为整体行为）和细微行为（或译为分子行为）。考夫卡认为，心理学不研究行为主义者华生用刺激—反应公式所推导出的肌肉收缩与腺体分泌等细微行为，而应研究有意义的显明行为。他指出显明行为是在一种环境中的活动，细微行为是在有机体内部的活动。

考夫卡进一步对显明行为赖以产生的环境进行了分类：一种为地理环境，即现实的实际存在的环境；一种为行为环境，即一个人心目中或臆想中的环境。他认为人的行为主要受行为环境制约和调节。他举了一个生动形象的例子予以说明：“某冬夜，大雪纷飞，寒风凛冽，平原一片尽被冰雪所蔽，径途莫辨。一人飞骑而过，幸抵一旅舍，得避风雪之所。店主人出户相迎，惊问道：‘君自何处而来？’此人直指向来处。店主人惊愕万状，告曰：‘君岂不知已飞骑渡过康斯坦湖耶’，客闻言惊恐乃毙。”[②]考夫卡认为某君心目中，他所飞骑渡过的是一片为冰雪所盖的平原，这是他的行为环境。而实际存在的则是一个冰雪封冻的大湖，这是地理环境，当他听店主人告之已骑过大湖时，便吓死过去。很明显，他若知道前面是一大湖而非平原时，他的行为便会大不相同。所以，考夫卡认为人的行为主要由行为环境所决定和调节。

考夫卡认为行为环境只是直接经验的一部分，意识比行为环境的范围要宽泛些，为了使行为环境与意识有同等的意义，必须加上一类知识，“包括我的意欲、志向、成功失败、欢喜忧愁、爱恶以及我之所以

---

①②［德］考夫卡著，傅统先译：《格式塔心理学原理》，商务印书馆 1936 年版，第 26、29 页。

这样做而不那样做的缘故”[①]。这样一来，他便提出了“心理物理场”，其中包括自我和环境两大部分，每一部分都有自己的结构。他认为，自我包括需要、准需要、意向、意志、决心、态度等。场在自我影响下不断转变，环境可分为地理环境和行为环境两种。环境是自我的环境，这个自我当然又是环境里面的自我。

在考夫卡看来，行为可分为三类。一是真正的行为，即物理的运行；二是外显的行为，即“我在别人行为环境中的行为或别人在我的行为环境中的行为”[②]，也就是在别人的心目中所看到的我的行为或在我的心目中所看到的别人的行为；三是现象的行为，指“我自己在我的行为环境中的行为或别人本身在他的行为环境中的行为”[③]，即我所意识到的自己的行为或别人所意识到的他自己的行为。第三种行为是格式塔心理学所研究的主要对象。

### 三、格式塔心理学的研究方法

格式塔心理学家反对构造主义排斥意义、对象和事物，只强调对心理进行元素分析，他们认为这种人为的分析很容易破坏自然的经验；对于行为主义，他们认为一方面用客观的方法去约束实验的情境，另一方面用客观的方法去观察被试的反应，这无可厚非，但无论何种实验都不能与直接经验相脱离，也就是说客观方法不能离开直接经验。因此，除了客观法以外，尚需用内省法来加以补充。

格式塔心理学家所采用的是现象学的方法。考夫卡声称：“实验与观察要双管齐下，一种对于现象极好的描写，其实本身就可以排斥许多的理论而指出正确理论所必有的特点，这种观察我们名之曰‘现象

①②③［德］考夫卡著，傅统先译：《格式塔心理学原理》，商务印书馆 1936 年版，第 43、43、43 页。

法’……所谓现象法就是竭力予直接经验以朴素而丰富的描写。”[①]格式塔心理学家在现象学方法指导下，以新的观点来看待和使用内省法和实验法，从而使得他们的方法独具特色。

四、同型论

在研究心理现象时，格式塔心理学家比较注重对生理机制的探讨，他们所信奉的意识与行为的生理学说便是同型论。所谓同型论，简言之，就是认为生理历程与意识历程在结构的形式方面完全等同。三个主要的格式塔心理学家都支持同型论，“此说主张知觉场在次序关系上与作为基础的兴奋的脑场相符，虽然不必有完全符合的形式”[②]。

惠特海默在1912年阐述似动现象的生理机制时，首先使用了同型论。他认为大脑皮质活动是一种定型的整体过程，因经验到的似动与真动是同一的，那么实现真动和似动的大脑皮质过程就必定是类似的。为了证明似动现象需承认在心理或意识的经验和作为其基础的大脑经验之间必然有对应性。他声称：“我们发现许多过程，从其动力形式看，不管它们的元素材料的特性如何变化，都是相同的。当一个人胆怯、害怕或精神饱满、高兴或悲伤时，时常表示出他的身体过程的进程和这些心理过程所进行的进程是完全相同的格式塔。”[③]

考夫卡在《格式塔心理学原理》一书中，也详细地阐述了同型论，

①［德］考夫卡著，傅统先译：《格式塔心理学原理》，商务印书馆1936年版，第81页。

②［美］波林著，高觉敷译：《实验心理学史》，商务印书馆1981年版，第702页。

③［美］杜·舒尔茨著，杨立能等译：《现代心理学史》，人民教育出版社1981年版，第301页。

旗帜鲜明地拥护惠特海默的主张。[①]苛勒在《静止状态中的物理格式塔》一书中，也对同型论进行了详尽的论述，阐明了物理格式塔如何在化学、电学和生物学中发生作用，并声明这些作用也能在脑的机能中表现出来。

## 五、格式塔的组织原则

由于格式塔心理学家把自然观察到的经验作为研究对象，所以知觉结构原则就成了他们早期研究的重点。惠特海默早在 1923 年就指出，人们总是采用直接而统一的方式把事物知觉为统一的整体，而不是知觉为一群个别的感觉。后来，苛勒又做了进一步分析，指出华生的刺激—反应公式易使人产生误解。他认为反应很明显地依赖于组织作用，于是提出了一个新的公式：刺激丛—组织作用—对组织结构的反应。格式塔心理学家通过大量的实验，提出了诸多组织原则，它们描述了决定我们如何组织某些刺激，以及如何以一定的方式构造或解释视野中某些刺激变量。

### （一）图形与背景的关系

在特定的知觉领域内，各种对象并非同等重要。有些对象显然有一定的界限，形成一个比较鲜明的轮廓，使之能突现出来被明显地感知到，从而形成图形；而另一些对象退居其后，烘云托月般形成背景。一般说来，图形组织较严密且相对较小，背景界限不明且相对较大。图形与背景区别越大，越易被感知；图形与背景区别越小，越不容易区分。当然，图形与背景的关系也可变换，呈现出逆转的情况，如图 13-2 中的 a。

---

①［德］考夫卡著，傅统先译：《格式塔心理学原理》，商务印书馆 1936 年版，第 71 页。

（二）接近原则

在空间或时间上接近的对象倾向于一起被感知。例如图 13-2 中的 b，间隙较小的黑点被感知成一个整体，组成五条竖线。再比如敲锣打鼓时，人们将根据锣鼓声之间的时间间隔长短来进行听觉组合，形成有层次的复杂的音群。

（三）相似原则

在形状、大小、颜色、结构等方面相似的部分容易组成整体。例如图 13-2 中的 c，圆圈和黑点因颜色相同，易被感知为横线的排列。

（四）闭合原则

对于不完满的图形或残缺的图形，人们的知觉有一种使其完满的倾向，即填补缺口的倾向。例如图 13-2 中 d，五角形虽不封闭，然而人们在知觉时，倾向于把它组合成一个封闭的完形。

（五）完形趋向原则

知觉的组织原则使人们尽可能地把图形看作是一个“完好”图形，即把不完全的图形视为完全的图形，无意义的图形看作有意义的图形。一个“完好”的图形是匀称、简单而稳定的。

（六）共向原则

一个整体中的部分，如果向共同的方向移动，那么这些共同移动的部分易被感知为一个新的整体，而未动的部分组成另一个整体。

（七）简单原则

在其他因素相等时，人们在知觉时倾向于把知觉到的东西看成是有组织的简单的规则图形。如图 13-2 中的 e，简单原则使我们将它视为一个圆处于一个三角形前面，而不把该图视为一个圆的周围有三个角。

（八）连续原则

如果一些部分能够看成一条“好的曲线”，便是组成一个整体。如

图 13-2 中 f 所示，人们总将此图看成是一条直线与一条曲线多次相交而成，没有人会看成是多个不连续的弧形与一横直线构成。

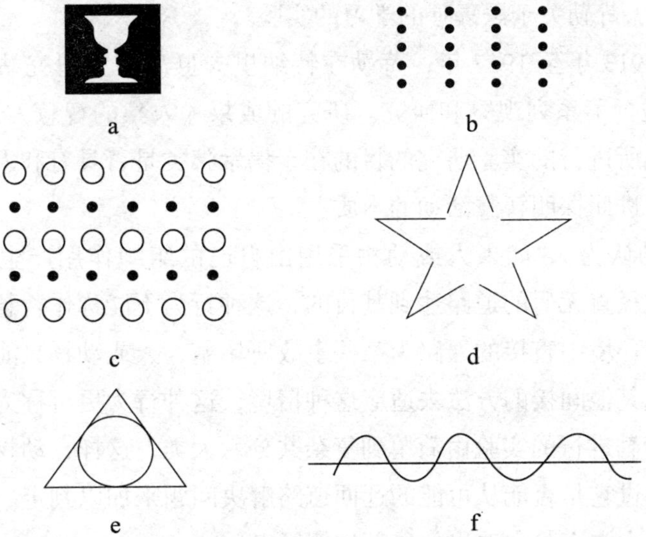


图 13-2　图形知觉的组织原则

平心而论，这些原则并非都是新的，有些原则已属常识，人所共知；有些是格奥尔格·缪勒的学生舒曼和鲁滨等人已发现的原则。但格式塔心理学家将它们组织起来，进行了系统的整理，使它们成为心理学理论中不可或缺的部分，对知觉领域的研究做出了杰出的贡献，以至只有极少数顽固的反对者才贬低这一成就。①

六、学习理论

格式塔心理学家认为上述的组织原则，不仅知觉的组织是服从的，

①[美]鲍尔、希尔加德著，邵瑞珍等译：《学习论：学习活动的规律探索》，上海教育出版社 1987 年版，第 482 页。

而且记忆与学习也是依据这些原则展开的。由此，便由知觉深入到了学习问题的研究之中。

（一）苛勒关于黑猩猩的学习的实验

从 1913 年至 1917 年，苛勒在特纳里夫群岛猩猩研究站对黑猩猩的学习进行了系列观察和研究。研究的成果《人猿的智慧》于 1917 年出版。他所进行的实验研究的目的在于揭示猿类是否具有和人一样的智慧活动，进而探明智慧活动的本质。

苛勒认为："如果人或动物采用由自己的组织作用产生的活动方式，通过径直无碍的道路达到其目的，这种行为不能称作智慧行为；但是，如果环境中直接的通路为某些事故所堵塞，人或动物只能采取迂回的道路或其他间接的方法去适应这种情境，这种行为更可称为智慧行为了。"①苛勒进行的实验由简单到复杂共分六大类，这样，动物的智力水平可以通过它是否能从可能的迂回道路解决问题来加以判定。下面简单介绍从六大类实验中选出的典型的例子。

1．迂回实验

把黑猩猩领进一间有很高百叶窗的房屋，旁边有门可通向窗外的活动场地。实验者把目的物——香蕉从窗口掷到外面的活动场地，很快地关上窗子。结果表明，黑猩猩能顺利地从门走向场地，取得目的物。苛勒用狗做类似的实验，发现狗也能顺利解决问题。

2．利用现成工具的实验

在这类实验中，动物必须利用绳子、手杖和木箱等现成工具，才能取得目的物。其中一个实验为，实验者将猩猩带进有栅栏的笼子中，目的物放在笼外猩猩的手臂所不及的地方，在笼内靠近栅栏处放着几根手杖。几乎所有的猩猩都能借助手杖获得目的物，也就是说它们把本来无关的物体（手杖）与情境联系起来了。

① Köhler, W. (1917). *The mentality of apes.* (pp.3-4). New York：Harcourt Brace.

3. 制造工具的实验

在此类实验中，动物无现成工具可利用，必须对情境中的物体进行一番改造，以之为工具获得目的物。例如，在折枝实验中，目的物放在栅栏外手拿不到的地方，近旁又无手杖等可用之物，但在笼子的另一边放着一棵砍倒的树。大多数猩猩面对此情境显得束手无策，少数较聪明者经过一番踌躇后，能径直走向枯树，折下一根细长的枝条，奔向栅栏，取得目的物。在另外一个实验中，名叫苏丹的最聪明的那只猩猩还能连接两根短竹竿成长竹竿，取得一根竹竿无法取得的目的物。

4. 建筑实验

在这类实验中，苛勒研究了猩猩如何处理叠木箱和竖梯子等问题。例如，叠木箱实验，要求猩猩不仅利用现成的木箱，还要把两个或两个以上的木箱叠起来以增加高度，取得高高悬挂的目的物。此实验要求猩猩理解建立两箱的稳固结构与获得目的物之间的关系。实验表明，只有几只猩猩在实验者的多次帮助下才解决了这一难题，而且解决得不甚理想。

5. 利用中介物的迂回实验

这种实验要求猩猩在取得最后的目的物之前，必须先获得一个辅助的目的物，并用它获得最终的目的物。①例如，笼外较远处放有香蕉，笼内的短手杖无法取得笼外的香蕉，但可用此短手杖把笼外的一根长手杖拉过来。还是那只叫苏丹的黑猩猩用短手杖拉过长手杖，回到原地，再用长手杖取得了目的物。

6. 格式塔操纵实验

这是一类更为复杂的实验，猩猩必须处理一些相当复杂的完形特点，领悟一定的完形。例如有个实验是这样设计的：一根 35 cm 的铁条垂直固定在一只很重的木箱上；手杖的一端装了一个直径为 6 cm 的铁

①［德］苛勒著，陈汝懋译：《人猿的智慧》，浙江教育出版社 2003 年版，第 21 页。

环，铁环套在铁条上，目的物放在栅栏外手所不及的地方。猩猩若想得到目的物，必须先得到手杖，而要得到手杖，就必须把手杖从铁条上取下来，动物必须将铁环和手杖朝着与目的物方面成 90° 角的方向举起。猩猩娜拉前三次均告失败，第四次实验中，令人惊奇地、毫不犹豫地把铁环越过铁条退了出来。类似这样的任务，对猩猩而言就相当困难了，一般不会取得圆满的结果。①

（二）顿悟说及对尝试错误说的批判

根据上述实验的结果，苛勒认为类人猿具有和人类相似的智慧行为，这种行为的明显特征在于它是在对整个情境完全概览后产生的。这种智慧行为是一个连续的、顺利的过程，这一过程作为一个整体，是和情境的结构、各组成部分的关系相适应的。实验表明，猩猩在行动之前，已经领会到了自己的动作为什么进行，怎样进行以及最终的结果为何，领会到了自己的动作与情境，特别是和目的物之间的关系。在苛勒看来，猩猩对问题的解决并非一种盲目尝试错误的过程，而是源于对问题产生了顿悟。他把这种从一开始就考虑到情境结构的行为称为顿悟，他为顿悟定了这样一个标准："参照场的整个形势，一种完善解决的出现。"②

赫根汉和奥尔森概括了顿悟学习的特征：（1）从没有解决到解决的过渡是突然的、完全的；（2）以由顿悟获得的解决办法为基础的表现通常是流畅的，没有错误；（3）由顿悟获得的解决某一问题的办法能保持相当长的时间；（4）由顿悟所获得的原理很容易应用于解决其他问题。③

格式塔心理学从三个方面对试误说进行了批判。第一，格式塔心

---

①Ash, M. (1995). *Gestalt psychology in German culture,1890-1967: holism and the quest for objectivity.* (p.159) .New York: Cambridge University Press.

②Köhler, W. (1917). *The mentality of apes.* (p.190). New York: Harcourt Brace.

③[美]赫根汉著，郭本禹等译：《心理学史导论》上册，华东师范大学出版社 2004 年版，第 702 页。

理学家认为桑代克所设计的实验情境迫使动物根本不可能全面地加以考察，并且这一情境又过于复杂，超出了动物可以理解的范畴。因此，动物在这种暧昧、难明的情境中不得不产生盲目的试误。如果将动物放置于其可概览全部的情境中，使其了解情境的整体结构，发现情境中新的格式塔，便可产生顿悟而不必盲目地尝试错误。第二，他们反对桑代克的练习律和效果律。在桑代克看来，学习成功与否取决于数次重复和动作带来的满足或烦恼的结果。格式塔心理学家认为，多次练习如果能使动作巩固，那么动作所保留下来的应是那些盲目尝试的无效动作，而非最后出现的那一个成功动作。至于效果律，桑代克认为成功的动作引起快感，能得到保留，不成功的动作引起烦恼而被淘汰。格式塔心理学家认为动物成功的动作不可能绝对相同，既然成功的动作前后相异，那么就无法证明第一次成功动作的效果可以影响下一次动作。第三，格式塔心理学家通过实验，指出桑代克把学习看作是一种渐进的量变过程是错误的。他们认为动物在问题解决前的确有迟疑不决、环顾四周的情况，而在问题解决时，动作就显得非常明确而连贯，所费时间也较短，是一个突发的、飞跃的质变过程，无需量的积累。

（三）迁移

格式塔心理学家认为，由顿悟而获得的方法既能长久保持，又利于适应新情境、解决新问题。用我们的话说，顿悟可促进迁移。格式塔心理学家指出，过去的经验能够影响现在的学习进程，而这种影响是通过记忆痕迹实现的。他们认为一种情境中发现或理解的动力关系模式，可应用于另一种情境，他们称："遗迹对新情况的效应与移转问题有很密切的关系。所谓移转就是遗迹影响同样的历程……所以当一种历程得借其遗迹而影响于不同的程序时，我们便名之为'移转'。"[①]

①［德］考夫卡著，傅统先译：《格式塔心理学原理》，商务印书馆1936年版，第613页。

格式塔心理学家在迁移问题上与桑代克也有分歧。桑代克主张迁移的先决条件是两个情境中具有共同的要素。而格式塔心理学家以为原先的学习与产生迁移的情境之间虽有着共同的东西，却不是完全相同的零碎要素。格式塔心理学家提出了一个问题，当动物面对两个刺激，并被训练成对一个做肯定的反应，而对另一个做否定的反应，它所习得的究竟是什么呢？他们说，桑代克的联结说会认为动物在与第一个刺激相应的一个感觉和肯定的反应之间形成了联结，同样在另一个感觉和否定的反应之间形成了联结，而他们认为“动物习得的是对某种结构进行反应”①。苛勒曾做过一个实验，将一种色浅的灰纸（b）和一种色深的灰纸（c）放置在动物前，将两者位置不断变动，训练动物从b处可得到食物，从c处得不到，把动物训练到能不变地选择性质肯定的b为止。然后，b和c被替换为另一对刺激a和b，a又比b色浅些。依据共同要素说，动物应选择b，因为它是两种情境中所共有的刺激。格式塔心理学家做出相反的预测。由于动物已经学会对亮度梯级中那个较高梯级做出肯定的反应，动物在面对一对新刺激时，将会做出同样的反应而选择a。实验用家禽、猩猩和一个三岁的孩子来进行，结果极多数实验中，a被选中了。这一实验很有力地证明了格式塔心理学家关于迁移的假设，即迁移是结构、关系、整体格式塔的迁移，而非特殊因素的迁移。

（四）记忆

格式塔心理学研究记忆的逻辑出发点是：知觉组织原则同样适用于学习和记忆。因而往往倾向于用知觉方面的术语来描述、解释记忆，在记忆实验中尽量体现这些规律性原则。格式塔心理学家强烈反对行为主义S—R形式的记忆观，认为行为主义的S—R仅把记忆看成是刺激与反应之间联结的形成、巩固和恢复的过程，没有看到项目之间本质的关系。

---

①张述祖等审校：《西方心理学家文选》，人民教育出版社1983年版，第318页。

苛勒指出："……这就像用绳子连着两个物体一样……"[①]他将之称为"绳式联结"。他们提出记忆痕迹理论：记忆是知觉的继续，人们知觉到的物体消失后，在大脑神经系统内会留下知觉物体的痕迹，即记忆痕迹。这些痕迹不是孤立的要素，而是会组合成相互联系、相互作用的痕迹系统，它们支配着个别的记忆痕迹，使未来的记忆过程朝着与痕迹系统相一致的方向转变。这些记忆痕迹系统的内容也不是静态的、一成不变的，而是会遵循完形趋向原则随时间变化朝"较好的格式塔"方向发展。

（五）创造性思维

惠特海默曾对思维问题进行过系统的研究，他把顿悟学习原理运用到人类创造性思维的探讨中，并建议通过把握问题的整体来进行这种思维。他的遗作《创造性思维》于1945年出版，书中探讨了从儿童解决简单的几何问题一直到爱因斯坦发明相对论的思维过程，以不同年龄的人和不同难度的问题为依据，发现在各个解决问题的水平上都有创造性思维过程的例证。

惠特海默强烈反对由试误说和条件反射说所引发出来的在教育领域中采用的死记硬背和机械训练的方法。他认为盲目的重复训练和死记硬背很少有创造性成分，"因为它容易导致极端机械化的行为习惯，导致盲目性和奴隶式操作的倾向，而不肯于动脑，不能够自由地对待问题"[②]。他指出，教师在教学中首要的任务是帮助学生通览问题情境，使他们明白怎样去解决，为什么这样解决问题，争取在理解、领会问题的前提下产生顿悟。学生也不能过分依赖教师和权威，以为机械地记住一些法则和解决问题的方法就万事大吉了。例如，要求用六根火柴组成四个等边三角形，如果只从平面上考虑问题，不打破原有的框框和定

---

① Henle, M. (1985). Rediscovering Gestalt psychology. In S. Koch & D. E. Leary (Eds.), *A Century of Psychology as Science* (p.104). New York，MC Graw：Hill.

② Wertheimer，M. (1945). *Productive Thinking*. (p.112). New York：Harer.

势，便无法解决。再比如，高斯10岁那年，数学老师出了一道题，要学生把1到100的数相加起来（即1+2+3+,⋯,+100）。比高斯大的孩子，闷着头一个数一个数地相加，高斯却不着急，认真考虑一番后，用他从未学过的求等差级数前 $n$ 项和的方法算出了得数5050。

## 第三节　对格式塔心理学的评价

诚如已故心理学家杨清所言："格式塔学派是一个内容较为复杂，体系较为严整，立论较为精密，影响较为广阔，极富于迷惑力的心理学派别。"[①]我们拟从三个方面对格式塔心理学进行简要评价。

### 一、格式塔心理学的发展

美国著名的心理学史家墨菲曾指出："到20世纪30年代中期，完形心理学已经变成一个完善的体系，心理学的一切重要领域和问题都要根据完形论概念重下定义。……特别是在东部（美国——作者注）滨海区，人们遇到成打的青年心理学研究者，他们已学会用完形概念进行思考，并能就这一研究法的前景进行引人入胜的谈论，不论是在学术界以内还是以外；同样地，确有成百的诊所工作者，他们已经把完形研究法同心理分析概念在某种伪装下结合起来。于是，完形心理学开始成为美国心理学的一个英气勃发的新阶段。"[②]

格式塔心理学在美国的发展大体上可分为三个时期。第一个时期为初步接纳时期（1921—1930年），格式塔心理学家及其理论观点初步为美国心理学界所接受。早在1921年考夫卡和苛勒就先后前往美国许

①杨清著：《现代西方心理学主要派别》，辽宁人民出版社1986年版，第329页。

②［美］墨菲、［美］柯瓦奇著，林方、王景和译：《近代心理学历史导引》，商务印书馆1980年版，第365—366页。

多大学讲学，考夫卡还于1922年在美国《心理学评论》杂志上发表文章阐述格式塔心理学理论，他与苛勒的一些著作也被翻译出版，苛勒的《格式塔心理学》也于1929年用英文出版，他们对行为主义的批评也受到不少心理学工作者的赞同。第二个时期为迁移时期（1927—1945年）。在这一时期，三位格式塔学派的创立者和他们的一些学生相继移居美国，都在美国的一些大学担任教职并从事科研工作。然而，由于三人所在的大学都没有学位授予权，因此无法培养自己的接班人。同时又因为他们的著作多为德文版，这无形之中阻碍了格式塔心理学理论的传播，削弱了他们的影响。第三个时期为艰难的综合时期（1945年至今）。尽管美国心理学家对格式塔心理学的接纳是很缓慢的，不过它最终还是吸收了众多美国的追随者，他们发展着这一理论并把它运用到了一些新的研究领域，表明格式塔心理学是比较富有生命力的，并且在美国心理学界确立了自己的地位。

谢里夫在1935年发表了一篇重要的研究报告，这是由美国心理学家运用格式塔的方法和观点撰写的第一篇有分量的论文，探讨了游动现象，开从众心理研究之先河。阿希继承了谢里夫的研究思路，设计出了更为精密的实验来研究从众心理和首因效应问题，并撰写了一本重要的社会心理学教科书，发展了格式塔理论。赫尔森在使美国心理学界了解格式塔心理学方面起到了很重要的作用，并通过自己的一些实验研究支持了格式塔理论，他还发表了一系列阐述格式塔理论的文章。考夫卡的学生哈洛关于母爱和同伴对幼小猴子的影响的研究，吉布森关于视知觉的生态学研究，都在一定程度上发展了格式塔理论。另外与格式塔学派有着密切关系的勒温及其弟子的大量的研究，阿恩海姆的美学心理探讨，更证明了格式塔原理具有极强的生命力。

20世纪50年代以来，格式塔心理学的诞生地德国，由于有了适宜的政治、文化气氛，这一学派又有了复活的趋势，并对三位代表人物进行了中肯的评价。梅茨格、拉斯契、戈士海尔德等德国心理学家继承并发展了格式塔理论与研究的一些主要的概念和方法，并顺应德国战后的政治、社会需要及实际情况，开拓了诸多理论研究和实际应用课题。他们在战后德国心理学界的地位和影响与惠特海默、考夫卡和苛勒当时的境遇相比并不逊色多少。格式塔心理学对日本心理学界的影响也是很大的，这种影响在20世纪30年代最显著，并一直持续到20世纪60年代。[①]此外，格式塔心理学在苏联[②]、意大利[③]等国家的心理学界也产生了相当大的影响。格式塔心理学也受到当时中国心理学界的重视，萧孝嵘、朱希亮、高觉敷、章颐年、郭一岑和陈立等人都以各种方式研究了当时的格式塔心理学。

## 二、格式塔心理学的影响与贡献

吉尔根曾指出："从欧洲移居美国的心理学家中，对美国心理学贡献最大的是苛勒和惠特海默，他们是格式塔心理学的两位重要的奠基人。"[④]还有人曾就在心理学发展历史中扮演过重要角色的人物的名次排列调查过美国心理学家，惠特海默被认为1910—1919年最有影响力的五位杰出心理学家之一。值得注意的是，直到20世纪40年代末，最起码还有一位主要的格式塔理论家处于五位最有影响的人物之列，只是到了20世纪50年代，位次才有所下降。维利曾指出格式塔心理学的理论研究对心理学的发展表现出了强劲持久的影响，这主要表现在以下几个

①[日本]佐藤达哉沟口元:《通史——日本的心理学》，北大路书房1997年版，第536页。

② Scheerer, E. (1980). Gestalt psychology in the soviet union. *Psychological Research, 41*, 113-132.

③ Zanforlin, M. (2004). Gestalt theory in Italy-is it still alive? *Gestalt Theory, 26*, 293-305.

④[美]吉尔根著，刘力等译:《当代美国心理学》，社会科学文献出版社1992年版，第55页。

方面：在格式塔思想的影响下，心理学工作者开始有条不紊地、系统地研究了动机、人格和社会心理学问题；格式塔心理学的一些概念及研究成果已成为当今心理学理论体系及教科书中极富生命力的组成部分；格式塔心理学的理论探索，也成为其他学派前进中强有力的刺激，经常促使他们对自己的理论进行一些必要的修正。①

格式塔心理学对心理学的贡献可大致归纳为如下几点。

（一）开辟整体研究之先河

格式塔理论作为心理学中为数不多的理性主义的范式之一，其哲学的方法论基础是胡塞尔等人的现象学，整体观便成了其最基本的原则和理论前提。黎黑曾指出，在格式塔心理学家们看来，“把整体分解为元素不仅是人为的，而且是无意义的，科学上也是无结果的，它不能揭示心理的任何东西”②。这话虽然重了些，却不无道理，大量的事实也证明了冯特和铁钦纳的理论体系漏洞百出、举步维艰。格式塔心理学家大胆地冲破了元素主义的束缚，积极而有成效地进行了大量的探索，并取得了一系列引人注目的成果，这对促进心理学事业的繁荣和发展是大有裨益的。

（二）引发知觉心理学的革新

由于格式塔心理学家在知觉领域做了大量有目共睹的研究，使得经验论、联想论、官能主义的传统方法逐渐让位于先验论、整体论和突创论。知觉心理学也由感觉心理学的附庸变成一个独立的分支，并在短时期内就取得了一系列突破。

（三）创立独具特色的学习理论

格式塔心理学的顿悟说及对迁移、记忆、创造性思维等的研究，冲击了联结主义和行为主义所设置的障碍，不论在理论创建还是在教育实践中都具有独到的价值和意义。顿悟说也成为西方学习理论中最重要

---

① Viney, A.W. (1993). *A history of psychology: ideas and context.* (p.364). Boston: Allyn & Bacon.

②［美］黎黑著，刘恩久等译：《心理学史》，上海译文出版社 1990 年版，第 264 页。

的理论之一。

（四）人本主义心理学受益匪浅

与惠特海默、苛勒和考夫卡一起在 1921 年创刊《心理研究》的戈尔德斯坦采用格式塔心理学的整体观，否定了原子心理学；人本主义心理学的创建人马斯洛曾在他最崇敬的两位老师之一的惠特海默指导下，形成了自己的整体分析的方法论，主张以此来研究人的经验；罗杰斯也主张对人的心理事件或直接经验进行现象描述和整体研究；罗洛·梅强调对主观意识经验的整体体验和描述，主张存在分析的心理学。这些都表明了格式塔心理学的潜在影响。

（五）促进现代认知心理学的产生

格式塔心理学强调整体、模式、组织作用、结构等在研究知觉的认识过程及高级心理过程中的作用，并注重人们对感觉信息输入的组织和解释的主动性，这些都成了现代认知心理学的基本观点。在方法论上，格式塔心理学强调研究直接经验，并主张用现象学的方法来研究它们，这也成了现代认知心理学的理论基础。可见，格式塔心理学对认知心理学的影响和促进是极大的。正如罗伯特逊指出，认知心理学实际上是一种新格式塔现象。

（六）推动系统论的诞生

1937 年，贝塔朗菲在美国芝加哥大学的一次哲学问题讨论会上，首次提出“一般系统”的概念；贝塔朗菲曾把系统定义为“处于自身相互关系中以及与环境的相互关系中的要素集合”①。他明确指出：“一般系统论就是对‘整体’和‘整体性’的科学探索。”②他为一般系统论规定了三个基本原则：整体性、动力性和结构性。贝塔朗菲本人曾多次提

---

①［美］冯·贝塔朗菲著，林康义等译：《一般系统论》，清华大学出版社 1987 年版，第 240 页。

②［美］拉兹洛著，闵家胤译：《用系统论的观点看世界》，中国社会科学出版社 1985 年版，第 3 页。

到他接受了格式塔动力说的影响，整体动力观奠定了贝塔朗菲系统论的基本原则。

## 三、格式塔心理学的局限与不足

格式塔心理学的理论体系尽管比较严谨，立论比较精密，然而其局限与不足也十分明显。

### （一）理论主张带有明显的唯心主义倾向

格式塔心理学关于客观世界的划分和组织原则、场论、同型论的论述带有明显的唯心主义倾向和强烈的先验论色彩。在探讨学习问题时，忽视了人与动物的本质区别，没有充分考虑人的心理的社会性和能动性的作用。

### （二）理论观点和术语含糊不清

格式塔心理学家不加分析地采用了一些物理学的概念和数理术语，观点模棱两可，概念不确切，给人的感觉是理论主张过于晦涩深奥，神秘莫测，常常遭到许多心理学家们的非议，有人甚至断言：这可能是因为格式塔心理学家无法清楚地表述自己的思想而故弄玄虚。

### （三）对其他学派的批评过于苛刻

格式塔心理学对联结主义、行为主义和元素主义的批评有的是一针见血、比较中肯的，但有的又过于武断，缺少根据。有学者指出：格式塔心理学家的批评或许是正确的，但他们并没有做得更好一些，事实上他们只会批评，并没有提供什么新东西。或许是对别的理论指责过多，他们竟没有足够的精神和时间来构建更令人信服的理论，显得勇气有余、底气不足。

### （四）实验不够严谨

格式塔心理学家过分依赖现象学的方法，缺乏严格的控制条件和科学的依据。他们所进行的实验人为因素过大，没有做出定量分析和统计处理，别人很难进行验证，缺乏信度和效度。格式塔心理学家早期所做的实验是比较初级和带有尝试性的，就水平而言，并不比他们所批评的其他学派好多少。

（五）整体观不够彻底

皮亚杰也受康德影响，提出了发生认识论的研究目标为知识的普遍形式及其构造——逻辑数学结构对应于康德的知性范畴，但与格式塔的整体性结构完全接受康德先验论思想不同，皮亚杰不是一个真正的先验论或预成论者。尽管婴儿最初的图式是一些本能动作，即“遗传性的图式”，如吸吮图式，但范畴产生的源头是儿童活动中的动作，不是主体，也不是客体，而是主客体间相互作用的活动，范畴本身也是一个逐渐建构的过程。这带有辩证法的性质。可见，是皮亚杰从一个侧面向我们呈现了动态的、相互作用的、建构的、辩证的整体观，这是格式塔的整体观所未能达到的。

## 第四节　勒温的拓扑心理学

### 一、勒温的生平与著作

库尔特·勒温（1890—1947）是拓扑心理学的创始人，也是当代实验社会心理学的主要奠基者。在20世纪20年代左右的柏林，勒温与惠特海默、苛勒、考夫卡等人一起进行格式塔心理学研究。后因躲避纳粹迫害，勒温移民美国，通过在美国的研究，极大推动了当代社会心理学的应用。1931年，勒温发表《儿童行为及其发展中的环境力量》一文，关注儿童心理学问题，这篇文章引起了美国心理学家的注意。由于纳粹的威胁，勒温于1933年前往美国定居，任职于康奈尔大学家庭经济学院。1935年他来到艾奥瓦大学儿童福利站工作。第二次世界大战期间，勒温根据战争的需要选择研究课题，进一步扩大了他的影响。大约在1942年，勒温组建了美国心理学会社会问题心理学研究分会，专门探讨战争与和平、贫穷与种族偏见等社会现象中的心理学问题。1945 年到麻省理工学院任动力学研究中心主任，兼任哈佛大学和加利福尼亚大学伯克利分校客座教授。1947 年 2 月，勒温由于突发性心脏病去世，年仅 57 岁。勒温是格式塔学派中一位多产而富有创造性的成员，其主要著作有《人格的动力理论》( 1935 )、《拓扑心理学原理》( 1936 )、《心理动力的概念表述和测量》( 1938 )、《解决社会冲突》( 1948 ) 和《社会科学中的场论》( 1951 ) 等。

格式塔传统是勒温心理学思想的来源，也是勒温心理学的基础。在一些心理学史专著中，勒温曾被归入格式塔心理学体系，或称其为“新格式塔学派”成员。在他创造性地建立自己理论体系的同时，也远远地超出了正统格式塔心理学的框架，发展了格式塔心理学的思想。勒温几乎完全接受和使用了当时物理学中流行的场论术语和概念，并创造性地运用在他的心理学研究中。他的心理学并不侧重于格式塔学派传统的研究领域——知觉，而注重在整个物理和社会的关系中来研究人类行为，并在心理学中运用一种特殊的“拓扑学”的概念和方法来加以陈述，成为格式塔心理学的一个支派。勒温心理学思想的形成和发展，受到其老师们的重要影响：斯顿夫、卡西尔等人把现象学和现代科学的观念引入了勒温的思想体系；勒温还从当时著名的心理学家弗洛伊德、著名的科学家爱因斯坦那里吸收了丰富的营养。①

## 二、拓扑心理学

### (一) 心理场

勒温的场论是拓扑心理学的重要基础之一。心理场或心理生活空

① 申荷永著：《充满张力的生活空间——勒温的动力心理学》，湖北教育出版社 1999 年版，第 10—18 页。

间是勒温创建的拓扑心理学中的基本概念。他认为人就是一个场，人的心理现象具有空间的属性，人的心理活动也是在一种心理场或心理生活空间中发生的，也就是说人的行为是由场决定的。心理场主要由个体需要和他的心理环境相互作用的关系所构成。它包括有可能影响着个人的过去、现在和将来的一切事件，这三方面的每一方面都能决定任何一个情境中的人的行为。

在勒温的心理学中，因个体需要、意志等具有重要的动力作用，故心理场也称为心理动力场，并且还常用心理生活空间这个基本概念加以陈述。勒温认为，凡属科学的心理学都须讨论整个人的情境，即人和环境的状态，这就需要有一个共同的名词将人和环境表述为同一情境的部分。但是，心理学还没有一个能涵盖两者的名词，而“情境”一词通常指环境而言，所以勒温提出“心理生活空间”一词，以此表示决定一个人在某一时间内行为的全部事实。其实一个人的心理生活空间，也就是一个人的心理世界或心理场。

心理生活空间是勒温拓扑心理学中最重要的和最有影响的概念。勒温按照拓扑学的原理，把人的心理生活空间划成不同的区域，这些区域没有数量和大小的区别，也没有质的规定。心理生活空间中的每个区域都有一个疆界，从一个区域到达另一区域称为移动。对心理生活空间中心理移动具有抗拒作用的疆界，可称为阻碍。它们之间的关系可通过图 13-3 加以说明。由于勒温解释他的假设时使用椭圆比较多，柏林大学的学生将这些椭圆称为“勒温蛋”，麻省理工学院的学生称之为“勒温澡盆”，艾奥瓦大学的学生则干脆把它们叫作“勒温土豆”。[①]

---

①[美] 墨顿·亨特著，李斯译：《心理学的故事》，海南出版社 1999 年版，第 525 页。

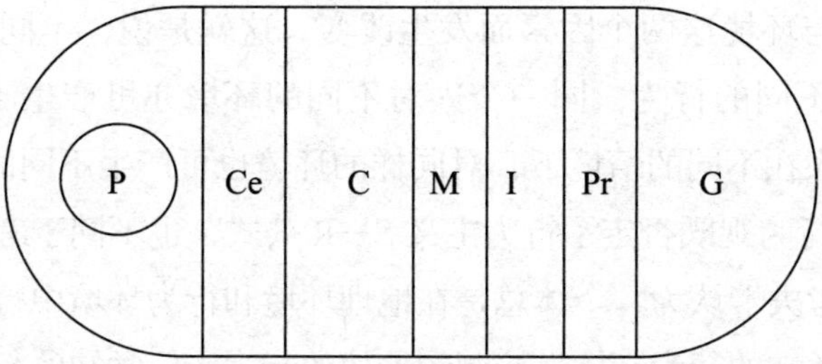


图 13-3　一个要当医生的青年所处情境的拓扑分析

如图 13-3 所示，成为医生这一目标（G）对青年（P）具有吸引力（正引拒值）。要实现这个目标，就要经过大学入学考试（Ce）、上大学（C）、学习医学专业（M）、大学毕业（I）和行医（Pr）这几个区域，通过从前一区域到后一区域一步步地移动，最后才能达到目标。而中间的任何一个疆界都可能成为阻碍，如入学考试不及格、上不了大学或不能学习医学专业等都可能抗拒移动，致使目标不能实现。

勒温心理场的意义充分体现在心理生活空间中，勒温及其弟子也把心理生活空间看作人的心理动力场。从以上分析不难看出，勒温借助于拓扑学来阐述其中的动力结构，借助于向量学来分析生活中动力的相互作用和行为的方向，所以勒温的心理学有时又被称为拓扑心理学或向量心理学。而拓扑心理学与向量心理学的结合，或动力与整体研究的结合，即在心理生活空间或动力场中研究人的行为和心理活动，便形成了勒温的心理场论。

（二）行为公式

勒温也认为行为是心理学的研究对象。但是他所说的行为是和心理事件相提并论的，他的行为公式是：

$$B=f(PE)$$

此公式认为行为（B）等于个人（P）和环境（E）的函数（$f$），亦即行为随着人与环境这两个因素而发生改变。这就是说，不同的人对同一环境可产生不同的行为，同一个人对不同的环境亦可产生不同的行为，甚至同一个人在不同的情境下，对同样的环境也可产生不同的行为。

勒温的行为观既否定了行为主义 S—R 公式，也不同于考夫卡的双重环境理论。考夫卡认为，个体总是在地理环境和行为环境中行为。对个体来说，虽然觉知的行为环境直接制约着他的行为，但觉知的行为环境并不时刻等同于现实的地理环境。勒温所说的环境，并不是指客观的地理环境和社会环境，而是指心理环境，这与考夫卡的行为环境也有区别。行为环境是指一个人当时所意识到的环境，而心理环境则是指对人的心理事件发生实际影响的环境。它虽然也是个体可以看到和了解到的环境，但它又不限于个体当时所意识到的，凡属“有影响的”事实，即使一个人当时没有意识到，也包括在勒温的心理环境之中。如一个小孩子知道他的母亲在家或不知道他的母亲在家，他在花园里的游戏行为会随之不同，可我们不能假定（母亲在家与否）这个事实常存于儿童的意识之内。所谓的“实在的是有影响的”，意思就是存在于心理生活空间中的事物或因素，都必然对个体当时的行为有着实际的影响。以此为原则，勒温界定了心理生活空间中的三种事实：准物理的、准社会的和准概念的事实。虽然心理生活空间可以包容诸多方面的事实和因素，如物理的、社会的、思想的等，但是都须以对行为主体实际发生影响为存在标准，这样勒温便将主体与客体融为一个共同的整体，并表现出整体所具有的格式塔性质。

（三）行为动力

勒温反对联想主义，认为联想只是火车车厢之间的挂钩，联想本身除了传递火车头供给的动力外，别无其他作用，需求是联想的火车头，是行为的动力。由此，需求和紧张等行为动力系统的研究是勒温场心理学的重要内容之一。

1. 需求

勒温认为，需求可引起活动，以便使需求得到满足。他认为需求有两种：一是需求，指客观的生理需要，如饥者易为食，渴者易为饮；二是准需求，指在心理环境中对心理事件起实际影响的需求，如写好了信要投邮筒。勒温所说的需求一般是指对心理事件起实际影响的准需求。

2. 紧张（或张力）

勒温假定，在个体与其环境之间有一种平衡状态，平衡被破坏，就会引起一种紧张，从而导致个体力图恢复平衡。他指出，当一个人具有一定的动机或需要时，在人的身体内部就会出现一个紧张系统。随着需要的满足或目标的实现，这个紧张系统就会趋于松弛，或解除紧张；反之，如果需要得不到满足或动机受阻遏，这个紧张系统就会继续保持下去，并且促使人具有努力满足需要或重新实现目标的意向。勒温的动力观与新行为主义的代表人物之一赫尔的动力观迥然不同。在赫尔看来，动机的基本形态是驱力，驱力乃因个体生理或生物性的需要而产生，而勒温则把动机看作是个体心理生活空间失去平衡的结果，也就是个体对某一特定情境的认知结构发生变化所致。

勒温的上述观点以动力学说解释个体行为变化，引发了一系列实证研究。其中著名的实验包括蔡加尼克的回忆实验（1927）和奥芙散金娜的代替满足实验（1928）等①。蔡加尼克的实验来自于一次偶然事件。一次勒温和其弟子在咖啡馆聊天，结账后且坐了一段时间之后，勒温把结账的服务员找来，询问他刚才都点了什么，结果那个服务员什么都记不起来了。这一事件促使勒温提出了“需求—紧张”假设，他认为当需求引起的紧张解除时，服务员记忆的内容也急速地消退了。勒温的学生蔡加尼克后来用实验证实了这一假设，这种效应遂被命名为“蔡加尼克效应”。奥芙散金娜通过实验进一步发现：在进行某一任务时，如中途被阻止，有百分之百的被试在自由活动中有重做的趋势；中途受到阻止而改做其他事情的，则有 82% 有重做的趋势，这表明另做其他工作，

① 杨鑫辉主编：《心理学通史》第 5 卷，山东教育出版社 2000 年版，第 67 页。

对原来的工作起到一定的代替满足的作用。在此基础上，勒温的弟子利斯纳发现，代替工作与原来的越相似，则越能取得代替满足；考普克对正常儿童和低能儿童进行了对比，发现前者不易产生代替满足，后者有两极分化的趋势，要么完全可以代替，要么完全不能代替。

3．引拒值（或价、化合价、诱发力）

勒温认为，在心理环境的事实被个体感知之后，个体希望达到或离开某些地方，希望获得或躲避某些东西，这样就产生一定的引拒值。引拒值有正负之分。正引拒值具有吸引力，负引拒值具有排斥力。凡能满足人的需求与愿望的，或活动被阻止而引起心理紧张的，就呈现正引拒值；凡不符合本人的需求与愿望的，甚至对人有损害的，则呈现负引拒值。这些力都是有方向的，并随着人的需求而具有不同的力量。吸引力使人朝向这个事物，而排斥力使人背向这个事物。所以，这些力是向量，它们可以用来解释个体在心理生活空间内与一切事物互动的关系。

4．向量和移动

勒温认为，某种已产生的需要，最初只能在人的内部引起一种并无确切方向的紧张状态，可是当它和一定的对象发生联系之后，就形成一种推动行为走向目标的向量。在他看来，向量是有方向的吸引力或排斥力。吸引力使个体趋向目标，排斥力使个体背离目标。[①]向量常使个体产生朝某方向的移动。由于常有两个以上的向量同时作用于个体，所以移动经常是由某种合力所驱使的。但是，双向量形成的平行四边形的合力通常是不易找到的。譬如，北边和东边各有一个目标，个体并不向东北方向前进，他会有所选择，可能重新建构他的知觉场，将两个向量视为不相等的力。可见，在心理动力场内向量的合力作用只是描述身体的可能运动方向，而不能表示心理的实在移动方向。

① 车文博著：《西方心理学史》，浙江教育出版社 2003 年版，第 437 页。

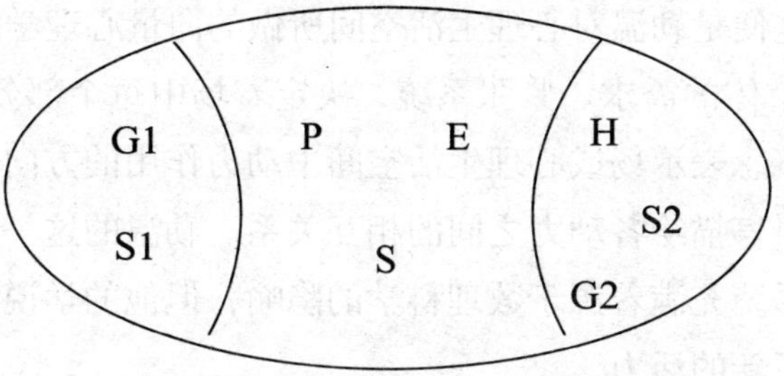


图 13-4　对心理紧张系统的向量分析

人（P）与环境（E）共同组成了他的心理生活空间，如图 13-4 所示；而紧张便使行为系统区域（S）与周围的区域失去了平衡，并企图达到一种新的平衡状态。当 S 处于紧张状态时，S1 或 S2 中的某一“适当”的区域，便具有了相应的引拒值，亦即成为紧张趋向的目标（G）。勒温曾用公式 Va（G）=*f*（PTG）来表示这种关系，即目标 G（一种客观目标或一种心理活动）所具有的引拒值 Va（G），依赖于个体（P）所处的紧张状态（T），以及个体（P）与目标（G）的关系。由于在同一时间内，可能会有几个系统或区域处于不平衡即紧张状态，而且每一紧张系统又都与周围区域中的一种或几种引拒值有关，所以，行为便成为这一动力场中来自各个方向的力相互作用的结果。勒温认为这些所有来自不同方向的力是有着方向和强弱的向量。

在一个向量的作用下，个体会沿着向量所指的方向移动。而当两个或更多向量从不同方向驱动一个人时，他就会在这些力的合力的作用下，产生有效的移动。假如有两个方向相反、强弱相当的向量在起作用，那么就会使个体处于心理冲突之中。勒温曾阐述了心理动力场中的三种冲突情境：（1）趋近—趋近冲突，结合图 13—4 可表示为“G1+ ← P → G2+”，即个体处于两个正的引拒值大小差不多的目标 G1 和 G2 之间；（2）回避—回避冲突，可表示为“G1- → P ← G2-”，即个体处于两个负的引拒值大小差不多的目标 G1 和 G2 之间；（3）趋近—回避冲突，可表示为“G+- ←→ P”，目标 G 同时既具有吸引力，又具有排斥力。这便是勒温对心理生活空间所做的向量心理学的分析。

可见，个体的需求、紧张系统，决定着场中每个部分的动力势态。勒温用向量概念表示场或心理生活空间中动力作用的方向和力度，又借用拓扑学的语言描绘各动力之间的相互关系。勒温的这一复杂的需求与紧张的心理系统充满着源于数理科学的隐喻，但他的学说确实为格式塔心理学注入了新的活力。

（四）人格组织

人格组织是勒温心理学体系的重要组成部分之一。勒温通过大量实验，用拓扑学的严格的非数量方式表达形态属性和图形空间相互配置的内在关系，用向量学中表述空间路线距离和方向的向量分析表现心理动力的方向及相互间的动力关系，把人格结构描绘成为一个直观的空间系统，构建了独具特色的人格结构理论。他用需求、紧张、引拒值、向量和移动等概念，依据生活空间场理论，去说明由行动引起的生活空间的不平衡和平衡。他用图 13-5 表示人格结构各层次，并说明其功能。聚集于外圈和内圈之间的一些区域（M 区）包含认识环境变化的知觉系统和把人的内部心理状态传送到外部的运动系统。聚集于内圈的一些区域称人格的内部区（I），诸如需要、意图、要求等心理现象。内部区又可分为人格的边缘层（P）和人格的中心层（C）。前者和运动系统较接近，故在此层发生的事件容易通过运动系统表示出来，后者因离运动系统较远，故在其中发生的事件较难表现于外。

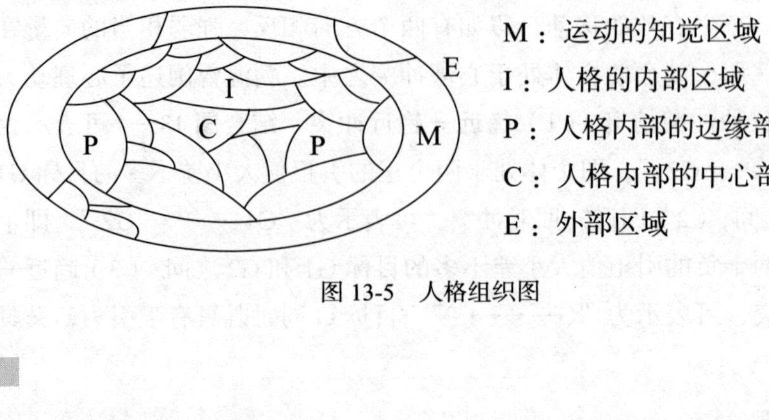


图 13-5　人格组织图

勒温还提出一系列人格组织理论，认为不同的人格结构分化程度不同，人格特征也有差异。新生儿的人格结构几乎是一个未分化的整体，而生活经验丰富的成人的人格结构则很复杂。儿童随着年龄的增长，对周围环境认识的日益加深，于是不断分化出诸如记忆、幻想、价值、目的及内心世界等成分。低能儿的人格结构较少分化且僵化，心理弹性和可塑性都小于正常儿童。多才多艺的人比能力平平的人在区域上分化得好而且复杂。这是由个体的年龄、经验、能力和他在当前情境中所发生的事件综合的结果。对于人格组织问题，巴克、丹波和勒温进行了挫折与倒退实验（1941）。巴克等人认为，倒退就是儿童本已分化的人格区域消失而退回到婴儿时期的状态。[①]

三、团体动力学

勒温对心理场论进行了系统深入的研究之后，并没有将视角只限制在个人的心理场和冲突中，而是很快以此为基础对团体心理现象展开探索，他将这一研究方向称为团体动力学。在他的天才智慧和个人魅力的感召下，海德和费斯汀格等人聚集在他的周围，继承和发展了他的团体动力学，各自提出了新的理论和学说，并在美国社会心理学界长期占据着统治地位。

20世纪30年代，团体动力学在美国引起人们的关注，这与当时美国的社会历史条件是紧密相关的。当时，美国的工业生产飞速发展，创造发明使物质生产水平有了明显的提高。在组织管理上，人们开始强调人的因素对提高劳动效率的作用。因此，团体动力学一出现就受到了学术界和社会的广泛欢迎。[②]

---

①［美］墨菲、［美］柯瓦奇著，林方、王景和译：《近代心理学历史导引》，商务印书馆1980年版，第363页。

②杨鑫辉主编：《新编心理学史》，暨南大学出版社2003年版，第273页。

勒温对各种社会情境中的团体行为进行了考察。其中，一个经典的实验经常被引用。这个实验是勒温和利皮特、怀特共同实施的，实验者对几组男孩分别使用了专制型、民主型和放任型三种领导方式。研究结果证明，专制组中的男孩变得非常富有攻击性，而民主组的男孩之间相当友好，比另外两组完成的任务要多。勒温与其助手设计的这个实验，很巧妙地考察了不同领导方式所产生的效果，以及团体凝聚力和领导方式的关系。在当时的社会心理学研究领域，类似的实验并不多见。①

在第二次世界大战期间，勒温根据当时的需要，开始从事改变人们饮食习惯的研究。例如，有一个实验，就是给一些年轻妈妈指导，说明婴儿用餐最好加一些橘子汁。一组是对年轻妈妈进行个别指导，另一组是让六个年轻妈妈讨论改善孩子食谱的好处，最后达成婴儿用餐最好加些橘子汁的共同决定。结果表明：团体决定组的妈妈比个别指导组的妈妈更乐意接受新食谱。根据这个实验，勒温得出结论：如果首先使个体所属的社会团体发生相应的变化，然后通过团体来改变个体的行为，这样做的效果远比直接去改变每个个体来得更好。②

通过对系列实验的总结，勒温认为组织是开放体系，因环境的变化而改变，因此组织变革须采用循序渐进的方式，以分化阻碍变革的力量，他提出“解冻—变革—重冻”三阶段组织变革模型（见图 13—6）。首先尽可能减少或消除与团体过去标准的关联；然后引进或制定一个新标准；最后“重冻”，就是在新标准之上的重新建构。勒温的这一思想不仅在社会心理学领域影响深远，而且对管理学、经济学等学科的理论和实践起到了令人瞩目的推动作用。

---

①Lewin, K., Lippitt, R., & White, R. (1939). Patterns of aggressive behavior in experimentally created social climates. *Journal of Social Psychology*, *10*, 271-299.

②叶浩生主编：《心理学史》，高等教育出版社 2005 年版，第 167 页。

图 13-6　勒温组织变革三阶段示意图

2004 年，著名心理学史家舒尔茨夫妇的《现代心理学史》第八版出版了，此时勒温已经去世半个多世纪了，舒尔茨夫妇对勒温的研究方法还是大加赞赏，“勒温强调了社会行动研究……他的研究使用的是严格的实验方法，但是又不像实验室实验那样具有人为性，因此他的工作把这些富有争论的问题转变成了控制性的实验探讨……勒温倡导对教育者和商业领袖进行敏感性训练，以便降低群体内部冲突，促进个人潜能的发挥。他的敏感性训练组（T-group）是 20 世纪 60 年代和 70 年代流行的交朋友小组的先驱”[①]。在此舒尔茨夫妇谈到的“社会行动研究”，就是国内读者所熟悉的“行动研究”。勒温最初进行行动研究的尝试，是为了帮助自己的同胞——巴勒斯坦的新移民适应新环境并能进一步过上幸福的生活。勒温认为，团体动力学的研究是应科学研究与具体实践这两种需要产生的。团体动力学集二者于一身，这种研究与实践的结合与统一，也就是影响广泛的行动研究法的本质内涵。[②]

四、对勒温的简评

托尔曼指出：“弗洛伊德，这位临床学家；勒温，这位实验学家——两位人物的盛名在我们的心理学领域的历史中将比其他任何人都更为突出。因为正是这两位杰出人物的对比强烈，但却互补的思想第一

①［美］杜·舒尔茨、［美］西德尼·埃伦·舒尔茨著，叶浩生译：《现代心理学史》，江苏教育出版社 2005 年版，第 321—322 页。

②车文博主编：《西方心理学思想史》，湖南教育出版社 2007 年版，第 671 页。

次使得心理学成为一门可以应用于真实的人和真实的社会的科学。”①心理学史家波林认为，还可以将勒温与詹姆斯相比较：“他们二人比任何人都更加平易近人，和蔼可亲，通情达理，不骄不躁，各自开辟了心理学的新领域。”②

（一）勒温的贡献

1．作为战略大师，勒温提出了影响深远的方法论

作为格式塔整体观的受益者，勒温对心理场论情有独钟，这一理论也可视为勒温践行并大力弘扬的方法论之一。我们还须看到，勒温极力倡导心理学的应用研究，是理论联系实际、强调解决实际问题的典范。“好理论最实际”是勒温的名言，也是勒温在曾经被铁钦纳式思维笼罩下的美国心理学界发出的振聋发聩的呐喊，这也成为勒温留给后人的重要的方法论。

2．作为战术大师，勒温使用了一系列具有创造性的方法

勒温方法的特色之一，就是用实验的方法研究社会心理问题。这不是勒温的首创，谢里夫、奥尔波特等人也做过一些著名的社会心理学实验。但是，勒温的实验法有其独创的方面，勒温强调自然实验（或曰现场实验），他和他的助手们既提倡传统实验心理学的控制性，又重视实验环境的真实性和社会性，因此大大提高了研究的生态效度，为当时的社会心理学研究注入了生机和活力。勒温还创造性地借用了物理学、数学等学科的概念及方法，并把这些概念和方法巧妙结合起来，应用于个体心理分析和团体动力学。行动研究法也给勒温带来了世界性的声誉。

3．作为杰出的领导人，勒温是相关学科的带头人，也是相关研究会的创始人

①杨鑫辉主编：《心理学通史》第5卷，山东教育出版社2003年版，第78页。

②［美］波林著，高觉敷译：《实验心理学史》，商务印书馆1982年版，第835页。

作为实验社会心理学的创始人，勒温的工作还促进了应用社会心理学的兴起。勒温很早就注意到研究团体的重要性，在他的积极推动下，美国成立了“社会问题心理学研究会”，并成为该研究会早期卓越的领导人。①

4．作为伟大的人民教师，勒温启发了许多优秀的学者

据说，勒温的课堂教学很吸引人，与此同时，勒温富有创造性的研究也启发了许多优秀的学者。查普林和克拉威克说：“勒温的著述和概念，已经影响了社会、儿童和实验心理学等领域。他的强大的个人影响的佐证是，许多杰出的当代社会心理学家，都是勒温在艾奥瓦和麻省理工学院执教期间追随他的圈内人物。”②其中影响巨大的有社会认知理论的代表人物海德、费斯汀格等人，前者创立的认知平衡理论和后者创立的认知失调理论在社会心理学史上占有重要地位。

（二）对勒温的批评

勒温如此受人尊敬，以至于很少见到对他的尖锐的批判，特别是勒温团队的成员，在评价勒温时，一般使用的都是崇敬和赞扬之辞。我们在审视这一问题时，也颇感困难。但至少有这样几个出发点可以考察一下：一是勒温的思想受格式塔学派的影响，有些格式塔学派的弊端也可能是勒温难以突破的瓶颈；二是勒温作为实验心理学的创始人、团体动力学的奠基者，在选择研究课题或表述思想时，可能会偏重宏观内容或者失之片面；三是勒温试图整合物理学、数学、心理学的一些概念和理论体系，学科之间的巨大差异能否得到很好的弥补，往往让人生疑；四是勒温的研究主要是在欧美国家完成的，其结论能否适用于多元化的文化背景，解决更广泛的世界性问题，也是值得深思和反思的。

---

①申荷永著：《充满张力的生活空间—勒温的动力心理学》，湖北教育出版社1999年版，第187—193页。

②［美］查普林、［美］克拉威克著，林方等译：《心理学的体系和理论》，商务印书馆1984年版，第90页。

但是，勒温的整合思想尚未真正实现。勒温曾试图用拓扑心理学、向量心理学、心理场论等基本体系重建和整合心理学的概念和理论，事实上，勒温虽然得到了很多人的承认，但以他一己之力无法实现心理学的统一。①

① 车文博主编:《西方心理学思想史》，湖南教育出版社 2007 年版，第 693 页。

# 第十四章　皮亚杰学派

皮亚杰学派是现代西方心理学的重要派别之一。它是由瑞士最著名的儿童心理学家和发生认识论专家皮亚杰所创立的。由于皮亚杰长期在瑞士的日内瓦大学工作，所以该学派又称日内瓦学派。

## 第一节　皮亚杰的生平与思想来源

### 一、皮亚杰的生平与著作

让·皮亚杰（1896—1980）生于瑞士纳沙特尔。他自幼出类拔萃，并勤奋好学。早年对生物学有浓厚的兴趣，10 岁就发表了有关鸟类生活的论文，有科学神童之称。在 15 ～ 18 岁，他发表了一系列关于软体动物的论文，这些文章使他在当地小有名气。在中学时期，皮亚杰在他的教父的启发下产生了对认识论的兴趣。皮亚杰一生都保持了对生物学和认识论的兴趣。在他以后的研究和著述中处处都显示出了生物学和认识论的影响。1918 年，皮亚杰在纳沙特尔大学获自然科学博士学位。同年，他在苏黎士大学的荣格指导下研究弗洛伊德和荣格的精神分析学说。后来他又到巴黎求学，27 岁时获法国国家科学博士学位。随后他开始在比纳测验中心研究儿童的智力测验，并使测验方法实现标准化。他对测验并没有太多的兴趣，但对儿童在测验中的一些看来似乎可笑和错误的回答颇感兴趣，因此他开始深入地学习和研究儿童心理学问题。1921 年，皮亚杰经克拉帕瑞德的推荐，从巴黎回到日内瓦，任日内瓦大学卢梭研究所的实验主任，1924 年升任该校教授。1940 年，克拉帕瑞德逝世后，他继任卢梭研究所所长。在 50 年代之前，皮亚杰主要从事儿童心理学的研究。此后他又致力于发生认识论的研究。他集中了一些著名的心理学家、逻辑学家、哲学家、语言学家、控制论专家、数学家、物理学家和教育家，在日内瓦大学建立了国际发生认识论研究中心，并担任该中心主任直到逝世。此外，皮亚杰还长期担任联合国教科文组织领导下的国际教育局局长。1954 年，他被推选为国际心理学会第十四届主席。1969 年，73 岁的皮亚杰成为第一个接受美国心理学会授予的杰出科学贡献奖的欧洲人。该学会认为皮亚杰的心理学理论在心理学领域中是独树一帜而又经得住考验的一座里程碑。皮亚杰曾被哈佛大学、巴黎大学、剑桥大学等二十多所著名的大学授予名誉博士学位。

皮亚杰一生发表论文五百多篇，撰写著作五十多部。其中的主要著作有《儿童的语言和思维》（1932）、《儿童的判断和推理》（1924）、《儿童的因果概念》（1927）、《儿童的道德判断》（1923）、《儿童的智慧起源》（1936）、《智慧心理学》（1947）、《儿童心理学》（与英海尔德合著，1966）、《结构主义》（1968）、《发生认识论原理》（1970）、《意识的控制》（1974）等。

## 二、皮亚杰理论的思想来源

皮亚杰早年对康德和柏格森的思想很感兴趣，尤其深受康德的影响。皮亚杰的发生认识论所研究的认识是认识的普遍形式，是保证认识达到普遍性的基本范畴，诸如空间、时间、因果性、整体、部分等的概念发展史以及它们所属的概念网络。而康德把范畴视为理智综合和联结感性材料的先验形式，并对质、量、样式等 12 个范畴做了系统的考察。我们可以从皮亚杰的发生认识论中看到康德哲学的烙印。正如皮亚杰自己所说的，“我把康德范畴的全部问题加以审查，从而形成了一门新学科，就是发生认识论”。

皮亚杰受结构主义哲学思想影响较深。结构主义是 20 世纪 60 年代在西方特别是在法语国家兴起的一种哲学思潮，主要是在一些人文科学各自的研究领域中运用大致相同的结构方法。皮亚杰一直生活在讲法语的瑞士，因而他的思想也深受索绪尔等人的结构主义语言学、勃尔巴基的结构主义数学学派的影响。皮亚杰把分析心理的研究方法称作结构发生法，并企图在认知结构的研究上使结构主义与建构主义结合起来。皮亚杰的发生认识论在某种意义上可以说是一种认知结构的发展理论。美国心理学史家黎黑认为现代认知心理学的三大范式之一就是皮亚杰的新结构主义。

皮亚杰是以一名生物学家而开始其学术生涯的，具有很深厚的自然科学背景，他的研究工作深受自然科学的影响。他研究工作的主线就是力图寻找一种能够说明生物适应和心理适应之间连续性的模式。同时，他还一直探索如何架设一座从生物学通向认识论的桥梁。皮亚杰十分推崇著名生物学家沃丁顿等人的渐成论。所谓渐成论，是指一种强调基因型与环境相互作用的关于胚胎发育的理论。皮亚杰认为，渐成论的胚胎发育理论与他的智慧及其结构的发展理论之间存在着明显的平行关系。皮亚杰一贯坚持关于生物学的机能和结构与认知的机能和结构之间具有同型的关系的立场，并把这种关系看成是同一种结构运用于两组不同的元素。他还指出，心理发生与有机体之间的关系除了表现出上述的同型性质以外，还表现在作为认知发展基础的动作对神经系统的依赖。更为重要的是，机体的和认知的发展都表现出渐成的系统特征。皮亚杰坚持认为，认知功能的发展是渐成的一部分。

皮亚杰的理论，还深受布尔代数、符号逻辑学和现代控制论的影响。早在20世纪30年代，皮亚杰就采用符号逻辑来研究儿童的智慧活动。后来又借用了布尔代数中的“群”“格”等概念作为形式化运算结构的模型。皮亚杰还认为控制论的模型对于了解认识的机制有重要的帮助，因为控制论可以与他的同化和顺应的平衡说互相印证。

皮亚杰早年曾受业于克拉帕瑞德，深受其师机能主义观点的影响。

他始终坚持心理的机能是适应和智力是对环境的适应的思想。

皮亚杰还与行为主义、格式塔心理学和精神分析有一定的联系。他反对行为主义把刺激与反应的关系看作单向关系，并进而提出了刺激与反应的双向关系，即 S ⇔ R。皮亚杰赞成格式塔心理学关于部分与整体关系的理论。他在《结构主义》一书中提出结构的三个特征是整体性、转换性和自我调节，其中整体性就是来自格式塔心理学。同时，皮亚杰也深受精神分析的影响，早年曾追随荣格学习过精神分析，他的内化、自恋等概念都是来自精神分析。

皮亚杰的思想也有着心理学的背景。皮亚杰深受美国前辈心理学家鲍德温思想的影响。1924 年鲍德温移居法国以后，他的理论通过法国心理学家让内影响了皮亚杰。皮亚杰在《儿童的道德判断》一书中，专列一节介绍鲍德温的道德发展观。皮亚杰理论中的很多概念，如同化、顺应、图式、非二分主义、自我中心或儿童心理的未分化特征等都来自鲍德温的著作。皮亚杰所主张的关于发生认识论的基本观点，即认识论可以提出发展心理学的问题，而发展的观察可以回答认识论的问题的观点，也直接源于鲍德温的主张。

## 第二节　皮亚杰的儿童心理学

皮亚杰认为，认识论问题如果不满足于停留在抽象的思辨领域，就必须踏入心理学的领域。他认为，基于主客体相互作用活动之上的儿童心理学，是能够科学地打开认识发展之门的钥匙。1925 年和 1927 年，他的两个女儿先后出生；1931 年，他的儿子出生了。皮亚杰在妻子协助下，花大量时间观察儿童动作并进行各种实验。他对自己三个孩子的研究，提供了他创立儿童心理发展理论的重要基础。根据研究结果，他写成三本专著，主要论述儿童智慧行为的发生、儿童因果概念和儿童象征行为的开始等问题。他在离开纳沙特尔前，从多年关于软体动物的研究经验中总结出一个根本问题，即遗传结构和环境的关系问题。他认为，这个问题不仅是有机体发生学上分类的中心问题，而且也是心理学上学习理论和认识论的中心问题。皮亚杰并不是怀有创立某种新心理学体系的雄心而开始其事业的，而是在脑中萦绕着认识为何发生的问题步入心理学领域的。他批判地审查了各种现存心理学理论的不足，在批判中自然地形成了他自己的颇具特色的儿童心理学。

皮亚杰的儿童心理学主要研究人类的认识，特别是儿童的认识（认知、智力、思维等）的发展和结构。儿童出生以后，认识是怎样形成的，受哪些因素制约，它的内在结构是什么，等等，所有这些都是皮亚杰儿童心理学研究所试图探索和解答的问题。

## 一、儿童心理学发展的实质与原因

在心理学史上，由于人们对人类的本质与人的发展持有各种不同的观点，因而也就形成了不同的发展理论。皮亚杰在《智慧心理学》一书中，对此做了详细的论述。皮亚杰列举了五种具有代表性的儿童心理发展理论：只讲外因不讲发展的，如英国哲学家罗素的早期观点；只讲内因不讲发展的，如彪勒的思维研究；讲内外因相互作用而不讲发展的，如格式塔心理学；既讲外因又讲发展的，如联想主义心理学；既讲内因又讲发展的，如桑代克的试误说。皮亚杰认为这五种发展理论各有其特点，但又都不完善。他认为儿童心理的发展是内因与外因的相互作用，在相互作用的过程中儿童心理不断产生量变与质变。

皮亚杰认为，儿童心理既不是起源于先天的成熟，也不是起源于后天的经验，而是起源于主体的动作。这种动作的本质是主体对客体的适应。主体通过动作对客体的适应，乃是儿童心理发展的真正原因。皮亚杰由于是从生物学出发来研究认识的增长机制，因此，他总是将人类行为放在其他生物行为的更广泛的关系中来考虑。人的心理被看作是生物适应的延伸，是后者的一种特殊表现。换言之，人的心理或智力也被看作是一种适应环境的手段。

生物学上所说的适应，一般有两层含义：一是指状态，二是指过程。皮亚杰主张要把适应理解为一种动态的平衡过程。在这个过程中，有机体被环境不断影响着，但同时有机体产生的变化又增加了有机体与环境之间的相互作用，其结果就更利于有机体的生存。生物的适应机能又是与其组织机能密切联系着的。生物的组织机能使有机体保持自身的稳定性和一致性，是维持生物体的完整系统所必需的。

皮亚杰把生物体物质层次上的组织机能和适应延伸至心理的层次上。他认为这两个层次之间存在着必然的联系。皮亚杰实际上采取的是一种泛化的适应论，他认为适应不仅限于生物界。世界上万物都无不存在着联系，联系就是事物之间的相互作用。适应就是事物相互作用的过程和结果。个体的每个心理反应，不管指向于外部的动作，还是内化的思维动作，都是一种适应。适应的本质在于取得机体与环境的平衡。皮亚杰认为适应是通过两种形式实现的：一种是同化，就是把外界元素整合于一个正在形成或已经形成的结构之中，以加强和丰富主体的动作。他认为，同化的一般概念不仅适用于有机体活动，而且也适用于行为。皮亚杰用下列公式来表示同化的一般过程：$T+I \rightarrow AT+E$。公式中的 T 表示一种结构，I 是被整合的物质或能量，E 是被排除的物质和能量，AT 指 I 同化于 T 的结果，也就是对刺激物的反应，A 是大于 1 的系数。同化的结果使结构加强。另一种就是顺应，即同化性的格式或结构受到它所同化的元素的影响而发生改变。换句话说，顺应就是改变主体动作以适应客观变化。个体通过同化和顺应这两种形式来适应环境，达到有机体与环境的平衡。如果有机体和环境之间失去平衡，就需要改变行为以重建平衡。这种不断的平衡—不平衡—再平衡的过程，就是适应的过程，也就是儿童心理发展的本质和原因。

皮亚杰认为同化和顺应具有对立统一的关系。只有同化而没有顺应就谈不上发展，而同化如果没有它的对立面——顺应的存在，它本身也不能单独存在。二者的动态平衡作用，推动着儿童心理不断向前发展。

## 二、儿童心理发展的机制

### （一）发展的结构

皮亚杰认为，每个认识活动都包含有一定的认识发展结构。它们分别是图式、同化、顺应和平衡。

1. 图式

图式是皮亚杰心理发展理论中的一个核心概念。他认为，图式是动作的结构或组织。这种结构或组织具有概括性的特点，可以从一种情境迁移到另一种情境中去。换言之，图式就是在同一活动中各种重复和运用中保持共性的那个东西。皮亚杰在谈到儿童心理或智力结构发展时，把图式作为一个核心概念提出来。个体之所以能对刺激做出这样或那样的反应，是因为个体具有能同化这种刺激的某种图式。图式最初来自先天的遗传，一经与环境的相互作用，就在适应环境的过程中不断发展变化，逐渐丰富起来。例如，初生的婴儿无论碰到什么物体，都产生吸吮反射。此时，婴儿具有吸吮的图式。以后在适应环境的过程中，图式不断地变化并复杂化。婴儿在吃奶时看到母亲的形象、听到母亲的声音、接触到母亲的怀抱的姿势等，因而由最初遗传来的反射图式发展为多种图式的协调活动，儿童的心理水平也随之提高。随着年龄和经验的增长，图式的种类、数量和质量都有所提高。初生的婴儿只有极少数且较为粗糙的图式，如吸吮、抓握、哭叫等。随着儿童的成长，图式的种类逐渐增加，内容也日趋丰富多彩，开始从简单的图式到复杂的图式，从外部的行为图式到内部的思维图式，从无逻辑的图式到逻辑的图式。到成年时，就形成了比较复杂的图式系统，这个图式系统就构成了人们的认识结构。

2. 同化

同化本是生物学的一个术语。在生物学中，同化指的是有机体在摄取食物之后，经过消化和吸收把食物变成自身的一部分的过程。皮亚杰将这一概念运用于心理学之中，指主体将外界刺激有效地整合于已有的图式之中。也就是说，同化是个体以其已有的图式或认识结构为基础去吸收新经验的过程。个体的同化过程受他已有的图式所限制。个人所拥有的图式越多，他所能同化的事物范围也就越广泛；个人所拥有的图式越少，他所能同化的范围也就越狭窄。随着认识的发展，同化有三种形式。一是再生性同化，指的是基于儿童对出现的一种刺激做相同的重复反应。例如，每次物体出现时，儿童便出现抓握反应，这有助于儿童同化物体的不同特征和属性。二是再认性同化，指的是基于儿童辨别物体之间的差异并以此做出不同反应的能力。它是在再生性同化基础上出现的，并有助于向更复杂的同化形式发展。三是概括性同化（或类化性同化），指的是基于儿童知觉事物之间的相似性并把它们归于不同类别的能力。

同化是个体认识成长的机制之一。同化的直接结果是促进图式范围的扩大。但是同化本身并不能促进图式种类的发展，它只能引起图式的量的变化，而不能导致质的变化。因此，为了更好地适应环境，人类又发展了认识成长的第二种机制——顺应。同化和顺应的相互配合，才能为生存创造一个更为理想的环境。

3. 顺应

顺应是指同化性的图式或结构受到它所同化的元素的影响而发生的改变。也就是说，顺应是改变原有的图式或建立一个新的图式以容纳一个新鲜刺激的过程。用皮亚杰的话说，"内部图式的改变，以适应现实，叫作顺应"。[①]它包括两个方面：一是把原有的图式加以改造，使其

①［瑞士］皮亚杰、［瑞士］英海尔德著，吴福元译：《儿童心理学》，商务印书馆 1980 年版，第 7 页。

可以接纳新的事物；二是创造一个新的图式，以接受新的事物于图式中。顺应过程使图式产生质的变化，导致人的认识结构的成长和发展。一切认识都离不开图式（认识结构）的同化与顺应作用，它们都既是认识结构的顺应于外物，同时又是外物同化于认识结构的这两个对立统一过程的产物。每个人的认识过程都涉及同化和顺应两个方面。对于那些与个体原有的图式一致的刺激，个体就同化其于原有的图式之中；而对于那些与个体原有的图式不相一致的或不能用原有的图式去处理的刺激或事物，个体就改变原有的图式，创造一个可以包容新的刺激的新图式。由此可见，只有同化而没有顺应，那么就谈不上发展。尽管同化作用在保证图式的连续性和把新的元素整合到那些图式中去是十分必要的，但是，同化如果没有顺应的存在，它本身也不能单独存在。它们是矛盾着的双方。换言之，不存在纯粹的同化。当然，如果没有与顺应同时存在的同化，也就没有顺应可言。

皮亚杰用同化和顺应这两个概念来说明主体的认识结构与环境之间的关系。主体在与环境的不断同化与顺应的过程中，扩大了主体的认识结构，适应了变化着的客观世界。同化和顺应之间的平衡，就是认识上的适应，也是人的智慧行为的实质所在。“智慧行为是依赖于同化和顺应两种智慧机能从最初不稳定的平衡过渡到逐渐稳定的平衡。”①

4. 平衡

平衡首先是同化和顺应两种活动的平衡。人们的认识发展从出生到成年的每一发展阶段都遵循这一过程。人们的认识的发展需要在这两种活动中间有一种和谐一致的关系。因为若这两种活动中的任何一个居于支配地位，而另一个受到压抑，都会阻碍智力的正常发展。同化和顺应的平衡状态有三种水平。第一种水平的平衡状态指主体与外界客体之

①［瑞士］皮亚杰、［瑞士］英海尔德著，吴福元译：《儿童心理学》，商务印书馆 1980 年版，第 7 页。

间的关系——客体同化于主体的图式必须与图式对客体的顺应处于平衡状态。第二种水平的平衡状态是比较简单的主体图式之间的互反的同化和顺应，如“看”和“抓握”这两种图式之间的互反的同化和顺应。第三种水平的平衡状态是通过平衡化过程实现的。顺应导致一个图式或系统分化为亚系统，然后，这些亚系统又被同化到一个新的整体系统中去，这个系统在性质上不同于前面的亚系统。

皮亚杰认为，平衡也是认识发展的动力因素。同化成功，个体的认识就处于平衡状态。同化失败，个体的认识就会出现不平衡。不平衡可以推动个体应用调节机制，以达到新的平衡。通过这样一种平衡—不平衡—再平衡的过程，个体的认识活动不断向前发展。

（二）发展的因素

皮亚杰认为支配儿童心理发展的因素有成熟、物理环境、社会环境和平衡四个方面的因素。

1. 成熟

所谓的成熟是“指机体的成长，特别是神经系统和内分泌系统的成熟”①。儿童的某些行为模式的出现有赖于一定的身体结构或神经系统最早发生的机能。皮亚杰认为：“成熟在整个心理成长过程中起着一定的作用。……从确已掌握的一些资料，我们看到成熟主要在于揭开新的可能性，从而成为某些行为模式出现的必要条件，但成熟本身还不是一个足够的条件；而且，这些新的可能性的揭开还需给予满足的机会。为了实现这个目的，必须通过机能的练习和最低限度的习得经验，才能增强成熟的作用。……成熟仅仅是所有因素之一，儿童年龄渐长，自然及社会影响的重要性将随之增加。”②

①②［瑞士］皮亚杰、［瑞士］英海尔德著，吴福元译：《儿童心理学》，商务印书馆 1980 年版，第 115、115—116 页。

2. 物理环境

物理环境就是“个体对物体做出动作中的练习和习得经验”[①]。这种经验不同于社会经验。它包括两类：第一类是物理的经验，指个体作用于物体，抽象出物体的特性；第二类是逻辑—数理的经验，指个体作用于物体，旨在理解动作间相互协调的结果。在第二类中，知识来源于动作（动作起着组织和协调作用）而非源于物体。这种经验仅指日后将发展成为运算推理的实际上带有动作性质的方面，它不同于由外界环境引起的动作所获得的经验。第二类经验是主体作用于外界物体而产生的构造性动作。皮亚杰认为，物理因素是重要的，它是一个必要因素，但不是儿童心理发展的决定因素。

3. 社会环境

社会环境包括社会生活、文化教育和语言等诸多方面，这种因素指社会上的相互作用和社会传递。社会环境因素和物理环境因素一样，它们要能对主体的发展发挥影响，就必须建立在它们能被主体所同化的基础上。皮亚杰指出：“社会化就是一个结构化的过程，个体对社会化做出的贡献正如他从社会化所得到的同样多，从那里便产生了‘运算’和‘协同运算’的相互依赖和同型性。但是，即使主体似乎在非常被动地社会传递，例如学校教学的情况下，如果缺少儿童主动的同化作用，这种社会化作用仍将无效，而儿童主动的同化作用则是以儿童具有适当的运算结构作为前提的。”[②]

4. 平衡

皮亚杰认为，心理发展中最重要的，即决定因素是平衡或自我调节。他指出，平衡就是不断成熟的内部组织和外部环境的相互作用。因

①②［瑞士］皮亚杰、［瑞士］英海尔德著，吴福元译：《儿童心理学》，商务印书馆1980年版，第116、117页。

此平衡不是静态的、物理学上力的平衡，也不是热力学上的熵的增加，而是一种动态的平衡。通过这种动态的平衡实现了儿童心理结构的不断变化和发展。皮亚杰指出：“首先，因为平衡因素是必需的，它可调和成熟、个体对物体产生的经验以及社会经验三方面的作用。其次，由于平衡作用，感知—运动结构从最初的节奏开始逐渐进展成调节作用，再从调节作用逐渐进展成可逆性的开端。调节作用直接依赖于平衡因素，而所有日后的发展便是从调节作用转向可逆性和扩展可逆性的一个连续过程。可逆性是一个完善的——也就是说达到完全平衡的——补偿系统，其中每一变换通过逆向或互反这两种可能性达到了平衡。”①

### 三、儿童心理发展的阶段

皮亚杰在指出各种发展观的不足时，也提出了自己的儿童心理发展观，即儿童心理发展是在内因、外因相互作用中不断产生量与质的变化。

#### （一）心理发展的阶段特征

皮亚杰认为儿童心理的发展具有一定的阶段性和规律性，他将发展的阶段特征概括为以下四点。

第一，儿童心理发展可分为几个具有质的差异的连续阶段。这种心理发展阶段的划分是相对的。每个儿童的心理发展都是一种平衡—不平衡—再平衡的连续发展阶段，呈现出心理发展的连续性。每一阶段都有一整体结构，作为该阶段行为模式的主要特征。在不同的年龄阶段，心理发展具有不同的特点，呈现出阶段性。这种不同年龄阶段出现的心理特点是阶段划分的依据。

①［瑞士］皮亚杰、［瑞士］英海尔德著，吴福元译：《儿童心理学》，商务印书馆1980年版，第119页。

第二，阶段的先后顺序是恒定不变的。儿童的心理发展水平随年龄的增长而由低到高，从一个阶段进入下一个阶段，逐步达到最高水平。但是，发展阶段同年龄之间的联系并不是固定不变的。由于社会环境、文化教育和活动范围的不同，有些儿童可能发展得快些，有些儿童可能发展得慢些，但心理发展的阶段顺序是不变的，它们既不能跨越，也不能倒退。所有的儿童都遵循这样发展的顺序，因而阶段具有普遍性。

第三，认识结构的发展是一个连续构造的过程。每一阶段都是前面阶段的延伸，每一阶段的发展又都为下一阶段打下基础，而且前一阶段所形成的认识结构都被归入到下一个阶段形成的认识结构中，并成为其中的一部分。

第四，发展的阶段不是阶梯式的，而是具有一定程度的交叉重叠。每个阶段都有一个准备期和完成期。在准备期内，心理发展的特点同前一阶段保持密切的联系，还没有完全形成该阶段应有的特点。在进入完成期后，本阶段所应具备的认识结构才达到平衡状态，并为进入下一阶段做好准备。

（二）儿童心理发展的四个阶段

皮亚杰花了大半生的精力，通过大量的观察和实验，把儿童心理的发展划分成四个阶段。

1. 感知运动阶段——儿童思维的萌芽（0 ~ 2 岁）

皮亚杰根据对儿童的追踪研究，把 2 岁以前儿童智力发生发展的过程做了详细的描述。他把这一阶段划分为六个子阶段，分别是：反射练习时期（0 ~ 1 个月）；习惯动作时期（1 ~ 4 或 5 个月）；有目的的运作逐步形成时期(4 或 5 ~ 9 个月)；手段与目的分化并协调时期(9 ~ 11 或 12 个月）；感知运动智力时期（11 或 12 ~ 18 个月）；智力的综合时期（18 个月 ~ 2 岁）。这一阶段的儿童仅靠感知动作的手段来适应外部环境，他们形成了动作图式的认识结构。该阶段儿童所蕴含的逻辑是动作逻辑，他们只有动作智慧而没有表象和运算的智慧。

2. 前运算阶段（2 ~ 7 岁）

这个阶段同感知运动阶段相比有了质的飞跃：前一阶段的儿童只能对当前知觉到的事物以实际的运作进行思维；后一阶段的儿童，由于符号功能的出现，使儿童开始从具体动作中摆脱出来，凭借象征性图式在头脑中进行表象性思维。这个时期的儿童由于语言的出现和发展，促使儿童日益频繁地用表象符号来代替外界事物，重视外部活动。这种表象性思维有三个特点。一是具体形象性。儿童是凭借表象来进行思维的，依靠这种思维，他们可以进行各种象征性活动或游戏、延缓性模仿以及绘画活动等。正是由于表象和语言的出现以及行走能力的发展，大大扩展了儿童的空间和时间的范围，儿童可以理解过去和未来的事情。二是不可逆性。儿童在这个阶段已开始从前概念思维向运算思维发展，但他们的判断仍受直觉调节的限制。因而，假如提出抽象的问题，儿童就可能得出错误的结论。所以说，这个时期的儿童还不具有概念的守恒性和可逆性。三是刻板性。当儿童集中在问题的某一方面时，就不能同时把注意力转移到另一方面。

这个时期儿童只具备一些日常生活中的概念，还没有真正的逻辑概念，只是到了该阶段的后期，最初的运算图式才开始出现。所以，皮亚杰称该阶段为前运算阶段。

3. 具体运算阶段（7 ~ 12 岁）

皮亚杰认为，具体运算是在前一阶段很多表象图式融化、协调的基础上形成的。在这个阶段，儿童的智慧活动具有了守恒性和可逆性，儿童掌握了群集运算、空间关系、分类和排序等逻辑运算能力。但是，这个时期儿童的运算还离不开具体事实的支持，儿童只能把逻辑运算应用于具体的或观察所及的事物，而不能把逻辑运算扩展到抽象概念之中。所以在纯粹语言叙述的情况下进行推理，儿童就会感到困难。因此，皮亚杰把该阶段称为具体运算阶段。

儿童在具体运算阶段所表现出的特征是：他们产生了类的认识，形成了类的概念，能进行加法性和乘法性的分类。他们也能把许多同类事物按某种性质排成一个序列，还能把不同类事物进行序列的一一对应。在包含关系和序列关系的基础上，儿童真正在运算水平上掌握了数概念，并使空间和时间的测量活动成为可能。

从外化的知识角度来看，具体运算阶段的儿童以长度、质量、体积、面积等守恒的出现为标志，这也表明儿童对物质世界的认识大大向前跨越了一步。根据皮亚杰的实验研究，达到各种守恒的年龄是不一样的。达到物质守恒是 7 ~ 8 岁，达到质量守恒是 9 ~ 10 岁，11 ~ 12 岁时儿童出现容积守恒。

4．形式运算阶段——抽象逻辑思维（12 ~ 15 岁）

形式运算阶段又称命题运算阶段。此阶段的儿童不受具体内容的束缚，而是通过假设推理来解答问题，或从前提出发来得出结论。思维的主要特征是把逻辑运算结合成各种系统，并根据可能的转换形式去解决脱离了当前具体事物的观察所提出的有关命题，或是根据掌握的资料，做因素分析，进行科学实验，从而发现规律。这个阶段也是儿童开始掌握理论的时期。由于这个时期儿童思考问题摆脱了具体事物的束缚，所以有利于儿童的兴趣朝着不在当前的而在未来的事物方向发展，儿童开始具有了远大理想。皮亚杰关心假设可能性的推理能力。他曾做过一项实验，给儿童四个装有无色液体的曲颈瓶，分别贴上写有“1”“2”“3”“4”的纸条，也给他们一个装有无色液体的小瓶子，贴上写着“g”的纸条。儿童的任务是混合这些液体，使之变成黄色。

在前运算水平，儿童一般是弄得一团糟。他们无法把液体从瓶中倒出倒进。在具体运算水平，儿童的动作表现出较有组织。一个典型的策略是把“g”瓶的液体倒进每个曲颈瓶，接着就停下来。如果问他们，儿童一般说，再也没有办法了。他们的动作显示出有组织，但只是在一个有限的范围。而在形式运算阶段，儿童按照所有的可能性有条不紊地工作。有人从尝试各种不同的组合入手，然后领悟到还是要弄清全部可能的组合，在行动之前先把它们记录下来。当儿童预先全盘考虑到某种情况下应有的可能性，然后才系统地进行试验的时候，他们才像真正的科学家。

四、临床法

皮亚杰早年曾接受过精神分析的训练，还在比纳实验室进行过心理测验的研究，又受到格式塔心理学的影响，因此，皮亚杰综合了观察法、询问法、测验法和实验法的一些特点，创造出了临床法，即研究者在和儿童半自然交往中，让他们看一些实物或向他们提出一些特定问题，从而收集资料的一种方法。儿童对研究者提出的问题可以毫无拘束地做出回答和反应，研究者则继续提出新的任务或对儿童进行追问。

皮亚杰的临床法主要有六个方面的特点。第一，采取参与和自然观察的方式进行研究。皮亚杰认为，要了解儿童的智力和思维机制，必须从整体的观点出发，从整体上研究儿童。他强调在儿童自然活动状况下了解儿童、研究儿童，以此获取更客观的研究成果。第二，设计丰富多彩的小实验。研究者采用了丰富多彩、各式各样的物理和化学小实验，当面做给被试儿童看，或者要求儿童自己动手做，以此来研究儿童的思维水平。第三，安排合理灵活的谈话。皮亚杰的谈话十分灵活，也常根据被试的不同特点来提问，不采用严格的指导语，也不拘泥于标准化的程序，主试可以围绕谈话的主题自由发挥。在谈话中，运用儿童能领会的语言，不把主试的观点强加在儿童身上，也不干扰儿童的思路。第四，具有新颖严密的分析工具，不采用标准式的测验来评估行为。皮亚杰认为心理学中的概念显得含混不清，主要是缺乏严密的分析工具。他把数理逻辑引进到心理学的研究工作中来，用数理逻辑作为分析儿童思维或智力水平的工具。这是皮亚杰的一个创造。第五，不限制被试的反应，注意从个体自发性反应中去推理分析其心理历程。第六，研究对象数量相对较少，有时只有一个人。皮亚杰认为临床法不能停留在现象的表面，满足于一些量的分析，而是要巧妙地探索出儿童智力或思维的结构或本质特点。

临床法虽然不是一种客观精确的方法，但由于皮亚杰具有敏锐的洞察力，他用这种方法取得了大量的第一手资料，提出了独创性的见解，建立了一套儿童认知发展理论。

## 第三节　皮亚杰的发生认识论

发生认识论是皮亚杰学说的理论基础，也是欧洲机能主义的重大发展。它是用发生学的方法来研究认识论。皮亚杰说："发生认识论试图根据认识的历史、认识的社会根源、认识所依据的概念和'运算'的心理起源来解释认识，特别是解释科学的认识。"①由此可见，发生认识论主要研究认识的发生发展过程、结构及心理起源。

### 一、认识的心理发生论

皮亚杰根据心理发生学的分析，认为认识既不来自客体，也不来自具有自我意识的主体，认识是主客体之间相互作用的产物。主体与客体之间的相互作用是依赖动作（活动）这一中介来实现的，因此也可以说，认识来源于动作。动作既是感知的源泉，又是思维的基础。主体要认识客体就必须对客体施加动作，从而改变客体。主客体之间的关系是一种双向关系：S ⇔ O，即在主体作用于客体的同时，客体也作用于主体。通过这种相互作用，主体实现了对客体的适应。

①[瑞士]皮亚杰著、傅统生译:《发生认识论》，载《教育研究》1979年第2期。

在皮亚杰看来，在“同化于己”和“顺应于物”的主客体相互作用过程中，实际上包含着“动作内化”和“图式外化”的两极转化，所谓智慧，其实就是这种双向建构的综合。发展的高低决定于双向建构的深化程度的不同。认识从主客体相互作用的活动开始，但在认识发展之初，主客体尚未分化。这时儿童还意识不到自身作为一个主体的存在。随着相互作用活动的丰富和发展，主客体开始分化，分别形成主体的内部结构和客体的外部结构。皮亚杰称前者为内化建构，后者为外化建构。他认为个体从感知运动阶段到形式运算阶段的发展，经历了上述内化与外化建构的辩证统一过程。

皮亚杰认为传统的认识论只注意认识的高级水平和认识的最后结果，而近代和现代的认识论则仅仅从事认识的逻辑分析和言语分析，这些都还不够，还需要用认识的心理发生的研究来补充才能完善。皮亚杰指出：“发生认识论的目的就在于研究各种认识的起源，从最低级形式的认识开始，并追踪这种认识向以后各个水平的发展情况，一直追踪到科学思维并包括科学思维。”①这可以丰富传统认识论的研究，把传统认识论研究的范畴变成心理学的实验课题，对个体认识的发生发展做深入探讨。

## 二、认识的生物发生论

皮亚杰认为，从发生认识论来看，有必要从生物学方面来考虑认识论问题。他把生物学上的表型复制理论运用于认识发展，也就是揭示出内因与环境相互作用的生物学概念与主客体间必要的相互作用的认识论概念两者之间的关系。支配表型复制的核心因素是平衡化的自动调节机制，这是皮亚杰学派对发展原因的根本见解。

①[瑞士]皮亚杰著，王宪钿等译:《发生认识论原理》，商务印书馆 1981 年版，第 17 页。

皮亚杰在《生物学中的表型复制与认识的心理发展》一文中，引用了生物学中的表型复制的概念来说明人类认识的发展。在生物学上，基因型是指个体的遗传物质或基因结构，表型则指可观察的外显特征。按当代生物学的观点，皮亚杰在基因型和表型之间并未做严格的区分。在他看来，表型是遗传和环境相互作用的产物。因此，在这个意义上的表型就不是由环境所控制，而是机体对环境做出选择的结果。在这个问题上，皮亚杰与强调环境的决定作用的拉马克主义是相对立的，同时与强调随机变异的新达尔文主义也是格格不入的。

皮亚杰认为表型复制的本质在于强调机体内部的调节，这些调节本身又通过与环境的相互作用而得到修正。调节意味着对初始的遗传物质重构。支配重构的调节是一种对环境更加适应的自动调节。它强调的是内部有方向性的同化过程，而不是机体对环境的被动接受。皮亚杰将生物有机体的自动调节机制和表型复制过程与认识的形成和发展进行了类比。皮亚杰把相应于生物学上的外源型变异（或表型变异）和内源型变异（或基因型变异）同认识相类比，把认识也分成两种：从经验中得到的外源性认识与从主体动作的内部必然协调中导出的内源性认识。皮亚杰认为，内源性认识标志着认识结构发展的层次。关于认识结构是如何发展的，皮亚杰的基本观点是：内源性重构取代了外源性认识。换句话说，认识的发展也是因为产生了基因型的变化，即产生了内源性重构的结果。认识的内源性就是认识的表型复制过程。内源性重构不是外源经验的简单内化，它受自动调节的平衡化机制所支配。生物的表型复制和认识的表型复制最为重要的相似性就是它们都具有自我调节这一特征。

### 三、认识的建构结构论

皮亚杰发生认识论的根本观点就是把结构主义与建构主义紧密地结合起来。如皮亚杰所说：“认识的结构既不是在客体中预先形成的，因为这些客体总是被同化到那些超越于客体之上的逻辑数学框架中去；也不是在必须不断地进行重新组织而预先形成的。因此认识的获得必须用一个将结构主义和建构主义紧密地联结起来的理论来说明，也就是说，每一个结构都是心理发生的结果，而心理发生就是从一个较初级的结构过渡到一个不那么初级的（或比较复杂的）结构。”①

皮亚杰认为认识是不断建构的产物。建构物、结构对认识起着中介作用。结构不断地建构，从比较简单的结构到更为复杂的结构。而建构的过程则依赖于主体的不断活动。皮亚杰还探讨了逻辑、数学和物理学的关系问题。他认为这些认识活动都同样是不断建构的产物，人们可以越过那些可观察到的东西来尝试着建构结构，并不是从主体有意识地说或想的什么来形成结构，而是以解决新问题时，依靠自身的运算所“做”的什么来建构结构。皮亚杰的建构结构论，强调的是主客体的相互作用，任何心理结构都是这种相互作用的结果。在他看来，主客体之间的界限不是预先确定的，也不是一成不变的。实际上，在每个动作中，主体与客体都融为一体。认识在起点上，既不产生于客体，也不产生于主体，而是产生于从一开始就不可分割的主体与客体之间的相互作用。

### 四、一种多学科的理论

皮亚杰认为，在所有的学科中心理学占有重要地位。心理学在不同程度上与其他学科相互联系、相互依存，其他学科在一定程度上也借助于心理学。发生认识论是用发生学的观点和方法研究人类的认识，强调认识的个体心理起源和历史发展。它是在心理学、生

---

①[瑞士]皮亚杰著，王宪钿等译：《发生认识论原理》，商务印书馆 1981 年版，第 18 页。

物学、数学、逻辑学等学科的基础上形成的一个独特的理论。皮亚杰曾系统地论述了认识的心理发生、认识的生物发生以及古典逻辑、数学、物理学等学科的认识论问题。他这样做的原因是由发生认识论所研究的问题决定的。发生认识论关心的是认识的成长问题：从一种不充分的、比较贫乏的认识向在深度、广度上都较为丰富的认识过渡。而科学则是一直向前发展的，所以人类认识的现状总是不断变化的。广义的发生学问题包括所有科学认识的进展问题，它有两个方面：一方面是认识的事实问题，即在某一特定阶段上的认识水平问题和从一个阶段到下一阶段的过渡问题；另一方面是认识的有效性问题，即用进步或退步来评价认识问题、认识的形式结构问题。因此，可以说发生认识论是研究各门学科中的认识论问题的一种理论，亦即研究各门学科中的哲学问题。它的研究途径就是把认识论同儿童心理学紧密结合起来。

## 第四节　对皮亚杰理论的评价

### 一、皮亚杰理论的贡献

#### （一）把认识论与心理学紧密结合起来，促进了科学认识论的发展

皮亚杰在综合多种学科知识的基础上，把认识论和心理学结合起来，创立了发生认识论。这就从认识起源的角度，运用心理学的方法来探索哲学中的问题，填补了传统认识论在认识发生上的空白，在认识论研究史上占有重要的地位，为认识论的研究开辟了一条独特的道路。皮亚杰的理论促进了当代认识论向辩证思维的方向复归。主体与客体的关系问题是皮亚杰发生认识论的出发点和中心问题。皮亚杰总结了经验论和唯理论的争论，不仅为主客体统一的思想提供了大量的心理学依据，而且对主客体相互作用的机制提出了完整的、系统的观点，从而促进了

科学认识论的发展。

（二）促进了儿童心理学和认知心理学等学科的发展

皮亚杰的理论对儿童心理学的贡献是十分巨大的。他批判了各种形而上学的发展观，提出了儿童心理发展是在内外因相互作用中不断产生量的和质的变化的心理发展观，提出了影响儿童心理发展的四个要素，即生物成熟、物理环境、社会环境和平衡过程。这四个因素对儿童心理的发展各具独特的作用，是其他因素所不能代替的，它们共同作用，推动儿童心理向前发展。皮亚杰提出的儿童心理发展的阶段论，指出心理发展的阶段具有连续性、交叉性、顺序不变等特点，这些对儿童心理学的研究有积极的意义。皮亚杰的研究极大地丰富和深化了儿童心理学的研究，成为儿童心理学史上一座重要的里程碑。

皮亚杰的理论对认识心理学的发展有着重要的贡献，并成为当代广义认知心理学的重要组成部分。它通过对儿童科学概念及心理运算的起源的实验分析，探索了智慧形成和认知机制的发生发展规律，为认知发展心理学的建立奠定了基础。

（三）皮亚杰的理论在学习心理学的发展史上也占有重要地位

传统的学习理论在很大程度上依赖于对动物学习的实验研究，这些理论忽视了人类学习的社会性与主动性，把人类的学习等同于动物的学习。皮亚杰反对这种观点，他考虑到先天图式和后天环境的相互作用，强调内因与外因的相互作用。这种关于学习过程的学说超出了传统的学习理论，对学习心理学的发展产生了重要影响。

（四）皮亚杰创造的临床法是对儿童心理学研究的一大贡献

皮亚杰之所以能在儿童智慧研究上有突破性的成就，是与他的方法上的改进，即与运用临床法并引进数理逻辑作为分析工具是分不开的。因此，有的心理学家将冯特引进实验方法、巴甫洛夫创造了条件反射法和皮亚杰创建的临床法与引进数理逻辑方法称为一百年心理学史上的三大突破。[1]临床法的应用，是对传统测验法、观察法的一种革新。它使皮亚杰学派产生了丰硕的成果，积累了大量的第一手材料，而且提出了一套具有真知灼见的儿童心理发展的理论，创建了发生认识论。这种研究方法既注意研究的整体性，又注意深入把握本质；既注意研究的精密性，又注意灵活多样性；既注意高度的科学性，又注意高度的艺术性。[2]

## 二、皮亚杰理论的主要缺陷

皮亚杰的理论尽管对心理学、认识论的发展起着巨大的作用，但也不是完美无缺的，因而也遭到一些心理学家的批评。对于皮亚杰理论的批评主要有以下几个方面。

### （一）存在着生物学化倾向

皮亚杰的生物学化倾向表现在他把生物学类比作为发生认识论的方法论。他认为生物学类比是研究发生认识论的一种基本方法，故有时他把发生认识论定义为比较解剖学，把智慧的本质归结为生物适应。皮亚杰赋予适应以最普遍的哲学意义，把适应从生物学扩展到人类社会。尽管他一再声称反对还原论，但他实际上仍有把高级运动规律还原为较低级运动规律的现象。另外，皮亚杰的生物学化倾向表现在他重图式、轻反应，对人的社会性和实践活动重视不够。

### （二）存在唯科学主义和逻辑中心主义的倾向

这主要表现在重视认识活动中逻辑结构的分析而忽视非逻辑结构的研究，重视评价结构中认知的作用而忽视道德、情感的动力功能。皮亚杰的理论忽视了社会生活，特别是文化教育在儿童认识、智力发展中

①陈元晖：《论冯特》，上海人民出版社 1979 年版，第 90 页。

②朱智贤、林崇德著：《儿童心理学史》，北京师范大学出版社 1988 年版，第 249 页。

的作用，在研究中经常以个人作为认识主体，因而导致不得不把动作进一步归结为儿童的先天动作，认为逻辑运算可以脱离语言而产生，认为心理结构的根源可以追溯到一个简单的功能——平衡或调节的机制。另外，皮亚杰反对反映论的观点，认为认识不是主体对客体的反映。在这里他遇到了难以解决的矛盾，即主客体如何统一的问题，所以，他又只能重蹈预成论的覆辙。

同时，在皮亚杰的理论中存在着一些论证不足、流于思辨和过于武断的问题。主要表现在对儿童自我中心化、思维活动过程中心化、运算的结构化等问题的描述，推论多于论证。

## 第五节 皮亚杰理论的发展

### 一、发展的原因

皮亚杰的理论产生于20世纪20年代，到20世纪50年代则完全成熟，并在全世界范围内产生了重要的影响，皮亚杰也被公认为世界著名的心理学家。任何一个理论都会随着时间的发展而不断地改变着，皮亚杰的理论也不例外。皮亚杰理论不断发展的原因主要有以下三个方面：一是对皮亚杰的研究方法和研究结果进行修订；二是信息加工理论与皮亚杰理论相结合；三是日内瓦学派本身的变革。皮亚杰的同事和学生们的研究工作，使皮亚杰的理论有了新的变革性的发展。这种发展是在保持皮亚杰理论的基础框架或模式的前提下，调整了研究的方向，扩大了研究的范围和课题。其表现是，或者是补充和修正皮亚杰的某些观点，或者是从广度和深度上充实并提高了皮亚杰理论，或者是为皮亚杰理论加进某些新的成分。他们打出了“新皮亚杰学派”的旗号。

## 二、发展的特点

新皮亚杰学派的主要代表人物有帕斯柯尔-里昂、费雪、哈尔佛德、凯斯等人。他们直接继承了皮亚杰的三个理论假设：第一，儿童的认知发展表现出明显的阶段性，有三个或四个不同的结构水平；第二，高级的组织结构包括低级的组织结构；第三，在适当的环境中，对认识结构的获得有着年龄特征。

新皮亚杰理论研究者有他们的特点，可以概括为如下几点。

第一，新皮亚杰主义恢复了日内瓦大学重视教育研究的传统。他们认为，教育不仅是社会发展的需要，而且也是个体人格完善发展的需要。因此，在他们的研究中，特别强调社会关系、交往、社会文化、社会性发展的研究。在他们关于智力的社会性发展研究中，虽然使用了皮亚杰的概念，但他们是更多从社会认知或发生社会心理学的观点来加以阐释的，即同化、顺应、平衡等过程发展的线索是由社会环境来提供的。

第二，新皮亚杰主义不仅追求心理学理论研究的科学价值，而且更重要的是重视应用的研究。在这一点上，新皮亚杰学派与皮亚杰后期纯理论的研究方向是相对立的。他们不赞成在心理学中只是抽象地研究心和物、心和身、感觉和思维等这些对立命题的关系，而是主张综合地、全面地研究这些对立命题之间实际存在的密不可分的联系。

第三，新皮亚杰主义不赞成只单单研究认知的发展，而是要求把儿童心理发展当作一个整体来研究。除了认知之外，还有情绪、自我意识、人格发展等。这样就使儿童心理的研究更加丰富化，并具有实际应用的作用，对指导教育实践活动具有积极的意义。

第四，试图创设几个变量相互作用的情境，给儿童提供分析、抽取、鉴别客体属性的机会，从而强调被试在实验过程中的作用。此外，新皮亚杰学派还注意采用现代技术，例如，电子计算机、微电脑等技术，对皮亚杰研究中未包括的方向进行新的探索。他们关于婴儿视觉系统的感觉运动的本质的研究，大大扩展和丰富了皮亚杰的研究。

当然，新皮亚杰学派还在不断地形成和发展过程中，还没有一个明确的体系，同时也存在着一定的缺陷与不足。但是新皮亚杰主义的影响正在不断地扩大，它必将在认知发展研究方面取得更多的研究成果。正如他们自己所说的：要回答新皮亚杰学派提出的种种问题，是不容易的，也不是立刻可以办到的，这是一个广阔的、需要雄心壮志的、长期的研究计划。

# 第十五章　信息加工认知心理学

信息加工认知心理学是20世纪50年代中期在美国等一些西方国家兴起的一种心理学思潮，它把以往被行为主义排挤到后台的高级心理过程主要是认知过程重新拉回到心理学研究的前台，注重对注意、知觉、表象、记忆、思维和语言等高级心理过程的研究，从而兴起了心理学中的“认知革命”。在信息加工认知心理学中存在着不同的观点、研究途径和研究取向。20世纪70年代占主导地位的是符号加工认知心理学；80年代以后，曾与符号加工认知心理学并驾齐驱的联结主义认知心理学得以复兴，并开始在心理学中占据上风；生态认知心理学实际上产生于20世纪50年代，形成于60年代，但直到90年代，当符号加工认知心理学和联结主义认知心理学遭遇了难以克服的困难时，它才开始受到研究者的重视。可以说，符号加工认知心理学、联结主义认知心理学和生态认知心理学是信息加工认知心理学领域的三大研究取向，它们构成了信息加工认知心理学的完整图景，并在各自的领域中为揭示认知的本质做出了贡献。

## 第一节　信息加工认知心理学兴起的背景

信息加工认知心理学的产生既是心理学本身长期历史发展的结果，又是心理学与邻近学科交叉渗透的结果。

### 一、哲学背景

有关人类认识或认知过程的探讨在科学心理学产生之前就已经存

在于哲学的认识论中，因此探讨信息加工认知心理学产生的背景，离不开对有关哲学背景的分析。

（一）亚里士多德和柏拉图的研究

在古希腊时代，亚里士多德和柏拉图等学者就对认识的起源及性质进行过探讨，并在记忆和思维等问题的研究上阐发了不同的观点。尽管从现代科学的角度来看，这些观点简单且不成体系，但它们导致了认识论发展史上的经验论和唯理论之争，对信息加工认知心理学产生了间接的影响。

（二）经验论和唯理论

经验论和唯理论是欧洲哲学史上的两大流派，它们在知识的起源和知识的性质等问题上针锋相对，其影响一直持续到今天。经验论主张人的一切知识均来源于经验，经验是知识的唯一源泉。经验论的著名代表人物洛克认为，人的心灵就像一块白板，上面没有任何痕迹，一切观念都是后天获得的。感觉经验给人提供了简单观念，通过联想，简单观念就可以组成复杂观念。认知心理学家受到了联想原理的启发，以至于有些学者把信息加工认知心理学称为“现代联想主义心理学”。

唯理论的代表人物笛卡儿贬低感觉经验，抬高理性能力，主张“天赋观念说”，认为认识就是靠理性的直观去发现“清楚明白”的天赋观念。其观点对信息加工认知心理学有直接的影响。乔姆斯基在解释语言的获得时，提出人先天具有一种语法的转换生成结构，这一结构可以解释儿童的语言获得。这种观点可以看作是唯理论在信息加工认知心理学中的延续。

虽然这些都是哲学领域的争论，但它们常常涉及关于人的认知的心理学构想。在这一长期的论争中，并没有出现与此相伴的想用科学的方法来了解人的认知的企图，这是由于人们对自己和自己的本性持有自我中心的、神秘的和混乱的态度。

（三）康德的哲学思想

康德认为任何知识都是由质料和形式两种成分构成的。质料是从经验中产生的，而形式则是先验的，是头脑中固有的。质料只有依靠这种先天范畴的整理才具有规律性和可靠性。康德的这一思想不仅影响了皮亚杰，同样也影响了符号加工认知心理学。信息加工认知心理学家所假设的认知结构与康德的理性范畴具有类似的功能。

在信息加工认知心理学兴起的过程中，各种哲学思想都是相互交织在一起而产生影响的。虽然唯理论在纠正和否定心理学中的还原论和机械论等方面曾起过重要作用，但从更一般的意义上来分析，对信息加工认知心理学的产生发挥重要影响的哲学思想当首推经验主义。按照经验主义取向进行研究的信息加工认知心理学主要是实证性的，这与自然科学的方法论基本一致。近代西方心理学正是在经验主义科学观和方法论的指导下，走上了科学的发展道路。

## 二、心理学背景

信息加工认知心理学是现代心理学自身发展和矛盾运动的必然结果。它与早期实验心理学、格式塔心理学、行为主义和皮亚杰的发生认识论都有着广泛的联系。

### （一）早期实验心理学的影响

信息加工认知心理学继承和发展了早期实验心理学的研究精神、方法和课题。科学心理学的鼻祖冯特在创建实验心理学时，就立志要以自然科学的方法来研究心理学的问题。他以意识经验为心理学的研究对象，以实验内省法为心理学的主要研究方法，对感知觉、反应时、注意等问题进行了卓越的实验研究。信息加工认知心理学继承和发展了早期实验心理学的这一研究传统，反应时实验便是信息加工认知心理学研究的主要课题之一。因此，一些心理学家认为信息加工认知心理学是实验心理学在推翻行为主义的统治后向早期实验心理学的回归，这不是没有道理的。信息加工认知心理学家批判性地改造了实验内省法，并在此基础上提出了“口述报告法”或“出声思考法”，即要求被试通过原始性的口头陈述来报告思考时的内部信息加工，特别是短时记忆中的内容。内克森、西蒙等人对口述报告的记录采用了多种分析技术，在认知研究方面取得了一定的成就。詹姆斯关于两种记忆系统即初级记忆和次级记忆的提法，今天已成为信息加工认知心理学关于记忆研究的基础。

（二）格式塔心理学的影响

格式塔心理学兴起于20世纪初期，它是一种反对元素分析而强调整体组织的心理学体系。格式塔心理学强调经验的整体性，认为整体是不可分析为元素的，整体不等于部分的总和，而是先于部分并决定各部分的性质和意义。格式塔心理学以格式塔原则来解释知觉、学习、记忆和思维等心理过程。这种研究倾向对信息加工认知心理学也产生了一定的影响。信息加工认知心理学特别强调研究的整体性和心理的内部机制，其重要特点就是把以前那种以心理物理实验为基础的研究转向心理的内部机制，注重信息的破译、编码和整合，强调内部心理活动之间的相互联系，采用模拟的方法进行综合性研究，这与格式塔心理学的观点是一脉相承的。格式塔心理学主张研究直接的生活经验，主张把直接的生活经验材料与实验资料结合起来，重视观察者对自己知觉内容的直接描述等，这既不同于冯特和铁钦纳只承认经过严格训练的被试的内省，也不同于行为主义只重视实验室实验的做法，却与信息加工认知心理学的基本观点相一致。在具体的研究领域上，信息加工认知心理学主要关注信息的接收、编码、储存等过程，涉及表征、注意、记忆、理解问题和创造性思维等认知过程的研究，这与格式塔心理学更为接近。虽然格式塔心理学对信息加工认知心理学具有显著的影响，但由于其组织原则主要局限于知觉领域，因此无法解释人的复杂的意向活动和认知活动。此外，格式塔心理学既强调内部完形的整体性，又强调现场的直接观察经验，因此难以深入分析直接经验与内部心理结构的作用机制。信息加工认知心理学在吸收格式塔心理学研究成果的同时，也从其局限性中受到启示，从而在研究中避免这种局限性。

（三）行为主义的影响

信息加工认知心理学是以反对行为主义起家的，却与行为主义有着千丝万缕的联系。可以这样说，信息加工认知心理学从研究对象上对行为主义进行了否定，但在方法上则是对行为主义特别是放弃了极端观点的新行为主义的继承和发展。虽然“中介行为主义在 20 世纪 50 年代是一个主要的理论观点，但它最终证明是连接 20 世纪 30 至 40 年代推论行为主义和 20 世纪 80 年代推论行为主义（认知心理学）的一座桥梁”[①]。近年来，信息加工认知心理学已不再仅仅专注于内部心理过程的研究，也注意了对行为的研究，这是因为，在一般情况下，人们是使用从环境中获得的信息并结合记忆内存储的东西来指导未来的行为并塑造生活环境的。

信息加工认知心理学在研究方法上继承和发展了行为主义的客观性原则，在新行为主义的刺激（S）—中间变量（O）—反应（R）的研究模式的基础上提出了输入—内部信息加工—输出这种可与计算机的操作相类比的认知模式，从而保持了对心理过程探讨的可操作性，使其研究体现出客观性。新行为主义者托尔曼所倡导的目标—对象手段的整体行为观和带有认知综合特征的目的行为主义以及班图拉的认知行为主义对信息加工认知心理学的兴起产生了一定的影响，特别是托尔曼提出了 S—O—R 的研究模式，并以认知地图的形成来解释行为的变化，因而被某些心理学家尊奉为信息加工认知心理学的开山鼻祖。由此，我们更能看出信息加工认知心理学与行为主义的联系，信息加工认知心理学对行为主义不是简单的反对和拒绝，而是在否定层次上的扬弃和继承。

虽然早期实验心理学的心理主义倾向被行为主义切断了将近半个世纪之久，但信息加工认知心理学延续了这一方向，同时又保持了新行为主义的严格的假设演绎法，增加了机器模拟法，这就在认知过程的分

---

①［美］黎黑著，李维译：《心理学史》，浙江教育出版社 1998 年版，第 706 页。

析方面扩大了研究范围。

（四）皮亚杰学派的影响

美国心理学史家黎黑把认知心理学概括为三种模式：一是以心理逻辑结构的演变来解释行为发展的新结构主义；二是把人看成是信息加工系统，研究人如何接收、编码、操作、提取和利用信息的信息加工模式；三是复活了符兹堡学派有关无意象思维的研究，强调以非联想的原则解释记忆和思维的新心理主义。皮亚杰学派的心理学理论显然属于广义的认知心理学范畴。

在对待行为主义的态度上，皮亚杰理论与信息加工认知心理学也有一定的共同性。皮亚杰用相互作用的 S⇔R 公式来代替简单的 S—R 单向活动模式，并进一步提出了 S—AT—R 公式，认为刺激是被纳入同化结构而引起反应的；信息加工认知心理学则提出输入—内部加工—输出的模式。但是，皮亚杰更多地受到机能主义的影响，信息加工认知心理学则更受计算机功能类比的启示，它们是两种不同的认知心理学发展模式，在研究领域、实验操作方法、成果表述方面少有相同之处。

皮亚杰提出先天图式的概念，强调认识结构是在不断同化和顺应的过程中得到发展的。信息加工认知心理学与此极为相似，认为人的信息加工不是一种简单的刺激—反应过程，而是在一定认知结构中的信息加工；强调认知模型、心理定势在信息选择、接收、编码中的积极作用。而且信息加工认知心理学家采纳了皮亚杰所提出的先天图式概念，并将其看作是一种信息加工机制。信息加工认知心理学家对认知结构重要性的强调正是受了皮亚杰的启发。

三、相关学科背景

20 世纪 50 年代以后，出现了一些新兴学科，如计算机科学、信息论、控制论、语言学、逻辑学等，这些新兴学科对信息加工认知心理学的兴起和迅速发展起了很大的促进作用。

（一）计算机科学的影响

计算机科学是信息加工认知心理学产生的最为重要的外部条件，对信息加工认知心理学的发展具有深远的影响。计算机科学与心理学相结合，使人们找到了分析人的内部心理过程和状态的新途径。奈塞尔1967年在《认知心理学》一书中说："计算机出现后，对内部心理过程和状态的分析，便突然不再是某种可疑的或矛盾的事情了。"①

计算机主要是模拟人脑的工作机制，以符号的形式接收、编码、存储和利用信息，表现出一定的智能。它是科学家以机器模拟人脑工作原理的产物。它的出现使心理学家意识到，可以用计算机的信息加工系统为模型，把人脑的工作看成符号操作系统，这是因为人脑与计算机在处理符号的功能方面有许多惊人的相似之处。计算机的控制部分控制整个计算过程的操作，包括输入、存储、逻辑运算以及输出。信息加工认知心理学家认为人的心理过程也是一种信息的输入、编码、输出的信息加工过程，因此用计算机类比和模拟人的认知过程是完全可行的。但也必须看到，计算机的结构与人脑的结构是完全不同的，它们的相似之处仅仅是指其工作机理，即信息加工的原则是一致的。

由于计算机与人脑的工作机理具有一致性，因而它就成为信息加工认知心理学的重要研究工具，利用这一工具，信息加工认知心理学家对思维的成果进行了广泛的实验验证。这不仅是方法论上的突破，更是理论的创新。因为在此之前，思维的研究只能在内省的范畴内进行；由于计算机模拟研究的客观性，使信息加工认知心理学家克服了以往研究的缺陷，对很多过去难以研究的心理学问题，如概念形成、问题解决、创造性思维等展开了广泛的研究。由此可见，计算机科学与心理学的结

① Neisser, U. (1967). *Cognitive Psychology.* (pp.6-9). Englewood Cliffs, N J: Prentice-Hall.

合，导致了信息加工认知心理学的产生。

（二）形式逻辑和数理逻辑的影响

形式逻辑和数理逻辑的最大特点是可以脱离具体的内容，以符号的形式研究逻辑的规律。这些研究表明，任何一个概念或内容都可以用符号来表示。这就启示心理学家可以应用符号来代表思维的基本内容，根据一定的程序进行符号运算，这对思维的研究具有深刻的意义。但是，逻辑学家对符号的应用并没有停留在符号的精确使用上，而是进一步探索了符号的加工系统。

图灵等学者的研究表明：能够以明确、具体的过程而不是以不可捉摸的抽象的术语去描述符号和对符号进行操作；能够像处理物理的东西那样处理形式逻辑的抽象符号，即可以对它们复制、转换、重新安排。这样，符号和对符号的操作就成了可以进行研究的对象。一些心理学家由此受到启示，认为既能用符号表示人的观念，也能精确地说明对这些符号的操作，这样心理学就能对心理过程做出精确的理论阐述，即我们可以在形式上把人脑看成是符号操作系统。这是信息加工认知心理学的基本观点之一，但在这种观点出现之前，计算机已被广泛地看作是一种通用目的的符号操作系统。西蒙和纽厄尔接受了这种观点并在此基础上进行了进一步的阐述，把计算机和人脑的内部工作都看成是符号操作系统，这就是以信息加工的观点研究人的认知过程的认知心理学的重要开端。数理逻辑和图灵机的有关理论和思想不仅在理论上而且在具体研究上对信息加工认知心理学都有重要的作用。

（三）心理语言学的影响

心理语言学特别是乔姆斯基的语言学理论对信息加工认知心理学的兴起和发展产生了重要影响。在构思一个分析语言结构的模型时，乔姆斯基发现用行为主义的强化原理根本不能解释语言能力的获得过程，为此他批评了斯金纳的语言强化说。乔姆斯基认为语言的获得是非常复杂的，是难以运用强化、分化、消退和泛化等简单原则来解释的。他坚持认为："如果试图以严格的技术意义来使用斯金纳的术语，则可以看出这些术语不适用于解释语言；而如果以隐喻的方式延用这种术语，它们就变得非常含混，以至对于传统的语言观念毫无改进。"[①]

乔姆斯基提出了著名的转换生成语法理论，把句子的结构划分为表层结构和深层结构：认为表层结构是表达意义的语言形式，是由词法、句法构成的单词之间的联系；深层结构指的则是句子的意义，它表示的是一种内在的、潜伏的、抽象的逻辑和语义表征。此外，乔姆斯基还区分了语言能力和语言操作。他认为语言能力是指一个人关于语言规则的知识，而语言操作则是实际的话语。语言能力不是后天学习的结果，其主要成分是天赋的，正因为如此，人们才有可能在语言关键期的几年内使母语的听说能力获得迅速发展。乔姆斯基认为，行为主义的语言学理论之所以面临困难，就是因为它只注意到语言的实际操作和句子的表层结构，忽视了语言能力和句子的深层意义。因此，行为主义的语言学理论是不能解释语言的快速获得的，这样就动摇了行为主义的根基，促使实验心理学由行为主义向信息加工认知心理学的转变。另外，由于语言与认知、思维等问题密切相关，语言又是认知研究的一个重要方面，因此心理语言学的进展必然推动信息加工认知心理学的发展。

（四）系统论、信息论和控制论的影响

系统论、信息论和控制论对信息加工认知心理学的影响可以归纳为两个方面：一是启发心理学家从系统、信息、控制的角度来研究人脑内部的信息加工过程；另一方面是从这些理论中借用了很多术语。

从系统论的观点来看，人是物质、生命、社会三大系统的要素。人既是不断地与外界进行物质、能量、信息交换的开放系统，也是随着时间和经验的改变而不断变化的动态系统，还是具有自我意识、能主动适应和改造环境的主动系统。这些系统特征决定了人的内部世界的复杂性。

①[美]黎黑著，刘恩久等译：《心理学史》，上海译文出版社1990年版，第450页。

信息论的创始人申农把通信看作是信息在有噪声的通道中进行传递的过程，他发展了一套关于通信的数学理论，称为信息论。根据这一理论，非但雷达等电子设备可以被看作是信息发出、转换和接收的设备，人也可以被看作是信息处理器。在这种理论的影响下，心理学家开始运用信息加工的观点来处理人的知觉和注意等心理学问题，这种研究显然属于信息加工认知心理学的范畴。

控制论的创始人是维纳，他把控制论定义为信息加工系统的结构和功能的研究。他试图通过这一研究去发现各种机械的和生物的系统是如何记录、加工和传递信息的。在控制论的研究中，维纳提出了“伺服机制”理论。这种伺服机制实际上是一种特殊的自动控制系统，它可以把输入的信息同某个标准进行比较，如果两者之间存在差异，就可以激活某些机制，以便尝试纠正这两者的偏差，纠正以后的活动结果被反馈到该系统，以便再次进行比较。如果输入和标准之间的偏差仍然存在，那么纠正性的活动就再次被激活。这一过程一直持续到输入的信息与标准之间的偏差达到一个可接受的状态。控制论对信息加工认知心理学的启示就是把人脑看作一个伺服机制系统，通过这一系统的工作，实现对行为的调节。

通过对信息加工认知心理学产生的背景的分析可以看出，信息加工认知心理学从古希腊以来的哲学、心理学以及其他相关学科中吸取了丰富的思想营养。信息加工认知心理学所运用的出声思考法以及反应时实验就是在改造传统实验心理学研究方法的基础上发展而来的。从研究领域和内容来看，信息加工认知心理学继承和扩展了格式塔心理学以及皮亚杰发生认识论的研究。就研究中所体现的科学观和方法论思想而言，信息加工认知心理学则与以实证主义为方法论基础的构造主义和行为主义是一脉相承的。显然，信息加工认知心理学对传统心理学不是简单的反对和拒绝，而是在否定层次上的扬弃和继承。计算机科学、信息论、控制论、心理语言学等则为信息加工认知心理学的产生提供了重要的形式启迪，启示心理学家从系统、信息和控制的角度考虑人脑内部的信息加工过程，同时信息加工认知心理学也从这些相关学科中借用了一些术语，诸如开放系统、反馈控制、信息过滤等，从而使其以类比、模拟的形式和方法来研究人类的认知成为可能。从某种意义上讲，这些相关学科都是信息加工认知心理学得以产生的“同盟军”。由此看来，信息加工认知心理学是吸收众多学科的研究成果、在众多学科研究的基础上发展起来的一种跨学科的理论，也是“心理学研究有史以来的第一次综合”[①]。1967 年，奈赛尔《认知心理学》一书的出版，被看作是认知心理学形成的标志。此后，《认知心理学》和《认知科学》杂志也相继创刊发行，表明信息加工认知心理学开始有自己的宣传阵地，这也是信息加工认知心理学走向相对成熟的标志。

事实上，信息加工在认知心理学孕育和诞生之初，研究者就沿着三条途径展开了对人类心理的探索：一条途径是以符号为定向，以计算机作为比拟，通过符号的串行加工方式建立心理模型，这就是所谓的符号加工认知心理学；另一条途径是以人脑的神经系统作为比拟，试图通过神经网络的平行加工方式建立心理模型，这就是所谓的联结主义认知心理学；还有一条途径则认为人的所有心理活动都是由文化背景“塑造”的，主张在具体的现实环境中来研究人的心理，这就是所谓的生态认知心理学。下面将依次介绍这三种不同形态的信息加工认知心理学的基本观点。

## 第二节　符号加工认知心理学

符号加工认知心理学是很多接受信息加工观点的美国心理学家在各自不同的具体研究领域中共同创立的一个心理学派别，因此虽然在某

①叶浩生主编:《心理学史》，高等教育出版社 2005 年版，第 260 页。

些具体研究和观点上有所不同，但在研究对象、原则方法等问题上有很多一致之处。具体表现在以下几个方面：都以人的认知过程作为研究对象；都把人看成类似于计算机的信息加工系统，试图用信息加工观点来说明各自的具体研究对象；在研究方法上也有共同之处。

### 一、符号加工认知心理学的研究对象

虽然符号加工认知心理学以人的认知过程作为研究对象，但在对“认知”的理解上，不同的学者有不同的看法，具体表现在以下几个方面。

（一）认知是信息的加工过程

目前，持这种观点的心理学家在符号加工认知心理学中占优势地位。他们认为认知就是刺激输入的变换、简化、加工、存储以及使用的过程，他们强调信息在体内的流动过程，并试图通过计算机程序来模拟人的认知过程。

（二）认知是问题解决

持这种观点的心理学家把问题解决作为认知的核心，认为认知是利用内部和外部信息解决问题的过程。由于这种观点把认知仅仅局限于问题解决领域，缩小了符号加工认知心理学的研究范围，因而遭到一些心理学家的反对。

（三）认知是思维

持这种观点的心理学家认为认知主要就是指思维，包括言语思维、形象思维、概念形成及问题解决等。他们把思维作为主要的研究对象，以探索思维活动的特点、规律和模式作为根本任务。这种观点在符号加工认知心理学中占有很大的市场份额。

（四）认知是心理上的符号处理

持这种观点的心理学家把符号看作是一种代表不同于自身的某种东西，或者说符号就是一种替代物。因此，他们把心理上的符号处理作

为认知的主要方式。

（五）认知是知觉、记忆、推理等活动所组成的复杂系统

持这种观点的心理学家认为认知并不是一个单一的活动，而是由一组相关活动组成的复杂系统。在他们看来，符号加工认知心理学的研究范围包括感知、模式识别、注意、记忆与学习、概念形成、表象与想象、言语与思维，等等。

这些不同的观点说明，尽管心理学家都试图用信息加工的观点研究人的认知过程，但对同一过程的理解则不完全相同，这些观点只是从一个方面或几个方面反映了认知的本质。综合这几种观点，我们可以说，符号加工认知心理学是以信息加工的模式研究人的认知过程，研究人们如何获得知识、储存知识、变换知识和利用知识。这个过程包括感知、语言、智力、表象、思维、推理、问题解决、概念形成、创造性，等等。

## 二、符号加工认知心理学的研究方法

在研究方法上，符号加工认知心理学继承了早期实验心理学的传统，吸收了计算机等相关学科的研究成果，形成了一套比较完整的研究方法。具体表现在以下几个方面。

（一）信息加工方法

这是符号加工认知心理学中运用得最多的方法。所谓信息加工方法就是把人的认知分解为一组连续的步骤，在每一步中都对某个抽象的对象（信息）进行分析。认知心理学家往往把信息加工过程分解为一些阶段，这就使他们注意到信息在人体内流动有个过程。他们常用计时研究法。首先测量出一个过程所需要的时间，并以此来确定这个过程的性质。假定一个人看屏幕上投射的字母 E，如果投射时间很短，比如 1 毫秒，那么这个人就不会看到什么，这说明知觉不是瞬时的；投射时间

长一点儿，比如5毫秒，那么这个人就会看到某种东西，但不知是什么，这说明知觉产生了，但辨别尚未产生；如果投射时间长度足以使人看出这个字母不是O或Q，但看不出是E还是F或K，那么这个人就产生了部分的辨别。由此人们就可以确定完全辨别、部分辨别或刚刚看出有东西所需的时间。这一切表明，知觉是累积的，它是由几个特定的阶段组成的。符号加工认知心理学家关心的是作为人类行为基础的心理机制，其核心是输入和输出之间发生的内部心理过程。但是人们不能直接观察内部心理过程，只能通过观察输入和输出的东西来加以推测。所以，符号加工认知心理学家所用的方法就是从可观察到的现象来推测观察不到的心理过程。有人把这种方法称为汇聚性证明法，即把不同性质的数据汇聚到一起而得出结论。

（二）实验法

根据信息加工理论，人们在进行认知活动的每个阶段都需要花费一定的时间，越是复杂的认知活动所花费的时间越多，因此可以运用反应时实验和眼动实验来考察人的认知活动。

反应时实验是早期实验心理学的一个主要研究课题。反应时实验可以分为三种：简单反应时、复杂反应时和选择性反应时。反应时研究法就是一种汇聚性证明法，符号加工认知心理学家多采用复杂反应时和选择性反应时而不是简单反应时来研究认知过程，因为复杂反应时和选择性反应时可以提供更多的有关内部状态的信息。同时，符号加工认知心理学家还把传统的反应时实验和计算机的程序分析结合起来，设计出各种程序加减的反应时实验来探讨人脑内部的信息加工过程。通过反应时实验，可以得出这样的结论：在提取信息的不同时刻，所获得的信息是不同的；在信息加工的不同阶段，人们所进行的信息加工内容也是不同的。

眼动实验的理论预设是在信息加工的不同阶段，人的眼球运动的轨迹是不同的，因此通过记录人们认知时的眼球运动轨迹就可以分析人的认知特点。这种实验由于计算机的帮助而使结果更加精确可靠。在进行眼动实验时，实验者把一束微弱的光射向被试的眼球，这束光从眼球反射到计算机的光电摄像屏上，计算机就可以自动地记录眼球运动的情况。从计算机所记录的眼球运动轨迹所构成的曲线上就可以分析被试的认知特点，这种方法在符号加工认知心理学的研究中也得到了广泛的运用。19 世纪末 20 世纪初，心理学家开始使用简单的眼动记录技术考察人在图形扫描和文字阅读中的眼动轨迹，以及这些眼动轨迹与视觉信息加工之间的关系。在 20 世纪中期以前，研究者就开发出许多眼动记录技术，只不过这些技术都存在误差大、操作难和对被试眼动带来较大负担等缺点。20 世纪中期以后，摄像技术的引入，特别是计算机技术的运用推动了高精度眼动仪的研发，极大地促进了眼动研究在国际心理学及相关学科中的应用。目前，眼动心理学的研究是一个方兴未艾的领域，其技术手段、研究思想和涉及的课题领域都还处在迅速的发展过程中。

（三）观察法

由于符号加工认知心理学所要研究的认知过程介于信息的输入和输出之间，无法进行直接的观察，因此只能通过一些可供参考的指标进行外部观察，并据此来分析和推测内部的心理过程，使人对内部过程的性质大致了解。然后再使用计算机模拟的方法检验所得到的结论，这样就可以保证结论的可靠性。

同时，符号加工认知心理学也采用自我观察的方法。从某种意义上讲，自我观察法有些类似传统的内省法，也可以说是对传统内省法的批判继承与发展。符号加工认知心理学家的自我观察法需要借助于口语报告的形式，既可以让被试在进行某项认知活动时大声报告自己思考的内容，即要求被试要“出声思考”，也可以让被试在操作后通过回忆来叙述。在口语报告实验时，要求被试大声如实地报告操作时自己思考的详细内容，使内部的思维过程外部言语化，但不要他们解释情境或思维过程。被试所报告的应主要是短时记忆中保留的很快就会消失的信息。口语报告分析法已被许多信息加工心理学家接受和采用，内克森和西蒙等人采用这种方法，在认知研究上取得了一定的成就，但这种方法也遭到了一些批评。

（四）计算机模拟法

这是符号加工认知心理学最有代表性的一种研究方法。这种方法是把总的认知任务分解为一个个具体的步骤，并根据这些步骤编写相应的计算机程序，最后将计算机运行的结果和从人的认知实验中得到的实际数据进行比较，以此来验证人们对认知过程的分析是否正确。这是从事认知研究的一种相当直接的方法。计算机模拟是心理学与计算机科学的交叉领域，也是人工智能的一个重要方面。这种方法是想通过对心理过程的计算机模拟来认识人心理过程的本身，即对人的内部信息加工过程进行逻辑分析，因此它常与理论分析结合在一起，多从程序缩减、流程分析、程序模拟三个方面入手。

程序缩减是一种以潜在性因素作为资料来源，用分离认知因素来探讨认知过程的方法。典型的设计是让被试执行两种复杂程度不同的任务，从对比的角度来探讨复杂任务的操作时间和信息加工过程。流程分析是通过计算机的流程图的比较过程编制某种计算机语言输入计算机，如果输入的程序能正常工作，研究者至少知道某种心理过程在逻辑上是可行的，即获得逻辑合理性方面的验证。程序模拟就是用计算机的程序模拟人类认知活动的机制，计算机模拟首先可以用来检验某种理论，发现其缺陷，从而加以改进。如果计算机模拟所提供的输出与人类行为相一致，那么这个输出就类似于人类解决同样课题时所给出的输出；如果程序的输出与人的行为不一致，那么找出差别也就找到了修改程序的依据。此外，计算机模拟还可以预测复杂的行为，并能把它们按步骤编成程序。当步骤的系列很长、很复杂并需要大量联系时，人类往往不能预测其结果，而计算机模拟在这种情况下却可以得出惊人的结果。

## 三、符号加工认知心理学的具体研究

符号加工认知心理学的研究主要集中在知觉、注意、记忆和问题解决这四个方面，因此我们将以这四个方面作为主要线索来探讨符号加工认知心理学的研究内容。

### （一）知觉

知觉是心理学的一个重要研究领域。在符号加工认知心理学产生之前，人们就对知觉进行了大量的研究，但那时研究者往往把知觉看作是仅具有直接性质的心理现象，这种观点虽然在一定程度上涉及知觉的真实方面，却否认了知觉的组织问题以及人已有的知识经验在知觉中的作用。随着符号加工认知心理学的产生，研究者逐渐开始把知觉看作是一种主动的富有选择的构造过程，认为知觉就是人对感觉信息的组织和解释，就是获得感觉信息的意义的过程，就是“现实刺激和已储存的知识经验的相互作用的结果”。[①]由于人对客观事物的知觉不仅取决于客观事物本身的特征，也与人已有的知识经验、人格特征等主观因素有关，因此不同的人对同一客观事物的意义的知觉就有可能是不同的。符号加工认知心理学特别重视通过自上而下和自下而上的方式来分析知觉的加工，也强调通过整体加工和局部加工的方式对知觉过程进行分析。

在知觉领域，符号加工认知心理学对模式识别进行了大量的研究，目的在于使计算机模拟人的模式识别能力并使其更加智能化，为此符号加工认知心理学提出了三种代表性的理论以解释信息的识别、理解和破译原理。模板匹配模型是根据机器的模式识别原理提出的，其基本思想就是刺激与模板匹配，并要求两者有最大程度的重叠。这种模型虽然得到一些实验证据的支持，但仅用这种机械呆板的模板匹配来解释人类高

①王甦、汪安圣主编：《认知心理学》，北京大学出版社 1992 年版，第 31 页。

度灵活的认知过程显然是不够的。在此情况下，研究者在对模板匹配模型进行改造的基础上提出了原型匹配模型，这种模型认为在记忆系统中所储存的不是与外部模式严格对应的模板，而是原型，是一类事物的范畴表征。这种模型克服了模板匹配模型的不足，因而得到了更多生活经验和实验证据的支持。由于这个模型只含有自下而上的加工而没有自上而下的加工，因此也存在着一定的局限性。为了能够更加客观地说明知觉过程，研究者又提出了知觉的特征分析模型，这种模型认为外部刺激在人的长时记忆中是以其各种特征来表征的。相对于前两种模型，这种模型可以减轻记忆的负担，具有更强的适应性，也使模式识别带有更多的学习色彩，更加符合人的真实的知觉过程，因此这一模型受到了研究者的广泛重视。但这一模型未能说明人在模式识别中的主动性和能动性，因此对知觉的模式识别的研究仍然有待于进一步探讨和完善。

（二）注意和信息选择

知觉信息的选择实质上就是注意。在知觉中正是由于注意的参与，才能使人控制、选择、监督和维持必要的信息加工，从而完成整个知觉过程。虽然早期实验心理学就已经重视探讨注意的调节机制等问题，但在行为主义统治下的心理学界则完全排斥了对注意的研究，直到第二次世界大战以后，对注意的研究才重新开始在工程心理学领域复兴。随着符号加工认知心理学的产生，注意的重要性日益受到研究者的重视。符号加工认知心理学将注意看作是信息加工的重要机制，强调注意的选择性特征，借以实现对刺激信息的选择和控制，以便更加有效地对重要信息进行加工。从这个角度出发，符号加工认知心理学提出了一些模型，试图从理论上来说明注意的机制。

布鲁德本特所提出的过滤器模型把人对刺激信息的接收过程看作类似于通信系统的信号接收传送通道，由于这个通道对信号传送的容量有限，因此需要一种过滤器将超过容量的信息滤除，只允许有限的信息通过。在此模型中，过滤器是按“全或无”的方式以系列加工的形式来加工信息的。虽然这个模型得到了很多实验证据的支持，但也有研究对其单通道模式提出质疑。特雷斯曼对该模型进行了相应的改进，改进后的模型被称为衰减模型。这个模型将“全或无”的选择方式改为对信息的衰减作用，将单通道模型改为双通道或多通道模型。由于该模型承认注意在通道间的分配，因此比过滤器模型更有弹性。在特雷斯曼提出衰减模型的同一时期，又有研究者提出了完全不同的理论模型，由于该模型认为注意在知觉的信息加工中的选择功能不是出现在对信息的接收阶段，而是出现在对已经知觉到的信息进行反应的阶段，因此被称为反应选择模型。这三种注意模型均与认知系统加工能力的有限性相联系，因此都不能有效地解释和说明“双作业操作”[①]。在这种情况下，一些研究者认为，对信息加工中的选择问题不能仅仅从较低方面去解释，而应从如何分配中枢能量的角度来分析注意对信息加工的作用，即把注意看作是人能用于执行任务的数量有限的能量或资源并用这种能量或资源的分配来解释注意，这就是注意的中枢能量理论。这种理论认为，只要不超过可得到的能量，人就能同时接受两个或多个输入，或者进行两种或多种活动，否则就会发生干扰。值得注意的是该模型将不随意注意包含在内，这对于说明注意是十分有意义的。随着对知觉信息选择问题的研究的深入，研究者逐渐认识到注意在知觉信息的选择中并非处于信息加工的某一特殊位置，因此把注意的选择功能定位于知觉刺激阶段或对知觉做出反应的阶段都是没有意义的。特雷斯曼在反思以往研究并进行大量新研究的基础上认为，知觉所具有的情境结构的特点是把通过分别独立编码的特征予以整合后构成的，并据此而提出了注意的特征整合模型，将注意分为前注意和集中注意两个阶段。由于在前注意阶段，对知觉信息的特征不存在定位问题，因此无须注意参与；而在集中注意阶段，由于信息加工通过定位地图的中介作用把已经编码的各种特征进行

① 王甦、汪安圣主编：《认知心理学》，北京大学出版社1992年版，第91—92页。

了整合，因而需要特别予以注意。

虽然研究者已经提出了很多有关知觉信息选择的模型和理论，在说明知觉信息的选择中也曾发挥过重要作用，但我们不能不说的是，在此领域研究者还需要进一步开拓和探索，这是因为注意是知觉的前提，也是符号加工认知心理学有关模式识别研究的必要条件，只有探讨清楚了这个问题，符号加工认知心理学才有可能取得更进一步的发展。

（三）记忆

记忆是符号加工认知心理学研究的重要问题，也是符号加工认知心理学的重要组成部分。事实上，詹姆斯在1890年出版的《心理学原理》中就对记忆问题进行了探讨，把记忆划分为初级记忆和次级记忆两部分，这就是符号加工认知心理学有关短时记忆和长时记忆研究的思想先驱。符号加工认知心理学以信息加工的观点来看待和研究记忆问题，认为人只有通过感知觉获得并储存大量的外界信息，才能为记忆的信息加工提供素材，因而把与感觉相联系的信息加工阶段也看作一种更为基本的记忆结构。阿特金森和谢夫林在此基础上提出了包含感觉记忆在内的完整的记忆信息的三级加工模型，把记忆看作是由感觉记忆、短时记忆和长时记忆三个储存系统构成的。后来他们又对模型进行了改进，认为虽然记忆结构是固定的，但控制过程是可以改变的，人可以随意地启动控制过程，从而使记忆系统变得更加主动和灵活。按照记忆信息的三级加工模型说，外部信息首先通过感觉器官进入感觉记忆，记忆信息在感觉记忆中的保持时间非常短暂，大约只有1秒钟，如果这种信息受到注意就有可能转入短时记忆系统之中，如果没有受到注意就会遗忘，一般来说感觉记忆是按照刺激信息的原有特征进行编码的。短时记忆在记忆信息加工的过程中扮演着缓冲器的角色，其中的信息处于意识活动的中心，是人可以清楚地意识到的，但其容量非常有限，只有7±2个组块，记忆信息保持的时间只有1分钟左右。如果这种记忆信息得到复述就会转入长时记忆，如果没有被复述，则很快就会消失。一般来说，记忆信息在短时记忆中是按照听觉和视觉的形式进行编码的。长时记忆是人的信息库，其容量非常大，对记忆信息保持的时间也很长，人类所积累的大量的知识经验都储存在长时记忆之中。长时记忆中所储存的信息，在一般情况下是人所意识不到的，只有在一定的刺激线索的作用下，它才有可能回到意识状态，使记忆的信息加工顺利进行，一般来说记忆信息在长时记忆中是以语义和表象的方式进行编码的。

记忆信息的三级加工模型是符号加工认知心理学有关记忆研究中最受关注的一种理论模型，研究者在此领域也取得了重要的研究进展；但也有研究者对此持有疑义，其中最具代表性的是克雷克等人所提出的加工水平说。克雷克等人认为，决定记忆信息保持时间长短的不是其所处的系统，而是由于这些信息受到了不同水平的加工。对记忆信息进行不同水平的加工，就会留下与其相对应的不同的记忆痕迹，因此“记忆痕迹是信息加工的副产品，痕迹的持久性是加工深度的直接的函数”[①]。当外界信息进入信息加工系统后，既能受到较低水平的浅层次的加工，又能受到深层次的加工，但加工程度主要是由当时的加工任务决定的。一般来说，受到深层次加工的信息所留下的记忆痕迹较深，因而其保持的时间也比较长。

虽然记忆的加工水平说从操作的角度对记忆提出了一些新观点，推动了记忆研究，但也存在不少问题。实质上，记忆的加工水平说与记忆信息的三级加工模型之间并不存在质的区别，只是它们对记忆进行研究的角度不同而已。当代，在符号加工认知心理学中占据主导地位的仍然是记忆信息的三级加工模型。

（四）表象

表象是一个富有特色的心理过程，符号加工认知心理学关于表象的研究主要集中在心理旋转和心理扫描等方面。

所谓心理旋转就是指在内心将某个图形的映象加以转动的心理操

① 王甦、汪安圣主编：《认知心理学》，北京大学出版社 1992 年版，第 129 页。

作过程。谢波德等人在20世纪70年代初开展了心理旋转的研究，其最初的实验是有关这类实验中最具代表性的。他们通过实验确定了心理旋转这一事实，开创了表象研究的新方向，他们认为，表象的实质就在于它是一种类比表征，表象与外部客体有着同构关系。但是，表象并不是直接从结构上来表征外部客体，它与外部客体在结构上并没有一对一的联系，所谓的同构是指内部表征的机能联系与外部客体的结构联系是相似的，就像心理旋转与客体的物理旋转那样。由于心理旋转的研究着眼于表象的表征和加工，所以这类研究开辟了表象研究的新方向。

所谓心理扫描是指从记忆表象上的一点到另一点的心理运动过程。符号加工认知心理学家考斯林做了一系列有关心理扫描的实验，其中比较具有代表性的心理扫描实验是这样的：他们给被试呈现一个虚构的小岛地图，图中画有茅屋、树、石头、池塘、草地等物，要求被试记忆。当被试能够对地图形成精确的相应表象时，实验者把地图拿开，并说出一个事物的名称，要被试在心理上把这个事物的位置想象出来。5秒后，实验者说出另一个地名，如果该点是地图中存在的，被试就应对它扫描，等扫描到该点时就按键做出反应。扫描的方式是让被试想象一个小黑点从第一个地点出发，沿最短的直线尽快地运动到第二个地点，但小黑点始终要能“看”出来。如果说出来的第二个地点是地图中没有的，则按另一个键做出反应。记时从实验者说第二个地名开始到被试按键结束。实验结果表明，被试的反应时间是地图中两个事物之间距离的函数，即地图中两个事物之间距离越长，完成这一心理操作所需的时间越多。显然，被试在心理上完成从一点到另一点的运动过程同物理上的操作过程是类似的。

（五）问题解决

问题解决与人类的思维活动有着密切联系，人类的思维活动就是通过问题解决得以表现的，人的创造性和智慧都集中体现在问题解决的过程中。事实上，问题解决很早就受到了研究者的重视。19世纪末，桑代克运用实验法对问题解决进行了研究，将问题解决看作是尝试错误的过程；后来苛勒在对黑猩猩的问题解决能力进行研究的基础上，提出了不同于桑代克的观点，他认为问题解决的过程就是对问题情境的顿悟过程。20 世纪 60 年代以后，随着符号加工认知心理学的产生，对问题解决的研究又有了新的转机。符号加工认知心理学"将人看作主动的信息加工者"[①]，"把人类的问题解决过程看作为对问题空间的搜索"[②]，因而采用计算机模拟的方法来进一步检验和研究问题解决。这种新的研究思路，为问题解决开拓了新的研究方向并取得了重要的研究成果。

纽厄尔和西蒙对符号加工认知心理学的问题解决研究做出了突出的贡献。纽厄尔和西蒙用问题空间来说明问题解决的过程，认为问题解决就是在问题空间中进行的认知搜索，并把问题解决看作是在现有手段和目标之间进行分析以找到从问题的初始状态到达目标状态的途径和策略的过程。在此过程中，关键的一步是对问题进行正确的表征，如果不能对问题进行正确恰当的表征，问题就无法解决；但问题表征并非一成不变的，在问题解决过程中，随着信息的积累和知识经验的增加，问题表征也会发生相应的变化，这就说明问题表征要依赖人的知识经验，也会受到人的各种心理过程的制约。在问题表征的基础上，选择各种与问题解决有关的算子，并对这些算子的可行性和适宜性做出恰当的评价，就可为问题解决确定恰当的策略。在符号加工认知心理学的研究中，恰当的问题解决策略一般有算法和启发式策略。这些策略各有利弊，有的策略虽然能够保证使问题得到最优解，却耗时巨大，有的策略虽然很经济，但只能使问题得到比较满意的解决。因此，为了高效地解决问题，就需要在问题解决的过程中，根据问题情境的需要经常变换或改进策略，这样才能使问题得到真正解决。

---

①王甦、汪安圣主编：《认知心理学》，北京大学出版社 1992 年版，第 276 页。
②梁宁建主编：《当代认知心理学》，上海教育出版社 2003 年版，第 276 页。

为了更有效地说明问题解决，符号加工认知心理学者采用计算机模拟的方法编制了模拟人解决问题的计算机程序。这种模拟研究虽然取得了巨大成就，但也存在不少争议，其中最重要的问题是如何评价计算机解决问题的方式与人解决问题的方式的相似性问题。在解决问题的过程中，人有一定的动机并伴有一定的情绪和情感，可以对认知过程起着引导、选择和控制的作用，而计算机模拟则完全撇开了这些因素，因此我们就不能说计算机解决问题的方式与人解决问题的方式具有相似性。但由于计算机模拟确实取得了重要的研究成果，因此我们也不能完全否认计算机在模拟人解决问题的过程中所发挥的巨大作用。

问题解决的另一项研究是关于专家和新手的研究。专家和新手解决问题的差异主要表现在两个方面。首先是在知识组织方式上存在差异。专家的知识是多年经验积累的结果，并构成了高度抽象概括与高度联结的知识网络以及熟练的动作程序，因此能够更有效地对问题进行表征，更好地利用问题解决的启发式策略来解决问题。新手的知识组织方式则是由一些相对较小的、分离的知识单元构成的，并且这些知识仅与问题的表面特征有关。在解决问题的过程中，新手主要受问题表层结构特征的影响，而专家则能从问题中抽取出实质性的意义。其次，对问题的表征不同。专家有着丰富的知识信息，并在获取知识的同时就对这些知识进行相应的编码，有一套自动化了的操作图式，因此能对问题进行精确的表征。新手的知识经验相对欠缺，因此只能从有限的知识经验出发来对问题进行表征，这样就会影响其对问题表征的精确性和适宜性。

由于问题解决与思维有着密切的联系，而思维又是一个相当内隐的心理活动过程，因此，符号加工认知心理学要想在问题解决研究中取得更大的突破，就需要积累更多的资料，运用更为有效的研究手段。

## 第三节　联结主义认知心理学

符号加工认知心理学在认知的诸多领域进行了卓越的研究，取得了显著的成果，为人们进一步理解心理的本质奠定了基础，但其本身也遇到了难以克服的困难。因此，从 20 世纪 80 年代早期开始，西方国家就恢复了对联结主义认知心理学的研究，1986 年出版的《平行分布加工：认知的微观结构的探索》第一次系统阐述了联结主义认知心理学的基本观点和成就。此后不久，联结主义认知心理学被赞誉为认知心理学的“新浪潮”和第二次革命。目前，无论是在理论的建树还是在模型的应用等方面，联结主义认知心理学均取得了显著的成效。

### 一、联结主义的基本含义

联结主义模式通常是指“通过简单加工单元之间的联结方式进行计算的一类模式”[①]，它是包括大量特殊算法形式和结构的通用词。由于它把信息看成是分布在各个神经元以及神经元的联结中，信奉通过合作平行主义的形式来加工信息，因此又称为平行分布加工。[②]由于它是对真实生物神经网络的模拟，故又称为人工神经网络。由于斯摩伦斯基把它与符号加工范式进行了比较，认为它是处于符号水平层次和真实神经元层次之间的无意识加工，因此有时又把它称作亚符号范式。[③]

由于联结主义是一种计算的研究取向，因而它与传统的和人工智

---

① Morris, R.G. (1989). *Parallel Distributed Processing: Inplication for Psychology and Neurobiology*. (p.1). Oxford: Clarendon press.

② Clark, A., & Lutz, R. (1992). *Connectionism in Context.* (p.1). Berlin: Springer-Verlag.

③ Smolensky, P. (1988). On the Proper Treatment of Connectionism, *Behavioral and Brain Sciences*, *11*, 1-23.

能相联系的信息加工范式有重要的区别。联结主义并不具有由加工器来解释的储存程序，也不对数据结构起作用。联结主义模式的基本构成成分包括单元和联结。单元是带有活性值的简单加工器；联结则是单元之间相互作用的中介，单元及单元之间的联结被称为网络。一般来说，联结都是加权的，权值可以是正的，也可以是负的。因此，特定的输入将根据权数的提示而决定接受它的单元是兴奋还是抑制。联结权重决定着联结的重要性以及所联结的单元之间的影响程度，单元所计算的数值通过联结而在单元之间传递。运用这种网络时，大多是选择一些单元作为输入单元，这些单元都具有由环境所赋予的活性值。另一些单元则被选作输出单元，网络的任务就是计算与每一输入单元所对应的输出单元的数值。在联结主义模式中，知识储存在加工单元的联结之中，单元的激活表征将引起其他单元的新的激活模式。与经典认知主义相比，联结主义试图构建一个更接近于神经活动的认知模型，它对神经事件进行抽象表象的程度更低，与实际的神经事件有许多相似之处。因为，在联结主义看来，认知并不能用符号运算的规则进行解释，认知其实就是相互联系的具有活性值的神经单元所构成的网络的动态整体活动，这种网络所实现的整体状态与对象世界的特征基本一致。联结主义网络模式虽然包含很多神经节，但它们本身并不起多大作用，因为神经节中不包含任何信息。联结主义认为，信息是整个交互作用的神经节的激活模式，知识信息并不存在于特定的地点，而是存在于神经网络的联结中或权重里，通过调整权重就可以改变网络的联结关系并进而改变网络的功能。这就是“联结主义”概念的基本内涵。

### 二、联结主义的基本特征

联结主义认知心理学之所以能够在20世纪80年代早期得以复兴并成为当代认知心理学的主要研究取向，是因为它具有一些独特的特征，主要表现在以下几个方面。

（一）平行结构和平行处理机制

联结主义认知心理学的网络模型不但在结构上是平行的，而且其所有的运算处理也都是平行进行的，在同一层次内的所有加工单元都是同时进行操作的，无论是单个神经单元或是整个神经网络，都同时具有信息储存和处理的双重功能。由于大量神经单元可同时处理信息，因此网络就可以以极快的速度感知一个事物，并迅速对其做出判断。

（二）分布式表征

在联结主义认知心理学的网络模型中，知识并不储存于特定的单元之中，而是以交互作用的激活模式扩散在整个网络中，或者说知识是分布地储存于神经网络的联结权重之中，与此相应，采用分布表征的方式来加工知识。联结主义认知心理学的网络模型是以整体论的方式来储存和恢复信息的。

（三）连续性和亚符号性

符号加工认知心理学是以离散的物理符号来表征较高级的概念，它所处理的是知识的结晶。而联结主义认知心理学的网络模型则强调模拟运算的连续性和信息表征的亚符号性。联结主义与符号加工范式的区别仅在于采用符号表征的层次不同，符号加工范式采用的是物理符号假设，而联结主义范式采用的则是亚符号范式，它所表征的是直觉经验以及尚未结晶或升华为用语言表达出来的概念，即“亚概念”。这是联结主义网络的又一特征。

（四）容错性

人的大脑神经系统本身就具有很强的容错性，大脑细胞的自动死亡并不影响人的认知能力，甚至大脑的局部损伤也不影响大脑的总体功能，这是由于大脑中的知识储存在神经元网络连接中，不同信息之间可以相互沟通的结果。在联结主义认知心理学的网络模型中，由于信息的分布式储存，模型激活时会有大量神经单元的平行加工，因此少数神经单元受到损伤，整个网络的功能将继续有效，局部残缺甚或错误的信息不会从根本上影响整个网络的正常功能，这就是它的容错性。但是当神经单元缺失太多，也会导致网络的输出发生偏差，说明其容错能力是有限度的，这是联结主义网络的另一特征。

此外，联结主义认知心理学的网络模型还具有自学习、自适应、自组织等功能。在网络中，各神经单元之间的联结是可塑的，其联结强度可以在学习过程中得到调整和变化，如果网络的输出发生错误，其自身可以通过采取一定的训练策略来调整神经单元之间的权重，直到输出与期望相符。在训练过程中，网络可以学到相应的经验并发展出一定的概括和想象能力。

### 三、联结主义网络模型分析

联结主义认知心理学的网络模型有很多，结构也颇不相同，但其基本原理是一致的。在此，我们仅就三层神经网络做一简要分析。这是简化了的联结主义网络模型（如图 15-1 所示），它近似但不同于生物神经网络。

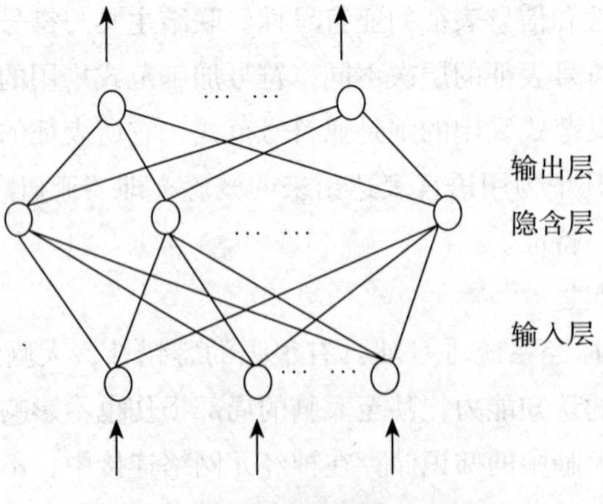


图 15-1　三层前馈联结主义模型

该模型共有三层神经单元群，最下一层是输入单元，它模拟的是神经系统中的感觉神经元。输入层中每个单元都像神经元那样伸出自己的轴突纤维，一直伸到第二层单元群（隐含层）。轴突纤维到达第二层单元群时，其纤维末端分裂成扇形状分支，并使这种分支的每个末梢都同隐含层的每个单元相联结，形成突触联结。这种突触联结结构可以确保输入层的每个单元都可以和隐含层的每个单元保持联系，并对隐含层的每个单元的激活产生影响，使其处于兴奋或抑制状态。隐含层把每个单元所收到的兴奋或抑制的有效小事件加以汇总综合并做出相应的判断。这样，后来穿越输入层单元的某种类型的激活经过汇总综合就能形成另一种不同类型的穿越隐含层单元的激活。至于这种激活呈现出什么样的类型，则是由输入层到隐含层的联结权重来决定的。

隐含层单元又向输出层单元延伸其轴突，从而形成另一套突触联系。从隐含层到输出层也把所接收到的有效小事件加以汇总，结果原来通过隐含层的激活又转变成为另一种类型的穿越输出层单元的激活。实际上，这种激活类型的转变就是各个层次的神经元对接收到的信号的不同功能的处理。隐含层是对信号的粗加工，输出层则是对信号进一步的精加工。整个过程用简单的话语来表示就是，网络把最初的大量类型不同的输入矢量转换成单一的与输入相适应的输出矢量。

这种网络模型具有自学习的特征，即根据一定的学习法则，网络可自行调节其原有的联结权重，然后网络再给出新的输出，并观察新的输出与目标输出的差别，然后再调节其联结权重，直到网络内部的联结权重对输入层的全部输入都能给出正确的输出为止。

## 四、联结主义认知心理学的具体方法

### （一）结构和功能模拟

与符号加工认知心理学不同，联结主义认知心理学所采用的是结构和功能模拟方法，这是因为模型与大脑原型之间存在着相似性、代表性和外推性的关系。联结主义认知心理学把“心理活动像大脑”作为其隐喻基础，因而在研究过程中就必然要对大脑进行模拟研究，它所模拟的不仅是大脑神经元的功能，而且更为重要的是对大脑结构的模拟。联结主义认知心理学的每个模型实际上都是由对大脑神经元结构进行模拟的人工神经元相互联系而组成的简单或复杂的人工神经网络。这些人工神经网络模型在结构上与真实生物神经网络非常类似，通过把人工神经网络内各单元的活动与生物神经元的活动进行功能上的类比，就能实现联结主义认知心理学对生物神经网络的功能和结构模拟。

（二）灰箱方法

与符号加工认知心理学的黑箱方法不同，联结主义认知心理学所采用的是灰箱方法。黑箱方法是以我们对所研究的对象一无所知为出发点的。把人的心理活动看作大脑整体活动的联结主义认知心理学，既然以建立脑模型为基础来研究人的心理活动，它就应该采用灰箱的方法论。因为人们对大脑的研究已取得了突破性的研究和进展，正是依据对大脑结构和功能的已有研究成果，联结主义认知心理学才得以建立各种各样的大脑整体或大脑不同部位的同构型或同态型模型，并以对这些同构型或同态型模型的分析为基础而推论大脑整体的结构和功能。由于联结主义认知心理学的形成是众多学科相互作用的产物，因而相关学科的分析和研究也为联结主义认知心理学推导神经元的整体活动奠定了基础。联结主义认知心理学灰箱方法的运用否定了符号加工认知心理学的黑箱方法，为认知过程与脑功能变化规律的同时研究提供了前提，这必将为逐渐揭示脑功能的奥秘奠定基础。

（三）反向传播算法

训练联结主义网络模型所采用的方法是反向传播算法。反向传播算法的基本思想是首先对权重设置一小的初始值，然后选择一个训练样本并计算相对于该样本的误差梯度，通过调整权重使得误差值能够达到全域最小值直至为0。运用反向传播算法对网络进行训练时可分为两个步骤来进行：首先是前向过程，给网络一个输入，并且这一输入通过网络经由隐含层向上传播，当网络产生输出时，即把这种实际输出与期望输出进行比较，如果实际输出与期望输出不相符合，就会产生一个误差信号，说明网络的实际输出与期望输出之间有一定的误差；然后是反向过程，即把输出单元作为输入单元，通过网络把误差信号向后传播，随着传播的不断进行，输出单元和隐含单元之间的权重就会发生改变，然后再进一步地改变隐含单元和正常输入单元之间的权重。这也正是为什么网络的每一单元层只与其上层和下层单元联结的原因。随着输入通过网络不断地向上传播以及误差信号不断地反向传播，误差信号逐渐收敛直至收敛为0，此时网络不再需要进一步的反向传播就可从输入直接产生所期望的输出。这种算法实际上是求误差函数的极小值，通过对多个样本的反复训练并采用最快下降法，使得权重值沿误差函数的负梯度方向改变，并收敛于最小点。

（四）批处理的方法

标准的反向传播算法解决了多层网络的训练问题，但在这种算法中，往往是在输入了一个模式之后就对联结权重进行调整，这样一来，要调整的次数就比较多，整个运算的速度就慢。如果采用批处理方法，就可以在向网络输入一批模式并进行正向计算后，分别计算出与这批模式对应的权重的增量，求出这些增量的平均值，用该平均值对联结权重进行修正。

（五）磁共振成像技术

这种方法是根据氢原子在磁场中的特性而形成的，它可以使研究者得到有关大脑结构的成像，而且这种成像在大脑活动时是随着时间而变化的。联结主义认知心理学家可以根据有关大脑结构的成像设计出相应的人工神经网络模型，实现对大脑结构和功能的更真实的模拟。

## 五、联结主义认知心理学的具体研究

联结主义认知心理学对感知觉、学习与记忆、语言、思维以及认知障碍等认知的很多方面都进行了研究，并取得了一系列的研究成果。

### （一）感知觉

联结主义认知心理学对感知觉的研究主要集中在视知觉领域，这种研究可分为两个水平，即低水平视觉和高水平视觉。低水平视觉主要关注从物体图像中获得其边缘属性等视觉特征，而高水平视觉则主要关注注意及物体再认等方面的视觉特征。

对低水平视觉的说明将以马尔模型为例。马尔将人们对视觉信息的分析分为三个水平：计算水平、表征和算法水平、执行水平。计算水平主要说明视觉信息加工会对什么目的有促进作用。表征和算法水平主要与技术细节有关。表征包括符号标志（symbolic token）的原始词汇以及用语法把它们联系起来的有效方式，通过这种方式就可以从所给的图像中获得清晰的视觉特征。算法就是对符号标志进行操作并将其转换到另一表征中的方式。把符号标志和算法结合起来就可以形成最初的粗略表征（primal coarse representation）。执行水平要解决表征和算法的物理例证问题，即神经物理学问题。马尔对物体的视点依赖表征（viewpoint dependent representation）和视点独立表征（viewpoint independent representation）进行了区分：视点依赖表征即从一定视域所获得的物体的外表形象，它随注意角度的变化而变化；视点独立表征则是一种规范的表征，它并不随观察者优势点（vantage-point）的变化而变化，即它不随观察对象注意角度的变化而变化。据此，马尔认为，再认就是把输入图像中所获得的视点依赖描述与内在储存的视点独立描述进行匹配，匹配成功则图像得到再认，匹配不成功则不能再认图像。马尔还通过给模型引进单值约束和连续约束两种机制详细探讨了立体视觉问题。尽管马尔模型遭到了严厉的批评，但后来所建立的很多用于说明高水平视觉的网络模型都是建立在这一模型基础上的，特别是其约束机制已成为后来所建立的很多网络模型的基本特征之一。

对高水平视觉的说明将以欣顿模型为例。欣顿模型是建立在马尔模型的基础上的，它是由视网膜单元、映射单元、对象特征单元和对象单元四个层次构成的。欣顿模型根据以下步骤进行操作：（1）当落到视网膜上的恰当原始特征刺激视网膜时，视网膜就被激活了；（2）这些单元激活所有与它们联结的恰当映射单元；（3）映射单元又激活高级的基于对象的单元，从此方面看，信息是从下往上传递的。严格地讲，每一视网膜单元及映射单元之中的活性结果被发送到恰当的基于对象的单元，当基于对象的单元的活性影响到映射单元的行为时，信息就从上往下传递。此时，相互激活的视网膜单元与基于对象的单元的结果就被发送到映射单元，值得注意的是基于对象的单元、基于视网膜的单元及映射单元之间的门控（gated）联结。成对地激活基于对象的特征及相应的视网膜特征就可把活性发送到恰当的映射单元，而映射单元通过控制视网膜单元与基于对象的单元之间的活性而进行操作，映射单元保持关闭状态就可以使基于对象的单元和视网膜单元之间的门控联结失效。欣顿模型对解释高水平视觉问题有一定帮助，也有心理学家以欣顿模型为指导研究了字母及颜色的视觉再认问题，并取得了一定的成果，但这一模型仍需要进一步发展和完善。

（二）学习与记忆

联结主义认知心理学的一个重要研究领域还包括学习。在说明学习问题时，联结主义认知心理学是将具有神经元功能的大量单元组合成网络，考察它们并行的动态特征，从这个立场上看，学习就是联结权重的变化，是原来的联结消失而产生一种新的联结关系。或者说，联结主义认知心理学所谓的学习就是对联结权重的适应性变化，通过联结权重的改变以使输出符合期望。联结主义认知心理学将学习划分为监督学习、无监督学习和强化学习等类型。通过将网络的激活模式分析为向量，而以输入和输出向量的代数操作来描述权重的变化，认为权重的大小可以通过向量代数的运用而在权重矩阵中得以表征。联结主义认知心理学运用赫布规则成功分析了简单网络的学习，但对较复杂网络的学习，仅用赫布规则来说明是不够的，因此联结主义认知心理学引入了△规则，以此来比较完整的输出模式与目标模式的差异，并将这种差异看作是权重改变的指示器（index）。麦克莱兰德和鲁梅尔哈特曾通过△规则提供了一个网络学习的成功例证。

记忆也是联结主义认知心理学研究的一个重要方面。联结主义认知心理学认为，记忆的变化与联结权重的变化是等价的。但如何把权重变化分析为记忆变化？如何把网络说成是在其单元的联结之间储存信息？联结主义认知心理学运用模式联合者（associator）对此问题进行了说明。联结主义认知心理学者运用内容寻址记忆策略（content addressable memory）来说明模式联合者的记忆并据此解释人类的记忆。联结主义认知心理学所谓的记忆包含两层含义，即信息的储存和回忆。通过学习，网络就将所获得的知识信息分布储存在联结权重的变化上，并具有相对的稳定性，能够保持相当长的时间，这即长时记忆。在学习期间，网络计算给定输入模式的输出状态的速度很快，但记忆保持的时间很短，这种在学习期间所发生的记忆被称为短时记忆。而且，由于网络中各单元的相互联结，一个单元的兴奋或抑制能够引起相邻或相关单元的兴奋或抑制，因而，网络的记忆具有联想的特性，即联想记忆是联结主义认知心理学所研究的记忆的一个重要特征。当然，由于模式联合者自身的结构太简单，因此以其说明学习和记忆仍有很大的局限性，为了克服这种局限性，联结主义认知心理学构造了包含隐含单元层在内的更为复杂的网络来说明记忆，并取得了较大的成功。

（三）语言

联结主义认知心理学对语言的研究可以分为三个层次，即语音再认水平、单词再认水平和句子加工水平，它与人类的经验心理学有很大关系，因此人类所使用的经验方法不可能不在联结主义认知心理学对语言的研究中得到体现。

维伯尔等人建立了一个被称为时间延迟神经网络（time-delay neural network，简称 TDNN）的相当复杂的网络结构模型，以描述声学事件之间的时间关系（temporal relationships）。这种网络是由一个输入层、两个隐含层和一个输出层构成的，既有分布表征，又有局部表征，与听觉系统的神经物理学非常类似。在运用反向传播技术训练这种网络时，尽管起初其概括能力很差，但当完整的训练完成后，其概括能力就得到了提高，即网络能对从一个特殊的讲话者那里所得到的话语进行正确的分类。虽然网络能够对语音进行正确的分类，但仍存在很多问题，需要进一步改进。

由于语言形成本身就是由许多语音、词汇经由上下文情境而产生语义的过程，具有前后关联性和讲话人特点的依存性，因而使这一过程具有极强的联结性和信息处理的平行分布特征。麦克莱兰德和艾曼后来所提出的 TRACE 模型与时间延迟神经网络模型 TDNN 不同，TRACE 模型包括三个单元层：最上一层是单词，中间一层是语音，最下一层是声音的信号特征。由于这个模型是自下而上加工的模型，因此最下层的特征单元进入中间层次的语音单元，中间层次的语音单元又进一步馈进到最上层的单词单元。在这个网络模型中，每一层内各单元之间的联结是抑制性的，而三个层次之间的联结则是兴奋性的。麦克莱兰德和艾曼用 TRACE 模型所模拟的是词汇知识的结果即单词知识，它能够影响输入信号的知觉，也能够说明人类语言再认的一些问题，但当把这个模型与心理学的有关文献进行比较时，发现这个模型存在着一些问题，其心理学的有效性不断地被人们质疑。

后来，麦克莱兰德和鲁梅尔哈特提出了视觉单词再认的相互作用的激活模型（IA 模型），并详细论述了这种模型及其操作，IA 模型成功的一个标志可以由先前在单词优先效应上所完成的相对较多的研究来测定。这种模型在说明单词优先效应方面给人留下了深刻的印象，并且能够展示一定的复制行为的特征，如“日益丰富”（rich get richer）效果和“帮群”（gang）效果，但由于这种模型也存在很多问题，因此自麦克莱兰德和鲁梅尔哈特的研究成果发表以后，对这一现象的研究兴趣迅速衰减。研究者普遍认为与其重复初始模拟的细节，不如采取一种不同的研究取向。就连麦克莱兰德自己也认为，在考虑人类视觉单词再认时，发展一次能够加工更多单词的观点是更合适的，并因此设计了一次能加工多个单词的网络模型 CID。莫泽则认为字母迁移在本质上是知觉而不是后知觉机制的结果，建立在后知觉机制上的字母迁移的观点并不能预期单词的分离效果。他因此认为，可把字母迁移归因于被试错误知觉了构成的单词。为了模拟分离单词的空间平行加工，他又设计了一个被称为 BLIRNET 的联结主义网络。这两种网络模型在目前联结主义认知心理学的研究中均已付诸实施。特别是 BLIRNET 模型，由于它强调了联结主义认知心理学的几个重要问题，因而引起了人们的极大兴趣，并已被运用于视觉单词再认中模拟注意加工。

（四）概念表征

联结主义认知心理学的网络模型以两种方式来模拟和解释概念表征：一种是激活模式表征概念，个体单元表征微观特征；另一种是激活模式表征概念，但个体单元语义值为零。个体单元表征低水平的特征和微观特征，不同单元的整体表征概念，即激活模式表征概念。在此，个体单元可能先于学习而具有内容，也可能其内容就是学习的结果。每个单元编码一个固定的原型特征或微观特征，单元间的联结被赋予兴奋值或抑制值，当激活某个体单元时，与其相邻的单元或表征相关微观特征的单元也被同时激活，从而形成一个激活模式，进而形成一个概念。当然，这一过程也可以将各种特征合并起来以产生新的概念。

联结主义认知心理学的网络模型之所以能够成功地模拟概念表征，

就是由于不同的概念之间存在着共享属性。由于个体单元表征概念的知觉属性或功能属性等微观特征，因而相似的概念会激活重叠的属性集，从而激活与之相关的属性单元的表征，这些单元之间相互支撑，共同形成一个激活模式，即一个概念的表征。联结主义认知心理学对概念表征的这种解释，可以看成是对以相似性为基础和以解释为基础的概念表征理论的整合，也可以看作是对概念结构理论的支持。

联结主义认知心理学的网络模型内部单元的激活模式表征概念，但是个体单元本身并不接受任何语义解释。正如麦克莱兰德、鲁梅尔哈特和欣顿所说："内部表征是分布的，它是隐含单元上的激活模式，任何重要的特殊单元都是没有含义的……集合中的单元群……作为个体没有特殊的含义。"[①]艾曼也指出："在整个隐含单元上表述模式……观察单个单元的活动是无用的，它们甚至不对应于称为微观特征的东西。"[②]

此外，联结主义认知心理学还在推理与思维、语言障碍以及其他认知障碍等方面进行了大量初步的研究，也取得了一定的研究成果。

## 第四节 生态认知心理学

符号加工认知心理学和联结主义认知心理学因专注于实验室的模拟研究，脱离了现实生活的需要，引起人们强烈的不满，导致认知心理学的研究出现了危机。为走出危机，就需要从生态学的视角来进行认知研究，把认知与现实生活结合起来，这样就可避免认知研究中的非人性化现象，使认知研究更加符合人的真实认知过程。

---

① Rumelhart, D. & McClelland, J. (1986). *Parallel Distributed Processing: Explorations in the Microstructure of cognition.* (pp.344-346). Cambridge, MA: MIT/Bradford Press.

② Elman, J. (1989). "*Structured Representation and Connectionist Network*". (p.18). *CRL Technical Report* 8901, San Diego: University of California.

## 一、生态认知心理学的基本主张

虽然作为一门学科，生态认知心理学还没有统一，但在以下几个方面达成了较一致的共识，形成了比较统一的主张。

### （一）心理学的研究对象

传统心理学都是从人自身的角度出发，脱离真实的环境来定义心理学的研究对象。生态认知心理学是在对动物和环境的重新界定的基础上来界定其研究对象的，把心理学的研究对象定位在人或有机体与环境的交互关系。

### （二）对动物的重新界定

生态认知心理学认为，动物是在与环境的交互作用的进化过程中存在的实体，即动物不能脱离它们的环境而存在。这种对动物的界定包含着几层关系：动物的存在是与环境联系在一起的；动物是能知觉和行动的；动物的知觉和行动也是与环境联系在一起的；这种环境不能等同于全部的物理世界，它是与动物生存相适宜的物理世界，也就是能被动物感知到的物理世界。总体上来说，动物的存在是在动物与其环境交互作用的过程中体现的，而这种交互作用体现在它与环境的功能联系上。生态认知心理学并未抹杀动物的物种差异性，它主要根据动物的生活方式来对动物进行分类，而这种生活方式也是与作为起居地的环境紧密联系在一起的。动物的生活方式就是在适合它的环境中形成的，并且在与这种环境的交互作用的过程中不断进化的。

### （三）对环境的重新界定

生态认知心理学对环境进行了大量的论述，所形成的生态认知理论大都是在对环境进行系统研究的基础上形成的。

1．环境是与动物以及动物的行为联系在一起的

环境与动物的联系既体现在存在上的相互依存性，又体现在功能

上的相互作用。环境是包含着动物的世界，是动物在其中生活的真实环境。在本体论上，环境不能离开与动物的关系而独立存在，不能将它理解为一个空的环境，也不能将它还原为动物—神经的物理变量，它是一个有差别的、允许动物生活的环境。

2. 环境是有结构的和有秩序的动态平衡的生态系统

生态认知心理学认为，环境是有结构的和有秩序的动态平衡的生态系统，动物本身作为环境的成员或单位被嵌入这种系统中，并遵守着这种秩序。这种结构化和秩序化的思想为生态认知心理学系统考察动物和环境的关系提供了一种理论支持。环境是稳定和变化的混合物，变化和稳定在环境中是交互性的。

3. 环境是在与动物和行为的交互作用中进化的

环境是进化的生态系统。生态认知心理学认为，环境与动物的生活方式有关。动物在生活中不断地与环境进行物质、能量和信息的交换，通过这种交换的过程，动物和环境得以不断进化。生态认知心理学家把动物的心理也描述为适应环境生活的功能体现，通过对环境进行适当的分析而在功能上将物理环境与动物生命连在一起，从而避免了传统的还原性质的环境主义和物理主义。

## 二、生态认知心理学的研究方法

### (一) 具有生态效度的研究设计

生态效度的研究设计要求每个环节尽可能围绕着生态效度来安排，而一个心理学的实验设计是否具有生态效度，从某种意义上说，主要取决于被研究的对象和实验情境的取样性质。在被试取样上，生态认知心理学认为在任何复杂的自然背景中发生的心理过程比在实验室的抽象背景中发生的心理过程都更加具有背景特异性或典型性，因此它要求将“广泛取样”作为一条主要的取样原则，但这条原则不适用于每个研究。

除了取样上的改变，生态认知心理学的研究者还在整体上改造了实验设计，创立了准实验设计和现场实验设计。准实验设计和现场实验设计都是实验设计和生态效度结合的产物，都是具有生态效度的实验设计。这些技术使得在真实的环境中实施观察和实验并做出有效解释成为可能。生态认知心理学特别重视实验研究的生态效度，注重研究结果的实际应用价值，因此，无论是在实验的取样、设计，还是在实验材料的选取、实验过程的确定与实验场景的选择等方面，都力求接近现实生活，以尽量揭示现实生活中人的心理和行为标准。生态效度这一概念最初是由布伦斯维克提出的，1949 年，他第一次使用这个术语，并把它定义为“个体的自然或习惯居住地的刺激变量的发生及特性”[①]。后来，他又几次修改这一定义，从而使生态效度的研究日益受到心理学界的重视。生态效度对整个心理学界的影响是巨大的，由于它正好弥补了实验室研究方法的不足，可以减少人们对实验室研究的批评，它在被充实和扩大的过程中被现代心理学家所普遍认同。

（二）多元交互解释原则

生态认知心理学家把人与环境的动力交互作用作为首要原则，因而在对心理和行为的解释上提倡多元交互解释原则。多元交互作用所关注的是心理过程中各系统之间的交互作用，这是因为行为是多维度交互作用过程的机能或个体和个体所遭遇的环境之间的反馈信息，个体在这个交互作用过程中是具有目的的活动者，在这种交互作用过程中，认知和动机因素是行为的基本决定成分，而环境则对人的心理意义具有重要的决定作用。由于人和环境的关系总是变动不居的，因此人在改变环境的时候，也在回应着环境，而环境在为人提供资源时，也在制约着人的行为。生态认知心理学非常重视人与环境的交互作用过程中的不确定成分

① Brunswik, E. (1949). *Systematic and reprentative design of psychological experiments.* Berkeley and Los Angeles: University of California Press.

的影响，因为交互作用的假设之一就是不存在所谓的有机体和环境的前预想知识。

（三）开放式的研究方法和思路

生态认知心理学提倡方法开放式的研究，在研究方法的选择和运用上，提出了一些新的原则，向人们展现了其方法开放式的整体研究思路。

1. 方法多元组合

由于研究对象较为复杂和广泛，因此生态认知心理学家提倡根据研究对象和目的来选择研究方法，以达到研究结果的生态学效度。他们认为当一种方法无法解释和评估心理现象或行为时，多种方法的联合运用能提高研究的生态效度。生态认知心理学的方法是无限开放的，既可采用观察的方法，也可采用描述的方法，还可以将观察与描述结合起来。

2. 定性研究和定量研究的有机结合

生态认知心理学批判实验室非人化的研究，但并不反对实验法，认为应将实验法和自然主义的经验方法相结合，定量研究和定性研究相结合。科学主义心理学过分依赖定量分析，体现在它对人的心理生活的复杂性、多样性、社会性等进行片面的理解和简单化的处理，只注意到了人的心理和行为的客观性、自然性的一面，而忽视了其主观性和社会性的一面。生态认知心理学试图采用自然主义的描述法来弥补主流心理学在此方面的不足，在具体方法中采用具有生态效度的实验设计来对人的日常生活进行研究。

（四）自然观察法

生态认知心理学认为动物和环境是交互作用的，脱离动物的生活环境来研究动物和动物的行为是不现实的。奈塞尔认为传统认知心理学完全忽视了认知发生的真实环境，因而，他呼吁一种生态学取向的认知科学，这种认知科学研究认知行为发生的背景，还有与这个背景联系的行为和过程。[1]他主张采用自然观察的方法在实际生活背景中研究心理和行为。自然观察法是指在自然情境中直接观察、记录人或动物的行为，而后分析解释，从而获得行为变化的原则。生态认知心理学家巴克等人所采用的行为样本记录法，就是完全的自然观察法。由于采用自然观察法进行研究，可以使研究者发现没有被实验室里所发生的选择和准备所篡改的科学现象，因而生态认知心理学非常重视自然观察的方法。

### 三、生态认知心理学的具体研究

生态认知心理学的研究几乎涉及认知的所有方面，具体表现在：

#### （一）知觉

在知觉领域中，最有代表性的生态知觉研究是吉布森的研究。他的直接知觉理论为我们思考人类是如何知觉这个真实世界提供了一种新视角，因此被看作知觉研究领域的一种新典范。经过多年在真实生活条件下对知觉的研究，吉布森对传统的知觉理论进行了大胆的反驳，他认为知觉是知觉者在与环境的直接交互过程中获得的，人可以直接从世界中获得有意义的信息，因为世界既是可感知的，也是有意义的。吉布森把这种有意义的信息称为可获得性，并且他进一步认为这种可获得性是直接被观察者从外部世界中知觉到的，人对世界的意识不需要通过图式或表征来传递，因为环境或世界与知觉者之间的关系是直接交互作用的。他的“生态光学”与“视知觉的生态理论”认为外界环境提供了足够的信息以直接产生知觉，强调的是生物体知觉中的不变性，反对知觉是对环境的特征检测的观点。与传统的间接知觉理论相对照，吉布森的生态知觉理论也被称为直接知觉理论。20 世纪 80 年代以后，里德、卡

---

①Shlechter, T. M. & Toglia, M. P. (1985). *New directions in cognitive science.* (pp.3-4). Norwood: Ablex Publishing Corporation.

茨和科斯塔尔等人对生态知觉理论进行了更为深入的研究。

（二）记忆

记忆的生态学研究是由奈塞尔倡导起来的。生态认知心理学非常关注日常生活中的记忆问题，提倡在自然背景中研究自然发生的记忆。奈塞尔认为，对真实世界事件的记忆研究可以和实验室研究一样严格。1982 年，他将其在自然背景中的记忆研究成果汇集在《观察的记忆：在自然背景中的记忆》中出版，并将在自然背景中所进行的记忆研究称为"记忆研究的低速公路"，以区别于标准实验室研究中的"记忆研究的高速公路"。奈塞尔认为，虽然相对于标准实验室中的记忆研究而言，在自然背景中进行记忆研究可能获得的研究成果更少，速度更慢，但这毕竟为研究者提供了一种新的记忆研究视角。在奈塞尔的带领下，出现了一股令人吃惊的生态记忆研究热潮，涉及自传式记忆研究、学校学习记忆研究、期待记忆研究、法律证词记忆研究，等等，这些都是来自于现实生活的记忆研究。后来，奈塞尔又将生态记忆研究与传统记忆研究进行了比较，认为生态记忆研究与传统记忆研究之间的关系可能是互补的而不是对立的，这是因为"新的记忆心理学同时具有实验范式和自然主义现象，并在理论上对它们进行一致性的解释"[①]。在生态记忆研究领域，奈塞尔等人取得了丰硕的研究成果。他们关于生态记忆研究与传统记忆研究之间的关联性对比研究，为人们整合当今各种取向的记忆研究提供了一个很好的典范。

（三）语言

相对于生态认知心理学的其他研究领域，生态语言研究较为薄弱。我们仅从以下三个方面阐述生态语言的有关研究。在对语言中的音素进行研究的过程中，研究者发现成人在区分他们不熟悉的语言的音素时会

① Neisser, U. (1988). Remembering reconsidered, Ecological and traditional approaches to the study of memory. (p.3). New York: the Press Syndicate of the University of Cambridge.

遇到较大的困难，而同样的问题在六个月以下的婴儿身上却并不存在。但婴儿所具有的这种区分不熟悉语言中的音素的能力并不持久，一岁末时这种能力就消失了。至于为什么这种能力会在一岁末消失，还是一个需要进一步研究的问题。布鲁纳的研究则表明，语言的获得既依赖于社会知觉，又依赖于生态知觉，说明对某些语言的理解要依赖人所处的现实的生活环境。克利马等人对耳聋者的信号语言的研究表明，耳聋者的手语像任何口语一样，也具有微妙而丰富的结构，如果把声音组织为语言的一种自然信号，那么即使是耳聋者也能够通过这种信号语言来清楚地表达某种深层次的观念。

（四）思维

生态思维研究主要集中在概念及其分类、智力等方面。奈塞尔认为对概念分类的生态学研究可分为两个步骤：首先是考察和描述在日常生活中所使用的概念；其次是对概念分类进行生态学的理论研究。奈塞尔就曾运用吉布森的生态知觉理论来研究概念的分类，他认为虽然知觉和概念分类存在着明显的区别，但它们是紧密联系在一起的。对一个物体进行分类就是断言它具有一套特定的观念和一种特殊的关系，因此对概念和概念的全面理解不可能发生在对世界本身的全面理解之前。拉克夫也非常重视理论在概念分类研究中的重要性，并将理论称为“理想化的认知模型”。在智力方面，奈塞尔总结了智力的生态学研究成果，认为对智力进行生态学的研究时，必须对智力概念的文化情境性有所解释，注重智力概念的文化和种族差异。在对智商分数进行解释时，必须考虑到文化的变迁，因为复杂的环境也许更有利于产生复杂的心理。在智力发展的研究中，切奇等人以布朗芬布伦纳的多元系统理论为基础，提出了智力的生物—生态理论模型[①]，论述了基因由隐性转变为显性的

① Ceci, S.J. (1997). A bio-ecological model of intellectual development: moving beyond. In R. J. Sternberg & E. Grigorenko. (eds.), *Intelligence, heredity, and environment.* (pp.303-322). London: Cambridge university press.

过程，以及遗传中负荷的环境性质和环境负荷的遗传性质，其目的是为了理解和预测智力的发展。

从以上的具体研究成果中，我们可以看出生态认知心理学家对认知的诸多领域进行了研究，他们的研究引领并将继续引领生态认知心理学领域的其他研究。目前，一批研究者正在从事日常生活中的认知研究，寻找适合这种研究的方法，并在研究中探索与传统取向的关联和整合问题。

## 第五节　信息加工认知心理学的贡献和当代走向

信息加工认知心理学自产生以来，无论是在理论探讨还是研究方法上均有较大的突破，对心理学研究做出了重大贡献。

### 一、信息加工认知心理学的贡献

认知心理学冲破了行为主义的禁锢，在现代科学技术的影响下，以新的研究视角重新审视和探讨人的内部的心理活动机制，使心理学从只研究外部行为转向研究内部的心理机制，从而把研究内部心理活动和行为统一起来，开辟了现代心理学研究人类心理活动机制的新方向。在实现了心理学研究对象的新转向之后，信息加工认知心理学在传统心理学研究感知觉和表象的基础上，把理解、学习、问题解决、推理及决策等高级认知过程和复杂的认知行为也纳入研究的范畴，从而把高层次的认知策略和初级的信息加工结合起来，使对人类认知的理解和研究达到了一个新的阶段，这对于理解人类认知的奥秘具有重要意义。

信息加工认知心理学吸收了众多学科的研究成果并采用计算机模拟和脑模拟的方法来综合地研究认知过程的复杂心理活动，体现了其研究方法和工具的现代最高水平，具有重大的时代意义。因为心理学的进步并不表现在研究对象和课题的变化上，而是表现在方法的进展和更新上。美国心理学史家舒尔茨曾说过："一般地说，现在关于人的本性所提出的问题，与若干世纪以前所提出的问题是类似的。现代心理学与它的睿智的先驱者的重要区别，不在于所提问题的种类，而在于探索答案所使用的方法。"①通过计算机模拟和脑模拟，信息加工认知心理学就可以把有关认知过程的假设放到计算机上进行检验，或者通过人工神经网络的活动来类推人的心理活动，从而找到探索高级心理过程的新方法，这必然能够促进心理学的科学化进程。

信息加工认知心理学强调认知主体的能动作用以及认知主体既有的经验、知识在信息加工过程中的作用，在观察被试执行认知任务时的外部行为及其结果的同时，让被试进行自我观察，说出自己的心理活动。这样既冲破了行为主义的禁忌，又克服了古典内省法的弊端，对于研究人的心理活动的本质无疑具有重要意义。

信息加工认知心理学企图把全部认知过程统一起来，认为注意、知觉、记忆、思维等认知现象是交织在一起的，对于一组现象的了解有助于说明另一组现象。由于它们之间的相互依赖关系，很可能会发现人类认知过程的统一加工模式。信息加工认知心理学不仅要把认知过程统一起来，而且要把普通心理学各个领域统一起来，也就是要用认知观点研究和说明情绪、动机、个性等方面，重视心理学研究中的综合的观点，强调各种心理过程之间的相互联系、相互制约。在具体问题的研究方面，在扩大心理学研究方法方面，信息加工认知心理学都有所贡献。而且，信息加工认知心理学的观点还进一步扩展到了社会心理学、发展心理学、生理心理学和工程心理学等领域，对这些具体领域的心理学研究都有一定的启示作用。

---

①[美]杜·舒尔茨著，杨立能等译：《现代心理学史》，人民教育出版社1981年版，第1页。

## 二、信息加工认知心理学的未来走向

信息加工认知心理学的目的在于研究和揭示人的认知过程的本质，但由于大脑本身的不可直接研究性，使其不得不在孕育和诞生之时就以假设、模拟和类比的方式来进行认知过程的研究。符号加工认知心理学把认知过程类比为计算机的运算过程，其隐喻基础是“心理活动像计算机”；联结主义认知心理学以“心理活动像大脑”作为其隐喻基础，把认知过程类比为神经网络的整体活动；生态认知心理学将“人的生活经验和生活历史”作为隐喻基础，主张在现实环境中研究人的心理和行为，认为认知是心灵和世界的共同生成物。

就三种形态的信息加工认知心理学而言，符号加工认知心理学和联结主义认知心理学均立足于实验室研究，都从不同的角度揭示了人类认知的本质，取得了丰硕的研究成果，但这些成果对解释和说明人的心理活动还是很不够的，因为人的心理活动更多地是发生在实验室之外。因此，生态认知心理学在信息加工认知心理学的研究中就是必不可少的。生态认知心理学虽然保留了符号加工认知心理学的成果，却反对其分离和孤立地考察信息加工系统的观点，主张应把符号加工认知心理学放到现实世界中去，并认为这对于说明心理状态是关键性的。符号加工认知心理学曾一度代表着信息加工认知心理学的发展方向，但不能据此而认为联结主义认知心理学或生态认知心理学就代表着信息加工认知心理学的未来。事实上，信息加工认知心理学的各种研究取向在发展中是不可相互替代的，它们都为揭示人的心理活动的本质做出了贡献。虽然生态认知心理学与符号加工认知心理学、联结主义认知心理学同时发生在信息加工认知心理学的起点，却并没有得到更多的技术支持和足够的重视，因此它不可能成为信息加工认知心理学的主流。但我们也不必因此而懊恼，因为毕竟后两种取向的认知心理学研究为信息加工认知心理学积累了丰富的素材，并且它们还将继续在信息加工认知心理学的研究中取得重要进展。既然生态学研究和实验室研究是信息加工认知心理学的两个资料源，我们就必须加强生态认知心理学的研究，把实验室的认知研究与生态学的认知研究结合起来，只有这样才能全面建构信息加工认知心理学的研究框架，否则认知理论就严重缺乏解释效度。如果没有严格的实验室研究，信息加工认知心理学难以成为完善的科学，也难以对认知的内在机制进行深入研究；如果没有生态学研究，则信息加工认知心理学的成果缺乏生态意义，很难真正说明人的心理活动的本质。

20 世纪 80 年代以来，在对以往认知研究进行质疑的基础上，研究者提出了具身认知的新观念，目前这种观念已经受到越来越多的关注。具身认知是一种对有机体与其所处环境之间的交互作用在认知发展过程中重要作用的说明，强调具身是认知的必要条件，试图对心、身、世界之间的交互方式给予理论说明。具身认知是否能够代表认知研究的方向呢？作为认知研究的一种新动向，具身认知必然有其最初的观念上的变革，也有许多重要的思想先驱，其研究方法更是涉及众多领域。这种新的研究主题将如何变化？它与以往认知研究方案之间的内在协调性问题将如何解决？这是涉及实在论传统与现象学哲学传统之争的问题。即使具身认知研究并不能取得令人满意的结果，也不能阻止我们对人类认知的永恒的哲学反思。因此，我们相信，经过不断的反思与实践，一个对认知更为全景、更为本真的研究时代必将到来。

# 第六编 人本主义

人本主义有广义和狭义之分。广义的人本主义包含心理学中所有与科学主义取向对立的理论和流派，包括格式塔心理学的某些理论观点、马斯洛和罗杰斯的人本主义心理学、后现代主义心理学、社会建构论心理学，等等。狭义的人本主义主要指20世纪50年代在美国兴起的一场反抗心理学中“非人化”倾向的思想运动，代表人物是马斯洛、罗杰斯、罗洛·梅等。本编论述的是狭义的人本主义。

# 第十六章　人本主义运动

作为当代西方心理学主要学派的人本主义心理学是在20世纪50—60年代形成的，但是，作为一种学术思潮，人本主义心理学却有其深远的历史渊源。本章从人本主义运动的历史背景出发，揭开尘封的史籍，向读者展现一幅绚丽多彩、波澜壮阔的人本主义心理学的发展史。通过对人本主义运动历史的追忆，阐述人本主义心理学在当代西方的形成和发展，概述其基本理论观点和方法。由此我们将看到人本主义者不懈的精神追求，我们将更深刻地理解当代人本主义心理学的理论思想和实践精神，更准确地把握科学心理学的未来发展趋向。

## 第一节　人本主义运动在西方的起源

追溯人本主义运动发展的历史，我们不难发现，当代人本主义心理学有着深刻而悠远的历史渊源。无论是在古代的西方还是在古老的东方，许多先哲所阐述的思想为今天的人本主义心理学奠定了重要的思想和理论基础。

### 一、人本主义运动的早期渊源

西方社会的文明是从古希腊发源的，西方人本主义思潮也和古希腊时代有着千丝万缕的联系。从公元前11世纪到公元前9世纪，以荷马史诗为代表的古希腊史诗，在某种程度上反映了当时统治阶级对人的基本看法。这些史诗着力描写了人类社会的矛盾冲突和人的情感意志，史诗中那些英雄的个体能用自己坚强不屈的力量战胜困难，人生就是在这种奋斗的精神中得到升华。这种对个人英雄主义的极力崇拜至今仍深深地影响着欧美很多国家的人们，人本主义心理学也同样从中获得了早期的思想启示。

在荷马时代之后，古希腊文化进入希腊悲剧时代。古希腊的悲剧作家们把人描述为与命运抗争的英雄。剧中的主人公是古代神话中的英雄，他们居住在一个由诸神、半神半人和人所组成的世界上，但是他们的人生之路是预先确定的，都是以悲剧告终。这个时代的悲剧作家对人的看法显然不同于荷马史诗时代，却从另一个侧面反映了古希腊早期的人本主义思想是带有存在主义悲观色彩的人本主义。这可以视为当代人本主义心理学中存在——人本主义心理学的早期的思想渊源。

进入公元前5世纪，以雅典为首的古希腊城邦联盟取得了胜利，雅典成为当时古希腊政治、经济和文化的中心。其政治领袖伯里克利奉行奴隶主民主制，他提出要把人作为衡量一切事物的标准。在他看来，“人是第一重要的，其他的一切都是人的劳动成果”[①]。古希腊智者学派的普罗泰哥拉就是在伯里克利时代倡导以人为本思想的先驱。他曾提出一个著名的命题：“人是万物的尺度，是衡量存在的事物所以存在的尺度，也是衡量不存在的事物所以不存在的尺度。”[②]这个命题的提出，在当时是为了反对“以神作为万物的尺度”的传统观念。因此，它在倡导人的重要性方面是有开创性意义的，至今仍闪耀着人性思想的光辉。其后的许多思想家确实从中获得了不少有益的启示。

苏格拉底把研究人的精神自我作为其哲学研究的对象。他把普罗

---

①［古希腊］修昔底德著，谢德风译：《伯罗奔尼撒战争史》，商务印书馆1960年版，第103页。

②舒炜光、李秉平主编：《自然辩证法辞典》，天津人民出版社1995年版，第854页。

泰哥拉的“人是万物的尺度”的观点加以修改，提出“有思考力的人是万物的尺度”的思想。意思是说，人要想达到完善，要想真正认识世界万物，就必须进行深刻的哲学思考。这种具有哲学思考力的人才能成为才智优异的贵族，才能成为国家的统治者。因为在他看来，“知识即美德”，无知即罪恶。错误的行为是不自觉的，是建立在无知基础上的。苏格拉底的这种哲学观和教学思想在激发学生积极思考，进行创造性判断和寻找正确答案方面，具有开拓性的理论和实践意义，可以看作是人本主义心理学思想的早期萌芽。

受苏格拉底的精神自我观的影响，柏拉图在其《国家篇》中提出了建立理想的新世界的设想。在他的理论阐述中蕴含着丰富的关于人的哲学心理学思想。他对理智、情感、意志和心灵等心理学问题的理论阐述，他提出的道德价值观、辩证法思想等，都从理性认识方面为人本主义心理学提供了丰富的思想渊源。亚里士多德是继柏拉图之后在古希腊繁荣时期的另一位伟大思想家。亚里士多德的哲学观也是自然主义的。他对存在的研究着重于事物从一种存在状态向另一种存在状态的转化过程。他曾明确说：“从根本上说，自然就是运动和变化，而我们的研究所关注的又正是自然之如何。所以，运动是什么，绝不能被置于不顾。谁不理解这些现象（指变化、转化等运动），谁也就没有理解自然。”[①]亚里士多德认为，这个自然过程就是自然事物的生成和变化过程，是事物从质料转化为形式的发展过程。但是，这个发展过程的先决条件是，事物本身的形式必须预先潜在地存在着。例如，橡树是橡树籽的潜在形式，成年人是儿童的潜在形式。如果没有这种潜在的存在，就不可能有生成和变化过程出现。当然，除了具备这种潜在的形式之外，还必须要有适当的条件，才能使潜在性变成现

①［古希腊］亚里士多德著，苗力田主编：《亚里士多德全集》第3卷，中国人民大学出版社1992年版，第66页。

实性。亚里士多德关于存在与成长或潜能与实现之间关系的论述在一定程度上体现了人本主义的哲学世界观，许多当代人本主义者从他那里汲取了思想营养。

二、文艺复兴中的人文主义思潮

欧洲的文艺复兴运动是14世纪起源于意大利，15世纪至16世纪流行于西欧国家的一场人文主义的学术思潮。“人文主义”（humanism）虽然在英文中和“人本主义”是同一个词，但其内在含义和人本主义是有区别的。概括地说，“人文主义”是一个文化学概念，主要指14世纪至17世纪发生在意大利和西欧许多国家的一种思想文化运动，是对当时已经牢固确立下来的封建教会、对神学权威和经院哲学权威的一种反抗。人文主义者强调个体能通过独立的批判性思维达到对自我的认识，这种认识是通过对客观的自然世界，而不是对人的精神世界的认识来达到的，因此，人文主义者“寻求的是以共同的语言和日常真实的意象来表述普通人的情感。它并不藐视学习和艺术，但它的确反对任何无实际意义的、学究气的、刻板的东西……它包含着理性（和精神）……启蒙的激进主义，应把它和迷信及无政府主义区别开来”[①]。在这个意义上说，文艺复兴、宗教改革、科学与民主思想，以及对自由追求知识的强调、发展理智和反对教条主义权威等，都是这个时期人文主义精神的发展和表现。其主要特点为：

（一）用人本性取代神本性

文艺复兴时期的人文主义者主张哲学应摆脱神学婢女的地位，以人来取代神。人文主义不是一种狭隘的、复古的哲学体系，而是一种新

① Barron, F. (1979). *The shaping of personality: Conflict, choice and growth.* (pp.5-6). New York: Harper & Row.

的、具有反抗精神的人学价值观。从狭义的观点来看，它是“与人类文化，特别是与古代拉丁和希腊古典文化有关的专门知识和学问”[①]。从广义的观点来看，人文主义者把人和人的价值放在首位，强调人的理性至上，反对神性的绝对统治；强调个性自由和人的全面发展，反对神学权威和压抑人性；强调人的价值和尊严，反对宗教神学和禁欲主义。其核心就是现代西方社会所倡导的个体主义价值观的早期表述。

（二）用人中心取代神中心

在文艺复兴时代的人文主义者的笔下，人的尊严和价值得到一定程度的高扬。这种观念上的转变，反映了文艺复兴时代人的觉醒。在艺术上，这种观点表现为对自然事物的模仿，把人与自然视为一切活动的中心，运用艺术表现手法充分展现自然美和人体美。昔日被宗教异化而失去了的人性在文艺复兴的艺术作品中得到复归，并且作为美的化身而得到表现。在社会生活方面，人文主义者把人们的兴趣和注意力从追求来世的幸福转向现世生活。他们为了满足富裕起来的市民阶层追求现实利益的需要，主张现世幸福高于一切，情感和欲望的满足应该符合人类本性。

（三）用人文教育取代神学教育

人文主义教育的根本目的是唤醒人的潜在能力和创造能力。人文主义者相信每个人都有潜在的善的天赋，因此，教育就是把人从自然的状态中解脱出来，以发现他自己的潜能、实现自己的人性的过程。正如维尔捷留斯（1370—1445）所说：“按照你自己的本能去做，你便是一个有价值的人。”[②]这和基督教神学的原罪说是截然对立的。在教学内容上，人文主义者强烈反对经院神学在教育中的泛滥，主张通过人文研究

① Procter, R. E. (1988). *Educational great amnesia.* (p.xiii). Indiana: Indiana University Press.

② 参见杜时忠著:《科学教育与人文教育》，华中师范大学出版社 1998 年版，第 58 页。

来达到人性的完满。其中，语法和修辞既能引导学生熟悉古典研究，培养他们具有较高的演说和写作能力，也能引导他们熟悉文学、历史和道德哲学。在教学方法上，人文主义者反对神学教育的死记硬背，提倡通过创造良好的学习环境，来启发学生产生学习的兴趣和主动性。所有这些都为人文教育奠定了思想基础。

## 三、近现代人本主义思潮的发展

文艺复兴运动之后，西方社会相继进入资本主义时代。从16世纪到19世纪初，英国的经验主义者、法国的感觉主义者、德国的理性主义者以及其他一些有影响的西方哲学家，从各自不同的角度阐发了他们对人的看法，他们的理论思想和学术观点对当代人本主义心理学同样产生了重要的影响。但是，从人本主义心理学的直接思想来源看，西方近代早期哲学思想的影响只是间接的，而19世纪末和20世纪的存在主义及现象学哲学的影响才是人本主义心理学的直接思想源泉，它们为人本主义心理学提供了深刻的思想和理论基础。

### (一)存在主义的人性观

克尔凯郭尔开创的存在主义哲学是对人本主义心理学影响最大的西方现代哲学思潮之一。克尔凯郭尔猛烈抨击当时的教会、哲学和社会是用一种虚假的安全感哄骗人们入睡，因此，在这种愚民政策的影响下，很多人认为没有必要为个人存在的方向而抗争，因为他们认为自己一生下来就是基督徒和现代人。克尔凯郭尔形象地把这类人比作躺在马车上鼾睡的农夫，是识途的老马把他驮回家的。要想使人清醒过来，哲学的启示作用是不可或缺的。它应该像蚊子一样，把那个自鸣得意的鼾睡者叮醒，使他自己把握好自己的人生之路，或至少要使他对自己的发展方向能做出正确的判断。这就是“人的存在”，是指主观思想者对自己精神状态的直接体验和感受。克尔凯郭尔从人的内在存在的角度唤醒人的精神，这就为人本主义的存在价值观奠定了最初的思想理论基础。

尼采也非常重视作为个体的人。但是，随着资本主义的发展，他发现西方社会的文明实际上已经彻底堕落了，而基督教的残余势力仍然在恣意扭曲着人的心灵。他强烈呼吁社会能够出现一个“灵魂的医生”，对这座已经摇摇欲坠的资本主义大厦进行诊治，找出其症结所在。他呼吁人们的价值观应发生转变，因为价值观是衡量一个民族优劣的重要尺度，也是人类的远大目标。为了做到这一点，就必须创造一个新的个体的形象，这就是“超人”（superman）。尼采创立了一个替代上帝的“超人”，其目的是为人类设计和寻找一个理想的人格，为当时社会人类的生存和发展提供一种新的意义。这种观点无疑为人本主义心理学的健康人格学说提供了有力的思想来源。可以说，马斯洛的“自我实现的人”、罗杰斯的“功能充分发挥的人”等都在一定程度上受到了尼采“超人”思想的影响。

（二）现象学的人学思想

现象学哲学是在存在主义哲学影响下，由德国的胡塞尔和海德格尔所创立，后来在法国经过梅洛·庞蒂、萨特等人的努力，成为20世纪最有影响的西方现代哲学思潮之一。在对待人的看法上，胡塞尔强调人的心理活动是有意向性的，这是因为人的心理活动总是指向超越自身的某个特殊的情境或目标，而且只有在这种背景关系中，才能有意义地理解人的心理活动。按照这种理解，意识就不仅仅是内在的心理活动，而且和被感知的对象一起参与到对人的感知之中。胡塞尔强烈呼吁应该建立一门现象学心理学，它要抛弃医学、生物学和生理学所使用的“自然主义的”思维模式。在这一点上，人本主义心理学继承了胡塞尔的衣钵，它强烈反对当前流行的自然主义倾向的心理学，呼吁建立一门真正“人的心理学”。在20世纪形成和发展起来的现象学心理学就是现象学哲学思想在当代心理学研究中的体现。

海德格尔是继胡塞尔之后又一位著名的现象学哲学家，也是现象学哲学和存在主义哲学的集大成者。海德格尔认为，人是真正的形而上的存在，因为只有人才有自我的思维，而这种自我思维的存在才是真正的存在，才是万物存在的基础和前提。正由于此，人才把自己的存在当作一个必须考虑的问题来进行探索。当然，人的存在不是一个单纯个体的自我概念，而是一个有广泛包容性的、以自我为中心的存在，因此，必须打破传统的本体概念，构成一个存在于世界上的完整的存在。海德格尔的这种存在哲学对人本主义心理学有很大的影响，他的整体论思想，他关于存在于世界上的三种方式，以及自由选择的观点等，都在人本主义—存在主义心理学家以及超个人心理学家的理论思想中得到了不同程度的阐发。

总之，存在主义和现象学反映了西方现代哲学思潮中的人学思想，体现了一种人本主义的哲学思维。它的很多研究主题对当代人本主义心理学产生了直接或间接的影响，因此，把存在主义和现象学作为人本主义心理学的哲学基础是历史的必然。

## 第二节　人本主义心理学的形成

### 一、对行为主义的批评和对精神分析的扬弃

作为一场心理学上的革新运动，人本主义心理学与当代西方的心理学发展以及美国社会的思想和社会变革有密切联系。在西方心理学发展史上，人们常常把行为主义称为心理学的第一势力，把精神分析称为心理学的第二势力。人本主义心理学强烈反对行为主义的刺激—反应模式，也反对精神分析的性本能理论，并对它的思想进行了扬弃。在20世纪中叶，人本主义心理学打着“心理学第三势力”的旗号登上了西方心理学的历史舞台。

行为主义者认为，行为就是刺激与反应的函数，因而极力主张通过对刺激和反应的研究来预测和控制人的行为。人本主义心理学家对此给予强烈批评。他们认为，这种行为概念至少在三个方面是错误的：（1）刺激和反应假设否认了具有独特主体意识的自我的存在，从而完全否认了人的主体性，把人等同于机器和动物；（2）这种行为概念认为人是受外部条件控制的，完全没有考虑到人的主体心理活动对外部条件的反作用；（3）行为主义者把人的自由视为一种幻想，否认人有自由选择的能力。人本主义者从不同角度阐发了他们对人的行为的看法。早在20世纪40年代，罗杰斯就曾这样表述过他的观点："从临床得到的经验可以概括如下，人类有机体的行为可以由作用于有机体的那些影响力量所决定，但同样也可以由有机体自身所创造的、一体化的悟见所决定。"①

人本主义心理学家既反对弗洛伊德的本能决定论，但又不完全否认人的本能的存在。马斯洛说过："甚至仅仅从逻辑上看，我们也没有理由一定得在完全的本能（各部分都充分发展的本能）与非本能之间进行取舍。为什么不能有残存的本能，不能有似本能的某种尚属行为的东西，不能有程度的不同，不能有不完全的本能呢？"②人既是自然进化和生物遗传的产物，又是具有独特的自我意识、自由选择倾向，有焦虑和痛苦，有价值和道德感的活生生的现实社会中的人。因此，人既有低级的生物方面的本能需要，也具有不同于生物的更高层次的精神需要。目前我们已非常熟知的马斯洛的需要层次论就是这种观点的比较全面的表述。在弗洛伊德之后，一些新精神分析学家提出了许多不同于经典精神分析的观点，对人本主义心理学家有很大的启发。例如，阿德勒和很多人本主义心理学家如马斯洛、罗杰斯、罗洛·梅等人都有直接的学术

---

① Kirschenbaum, H. (1979). *On becoming Carl Rogers.* (p. 261). New York: Delacorte.

②［美］马斯洛著，许金声等译：《动机与人格》，华夏出版社1987年版，第92页。

交往和个人联系，阿德勒的思想和观点在很多方面都深刻地影响了人本主义心理学家。

二、人本主义心理学的建立和发展

在20世纪的美国社会，一些人本主义心理学家亲眼目睹了人类社会的巨变和由此而带来的人的精神危机。很多心理学家都亲身经历了20世纪上半叶心理学的学派纷争，亲自感受到了唯科学主义倾向对人文精神的压抑和摧残。大约从20世纪50年代开始，在马斯洛、萨蒂奇、布根塔尔、罗杰斯、罗洛·梅、彪勒、穆斯塔卡斯等人的领导下，终于在六七十年代发展成为西方心理学领域中一支不可低估的力量。概括地说，下述一些重大事件可以看作是当代人本主义心理学发展的独特里程碑。

20世纪中叶，一批有重大影响的人本主义心理学书籍出版。例如，马斯洛的《动机与人格》(1954)、奥尔波特的《成长：对人格心理学的基本考虑》(1955)、克拉克·穆斯塔卡斯的《自我：对个人成长的探索》、默菲的《人类潜能》(1958)和罗洛·梅的《存在：心理学与精神病学的一种新维度》(1958)等，这些著作都以各自不同的方式提倡和表现出一种强烈的人本主义心理学倾向。

1958年，英国心理学家约翰·克亨的《人本主义心理学》一书出版，这是国际上第一本以“人本主义心理学”为书名的学术专著，表明国际社会开始表现出对人本主义心理学的关注。

1961年，在马斯洛、萨蒂奇等人的努力下，《人本主义心理学杂志》正式创刊，由布兰迪斯大学资助，成为人本主义心理学家阐发自己的主张和观点的理论阵地。

1961年，马斯洛等人酝酿成立美国人本主义心理学会。1962年学会正式建立，布根塔尔担任第一届学会主席。

1962年，默菲和普赖斯在加利福尼亚州的大瑟尔（Big Sur）组建了伊瑟琳研究院。他们创建这所研究院的目的是希望在一种开放的、非教条的、人本主义的自由探讨气氛中研究人类的全部潜能。该研究院后来成为人本主义心理学的大本营，至今仍然是从事人本主义心理学研究和培养人本主义心理学家的中心和摇篮。

1963年，布根塔尔在美国心理学会的官方刊物《美国心理学家》杂志上发表一篇《人本主义心理学：一种新的突破》的论文，对宣扬人本主义心理学的主张起到了重大作用，也表明人本主义心理学开始受到主流心理学的重视。

1963年，人本主义心理学的第一份研究生教学大纲在加利福尼亚州的索诺玛州立学院试行，揭开了以人本主义观点培养高层次人才的序幕。

1964年，在布根塔尔的亲自组织下，在加利福尼亚州的老塞布鲁克（Old Saybrook）召开了一次重要的人本主义心理学的学术研讨大会，与会者不仅有心理学家，也有其他领域如文学界、哲学界、教育界的著名专家、学者。这些人的参与对人本主义心理学的传播产生了积极作用。

1965年，美国人本主义心理学会与布兰迪斯大学脱离关系，成为一个独立的机构。1969年，《人本主义心理学杂志》移交给美国人本主义心理学会主办。

60年代中期，一大批具有人本主义主题和观点的著作开始出现。例如塞弗林的《心理学中的人本主义观点》（1965）、布根塔尔的《人本主义心理学的挑战》（1967）、马斯洛的《存在心理学探索》（1968）、罗洛·梅的《爱与意志》（1969）等，使人本主义心理学的影响开始得到广泛传播。

1970年，美国心理学会正式接纳人本主义心理学会为它的第32分会，表明人本主义心理学得到了美国官方的正式承认。

1970年，美国人本主义心理学会正式改名为人本主义心理学会，并于同年在荷兰的阿姆斯特丹召开了第一次国际大会，与会者来自美国、荷兰、英国、丹麦、瑞典、挪威、比利时、法国、德国、瑞士和南非，标志着人本主义心理学会正式成为一个国际性的心理学组织。

1971 年，为了使人本主义心理学在学术界产生更大的影响，人本主义心理学会在英国的埃克塞特大学举办了两个重要的系列讲座：一个是约翰·赫伦所做的关于行为不同方式的演讲，另一个是雅各布·斯塔特曼所做的关于感情在群体中的具体化的演讲。

1972 年 4 月，第一届欧洲人本主义心理学大会在瑞典的斯德哥尔摩大学召开，有 140 多人参加。同年 9 月，人本主义心理学会举办了一个为期 4 天的学术研讨会，题目是“高等教育的创造性变革”，表明人本主义心理学开始涉足教育领域。

1973 年，第二届欧洲人本主义心理学大会在丹麦的罗斯基勒大学召开，有 250 多人参加大会。同年 7 月在印度举办了一个大型的人本主义心理学研讨会，探讨了人本主义心理学与印度哲学的重要联系。

1973—1974 年，人本主义心理学会在英国积极举办各种活动，包括学术讲座、研讨会等，其中很多内容和心理治疗有关，表明人本主义心理学开始在心理治疗领域发挥作用。

此后在整个 20 世纪 70 年代，人本主义心理学会一直都很活跃地开展各种活动，也取得了不少令人瞩目的成果。在 20 世纪 80 年代，人本主义心理学受到了来自心理学和其他方面的批评，人们对它的兴趣和热情开始减退，但这并不意味着人本主义心理学的消亡。每年人本主义心理学会仍然举办国际性的学术会议，许多与人本主义心理学有关的杂志，如《人本主义心理学家》《人的潜在资源》《欧洲人本主义心理学杂志》相继创刊。即使是在今天，人本主义心理学仍然在顽强地坚持着它最初创立时所倡导的思想。2001 年，由布根塔尔、施耐德和皮尔森主编，由当代许多著名的人本主义心理学家、存在主义心理学家、现象学心理学家和超个人心理学家等撰写的《人本主义心理学手册》出版，对人本主义心理学近半个世纪的发展历程做了详尽而真实的评述，这也预示着人本主义心理学在21世纪的复兴。2002年，美国《人本主义心理学杂志》的主编托马斯·格林宁等人本主义心理学家应邀来我国访问，并在北京做了学术报告。我国的心理学工作者也有很多关于人本主义心理学的研究论文和学术专著不断问世，这同样显示了人本主义心理学旺盛的生命力。2005年存在—人本主义心理学家施耐德担任《人本主义心理学杂志》的主编。

## 第三节 人本主义心理学的基本观点和方法

经过半个多世纪几代人的努力，人本主义心理学已不再局限于作为对行为主义和精神分析的一种反抗，而且其本身在很多研究领域都取得了一些重大的研究成果。例如，人本主义心理学在理论建设方面取得了重大的进展，其中有很多观点已经被主流心理学所采纳，或者已经成为人们日常概念的一部分。现将其主要理论观点和研究方法概述如下。

### 一、人本主义心理学的人性观

人本主义心理学的一个重要使命就是探索人之所以为人的本质和核心。它批评传统的行为主义和精神分析不研究人，而只研究动物，不研究正常的人，而只研究病态的人。马斯洛认为，人的本质依赖于生物和文化两个方面，如果没有人的身体的物质存在，就不可能有人的精神本质的存在。马斯洛用似本能（instinctoid）的概念来说明人的本质。所谓似本能，是指人的内在能力、天赋和特质在人的内部所具有的生物基础。“当我们在种系阶梯中上升时，我们可能会逐渐发现新的（更高级的）欲望，发现另一种本能，它在本质上是似本能的，即在强弱程度上是由机体结构和作用所决定的。"[①]这种似本能潜藏在每个人的心灵深处，物种的等级越高，其似本能的需要就越强烈，人是具有独特人类意识和思维的高级动物，因此，人的似本能需要是最强烈的，它随时期待着个体去主动地发展，使其显现出来。

罗杰斯把他对人的本质的看法建立在更广阔的进化论背景中。在他看来，有一种"形成的直接趋向"（direct tendency on becoming）渗透于宇宙中所有的存在物之中，从水晶到恒星空间再到生命组织无一例外，而且这个"形成的直接趋向"将朝着越来越复杂的方向发展。罗杰斯指出："当我们能够把个体从防御中解放出来时，这样，他就会对大范围的环境要求和社会要求开放。可以相信，他的反应是积极的、向前驱动的、有建设性的。"[②]

但是，在人本主义心理学内部存在着"性善论"和"既善又恶论"的人性观。罗杰斯主张人性是生而善的，人所表现出来的恶行是后天的环境和文化造成的。他明确指出："在有利于成长和选择的心理氛围中，我从未听说有任何人选择残暴的或破坏的道路。选择似乎总是趋向社会化，改善与他人的关系。我的经验使我相信，文化的影响才是造成恶劣行为的重要因素。生育的粗陋方式，婴儿和父母的经验混杂，教育系统的约束性和破坏性影响，财富分配的不公，对于不同于我们的人抱有很深的偏见——所有这些和许多其他因素使人的机体转到反社会的方向。"[③]据此，罗杰斯以他的"形成倾向"和"自我成长"的人性观勾画了一幅美好的人类社会文化的蓝图，希望人性中的善能够最终战胜社会中的邪恶，使人类走向更加美好的未来。罗洛·梅不赞成罗杰斯的性善

①转引自彭运石著：《走向生命的巅峰：马斯洛的人本心理学》，湖北教育出版社 1999 年版，第 103 页。

② Rowan, J. (2001). *Ordinary ecstacy: The dialectics of humanistic psychology* (3rd Ed.). (p.246). Hove: Brunner-Routledge.

③杨韶刚著：《存在心理学》，南京师范大学出版社 2000 年版，第 88 页。

论，而主张人性是善恶兼而有之。在他看来，人性的形成不同于经济和技术的发展。因为人性当中既有善的成分，也有恶的成分。他批驳罗杰斯的观点，认为社会文化本身无所谓善恶，其中所表现出来的善恶都是人类自我本性的反映。文化的善与恶是由生活在该文化中人的善恶构成的。我们的文化在一定程度上是破坏性的，是因为生活在其中的这些人是有破坏性的。在对人性的看法上还存在分歧和争论，但这些争论都是围绕如何研究人而展开的，其目的都是为了建立一门真正关于人的心理科学。在这一方面，人本主义心理学家一直在进行不懈的精神探索。

## 二、人本主义心理学的价值观

早期人本主义心理学家可以大体上划分为两大派，一派是以马斯洛、罗杰斯等人为代表的主张自我实现的心理学家，另一派是以罗洛·梅、布根塔尔等人为代表的主张自由选择的存在心理学家。由于这些基本理念的差异，在价值观的研究方面，他们也表现出两种既相互联系又有所不同的研究取向。

马斯洛等人认为，每个人生来就有一种内在的自我实现倾向，这种倾向使整个人类都具有共同的价值观和道德准则。马斯洛指出："我们越来越清楚地看到，人的身上有无限的潜在能力，如果适当地运用它们，人的生活就会变得像幻想中的天堂一样美好，从有潜能的意义上，人是宇宙中最令人惊异的现象，是最具有创造性、最精巧的生物。多少年以来，哲学家们一直在寻求真、善、美，论述它们的力量。现在我们知道，寻求它们的最佳地方就在人们自己身上。"①教育的作用是发掘人的自我实现潜能，使人的真善美的道德本性得到最大限度的实现。

---

①[美]爱德华·霍夫曼著，许金声译：《马斯洛传：人的权利的沉思》，华夏出版社2003年版，第145页。

罗洛·梅深切关注现代人的存在境况，倡导发现人生存在的价值、真谛和意义，强调人的意识是自由的，人可以通过自由选择实现自己的存在价值。这种浓厚的存在主义倾向体现在罗洛·梅的道德价值观中，形成了人本主义心理学中注重个人自由选择的道德价值观。在道德观念上，他否认任何永恒的、普遍的道德价值，主张教育的作用是促使学生意识到自己个人的存在。以此为基础，再按照自己的自由意志来选择道德标准，并对自己的选择结果承担责任。总之，人本主义心理学把人视为有价值、有个人潜能的存在，认为每个人都有自我选择、自我实现的倾向，因此，道德的人就应该是具有独立人格的自由个体，应该能够通过个人的价值澄清，确定自己的人生方向，成为健康的社会存在。

### 三、人本主义心理学的自我观

早期人本主义心理学家马斯洛、罗杰斯、罗洛·梅等人对自我心理学的研究，揭开了心理学史上崭新的一页。人本主义心理学家在研究自我概念时，首先对真实的自我和人们对自我的理解做了明确区分。前者就是我们在前面提到的那些略有争议的不同观点，后者就是“自我概念”，是指人们对他们是谁和干什么的理解。之所以做这样的区分，原因在于，他们认为，人们是根据自己对事物的理解，而不是根据事物的真实状况做出行动和反应的。因为人们在行为上是受他们对事物的内在理解和有关现实的理论观点指导的。罗杰斯就曾说过，人们是根据其“内在参考框架”而采取行动的。他还说：“我不是对某一绝对的现实做出反应，而是对我关于这种现实的知觉做出反应。正是这种知觉在我看来才是真实的。”①

① Rogers, C. R. (1951). *Client-centered therapy: Its current practices, implications and theory.* (p.484). Boston: Houghton Mifflin.

罗洛·梅曾经把这种体验描述为一种“我在”的体验，或者一种“存在感”（a sense of being）。所谓“存在感”就是“一个人知道他发挥这种作用的能力”[①]。为了进一步阐明存在感的意义，罗洛·梅做了细致的理论描述。首先，罗洛·梅把存在感和自我意识联系起来，认为人的存在感越强烈，其自我意识越深刻，人进行自由选择的范围就越大。他超越自我，站在一旁“观察”自我的能力越强，就越有可能对自己进行认真的思考和预想，他的判断和选择就越准确清晰。其次，对存在感进行自我体验必须以自由存在为前提，因为自由存在的人才能进行价值和目标的选择。最后，语言是表达个体存在的一种手段。“语言对自我意识的表述是一种符号化的能力，是填补内在意义和外部存在裂隙的能力。”[②]

罗杰斯在阐述自我概念的特点时，要求人们注意自我的几个典型特点：第一，自我是一个有组织的结构，一个格式塔，其中一个小小部分的改变会导致整个结构的改变。第二，自我是容易进入意识，被意识所反映的。第三，自我是一个不断改变的结构，而不是一个固定不可更改的东西。由于自我的这些特点，在适当条件下，自我就可能会发生异化，就会产生莱因所说的“分裂的自我”的体验。罗杰斯写道：“当我们能够和我们分裂的自我的两个方面——我们的意识表面和我们更深层次的体验——进行交往的关系不存在时，我们就会感受到一种没有和任何人建立真正接触的孤独。”[③]换句话说，自我要想不发生分裂或异化，就必须使其意识表面的自我和内心真实的自我相一致。

---

①May, R. (1953). *Man's search for himself.* (p.180). New York: Norton.

②May, R. (1961). *Existential psychology.* (pp.21-22). New York: Random House.

③Rogers, C. R. (1961). *On becoming a person.* (p.94). Boston: Houghton Mifflin.

## 四、人本主义心理学的方法论

人本主义心理学在与西方主流心理学的争执和融合过程中，形成了一系列独到的研究方法。这些方法既体现了它对人文社会科学研究方法的独特见解，又表现出它和当代西方学术思潮发展的紧密相关。

### （一）质性研究方法

人本主义心理学强调质性研究，主张用现象学方法取代实验室研究，用整体研究取代分析研究。例如，马斯洛对自我实现的研究主要采用了解释学的取样方式，从熟人、有影响的公众人物和历史人物中选取被试。这是因为对自我实现的积极描述需要使用质的分析方法，要把那些表现有心理病理倾向的人排除在外。马斯洛主要使用观察法来研究自我实现的概念，这些观察的内容非常丰富，也容易引起争论，但基本上能够反映一种理想的自我实现的人格。他对数据的收集是通过对熟人长期的深入了解，这种观察不是实证科学那种临时性的观察，因此，对于研究诸如自我实现这类复杂的概念来说，这种长期深入的观察了解倒不失为一种很好的方法。在把这些完整的印象收集起来后，马斯洛把一些相关的主题汇集在一起，组织有关人员进行讨论，最终确定了这些心理最健康的人的生活特点。最后，马斯洛把实证研究的方法与他的解释学方法相结合，对自我实现的本质属性和特点做了完整的描述。马斯洛丝毫也不怀疑他的研究具有很高的内在科学价值，但这种科学并不是传统意义上的实证科学或“规范科学”，因为它不像传统的实验研究那样有严格规范的方法论体系。尽管它有很多不完善的地方，但是，实证研究的方法不也有很多它自身无法解决的问题吗？不能因为某种方法有问题就忽略它存在的价值。再者，马斯洛的研究是为了以某种整体的方式揭示人的本性，他的研究是经过认真设计的，其中也使用了一些科学实证的研究数据，有很多系统的概念阐释。应该承认，这种方法在一定程度上弥补了科学实证方法的不足，尽管它本身仍然有很多需要完善的地方。

（二）现象学方法

现象学方法并非只是对现象进行理论阐述，它也有一系列具体的实证研究步骤和要求。

1. 对所研究问题进行系统阐述

在收集现象事实的资料和进行分析之前，要首先了解现象的本质，了解研究者究竟研究的是什么，这样才能确定哪些研究变量需要研究。现象学研究提出的问题就是，询问人们所经历的事情的意义或本质，探讨其基本的组成要素，以及它的发展演化过程等。显然，这种研究是和人的现实生活密切联系的，是在分析基础上进行的整体性研究。

2. 与现象形成直觉联系

要对某一现象进行反思，就必须在研究者与被试之间建立一种直觉的关系，这里的直觉是指可以直接迅速地被研究者意识到的现象。例如，心理学中的顿悟可以通过多种表达方式获得，口头言语、书面文字材料中，在所观察到的行为和姿态中，在绘画和艺术作品中等，人们随时都可能获得对事件的顿悟。这时，现象学研究就可以使研究者与所要研究的心理事件之间建立一些直接的个人联系。现象学方法认为，研究者必须对所做的描述进行反复阅读，从而产生一种整体感。这是对被试所描述的事件产生一种感情移入的直觉，并进行精细的放大，研究者要动员其全部的理解力，深入到被试的内心深处去敏锐地感受，设身处地，产生同感。

3. 对数据进行反思分析

对被试所做的描述进行现象学分析，主要是把他当时的体验和整体联系起来。这时，一些与现象有关的理论、假设、以前的解释等都要“放在括号内”，即暂时搁置起来。研究者把关注的焦点集中在被试所体验到的情境的意义上。这个过程就是一个从“描述的事实”到“真实的意义”的转变过程，也就是从天真的描述到心理学反思的过程。被试所描述的常常是有很多事实存在的生活事件，个人在其中所起的基本作用和许多重要意义可能很含蓄地隐含在里面。现象学的还原就是要把这些内在的意义揭示出来。

4. 心理学语言的描述

研究者要对自己的深刻见解进行完整的说明，包括对当前心理生活的一致性结构，其组成部分及其在整体内部的关系，都要用心理学的语言表述出来。因为，“被试的朴素描述以隐义的方式表达多种现实。我们想在对事件深切合理理解中阐明心理学的方面。我们通过反思和想象变化过程来实现被试的日常语言转变为心理学语言。”[①]研究者要具备基本的心理学素养，这时研究者就不能再使用被试的话语，而要选择和使用那些能最好地把握被试心态的心理学术语。

近年来，一些人本主义心理学家还提出和后现代思潮相结合，相应地在方法论上也采取多元主义的观点。启发式研究方法、叙事研究方法、多重个案深度研究方法、解释学的单一个案效能设计等研究方法的相继出现，表明人本主义心理学在不断地吸收和融合主流心理学方法的同时，也在积极地改革和发展其独特的人本主义研究方法。

① 伍麟：《意识自然化的终结——论美国现象学心理学的基本精神》，吉林大学2002年博士学位论文，第119页。

# 第十七章　人本主义心理学的主要理论

## 第一节　马斯洛的人本主义心理学理论

亚伯拉罕·马斯洛（1908—1970）生于纽约，在威斯康星大学学习心理学，并于26岁时取得哲学博士学位。第二次世界大战后，马斯洛担任布兰戴斯大学心理学系教授、系主任，开始对健康人或自我实现者的心理进行研究。1967年，马斯洛被推选为美国心理学会主席。1970年，他因心脏病去世，终年62岁。

马斯洛一生著述颇丰，且影响很大。他最著名的论文是《人类动机论》，最早发表于1943年的《心理学评论》杂志，后来被马斯洛收入他的第一部专著《动机与人格》（1954）中。他的主要著作还有《人格问题和人格发展》（1956）、《宗教、价值和高峰体验》（1964）、《科学心理学》（1966）、《存在心理学探索》（1968）、《人性能达到的境界》（1971）等。

### 一、心理学的研究原则

马斯洛从人本主义心理学的基本观点出发，提出了心理学研究的几个主要原则。

（一）以健康人为研究对象的原则

马斯洛认为，经典的精神分析学派是以畸形的、不成熟的和不健康的人为研究对象，最终也只能产生畸形的、消极的心理学。行为主义者无不研究小白鼠、鸽子、猫等动物，在了解人与动物的共性上虽然有意义，但对揭示人类独特的心理特征则不仅无益，而且有害。他说："人类的心理规律与非人类的自然规律在某些方面是相同的，但在某些方面又完全不同。"[①]所以，马斯洛强调要以健康的人或自我实现的人作为研究对象。他说："假如我们想知道人类精神成长、价值成长或道德发展的可能性，那么我们要坚持，只有研究我们最有德性、最懂伦理或最圣洁的人，才能有最好的收获。"[②]

（二）整体动力学原则

马斯洛反对对人进行静态的、条块分割式的研究，又针锋相对地提出了整体动力学的研究原则。他在《动机与人格》一书中曾具体地阐明了他的整体动力学观点，他说："这里所要阐述的一般观点是整体论的而不是原子论的，是功能型的而不是分类型的，是能动的而不是静态的，是动力学的而不是因果式的，是目的论的而不是简单机械论的。"[③]马斯洛的整体动力学观点，概括起来，具有以下几层含义：（1）有机体是一个高度统一的整体，具有自己独特的风格；（2）有机体是一个和周围环境相联系的系统；（3）用整体分析的方法对有机体进行研究。

（三）以问题作为研究中心的原则

马斯洛强调心理学要研究对个人和人类的进步都富有意义的问题，反对心理学研究中的无价值的烦琐倾向。为了强调问题中心的观点，他首先批评了传统科学哲学观。他认为，传统科学哲学关于科学中的道德中立、价值中立的纯客观的观点，回避诸如伦理、道德、是非、爱情、幸福、健全和病态等我们社会急于解答的重要问题，不仅是错误的，而

①[美]马斯洛著，许金声等译：《动机与人格》，华夏出版社1987年版，第8—9页。

②[美]马斯洛著，林方译：《人性能达到的境界》，云南人民出版社1987年版，第12页。

③[美]马斯洛著，许金声等译：《动机与人格》，华夏出版社1987年版，第363页。

且也是危险的、非道德的或反道德的。其次，他对方法中心论进行了尖锐的批评。他认为，方法中心论至少存在三个问题：方法中心论过分强调技术设备和数量关系，把它视作目的本身，并且往往不由自主地使自己的问题适合于自己的技术；方法中心论会在科学家与其他寻求真理的人之间制造分裂，将科学分成等级；方法中心论还会由于现有的科学方法，产生正统观念，从而使科学家安于验证、核实、稳妥，对琐细问题进行实验，不敢涉及重要的人格和道德领域。马斯洛以幽默的比喻讽刺这种现象：假如你拥有的唯一工具是锤子，诱惑人的想法就是把一切都当作钉子来对待。

在对上述两种观点批评的基础上，马斯洛强调心理学的研究要以对个人和社会有意义的问题为中心，方法要顺应问题，为问题服务。同时也不能局限于现有的科学方法，被精确的数量化捆住手脚，坐等可靠的材料，而放弃对重要问题的探讨。他主张用更综合的、开阔的、多学科的方法去研究人的心理问题。

## 二、动机理论和自我实现理论

### （一）动机理论

#### 1. 需要层次

马斯洛的动机理论是以他对人类需要的理解为依据的。马斯洛从总体上把人的需要分为两大类。一类是基本需要，这类需要和人的本能相联系，具有五个特点：第一，缺少它引起疾病；第二，有了它免于疾病；第三，恢复它治愈疾病；第四，在某种非常复杂的、自由选择的情况下，丧失它的人宁愿寻求它，而不是寻求其他满足；第五，在一个健康人身上，它处于静止的、低潮的或不起作用的状态中。这类需要主要包括生理需要、安全需要、爱和归属需要、尊重需要。另一类是成长性需要，这类需要是不受本能支配的，它的特点有：第一，不受人的直接欲望所左右；第二，以发挥自我潜能为动力；第三，这类需要的满足会使人产生最大程度的快乐。这类需要包括求知需要、审美需要和自我实现需要。两类需要根据对人直接生存意义及生活意义的大小，呈阶梯状排列（见图 17-1）。

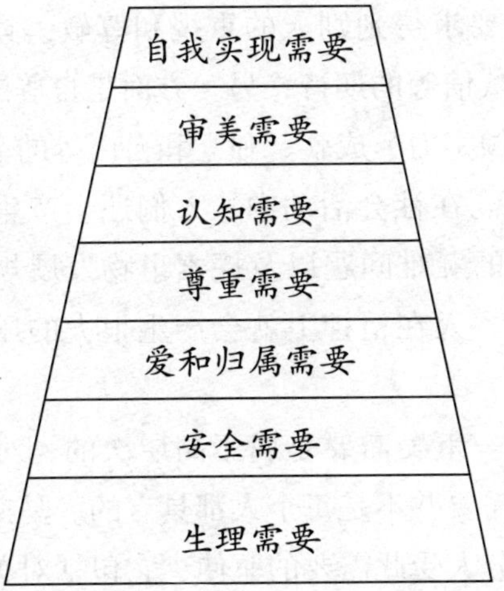


图 17-1　需要层次示意图

（1）生理需要。生理需要是人最基本的需要，它直接与人的生存相关，它所包含的需要是人的本能的表现。马斯洛指出："如果所有需要都没有得到满足，并且机体因此而受生理需要的主宰，那么，其他需要可能会全然消失，或者退居幕后。"①

（2）安全需要。若生理需要得到相对充分的满足之后，安全需要便会作为支配动机显露出来。马斯洛把安全需要解释为对组织、秩序、安全感和预见性的追求。

（3）爱和归属需要。当生理需要和安全需要得到基本满足时，爱和归属需要就开始支配人的动机和行为了。如果这一需要得不到满足，

①[美] 马斯洛著，许金声等译:《动机与人格》，华夏出版社 1987 年版，第 42 页。

就会强烈地感到孤独、寂寞，感到在遭受抛弃，内心会产生极其痛苦的体验。

（4）尊重需要。当上述三种需要都得到基本满足之后，尊重需要开始在需要群中占主导地位，支配人的生活。马斯洛把尊重需要分为两个方面：一方面是要求得到别人的重视和尊敬，具体包括对地位、名誉、声望、赏识、威信等的期待；另一方面是自尊的需要，具体包括对充满自信、获得本领实力、成就、独立和自由等的欲望。

（5）认知需要。在社会活动中，人们还会产生理解周围环境的欲望，搞清楚环境中的疑难问题以及探索事物发展规律的欲望。如果这种需要得不到满足，人在精神上就会产生很大的压力，甚至产生心理变态。

（6）审美需要。审美需要是属于高层次的、对成长具有重要意义的社会需要，这种需要并不是每个人都具有的。马斯洛认为，在每种文化背景中，有一部分人受此需要的驱使，它包括对美的需要，对美学上的令人快乐的经验的需要，当他们的这种需要不能满足时，也会产生严重的心理障碍，对他们的活动起不良的影响作用。

（7）自我实现需要。马斯洛认为，如果一个人的前述六种需要都得到满足，那么，他就可以达到需要层次的最高点——自我实现。马斯洛把自我实现需要描述成为一种想要变得越来越像人的本来样子，实现人的全部潜力的欲望。

马斯洛认为，基本需要是分层次的，从低级需要到高级需要是逐级上升的，较高级的需要是在较低级的需要得到满足之后出现的。同时他也指出，这只是一种一般的模式，实际上它并不完全像台阶形排列那样刻板，例外是很多的。他列举了七种例外。其一，有些人把自尊看得比爱更重要，这种人自高自大，想突出自己。其二，具有天赋创造性的人，其创造性的驱动力似乎比其他相对的决定因素更为重要。这种人尽管缺乏基本需要的满足，仍有创造性。其三，有些人的抱负水平可能永远压抑或低下。其四，病态人格的人永远丧失爱的需要，这些人在其生命的最初的岁月中，就已经缺乏爱，因而永远丧失了给予和接受感情的愿望和能力。其五，有些某种需要长期得到满足的人反而会对这种需要的价值估计不足。其六，有些人受许多其他因素的影响，不按自己的需要和愿望行事。其七，有理想、有崇高社会标准的人为了追求真理、实现理想，可以牺牲自己的一切。

在讲到一种需要满足后会出现新的需要时，马斯洛说明，他所讲的满足是就相对的意义说的。事实上，对于我们社会中大多数正常人来说，全部基本需要都部分地得到了满足，同时，又都在某种程度上未得到满足。

2. 高级需要与低级需要之间的差异

马斯洛在对需要的层次和内容阐述后，又进一步分析了高级需要与低级需要之间存在的心理上以及作用上的差异。

（1）高级需要是一种在种系上或进化上发展较迟的产物。

（2）高级需要是个体发育较迟的产物。

（3）越是高级的需要，对于维持纯粹的生存也就越不迫切，其满足也就越能更长久地推迟，并且这种需要也就越容易永远消失。

（4）生活在高级需要的水平上，意味着更大的生物效能、更长的寿命、更少的疾病、更好的睡眠等。

（5）从主观上讲，高级需要不像其他需要一样迫切。

（6）高级需要的满足只能引起更满意的主观效果，即更深刻的幸福感、宁静感以及内心生活的丰富感。

（7）高级需要的满足相对于低级需要的满足有更多的前提条件。

（8）那些高级需要、低级需要都满足过的人们通常认为高级需要比低级需要具有更大的价值。

（9）高级需要的满足比低级需要的满足更接近自我实现。

（10）高级需要的追求和满足会导致形成更伟大、更坚强以及更真实的个性。

（11）低级需要比高级需要更部位化、更可触知，也更有限度。高级需要的满足是无限的。

（二）自我实现理论

1. 自我实现的含义

马斯洛在阐述自我实现时，对自我实现进行了定义，并分析了自我实现的本质特征。他认为“可以将自我实现定义为不断实现潜能、智能和天资，定义为完成天职或称之为天数、命运或禀性，定义为更充分的认识、承认了人的内在天性，定义为在个人内部不断趋向统一、整合或协同动作的过程”。[①]

对上述定义进一步分析，自我实现还有以下几个方面的本质特征：自我实现是在人的各种需要得到充分满足之后才能出现的高级需要，这是人的真正的存在状态；自我实现的人是完全自由的，支配他们的行为的因素是来自主体内部的自我选择；自我实现的人在其非常喜爱的工作中显示出巨大的潜能；自我实现的人是摒弃了自私、狭隘观点的人；自我实现的人是人的创造性的最终实现。

2. 自我实现者的人格特征

（1）能准确、充分地认识现实，并与现实保持良好的关系。

（2）能接纳自然、他人和自我。

（3）自发、直率和自然。

（4）以问题为中心，而不是以自我为中心。

（5）有独立和独处的需要。

（6）自主。

（7）有反复欣赏生活的能力。用马斯洛自己的话说：“对于自我实现者，每一次日落都像第一次看见那样美妙，每一朵花都温馨馥郁，令

①［美］马斯洛著，李文湉译：《存在心理学探索》，云南人民出版社 1987 年版，第 21 页。

人喜爱不已，甚至在他见过许多花以后也是这样。”①

（8）有高峰体验。

（9）有强烈的社会责任感。

（10）能与少数人建立深入、良好的关系。

（11）民主的性格结构。

（12）能对方法和结果进行辨别，有明确的伦理道德标准。

（13）善意的、富有哲理的幽默感。

（14）富有创造性。

（15）很强的独立性。

以上从十五个方面概括了自我实现者的良好人格特征，但自我实现者也是普通的人，远非尽善尽美，在他们身上也存在着一些缺点，概括起来，有以下四点：

（1）他们常常有憨直、挥霍或轻率的行为习惯；

（2）他们易烦恼、激动、刚愎自用；

（3）在他们身上还残存着一些浅薄的虚荣自夸，他们好炫耀自己的成果、家庭，偏袒自己的朋友、子女；

（4）他们有时也会表现出令人吃惊和难以想象的冷酷无情，这是因为他们都是一些非同一般的强者，因此，在需要时，他们会表现出超越一般人的冷酷无情。

3．通向自我实现的途径

（1）自我实现意味着充分地、活跃地、深入地、全身心地体验生活，全力以赴地献身于某一件事或某一项活动而忘怀一切。

（2）自我实现不是一次性的，一个人在某种活动中做出卓越的成就，并不能说是达到了自我实现的目的，自我实现是一个连续不断的、渐进的活动过程。

---

①［美］马斯洛著，许金声等译：《动机与人格》，华夏出版社 1987 年版，第 191 页。

（3）人不是无生命的一块白板或一堆泥土，而是有生命、有思想的有机体，他们要生存，要发展，要在生存环境中显露出自我。

（4）要忠诚，不搞欺骗，也不要隐瞒，遇到问题要深入分析，找出问题的症结所在，并反躬自问自己的责任心。每次担负责任，就是一次自我实现的发展。

### 三、高峰体验与存在性认知学说

#### （一）高峰体验

在马斯洛的自我实现理论中，高峰体验是一个重要的概念。马斯洛在阐述高峰体验时认为："这种体验是瞬间产生的、压倒一切的敬畏情绪，也可能是转瞬即逝的极度强烈的幸福感，或甚至是欣喜若狂、如醉如痴、欢乐至极的感觉。"[①]凡是产生这种体验的人，"都声称在这类体验中感到自己窥见了终极真理、事物的本质和生活的奥秘，仿佛遮掩知识的帷幕一下子给拉开了……像突然步入了天堂，实现了奇迹，达到了尽善尽美"[②]。

马斯洛在阐述高峰体验时，还着重强调了高峰体验与自我实现的密切关系。马斯洛认为自我实现者的人格特征之一，就是常常产生高峰体验。

高峰体验在不同人身上表现方式不同，甚至在同一个人身上由于从事不同的活动，表现方式也是不同的。

高峰体验之所以是通向自我实现的重要途径，是因为自我实现是一个动态的发展过程，迈向自我实现的每一步，都有高峰体验的出现。它似乎是一种引导，引人达到更完善的自我实现。

---

①②［美］马斯洛等著，林方编译：《人的潜能与价值》，华夏出版社 1987 年版，第 366、367 页。

（二）存在性认知

如何理解存在性认知？马斯洛认为：存在性认知是目的性认识，是终极性认知，是一种超越。它包含以下几层含义。

第一，在存在性认知中，对象是作为本质被完全把握的。这种特性可称为整体注意，是存在性认知的重要起点。存在性认知是一种不可比较的认识，它倾向于全面地、热情地投入，因而它也是永恒的、无历史的绝对认知。[①]

第二，存在性认知是一种超文化性认知，它不受任何文化和历史框架的制约，能对认知对象的本质进行认识。

第三，存在性认知是一种总体性认知，在这种总体认知中，部分之间的两极、冲突都被融合了，超越了，消除了。在这里，两个极端有机地汇合在一起，成为一个和谐的统一体。

第四，存在性认知是真正自由的、来自于本体内总的创造性认知活动。

第五，存在性认知是主体对认知对象的全身心投入，通过主体的存在情境透视对象的本质，最终达到对认知的对象做出真正认识的目的。

第六，存在性认知是最终发现了存在的价值的认知。

第七，在存在性认知中，体验是一种被看作超越利益和目的的高尚情感。

四、价值理论

马斯洛在他的后期著作中用很多的篇幅反复论证他的价值论体系，

①［美］马斯洛著，林方译：《人性能达到的境界》，云南人民出版社 1987 年版，第 254—256 页。

并提出了“存在价值”的概念。他以“存在价值”为基础，以生物学、比较心理学、实验心理学和神经生理学的研究资料为依据，并在强调整体论、动力论和社会文化相结合的背景下，形成了自己的价值论体系。概括起来，有以下几个方面。

第一，人性是善的，恶是派生的，是由人的基本需要没有得到满足引起的。

第二，在生物进化的阶梯上，人的心理潜能高于动物的心理潜能，心理潜能高于生理潜能。

第三，人的需要有高低不同的层次结构。高级需要的产生依赖于低级需要的基本满足，但只有高级需要的满足，才能产生更令人满意的主观效果。高级需要的价值高于低级需要的价值。

第四，高级需要包括爱的需要或社会需要，因此，一个人所表现出的利他行为和自我需要的满足是完全一致的。

第五，创造潜能的实现是人的最高级需要的满足，是人生追求的最高目标。这一目标的实现称为自我实现。

第六，创造潜能的充分发挥本身就是一种最高的奖赏，它是一种高峰体验的出现。

第七，自我实现者有发自内心的追求潜能发挥的倾向，并有以此为依据的自我评价能力。

第八，高级需要和创造潜能（心理潜能）较低级需要（生理潜能）微弱，它只是一种类似本能的微弱冲动，不像动物本能那样强有力，它只有通过后天的学习和培养，才能得到充分的发展。

第九，人的潜能和价值与社会环境的关系是内因与外因的关系。潜能和存在价值是内因，对人的发展起主导作用，而社会环境是外因，对人的潜能和存在价值的实现起着限制或促进的作用。

第十，人的潜能和存在价值与社会价值并无本质矛盾。人的需要的层次越高，人的自私行为就越少。只有充分实现全部潜能或人性全部价值的人，才能成为自由的、健康的、无畏的人，在社会上充分发挥作用。

五、对马斯洛心理学理论的评价

（一）马斯洛心理学理论的贡献

1．把健康人作为研究对象，在健康人的心理探讨方面做出了杰出的贡献

马斯洛从人本主义的立场出发，以现象学的整体论方法，把健康的、真正社会意义的人确立为研究对象，探讨健康人的心理特点。也正因为他在心理学研究上独树一帜，冲破了传统心理学的束缚，所以，他的理论受到了大多数心理学家的欢迎。

马斯洛把健康人，也就是他所提出的自我实现者作为研究对象，展开了对其深入的研究，他不但概括了自我实现者的心理特征，而且也指明了研究目的，提出了研究方法，设计了实现自我实现的途径。这为开发人的潜能指出了方向和前景，增强了人类的自信心和希望。

2．强调人的高层次需要和内在价值的人格学说，在心理学史上具有重大意义

马斯洛的自我实现理论也是从连续性观点出发的，提出了人类有内在的积极向上发展的潜能和价值，这作为一种心理学的人格解释，是在科学战胜宗教和迷信以后填补人类信念中出现的空白的一种尝试。当代西方社会有过这样的慨叹：19 世纪上帝死了，20 世纪人死了。因此，马斯洛的人格学说受到西方社会的欢迎是必然现象，它对西方社会思潮的影响已超出心理学的学术范围。这也为心理学参与社会活动树起了一座里程碑。

3．需要层次理论在现代行为科学中占有重要地位

马斯洛的需要层次理论是管理心理学建立的五大理论（人际关系

理论、群体动力理论、权威理论、需要层次理论、社会测量理论）支柱之一。20 世纪 50 年代末期建立起来的西方管理心理学是现代行为科学的组成内容之一，而在这门学科建立的理论基础中，需要层次理论是最主要的内容，在某种程度上，它对这门学科的建立还起了催化剂的作用。

马斯洛的需要层次理论被行为科学所吸取，并成为行为科学的一个重要理论问题。行为科学的这一理论认为：人的行为的发展取决于人的需要的发展，高层次需要和行为的出现有赖于低层次需要的满足。如果希望一个人充分发挥他的创造才能，就要创设一定的条件使他的一系列先行需要得到基本满足。

马斯洛关于自我实现的人的人性假设，改变了人们对人性的认识。在西方传统的管理学中，曾出现过两种著名的关于人性的假设，一种是“经济人”假设，另一种是“社会人”假设。“经济人”假设强调人对经济利益的单纯追求；“社会人”假设强调人对人际关系和谐的单纯追求。马斯洛则认为，人除了经济目的和人际关系和谐的目的外，还有更高级的需要，这就是自我实现的需要，产生这种需要的人，就是自我实现的人。自我实现的人所追求的就是充分发挥自身的潜能，实现人的自身价值。由于对人性的看法发生了改变，因而，在西方的现代管理学中，强调在一般物质生活需要已能得到基本满足的条件下，要激发人的创造潜能的发挥，就不能仅仅使用物质鼓励原理，而应更重视人的高级需要的满足。

4. 关于人类的潜能及其发挥的研究具有重要的理论意义和巨大的实用价值

马斯洛的自我实现理论强调求知、审美和创造等高级潜能的发挥，这作为一种心理学理论，不仅是不同于传统心理学的一种新发展，而且触及了当代人类发展中的一些重要问题。当今的世界正在经历着一场深刻的技术革命运动，人类创造潜能的充分发挥已成为人们共同关注的重要研究课题，就这种意义而言，马斯洛的研究带有鲜明的时代特征。他的研究被认为是走在当代西方盛行的人类潜能运动之前，是这一运动的基础理论之一。

5．在扩大心理学的研究范围上做了开拓性工作

马斯洛强调心理学的研究应以问题为中心，提出心理学必须更有成效地解决真善美及价值等复杂重要的问题，指出科学不能把任何经验论据拒之门外，哪怕它是矛盾的、不合逻辑的和神秘的东西，甚或是模糊的、模棱两可的、原始的、潜意识的和其他一切难以言传的东西。同时，也不应以终结的知识标准去评判知识的开始阶段。这就为心理学的研究扩大了范围，并在一定程度上填补了传统心理学的空白。

（二）马斯洛心理学理论的局限

1．陷入了唯心主义的循环圈

马斯洛脱离了社会现实生活和社会关系，把自我实现的人置于乌托邦之中。他认为，自我实现的人应该生活在真正人类社会的“存在王国”中，他们说存在语言，有存在认识，过高原生活。可是，现实社会并不能满足这一点，也不存在整体的“存在王国”。因此，就要通过自我实现的人去造就一个“良好社会”。在这一点上，马斯洛陷入了唯心主义的循环圈。

2．过分强调生物因素在人的发展中的决定作用

马斯洛不仅把爱和归属需要、自尊需要、认识需要、审美需要和自我实现需要看作人类的类似本能的固有倾向，而且也把存在价值看成类似本能的东西，是人所固有的内在潜在能量。因此，在他看来，完善人格似乎只是内在潜能自由而充分的实现而已，社会环境只起着限制或促进的作用。这就使他的理论带有生物决定论的色彩。

3．个人中心论

马斯洛的个人中心思想可以通过两个方面体现出来：马斯洛强调个人价值、潜能的自我实现，而忽视社会价值的实现，把个人的自我实现同社

会发展对立起来；马斯洛过分强调人性善的一面，片面夸大人的自我认识、自我调节、自我管理和自我选择的能力，强化了个人主义和自由主义。

4. 自我实现理论不具有普遍性

马斯洛的研究对象是西方人，所以，他所概括的自我实现者的人格特征是以西方人为蓝本，只能限于解释西方人，不具有全人类的普遍性。因此，作为一种心理学的价值理论，马斯洛的自我实现理论从个体生活的角度看，有值得我们借鉴的地方，但从社会价值的角度看，则需要具体分析。

## 第二节　罗杰斯的人本主义心理学理论

卡尔·罗杰斯（1902—1987）是美国应用心理学会的创始人之一，并任该学会 1944—1945 年度主席。他还担任过临床和变态心理学分会主席（1949—1950）及美国心理学会的主席（1946—1947）。鉴于罗杰斯对心理学的卓越贡献，1956 年他荣获美国心理学会首次颁发的杰出科学贡献奖。根据吉尔森的一项调查，罗杰斯在第二次世界大战后最有影响的 100 名心理学家中名列第 4 位。

罗杰斯一生笔耕不辍，著述甚丰，发表了 200 多篇论文，撰写了 16 本专著，其中最主要的著作有《问题儿童的临床治疗》（1939）、《来访者中心治疗》（1951）、《心理治疗和人格改变》（1954）、《论人之形成》（1961）、《学习的自由》（1969）、《择偶：婚姻及其选择》（1973）、《卡尔·罗杰斯论个人力量》（1977）、《一种存在的方式》（1980）和《在 80 年代学习的自由》（1983）。

### 一、罗杰斯的人性观

作为长期从事心理咨询与心理治疗的专家，虽然罗杰斯深受弗洛伊德精神分析的影响，但他并不赞同人是非理性的这样一种居于主流地位的观念，他对人性的看法不仅是乐观的，而且是富有积极性的。

既然人的本性富有建设性，人性的核心是自我保存与社会性，那么又怎样解释人的恶行呢？罗杰斯在《对罗洛·梅的评论》中写道："虽然我深深觉察到今日世界中有多到令人难以置信的、破坏的、残暴的、恶毒的行为——从战争的威胁到户外无意义的暴行——但我并未发现这种恶是人性所固有。在有利于成长和选择的心理氛围中，我从未听说有任何人选择残暴的或破坏的道路，选择似乎总是趋向社会化，改善与他人的关系。我的经验使我相信，文化的影响才是造成恶行的主要因素。"[①]这种文化表现为物质的丰富与生活的丰裕，商业化、技术化充斥整个社会，人类进入了从未有过的"精神孤独"时代。于是罗杰斯不无幻想地做起了建构"纯文化"（pure culture）的梦。"我们的文化，愈益依赖于对自然的征服和对人的控制，正处于衰落中。在废墟上涌现的将是新人，高度觉醒的，自我指导的。……这一涌现着的新人最终将培育出一种文化，它在一切人与人的关系中趋向无防范的开放，加强对作为一种身心统一体的自我的探索，更珍视他或她作为一个人的本来面目。"[②]这是一种以人的情感为主要特征的文化，"未来文化的社会的行为目标属于人类价值范畴"[③]。

## 二、罗杰斯的自我论

在长期的心理治疗实践中，罗杰斯逐渐形成了他的人格理论，而关于自我的理论则构成了他的人格理论的核心。

---

①［美］马斯洛等著，林方编译：《人的潜能与价值》，华夏出版社1987年版，第442页。

②林方：《试论人本心理学》，载《心理学探新》1982年第2期。

③张武升：《斯金纳与罗杰斯论争述评》，载《教育研究》1990年第6期。

罗杰斯关于人格的基本假设是：有机体有一种先天的自我实现（self-enhancement）的动机，它表现为一个人最大限度地实现各种潜能的趋向。

罗杰斯的自我论非常强调现象场。现象场是一个人生活的全部经验，“自我包括个体整个儿地去知觉他的机体，他体验到的所有知觉，体验到的这些知觉与所处环境中其他知觉以及整个外部世界发生关系的方式”①。显而易见，自我是自我经验的产物，是从环境中分化出来的产物，是一种主观经验的“同化”机制，它决定着个体是否接受外界刺激的影响及接受什么样的影响。罗杰斯还对实际经验中的自我（自我概念）和期望中的自我（理想自我）做了区分，并认为这都是可以测量和用于诊断的概念，两者的一致性程度可作为个体心理调节能力的标志。自我概念略低于理想自我，它导致自尊，对未来充满乐观态度，并有追求成就的冲动。概而言之，自我具有以下四个明显的特点：自我属于对自己的知觉范畴，包括对“我”的特点的知觉，以及与“我”有关系的人和事物的知觉的总和；自我是组织化的稳定结构，对经验虽具有开放性，但其“概念格式塔”的性质不变；自我并非弗洛伊德精神分析意义上的人格结构要素，自我不是控制行为的主体；自我作为一种经验的整体模型主要是有意识的或可以进入意识的东西。

在论及自我的发展时，罗杰斯不像其他心理学家那样着意于阶段的划分，而更重视发展的方式。

罗杰斯认为，影响儿童发展的因素很多，凡是对发展起作用的因素都可叫作机体经验。然而，并非所有的经验都能为儿童所意识到。儿童所能意识到的经验仅为有限的一部分，叫作现象经验。不过这不是弗洛伊德的意识和无意识，而更像勒温的心理生活空间。

① 钟启泉、黄志成主编：《美国教学论流派》，陕西人民教育出版社 1993 年版，第 245 页。

罗杰斯意识到那些未被儿童意识到的事件与记忆对他们的发展是很重要的。

机体经验与现象经验既可能是一致的，也可能是不一致的。一致时产生积极的效果，不一致时产生消极的后果。一个人对经验的评价，既受到机体经验的影响，也受到别人评价的影响。

在论及自我发展的机制时，罗杰斯试图用“无条件满足”或“无条件接受”加以解释。自我发展的特殊道路，有赖于儿童在婴幼儿时期所得到的爱，而且无论怎样，爱总是有益于健康的。在自我开始发展的时候，婴幼儿也学会要求爱。这是人人都有的追求积极关心的需要。对于健康人格的形成来说，最基本的必需品是在婴幼儿时期得到“无条件满足”。

同马斯洛一样，罗杰斯也特别青睐对自我实现者的研究。在他看来，自我实现者或充分起作用的人（fully functioning person）具有以下一些明显的特征。

（1）经验的开放性。个体毫无拘束地体验所有的情感和态度，一切都不是封闭的。

（2）存在主义的生活方式。他们生活于存在的每一瞬间，每一经验都被视为新鲜的和不熟悉的。

（3）信任自己的机体。健康的人格犹如一切资料都程序化了的计算机，它能考虑到问题的各个方面、可能的选择和后果，并对行动的过程迅速做出决定。

（4）自由感。人的心理越健康，体验到的自由度也就越大。

（5）创造力。所有充分起作用的人都具有高度的创造力。

罗杰斯认为，健康人格或充分起作用的人的这些特征不是一蹴而就的，而是长期发展的结果，与其说是“状态”，不如说是“过程”，是“趋势”。自我实现是一个困难的过程，它意味着把自己完全投入生活的激流之中。

## 三、罗杰斯的心理治疗观

罗杰斯对心理学的最大贡献莫过于心理治疗的理论与方法，而“以人为中心的治疗”已成为人本主义心理治疗的重要内容。

在接受心理学训练及早期的心理治疗过程中，罗杰斯受到的是行为主义和精神分析的影响。心理治疗十分强调治疗者的作用。但罗杰斯渐渐意识到，来访者（client）是能了解自己的人，因此，他的治疗观便从“非指导性治疗”转向“来访者中心治疗”，后又转为“以人为中心的治疗”。

按照罗杰斯的治疗观，治疗者应放弃精神分析的指导性或权威性，相信来访者对于什么最好有一个基本的了解（也许是潜意识的）。同时，来访者既需要来自别人的，也需要来自自己的积极尊重。治疗者的任务在于创设一种温暖、友爱、令人可以接受的气氛，以使来访者获得被尊重的体验。正是来访者，而不是治疗者决定咨询过程的进行，并决定“公开”讨论什么情绪与经验。治疗者并不强迫来访者超越此时此刻的自我暴露与理解，而让治疗自然进行。

### （一）治疗目标

尽管所有的心理治疗都旨在解决来访者的问题，但罗杰斯的治疗目标有其独特性。格拉盟在评述罗杰斯的治疗目标时分析道：所有心理咨询与治疗的目标可分为两类，人格成长目标和问题解决目标。前者常表述为“发展积极的生活方式”“减少人格冲突”“增强人格整合”等，其主旨在于整个人格的变化。后者常表述为“减少症状痛苦”“增强自信”“选择更好的职业”等。罗杰斯的治疗显然属于前者，具体表现为：减少内在冲突，增强自我整合与自尊，对生活方式感到满意，变成一个充分起作用的人。这些目标的实现往往有赖于次级目标的获得，如改变自我结构、对情绪经验开放。衡量目标的价值标准依赖于一个人机体经验的

“道德权威”，而不是外界更高的权力、社会或父母。也就是说，这种目标常使个体（充分起作用的人）陷入与社会的冲突之中。按罗杰斯自己的观点，咨询与治疗的目标之一就是填平自我概念与自我经验的沟壑。[①]

（二）治疗条件

与其他心理治疗不同的是，罗杰斯非常重视来访者与治疗者之间心理气氛的建立。他认为治疗成功与否并不在于治疗者技巧的高低，而在于治疗者的态度。可以认为，这种气氛对来访者人格改变所产生的影响远远大于治疗者所采用的治疗技术的作用。将治疗条件概括起来，主要有六点。第一，意义性联系。强调彼此对于对方存在的意义。第二，来访者处于不一致状态，体验到焦虑与脆弱。第三，治疗者与来访者保持一致，双方都是真诚的。第四，来访者受到无条件积极关注，治疗者对来访者表现出无条件的接受。这并不意味着治疗者完全认可来访者的行为，而是通过无条件接受达到深层次治疗。第五，同情性理解。治疗者通常将来访者的内在结构当成自己的，通过言语与非言语性行为表达对来访者的理解，对来访者的陈述给予反馈，使来访者有被人听到和被人理解之感。第六，来访者必须知觉到治疗者的同情性理解、真诚与积极关注，以便建立富有建设性的交流关系。

（三）治疗过程

罗杰斯在很早的时候就给治疗过程提出了 12 个步骤，虽然它们看似不同，但在实施过程中是不能截然分开的。

第一，来访者主动求助。

第二，治疗者说明情况。

第三，鼓励来访者自由表达情感。

第四，治疗者要能够接受、认识、澄清对方的消极情感。

第五，促进来访者的成长。

① 钱铭怡编著：《心理咨询与心理治疗》，北京大学出版社 1994 年版，第 227 页。

第六，接受来访者的积极情感。

第七，来访者开始接受真实自我。

第八，帮助来访者采取决定。

第九，疗效的产生。来访者通过自我领悟，达到了对问题的新的认识，某种积极、尝试性的行动便应运而生了。

第十，扩大疗效。

第十一，来访者全面成长。来访者克服了对选择的恐惧，勇于探索自我发展的新行动。此时，双方的关系达到顶点，来访者会主动提出问题与治疗者讨论。

第十二，治疗结束。来访者感到无须再寻求帮助时，治疗即告结束。

（四）治疗技巧

如前所述，相对于治疗技术，罗杰斯更看重治疗者的态度及治疗气氛。在他看来，治疗者本人是治疗成功的最重要的工具。另外，同情式倾听是治疗的主要方法。通过积极认真的倾听动作表达出对来访者的深切同情。在治疗者的心目中要不时地出现这样的问题：“他究竟在说什么？他所提供的最特殊信息是什么？”

一旦治疗者清楚地意识到了来访者真正在说什么，他就应当通过语言表达出他对来访者的理解，这种会谈技巧是鼓励、重复及对感情的反应。下面我们来看一个例子。

来访者：我父母从不认真听我说什么，好像我就不可能有好的时候……

治疗者：你觉得你父母不重视你的意见，你感到很委屈，你觉得自己已经长大了……

来访者：他们不相信我，他们觉得我哪件重要的事也处理不好……

治疗者：你觉得自己自尊心受到了伤害……你实际上

非常希望父母相信你，你觉得自己有能力处理好某些重要的事情。①

上述会谈过程中的关键因素是治疗者对来访者真诚的关心与理解，他不是停留在对对方语言的表面反应上，而是深入其内心，接受对方所表达出的对父母的消极情感，并使对方充分认清自己的这种感受。

## 四、罗杰斯的教育观

20世纪60年代，罗杰斯的心理治疗理论扩展到了心理治疗之外的领域，其中对教育的影响尤为明显。《学习的自由》（1969）一书系统地阐述了他对教育教学的看法。

### （一）教育目标

鉴于对世界变化迅速的客观事实的认识，罗杰斯认为教育的目标应该是促进学生的发展，使他们成为能够适应变化、知道如何学习的“自由人”。然而，“当前教育的趋向背离了自由。当今，存在着文化和政治的巨大压力，要求学生遵从、驯顺和僵化”②。“但是，如果一种文明社会的文化要想得以幸存的话，如果在那种文化中的个人是值得拯救的话，那么，学会自由看来就成了一种基本的教育目的了。”③而要实现这种目标，有些条件是至关重要的。

首先，要形成自我主动的学习。

其次，教师对学生应当有真诚、真实的态度。尊重学生，珍视学生，在感情上和思想上与学生产生共鸣。

最后，教师应像治疗者对来访者一样对学生产生同情式理解，从

① 钱铭怡编著：《心理咨询与心理治疗》，北京大学出版社1994年版，第230页。

② ③ 瞿保奎主编：《教育学文集·教学》上册，人民教育出版社1988年版，第711页。

学生的内心深处了解学生的反应，敏感地意识到学生对教育与学习的看法。同时，教师还要学会赞赏学生，包括他们的感情、意见与人格。

（二）教学观

对于传统教学，罗杰斯不仅表现为埋怨，而且认为是大有改革的必要。他认为，“多少年来，我们所受的教育只是强调认知，摒弃与学习活动相联系的任何情感。我们否认了自身最重要的部分”[①]。“心智能进入学校，躯体在表面上被准许紧紧跟随，但是情感和情绪只能在学校之外自由自在地享受表达。”[②]这是一种知、情严重分离的教育。

对于学习过程，罗杰斯不同意行为主义用S—R的联结解释人类的学习行为。他认为：“如果把心理学局限为可以观察、可以用实验方法试验的外部行为，完全无视个体的种种经验以及这些经验对个人的意义，这是对学习过程的简单化解释。”[③]如果说行为主义的学习重视的是无意义的记忆的话，那么人本主义则强调学生的学习需要、愿望、兴趣与学习材料的关系，因而是一种有意义的学习或自我主动的学习。

对于教学过程，罗杰斯将他的“非指导性”治疗移植到教学过程中，提出了“非指导性”教学的理论与策略。“非指导性”教学的基本原则是强调教师在教学中要有安全感，信任学生，并同时感受到被学生信任。在满足这一基本原则的基础上，教师必须遵循以下八个原则。

第一，教师与学生共同承担责任，一起制订课程计划和管理方式等方面的内容。

第二，教师提供各种各样的学习资源，包括自己的学习经验或其他经验、参考资料及社会实践活动。

第三，让学生单独或合作形成学习计划，把探寻自己的兴趣作为重要的教学资源。

---

① Rogers, C. (1980). *A Way of Being.* (p.268). Boston: Houghton Mifflin.

② Rogers, C. (1980). *A Way of Being.* (p.263). Boston: Houghton Mifflin.

③ 高觉敷主编：《西方心理学的新发展》，人民教育出版社 1987 年版，第 441 页。

第四，提供一种促进学生学习的良好气氛。

第五，学习的重点是学习过程的持续性，至于学习的内容则是次要的。一堂课结束的标志，不是学生掌握了需要知道的东西，而是学会了怎样掌握需要知道的东西。

第六，学习目标由学生自己确定。要达到这一目标，需要对学生进行自我训练，用自我训练代替外部训练。

第七，对学生学习的评价由学生做出。当然，教师及其他学生对某一学生的自我评价要予以热心反馈，以促进自我评价的客观性。

第八，促使学习以一种更快的速度更加深刻地进行下去，并渗透到学生广泛的生活和行为中，使学生的情感、理智沉浸于这一过程的始终。

说到教学方法，罗杰斯反对将“非指导性的或来访者为中心的方法看成某种固定的东西——一种方法，一种技术，一个相当僵硬的体系”①。因此，他是在极广泛的意义上看待方法的。在《学习的自由》一书中，他将教师可能使用的方法描述为：帮助引出并且澄清学生希望做的东西；帮助组织学生已认可的经验，并且提供广泛的学习活动与学习材料；将自己作为一种灵活的资源，以便为学生服务；建立接受的课堂气氛；作为学习的参与者参加学习活动；主动地与小组成员分享感情与思想；认识并承认自己的缺点。

不难看出，这些与其说是方法，不如说是教学指导思想或原则更贴切。进入 20 世纪 80 年代以后，西方已有人把罗杰斯的非指导性教学作为教学模式加以研究，并将这一模式划分成“顺序规则”“反馈”“社会系统”“支持系统”四个维度。②

---

① Rogers, Carl. (1951). *Client-centered Therapy: Its Current Practice, Implications and Theory*. (pp.5-6). London: Constable.

② 钟启泉、黄志成主编：《美国教学论流派》，陕西人民教育出版社 1993 年版，第 262—263 页。

五、对罗杰斯人本主义心理学理论的评价

罗杰斯对人类生活的洞察及敏感，使他毫无疑问地成为代表时代精神的“第三思潮”的发起者与代言人。

同大多数坚持人本主义方向的心理学家一样，罗杰斯以人“性本善”为基石建立了他的理论大厦：强调人有先天向上发展的自我实现趋势；主张母爱对自我的发展有着特殊的意义；相信一个人只有能对经验采取“公开性”态度，能体验到全部的情感，能将生存的着眼点放在此时此地的“我”，就可成为一个健康的人，一个充分起作用的人。无论是他的自我观，还是关于健康人格的勾勒，都对心理学，尤其对自我心理学产生了重要影响。

在心理咨询与治疗领域，罗杰斯首创“来访者中心疗法”，并发展成为一种具有国际性影响的理论与方法，成为当代最有代表性的心理治疗理论之一。

在教育方面，罗杰斯“以学生为中心”的教育，强调尊重学生，发挥学生的主观能动性，着眼于学生独立性、创造性的发展和人格的自我实现，成为第二次世界大战以来最有影响的三大教育学说之一（另外两种为学科结构运动和新行为主义）。在关于教学模式的归类研究中，罗杰斯的非指导性教学被列在“个人模式”之首。因此，足见他对教育广泛而深远的影响。

罗杰斯之所以赢得广泛的赞誉，除了他理论的奇特魅力外，恐怕也与他那富有感染力的情绪性表达有着密切的关系。读他的作品或许能体验到一种无法替代的心理抚慰。

但是，我们不能不看到，罗杰斯的整个理论体系都是建立在存在义哲学和现象学的方法论之上的。存在主义强调人的存在先于人的本质，过分夸大人的主观能动性和突出人的绝对自由。反映在罗杰斯的观点中就是只强调人的自我选择、自我设计，而忽视人的心理和行为的社会制约性。

现象学强调人的先验意识及此时此刻的心理体验，反对逻辑上的因果推理，只相信“我所意识到的或知觉到的”，用“知觉”代替客观现实本身，将主观意识及其产物等同于事物的本质。这显然是一种唯心主义的观点。

“以学生为中心”的教学，固然在克服教师中心、学科结构中心，提高学生尊严，重视知、情并重发展方面做出了彻底的革命性贡献，但是学校生活的过分民主，也许就会形成自由放任的我行我素。“有人严重无视心理学的基本常识，认为课堂环境的松散结构对所有孩子都是有益的。殊不知这样的环境结构只对某些孩子大有好处。”[①]而贬低知识的反理性主义倾向已经导致美国基础教育的再度危机。

在心理治疗领域，治疗者对来访者情感的过分重视及对来访者本身的过分依赖，也受到了一些批评。这种源于对人类本性过分浪漫化的思想导致了治疗理论的过分空泛，不现实，甚至天真。

因此，把罗杰斯的观点更多地放在哲学层次上认识与探讨，似乎比把它当作一种具体的方法或操作更有利于我们对罗杰斯理论的把握。

## 第三节　罗洛·梅的存在分析理论

罗洛·黎斯·梅(1909—1994)生于美国俄亥俄州的艾达镇。1930年，他在俄亥俄州的欧柏林学院获得艺术学士学位。1938年，罗洛·梅获得了神学学士学位。1946年，罗洛·梅开始从事私人心理治疗。1948年，他成为怀特学院的正式教员。1949年，他向哥伦比亚大学提交了一份关于焦虑问题的研究论文，并获得了哥伦比亚大学授予的第一个临床心

①［英］恩特威斯特著，于禾等译：《学与教的风格》，春秋出版社1989年版，第285—286页。

理学博士学位。这篇论文在1950年以《焦虑的意义》为书名出版。

1952年，罗洛·梅成为怀特学院的研究员，1958年任院长，1959年任督学和训练分析员。他是美国心理健康理事会的成员。他还担任过心理治疗与咨询联合会的主席。

罗洛·梅一生著述甚丰，发表了120多篇论文，撰写了20多部专著。其中《存在：心理学与精神病学中的一种新维度》（1958）成为研究美国存在心理学的人的必读之书。《爱与意志》（1969）成为美国的畅销书之一，目前在国际上已被译为多种文字出版。

## 一、罗洛·梅的存在分析观

罗洛·梅把存在和对存在的分析视为心理治疗和人生的基础，并在此基础上形成和发展了他的存在分析观。

### （一）存在与存在感

罗洛·梅发现，现代人普遍感到生活平淡、乏味，生活对人们失去了吸引力。人就像机器一样，也失去了人应有的价值和意义。现代生活使人感到空虚和孤独，人们经常感受到一种心烦意乱的焦虑和失望。这用医学术语讲是患了“精神萎缩症”。显然，现代人患有心理疾病不是由于性本能受到压抑，而是感到丧失了人生意义和存在的价值。从这个意义上说，对患者进行心理治疗和对全部人类的本性加以理解的道理是一样的，它不仅仅是一个心理学问题，而且是一个哲学问题，即寻求人生的意义，探索存在的价值，发现存在感。

正是基于这样的认识，罗洛·梅提出应该建立一门“人的科学”。只有这种科学才能对人及其存在做出全面的理解，其基本内涵有以下几点。

第一，“人的科学”不是像传统心理学、社会学或人类学那样专门的人文科学，也不是所有这些科学的大杂烩，而是一种全面的关于人及其存在的理论，它能对人的基本本体论特点加以理解和阐述。

第二，关于人的研究，主要是通过对各种不同机制的阐释，通过对驱力的理解和对条件作用的现实予以关注而进行的。因此，“人的科学”不应局限于实验方法、数量化和测量的科学，其最适宜的方法是描述性的和现象性的。

第三，建立“人的科学”的目的是发现和研究人的存在感，或人对自己存在的体验。正是这种存在感才把个体的身与心、人与自然、人与社会、人与他人联成一体。因此，心理治疗的最终目标是关注患者存在的结构方式及其与患者个体的关系、与存在感的关系，发展这种强烈的存在感，使他重新认识自我的价值。

（二）发现存在感

1958 年，罗洛·梅在《存在：心理学与精神病学中的一种新维度》一书中指出，心理治疗的核心过程是帮助患者认识和体验自己的存在。治疗者的任务不仅是对心理疾患进行命名和开药方，而且要发现通往患者内心世界的钥匙，理解和阐明患者个体存在的结构，即发现存在感。为此，罗洛·梅提出了发现存在感的几条原则。

第一，自由是人的存在的基础。

第二，自由的个体是充分个体化的。

第三，自由的个体必须是社会整合的。

第四，宗教道德感是保证个体存在，促使人格不断变化完善的动力因素。

第五，创造性生活的特点是健康的自我表现。

具有这些特点的人，才拥有健康的存在，才会体验到成熟的存在感。

（三）存在的本体论特点

20 世纪 50 年代末 60 年代初，罗洛·梅开始进一步考虑人类存在的本体论特点，这些特点包括自我核心、自我肯定、参与、觉知、自我意识和焦虑。

（1）自我核心。这是指一个人不同于别人的独特存在，即人的独一无二性，意思是说，自我的存在是人的核心，其整体性和同一性是和别人的存在完全分离的。

（2）自我肯定。这指的是保持自我核心的勇气，所以有时他也称之为成为自我的勇气。

（3）参与。个体不是单独存在于这个世界上的，他在世界上必须保持与他人、与自然、与世界的交往和联系。

（4）觉知。在早期思想中，罗洛·梅认为自我核心的主观方面就是觉知。它是人与动物在受到威胁和攻击时的一种警惕性和忧虑。

（5）自我意识。这是觉知表现在人类身上的一种独特形式。有时罗洛·梅也用自我觉知或自我关系来代替自我意识。值得注意的是，他把前四种本体论特点，即觉知、自我核心、自我肯定和参与看作所有生物共同的特点，他称之为“生物水平的特点”。而自我意识才是人类独有的特征。

（6）焦虑。这是指人对有可能丧失其存在的一种担心或痛苦的情绪体验。

除了上面提到的六种本体论特点外，罗洛·梅还多次提到过“关心”这个概念，认为也可以把它看作人类存在于世界上的一种结构特点。所谓关心，罗洛·梅在早期称之为“理解其存在并为此而负责的”能力。[①]后来他在探讨爱与意志问题时指出，存在于世界上的结构，其特点表现为关心。这样，关心便作为一种新的整合因素在罗洛·梅的思想中出现了。

## 二、罗洛·梅的焦虑理论

### （一）焦虑的意义

罗洛·梅对人类本性及其存在持一种发展的观点。在这个发展过程中，人的存在感起着积极的整合作用，它调节、控制着人的行为，使人

① May, R. (1960). *Existential Psychology.* (p.74). New York: Mcgraw-Hill College.

在克服一切障碍的过程中逐步达到自我完善。然而这个发展过程并不是一帆风顺的。现实生活中的焦虑就是对存在构成威胁的一种基本现象。它所攻击的正是人对自己存在的感觉。因此，焦虑是人的价值观的一种基本表现形式。研究焦虑可以发现人的存在感和价值观，有益于心理健康的保持。

（二）焦虑的原因

1．价值观丧失

罗洛·梅在建立其理论之初就明确指出，我们生活在一个剧烈变化的时代，在这个剧变的时代中人的价值观和目标都相继受到了人们的怀疑。为此他论证说：今天我们失去的是旨在最大限度地谋求利益的价值观，失去的是健康的个体竞争的观念，然而采纳了一种不健康的、开放式的竞争形式。这使“每一个人都成为其邻居的一个潜在的敌人……从而造成了许多人与人之间的敌意和仇恨，并增加了我们的焦虑和相互疏远”[①]。我们失去的第二种价值观是解决问题时理性功效的完整信念，这种信念包含着理性和非理性的因素。我们失去的第三种价值观是人的价值感和尊严感。

2．空虚和孤独

由于价值观无法整合而造成价值的混乱，由此而产生的后果是我们感到内心空虚和孤独。在罗洛·梅看来，空虚感并不意味着一个人确实空虚或没有表现情感的潜能，而是由于人们感到自己既不能对外部事件加以控制，也无法对别人施加影响，无力改变我们周围的世界。

罗洛·梅进而指出，空虚和孤独之间存在着一种密切的联系。我们正处于社会价值观发生剧烈变动和混乱的时代，在面临困境时我们常常要依赖别人求得问题的解决。但现代社会的生活现实与此大相径庭，我

① May, R. (1953). *Man's Search for Himself.* (p.48). New York: W. W. Norton & Co. Inc.

们越是想和别人建立联系来避免孤独，反而越感到孤独。这是因为我们担心，如果我们没有一个“关系相当确定的伙伴”，社会舆论的力量也会使人抬不起头来。

（三）焦虑的本体论

从罗洛·梅对焦虑原因的分析可见，他的焦虑观也是本体论的。对此罗洛·梅做了如下阐述。

1．两种焦虑的划分

罗洛·梅把焦虑划分为两种，即正常焦虑和神经症焦虑。正常焦虑是与威胁相均衡的反应，它不会使人产生压抑或内部心理冲突；神经症焦虑则是对威胁的一种不均衡的反应，它包含着严重的心理压抑和其他内部心理冲突。

2．焦虑与文化因素的关系

罗洛·梅认为，个体的焦虑“是受这一事实限制的，即他生活在一定文化的历史发展的特定时代”[①]。在这个意义上说，受社会文化因素的限制显然是和人类的自由相抵触的，因为在它的限制下人不可能充分施展他的自由。

3．焦虑与紧张、忧虑的关系

罗洛·梅认为，如果一个人不想把自己的个体性和发展过程限制到类似于神经症患者的程度，他就必须获得这种产生焦虑的经验。从某种意义上说，人们感受到的潜能所发出的声音就是焦虑。焦虑可以使人感到紧张，并对自己的局限性感到忧虑。

4．焦虑与负疚感的关系

罗洛·梅把宗教神学与他的焦虑理论结合起来，认为焦虑和负疚感一样，都是人类存在的本体论特点。

① May, R. (1950). *The Meaning of Anxiety.* (p.215). New York: The Ronald Press.

## 三、罗洛·梅的人格理论

### （一）健康人格理论

1．自我意识和自由对人格发展的作用

罗洛·梅认为自我意识是人从外部看待自我的能力，这种能力是在发展过程中获得的。虽然父母的教养态度对儿童的自我意识发展有很大影响，但成熟的个体不是消极发展的，他应该有自我选择的自由，能为自己的发展负责，具有自我选择的理想和目标需要。

2．创造性活动对形成健康人格的影响

一个有创造性的人会细心地审视过去和未来，积极地选择目标和价值。他能够认识到并积极地运用自己的能力来肯定人的价值。当然，有创造性的人也会产生冲突和焦虑。

3．人格的健康成长要求有勇气

按照罗洛·梅的看法，每个有勇气的人都能有尊严地实现其潜能，因为勇气使人获得了成长所需要的基本价值。勇气在人格发展中有三种不同的表现形式。

（1）真正的身体勇气。有真正的身体勇气的人善于体验自己的身体信号，根据自己的身体状况来对付外部环境，不会因一点儿小事而暴跳如雷。

（2）社会勇气。为了在社会生活中获得真正的友情，有社会勇气的人甘愿冒着丧失自我的危险。

（3）心理和精神的勇气。有心理和精神的勇气的人重视精神需要的满足，他能认识到自己的需要，也会理智地承认自己有可能犯错误。

4．力量是形成善恶人格的基础

罗洛·梅对人格的力量水平做了划分。

（1）存在的力量。这种力量在儿童身上表现为提出自己的需要。

（2）自我肯定的力量。在生活中我们寻求自尊，希望得到社会的认可，获得意义。这会使人形成一种坚定的自信，即相信自己是有价值的。

（3）自我主张的力量。这是当自我肯定受到他人力量的阻碍时所表现出来的一种较强烈的反应形式，是人格不愿意屈服于外界压力的象征。

（4）攻击的力量。当自我主张的力量长期受压抑时，人就会转向攻击，表现为掠取别人的东西，并声称那是自己的。

（5）暴力。长期的压抑会使人产生无力感，从而引发持续的焦虑，使人感到空虚。为了弥补空虚，许多人往往在暴力中求解脱。

（二）关于人格发展阶段的研究

罗洛·梅在从事心理学研究之初就十分重视人格的发展与健康。他从个体争取自由的意识斗争和发展过程的角度阐述了他对人格发展阶段的看法。

（1）人格发展的天真阶段。这是指婴儿时期。婴儿还没有形成自我意识，人格尚处于朦胧阶段。

（2）寻求建立内在力量的反抗阶段。它包括两个时期：一是2～3岁，二是青少年时期。此时儿童往往对父母或社会制定的规则表示不服从或主动拒绝。

（3）日常的自我意识发展阶段。它和上一阶段有某些时间上的交叉。在这一阶段我们能够理解自己的某些不足，能认识到我们的某些偏见，能从我们的错误中吸取经验教训，学会为我们的行动承担责任。

（4）自我的创造意识阶段。人格发展到这一阶段，才真正意味着成熟。

从罗洛·梅对人格发展阶段的阐述不难发现，所谓健康的人格发展就是人的自我实现过程。它是一种有意识的、自由选择的过程。如果我们的意识受到压抑，不能进行自由选择，人格就不能健康发展，当然人也就不能达到自我实现。因此，要使人格健康发展，必须要有清晰丰富的自我意识。

## 四、对罗洛·梅存在分析理论的评价

### （一）罗洛·梅存在分析理论的主要贡献

1. 促进了存在心理学在美国的发展

存在心理学是20世纪30年代从欧洲发展起来的，到50年代主要通过罗洛·梅的努力在美国心理学中产生影响，其明显的标志是1958年罗洛·梅和安杰尔、埃伦伯格合著的《存在：心理学与精神病学中的一种新维度》。它全面系统地介绍和评价了欧洲的存在心理学，促进了存在心理学和存在心理治疗在美国的迅速传播，使之成为美国心理学特别是心理治疗中的一支重要力量。

2. 推动了人本主义心理学的产生和发展

罗洛·梅以人本主义心理学的领导者而闻名。他和马斯洛、罗杰斯、奥尔波特、布根塔尔一起被视为人本主义心理学的主要创立者。他对人类本性的探讨，对人生意义和价值观的研究，对现代人焦虑根源的分析，以及对爱与意志、自由选择、勇气、真诚、人格及心理治疗等方面的阐释，与人本主义心理学的基本观点是一致的。他被公认为是人本主义心理学中提倡自我选择的存在倾向的主要代表。他的学说也丰富和发展了人本主义心理学的理论研究，代表了20世纪70年代以来人本主义心理学的新取向。

3. 扩展了人格心理学的研究范围

罗洛·梅的研究从理论到治疗实践，涉及的范围广泛，内容十分丰富。他从20世纪30年代开始就把人格心理学作为其研究的核心，到60年代末基本形成了其完整的人格理论。他从存在的本体论出发，阐述了构成人格的六大特征和人格发展的阶段，探讨了人的存在感、自我意识、价值观、社会整合、自由选择等人格观念，从理论与实际生活的结合上分析了现代人的人格形成、发展和病变、诊治的一系列过程。他强调人格的意识和潜意识的完整分析，关注人生存于世界上的三种方式，重视自我意识在促进人格发展中的作用。这些都对促进人格心理学的研究做出了重要贡献。

4．深化了心理治疗的理论和实践

罗洛·梅毕生致力于心理治疗的理论建设和临床实践。在理论上，他开创了美国存在心理治疗取向，受到当代许多临床心理学家的欢迎。他使用的许多概念，如存在神经症、存在感、真诚、人类困境、正常焦虑和神经症焦虑、负疚感等在临床心理治疗中比较真实和实用。在心理治疗的方法上，他注重吸收不同的治疗方式，运用临床观察、现象学分析和经验描述等个案研究方法，采纳了面谈、自由联想、移情、无条件的积极关注、交朋友等治疗技术，极大地推动了心理治疗的进步，促进了心理学对人类本性的了解。

（二）罗洛·梅存在分析理论的主要局限

1．错误的哲学基础

罗洛·梅存在分析理论的哲学基础是现象学和存在主义，其核心是探讨人的本体论存在和形而上学问题，而其出发点既不是作为独立实体的物质或精神，也不是感性经验或理性思维中所给予的存在，而是超出主客、心物等对立的人的存在。罗洛·梅从这一哲学立场出发，主张研究人的存在结构，强调人的自由选择和创造性勇气，但他的所谓存在实际上是唯我主义的存在，是强调个人意志自由和先天超越能力的非社会性存在。虽然他也看到了“我—你”关系和社会整合的作用，但他把人的存在、自由、创造等与他人、社会、自然甚至科学理论相对立，认为这些是桎梏人的存在和自由、扭曲人的本性的力量。这就从根本上排除了人是客观现实中的存在，使他的学说成为一种以主观唯心主义为基调的心理学思想。

2．浓厚的宗教色彩

由于受宗教神学教育的影响，罗洛·梅的学说从一开始就带有浓厚的宗教色彩。特别是他的早期学说，更是企图为上帝、基督的存在寻找心理学的依据。他对人格的心理结构所做的描述，就是企图证实理想的人格结构是所谓上帝的心灵和原则，是构成人类有意义生活的基础。在心理治疗中，他把神经症的原因与宗教相联系，认为把宗教信仰、追求来世幸福当作一种教条是一种神经症宗教，企图摆脱自由选择、决策和责任，真正健康的宗教则是使人形成一种健康的人生态度，相信人的当前存在的目标和意义，这样的宗教生活便成为一种指导人生的力量。

3．非科学性的研究方法

罗洛·梅的存在心理学在研究方法上基本上是描述性的，许多人批评其学说是哲学的而不是心理学；他使用的术语有许多是非常模糊的，根本不能进行客观的检验，例如，存在、原始生命力、潜能、本体论罪疚等，在不同的场合都有不同的定义；其学说本身亦缺乏严密的逻辑性，前后不一致甚至互相矛盾。由于缺乏严谨的科学性，许多心理学家认为罗洛·梅若想使人确信其理论的科学地位，他必须努力适应科学界所规定的精确性与可测量性的标准。在他的学说中确实有许多积极而有趣的看法，许多人对此非常关注和欣赏，希望能为这些观点找到科学的依据，但遗憾的是，罗洛·梅在这一点上并没有做出多大贡献。

# 第十八章　超个人心理学

20世纪60年代末，在马斯洛、萨蒂奇和格罗夫等人领导下，超个人心理学从人本主义心理学阵营中分化出来。由于人本主义心理学被称为心理学的第三势力，因此，超个人心理学便自称心理学的第四势力。“它不仅关注个人及其潜能的充分实现，而且更加关注超越个人的经验和精神生活，即将个人的生命与外部的世界和意义联系起来的精神领域。”[①]近40年来，超个人心理学经历了从产生到壮大，从理论假设到实证研究，从主要关注心理健康到涉及更广泛的研究领域的发展过程。它的很多理论观点和实践都与人本主义心理学存在密切的联系。

## 第一节　超个人心理学的产生

作为一个独立的学派，超个人心理学的历史非常短暂。但是，在古代东方的精神传统中，如中国的道家学说、印度婆罗门教的古代传统等，在西方古代思想家的论述中，如普罗塔哥拉、德谟克利特、柏拉图、亚里士多德等人关于人性及其潜能的理解，在西方的宗教活动中，如天主教和东正教的神职人员及圣徒的精神实践、美国的超验主义运动、贵格会教徒的宗教民主，以及在一些宗教心理学的研究中，等等，都可以找到超个人心理学思想的早期痕迹。

超个人心理学的当代先驱主要是瑞士分析心理学家荣格和美国心理学家詹姆斯。荣格提出的集体潜意识及原型的概念，特别是他想从心

①郭永玉:《人本主义心理学的新进展——超个人心理学》，见郭本禹主编《当代心理学的新进展》，山东教育出版社2003年版，第127页。

理学观点来理解宗教原型的尝试，对超个人心理学有很大的启示。而詹姆斯则通过对超自然体验和各种宗教经验的研究为超个人心理学奠定了研究的基础。

在人本主义心理学内部，马斯洛和萨蒂奇不仅是人本主义心理学的创立者，他们也一直对许多超个人的心理现象深感兴趣。马斯洛甚至明确指出："我认为人本主义的、第三种力量的心理学是过渡性的，为'更高的'第四种心理学，即超个人或超人本心理学做准备，这种心理学以宇宙为中心而不是以人的需要和兴趣为中心，它超出人性、同一性和自我实现等概念。"①正是在这种思想驱使下，马斯洛和萨蒂奇经过多次协商，于1969年6月正式创办了《超个人心理学杂志》，由萨蒂奇任主编。

但是，马斯洛不幸于1970年去世，他没有能够看到超个人心理学会的正式成立。不过，他为创建超个人心理学所做的努力鼓舞着后来者沿着他指出的道路继续走下去。1972年，在萨蒂奇、法蒂曼、墨菲、维奇等人的共同努力下，超个人心理学会正式建立。在这些创立者看来，现代心理学必须阐述起源于人的神秘体验的一些问题，因为这些体验代表着人类心理活动的一些效果。但是，目前的心理学研究缺乏对这些观点和体验的系统阐述和评价，也没有人提出如何促进这些体验产生的方法。心理学如果不去研究这些现象，那就必然会被诸如宗教、巫术等非科学的东西占领。因此，超个人心理学就是要把那些超个人的观点扩展到包括心理咨询、心理治疗、医学、护理、社会工作等心理健康领域的研究，扩展到人类学、经济学、政治学等社会科学的研究，扩展到商业、政府、法律等应用领域的研究。虽然现在还不能说已经实现了这个在超个人心理学会创立初期的理想，但是，经过40多年的努力，超

---

①郭永玉著：《精神的追寻：超个人心理学及其治疗理论研究》，华中师范大学出版社2002年版，第4页。

个人心理学确实得到了很大的发展。

1976年，萨蒂奇因病去世。但是，超个人心理学已经成为一个独立的心理学研究取向，许多人积极投身于这场运动。目前，《超个人心理学杂志》的主编是玛茜·鲍库瓦拉斯，副主编是艾琳·拉扎勒斯和道格拉斯·麦当纳。此外还有诸如布根塔尔、法蒂曼、格罗夫、塔尔特、克利普纳、墨菲、沃恩、维奇、沃什本等人担任该杂志的编委。

超个人心理学会创立的目的，最初是为了研究和促进一些终极的体验和心理状态，如高峰体验、存在状态、神秘的意识状态等。它希望通过对这些体验和状态的研究，来改变个人和文化的观点。40多年来，超个人心理学确实取得了很多的成功，例如，运用沉思(或静坐、打坐、冥思）来进行健康关怀已经得到人们的普遍认可和接受，提倡的科学与宗教精神传统之间的对话也越来越多，对人的精神信仰和精神价值观的研究也对经济和贸易的可持续发展提供了可资借鉴的内涵。但是，超个人心理学的很多研究仍然无法或很难用现代科学的方法或手段来验证，因此，科学研究在很大程度上仍把它排斥在外。时至今日，美国心理学会仍然没有正式承认超个人心理学，只是在美国心理学会第32分会，即人本主义心理学会中把它作为一个重要的研究主题。但是，1997年，英国心理学会批准在英国建立了“超个人心理学分会”，以及旨在研究意识和经验心理学的相关领域的学术组织。

1973年，在格罗夫的召集下，国际超个人心理学会建立。目前，国际超个人心理学会的会员来自40多个国家，有3000多名。此外，还有一些与超个人心理学有关的分支机构也相继建立。1975年，罗伯特·弗雷格在加利福尼亚州创建了超个人心理学研究所。还有一些大学和教育机构专门设立了教学计划，培养超个人心理学研究方面的硕士生和博士生，使超个人心理学后继有人。

进入21世纪，超个人心理学仍然在蓬勃发展之中。在我国，也有心理学家进行超个人心理学的研究与实践。作为一门介于科学与非科学之间的研究取向，超个人心理学的发展固然是艰难的，但其勇于探索的精神以及取得的成就仍旧是令人鼓舞的。

## 第二节　超个人心理学的主要理论观点

超个人心理学是在人本主义心理学基础上产生和发展起来的，因此，在主要的理论思想方面，它和人本主义心理学有很多共同之处，如在哲学基础、方法论、对人的本性的看法等方面，两者是有很多共同语言的。但是，在具体的理论研究和方法上，它们又各有侧重。经过40多年的发展，超个人心理学已经形成了自己比较成熟的一些理论观点。

### 一、超个人心理学的研究对象

我们知道，人本主义心理学在创立之初，马斯洛、萨蒂奇等人就为人本主义心理学确定了基本的研究对象，这就是“对那些在实证主义和行为主义理论中或古典精神分析理论中都没有系统地位的人类能量和潜能感兴趣，例如，创造性、爱、自我、成长、有机体、基本需要的满足、自我实现、更高价值、自我超越、客观性、自主性、同一性、责任心、心理健康……（研究这些有趣的问题）应该极大地加速描绘一幅更适当的——一种更科学的——关于人类本性中内在的全部能量的图画”[①]。但是，在实际研究过程中，人本主义心理学家虽然研究了上面提到的一些主要问题，却仍然在很大程度上受传统的科学实证观点的影响，对那些超个人的、超越的、神圣的或精神的体验很少用超个人心理学的观点进行研究和解释。人本主义心理学虽然研究的是心理健康的人，但它研究的是现实生活中的健康个体，而不是超越自我和时空的转

---

① Sutich, A. (1961). Introduction. *Journal of Humanistic Psychology, 1*, viii.

换的意识状态和经验。因此，在某种意义上说，超个人心理学的建立是基于对人本主义心理学研究的不满。正如马斯洛在1965年7月12日的日记中所记述的："第三种思潮就像在瑞典、挪威和丹麦一样，在那里没有上帝，上帝死了，因此，每件事物都是可感觉到的，合理的，符合常识和符合逻辑的，都是实证的而不是超越性的。你可以羡慕和尊重斯堪的纳维亚，但你不会热爱它，更不会崇拜它，在那里，世俗的、合乎理性的智慧能做到的每一件事情已经做了，但这是不够的。"①正是由于这种不满，才导致马斯洛和萨蒂奇等人产生了创立超个人心理学的想法。

要理解超个人心理学，就必须首先理解"超个人"这个概念。从目前我们掌握的材料来看，超个人心理学家所使用的"超个人"这个概念最早是从美国心理学家詹姆斯那里借用来的。1902年，詹姆斯在《宗教经验种种》一书中，第一次提到了"超个人"心理现象。在他看来，人的某些精神生活是不能以生物学的概念和感官的满足来解释的，所以我们可以通过一些现象来领会某种超越性价值，这表明人的有机体能同超生物的力量接触。②这里的所谓超生物的力量，就蕴含超个人的含义。后来，在1905年的一篇演讲提纲中，他明确使用了"超个人"一词。

荣格在阐述他的集体潜意识概念时，也把集体潜意识看作是超个人潜意识。正如后荣格心理学家爱丁格所说："荣格把客观精神的事实描述为超个人的精神。尤其是它们是一些在炼金术中表现出来的事实。他在《炼金术研究》的一段话中对他的基本原理做了解释：'从一个单一个体的有关材料那里常常不可能确定一系列全面的（关于原型意象的）意义。……（因此）有必要对象征进行比较研究……为了这个目的，研究者就必须追溯到人类历史的这些时期。此时象征的形成还没有受到阻碍，

①[美]爱德华·霍夫曼著，许金声译：《马斯洛传：人的权利的沉思》，华夏出版社2003年版，第260页。

②车文博著：《人本主义心理学》，浙江教育出版社2003年版，第478—479页。

就是说，对意象的形成还没有进行认识论的批评，其结果，那些本身还没有被人们所知的事实能够以明确的视觉形式表现出来。这个与我们最接近的时期就是中世纪的自然哲学时期……在这里，就像在仓库里一样，收集了古代世界中最持久、最重要的神话材料。'"[①]按照荣格的理解，这里的超个人精神就是潜藏在人类心灵深处的普遍的共同的心理经验的积淀。在中世纪，由于宗教神学的存在和允许，这些精神现象可以肆无忌惮地表现出来，但在现代社会，科学的认识论不允许这些无法用科学实证来证明的东西随意地表现，于是，它就以集体潜意识的形式储藏在人类集体的心灵中，却会随时以原型、象征、意象、梦境或心理疾病等非正常的形式表现出来，并且对人类的心理活动和行为产生重要的影响。

在超个人心理学创立之初，马斯洛、萨蒂奇等人也对超个人心理学的概念做了大量的阐述和说明。在20世纪60年代，马斯洛试图在人本主义心理学基础上建立超个人心理学，"旨在把人的精神放在一个更广泛的人类本性与潜能的框架中来研究"[②]。但是，由于马斯洛于1970年6月8日不幸去世，他没有能够对超个人心理学做出具体的研究，这个任务就留给了萨蒂奇及其他超个人心理学家。萨蒂奇在1968年为《人本主义心理学杂志》写了一篇宣布超个人心理学诞生的文章，对这个概念做了最早的定义。他说："超个人（或第四势力）心理学是心理学领域中正在形成的一种势力的名称，一群心理学家和来自其他领域的专业工作者对人类的终极能力和潜能问题感兴趣，但这种问题无论在'第一势力'即实证主义或行为主义、'第二势力'即经典的精神分析那里，还是在'第三势力'即人本主义心理学那里，都没有得到系统的考察。正在形成的'第四势力'，即超个人心理学，是关于如下主题的科学研

①Edinger, E. F. (1995). *The mysterium lectures: A journet through C. G. Jung's Mysterium Coniunctionis.* (p.18). Toronto: Inner City Books.

②［美］爱德华·霍夫曼著，许金声译：《马斯洛传：人的权利的沉思》，华夏出版社2003年版，第309页。

究和负责任的践行：成长、个体和种系的元需要、终极价值、合一意识、高峰体验、存在价值、入迷、神秘体验、敬畏、存在自我体验、本质、天赐之福、惊奇、终极意义、自我超越、精神、唯一性、宇宙意识、个体与种系的协同作用、神奇的相遇、日常生活的神圣化、超越的现象；宇宙的自我幽默和嬉戏；最大限度的感知能力的发挥、反应与表达；一些有关的观念、经验和行为。”

当然，在以后的实践中，一些不同的超个人心理学家和组织机构都从不同角度对超个人心理学下了定义。1992 年，美国心理学家拉乔伊和夏皮罗对此前有关超个人心理学的文献做了分析，从他们整理的 202 条定义性描述中，最后归纳出 40 条定义。他们写成了一篇题为《超个人心理学的定义：前 23 年》的文章，在《超个人心理学杂志》上发表。1993 年以后又有一些新的定义出现。我国学者郭永玉教授在《精神的追寻》中对此做了很好的评述。

最近，英国心理学家米歇尔·丹尼尔斯发表了一篇题为《探索超个人心理学》的文章，对超个人心理学做了定义性说明。他说："目前超个人心理学家主要研究：爱的体验、移情、创造性和灵感、打开通路、超个人艺术、转换的意识状态、梦的意识、心身关系、幻觉体验、神秘体验、精神的浮现与危机、灵魂的黑夜、原型经验、濒死体验、死亡和将死，沉思心理学、东西方宗教和奥秘传统的实践与经验、佛教心理学、生态学意识、自我与自我实现心理学、更高级自我、自我超越、男性和女性对超个人的看法、超自然体验、心理治疗、咨询和教育中的超个人取向、意识的进化、超个人研究方法、知识的整合取向、长青哲学。”总之，超个人心理学确实在很多方面不同于人本主义心理学。简单地说，它研究的是“超自我、超时空的心理现象的特殊规律”[①]，“是关于个人及其超越的心理学，是试图将世界精神传统的智慧整合到现代

① 车文博著：《人本主义心理学》，浙江教育出版社 2003 年版，第 489 页。

心理学的知识系统中的一个学派"[①]。

超个人心理学虽然研究超越现象，但"超个人的"和"超越的"这两个概念也是有区别的。瓦尔认为："当前'超个人的'指的是任何超越自我的经验，包括荣格的集体潜意识的原型现实和激进的超越性觉知。虽然像集体潜意识这类概念指的是超越我们的正常自我意识或者比正常的自我意识更深刻的心灵状态，但'超越的'指的是至高无上的或灵魂的觉知，没有丝毫的倾向要根据它自己之外的任何东西来进行界定，包括根据心灵的内容，意识的或潜意识的，个体的或集体的（就是说，这种觉知不仅是超越自我的，而且是超越心灵的）。超个人的和超越的觉知之间的区别，可能会实际上导致一个'第五势力'或更纯粹的精神心理学的出现。"[②]换句话说，从研究的范围来讲，"超个人的"比"超越的"要宽泛些；而从研究的深度讲，"超越的"却比"超个人的"更深刻，达到了心灵、精神等纯粹个人内部世界的深度。对于超个人心理学而言，这两方面都是应该研究的。

## 二、超个人心理学的研究特点

从超个人心理学的学术渊源、哲学基础、心理学方法论及心理治疗和学术研究的实践来看，超个人心理学的重要特点可以概括如下。

### （一）超越性

超个人心理学就是研究超个人的和超越的心理现象，这个定义本身就显示了它和一般实证心理学的根本不同。概括地说，它的超越性表现在以下方面。

---

①郭永玉著：《精神的追寻：超个人心理学及其治疗理论研究》，华中师范大学出版社2002年版，第23页。

② Valle, R. (1998). *Phenomenological inquiry in psychology: Existential and transpersonal dimensions.* (p.276). New York: Plenum Press.

第一，它超越了东方智慧和西方科学的绝对界限。超个人心理学非常重视东方文化和宗教传统，它从古代印度和中国哲学中获得了很多超个人的精神启迪。例如，超个人心理学关于沉思和转换的意识状态的研究，在方法上就得益于东方的瑜伽和禅宗佛学。道家的无为而治、天人合一、阴阳五行、方士学术等是很多超个人心理学家所推崇的。此外还有一些其他东方宗教和传统文化都使超个人心理学家深感兴趣。生活在西方严谨的科学传统中的超个人心理学却超越了这种文化传统的界限，试图把两者较好地结合起来，来研究这种人类共有的超越的心理现象。

第二，它超越了个人通常的心理和意识层面。超个人心理学关注的是在超越的精神状态下所产生的心理活动和现象，是一些转换的意识状态，是一些现代科学还无法很好地解释的心理体验、超验知觉，如共时性、高峰体验、存在价值、神秘体验、致幻状态、濒死体验等。这些心理现象虽然暂时还无法进行科学的解释，但在心理治疗中经常出现。超个人心理学正是超越了一般意义上的心理学研究，来探讨这些超越的心理现象。

第三，它超越了一般的科学研究和技术手段。超个人心理学虽然也使用现代科学的研究技术和手段，也运用严格的实验室实验和心理学的统计方法，但在大多数情况下，它更推崇使用非常规的技术手段。例如，通过使用致幻剂、沉思、麻醉、瑜伽，甚至一些宗教仪式来引发某些心理现象的产生，然后对其进行研究。这也是由于其研究对象的独特性所导致的。如果用常规的科学方法来进行研究，常常得不到它想要探讨的那些超越的心理体验，因此，对于超常的心理现象也只好使用超常的研究方法。

（二）广泛性

超个人心理学的研究范围是非常广泛的。如果说，人本主义心理学是以人为中心的，那么超个人心理学则是以宇宙为中心的。从前面论述的研究内容可见，它研究的不是现代心理学的知、情、行等心理过程，也不是一般意义上的个性心理特征，而是那些不为常人所知的超越自我的意识状态、高级动机、人生价值、生活意义、人类幸福、宗教经验、宇宙觉知、协同作用、生死体验、意识顿悟和神秘体验，等等。

超个人心理学研究的广泛性还表现在把理论研究与实际应用结合起来。例如，它重视研究转换的意识状态及其体验，不仅进行理论层面的分析，而且使用特殊的训练方法使人产生这些体验，并应用在临床心理治疗中，达到祛除疾病、延年益寿的目的。例如，通过意识训练来控制自主神经系统和躯体过程，用来改善心率、血压、胃肠活动和激素分泌等。一些超个人心理学家还运用沉思训练来减轻焦虑、减少吸毒、增加知觉敏感性等。这些不同方面和领域的研究都极大地扩展了心理学的研究范围。

（三）深刻性

超个人心理学所要研究的是人类三大奥秘之一——“意识之谜”，这当然也是所有心理学家致力于研究的主题。但是，大多数心理学家过分依赖实证科学的方法和手段，因此，尽管他们声称是在研究人类心灵深处的奥秘，但得出的结论常常是肤浅的。超个人心理学家虽然也使用实证科学的研究方法，但它同时也重视其他领域有用的研究手段，如哲学的深刻思考、宗教的体验、医学的探究、文学的隐喻和想象等，从而能够比较深刻地探索潜藏在人们的思想、情绪和感受背后的真实自我。

当然，这些深刻的心理感受和真实自我是一些高级的心理现象，由于其隐藏较深，因而难以用一般的科学研究手段来获知，这常常使人感到心理活动的神秘性和不可捉摸性。“其实，在科学家眼里，未知的领域都带有神秘的性质，否则，求知的欲望从何而来？正因为神秘，才需要人去研究。”[①]我们相信，随着科学技术的发展和心理学研

---

①郭永玉著：《精神的追寻：超个人心理学及其治疗理论研究》，华中师范大学出版社 2002 年版，第 303 页。

究的不断深化，在今天看来似乎神秘的东西，在未来或许会成为不争的事实。当然，这也需要用科学的证据来证明，或许对今天的一些看法会有所修正，但不应因此而否认超个人心理学研究的价值。认知心理学取代行为主义，不也是通过批评它的外周论而转向研究内在的心理活动的吗？

（四）终极性

超个人心理学研究的侧重点是如何超越自我、超越现实，在终极的精神世界中实现自己的价值。要做到这一点，一个人就必须正视“我是什么？”这个具有终极归宿和意义的问题，而不是回答“我是谁？”这个具有现实意义的客观问题。其实，对这个问题的探询本身就体现了超个人心理学试图超越世俗的现实境界，而去追求和宇宙、大自然融为一体的价值理念。当然，人生活在现实社会，不可能完全脱离现实。根据一般心理学的原理，人必须学会在社会生活中适应现实。然而，当现实中充满了污浊、肮脏的世俗交易，纯净、高尚的自我又不甘与之为伍的时候，找不到出路的人们就会陷入心理疾病的泥潭。超个人心理学强调人应该有一种宏大的宇宙观，把自己视为宇宙中的一分子，通过各种超个人心理学的方法来提高自己意识的自觉性和敏感性，“从而使意识的去认同功能发生作用，使原来的意识内容不再具有危害性。也就是说，当事人的意识水平超越了原理的经验层面，过去纠缠人的苦恼不再是苦恼，反而成为可供观赏的经历”①。这是一种多么崇高的精神境界。但是，也正是由于其崇高和具有终极意义，一般人往往难以做到。超个人心理学通过这种超越的精神探索，帮助人们在认识现实的基础上，形成一种超越现实的乌托邦精神，这对提高人们的心理健康水平是绝对有益的。这种精神的实质就是回归大自然，在和宇宙万物的普遍联系中体验人的永恒，追求精神的逍遥和超脱，这才是人的终极价值所在。

①杨广学著：《心理治疗体系研究》，吉林人民出版社 2003 年版，第 409 页。

（五）精神性

超个人心理学的精神性主要体现在对超越现实自我和人性的最高追求上。换句话说，超个人心理学不仅研究现实的自我和人性，即在现实生活中人的精神是怎样通过自我得到表达的，而且更重视研究精神是如何超越现实自我的。在心理治疗中，通过对当事人自我意识的扩展，使之在广阔的精神领域中进行新的探索和体验，达到精神整合、人性与自然融为一体的目的。"精神性是人性中最深最高的层次，亦即人内在的超越性、超个人、超理性的层次。它与生理、情绪、理性等层次一样，属于人的内在本质。"[①]人正是因为有了这种精神性，才使个人的自我有了得以支撑的框架。可以说，精神性位于心灵的统帅地位，自我的超越就是在精神性的支配下进行的最高层次的追求。

（六）意义性

人的一生就是追求意义和价值的一生，因此，人的任何活动，包括意识的和潜意识的，都是具有某种意义的。超个人心理学用更加开阔、积极的眼光看待生命和生活中的事件，因此，它给予人的心理活动以更加深厚、广阔的意义内涵。超个人心理学认为，我们的生命本身就具有本真的意义，但这种意义是潜藏着的，需要人们用心去探索和发现。有心理疾病的人就是因为感到失去了人生的意义和价值，感到人生渺茫、没有出路、没有前途，才患上心理疾病，甚至走上不归之路的。超个人心理治疗就是要帮助患者重新发现人生的意义，而且这个发现生命意义的过程本身就具有很高的治疗价值。在某种意义上说，弗兰克尔的意义治疗为超个人心理学提供了很好的借鉴。弗兰克尔把意志自由、意义意志和生命意义视为其意义治疗的理论基础。"意志自由是意义意志的一个心理学前提，没有意志自由，人就不可能对生活进行态度上的选择，就只能被动地受需要的支配；而意义意志则是生命意义的动力，

---

① 车文博著：《人本主义心理学》，浙江教育出版社 2003 年版，第 492 页。

人们对意义的追求和倾向，使人无论在什么样的生活环境下都要考问生命的意义……人类具有意志的自由和对意义的追求，因此人的生命是有意义的。”①

超个人心理学接受了这种观点，并对此做了自己的解释。瓦尔指出：“意义，包括选择和意向，以及主体‘共同创造’他们自己生活的概念。”他还说：“所有的主体，都在不同程度上和以不同的方式受到驱使，想要从他们所描述的经验中为自己创造出意义。”②显然，超个人心理学家试图通过心理学研究，帮助个体从自己的环境和生活事件中产生超越的个人体验，并在这些体验中发现人生的意义。

### 三、超个人心理学的具体研究

从人本主义心理学建立以来，它就非常关注所谓入神（ecstasy）的体验。这种体验在马斯洛那里就是高峰体验。他说：“我们害怕我们最高级的潜能（以及我们最低级的潜能）。一般地说，我们害怕成为在我们最完善的时刻、在最完善的条件下、在具有最大勇气的条件下我们所能瞥见的东西。我们对我们在这些高峰时刻所看到的自己身上的那些神圣的潜能非常欣赏，甚至感到毛骨悚然。但与此同时，我们在这些同样的潜能面前因虚弱、敬畏和恐惧而战栗。”③

人本主义心理学关心潜能及其实现，因此，人本主义心理学家是在对潜能的体验中产生高峰体验的，这就必然要包括那些无法言传的入

---

①刘翔平著：《寻找生命的意义：弗兰克尔的意义治疗学说》，湖北教育出版社 1999 年版，第 46 页。

②Valle, R. (Eds.). (1998). *Phenomenological inquiry in psychology: Existential and transpersonal dimensions.* (p.302). New York: Plenum Press.

③Maslow, A. H. (1973). *The farther reaches of human nature.* (p.37). Harmonds-worth: Penguin.

神、创造性、各种意识状态的统一等超个人心理学所要研究的主题。这些主题通常都被压抑在人的心灵深处。而一旦它们被发掘出来，就会产生惊人的力量。超个人心理学家正是看到了这种神奇的力量，才决心不畏艰难从事这些心灵探究的。40 多年来，超个人心理学的研究，尤其是在心理治疗方面，取得了很多有益的成果。

（一）超个人自我

即使是在超个人心理学家中，对“超个人自我”这个概念也有不同的提法，阿萨吉奥利称之为“更高级自我”，认为这个概念比“精神性”能更准确地反映其内涵。一些人本主义心理学家称之为“更伟大的自我”或“更深层的自我”。最早使用“超个人自我”这个概念的是鲁德海尔，20 世纪 20 年代他在占星术的研究中使用它。1949 年，墨菲在心灵学研究中做了进一步阐述。随着人本主义心理学的崛起，马斯洛等人对这个概念大力强调，从而使它在心理学研究中得到了广泛的应用。1967 年，超个人心理学家格罗夫也使用了这个概念，不久，一个以《超个人自我》为名的杂志于 1968 年在美国创刊。

在今天的西方心理学中，随着人们对荣格的认识的加深以及对其理论观点的兴趣的增加，超个人自我的研究得到了更多重视。我们知道，荣格在其分析心理学研究中使用的是“自性”（self）这个概念，它是集体潜意识中的一个核心的原型，对人格具有某种统摄性的力量。今天，《荣格全集》已被许多国家翻译出版，人们对他的思想的研究愈益丰富和深入。尤其是研究心理综合的心理学家做了大量的研究来阐述荣格的自性理论、曼荼罗象征、集体潜意识等与超个人自我的关联。

超个人心理学研究转换的意识状态，随着这些研究的不断深入，人们对超个人自我的认识也日益加深。例如，来自古老东方的太极拳作为一种健身的体育运动，可以通过运动的沉思来达到超越自我的境界。1978 年，墨非通过对高尔夫运动的研究，认为这项运动同样具有运动的沉思作用。这给人们很大的启示，体育运动之所以如此令人入神和沉醉，是因为它具有“运动的沉思”这种超个人自我的精神力量。

总之，超个人自我是一种超越的意识状态，是个体所未曾认识到或很少体验过的一种身心愉悦、超凡脱俗、精神震撼的内心体验。人们一旦产生这种体验，就会对自己以前的所作所为感到愧疚和不安，或许哈罗尼安在《崇高的压抑》一文中的表述对这种感受是一种很好的解释：“我们为什么这样做的一个可能的理由是，一个人越是意识到他的积极的冲动，意识到他对崇高的渴望，就越是对他未能表达这些冲动而感到羞愧。结果便产生一种良心的痛苦煎熬，一种对未能成为其所能成，未能做其所能做的罪疚感。这不是超我的罪疚，而是自我为其实现而发出的哭喊。”[①]这显然是一种相当矛盾的心理活动。一方面，人们渴望达到超越自我的精神境界，另一方面，人们又担心和害怕这种内心体验，因为它使人感到一种良心的谴责。但不管怎么说，这种境界是人们在内心深处所追求的，只有摆脱世俗困境的人们才能经常地产生这种超越自我的内心体验。

（二）致幻剂研究

很多超个人心理学家在研究转换的意识状态时使用了致幻剂，常用的致幻剂包括酶斯卡林、塞罗西宾、麦角酸二乙基酰胺（简称 LSD）等。这些致幻剂可以使人唤醒自己的内在意识，产生深刻而不同的内心体验。“身体的、情感的、心智的和灵性的意识都可能敞开，感官知觉的范围变得更加开阔，身体意识变得更加丰富、细致，思维摆脱了语言符号的限制，凭着直觉流转跳跃，更具流动性、变通性；意识变得清纯精妙。”[②]

关于致幻剂研究的报道在西方是相当丰富的。仅以 LSD 为例，到 1971 年，也就是超个人心理学刚刚建立之初，在欧美各国就有约 2000

①Haronian, F. (1974). The repression of the sublime, *Synthesis* 1, 61.

②杨广学著：《心理治疗体系研究》，吉林人民出版社 2003 年版，第 398 页。

份公开发表的报告，讲述了使用LSD对三四万名患者进行心理治疗的结果。在尚未分裂之前的捷克斯洛伐克，对成为一名医生有这样一条规定：在他获得处方权之前，他必须观察使用致幻剂的治疗过程达30次以上，并且亲自服用LSD达5次以上。

服用致幻剂可以使人产生一些神秘的或超个人的体验，这已是一个不争的事实。1991年，多布林发表了他的长达25年的追踪研究报告，证明服用塞罗西宾确实可以使人产生某些神秘体验，其中有些类似于人本主义心理学的所谓高峰体验，有些类似于宗教体验。

但是，服用致幻剂也容易引起一些不良的后果，如上瘾、损害青少年的身体等，由此也引发了很多争论。目前，使用致幻剂的实验研究虽然并未完全终结，但已经受到很大的限制。

（三）意识的发展水平与阶段

1983年，超个人心理学家维尔伯出版了一部专著《眼睛对眼睛：追求新范式》，在这本书里，他从发展的角度对意识活动的发展水平和阶段做了如下分类。

1. Pleroma：又称“材料融合”。这是结构组织的最低级阶段，通过初级的基质而在人身上得到概括地重现。又称前个人阶段（PP）。

2. 身体：简单的感觉运动智力和情绪性欲驱力。有一种与身体相认同的感觉。亦属前个人阶段（PP）。

3. 魔幻的：第一个象征的认知方式，初级过程：内部和外部、整体与部分、主语与谓语、想象与现实混淆在一起。前个人阶段（PP）。

4. 神话的：得到较高级陈述的思想，但仍然不是能够进行形式运算的深刻洞见；仍然是拟人的；把逻辑和前面的魔幻相混淆。前个人阶段（PP）。

5. 心理自我：自我的合理性和形式运算逻辑。这是西方社会“正常的”同感意识。这属于个人阶段（Personal）。

6. Centaur：视觉—逻辑心灵与情绪身体的整合；统一的身心。存在主义的自我：自主的、整合的、本真的。这是超个人阶段（TP）。

7. 精神的：实际的精神能量，或超个人方式的开端。其中总是包含着某种神圣感。超个人阶段（TP）。

8. 精妙的：高级原型的家园，或可以作为典型的和超个体的表现模式的家园。培养形成的一些代表神圣的象征和意象。超个人阶段（TP）。

9. 因果关系的：在唯一的精神中的最终统一。在这个阶段没有象征或意象。超个人阶段（TP）。①

实际上，致幻剂所引起的超个人体验是相当丰富的，维尔伯把这些大量的个人体验进行高度概括和压缩，构成了这个简明扼要的超个人体验发展的阶段理论雏形。20世纪80年代后期，通过进一步研究，维尔伯提出了他的意识发展阶段理论，明确地将意识分为“前个人阶段”、“个人阶段”和“超个人阶段”，每个阶段包括三种不同的水平。这些不同阶段和水平的划分为他的意识谱学说和超个人心理治疗奠定了基本的理论基础。

（四）个人与社会

大多数超个人心理学家都致力于心理治疗，在某种程度上，他们都承认弗洛伊德的压抑理论，但同时又根据自己的研究和理解做了新的阐释。例如，超个人心理学家罗文就明确指出：“我们的某些心理障碍来自于对我们并不喜欢的我们身上的那些东西的压抑（对此我们可以在我们个人的成长活动中很好地对付），但有些则来自于对我们确实很喜欢的那些东西的压抑。”②

根据超个人心理学家的看法，人们之所以对这些东西进行压抑，

---

① Rowan, J. (2001). *Ordinary ecstasy: The dialectics of humanistic psychology.* (p.166). Brunner-Routledge.

② Rowan, J. (2001). *Ordinary ecstasy: The dialectics of humanistic psychology.* (p.168). Brunner-Routledge.

是因为对某些社会力量的恐惧。由于不同的文化传统都有自己的习俗和社会规范，一个人如果过分关注自己的精神世界，按照自己的意图随心所欲，就可能不被社会所接纳。在不得已的情况下，无论个人是否喜欢，只要社会不允许，人们就不得不予以压抑。

但是，无论是人本主义心理学家还是超个人心理学家，都不赞成这种永久的压抑，因为这样做不利于人的潜能的发挥，个人的价值也根本无法实现。那么，当有人因为这种压抑而患上了心理疾病时，他该怎么办呢？超个人心理学认为，人生的道路是跳跃式和循环发展的。有时候，人们必须进入到自己的内心世界进行深刻的心灵探索和反思，有时候则必须走出来，在社会生活中汲取养分，把社会的要求和个人的自我发展较好地融合在一起。当然，在不同的人身上，其发展的周期可能存在差异，但总的发展趋势是基本一致的。一个人如果能够自如地控制和把握自己在心理世界的进出，他的心理就是健康的。那种担心入定静修之后就出不来的想法是完全没有必要的。

另外，这个在心理世界进出自如的过程也是一个螺旋式上升发展的过程，每一次循环都会给人打开一个新的境界，使人的潜能得到一次新的升华，使人获得更多的个人经验和进行更多的社会参与。这才是心理高度健康的表现。

（五）宗教与异教

超个人心理学研究宗教经验，但又超出了宗教的狭隘范围。它将许多不同的超个人体验，如审美体验，科学家追求真理获得发现时的成功体验，对生活中不同于自己的弱小生命的关爱等体验也纳入了研究范围。因此，简单地认为超个人心理学因为研究宗教经验而被视为宗教，这显然是不合情理的。如果这样划分的话，那么，研究宗教哲学、宗教心理学、宗教人类学、宗教文化学等与宗教有关的学科就一定也是宗教了。恐怕没有多少严谨求实的人们会认同这种观点。

但是，超个人心理学家又确实和宗教有密切的联系，他们非常关注宗教研究中的许多与精神成长有关的理论、神秘体验和方法技术，并试图把它们整合到自己的心理治疗中去。为了更深刻地领会宗教及宗教经验在心灵净化和心理健康方面的作用，许多西方的超个人心理学家深入到一些不同的宗教领域，探讨与宗教有关的心理病理学问题，并且因而信奉某种宗教。正如罗文所说："有一种自然的倾向，一个人一旦对超个人感兴趣，就倾向于越来越专门地研究它，就倾向于信奉某种宗教信仰。"①

尽管如此，我们仍然不能武断地认为，超个人心理学就是一种宗教。实际上，它既没有自己的宗教教义，也没有专门信奉的神灵，更没有自己独特的教会和教堂。它只是致力于研究与所有宗教有关的心理现象。如果从严格的宗教意义上讲，超个人心理学家主要是一些异教徒，或者说，是一些并没有宗教信仰的人。这些人是要通过对各种包括宗教经验在内的高级（神秘）的心理现象和心理健康状态的研究，探讨人类意识之谜。

（六）跨文化研究

由于研究不同的宗教经验，而世界各国的宗教门类和内容又因为文化的不同而表现得五花八门，因此，超个人心理学就在跨文化心理学研究方面发挥着其独特的作用，尤其是在心理治疗方面。近年来，超个人心理学的研究表明，不同宗教信仰的人们对心理咨询和心理治疗采取的态度是不同的。有些宗教，例如，伊斯兰教、印度教等对西方的各种治疗都感到怀疑。而超个人心理学正是通过它对不同宗教经验的独特理解，而在宗教和恰当的治疗之间架起了一座桥梁。

超个人心理学关注转换的意识状态，作为心理治疗师，他们也会特别关注患者细微的精神变化，因而对患者的内心世界也会有更好的理

① Rowan, J. (2001). *Ordinary ecstasy: The dialectics of humanistic psychology.* (p.169). Brunner-Routledge.

解，这或许就是超个人心理治疗能够取得其他心理治疗所不能取得的疗效，并因而受到很多人欢迎的一个原因。

当然，超个人心理学在跨文化领域中的研究仍然是有局限性的。它主要研究的是不同文化和宗教中的神秘体验和神秘现象，而没有从更深远的文化人类学、民俗学、历史、政治等不同角度进行综合的分析。这的确是一项十分艰巨的任务，仅仅依靠超个人心理学本身是难以完成的。但不管怎么说，超个人心理学从跨文化的角度探讨不同民族、不同文化传统的心理病理学问题，探讨达到心理健康的有效途径，这本身就是一项艰难却很有价值的任务。

（七）转换的意识状态

我们多次提到，超个人心理学研究和关注的核心问题就是意识及其不同的状态。这种意识不是西方传统的意识理论，而是包含着意识和潜意识在内、分层次、有高低级之分的意识活动。根据超个人心理学家的理解，人的意识可分为正常的意识状态和转换的意识状态。前者是低层次的、分化的意识状态，而后者则是高级的、超越自我的意识状态。超个人心理学家塔尔特把后者定义为："个体明显地感觉到其心理功能的模式发生了质的变化，就是说，它感觉到的不只是一种量的转换，而且其心理活动的质已有所不同。"[①]另一位美国超个人心理学家克瑞普纳则具体划分了 20 种不同的意识状态，用来说明人的意识活动是存在差异的。

（1）做梦状态：睡眠者出现快速眼动（即进入快波睡眠或熟睡），在脑电图上呈现快速的脑电波，此时睡眠者往往正在做梦。

（2）睡眠状态：睡眠者虽然在熟睡，但未出现快速眼动，脑电波呈慢速、高振幅。

① Tangeson, C. W. (1982). *Humanistic psychology: A synthesis.* (p.198).Homewood, IL: Dorsey.

（3）入睡状态：其特点是在睡眠循环的开始，在睡眠者的意识中有生动的表象。

（4）朦胧状态：这是睡眠循环结束时出现的意识状态。

（5）过度警觉状态：其特点是个体高度集中注意和警觉，通常是在生命受到威胁时出现，或表现为服用某些药物后的反应。

（6）困倦状态：表现为心理活动速度明显减慢，例如在强烈的抑郁状态下，或由于低血糖、过度疲劳等引起的意识状态。

（7）狂喜状态：个体的行为表现出强烈的主动性或欣喜若狂的情绪，有时是由狂欢仪式等所引起。

（8）癔症状态：个体表现出强烈的消极破坏性情绪，如主观暴力行为、恐惧或愤怒等。

（9）分裂状态：表现为个体人格的主要成分无法整合，出现精神分裂症状，例如在变态心理、多重人格等意识状态下。

（10）退行状态：一种与实际年龄明显不符的意识状态，例如，在某些催眠状态下，当催眠师发出年龄退行指令时，被催眠者所表现出的意识状态。

（11）沉思状态：这是一种转换、扩张的知觉形式，个体具有强烈的自我超越感。个体的感知能力提高，情感体验强烈。这种状态需要通过专门的沉思训练才能引起。

（12）迷离状态：表现为高度的易受暗示，对某一刺激非常警觉和关注，例如，在某些催眠状态下。

（13）遐想状态：个体沉浸在某种幻觉之中。

（14）白日梦状态：在非睡眠状态下产生的高度自我卷入的幻想状态。

（15）内部扫描：个体对自己的内部心理活动进行反思。

（16）因酒精、药物等引起的木僵状态：个体接受新刺激的能力大大降低。

（17）昏迷状态：表现为个体不能接受新刺激。

（18）储存的记忆状态：个体对过去的某一生活经历能够生动地再现或回忆起来。

（19）扩展的意识状态：这是由致幻剂等药物引起的，通常不受主体控制的一种知觉方式。

（20）正常的醒觉状态。

在这20种不同的意识状态中，前19种属于转换的意识状态，而最后一种则属于正常的醒觉意识。除了克瑞普纳之外，很多其他的超个人心理学家都在转换的意识状态方面做过大量研究，也有相当丰富的研究成果。当然，其中也存在一些争议。本书因限于篇幅，不在此详细评述。

## 第三节　超个人心理治疗

超个人心理学主要是在心理治疗的实践中发展起来的。因此，研究超个人心理学就必然要探讨其心理治疗的理论与实践。40多年来，超个人心理治疗学家在临床实践中提出了很多不同的理论观点，也创造了大量心理治疗的方法和技术。这里择其要点做一简要阐述。

### 一、超个人心理治疗的基本原则

超个人心理治疗是西方尤其是美国社会发展的时代产物。在20世纪60年代，西方文化中极端自我中心的过度膨胀，使很多青年人过分关注和张扬自我，把个人的生理和心理需要的满足视为至高无上的东西。一旦这些个人的需要得不到满足，他们就会深感个人价值失落，出现严重的精神危机。在这种情况下，用精神分析、行为治疗、认知疗法，甚至人本主义治疗都无法获得满意的疗效。超个人心理治疗吸收了东方文化传统中的人生价值观念和修行训练的方法，并把它们和西方的心理治疗实践结合起来，开创了具有东西方文化结合特色的超个人心理治疗。

（一）精神成长原则

超个人心理治疗虽然重视人的低级需要的满足，肯定世俗的社会文化对人的影响，但它更注重人的高级精神的成长和发展。这里的高级精神就是指人类身上存在的巨大的潜能。“它关系到对终极目的、上帝存在、生命意义、慈悲仁爱等等的体验。……东方的传统心理学，像禅宗心理学、道家心理学、瑜伽心理学等，都是拥有悠久历史又解决精神问题的知识体系，在这些知识体系中就包含着对超越自我的意识和体验的论述和实践。”[①]超个人心理学从东方传统文化中获得了很多重要的启示，在心理治疗中，很多超个人心理治疗学家都把东方的生活践修和精神境界的提升作为心理治疗的重要原则。他们鼓励患者勇敢地面对自己的精神存在，把超越个体的精神能量贯注到自己的心理生活之中。这样，即使是低级的物质需要没有得到完全的满足，个体一样可以在快乐的精神成长中得到健康的发展。这种心理治疗原则在一定程度上遏制了西方社会过度膨胀的个人中心倾向，对个体和社会的健康和谐发展都是有益的。

（二）天人合一原则

超个人心理治疗虽然重视个体价值的实现，但又不仅仅停留在这一层面。受东方传统文化的影响，很多超个人心理治疗学家都把人看作是整个宇宙生命系统中的一个组成部分，个体是具有普遍联系的存在，个体的价值归属和疾病的康复都依赖于个体对这种宏大宇宙和个体存在之间关系的正确认识。正如美国加州超个人心理学研究所咨询中心第一

① 葛鲁嘉著：《心理文化论要：中西心理学传统跨文化解析》，辽宁师范大学出版社 1995 年版，第 122 页。

任主任沈娥所说："我们的工作是在这宇宙系统内提高自己的警觉，意识到我们自己的存在。"[①]在维尔伯的意识谱理论中，最高层次的心灵层就是一个宇宙意识层。在这里，人的意识和宇宙合为一体，我和非我的界限也基本消失。这就是意识的最高状态。实际上，超个人心理学的"超越"就是指超出个体的狭隘范畴，把个体与整个世界和宇宙联系在一起。在心理治疗中，治疗师要努力使患者产生超越性体验，通过沉思、呼吸训练、感官觉知等各种治疗手段，使个体产生精神的自我顿悟，从自我认同转变为宇宙认同，实现人与自然、与宇宙的和谐存在。这和中国古代"天人合一""顺心自然"等生生和谐的生存智慧的思想是有一致性的。

（三）超越性原则

超个人心理学试图超越人本主义心理学，不赞成把个人潜能及其实现只局限于个人的成长和个体自我的实现。它所追求的是超越单一个体的人性的根源，旨在揭示人的终极价值，在这个基础上最大限度地开发人的潜能，实现人的超越性价值和达到人性的最完满实现。在日常生活中，人们的意识状态是分化的、变动的，个体往往受社会现实的影响，出现意识的狭隘，而陷入不可自拔的心理疾病境地。超个人心理治疗就是要使个体把日常的世俗意识转变为超越的意识。正如拉乔伊和夏皮罗所说："超个人心理学是关于人性的最高潜能的研究，它承认、理解和实现人的精神、合一的意识以及意识的超越状态。"[②]超个人心理治疗认为，有些精神生活的危机不一定是病态心理的表现，而可能是个体心灵深处的某种超越性需求在呼唤。即使是某些精神病或神经症的症状，可能也隐含着常人难以理解的超个人含义。因此，超个人心理治疗不是要治愈疾病，而是要开放我们的意识和经验，使我们的心灵进入一

---

①李绍昆著：《美国的心理学界》，商务印书馆2000年版，第136页。

②郭永玉著：《精神的追寻：超个人心理学及其治疗理论研究》，华中师范大学出版社2002年版，第21—22页。

个全新的超越的意识境界，最终达到精神自愈、身心健康成长的目的。

（四）整体性原则

和人本主义心理学一样，超个人心理学在心理学的理论研究和心理治疗的实践中也持整体论的观点。这实际上是对西方社会长期采取主客二分的分析研究取向的一种反抗。在心理治疗中，超个人心理学家主张一种更大范围的整体性。例如，在维尔伯的发展理论中，意识的发展过程是从前个人阶段到个人阶段，再到超个人阶段，最终达到完整的自我意识。心理治疗就是在治疗师的指导下，通过沉思（静修），沿着不同的发展阶段逐步上升，使个体的自我意识在最高的纯粹意识中达到认同和精炼。超个人心理治疗把人视为一个由身体、心理、灵魂和精神四个方面组成的有机整体。心理治疗不能只注意某一个方面，而应该对这几个方面进行统一的整体考虑。症状可能表现在某一个方面，但其根源可能源于其他方面，因此，治疗也应该是整体性的、多层面的。整体性原则的另一层含义在于，人是一个由生物、心理、社会和精神四个层面组成的有机整体，在心理治疗中，要对这些不同的层面进行整体的理解，既要开放性地面对意识经验的这些不同形态，又要注意各层面之间的整体联系。

（五）多样性原则

超个人心理学非常注重人的个别差异，因此，在心理治疗中也特别强调因人而异，强调治疗方法的多样性和多维度。例如，一个人在智力等认知方面可能发展得非常好，但在情绪上可能并不稳定，或者在意志力方面并不成熟。相反，另一个人可能智力上并不超常，但由于个人的非智力因素的作用，同样可以取得很大的成功。在心理疾病方面，有些人可能因为认知方面的不成熟而导致心理疾病，有些人则可能由于情绪、人格等非认知因素的作用而导致心理疾病。在治疗过程中，有些人易受暗示，很容易进入沉思和催眠状态，而有些人则不容易接受暗示，对这样的人就不能一味使用沉思或催眠等暗示性的治疗方法。超个人心理治疗首先要了解每个患者不同的个别差异，包括了解患者的身体、心理、灵魂和精神，了解患者的个人经验、家庭生活、社会环境、工作场合和朋友关系等。然后再根据患者的症状，采取有针对性的治疗措施。超个人心理治疗对人的经验是全面开放的，采用的治疗方法也是多维度、多途径的，从而保证了其治疗的有效性。

（六）发展性原则

超个人心理治疗不强调心理疾病的治愈，它关注的是怎样开放患者的意识经验，针对患者现有的发展水平，提出相应的治疗方案，其最终目的是促进患者的心理发展。例如，根据维尔伯的发展理论，可把个体的发展阶段确定为前个人阶段、个人阶段和超个人阶段。对处在不同发展阶段的个体，应采取不同的治疗方式和确定不同的治疗目标。这些治疗措施和目标的确定都是以个体心理的发展水平为依据的。同时，治疗师还要针对这些不同的发展水平，对患者进行精神的指导，促使其向最适合自己的更高级的发展水平迈进。这条原则和多样性原则是相辅相成的。只有承认和发现人的多样性和差异性，才能根据人的发展水平提出相应的治疗措施和目标，其最终目的都是促进精神的发展。

## 二、超个人心理治疗的主要理论

在40多年的发展历程中，超个人心理学家提出了很多不同的心理治疗理论和模型。这些理论和模型从不同的角度阐述了超个人心理学对心理治疗的一些基本的理论观点。

### （一）维尔伯的意识谱理论

维尔伯是超个人心理学家中最著名的理论家。意识谱理论是他从20世纪70年代提出的关于个体心理发展的理论。该理论认为，由于人的意识的分化作用，使原本浑然一体的天地万物被人为地割裂开来，划分成有不同边界和范畴的层次和成分。造成现代人心理疾病的根本原因就是这些成分之间的相互冲突。维尔伯把人的意识划分为四种基本的层次，即心灵层、存在层、自我层和人格面具层。在这些层次之间还存在一些夹层或层次带。处在不同的意识层次中，个体的自我认同就表现出不同的形式，表明个体对自我有不同的理解。详见图 18-1。

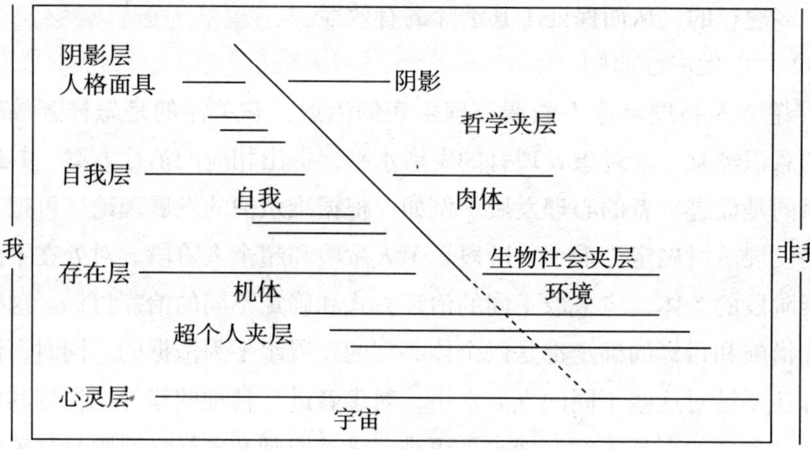


图 18-1　意识谱层次图

意识的最高层是人的最内在的意识与宇宙的终极实在相认同时的意识状态。这是一个没有界限的境界，个体意识到自己和宇宙是一体的，因而又被称为宇宙意识层、人的最高同一性。超个人夹层是心灵层的辅助意识谱区，斜线是我和非我的界限。在这个层次中，我和非我的界限被打破，即达到东方哲学中天人合一的境界。

意识的第二个层次是存在层，此时人开始把自己与心身机体相认同，开始把我和非我、有机体和环境区分开来，但区分的界限是个体的皮肤。在这一层次，人的理性思维开始发挥作用。位于其上的生物社会夹层代表一个人的家庭关系、社会文化因素、语言、逻辑等对个人的内在影响。在这里，个体虽然没有感到自己与宇宙万物同体，但仍然能与自己的有机体融为一体，认为自己是一个身心统一的有机整体。

意识的第三个层次是自我层，个体只和他的自我意象相认同。人的有机体一分为二,一个是作为自我奴仆的肉体，另一个是与肉体相脱离的自我。身心的分离使人一方面把身体视为快乐的根源，另一方面又把身体视为痛苦、疾病的温床。人的本体意识在这一层次进一步缩小。处在自我层和人格面具层之间的是哲学夹层。

意识的第四个层次是人格面具层，它是意识范围最狭窄的层次。个体只和自我意识的某些部分相认同，这时个体就会戴上与此相认同的人格面具，而把那些不认同的心理活动视为非我，当作令人痛苦的、不适当的“阴影”排除出去。

维尔伯的这个意识谱通过对意识自我的这种不同分界，阐述了不同意识层面中个人主体性水平的差异。在这些层次中，只有心灵层才是唯一真实的“一体意识”，完全没有自我和非我的界限。而在其他层次，都或多或少地存在着我和非我的分隔。按照维尔伯的观点，这些其他层面的意识都是幻觉。超个人心理治疗就是要帮助患者克服这种人为的分隔，使身和心、我和非我、心灵和宇宙成为一个统一的本体，使人的童年期、成年期和精神发展的阶段连接成一个完整的连续统一体。

（二）格罗夫的意识地图理论

格罗夫是超个人心理学的早期创立者，也是运用致幻剂进行心理治疗的最著名的超个人心理学家。从 20 世纪 50 年代以来，他花费了 30 多年的时间研究致幻剂的心理治疗效果，并在此基础上提出了他的意识地图理论。在心理治疗中，他主张运用全回归呼吸训练来改变人的意识状态，进而探讨人的未解决的心理问题，达到精神成长和发展的目的。

格罗夫的意识地图包括三个相互联系的领域。第一个领域是感官障碍和个体潜意识领域，指个人的感官欲望因受到压抑而进入个体潜意识，通过服用致幻剂可以把这些被压抑的感官欲望释放出来。第二个领域是基本围产期的经验，包括子宫内的安静状态、出生的发作过程、向产道的移动和出生四个阶段。与此相对应的有四种心理组织或情结。第三个领域是超个人领域，个体可能会体验到各种传统的精神状态或主题，如“宇宙之心”、宇宙体验等。

通过对意识地图的描绘，格罗夫提出了与这三个领域相对应的心理治疗的三个阶段。当然，他最初主要是通过运用致幻剂来进行治疗的。但是，后来美国对致幻剂的使用进行了法律上的限制。于是，格罗夫便运用他创立的全回归呼吸训练来取代致幻剂治疗，收到了很好的效果。

（三）沃什本的新荣格理论

沃什本是超个人心理学家中荣格思想的重要阐发者。我们知道，在荣格的分析心理学思想中有很多令超个人心理学深感兴趣的思想内涵。沃什本运用超个人心理学的术语对荣格的理论观点做了全新的阐释，提出了所谓新荣格理论。

该理论的前提假设是西方的人神二元论，即强调个体的心灵与神的关系。超个人心理治疗就是要超越自我，这种超越就是将自我转换到一个更高的联合状态，而不是消除自我。在这种状态下，自我就不再是独立的存在，而是变成了“二元统一体”的一个侧面或部分。达到这种状态的途径是通过“超越的退行”，即意识的自我（ego）退行到前自我的潜意识之中，使之与其本源相整合，达到超自我的状态。

沃什本认为，在荣格那里，人格的前自我和超自我虽然是两种不同的水平，但都是同一潜能的不同表达方式，因为其动力基础是没有变化的，所变化的只是表达和体验这些潜能的意识自我。人格发展的最终目标就是在自性水平上达到的最高整合。荣格还提出了中年期危机的观点，认为在经历了这一危机之后，个体的心理能量便开始从向外流动转向向内流动。自我开始重新回归，并且与集体潜意识中的原型和自性结合，最终达到精神的再生，即个性化。沃什本接受了荣格的这些观点，并对此做了超个人心理学的解释。在他看来，这种结合就是超自我状态的联合。所谓中年期心理危机就是自我回归到它的本源，从而走向超越的一种外部表现。这个本源就是个体发展甚至种族发展或人类发展的早期，在这个意义上说，中年期心理危机就是超越过程开始的一种退行。此时个体心灵内部的潜意识力量开始发挥作用。自我与非我开始出现整合，肯定的情感和精神体验开始显现，童年期的对象关系逐渐活跃，早期心理创伤开始康复，个体开始通过好母亲和好父亲的镜头来体验和看待世界，自我的善良本性得到感受，消极体验开始减退等等。所有这些正是超个人心理治疗所希望达到的目标，也就是人类生活的最终目标。尽管这个目标在现实生活中只有很少数的人达到。

（四）阿里的钻石理论

阿里是阿拉伯裔美国心理治疗学家。他提出的钻石理论以独特的方式把精神分析的对象关系理论与身体感觉训练结合起来，并且融合了伊斯兰教的泛神论神秘主义的传统，提出了一种与荣格的心理学思想非常相似的心理治疗理论体系。之所以称之为“钻石理论”，是因为他用笔名 Almaas 来写作，这个词在阿拉伯语中的意思是钻石。

对象关系理论认为，个体先天就具有和别人建立联系并保持密切关系的倾向，特别是和早期对他有重大影响的人的关系，会影响他一生的交往模式。阿里把个人的自我同一性从意识的自我（ego）或自我意象（self-image）转移到存在或本性（essence）的领域。这里的本性就是荣格所谓的自性（self）。它是一种可以被人们所感觉和体验到的东西，具有某种确定的性质，如意志、力量、真理、觉醒、慈悲、价值等。儿童从一出生就和本性密切相通，但是，到了成人期却和本性发生了疏离。如果有早期创伤发生，就会缺乏相应的体验本性和认同自己的反应和支持，由此导致虚空。这种虚空是对缺失主要本性的一种体验，而这种主要本性就是荣格所说的原型能量。为了弥补这种虚空的体验，个体便形成了一种自我与对象的投射关系。经过后来多次的重复，个体与本性的联系越来越疏远，而和对象的联系却越来越密切，仿佛生活在一种影像的世界里，从而导致心理生活的扭曲。

阿里进一步指出，为了使我们的人格健康，具有才能、力量、智慧和爱等良好品质，就需要对早期创伤进行治疗，最好的办法是以失去的本性来填补虚空中的空洞。空洞是主要本性缺失的体验，个体能够体验到自己缺失什么。治疗师要根据个体的早期对象关系和早期创伤来揭示这种空洞的心理学意义，从而使个体从早期对象关系的阴影中解脱出来，与自己的主要本性建立积极的联系，体验到自己的力量感。

总之，阿里的钻石理论吸收了不同的心理治疗理论和观点，并且通过自己的理解和实践，阐述了具有超个人心理学特色的心理治疗方法。例如，他主张通过深呼吸来增加身体能量和促进自己的情感体验，进而与早期的对象关系取得联系，认识到自己心灵的虚空，并努力填补这种虚空，达到恢复本性、健全人格的目标。

### 三、超个人心理治疗的技术和方法

超个人心理治疗有很多不同的分支和方法。在这里，着重对其常用的一些心理治疗技术和方法做一评述，以加深读者对超个人心理学的理解和认识。

#### （一）沉思的技术和方法

沉思（meditation）又被称为静坐、入静、静修、打坐和冥想等，是一种非常古老的心理治疗方法。早在4000多年前，人们在印度的雕刻中就发现了这种以沉思的姿势坐着的雕像，此外，在人类历史的很多文化传统中也可以找到这种沉思的渊源。显然，这种实践方法是具有跨文化意义的。随着超个人心理学对沉思及其实践研究的深入，沉思已经成为人们用以修身养性，改变自己的意识状态，深入探讨和认识自我的一种重要手段，也成为用来进行心理疾病治疗的重要方法。

由于在沉思训练中需要使注意力专注于某一方面，而且沉思的目的也各不相同，因此，沉思的训练方法可分为许多不同的派系。例如，根据沉思时人的注意力专注点的不同，可分为专注式沉思和开放式沉思。

前者指注意力专注于某一个对象，通过排除外在刺激的干扰，在高度专注的精神状态下，“达到与超越自我，与精神存在融通无间的状态”[①]。后者指在沉思中首先排除任何进入意识的私心杂念，以纯然放松的心态使自己的肉体和心灵自由地流动和改变，并且以开放的心态迎接进入心灵的任何体验。但是，在这个过程中，沉思者并不对这种体验进行有意识的控制，而是对这种体验保持一种感受的心态，从而使心灵得到静息。

根据沉思的目的和作用的不同，又可将沉思分为超越的沉思、灵性充盈的沉思和瑜伽修炼等。超越的沉思起源于瑜伽修炼，后来经过简化，成为当代西方流行的沉思方法。其基本技术要领是：（1）沉思时要保持身心内外环境的安静，即外部无干扰，内心要平和。（2）心理活动专注于某一对象，如在心中默念某种声音或某个字，也可以在心中想象某种图像。（3）排除杂念，心无所思、无所欲，始终保持一种被动的心态，静观心灵的自然变动。（4）使身心始终保持轻松、舒适、安静、自然。

超越的沉思的基本步骤是：（1）在环境安静、灯光柔和的房间内，盘腿坐在褥垫上。（2）闭上眼睛。双手拇指相对，围成椭圆形，然后把手置于丹田处。（3）全身肌肉放松。通常先从脚底开始，由下而上，直至头部完全放松。（4）用鼻孔进行呼吸，每呼吸一次，心中就默数“1”，持续约20分钟后结束。睁开眼睛看看时间，然后再闭眼休息1～2分钟，沉思过程结束。（5）这个沉思的过程贵在坚持练习。不要急于求成，尤其是在最初阶段，一般不容易进入深度放松，需要按照练习的要领和步骤坚持不懈地做下去，才能收到效果。（6）时间为每天1～2次，一般饭后两小时后开始。

灵性充盈的沉思是源于禅宗佛教的一种修炼方法。它要求沉思者把注意力集中在自己的觉知（awareness）本身，对我们所觉知到的内

---

①杨广学著：《心理治疗体系研究》，吉林人民出版社2003年版，第403页。

容进行观察，任由其自如地出现和消逝，就像一个旁观者在观看天上飘荡的云彩，超然于其外，而又静观其变。这种沉思的要点是使自我与觉知的内容相分离，任凭经验在意识中出现、变动和消逝。这样做会收到旁观者清的效果，使狭隘的自我从这种沉思中得到扩展，使个体的心怀得以敞开，最终与大我融为一体。经过长期的修炼，个体能够获得较大的包容性。

瑜伽修炼是起源于古印度的一种沉思方法。瑜伽一词含有结合、联系之意，意思是为达到冥想的目的而集中自己的意识。在瑜伽修炼的过程中，要遵循八个基本阶段：（1）以德为本的道德规范，即要求修炼者不使用暴力、真诚、不偷盗、节欲。（2）身心的内外净化。内部净化即根除愤怒、贪欲、狂乱、迷恋、恶意和妒忌等不良欲念。外部净化指端正个人的行为习惯，并保持和美化周围环境。（3）体位锻炼。针对修炼者的身体不同部位，按照规定的姿势进行身心修炼，从而达到对肌肉、消化器官、腺体、神经系统等机体组织进行修炼的目的，使身体和精神保持平衡。（4）瑜伽呼吸，即有意识地延长吸气、屏气和呼气的时间。正常人每分钟呼吸 15 ~ 16 次，运用瑜伽修炼，可逐步达到每分钟呼吸 5 ~ 6 次，修炼得法甚至能达到每分钟呼吸 1 ~ 2 次。这个过程既可以排除体内废气和污浊之气，还可以使身心得到安定。（5）控制精神感觉，即控制自己的欲望和感情，努力使自己的心情平定下来，得不到的东西就不要去想它。（6）意识专注。在沉思中把注意力集中在一点或某一件事情上，使整个精神保持安定平静。“在意念集中的情况下，才能将担忧转变为宁静，妒忌转变为仁慈，紧张变为松弛，敌意变为友好，焦虑变为安静，自私变为无私，焦躁变为平静，悲痛变为快乐。”①（7）进入冥想和静定状态。这是一种只可意会不可言传的个人体验。（8）忘我状态，即修炼者意识不到自己的呼吸、自我精神和智性的存在。一

①沈维德著：《瑜伽健身术》，上海文化出版社 2004 年版，第 38—39 页。

切仿佛都不存在了，个体在自己创造的无限广阔的宁静世界中得到精神的升华和身体的舒畅。

除了上面提到的这些方法之外，实际上，进行沉思的方法还有很多。超个人心理学运用沉思的技术和方法进行身心治疗，确实收到了很好的疗效，在一定程度上也提高了超个人心理学的声誉。

（二）身体治疗的技术与训练

以身体为中心的心理治疗是超个人心理治疗的一种治疗取向，之所以称之为身体治疗，是因为它把人的身体作为进入超个人境界的出发点。身体治疗是一个学派纷杂，观点各异的心理治疗取向的总称。但有一点是共同的，即“进入身体意识是进入更广阔的精神意识的途径”①。这样，心理治疗就通过对身体的专注而达到对当时的情绪体验的把握，并消除消极的情绪体验对身体的束缚，最终达到身心协调。

超个人心理学的身体治疗起源于赖希，但一些超个人心理学家对此做了新的改变，使之从理论和实践方面都适合超个人的目标。概括地说，超个人心理治疗有三种主要的技术手段：身体训练、呼吸训练、感官觉察。

1. 身体训练

超个人心理学的身体训练有一个基本的理念，即相信个体对经验的反应在身心两个方面是一致的，当个体出现情感体验时，他的身体也会有相应的表现。例如，儿童最初应对痛苦体验的方法是屏住呼吸和绷紧肌肉，这种体验长期发生，就会使肌肉收缩成为一种习惯性的身体表现。因此，身体训练就是在找到当事人个体潜意识中的问题情结之后，通过身体放松，使紧绷着的肌肉得到缓解。然后训练当事人学会主动地控制自己生命能量的流动，进而使情绪的感知愈益明显和清晰，使早期

---

①郭永玉著：《精神的追寻：超个人心理学及其治疗理论研究》，华中师范大学出版社2002年版，第137页。

的心理创伤得到康复和痊愈。与此同时，个体在身体训练中意识到自己的希望、期待等超越性力量，在新的精神需求的引导下，个体的内在能量与更广阔的生命存在融为一体。

在具体的训练方法上，身体训练主要以培养个体对自己的心理能量流动进行控制的能力为目标。例如，通过系统的肌肉运动锻炼，原本紧张僵硬的肌肉得到放松。通过把注意力集中在身体的某些关键部位，并进行相应的按压训练，该部位被压抑的心理能量恢复系统的循环流动。通过按摩、暗示、生物反馈等方法，修炼者可以放松身体特定的部位，减轻心理压力，恢复心理平衡。

2. 呼吸训练

呼吸训练是身体治疗的一种重要方法。超个人心理学认为，呼吸可以在一个人的意识和潜意识之间架起一座桥梁，因为呼吸可以通过我们的意志活动来随意地控制，也可以不受意识支配而自然地进行。因此，呼吸可以使人觉知到潜意识功能的活动，帮助人们学会排除干扰，进行自我调节。

在具体的呼吸方式上，不同的学派有不同的要求和方法。格罗夫的全回归呼吸治疗认为，深呼吸使氧气涉入量增加，进而激发人的内在心理能量，使情绪处于高度兴奋的状态，这时就可能会使个人进入超个人的或转换的意识状态。身体治疗也采用呼吸训练的方法，但它不同于瑜伽的呼吸方法。瑜伽修炼是要求呼吸越来越慢，减少呼吸的次数而增加深度，达到身心平静、进入到内在意识的目的。身体治疗则要求加强呼吸，使呼吸的频率越来越快，目的是把隐藏在潜意识中的感情和冲动唤醒，使自己意识到这些感情和冲动，然后加以适当的控制和调节。超个人心理治疗认为，不论使用哪种方法，其目标都是为了深化自己的内在体验或进入超个人的意识状态。

呼吸觉知也是超个人呼吸训练的一个重要要求。所谓呼吸觉知，就是训练者对自己的呼吸过程给予微妙的注意，以增强其自我觉知水平。通过对呼吸过程的专注，个体对出入身体的感知觉进行净化，其目的是为了最终获得生命的智慧。在呼吸训练中，要求训练者集中注意自己的呼吸动作，对身体内部的活动进行体会，并听任其发展，直到呼吸恢复到自然节律。例如，让训练者曲腿仰卧，轻缓地呼气。在呼气的同时收腹，直到吸气止。也可以让训练者在曲腿的同时吸气，放松关节时呼气，体会气流正在松懈绷紧的关节。通过反复练习并进行觉知，训练者可以找出自己呼吸过程中身体的差别，从而达到治疗的目的。

3．感官觉察

感官觉察类似于呼吸觉知，也是把注意力集中在身体的某些功能活动上。只不过呼吸觉知注意的是呼吸的过程，而感官觉察关注的是身体的自然功能。超个人心理学家把身体看作是一个既定的统一体，训练者通过对自己身体的感官经验的觉察和聆听，提高自己的知觉敏感性（如觉察阈限和辨别阈限）。正如身体治疗的著名代表詹德林所说："不能认为这个身体是一码事，而你是另一码事，是第二件事。在你能够想到你的身体是怎样运作的之前，你的身体就基本上规定了你的情境并对其进行了组织建构。当你的注意力加入到这种生命过程中来，你就能够追求更多的潜能并做出更多的选择，这比你只是驱使你的身体，仿佛它是一个像汽车那样的机器时要多得多。它和其他的事物内在地生活在一起。它天生就和人是相互作用的，并自然地隐含着朝向人的动机。当它刚降临人世的时候，它隐含着受到哺养和呵护的意思，而当它把所有复杂的人类情境吸收进来之后，它可能隐含着一种从未听说过的困境中的复杂的新动机。"[①]正是这种身心一体的观点，使超个人心理学家强调要通过对身体感官的觉察来探索影响人的情绪生活的身体智慧，进入到超个人的意识境界。

---

① Gendlin, E. (1996) *Focusing-oriented psychotherapy.* In J. Rowen. (2001), *Ordinary ecstacy: The dialectics of humanistic psychology.* (pp.94-95). New York: The Guilford Press.

（三）致幻剂治疗与意识状态转换

引起意识状态转换的方法很多，如沉思、瑜伽训练、催眠等。这里着重评述的是通过致幻剂引起意识状态转换的一些治疗方法。

1．低剂量治疗

这是把致幻剂应用于心理治疗的一种最初级的方法，也是心理治疗的一种辅助手段。其做法是：在心理治疗中定期地给来访的患者服用少量的致幻剂。这样做并不影响医患之间的交流，而且由致幻剂引起的内心体验也比较容易回忆，从而导致后期的治疗比较容易进行。在20世纪50年代，弗洛伊德学派和荣格学派的治疗师曾尝试运用这种方法进行治疗，但他们所报告的意识体验并不相同，前者报告的多是童年生活的经验，后者报告的多是超越性的经验，而且他们都认为由此而取得了很好的疗效。但是，如果让弗洛伊德学派的治疗师引导患者产生超越性体验，或者让荣格学派的治疗师引导患者产生童年生活的体验，却没有发现心理治疗出现疗效。因此，有人认为，服用低剂量的致幻剂能否取得疗效，关键在于治疗师的个人理念和治疗引导。

2．高剂量治疗

这是20世纪50年代由奥斯蒙德和豪佛在治疗习惯性酗酒者的过程中提出的治疗方法。他们发现，在给酗酒者服用了高剂量的致幻剂之后，经过三四次治疗，酗酒者会产生一些神秘的精神体验，从而使他对酒精的心理依赖发生转变，达到了通过致幻剂来戒酒的效果。但是，服用高剂量的致幻剂也隐含着一定的危险。例如，导致医患之间的交流出现困难；由致幻剂引起的个人体验和现实生活有很大的差距，不利于解决患者现实生活中的实际问题；高剂量的致幻剂可能使人直接超越个人心理层面而进入超个人层面，导致个人心理层面的问题得不到解决。

3．程序治疗

程序治疗是超个人心理学家罗凯特依据定势和场景理论，在群体心理治疗中通过致幻剂而实施的治疗方法。这种治疗方法在性质上有点儿类似于低剂量治疗，在很大程度上依赖于治疗师对场景的布置和行为及语言引导。治疗师运用幻灯机、电影机和立体声系统来控制和支配参与者的视觉和听觉体验，要求参与者服用少量的致幻剂，然后把他们安置在设计好的影像和音乐的环境之中，目的是通过这些设计来唤起参与者的深度潜意识。在开始阶段，音乐和影像的主题往往与战争、混乱、破坏、死亡和性等活动有关，随着治疗过程的发展，在接近尾声的时候，这些音乐和影像的主题变得温和、平静和自然。这种程序治疗通常要持续一整夜，在第二天用一整天的时间进行小组讨论和分享各自的体验，目的是为了使所有参与者的心灵体验得到某种程度的整合。应该承认，这种方法确实可以为参与者产生某种超个人的心理体验提供一个基本的参考框架，但其缺点是，这些影像和音乐的主题不一定符合参与者的心理主题。

4．萨满治疗

萨满治疗也称巫医治疗，是美洲地区的一些土著部落用仙人掌、蘑菇或其他具有致幻剂作用的植物进行的心理治疗。一些超个人心理治疗学家受到启发，逐渐形成了这种群体治疗方法。在参与者服用致幻剂后，让参与者围成一个圆圈，治疗师进行简短的说明，告诉大家这样做的主要意图。然后大家击鼓、唱歌和祈祷，成员之间进行简短的交流。随着致幻剂作用的逐渐发生，成员间的交流越来越少，鼓声、歌声和祈祷声也越来越小，最后终于默默无声，所有的参与者均已进入自己的幻觉世界。

5．自我治疗

患者在了解到致幻剂所产生的转换的意识状态之后，能够在自己身上进行正确的实施，这就是自我治疗。他们可以独自服用一定剂量的致幻剂进行自我探索，也可以和亲朋好友一起服用，相互交流体验。其治疗的场景由他们自己决定，可以在家中进行，也可以在野外进行，但都要求环境要保持安静，不受外部喧嚣的干扰。这种治疗也需要一定的心理定势和外在场景作为准备，然后在致幻剂的作用下促进超越意识的显现。

通过致幻剂引起意识状态的转换，在西方的心理治疗中进行了三四十年，也取得了一定的治疗效果。但是，由此也引发了一些新的问题，例如，服药上瘾、影响儿童身体健康等，从而导致社会对服用致幻剂进行心理治疗的激烈争论。目前，由于法律的干预，这类实验和治疗大多数都已经被终止。

总之，超个人心理学创立 40 多年来，在心理学理论和实践方面取得了丰硕的成果，成为在国际心理学研究中一支十分重要的力量。尤其是它吸收和借鉴了很多古代东方的思想，并把它们运用在具体的心理学研究和心理治疗的实践中，从而为东西方心理学思想的整合奠定了一定的思想和实践基础。它对很多超个人心理现象的研究虽然带有神秘色彩，但这些现象确实在人类心理生活中普遍存在。超个人心理学坚持研究这些比较高级而又一时难以用科学原理来解释的心理现象，这本身就体现了一种博大和高远的胸怀。它在一定程度上打破了人本主义心理学过分关注个体自我的狭隘的心理学观，而把小我与社会、自然、宇宙的大我结合起来，试图阐述一种具有更高定向的终极价值，这对我们更深刻地理解人的心理活动是有意义的。当然，超个人心理学在理论研究和实践方面毕竟还缺乏坚实的科学基础，即便是它所进行的实证研究也经常受到一些正统的主流科学家的批评，因此，时至今日，它仍然还没有被美国心理学会正式承认。尽管超个人心理学提出了一些引人注目的心理学模型和研究取向，但它要想跻身于科学心理学之林，恐怕还有很长的路要走。对于其未来的发展趋向，我们将继续关注。

# 第七编

# 结论

# 第十九章　心理学史：回顾与反思

培根说：历史使人明智。无论是满腹经纶的学界泰斗，还是目不识丁的山野渔樵，都可以从历史的学习中受益。心理学史的学习同样如此。从心理学人物的思想体系和学派的兴衰演变中可以获得启迪，锤炼理论思维能力。但是历史并非铁板一块。历史事实是发生于过去的真实历史事件，对于这一真实事件的看法和观点却并非一成不变。随着时代的变迁和认识的深入，历史在人们的心目中也在发生着变化。所以，对于心理学的历史，既要回顾和学习，吸取心理学家的经验和教训，也要审视和反思，发现心理学史家的视角，理清历史演变的动因和思路。唯有如此，心理学史的学习才能真正发挥“明智”的功用。

## 第一节　心理学史的建构特征

心理学的发展史究竟是一个“客观实在”，还是一种“社会建构”？在这个问题上，心理学史家存在着激烈的争论。主张心理学史是客观实在的史学家认为，历史是发生于过去的真实事件。这些事件一经发生，就成为一种客观存在，实实在在地存在于历史进程中，任何对这些事件的歪曲和篡改都是不容许的。心理学史家的任务就是透过复杂的表面现象，去伪存真、去粗取精，发现历史的“真谛”或“真相”，还历史以本来面目。

以往的心理学史家大多接纳了这种实在论的历史观。心理学历史编纂学的著名作家波林声称，在编纂《实验心理学史》时，尽管意识到历史研究中的主观性成分，但他还要尽量客观地记载心理学史的事件和人物，以求客观精确地反映实验心理学的创立过程。他的《实验心理学史》也受到史学家的赞誉，被认为“即使是吹毛求疵的心理学家，其中也没有一个大胆的批评家会起而否认波林这本历史是一部经典著作……任何人似乎都难于再认为有必要去编著一本像波林的这本书那样精确而有决定性的早期实验心理学史”①。

社会建构论产生以后，实在论的心理学史观受到挑战。社会建构论的核心主张是，实在是社会互动和协商的结果，实在，特别是社会实在，如道德准则、行为规范和历史事件的真相等都是一种社会协商的结果，因为知识本身就是一种社会建构的产物。知识“并不是由科学家‘发现’的客观事实组成，不是对外在自然界的客观反映和合理表述，而是科学家在实验室中制造出来又通过各种修辞手段将其说成是普遍真理的局域性知识，是承载着科学家的认识和社会利益的，受到社会因素的制约”②。以这种观点看待历史研究，则心理学史不是一种既往发生事件的客观记载，而是史学家由不同的视角或站在不同立场进行的诠释和建构。

以实验心理学的建立为例，可以清楚地看出心理学史的建构特征。心理学史的经典作家告诉我们，在1879年，心理学家冯特在德国莱比锡大学建立了世界上第一个心理学实验室。从此，心理学摆脱了哲学附庸的地位，成为一门独立的实验科学。1879年似乎成为一个分水岭，在此之前，有心理学思想，但是没有科学的心理学；在此之后，心理学摆脱哲学，成为实验科学。这是心理学史教科书告诉我们的一个经典故事。这个故事所描述的内容是一个历史“实在”，还是一种“建构”？如果是一种建构，为什么这样建构？建构背后的动因是什么呢？

实际上，以19世纪下半叶，或者更为精确地说，以1879年为分界线，把心理学视为附庸于哲学的和摆脱了哲学束缚的观点，一方面，

---

①[美]波林著，高觉敷译：《实验心理学史》，商务印书馆1981年版，第i页。

②赵长林：《社会建构主义视野中的科学知识观》，载《山东科技大学学报》(社会科学版)2005年第4期。

抹杀了自然哲学心理学与实验心理学之间的紧密联系，否认了两者之间的理论连续性，另一方面，建构了哲学和心理学之间的对抗关系。这样一种建构是有着深刻的学科背景和社会历史原因的。

心理学自古有之。亚里士多德在其著作《论灵魂》中，就阐述了动物与人的感觉和认识能力。这本书可以说是最早的心理学著作。从这个时候开始，心理学就同物理学、天文学和生物学等学科一样，成为自然哲学的一个有机组成部分。大约在17世纪，牛顿把数学方法引入物理研究领域，形成了现代物理学，物理学成为一门独立的学科。虽然物理学从形式上独立了，但是同自然哲学仍然保持着紧密联系，许多学者也仍然把物理学视为自然哲学。与牛顿同时，甚至比牛顿稍早的时候，笛卡儿也把数学引入了心理学，进行了视觉方面的距离知觉、物体空间知觉等方面的研究，为光学的创立奠定了基础，而所有这些研究都是在自然哲学的名义下进行的。使用数学方法是现代科学的标志，因此可以说从笛卡儿开始，心理学就像物理学等其他自然哲学分支一样，成为一门独立的现代科学。

18世纪中期，以物理学为模型，使用经验方法就成为心理学探索中的一种时尚。1755年，瑞士学者波奈特在《论心理学》一书中倡导经验方法在心理学研究中的应用。同年，另一位瑞士学者高达特也在《灵魂的自然哲学》一书中主张使用物理学的方法研究所谓的“灵魂”问题。1756年，席勒的《实验心理学》出版了，尽管所谈论的内容与今日的实验心理学还有一定距离。这些学者都倡导心灵研究中的经验态度，主张应用物理学、生理学、植物学等学科的方法于心灵的探索。虽然这些学者还没有意识到心灵的科学研究还缺乏一个物质基础，即没有像费希纳、冯特等人那样从感官生理和神经生理的角度看待心理现象，但是在他们的论著中表现出来的那种对物理学模式和经验方法的积极态度是与19世纪下半叶和20世纪初的实验心理学家完全一致的。这一点清楚地表明了从自然哲学心理学到实验心理学的过渡是一个自然而然的过程，不存在一个清晰的分水岭和发展阶段之间的断裂。[①]

在从自然哲学过渡到实验心理学的过程中，另外两位人物的贡献也不容忽视。一是联想主义心理学家哈特莱。哈特莱继承了英国经验主义哲学的认识论思想。经验主义主张，一切知识起源于感觉经验，而意识经验可分解为元素，这些元素通过联想的机制组合成复杂的意识经验。哈特莱在此基础上更进一步，以神经的物理振动解释联想的生理机制，找寻心理现象的生理基础，为冯特等人建立生理心理学奠定了基础。另一个人物是德国教育家赫尔巴特。赫尔巴特首次提出，心理学是一门独立的科学，这门科学建立在哲学、数学和经验的基础上。在他之前，康德曾经断言由于心理学不能使用数学方法，其知识是不精确的，因而永远不能成为科学。但是赫尔巴特通过统觉和意识阈理论证明心理学是可以使用数量化方法的，从而打破了康德的断言，把心理学推向了一个新的发展阶段。这些事例都清楚地表明，科学心理学的建立并不是某个历史时期某个天才人物的独立行为，而是会聚、积累和逐渐成长。自然哲学的心理学到实验心理学的形成完全是一个循序渐进、自然演变的过程，没有一个泾渭分明的分界。

但是，心理学的史学家们为什么要建构一个具体的历史时期和具体的事件作为实验心理学建立的“里程碑”或“标志”呢？这种建构背后的动因是什么呢？

从某种意义上讲，心理学的历史编纂学是从美国心理学家波林编纂《实验心理学史》开始的。1929 年，波林的《实验心理学史》出版了，对实验心理学的早期发展进行了概括和描述。在此之前，还不曾有学者对心理学史进行过如此系统化的梳理。因此，波林的《实验心理学史》被奉为经典，被认为是早期心理学发展的盖棺论定之作。但是波林写

① Hatfield, G. (2002). Psychology, philosophy, and cognitive science: Reflections on the history and philosophy of experimental psychology. *Mind & Language, 17*, 207-232.

作《实验心理学史》的背景是什么呢？实际的情况是，19 世纪末和 20 世纪初的美国迎来了心理学的繁荣时期，美国各主要大学纷纷建立心理学系，开始设立心理学研究生的培养制度。但是，美国社会的时代精神不同于欧洲大陆。在欧洲大陆，大学里的教师主要出身于贵族，不需要为生计而过多思虑，工作的目的主要是满足个人兴趣和爱好。美国却不同，它是一个新大陆，信奉的是“优胜劣汰、适者生存”的原理，没有世袭的贵族。所有的人都必须向社会证明自己的实用价值，否则就要被社会淘汰。心理学也面临同样的局面，那种欧洲大学里分析感觉元素的传统在美国没有市场。实用主义的文化氛围使得美国人更加注重心理学原理的应用，探讨在适应环境的过程中，心理和意识究竟发挥了什么效用，而不关心意识是由哪些元素构成。这样一种时代精神促进了应用心理学的发展，工业心理学、临床心理学、智力和能力的测量、心理咨询、员工训练和人格培养等广泛地发展起来。那些在欧洲接受训练的实验心理学家普遍地感到一种危机，担心实验心理学将在心理学的应用大潮中会惨遭湮没。所以波林等这样一批从事基础实验的心理学家要重新建构心理学的形象，把自然哲学的心理学和非实验的心理学建构成“非正统的”“过时的”，似乎实验心理学是一个新事物，是心理学发展的一个新的阶段，以便维护实验心理学在美国的优势和中心地位。

波林写作《实验心理学史》的另一个原因出于师徒之情。波林的博士研究生指导教师是著名的心理学家铁钦纳。铁钦纳是英国人，在德国莱比锡大学师从冯特，在冯特的指导下获得博士学位，毕业后来到美国的康奈尔大学主持心理学实验室工作，创立了构造主义。他的构造主义典型地代表了欧洲实验心理学的研究传统，注重意识元素的分析，脱离社会生活，是象牙塔里的心理学。这样一种脱离实际的研究取向同美国本土的机能和应用传统显然是格格不入的。因此，在铁钦纳的构造主义和美国本土的机能主义之间爆发了激烈的论战。在这一论战中，铁钦纳孤身一人，同美国整体的机能主义取向相比显得势单力薄。为了维护老师的利益，波林首先树立了冯特的“实验心理学建立者”的形象，以众多的历史事件构建出一个“新心理学”的缔造者。然后，波林又在《实验心理学史》中把铁钦纳描述为冯特在美国的忠实继承者，以冯特的声誉支撑铁钦纳在美国心理学中的地位。美国心理学史家布鲁曼塞尔通过史料的研究早就发现铁钦纳并非冯特的忠实继承者。在许多方面，师徒之间存在观点上的差异。①

除了上述《实验心理学史》的写作造成的原因外，美国大学在19世纪末期的重组也是造成实验心理学是一个新建立学科的原因之一。本来美国大学是按照英格兰大学的模式设立系科的，即主要按照哲学、古典文学和语言学进行分类，物理学、化学、生物学、心理学等原属自然哲学的学科都在哲学系科，这也是为什么今日的美国大学授予的大多是哲学博士（Ph.D）学位的原因。19世纪后半期开始，物理学等自然科学纷纷脱离哲学，建立了独立的系科，但是心理学仍然在哲学系科内。由于资源的有限性，心理学的教授同哲学的教授不可避免地产生了冲突。为了说服大学的行政领导同意设立单独的心理学系科，以便为心理学争取更多的资源，心理学家们也极力把心理学建构成一门新独立的实验学科，不同于传统的自然哲学的心理学。其结果就是自然哲学的心理学同实验心理学之间的联系被人为地割断，给人以心理学脱离哲学，在19世纪末期成为一门独立学科的假象。

归根结底，上述事例证明了一点，即心理学史的社会建构特性。心理学发展史上的人物、事件是真实的，否认这些事件的真实性是虚无主义的。然而，怎样看待和解释这些人物和事件，站在什么立场、从什么视角出发去勾画这些事件却是一种社会建构。极端的社会建构论者甚至主张，根本就不存在一个脱离人的视角的“历史事实”，有的只是从

① Blumenthal, A. (1997). Wilhelm Wundt. In Bringmann et al. (Eds.), *A Pictorial History of Psychology.* (pp.117-125). Chicago: Quintessence.

不同视角和立场出发而得到的观点和建构。尽管我们并不完全同意这种相对主义的观点，但是历史的建构特征是不容否认的。这是学习心理学史时应该加以注意的。

## 第二节　行为主义和认知心理学的复杂纠葛

反思的第二个方面是行为主义和认知心理学之间的恩恩怨怨和复杂纠葛。早期的心理学是意识经验的心理学，研究的主题是感知、记忆、思维和意象等，同现代认知心理学是一致的。换言之，意识经验的心理学是现代认知心理学的早期形式。根据史料记载，20 世纪 50 年代认知心理学开始复兴的中心正是在铁钦纳所工作的美国康奈尔大学。铁钦纳培养的学生首先举起了认知研究的大旗。这一点可以说明早期的意识经验心理学同现代认知心理学之间的继承关系。

需要我们反思的是：发生于意识经验心理学与现代认知心理学之间的行为主义运动究竟在心理学史上占据一个什么样的地位？行为主义和认知心理学水火不容吗？在认知心理学繁荣昌盛的今天，行为主义消逝了吗？

经典心理学史教科书告诉我们，在 1913 年，美国心理学家华生发表了《行为主义心目中的心理学》一文，挑战构造主义和机能主义中的主观化倾向，批判意识经验心理学对内部心理状态的探讨和内省法的使用，把肌肉收缩和腺体分泌等可观察的行为反应作为心理学唯一合法的对象。从这个时候开始，感知、记忆、思维、意象、情绪等内部心理状态的探讨成为禁区，行为主义成功地把心理和意识经验的研究赶出了心理学，整个心理学领域都变成了行为主义的。20 世纪 50 年代以后，受语言学和计算机科学的影响，心理学才在“认知”的名目下恢复了意识和心理的探讨，而行为主义则逐渐衰落，在心理学中渐趋边缘化，认知的研究成为心理学的主流。

这样一种经典叙事同样是一种社会建构。“建构意味着对事实、素材和数据的积极筛选，意味着创新和创造，在这一过程中，某些成分被保留下来，某些成分被剔除出去。”[①]心理学史的经典作家们为了表现心理学发展史上学派对立的整齐划一特征，有意夸大了一些事实，忽略了另一些事实。在建构行为主义兴衰的过程中，采取这样一种筛选的方式，保留了一些事件，剔除了另外一些与建构不符的事件。

行为主义产生以后，的确在整个西方心理学界产生了革命性的影响。许多心理学家都宣称自己接受行为主义，或者至少在方法论上接受行为主义。但是，行为主义的强大影响并没有使得认知的研究成为禁区，即使早期行为主义的创立者华生本人，也在内隐反应的名义下接纳了语言、情绪状态和人格的研究。新行为主义者托尔曼则在他的目的行为主义体系中肆无忌惮地参照目的、认知、期待等内部认知状态，提出了“认知地图”“中介变量”等在早期行为主义者看来难以接受的概念。即使最为激进的行为主义者斯金纳也不得不正视意识的问题，在“发生于皮肤之内的私有事件”的名义下接受了意识和其他内部心理状态的探讨。后期的行为主义者则公开与认知心理学结成联盟，出现了所谓的“认知行为主义”。认知心理学的开创者们也都视托尔曼的行为主义理论为他们的理论源头，视托尔曼为认知心理学的开山鼻祖。这些事件都清楚地表明了一点，即认知心理学与行为主义之间的纠葛并没有像心理学的经典教科书所描述得那么水火不容，两者之间的关系虽然不能说是一种合作和互补，但至少不是那种对立和对抗。

认知研究在心理学中从来没有销声匿迹。即使在行为主义的鼎盛时期，认知的研究也仍然活跃在不同的领域。在 1938 年出版的《实验心理学》一书中，武德沃斯既讨论了行为主义关心的问题，如条件

---

①叶浩生：《社会建构论与心理学理论的未来发展》，载《心理学报》2009 年第 6 期。

反射、迷津学习、操作强化等，也用更多的篇幅探讨了知觉和认知的问题，包含注意、阅读、问题解决、思维、记忆，并且倡导使用反应时测量内部心理过程的实验方式。这本书成为当时深受学生欢迎的实验心理学教科书。1953 年，美国心理学家奥斯古德的《实验心理学的方法与理论》一书则更多地讨论了与认知实验有关的问题。他使用托尔曼的认知概念解释动物和人类学习的表征和中介过程。考虑到这个时期行为主义观点居于统治地位，如果依照传统的观点，认知的研究成为禁区，那么这种认知格调的实验心理学教科书是不可能面世的。

此外，作为心理学的一个重要学派，格式塔心理学从来没有放弃认知课题的探讨。格式塔心理学的主要代表人物在移居美国之前，在德国进行了大量的有关知觉、学习、思维和记忆的实验研究。移居美国以后，继续对这些课题进行了深入探讨，特别是在知觉研究方面，其成果在这个领域至今仍然是经典之作。格式塔心理学的代表人物之一勒温另创拓扑心理学和群体动力学，对“心理生活空间”“紧张心理系统”“心理需求”等内部心理过程进行了系统的探讨。其研究在社会心理学中产生了广泛而深入的影响。社会认知的研究正是起源于这一时期。这些事实也充分说明了认知研究从来没有成为心理学的禁区。即使在行为主义盛行的年月，认知也同行为一样，成为心理学家共同关心的问题。

在 1962 年出版的《科学革命的结构》一书中，科学哲学家库恩以“范式”的概念解释科学的发展。范式是学科共同体的所有成员都接受的理论框架、方法论、世界观、态度和信念等。其特征是学科共同体成员广泛认同，同时排斥与范式不符的所有一切。范式因而成为学科发展的共同基础。一个学科是否成熟就看这个学科有没有共同体成员都接受的范式。库恩的观点在科学哲学界引起了一场革命，许多心理学家也都借助范式的概念重建心理学史，以范式的形成和变更看待学派的演变。这样一来，构造主义、行为主义、认知心理学就被视为心理学中一个接一个的范式。范式的排他性使得心理学的史学家们有意或无意地忽略了与范式不符的理论观点和研究方法，建构出行为主义与认知心理学的极端对立形象，而实际上，其对立程度并没有人们想象的那么严重。

许多学者早就注意到，构造主义、行为主义和认知心理学在科学观和方法论方面是一致的，同属于心理学中的“科学主义”阵营。从构造主义开始，心理学就极力靠拢自然科学，力图用物理学的模式和方法研究心理学的问题。铁钦纳因为使用内省法研究意识，受到行为主义的攻击，但是铁钦纳的实验内省强调的更多是实验条件的控制，与今日的认知心理学没有多少差异。而且铁钦纳的《实验心理学手册》生命力异常持久，我们今日的实验心理学基本内容就是这本手册规定了的。铁钦纳之后，行为主义者华生声称要以自然科学为楷模，反对内省法的使用，并且对内省方法的荒谬性进行了无情的攻击。然而，华生却出人意外地接受了“语言报告法”。在这里，内省法改头换面成为行为主义的合法方法。认知心理学在方法论上继承了行为主义的客观化原则，只是研究的重心有所变化。所以，三者之间的交替是一种渐进和演变，很难称之为“范式革命”。

所以，行为主义和认知心理学之间的复杂纠葛是不可以简单地用“范式革命”来加以解释的。认知心理学的新取向，即具身认知研究模式的兴起也可以说明这一点。

最早的认知心理学是信息加工认知心理学。信息加工认知心理学以计算机的符号加工为认知过程的隐喻，以信息的接收、存储、加工和输出的单一流程来解释人的认知过程。这种研究模式关注内部心理状态的探讨，除了在研究方法上同行为主义具有继承性之外，其他方面都显示出认知心理学自身的特色，即关注中枢过程，视认知为积极主动的过程，并具有控制和调节行为的作用，表现出不同于行为主义的研究取向。但是符号加工模式受到随后兴起的联结主义模式的挑战。联结主义放弃了计算机隐喻，以神经的网络结构作为隐喻，以信息的并行加工取代符号加工的一维信息流程，把简单的神经网络联结视为高级认知过程产生的基础。在这种联结主义模式中，内部心理过程只是神经元之间的相互联结，不再具有符号加工模式所具有的那种中枢性的、积极主动的调节作用。这让人看到了行为主义的影子。因为行为主义要么否认中枢过程的作用，要么视中枢过程仅仅发挥“管道”那样的传递作用，联结主义似乎在返回行为主义。

认知心理学的具身研究模式则更加明显地从“中枢”走向“外周”或身体，关注身体的物理状态对认知过程的影响甚至决定作用。具身认知主张，认知在很大程度上依赖和发端于身体。身体的构造、神经的结构、感官和运动系统的活动方式决定了我们怎样认识世界。“基于这样一种视角，具身认知拒绝这样一种观点，即认为在知觉运动系统的背后存在一个‘心智’，这个心智具备各种形式命题和推理规则，指挥着前者的运作。无论我们心目中的那个理性的、基于规则的和推理的东西是什么，它都完完全全地嵌入我们的身体活动中。”[①]

认知是具身的，其含义可以从以下三个方面加以理解。

第一，认知过程进行的方式和步骤实际上是被身体的物理属性所决定的。这一命题最明显的例证是深度知觉的研究。对于深度知觉来说，最重要的影响因素是导源于两眼视差的双眼网膜影像的差异。但是这种差异同身体和头部的转动有很大的关系。头部转动和身体的运动使得双眼网膜影像差异明显，促进了深度知觉的形成。因此，头部的转动和身体的前后运动实际上构成了深度知觉信息加工的步骤。人的感知能力，如知觉的广度、阈限、可感知的极限等都是身体的物理属性决定的。

第二，认知的内容也是身体提供的。我们的身体以及身体同世界

① Nemirovsky, R. & Ferrara, F. (2009). Mathematical imagination and embodied cognition. *Educational Study of Mathematics*, *70*, 159-174.

的互动给我们提供了认识世界的最原始概念。例如，上下、左右、前后、高矮、远近都是以身体为中心，冷、热、温、凉也是身体感受到的。以这些身体中心的原型概念为基础，我们发展出其他一些更抽象的概念，如形容情感状态，我们使用了热情、冷淡、兴高采烈、死气沉沉、精神高涨、趾高气昂，等等。以身体为中心，我们把上面的、接近的视为积极的，把下面的、远离我们的，视为消极的，所以有了提拔、贬低、亲密、疏远、中心、边缘等术语。这些术语追根溯源都与身体的位置或活动有关。

第三，认知是具身的，而身体又是嵌入（embedded）环境的。认知、身体和环境组成一个动态的统一体。所以，认知并非始于传入神经的刺激作用，结束于中枢提供给外导神经的信息指令。相反，认知过程或认知状态似应扩展至认知者所处的环境。之所以如此，是因为“外部世界是与知觉、记忆、推理等过程相关的信息储存地。认知过程是个混血儿，既有内部的动作，也有外部的操作”[①]。

认知的具身特征实际上把认知从中枢转移到了身体的外围结构和身体的动作。这样一种观念明显是回归行为主义的观点。行为主义的“外周论”“环境决定论”似乎重新占据了举足轻重的地位。所以，一些心理学家认为，心理学在经历了认知革命以后，似乎现在正在回归行为主义。拉姆齐在《关于表征的再思考》一书中称，在经历了认知革命之后，一场相反的革命正在发生。[②]因此，行为主义和认知心理学并非水火不容，而是处在一种你中有我，我中有你的复杂纠葛之中。对于两者错综复杂的关系，我们应该有一个清楚的认识，不能采取那种简单化的态度。

---

① Rowlands, M. (2009). Extended cognition and the mark of the cognitive. *Philosophical Psychology*, *22*, 1-19.

② Ramsy, W. (2007). *Representation reconsidered*. New York: Cambridge University Press.

## 第三节 心理学的离心化趋势与整合的争论

心理学发展史的回顾带给任何学者的印象都是学派林立，观点相左，矛盾冲突迭起，学科分歧恶化，以至于许多学者都认为心理学面临着分裂的危机。美国心理学家斯滕伯格指出："心理学正变得越来越专业化，与此同时，也越来越分裂和破碎，其代价是心理学作为一个研究领域的独立地位受到侵蚀，潜在性地丧失了其独特的身份和地位。心理学应该这样无休止地分裂下去吗？或者我们是否应该在它不可挽回之前制止这种分裂呢？"[①]

心理学的学科历史见证了心理学的学派分裂。自冯特开始，从大的方面来说，心理学经历了五大学派和两大取向，即构造主义、机能主义、行为主义、格式塔心理学、精神分析五大学派和人本主义心理学与认知心理学两大取向。除构造主义外，其他的学派内部都还存在不同的取向或观点。如行为主义中存在着早期的行为主义和新行为主义，新行为主义中又存在着目的行为主义、操作行为主义、认知行为主义、社会行为主义，等等。认知心理学中存在着符号加工模式、联结主义模式、生态学模式和具身认知模式，等等。不同的模式之间也存在着观点的分歧和理论的对抗。所以，心理学史就是一部学派的斗争史，学派的争斗构成了心理学发展的最明显特色。这是心理学离心化的表现形式之一。

离心化的另外一个表现是心理学分支领域的恶性分化。学科分化是科学进步的表现，通过分化，科学研究进入到更深入、更前沿的领域。不同学科，如物理学、化学、经济学和社会学等，通过分化产生更多的分支领域，科学在分化中前进，在分化中进步。但是心理学的分化

① Sternberg, R. J. (2005). Unifying the field of psychology. In R.J. Sternberg, (Eds.), *Unity in psychology, Possibility or pipedream?* (p.3.) Washington, D C: American Psychological Association.

令许多人产生忧虑，因为心理学的分化所带来的往往是学科独立身份的丧失，经常的情况是，心理学的分化损害了心理学作为一门独立学科的地位。19 世纪末和 20 世纪初，心理学作为一个独立的科学领域似乎是一个不争的事实，不论是从生理的角度还是从社会和人格角度，不论研究意识的还是研究行为的，都分享着一个统一的信念，那就是都属于心理学，所有的从业者都是心理学家。在这一点上，大家的观点是一致的。但是 20 世纪 60 年代以后，情况发生了变化，心理学科本身分化出的分支不再属于心理学。认知的研究是心理学的一个课题，但是如今的认知研究更愿意称自己为认知科学。加德纳 1985 年曾经预测认知心理学将会被人工智能和认知科学所吞没。[①]如今这一预测似乎成为了现实。生理心理学是心理学的基础分支之一，但是现在的生理心理研究被归属于认知神经科学、脑科学。社会心理学中本来就存在着心理学的社会心理学和社会学的社会心理学之争，如今这种争执似乎消失了，因为社会学的社会心理学不再认为自己是心理学，而是社会学的分支。心理语言学也曾经是心理学的一个热门领域，如今这个领域早就被认知语言学吞并了。这种恶性分化如此严重，以至有心理学家声称：心理学本身已经消亡了，各种各样的心理学研究已经为进化生物学家、认知科学家、神经科学家、心理物理学家、语言学家和计算机科学家所接管。[②]

除此之外，心理学的离心化趋势还表现在心理学内部的各种分裂和对抗上。它们体现在以下几方面。

第一，科学主义取向与人文主义取向的分裂。心理学中一直存在着以自然科学为楷模，借鉴自然科学的科学观和方法论建设心理学的科学主义取向和以人类生活意义的理解为最终目标，强调心理学的研究要

---

① Gardner, H. (1985). *The mind's new science: A history of the cognitive revolution.* (p.136). New York: Basic Books.

② Gazzaniga, M.S. (1998). *The mind's past*. (p.xi). Berkeley, Calif: University of California Press.

尊重人的价值与尊严，反对以研究“物”的科学模式去研究人的人文主义取向两者之间的对抗与分裂。19世纪末，当冯特从事实验心理学的建设时，他所借鉴的就是物理学和实验生理学的自然科学模式。与冯特同时代的布伦塔诺反对这种实验科学的模式，认为心理现象不同于物理现象，物理现象可以实验，心理现象则因为具有意象性的特征而只能通过经验的内省把握其活动过程，是不可实验的。这两位学者的争论可以看作是科学主义与人文主义在心理学发展史上最早的对立。20世纪以后，行为主义贯彻了冯特实验心理学的自然科学取向，立志把心理学建设为自然科学的纯客观的实验分支，科学主义倾向在行为主义那里发展到极致。而后来兴起的人本主义心理学在马斯洛和罗杰斯等学者的带领下，强调心理学研究的是“人”，不是自然科学研究的“物”，因而心理学应该走人文科学的道路。两者之间的争斗构成了心理学中最为严重的分裂。这种分裂同样是心理学走向离心化的重要因素之一。

第二，科学研究与实践应用的分裂。科学研究和实践应用是任何一门科学都必须具有的相辅相成的两个方面。没有基础原理的研究，学科停留在经验水平上，其发展受到限制。但是如果只有基础原理的研究而缺乏原理的社会实践应用，那么社会无法发现该学科的价值，社会资源也就不会合理地分配给这个学科，因而该学科的发展同样受到制约。心理学的发展史上，科学研究与实践应用一直是两种对立的趋向。从冯特到铁钦纳，心理学一直被认为是一门科学，探索的是意识的基本原理，与社会应用无关。构造主义之所以与机能主义产生了激烈对抗，就是因为铁钦纳认为他的心理学研究意识的基本构造，在基本构造问题解决之前，一切实践应用都是不可能的，而机能主义探讨的是意识的机能和功用，那是未来心理学的工作。根据铁钦纳的观点，当前的心理学只能是他的构造主义。铁钦纳的构造主义没有为当时的大部分心理学家所接受，但是，铁钦纳对实践应用的态度影响了当时的许多心理学家。所以在后来很长的一段时间里，心理学更多地被视为是一门“科学”，而那些从事心理学应用的人不是科学家，仅仅从属于心理学的“从业者”，是心理学中的“下里巴人”，地位低下，难以被选为心理学会的领导。科学研究与实践应用的对立曾经两次造成美国心理学会的分裂。如今美国存在两个心理学会组织。美国心理学协会（APS）代表科学研究倾向的心理学家，而美国心理学学会（APA）代表实践应用倾向的心理学家，两者至今也没能统一在一起。所以，在当代心理学中，“仍然存在着‘基础’和‘应用’两种倾向的对立。对立的一方是一群心理学家，这些心理学家自认为献身于心理科学原理的传播，瞧不起实践者，因为实践者更关心市场需要而不是科学真理。对立的另一方是日益成为心理学多数派的心理学家。这些心理学家视自己从伦理上更关心生活压力给人们带来的复杂问题，寻求使用各种可能的合适方法促进这些问题的解决。就像前者指责后者不尊重科学一样，后者指责前者的漠然，不关心心理学作为职业的进一步发展。通过教育，两个群体都培养了蔑视对方的习惯和嗜好……”[①]。

第三，理论探讨与实证研究的分裂。理论研究和实证研究同样是科学研究中两个必不可少的部分。一方面，一切实证研究都是在一定理论指导下进行的，借助一定的理论框架，科学家对所发现的事实进行解释，同时，理论观点也给科学研究提供一定的视角。因此，没有理论指导的实证研究是盲目的。另一方面，理论探讨也通过实证研究得到检验，理论在实证验证的过程中得到丰富和发展，因此，没有经过实证检验的理论是空虚的，理论和实证的有机结合才是科学发展的健康道路。但是，心理学中理论探讨与实证研究两者之间的分裂和对抗有增无减。一些心理学家受实证主义的影响，认为科学的发展在于事实的积累，理论要么对科学有误导作用，要么是实证研究的累赘。极端的行为主义者斯金纳甚至声称，学习理论之所以失败，就在于滥用了理论，科学研究

① Denmark, F. L. & Krauss, H. H. (2005). Unification through diversity. In R.J. Sternberg, (Eds). *Unity in psychology: Possibility or pipedream*? (p.17). Washington, D C: American Psychological Association .

就是要在事实之间发现因果关系，任何理论观念都是多余的和累赘的。自斯金纳以来，心理学中就出现了排斥理论的倾向。心理学家重实证和实验，轻理论分析，其结果是实证研究结论的支离破碎，形成不了统一的理论体系。心理学的破碎和分裂，心理学的离心化趋势正是这种轻视理论建构的恶果。

面对心理学的离心化趋势，心理学内部产生了三种不同的观点，即统一论、多元论和怀疑论。

统一论者多源于心理学中的科学主义阵营。这些学者从物理科学模式出发，以库恩范式论中的“规范科学”作为理想，寻求建立心理学的“科学范式”，以便确立学科共同体成员共享的理论基础。20世纪80年代，美国心理学家斯塔茨发表了《整合的实证主义和整合的心理学》一文，指出：“所有的科学都开始于分裂和混乱，只有在经过长期的、艰苦的努力之后，科学才达到统一的状态……科学进步的一个基本维度就是整合的出现。”[①]斯塔茨认为心理学目前还处在科学发展的早期，通过心理学家的共同努力，最终心理学可以成为统一的科学，因为这是科学进步的必然归宿，而他的整合的实证主义就为心理学的统一提供了牢固的基础。

斯塔茨完全是从自然科学的角度看待心理学的。他把自然科学作为心理学的理想模式：自然科学本来是分裂的，在许多问题上存在着分歧和争论，通过科学家的努力实现了整合，今天的自然科学虽然也存在一些争论，但原先那种多元和混乱的局面早已成为历史，学科统一和谐、整齐划一，成为科学的典范。作为自然科学的心理学也可以通过群体成员的努力，消灭分歧、抑制多元，最终实现学科的统一。就像科学哲学家库恩所分析的那样，从学派的纷争、观点的分歧的前科学阶段发展到学科共同体确立共同基础，形成稳定的范式的规范科学阶段。斯塔

① Staats, A. W. (1991). Unified positivism and unification psychology: Fad or new field? *American Psychologist*, *46*, 899-912.

茨的科学主义的观点影响了许多心理学家。这些心理学家后来以自然科学的整齐划一特性规划心理学。有些学者甚至主张以神经科学作为统一心理学的范式，也有另外一些心理学家主张以进化论作为统一心理科学的范式。总之，这些心理学家认为以自然科学的科学观和方法论作为指导，最终可实现心理科学的整合和统一。

但是，心理学中的多元论者质疑统一论的合理性。这些学者认为，科学是多元化的，既有研究自然现象的自然科学，也有研究社会现象的社会科学，还有研究人文现象的人文科学和艺术科学。库恩所倡导的那种以范式的形成为标志的规范科学源于物理学，是库恩通过研究自然科学，特别是物理科学的发展而得到的，并不能涵盖所有其他的学科，特别是不能代表研究人及其精神的人文社会科学。以往的逻辑实证主义曾经尝试以物理科学的语言和方法统一整个科学，建立统一的科学体系。现在已经证明那不过是一种"物理主义"，是一种失败了的尝试。既然这种物理主义已经失败了，那么现在我们再以物理科学的模式规划心理学的发展是不是在重蹈物理主义的覆辙呢？现代社会进入了后现代主义。后现代主义的典型特征就是去中心化和多元化。考虑到心理现象的复杂性、异质性、多层次和多水平的特征，为什么我们不能允许从不同的取向和路径，使用不同方法和采取不同模式的多元化心理学的存在呢？"多元论者相信，通过开放的、理性的对话，在心理学多样化的领域和观点中可以寻求统一……心理学的多样化观点和分析水平，如自然科学倾向对经验事实的强调和人文科学倾向对释义的关注并不必然是对立的两极，而可以是对话的互补关系。"[①]总之，多元论者强调对话和互补，认为多元化倾向的存在并不损害心理学的健康发展。

怀疑论既怀疑心理学统一的可能性，也质疑多元论的合理性。这些

---

① Walsh-Bowers, R. (2010). Some social-historical issues underlying psychology's fragmentation. *New Ideas in Psychology*, *28*, 244-252.

学者基本上是悲观论者。美国心理学家库克早就声称，心理学就是一个缺乏核心的学科，不同的研究取向组合在一起，构成了心理研究的大家庭，所以心理学不应该叫作“心理科学”，而应该叫“心理研究”。[①]库克并不反对心理学的统一，也承认心理学的多元特征，但是他认为心理现象的复杂性决定了心理学永远不能成为统一的科学，只能是一个从事心理研究的“大杂烩”或“拼盘”。加拿大心理学家马丁认为心理学根本就不能成为一门科学，至多是个由分支领域组成的一个松散的“联邦”。[②]有些学者甚至认为心理学的统一只是一个梦想或神话。心理学的过去是对立的，现在是分裂的，未来也不可能是统一的。那些统一心理学的尝试只是在四分五裂的理论观点中再增加一个观点，徒劳无益，与事无补。

在心理学离心化的趋势面前，我们究竟应该采取什么态度呢？

心理学的统一是必要的，但是统一不必以牺牲心理学的多样化和多元化为代价。心理学的统一只能是多元共存的统一，而不可能是一元化的统一。当然，多元的统一并不是鼓励心理学无限制的多元化。在心理学分裂危机加深的今天，心理学需要共同的规则或基础，需要一个共同的出发点，站在这个共同的出发点上，通过多样化的方法，使用多元化的理论，从不同的角度去达到认识心理和行为本质的目的。因此，这种统一观不是一元的，而是多元的，有时不同成分之间可能还是冲突的。然而，这种多元化的统一观又是有着一个共同基础的，多元成分之间是互补的、和谐的，而不是对立的和不相容的。这并不是说已经找到了这样一个共同的基础，而是说这是我们的努力方向。现实的心理学中多元化的成分是不相容的，是对抗的和矛盾的，但是只要它们是可公约的、可比的，相信通过对话，这些矛盾就是可以解决的。在这个意义

① Koch, S. (1993). “Psychology” or “the psychological studies” ? *American Psychologist*, *48*, 902-904.

② Martin, J. (2010). The psychology of personhood: Conditions for a viable neo-Meadian pluralism. *New Ideas in Psychology*, *28*, 219-226

上，当前心理学的共同基础就是一种开放的态度，一种愿意对话的心态。通过对话，多元化的统一是可以达到的。

当然，一种开放的态度和愿意对话的心态仅仅是建立共同基础的前提，没有这样一个前提，不同话语群体的心理学家封闭在自我陶醉的象牙塔中，心理学家就永远摆脱不了分崩离析的噩梦。但是对话仅仅是开始，之后还需要心理学家艰苦努力的工作，这些工作似乎应包括这样两个方面。

第一，培养一种整体感和统一的意识，并把这种统一意识上升为一种心理学的道德感和价值观。心理学内部存在着许多的裂痕，这些裂痕的形成除了心理现象的复杂性、多样性的原因外，很大程度上是由于心理学家没有一个整体的意识，而是从各自话语群体的角度出发，维护小群体的利益，以至于形成各种互不相干的研究，造成了心理学的破碎和分裂。现在所要做的工作是，培养心理学科的整体感和统一的意识，让学科中的每一个成员把维护心理学的整体看成是一种道义和责任，培养“分裂为耻辱，整合为光荣”的价值观。心理学家大可不必因涉及价值而为自己的科学性担忧。随着实证主义科学观的衰落，价值无涉或价值中立已经不再被看成是科学活动的根本特点。树立、维护整合的道德观和价值观是符合心理学科的根本利益的。

第二，加强理论思维的培养，重视心理学的理论建设。心理学家不能仅仅是操作导向的，长期以来，在实证主义的影响下，心理学家把精力主要放在经验的实证研究上，忽视理论思维的培养和理论的建构，心理学的分裂和破碎状态在很大程度上与这种忽视理论建设的倾向有关。因此，分裂的现实要求心理学家重视理论建构的工作。当然，理论建构的工作主要由理论心理学家来承担，由理论心理学家承担起考察心理学的各种方法、规则、观点、概念的理论基础的任务，分析比较其差异和共同点，引导不同话语群体之间的对话，促进相互之间的交流。这样一种工作必然为共同基础的确立提供良好的条件。

# 英汉人名对照表

## A

Abraham，K. 亚伯拉罕
Ach，A. 阿赫
Adler，A. 阿德勒
Adorno，T. W. 阿杜诺
Ainesidemos 爱那西德谟
Alexander，F. 亚历山大
Allport，G. W. 奥尔波特
Altman，I. 奥尔特曼
Amsel，A. 阿姆塞尔
Angell，J.R. 安吉尔
Angyal，A. 安杰尔
Ansbacher，R. 安斯巴切
Antoninus，M.A. 安东略
Aquinas，St. 阿奎那
Argelander，F. W. A. 阿格兰特尔
Aristotle 亚里士多德
Aronson，E. 阿隆森
Asch，S. 阿希
Astruc，J. 阿斯特律克
Atkinson，R.C. 阿特金森
Augustine 奥古斯丁
Aurelius，M. 奥勒留
Avenarius，R. 阿芬那留斯

## B

Bachofen 巴考芬
Bacon，F. 培根
Bain，A. 培因
Baldwin，J. M. 鲍德温
Bandura，A. 班图拉
Barker，R.G 巴克
Barzon，J. 巴尊
Becher，M. 比切
Bekh，J. D. 贝克
Bekhterev，V. M. 别赫切列夫
Bell，C. 贝尔
Benedict，R. 本尼迪克特
Bergson，H. L. 柏格森
Berkeley，G. 贝克莱
Bernheim，H. 伯恩海姆
Bessel，F. W. 贝塞尔
Bevan，W. 贝文

Binswanger，L. 宾斯旺格
Bion，W. 贝恩
Blank，G.& R. 布兰克夫妇
Bleuler，E. 布洛伊勒
Blumenthal，A. 布鲁曼塞尔
Boas，F 波亚士
Bolles，R.C. 波利斯
Boneau，C. 鲍内尔
Bonnet，C. 波奈特
Boring，E. G. 波林
Bower，G. H. 鲍尔
Boxton，H. 巴柯斯顿
Boynton，R. 布耳顿
Braid，J. 布雷德
Breland，K. & W. 布里兰德
Brentano，F. 布伦塔诺
Breuer，J. 布洛伊尔
Bridgman，E. R. 布里奇曼
Briggs，K. 布里格斯
Brodbarky，H. 勃尔巴基
Broadbent，A. M. 布鲁德本特
Broca，P. 布罗卡
Bronfenbrenner，U 布朗芬布伦纳
Brown，T. 布朗
Brozek，J. 布洛泽克
Brucke，E. 布吕克
Bruner，J.S 布鲁纳
Bruno，P. 布鲁诺
Brunswik，E 布伦斯维克
Buber，M. 布伯
Buchner，E. F. 巴契勒
Bugental，J. F. T. 布根塔尔
Buhler，K. 彪勒
Bullinger，A. 布琳格
Buss. A. R. 巴斯
Butterfield，H. 巴特菲尔德

## C

Cain，D. 凯恩
Call，F. J. 加尔
Carlyle，T. 卡莱尔
Carr，H. A. 卡尔
Cartwright，D. 卡特赖特
Case，R. 凯斯
Cassirer，E. 卡西尔
Cattell，J. M. 卡特尔
Ceci，S.J. 切奇
Charcot，J. 沙可
Chomsky，N. 乔姆斯基
Clair，M. 克莱尔
Claparede，E. 克拉帕瑞德
Clarke，E. V. 克拉克
Clement，C. 克莱芒
Coan，R. W. 柯恩

Ferster，C. S. 费尔斯特
Festinger，I. 费斯廷格
Fine，R. 范因
Fischer，K. 费斯克
Flourens，M. J. P. 弗卢龙
Fordham，M. 弗德汉姆
Frankl，V. 弗兰克尔
Franz，S. L. 弗朗茨
Freud，S. 西格蒙德·弗洛伊德
Freud，A. 安娜·弗洛伊德
Fritsch，G. 弗里奇
Fromm，E. 弗洛姆
Fullertong，G. S. 富勒顿
Furomoto，L. 弗洛莫托

## G

Galen，C. 加伦
Galton，F. 高尔顿
Galvani，L. 伽伐尼
Garcia，J. 加西亚
Gardner，H. 加德纳
Geuter 戈伊特
Gibson，J.J. 吉布森
Gilgen，A. R. 吉尔根
Goclenius，R. 高克莱尼斯
Godart，G.L. 高达特
Goldenberg，N. 高登伯格
Goldstein，K. 戈尔德斯坦
Goltz，F. L. 戈尔茨
Goss 高斯
Griesinger，W. 格里辛格尔
Grof，S. 格里夫
Grummon 格拉盟
Guntrip，H. 冈特里普
Guthrie，E. R. 古斯里

## H

Halfords，G. S. 哈尔福德
Hall，G. S. 霍尔
Harlow，H. F. 哈洛
Harrison，R. 哈里森
Hartley，D. 哈特莱
Hartmann，E. V. 爱德华·哈特曼
Hartmann，H. 哈特曼
Hegel，G. W. F. 黑格尔
Heidbreder，E. H. 海德布莱德
Heidegger，M. 海德格尔
Heider，F. 海德
Helmholtz，H. L. F. V. 赫尔姆霍茨
Helson，H. 赫尔森
Helvitaus，C. A. 爱尔维修
Heracleitas 赫拉克利特
Herbart，J.F. 赫尔巴特

Kries，J. V. 克里斯
Krippner 克瑞普纳
Krueger，F. 克鲁格
Kruger，J.G. 屈格
Kuhn，T. 库恩
Kulper，O. 屈尔佩

## L

La Mettrie，J. O. 拉·美特利
Lacan，J. 拉康
Ladd，G. T. 赖德
Lakoff，G. 拉克夫
Lamarck，J.B 拉马克
Lange，C. 兰格
Lashley，K. 拉施里
Leahey，T.H. 黎黑
Leibnitz，G. W. 莱布尼茨
Leukippos 留基伯
Lévi-Strauss，C. 列维—斯特劳斯
Lewin，K. 勒温
Liebeault，A. 李厄保
Lindzey，G. 林泽
Linton，R. 林顿
Lippitt，R. 利比特
Lipps，T. 里普斯
Locke，J. 洛克
Loeb，J. 洛布
Loewenstein，R. 列文斯坦
Logan，F. A. 洛根
Lotze，R. H. 陆宰
Lucretius，C. 卢克莱修
Lundin，R. W. 伦丁

## M

Maccoby，M. 麦考比
Mach，E. 马赫
Magendie，F. 马戎第
Mahler，M. S. 马勒
Mahoney，M. J. 麦霍尼
Malinowski，B. K. 马林诺夫斯基
Marbe，K. 马尔比
Marcel，G. 马塞尔
Marr，D. 马尔
Marrow，A. J. 马罗
Martin，J. 马丁
Marx，K. 马克思
Marx，M. H. 马克思
Maskelyne，N. 马斯基林
Maslow，A. H. 马斯洛
May，Rollo 罗洛·梅
Mayer，B. D. 迈尔
Meyer，M. F. 梅耶
McClelland，J. L. 麦克莱兰德
McDougall，W. 麦独孤

## N



## O



## P

Perls，F. S. 皮尔斯
Pervin，L. A. 普汶
Peterson，L. R. 彼得森
Piaget，J. 皮亚杰
Pillsbury，W. B. 皮尔斯伯利
Pilzecker，A. 皮尔捷克
Pinel，P. 皮奈尔
Planck，M. 普朗克
Plato 柏拉图
Plotions 普罗提诺
Pongratz，E. J. 彭格拉茨
Popper，K. 波普
Preyer，W. 普累叶
Protagoras 普罗塔哥拉
Pyrrhon 皮浪
Pythagoras 毕达哥拉斯

## R

Rachlin，H. 莱克林
Ramsy，W. 拉姆齐
Rand，B. 兰德
Rank，O. 兰克
Rapaport，D. 拉帕波特
Rausch，F. A. 鲁斯齐
Razran 拉茨拉恩
Reed，E.S. 里德
Reich，W. 赖希
Rescorla，R. A. 罗斯卡拉
Reynolds，G. R. 雷诺兹
Riviere，J. 瑞韦尔
Robertson，L. C. 罗伯特逊
Roby，T. B. 罗比
Rogers，C. 罗杰斯
Rosenberg，B. 罗森伯格
Rosenfeld，H. 罗森费尔德
Rotter，J. B. 罗特
Royce，J. 罗伊斯
Rubin，E. 鲁滨
Ruckle，G. 吕格尔
Rumelhart，D.E. 鲁梅尔哈特
Rumkmick，C. A. 鲁克米克
Russell，B. 罗素
Rychlak，J. F. 里奇拉克

## S

Sachs，H. 萨克斯
Sahakian，W. S. 萨哈金
Samuels，A. 塞缪尔斯
Sapir，E. 萨佩尔
Sarason，S 萨若森
Sartre，J. P. 萨特
Saussure，F. 索绪尔
Schiller，S. 席勒
Schmid，A，斯科米德

## T

Tichener，E. B. 铁钦纳
Tolman，E.C. 托尔曼
Treisman，A. M. 特雷斯曼
Tyler，H. W. 泰勒

## V

Viney，W. 维利
Vives，J. L. 斐微斯
Voeks，V. W. 沃克斯

## W

Waddington，C. H. 沃丁顿
Waibel，A. 维伯尔
Wallach，H. 瓦拉赫
Walters，R. W. 华尔特斯
Wann，T. W. 旺恩
Waston，J. B. 约翰·华生
Watson，R. I. 罗伯特·华生
Watt，H. J. 瓦特
Weber，E. H. 韦伯
Weld，H. P. 韦尔德
Weiss，A. P. 魏斯
Wertheimer，M. 魏特海默
Wiener，N. 维纳
Winnicott，D. W. 温尼克特
White，W. A. 怀特
Whytt，R. 怀特
Witasek，S. 威塔塞克
Wolff，C. 沃尔夫
Wolman，B. B. 沃尔曼
Woodward，W. R. 武德瓦特
Woodworth，R. S. 武德沃斯
Wundt，W. 冯特

## Z

Zajonc，R. 扎乔克
Zander，A. 赞德
Zeigarnic，B. 蔡加尼克
Zeno 芝诺

# 主要参考文献


1. Ash, M. G. (1995). Gestalt Psychology in German Culture, 1890-1967: Holism and the Quest for Objectivity. Cambridge, England: Cambridge University Press.

2. Baars, B.J. (1986). The Cognitive Revolution in Psychology. New York: Guilford.

3. Benjafield, J. (1996). A History of Psychology. Toronto: Allyn & Bacon.

4. Blumenthal, A. (1970). Language and Psychology: Historical Aspects of Psycholinguistics. New York: John Wiley.

5. Bohan, J. S. (1995). Replacing Women in Psychology: Readings toward a More Inclusive History. Second Edition. Dubuque, IA: Kendall/Hunt.

6. Buckley, K.W. (1989). Mechanical Man: John B. Watson and the Beginnings of Behaviorism. New York: Guilford.

7. Calkins, M.W. (1921). A First Book in Psychology. New York: Macmillan.

8. Churchland, P. M. (1988). Matter and Consciousness: A Contemporary Introduction to Philosophy of Mind. Cambridge: MIT Press.

9. Costall, A. (2004). From Darwin to Watson (and Cognitivism) and back again: the principle of animal-environment mutuality. Behavior & Philosophy, 32, 179-195.

10. Danziger, K. (1994). Does the history of psychology have a future? Theory & Psychology, 4, 467-484.

11. Dennis, W. (1948). Readings in the History of Psychology. New York: Appleton-Century-Crofts.

12. Diamond, S. (1974). The Roots of Psychology: A Sourcebook in the History of Ideas. New York: Basic Books.

13. Fearing, F. (1964). Reflex Action: The History of Physiological Psychology. New York: Hafner.

14. Flavell, J. (1963). The Developmental Psychology of Jean Piaget. Princeton, NJ: Van Nostrand.

15. Gardner, H. (1985). The Mind's New Science: A History of the Cognitive Revolution. New York: Basic Books.

16. Gergen, K. J. (1990). Toward a postmodern Psychology. The Humanistic Psycholgist, 18(1):23-34.

17. Herrnstein, R.J. & Boring, E.G. (1966). A Sourcebook in the History of Psychology. Cambridge, Mass: Harvard University Press.

18. Hilgard, E.R. (1978). American Psychology in Historical Perspective: Addresses of the Presidents of the American Psychological Assciation, 1892-1977. Washington, DC: American Psychological Association.

19. Hillner, K. (1984). History and Systems of Modern Psychology: a Conceptual Approach. New York : Gardner Press.

20. Ilyenkov, E. V. (1977). Dialectical Logic: Essays on its History and Theory. Moscow: Progress Publishers.

21. Kurt Lewin. (1951). Field Theory in Social Science. New York: Harper & Brother Publishers.

22. Leahey, T.H. (1991). A History of Modern Psychology. Englewood Cliffs, NJ: Prentice Hall.

23. Leary, D. (1990). Metaphors in the History of Psychology. New York: Cambridge University Press.

24. Lowry, R. (1982). The Evolution of Psychological Theory: A Critical History of Concepts and Presuppositions (2nd ed.) .Hawthorne, NY: Aldine.

25. McReynolds, P. (1997). Lightner Witmer: His Life and Times. Washington, DC: American Psychological Association.

26. Murray, D.J. (1983). A History of Western Psychology. Englewood Cliffs, NJ: Prentice-Hall.

27. Popplestone, J. & McPherson, M.W. (1994). An Illustrated History of American Psychology. New York: Brown & Brown.

28. Popplestone, J.A. & McPherson, M.W. (1998). An Illustrated History of American Psychology. Akron, OH: University of Akron Press.

29. Reed, E.S. (1989). Theory, concept and experiment in the history of psychology: the older tradition behind a 'young science'. History of the Human Sciences, 2, 333-335.

30. Roback, A.A. (1952). History of American Psychology. New York: Library Publishers.

31. Runes, D. (1959). Pictorial History of Philosophy. New York: Bramhall House.

32. Russell, B. (1946). A History of Western Philosophy. London: Allen & Unwin.

33. Skinner, B. F. (1967). B. F. Skinner. In E.G. Boring & G. Lindzey (Eds.) , A History of Psychology in Autobiography (Vol. 5, pp. 385-413). New York: Appleton-Century-Crofts.

34. Smith, L.D. & Woodwad, W.R. (1996). B.F. Skinner and Behaviorism in American Culture. Bethlehem, PA: Lehigh University Press.

35. Stagner, R. (1988). A History of Psychological Theories. New York: Macmillan.

36. Titchener, E. B. (1913). A Textbook of Psychology. New York: Macmillan.

37. Vauclair, J. (1996). Animal Cognition: An Introduction to Modern

Comparative Psychology. Cambridge, MA: Harvard University Press.
38. Viney, A. W. & King, D. B. (1998). A History of Psychology: Ideas and Context (2nd ed.). Boston: Allyn and Bacon.
39. Warren, H.C. (1921). A History of the Association Psychology. New York: Scribner's.
40. Watson, R.I. (1979). Basic Writings in the History of Psychology. New York: Oxford University Press.
41. Wiener, D.N. (1996). B. F. Skinner: Benign Anarchist. Boston: Allyn & Bacon.
42. Woodworth, R.S. (1931, 1948). Contemporary Schools of Psychology. New York: Ronald Press.
43. Worell,J.& Etaugh,C. (1994). Transformation theory and research with women. Psychology of Women Quarterly, 18, 443-450.
44. Yaroshevsky, M. (1990). A History of Psychology. Moscow: Progress Publishers.
45. Zenderland, L. (1998). Measuring Mind: Henry Herbert Goddard and the Origins of American Intelligence Testing. New York: Cambridge University Press.
46. [ 俄 ] 列夫·维果茨基著，李维译：《思维与语言》，北京大学出版社 2010 年版。
47. [ 法 ] 莫里斯·何世岚著，姜志辉译：《心理学史》，商务印书馆 1998 年版。
48. [ 美 ]B.R. 赫根汉著，郭本禹等译：《心理学史导论》，华东师范大学出版社 2004 年版。
49. [ 美 ]E.G. 波林著，高觉敷译：《实验心理学史》，商务印书馆 1981 年版。
50. [ 美 ]T.H. 黎黑著，刘恩久等译：《心理学史——心理学思想的主要趋势》，上海译文出版社 1990 年版。

51. [ 美 ] 爱德华·S. 里德著，李丽译：《从灵魂到心理》，生活·读书·新知三联书店 2001 年版。

52. [ 美 ] 杜·舒尔兹、[ 美 ] 西德尼·埃伦·舒尔兹著，叶浩生译：《现代心理学史》，江苏教育出版社 2005 年版。

53. [ 美 ] 弗农·J·诺贝尔，[ 美 ] 卡尔文·S. 霍尔著，李廷揆译：《心理学家及其概念指南》，商务印书馆 1998 年版。

54. [ 美 ] 墨顿·亨特著，李斯译：《心理学的故事》（下），海南出版社 1999 年版。

55. [ 美 ] 萨哈金著，周晓虹等译：《社会心理学的历史与体系》，贵州人民出版社 1991 年版。

56. [ 美 ] 舒尔茨著，沈德灿等译：《现代心理学史》，人民教育出版社 1981 年版。

57. [ 美 ] 威斯特著，刘翔平、叶浩生译：《心理健美操》，黑龙江人民出版社 1988 年版。

58. [ 日 ] 渡边芳之、[ 日 ] 佐藤达哉著，高益民译：《心理学趣谈》，中信出版社 2001 年版。

59. [瑞士]J. 皮亚杰著，左任侠、李其维主编《皮亚杰发生认识论文选》，华东师范大学出版社 1991 年版。

60. [瑞士]皮亚杰著，范祖珠译：《发生认识论》，商务印书馆 1990 年版。

61. [ 瑞士 ] 皮亚杰著，倪连生，王琳译：《结构主义》，商务印书馆 2006 年版。

62. [ 苏 ] 斯米尔诺夫主编，李沂译：《苏联心理科学的发展与现状》，人民教育出版社 1984 年版。

63. [ 英 ] 布丽姬特·贾艾斯主编，戴斌荣译：《心理学的历史》，黑龙江科学技术出版社 2007 年版。

64. 车文博著：《意识与无意识》，辽宁人民出版社 1987 年版。

65. 车文博主编:《弗洛伊德主义原著选辑》(上卷),辽宁人民出版社1988年版。
66. 车文博主编:弗洛伊德主义原著选辑(下卷),辽宁人民出版社1989年版。
67. 车文博主编:《弗洛伊德主义论评》,吉林教育出版社1992年版。
68. 车文博著:《西方心理学史》,浙江教育出版社1998年版。
69. 车文博著:《人本主义心理学》,浙江教育出版社2003年版。
70. 高峰强著:《现代心理范式的困境与出路——后现代心理学思想研究》,人民出版社2001年版。
71. 高觉敷主编:《中国心理学史》,人民教育出版社1985年版。
72. 高觉敷主编:《西方近代心理学史》,人民教育出版社2001年版。
73. 高觉敷、叶浩生主编:《西方教育心理学发展史》,福建教育出版社1996年版。
74. 胡志坚著:《教育家心理史学范式研究》,社会科学文献出版社2007年版。
75. 黄珉珉主编:《现代西方心理学十大学派》,安徽人民出版社1990年版。
76. 乐国安主编:《中国社会心理学研究进展》,天津人民出版社2004年版。
77. 李汉松编著:《西方心理学史》,北京师范大学出版社1988年版。
78. 李绍昆著:《美国的心理学界》,商务印书馆2000年版。
79. 刘恩久等编著:《心理学简史》,甘肃人民出版社1986年版。
80. 刘恩久主编:《社会心理学简史》,江苏教育出版社1988年版。
81. 刘伟林著:《中国文艺心理学史》,三环出版社1989年版。
82. 卢大振、华蕾蕾主编:《世界心理学名著导读手册》,中国城市出版社2002年版。
83. 申荷永、高岚著:《理解心理学》,暨南大学出版社1999年版。
84. 沈德灿等编著:《西方心理学史简编》,光明日报出版社1990年版。
85. 汪明等编著:《中外心理学简史》,中国科学技术大学出版社2007年版。
86. 王启康著:《格心致本——理论心理学研究及其发展道路》,华中师范大学出版社 1999 年版。
87. 燕国材著：《汉魏六朝心理思想研究》，湖南人民出版社 1984 年版。
88. 燕国材著：《中国心理学史》，浙江教育出版社 1998 年版。
89. 燕国材主编，刘兆吉等编选：《中国心理学史资料选编》（第 1 卷），人民教育出版社 1988 年版。
90. 杨文登著：《循证心理治疗》，商务印书馆 2012 年版。
91. 杨鑫辉主编：《心理学通史》，山东教育出版社 2000 年版。
92. 杨鑫辉主编：《新编心理学史》，暨南大学出版社 2003 年版。
93. 杨鑫辉、叶浩生、郭本禹主编：《心理学历史与理论研究回眸》，南京师范大学出版社 1999 年版。
94. 叶浩生主编：《心理学理论精粹》，福建教育出版社 2000 年版。
95. 叶浩生主编：《西方心理学研究新进展》，人民教育出版社 2003 年版。
96. 叶浩生著：《西方心理学理论与流派》，广东高等教育出版社 2004 年版。
97. 叶浩生主编：《心理学通史》，北京师范大学出版社 2006 年版。
98. 叶浩生主编：《历史上最具影响力的心理学名著 26 种》，陕西人民出版社 2007 年版。
99. 叶浩生主编：《心理学史（第 2 版）》，高等教育出版社 2011 年版。
100. 叶浩生：《关于具身认知思潮的理论心理学思考》，《心理学报》2011 年第 5 期。
101. 张肖松编著：《心理学史》，巨流图书公司 1987 年版。
102. 赵莉如等编：《心理学史》，团结出版社 1989 年版。
103. 郑希付编著：《现代西方人格心理学史》，广东教育出版社 2007 年版。
104. 周晓虹著：《现代社会心理学史》，中国人民大学出版社 1993 年版。
105. 朱智贤、林崇德著：《儿童心理学史》，北京师范大学出版社 1988 年版。
106. 朱智贤主编，钱曼君等选编：《儿童心理学史论丛》，北京师范大学出版社 1982 年版。

# 后记

改革开放以来，我国高校心理学史课程的经典教材，当属我的导师高觉敷先生主编的《西方近代心理学史》(人民教育出版社1982年版)、《西方心理学的新发展》(人民教育出版社1987年版)和《中国心理学史》(人民教育出版社1985年版)。我们这一代心理学史工作者，都是读着这些教材成长起来的。我还在读硕士研究生时，就曾亲眼目睹《西方心理学的新发展》的写作过程。当时，高老带领着李伯黍、刘恩久、孙名之、沈德灿等老一辈心理学史工作者，呕心沥血，精益求精，编写出了上述几部影响深远的心理学史经典教材。

由于高校开设心理学史课程的课时有限，我们难以在一门课程中同时讲授《西方近代心理学史》、《西方心理学的新发展》等几本教材，并且随着时间的流逝，西方心理学的内容也不断变化着。1994年，人民教育出版社的心理学编辑戚长福联系我，希望我们从心理学史教材建设的角度，编写一本能贯通西方近、现代心理学史，同时包括西方心理学新发展的心理学史教材。虽然高老已于1991年辞世，但人民教育出版社仍然希望这本新教材能由南京师范大学来主持完成。因此，这项工作落在了我的肩上。

尽管距今已近20年，我仍然清晰地记得当时教材编写的情景。1994年10月下旬，我邀请全国部分高校教授心理学史课程的中青年教师，一起讨论这本教材的编写。当时的南京，正值寒流南下，寒意尽显。但在南京师范大学的逸夫楼里，我们的讨论却异常热烈，关于教材的编写，大家甚至时而有些争论。最终我们敲定了写作提纲，落实了各章的编写分工，并取书名为《西方心理学的历史与体系》。从一开始，这本书就是集体智慧的结晶。

为了庆祝教材编写讨论会的成功，与会的全体人员齐聚在南京宁海路南阴阳营附近的一个部队宾馆会餐。可能是因为心情舒畅，也可能是因为年轻气盛，与会的很多青年教师都喝得兴至酩酊。这次教材的编写讨论会见证了当时青年心理学史工作者的成长，从某种意义上，可以说这是中国新一代理论心理学与心理学史工作者走向成熟的标志。

光阴似箭，当年参加这本教材编写的中青年心理学史工作者，如今都已成为国内知名的心理学家或是各个高校心理学科的骨干。其中许多人不仅在心理学史方面有着深厚的造诣，而且在心理学的其他分支领域也颇有建树。

作为全国通用教材，本书第一版从 1998 年出版至今，已连续印刷 14 次，并创造了累计发行量超十万册的好成绩。本书第一版还曾荣获江苏省哲学社会科学优秀成果一等奖和江苏省高等教育教学成果一等奖等各种奖项。此次筹备再版工作始于 2008 年。鉴于这本教材已经出版十余年，许多内容亟待修订；同时西方心理学的发展日新月异，也需要在教材中有所反映。因此，2008 年 4 月，教材编写组的全体人员在青岛大学召开了教材修订工作会议。尽管十多年过去了，当年一张张年轻的面孔如今已平添许多皱纹，黑发中也已夹杂丝丝银发，但是这些编写者对于心理学史课程教材建设的热情依然不减当年。大家在会上讨论非常热烈，会后孜孜不倦地工作，才有了今天第二版的出版。

由于一些章节的作者已经转向其他领域，因此第二版中有些章节的修订不是由原作者完成的，但我们仍然十分感谢原作者所做出的重大贡献。此次修订版各章的执笔者是：叶浩生（撰写第一章、回顾与反思），郭斯萍（撰写第二章、第三章），彭运石（撰写第四章、第五章），常若松（撰写第六章），李正云（撰写第七章），高峰强（撰写第八章、第十三章），王光荣（撰写第九章），郭本禹（撰写第十章），郭永玉（撰写第十一章），王国芳（撰写第十二章），马欣川（撰写第十四章），宋广文、贯林祥（撰写第十五章），杨韶刚（撰写第十六章、第十八章），赵国祥（撰写第十七章）。

叶浩生

2013 年 9 月 10 日于广州大学城